"十一五"国家重点图书出版规划项目
东南大学研究生精品课程用书

现代景观设计理论与方法（第2版）

The Theory and Method of Modern Landscape Design (Second Edition)

成玉宁　著

东南大学出版社
SOUTHEAST UNIVERSITY PRESS
·南京·

内容提要

本书是作者近40年实践及31年教学、科研成果的总结。全书共分6章，主要内容有现代景观设计及其发展、景观环境调查与评价、可持续景观设计方法、人性化景观环境设计、现代景观空间建构、景观设计思维与表达。本书历经14年的使用，结合近年来的研究与实践，在第1版的基础上进行大幅度修改扩充而成。本次再版及时更新并补充了风景园林在规划设计领域的新理念、新方法和新技术，旨在更好地服务社会、稳步推进学科建设与人才培养。

本书可供景观设计、城市规划设计专业的本科生、研究生学习使用，也可供景观设计、城市设计人员及相关专业师生阅读和参考。

图书在版编目（CIP）数据

现代景观设计理论与方法 / 成玉宁著 . —2 版. —
南京：东南大学出版社，2024.10
ISBN 978-7-5641-8776-7

Ⅰ.①现⋯　Ⅱ.①成⋯　Ⅲ.①景观设计–研究　Ⅳ.
① TU983

中国版本图书馆 CIP 数据核字（2019）第 296537 号

责任编辑：李倩　孙惠玉　　责任校对：韩小亮　　封面设计：成玉宁　王玥　　责任印制：周荣虎

现代景观设计理论与方法（第 2 版）
Xiandai Jingguan Sheji Lilun yu Fangfa (Di 2 Ban)

著　　者：成玉宁
出版发行：东南大学出版社
出版人：白云飞
社　　址：南京四牌楼 2 号　　邮编：210096
网　　址：http://www.seupress.com
经　　销：全国各地新华书店
排　　版：南京文脉图文设计制作有限公司
印　　刷：南京凯德印刷有限公司
开　　本：889 mm×1 194 mm　1/16
印　　张：36.75
字　　数：970 千
版　　次：2024 年 10 月第 2 版
印　　次：2024 年 10 月第 1 次印刷
书　　号：ISBN 978-7-5641-8776-7
定　　价：259.00 元（精装）

本社图书若有印装质量问题，请直接与营销部调换。电话（传真）：025-83791830

本书作者

成玉宁，东南大学特聘教授、二级教授、博士生导师、国务院特殊津贴专家、江苏省设计大师，东南大学建筑学院学术委员会副主任、景观学系主任、江苏省城乡与景观数字工程技术中心主任、学科带头人。国务院学位委员会第七届和第八届学科评议组成员、国务院学位委员会教育部风景园林专业学位研究生教育指导委员会委员、全国高等学校土建学科风景园林专业指导委员会委员、住建部科技委园林绿化专业委员会委员、中国风景园林学会理事、国土景观专业委员会副主任委员、教育工作委员会副主任委员、中国建筑学会园林景观分会副理事长、江苏省土木建筑学会风景园林专业委员会主任委员，《中国园林》《风景园林》杂志编委。

成玉宁教授从事风景园林教学、研究与实践 40 年，潜心推动风景园林事业的科学化发展，将风景园林规划设计与研究引向定性与定量相结合，是我国数字景观领域研究与实践的开拓者。创立并领导的我国首个数字景观实验室（东南大学，江苏省城乡与景观数字技术工程中心），其带领下的东南大学风景园林学科连续三次被中国教育部评估位列前茅并入选"双一流"建设学科。主持国家自然科学基金重点项目、面上项目 3 项，"十三五"国际重点研发课题等多项，获国家发明专利 11 项，软件著作权 3 项，出版专著 6 部，主编教材 7 部、论文集 6 部、丛书 2 套、导则 1 部，发表高水平论文近 200 篇，其中"城市道路海绵系统及关键技术"于 2018 年荣获"华夏建设科学技术奖一等奖"，主持完成各类景观工程实践百余项，获得全国优秀工程设计一等奖 2 项、二等奖 3 项，省设计一等奖一批。2023 年获得"IFLA APR 风景园林杰出人物奖"，在国内外拥有广泛的学术影响力。

目录

第2版自序

回眸 14 年

本书出版至今 14 年有余，我国城乡人居环境发展产生了巨大变化，以生态文明高质量发展为导向、以人民为中心的新理念已成为这个时代城乡人居发展的主旋律；与此同时相关社会实践也从高增量转为高质量发展，人居环境生态修复与形态修补成为当下工作的主要内容；多规合一下的多专业协同成为改善城市人居环境的根本，蓝绿灰三系统协同发展，重塑并优化城市生态环境；新技术的不断涌现为解决复杂的人居环境系统问题提供了新思路与途径，数字景观方法与技术的普遍应用极大地推动了人居环境调查评价、规划设计及建设管控的精准性与科学化。

过去的十余年间，风景园林由原建筑学二级学科城乡规划下的方向之一快速成长为一级学科，又经历了十年的发展，聚焦事业发展的实际需求与问题，是包含风景园林在内的同类实践应用类专业共同面对的问题。2022 年 9 月 13 日国务院学位委员会、教育部印发《研究生教育学科专业目录（2022 年）》，将风景园林一级学科调整为专业学位，可授博士与硕士 2 个层次专业学位。风景园林专业学位的调整不仅体现出社会发展对高级复合型人才的需求，更体现出以问题为导向、理论与实践相结合的应用型知识生产模式的转型正在推动着专业教育的变革。发展专业学位研究生教育是经济社会进入高质量发展阶段的必然选择，是主动服务创新型国家建设的重要路径，是学位与研究生教育改革发展的战略重点。这次调整标志着风景园林在诸多同类应用型专业中，率先实行专业学位培养，这既是探索风景园林教育发展的新方向，也是为同类专业的发展先试先行。在新形势下探索风景园林高层次人才的培养模式，构建符合风景园林专业型教育的知识体系迫在眉睫。

与过往不同，建成环境中绿地占据城市规划建设面积的 30%—40%（绿地率），它已不仅仅是绿化和美化城市的基本需求，更是缓解剩余 60%—70% 城市硬质下垫面所产生的复杂问题的一剂良方，是城市绿色基础设施的重要组成部分。绿色基础设施是相互联系的绿色空间网络，与城市水、电、气、交通等基础设施一样，承担着城市健康可持续发展与美好生活环境营建的重要职能，是城市系统不可或缺的组成部分。例如，海绵城市的提出，是倡导以系统观推进城市低影响开发建设的绿色基础设施建设途径，通过构建城市雨水与绿地耦合的绿色基础设施，统筹安排雨水的截流、调蓄、使用、净化与排放，解决城市积涝和绿地灌溉问题，实现城市"水"与"绿"的耦合，实现旱涝兼治，调节城市水文过程，优化城市水环境。

高速城镇化的今天，城市的发展已由"增量"转变为"提质"。基于既有城市的不断更新和结构优化来提升城市的效能，成为当下乃至今后相当长时间内城市发展的趋势。风景园林事业正在成为城乡环境高质量发展的重要抓手，承载着"城市双修"的重任。通过风景园林学的方法修复山体、河流、植被等，从而恢复城市生态系统的自我调节功能，是全力改善生态环境、补足城市基础设施短板和进行城市更新的着力点。生态修复的目的是最大限度地保留自然本底，将碎片化的绿地串联成完整的绿地系统。城市的形态修补建立在生态修复基础之上，目的是不断提升城市公共服务质量、改善市政基础设施、挖掘和保护城市历史文化，使城市功能体系及其承载空间得以全面系统地修复和完善。在各类"城市双修"的规划设计理念与实施路径中，建设具有连续性的城市绿道系统是实现"城市双修"的有效方式之一。绿道系统不仅依赖于城市道路网络体系而具有交通的连通性与可达性，而且更强调高质量的环境服务和人为体验。同时，绿道系统构成了城市的生态廊道，具有保护生物多样性、过滤污染物、防止水土流失、防风固沙、调控洪水等多种生态功能，并有效连接破碎的生态斑块，最大限度地整合自然要素，让自然做功。

随着我国人居环境的优化与发展、风景园林及相关学科的发展，可以预见当代及未来的风景园林事业将会呈现出新的发展趋势。

其一，生态文明已成为当今世界普遍认同的价值观，生态优先是人居环境发展的前提条件，是生态文明的主题。与之相应，生态法则是认知人居环境的基本原则，是方法论，更是解决问题的工具。从宏观的国土空间规划到建成环境实践，应坚持生态优先，客观分析土地资源的生态敏感性，寻求土地利用适宜性，实现建成环境生态与形态的耦合发展，借此推动包含风景园林在内的人居环境规划设计的科学化。

其二，数字景观的发展加速了风景园林学科与事业的科学化进程，大数据、定量研究为基于动态耦合法则的参数化风景园林设计提供支撑，数字景观方法与技术将成为当代乃至未来认知评价环境以及风景园林规划设计、建造与管护的主要途径。

其三，我国幅员辽阔，南北东西自然条件差异极大，景观环境作为自然（包含人化自然）的组成部分，受客观的自然条件的制约。与此同时，特定的自然条件也孕育了不同的地域文化现象，正因为如此，尊重地域环境特征、保持地域景观的差异化、突出地域性特色是各地区风景园林发展之必然。与之相应，中小尺度的景园设计将更多地聚焦于场所特征的传承与彰显。

其四，风景园林教育尤其是高层次人才培养，应坚持博学与深究相结合，基于风景园林学科的自律性，深入研究风景园林学科的内涵与规律，聚焦风景园林规划设计科学性与艺术性的协同，寻求景园规划设计的逻辑性，探索风景园林规划设计的科学与艺术规律，从而推动风景园林事业的健康发展。

法国作家福楼拜曾说过："科学和艺术在山麓分手，回头又在顶峰汇聚。"科学与艺术一直被视为人类认知、描述外部世界的两种不同途径，分别关注事物的不同方向。现代风景园林学兼具科学与艺术双重属性，注重规律性与创造性的有机统一，既需要定性的研究，也离不开定量的支撑。我国社会的高速发展和随之带来的诉求对风景园林事业的发展产生了巨大的拉动作用，也对风景园林规划设计理论与方法提出了更高的要求。本书的再版及时更新、补充风景园林在规划设计领域的新理念、新方法和新技术，旨在更好地服务社会、稳步推进学科建设与人才培养。回顾近十多年来我国风景园林事业的大事记及笔者亲历的研究与实践，梳理相关内容择其要者以为"二"版序。

成玉宁

2023 年 12 月

第1版序言

实存环境中的自然元素、人工元素抑或二者的结合之所以成为景观，首要的原因是因为有人的感知、使用和评价。从这个意义上讲，景观既是客观的，也是主观的。这种人为主体的主观感知和评价的对象是客观的景观对象，它可以是未经人工优化的纯自然景观，也包括自然物附加人类实践活动后形成的人文景观。

诚如本书前言所指出，景观设计的本质在于探索人与环境的关系。随着人类社会的不断发展演进，现代景观的塑造和设计融入了与人类活动更加密切的功能因素和更多的科学原理，探索愈发多元和多样。以城市园林为例，18世纪，伦敦海德公园从皇家贵族所有发展到与公众共享，成为公众表达自由见解的场所，推进了社会民主政治的进程；特别值得一提的是，美国近现代城市园林绿地系统的发展，使得现代景观设计越来越多地走向社会民主和大众休闲；波士顿滨水地区的"翡翠项链"景观规划设计和纽约中央公园为新的城市景观类型和设计理论方法开辟了一条新路。20世纪60年代以来，随着"寂静的春天"给人们的警示，环境可持续性成为景观设计的重要视角，后现代艺术思潮的滥觞和发展也给现代景观设计的多价多义和新的审美风尚的崛起注入了活力。随着后工业时代的到来，人们对环境友好和景观广义的绿色属性有了更多的关注，生态学原理不再仅作为美学感受的注脚，而且已经影响甚至重构了人们的审美价值取向。

在中国，景观规划设计学科长期以来一直处在建筑学和农林类学科等几个一级学科的领域范围内，对其的归属看法众说纷纭，莫衷一是。但不管怎么说，除却大自然赋予的自然景观外，在人工环境中，绝大部分景观还是由人们规划设计和建造出来的。大部分景观不会从天上掉下来，即使是自然景观，也需要人工呵护和保护，有时也需要人们的提炼、抽象和组织，才会更好地满足人们日常生产和生活以及审美要求。

中国的景观理论和方法探讨目前仍然处在初步的探索阶段，而这与当前面广量大的景观建设项目和任务很不相称。正因如此，由成玉宁教授撰写的《现代景观设计理论与方法》一书，就显得十分重要而及时。我有幸在本书付梓前阅读了全书，因而有感而发撰写了上述感想。我相信，这本书不仅对于广大景观学专业师生和专业人士，而且也会对于那些对景观感兴趣的读者起到系统的景观学知识传授、梗概性的景观设计理论脉络的了解和设计方法的指导作用。

中国工程院院士　王建国

第 1 版前言

近一个世纪以来，科学与技术产生了巨大的变化，与之相应，人类的自然观、审美观也在不断地发展与丰富着，景观设计归根结底反映了人们的环境观念，人们对于外部世界的看法，从景观学成立迄今百余年历史，不论景观设计呈现出怎样缤纷的态势，一个亘古不变的主线是景观设计的本质在于探索人与环境的关系，基本内容仍然是围绕着一定的目的，重新调整安排环境秩序，使之符合功能、科学、文化背景等多目标要求。从现代景观着眼，回顾历史、放眼世界，景观的发展变迁一直与人类的自然观相生相伴。人类对自然的态度经历了从最初的崇拜自然、依附自然到与自然划清界限、将人从环境中分离，再到如今回归环境、尊重和亲近自然三个阶段的演变。

明代造园家计成在《园冶·园说》中主张"制式新番，裁除旧套"，道出了中国古典园林的营构法则，即"有法无式"。"法"即方法和规律，"式"即范式和形式。"有法无式"强调有一定的方法而无固定的程式，这不仅是中国古典园林的特征，而且是当代景观设计的共同特点。对原理、规律和方法的探索是风景园林理论认知和研究的基本途径。现代景观设计的实践类型，总的来说，多元化是当代景观设计思潮的一大显著特点。随着时代的变化，景观设计的观念也在不断地发生变化，现代景观设计面对新的挑战，设计师需要重新思考景观的本体意义。

风景园林学科的理论体系随着实践的不断深入、科学技术的不断进步，在理论思维和价值观念上也在不断发展。理论的更新带来了景观认知和操作层面上的一系列变化，并构成了风景园林理论的新思路和新途径。

面对风景园林学科的复杂性、对象的多元性及尺度的多样化，总结案例的典型性、探求风景园林设计的共性特征和规律显得尤为重要。对风景园林设计理论与方法的探究旨在对规划设计的规律性加以总结，这也是本书的写作目的，希冀与读者们分享笔者对风景园林规划设计理论与方法的思考，探讨风景园林规划设计中最具共性和普适性的设计规律、途径和方法。

现代主义景观设计自从抛弃了古典主义的景观设计美学准则后一直不断探索，但始终没有似乎也不需要重新建立评价标准，随意性及个性化似乎成为现代景观设计的普遍现象。现代景观与建筑、艺术等相关学科之间同时存在与变化着，艺术思潮、建筑理论的探索无不影响着景观设计。在千变万化的各式景观存在的同时，现代景观在理解自然及其过程基础上所形成的"人工自然"的景观模式事实上已为不同国度、不同文化背景的人们所接受。相比具有争议的各种"主义""流派""风格"而言，其尊重自然的景观设计法则仍然是当代景观设计最基本的评价标准，也是景观设计区别于建筑设计、艺术设计的根本所在。不论从数量上还是分布范围上看，自然主义的景观模式仍然是当代景观设计的主流，不同的是景观师的理解及其表达有所差异，也正因为如此带来了景观设计的繁荣。

自古以来，东西方以各自的智慧认知描述外部世界。西方认知世界讲究分析与归纳，讲求逻辑及对事物的剖析。东方认知则强调系统观、宏观、系统地描述客观存在，讲求相对平衡。东西方思维的这种互补性，成就了人类认知和把握外部世界的基本方法。当代景观师中的绝大多数仍然重视传统的设计根基，在造型上仍采用理性方式去打磨形式与探索空间，景观设计以实现多目标和谐完美作为其所追求的目标。活跃在当今景观设计领域的景观师较之于先辈似乎少了点对"主义"的执着,他们的设计重新回归理性,散布在世界各地的中青年景观师,虽然受到诸多理论的熏陶,但大多未被理论湮没,没有被先验理论左右,而是强调"创造性设计",提倡设计中创造能力的开发。设计活动分为分析、创造、决策三个步骤。理性地面对环境,经得起时间考验的设计大多根植于对环境生态与文化过程的分析研究,从中寻找设计的理由与依据,从而基于为人的服务而建构个性化的景观环境。

现代景观设计突出调查研究的前提意义,视其为设计的"起点""基石",强调设计依据的"客观性",这又与先有立意(Idea)的具有鲜明"先验"色彩的传统设计不同。强调逻辑关系并不排斥景观师的灵感发现,相关设计者的思想火花充斥着设计的过程。从对场地的分析到方案构思,设计师对于外部世界的认知是主观能动的反映过程,而不是简单的"照相"。经过分析、归纳、整合、加工,得到场所的全息"影像",从而对环境的认知更加全面而深刻。分析过程是建立在对环境的剖析基础之上,将环境因子"肢解"为单一要素,即便是"叠加""融合"过程也难以还原自然的本来面貌,但毕竟是更加接近于环境本体的一步。景观环境作为生态、空间、社会功能的载体,其规划设计必然要适应多种目标的综合需求,以实现多重目标的整体价值最优。这不等同于各目标的最优,而是依据项目之不同而区别对待,相对于诸目标而言"投入"与"产出"的最优化也是当代景观规划设计必须面对的一大问题,即以合理的技术取得产出的最大化,单纯地依赖减少投入或以大投入谋取高"产出"均不足取,"集约化"设计方法针对景观环境的复合性特征,统筹生态、功能、空间与文化,优化"投入"与"产出",是实现景观环境可持续发展的基本途径。

因此,现代景观设计理论与方法就是试图从不同层面阐述风景园林之"道",即做到"三大尊重"——尊重自然、尊重场所和尊重使用者。形而上的思辨是具有普遍意义的理论与范式,本书将重点探讨现代景观设计的理论、评价、策略、方法和技术路线。

尊重自然、尊重场所、尊重使用者是现代景观设计的三项基本原则。

尊重自然:以自然规律为基础,依照特征区域自然演替的规律及生境构成的特征,营造、重组景观环境,借助自然之"力",必然不烦人事之功,实现景观环境的持续存在与发展。

尊重场所:任何一处客观存在的环境都是在自然与人为交互作用下长期积淀生成的,其存在的形式和肌理客观地记录了自然的过程,并且能够反映特征环境条件,具有一定的规律性。景观设计对此应同样予以尊重,释放场所固有的潜能,以场地适宜性为出发点进行规划设计,从而以尽可能少的人为干预将设计目的融入环境之中。

尊重使用者:纯粹的自然景观没有也不需要人的介入,而景观设计的最终目的是为人服务,以满足人的使用及审美需求为目标。研究人在景观环境中的行为心理规律、方式及其对景观环境的需要,营造人性化的景观环境是现代景观设计的宗旨之一。

坚持三个"尊重"可以最大限度地发挥场所的潜能,不仅适宜人的休闲游憩,而且可以适当的方式求得人为营造与环境的共生,实现景观的持续存在与发展。也正因为突出了对场所本身的研究,从而能够最大限度地发挥场所固有的特征,进一步凸显不同景观环境的个性。

科学的价值在于发现,艺术的价值在于创造,现代景观是科学与艺术交织的产物,景观设计具有感性与理性的双重属性。"感性"的营造具有浪漫主义的色彩,"理性"则更注重因果关系的生成,其设计成果具有说服力与逻辑性。现代景观设计中的"理性精神"集中表现在两个方面:其一,对客观环境的研究,强调尊重规律,寻求设计的依据;其二,对于设计理念的表达应合乎逻辑。"感性"始终充盈着景观环境,景观师表现思想的中介是景观环境,具象、可感知并符合形式美的规律是景观环境空间特征的共性,离开理性的依据,景观环境则归结于材料的堆砌或成为设计者个性思想宣泄的媒介；反之，没有感性的支撑，景观则可能归于机械、教条。现代景观设计需要把握住理性与感性的尺度，妥善解决必然性（理性）与或然性（感性）的关系。因此，现代景观设计更强调"逻辑关系"，建立在理性的评价与分析基础上的设计构思与表达过程是可以描述与传授的，这与传统依赖于直觉与经验的传统景园设计有着显著的区别。

成玉宁

2009 年 9 月

1 现代景观设计及其发展

作为一门独立的学科，风景园林发展到现在已有百余年历史。风景园林与人类的历史进程息息相关，不同历史时期的审美理想和生活情趣往往在园林艺术中得到完整的反映，从而推动风景园林内涵的不断嬗变。英国大哲学家弗朗西斯·培根说过："文明人类，先建美宅，营园较迟，可见造园比建筑更高一筹。"古今中外，园林一直被看作人类生活的理想境界，是人类对生活的审美需求的产物。风景园林学的发展聚焦于学科的自律性，研究现代景观规划设计的理论和方法是风景园林学关注的焦点。

景观生态学原理、现代空间理论、行为心理学以及设计艺术思潮等领域的探索与研究奠定了现代景观设计发展的基石。现代景观设计强调尊重自然、尊重人性、尊重文化，生活、科技、文化的交融成为现代景观设计的源泉。通过将空间、行为、生态及人文精神有机结合，综合提升土地的使用价值与效率，以可持续的方式、方法促进人居环境的发展。正如约翰·奥姆斯比·西蒙兹（John Ormsbee Simonds）指出，"景观，并非仅仅意味着一种可见的美观，它更是包含了从人及人所依赖生存的社会及自然那里获得多种特点的空间；同时，应能够提高环境品质并成为未来发展所需要的生态资源"。不断地探索、优化人与自然的关系，始终是景观设计发展的前进动力。当代景观设计已超越追求美观或纯粹的生态至上界限，在科学的基础上，强调感性与理性的结合，表现人工与自然融合成为现代景观设计的发展趋势。城市文明不断促进人居环境科学的发展，各学科从同根生走向逐渐独立，针对人居环境从不同维度、不同内涵、不同侧面构建起各自的研究体系。现代景观设计以多学科的交叉融合为基础，与建筑学、城乡规划学共同构成人居环境建设的三大"主导学科"。

1.1　近百年景观设计与理论的发展

现代景观设计经历了一个不断演变的过程，它顺应了科学技术的发展并满足了社会的需求。景观设计是一个开放的领域，与大多数实践性学科相类同，变革与发展成为景观学科自我完善的根本途径。景观设计的变革与高速发展的社会经济和科学技术以及文化的震荡相伴，促进现代景观设计变革的主要因素大致有以下四个方面：第一，20世纪，各国均力图在急剧变化的世界格局中确定各自的位置，国家间既相互合作又激烈斗争，景观设计领域的开放和相互渗透、交流的国际化过程加剧。第二，哲学与美学及艺术思潮直接或间接影响着景观设计理念，20世纪是一个"多主义"的时期，不同的艺术思潮先后或交互冲击着此间的景观设计，景观师追逐并创造潮流，亦受到不同思潮的影响，其间人们在不懈地探索有别于古典主义的设计途径，由此带来景观设计领域的空前繁荣。第三，相关科学技术的发展改变着景观设计的基本架构，以生态学、"3S"[遥感（RS）、地理信息系统（GIS）、全球定位系统（GPS）]技术、信息技术为代表，不仅改变了景观学科的发展态势，而且改变了传统的专业价值观念。第四，伴随着学科发展速度倍增，景观设计专业知识呈现出既高度分化又高度整合的趋势，景观设计不断变化的目的在于适应学科的发展。科学、艺术、技术、经济及思潮的交互作用，不断影响着人类自然观的变迁，共同推动着风景园林的进步和发展。概括而论，风景园林的发展经历了四个时代：古典主义时期传统园林的1.0时代，工业革命后人本园林的2.0时代，第二次世界大战（下文简称二战）后生态园林的3.0

时代、数字时代背景下智慧生态园林的 4.0 时代。智慧生态园林 4.0 时代的到来是历史发展和科技进步的必然结果，从基于经验到尊重规律，从定性到定量，从劳动密集到智能引导，新时代为风景园林学提供了数字技术操作平台，实现了从前端的数据分析到未来城市运营和人居环境管理的全程数字化，极大提高了劳动效能。在大数据的支撑下，风景园林学科的发展体现了客观朴素性，反映了社会公众意识和社会价值，不断满足人们日益增长的物质与文化需求。可持续发展不仅适用于人类对自然的认识，而且符合学科的发展规律。景观设计经历了一个不断发展与完善的过程。

时代的变化，一方面加速了景观设计观念的更新，另一方面则加速了知识老化。景观设计主动适应和促进科学技术与社会经济的发展，必须不断地丰富与发展设计思想与方法。发展与变革是现实需求，符合景观学科内在的发展规律，也是景观学科不断自我完善的主要途径。近百年来关于景观设计的研究经历了逐步深入与拓展的过程，它对于现代景观的形成与发展具有深远的影响。随着人们对科学认知的不断深入，风景园林的发展历程经历了三次飞跃：第一次是从重形式到对形而上的追求，是古典主义时代的一大飞跃。第二次是从唯美的古典主义到生态主义的飞跃，从对艺术的追求转向对科学的关注。第三次是从定性向定量的飞跃，标志着当代风景园林作为科学的艺术的双重属性。景观的沿革，是人类认知发展的必然历程。在信息技术高速发展的今天，当代的景观领域已进入定量化、数字化并倡导可持续景观发展的新时期。但总体而言，自 20 世纪以来，人类社会发生了巨大的变化，科学技术突飞猛进，哲学、美学思想空前繁荣，其间又经历了两次世界大战，人们一次次地重新思考现实世界的问题，不断地改变着自身的价值取向，从而导致了 20 世纪的景观设计五彩缤纷，诸多的主义、流派杂糅，但总体来看，现代景观设计正在向艺术和科学两个方向深入发展，世界上许许多多的景观师都在进行有益的尝试和积极的探索，并取得了令人瞩目的成就。

景观设计在经历了古典主义的唯美论、工业时代的人本论之后，在后工业时代迎来了多元理论。回顾现代主义景观设计历程，不同的景观师甚至是不同时段与地域的景观师之间，其设计思想或手法往往表现出某些相似性，如托马斯·丘奇（Thomas Church，1902—1978）与罗伯托·布雷·马克斯（Roberto Burle Marx，1909—1994）都热衷于立体主义、超现实主义，流畅的曲线与几何化的平面构成是他们景观作品的共同特征；丹·凯利（Dan Kiley，1912—2004）与佐佐木英夫（Hideo Sasaki，1919—2000）都精通建筑设计手法，不论是大尺度的城市环境还是在建筑的夹缝之中，他们的作品均能够与所在环境充分对话；而劳伦斯·哈普林（Lawrence Halprin，1916—2009）与彼得·沃克（Peter Walker，1932—）作为现代主义景观师的代表，面对高度建筑化的人工环境，他们没有采取妥协的方式去趋同于建筑秩序，而是以自己的方式诠释着自然的秩序与美，他们以弱化界面、延续构图以及自然或拟自然的材料实现与环境的融合。更多的景观师选择默默地改变着环境而不抛头露面，但他们与大师们一道在改变环境的同时推动景观设计的进步。这百余年的景观设计难以用传统的史学观念加以简单的分类，不同阶段往往也是诸多主义与思潮并存，同一景观设计师在不同时期的设计思想与风格也不尽相同甚至是迥异。为了大致勾勒出现代景观的沿革历程，选择其间影响较大、最具阶段性特征的设计师及其成熟期作品为例，将百余年来的景观设计历程大致划分成以下四个阶段：

1850 年以前，现代景观诞生的母体是都铎式园林，又称自然风景园，与中国古典园林相似，后传入美国发展成为维多利亚式。美国纽约中央公园即传承此园林风格。

1850—1900 年，安德鲁·杰克逊·唐宁（Andrew Jackson Downing，1815—1852）、弗雷德里克·劳·奥姆斯特德（Frederick Law Olmsted，1822—1903，下文简称老奥姆斯特德）提出公园系

统的概念,为风景园林做出了重要的贡献,开创了城市设计的先河。

1900—1950 年,景观作为人类赖以生存的资源,人们对它的认识更加充分,不再仅局限于文化、空间、形式方面的探讨。

1950 年至今,以景观生态学的提出为标志,风景园林进入新的发展时期。

1.1.1 现代景观设计系统观的形成

现代景观设计思潮源于欧洲兴于美洲。18 世纪,英国"如画的园林"与古典主义崇尚理性的欧洲造园不同,它是建立在对自然环境模拟基础之上的景园,体现着人对于自然的尊重与向往。19 世纪末,英国人对传统的园林形式展开讨论,希望创造新的园林形式。1892 年,英国建筑师雷金纳德·布洛姆菲尔德(Reginald Blomfield)出版了《英国的规则式庭院》(*The Formal Garden in England*)一书。他批评传统的都铎式园林趣味不正、不合逻辑,提出庭园设计应将庭园与建筑物紧密结合。他对造园家简单地模仿自然的造园方式加以批判,提出风景式庭园仍然是人工的东西。他认为修剪的树木和森林中的树木是一样的,也具有自然的属性,因此自然式园林不应排斥人为因素,典型的庭园模式由肾脏形的草坪、弯曲的园路、乔灌木环抱的人工山丘和花坛共同组成。而园艺家威廉·罗宾逊(William Robinson)反对布洛姆菲尔德的建筑化庭园理论。他反对在花坛里种植外来植物物种,而是提倡"野趣园"(Wild Garden),大力推荐种植适应英国气候条件、生长繁茂的植物。

欧洲如此,美洲也不例外。19 世纪的自然主义运动对美国的环境设计产生了很大的影响,在这场运动中诞生了美国景观建筑学。19 世纪的代表人物如唐宁等一大批景观师在学习欧洲的基础上延续着莱普顿(Repton)的造园风格。唐宁在莱普顿的作品中接受都铎式园林的影响,并研究了培育树木的先进技术。就景观设计方法而言,由老奥姆斯特德及卡尔弗特·沃克斯(Calvert Vaux,1824—1895)合作设计的纽约中央公园也是模仿英国自然式园林的营造方法,其中自然的湖面、起伏的草地、成片的林木以及水晶宫等无不有其"都铎式"的原型可循。正如老奥姆斯特德的第一部著作《一个美国农夫在英格兰的游历与评论》(*Walks and Talks of an American Farmer in England*)一样,早期的美国景观设计从英国的都铎式中汲取了丰富的养分,他与沃克斯共同完成了纽约中央公园设计(图 1.1)、布鲁克林的希望公园(图 1.2),并将后湾(Back Bay)的沼泽地改造为一个城市公园,所有这些项目均延续了都铎式园林的布局手法,几乎都与英国的自然式如出一辙。但老奥姆斯特德创造性地提出在保护自然风景的基础上,按照需要对景观环境加以整理与修补,除建筑物周围的有限区域外,一般应避免规整式设计。在老奥姆斯特德的景观作品中,宽敞的草坪和牧场占据景观的中央,曲线状的回游园路穿行园区。与此同时,美国的城市规划设计开始摒弃托马斯·杰斐逊(Thomas Jefferson,1743—1826)的"方格网加放射广场"的古典主义、折中主义和理性主义思想,1811 年开始的纽约市规划就完全放弃了巴洛克风格,而是采用了单纯的方格网[12 条纵向大道(Avenue),155 条横向大街(Street)],同时在上城区留出面积较大的中央公园。与杰斐逊竭力宣传他的民主思想相对应,老奥姆斯特德则将公园设计的相关理论推广到平民的生活范畴,他致力于改善美国人民的生活质量,注重从整个城市的角度出发,主张把一系列公园联系起来,构成有机体融入城市,即形成公园系统(Park System)。1880 年,他与查尔斯·艾略特(Charles Eliot,1859—1897)合作的波士顿公园系统规划更加鲜明地强调了这一构思。该公园体系以河流泥滩、荒草地所限定的自然空间为定界依据,利用 200—1 500 ft(1 ft≈0.304 8 m)宽的带状绿化将数个公园连成一体,在波士顿中心地区形成了景观优美、环境宜人的公园体系。老奥姆斯特德提出用"公园道"将城市公园串联起来,构成公园系统,为城市居民提供多样化的公共娱乐休闲设施,以缓解城市人的生活压力。波士顿"翡

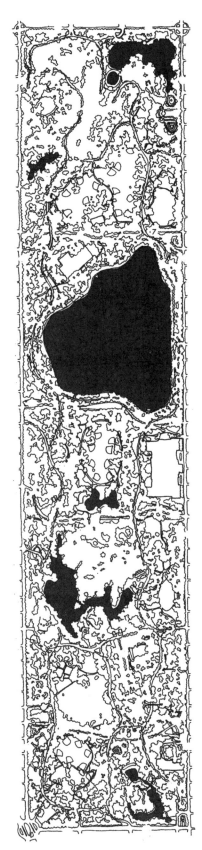

图1.1b　纽约中央公园鸟瞰图

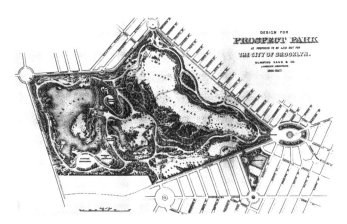

图1.2a　布鲁克林的希望公园平面图

图1.1a　纽约中央公园总平面图

图1.2b　布鲁克林的希望公园实景图

翠项链"规划方案将查尔斯河畔与富兰克林公园沟通起来,组成公园系统(图1.3)。老奥姆斯特德不仅提炼、升华了英格兰"如画的园林",而且他的设计建立在对人性的肯定基础上,以陶冶公众的心理感受、"创造人与环境的和谐"作为景观规划设计的终极目标。而奥姆斯特德父子的开放空间系统的观念更是进一步从操作层面深化了这一理论。当时美国大多数城市的急剧膨胀带来了许多问题,比如城市空间结构不合理、环境恶化、城市交通混乱等。从19世纪60年代开始,老奥姆斯特德和沃克斯构思了一个宏伟的计划,即用一些连续不断的绿色空间——公园道(Parkway)将其设计的两个公园和其他几个公园以及穆德(Mudd)河(该河最终汇入查尔斯河)连接起来。老奥姆斯特德尝试用公园道路或其他线性方式来连接城市公园,或者将公园延伸到附近的社区中,从而增加附近居民进入公园的机会。老奥姆斯特德所说的"公园道",主要是指两侧树木郁郁葱葱的线性通道。这些通道连接着各个公园和周边的社区,宽度仅能够容纳马车和步行。用老奥姆斯特德的话说:"在公路上,行车的舒适与方便已经变得比快捷更为重要。并且由于城镇道路系统中常见的直线道路以及由此产生的规整平面会使人们在行车时目不斜视,产生向前挤压的紧迫感。我们在设计道路的时候,应该普遍采取优美的曲线、宽敞的空间,避免出现尖锐的街角。这种理念,它暗示着景观是适于人们游憩、思考,且令人们愉快而宁静的环境。"老奥姆斯特德和沃克斯在其晚期的作品中大量使用这种表现方式,包括布法罗(Buffalo)的公园道和芝加哥的开放空间系统等。这些公园道首先强调的是那个时代最迫切的社会和美学问题[由约翰·M. 利维(John M. Levy)于1994年提出]。应该注意的是,由于老奥姆斯特德生活的时代还未大量使用汽车,他所强调的交通方式依旧是马车和步行。1920年以后的公园道建设虽然继承了老奥姆斯特德的思想,但主要强调汽车以及道路两旁的景观所带来的行车愉悦感。比如在芝加哥的河滨步道(River Side)规划中,老奥姆斯特德将河流及其两侧的土地规划为公园,并用步行道将其和各个组团中心的绿地连接起来。在"翡翠项链"计划的实施过程中,老奥姆斯特德也非常强调城市防洪和城市水系质量等问题,这些问题主要通过修建下水管道、水闸等工程措施解决。尽管这些手段与今天强调的生态方法有所不同,但老奥姆斯特德在无意识中开创了多目标规划的先河。

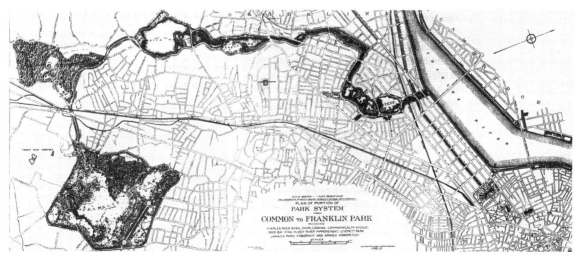

图1.3　波士顿"翡翠项链"规划方案

随后在英国也相继出现了一些相关的概念,如1898年埃比尼泽·霍华德(Ebenezer Howard,1850—1928)的花园城市(Garden City)、绿带(Greenbelt)等思想。在霍华德的田园都市理想计划中，128 m 宽的林荫大道环绕着中心城市（图 1.4）。人们不再局限于传统景园设计思想和对于花园的研究，而是将视野拓展到城市范畴。霍华德的景观环境观念充分体现在其花园城市的构想之中。与传统不同，花园城市思想建立在城市系统基础之上，而不再是单纯的园林。从霍华德提出花园城市理论到欧洲花园城市运动的兴起，欧洲的城市社区规划、工业园区规划、绿带城镇规划等均在不同程度上实践花园城市概念。

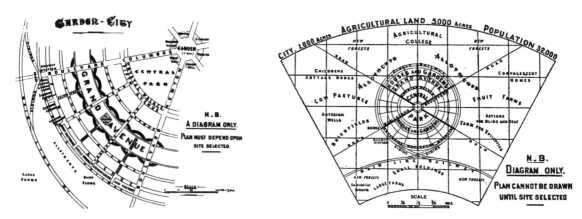

图 1.4　霍华德的田园都市、绿带

　　艾略特先后与奥姆斯特德父子两度合作从事景观规划设计。艾略特提出在闲置土地上建立一个开放空间系统，征用湿地、陡坡、崎岖山地等无人利用的土地，将其规划设计成公园系统。伴随着城市扩展，公共工程大量增加，城市历史的维护被提上了议事日程，城市景观的研究将保护历史的观念发展到不仅包括建筑物，而且包括空间和环境。时人已经开始注意到保护全面的区域、邻里、社区和乡土景观。其中一个很具代表性的活动，就是将受到干扰的地区恢复成原生自然景观。新的种植观念、资源管理的观念和技术，使得许多凌乱的环境，诸如采石场、矿区和其他受到工业破坏的区域，再次变得美丽并重新具有了"生产力"。艾略特参加了波士顿及剑桥城市公园系统的规划设计，调查该区域的植物分布并绘制草图，在此基础上采用叠加方法分析道路、地形和水文特征，这种方法确立了以资源调查为基础的设计模式。其中，艾略特的突出贡献在于提出"保护区"（Reservations）概念，将城市中的海岸、岛屿、河口、森林等自然资源加以保护，与城市公园共同构成城市开放空间系统。城市的滨水区、废弃的工业区经过规划改造，成为城市开放空间的重要组成部分。在这一时期，城市美化和景观改良反映了一种新的景观研究方向。艾略特参与了老奥姆斯特德在波士顿的主要项目，如希望公园等。1893 年，他加入了老奥姆斯特德的事务所并成为主要负责人之一，该所也更名为奥姆斯特德、奥姆斯特德（即小奥姆斯特德）、艾略特（Olmsted, Olmsted and Eliot）景观设计事务所。1893 年，该事务所承担了规划设计波士顿都会开放空间系统的任务。其中，艾略特最杰出的贡献体现在两个方面：一是对自然景观的保护。艾略特在 1890 年发表的《韦弗利橡树园》（*The Waverly Oaks*）一文中，竭力呼吁对马萨诸塞州贝蒙特（Belmont）山的一片橡树林进行保护，并制定了一些保护马萨诸塞州优美景色的策略。1896 年，艾略特完成了名为"保护植被和森林景色"（*Vegetation and Forest Scenery for Reservation*）的研究。在该研究中，他发展了一整套方法，即著名的"先调查后规划"理论，该理论将整个景观设计学从经验导向系统和科学，并一直影响到 20 世纪 60 年代以后的刘易斯·路易斯（Lewis Louis）和伊恩·伦诺克斯·麦克哈格（Ian Lennox McHarg）的生态规划理论。因此，强调景观规划设计的科学性是艾略特对景观学的又一大贡献。

20世纪早期，德国的景观开始走向现代。1901年，德国的第一个花园城市德累斯顿（Dresden）的一个区——荷尔伦开始建设。1906年，莱塞（Lesser）提出的第一个公共园林计划以及卡尔·海克斯（Carl Heiekes）设计的法兰克福的东公园都推动着德国景观设计的现代发展进程。莱塞为柏林佛纳自治区设计的"活动公园"，园内大量的绿化都服务于运动场、马球场和网球场，这些场地都必须是矩形的几何空间。海克斯为法兰克福设计的东公园包括一块很大的三角形草坪，由一条水系一分为二，环绕着一圈高大的树木。湖边草地上有密集的树丛和曲折的小径，周围缺少大型建筑，似乎在和莱内（Lenne）的传统设计相交流。公园的设计概念有三个清晰的元素——湖面、铺满草地的岛屿以及背阴的树丛，这些都使设计步入了一个新的境界，并且代表了一种适应未来发展的方案。随后，许多现代公园设计相继推出。其中有1908年由弗雷德里克·鲍尔（Friedrich Bauer）设计的柏林席勒公园（图1.5）和1909年由弗里茨·恩克（Fritz Encke）在科隆设计的沃格博格公园（图1.6）。20世纪早期的德国景观设计强调必须为人的各种

图 1.5a　柏林席勒公园卫星影像

图 1.5b　柏林席勒公园实景图

图 1.6a　沃格博格公园卫星影像

图 1.6b　沃格博格公园实景图

活动和游戏提供足够的大空间，并且必须对外开放。林荫大道应该靠近活动场地并且将人引导致大面积的水域。根据现有城市规划的发展和卫生环境等主要因素来决定公园的选址、流线和设施。莱伯里切·米吉（Leberecht Migge）是典型的现代主义派代表人物，他强调公园的使用功能，更新公园审美观念。一种有序而富于变化的几何组合能更好地布置体育设施、创造吸引力，这样不仅景观和谐，而且具有一定的逻辑性。米吉构想的庭院似乎不仅仅基于建筑周围的环境，而且扩大到建筑外部空间的功能性。它们提供了建筑以外的生存空间，在这个空间里，孩子们可以嬉戏，大人们不仅可以进行锻炼和活动，而且可以种植果蔬，园林空间构成元素都是自然生长的缤纷的植物。

19世纪末至20世纪初是现代景观设计理论与方法的形成与探索阶段，欧洲早期现代艺术和"新艺术运动"促成了景观审美和景观形态的空前变革，而欧美"城市公园运动"则开始了现代景观的科学之路，其中最具代表性的是美国景观师对城市景观具有里程碑意义的研究与发展。这一阶段的代表人物有老弗雷德里克·劳·奥姆斯特德、卡尔弗特·沃克斯、查尔斯·艾略特、埃比尼泽·霍华德、小弗雷德里克·劳·奥姆斯特德（1870—1957）、约翰·查尔斯·奥姆斯特德（J. C. Olmsted，1852—1920）等，他们提倡大型的城市开放空间系统和对景观的保护、发展都市绿地公园系统，致力于"给予国民休闲和居住的乐趣"，这一观念成为指导景观设计的宗旨。此间的公园设计拥有田园般的风光，代表了城市生活的一部分和文明的生活环境。他们的景观设计为工业社会的"冲突和紧张"创造了理想的放松环境。自1850年开始，老奥姆斯特德不仅创造性地发展了都铎式景观，而且把景观园林这个由莱普顿创造的术语分解并转化成景观建筑。直到1900年，老奥姆斯特德的儿子小奥姆斯特德与阿瑟·亚撒黑·舍里夫（Arthur Asahel Shurcliff，1870—1957）和查尔斯·艾略特及其同母异父的兄弟约翰·查尔斯·奥姆斯特德等人在哈佛大学成立景观建筑学科，将景观研究从非正式的个人研究发展到学院专业化的研究，开启了现代景观设计的新里程。

1.1.2 二战前后的现代主义与景观设计思潮

二战前后的思潮、社会形态、国际格局的变迁，以及大国之间的动荡博弈等，均影响着风景园林学科的发展。二战前是全球产业经济的复苏时期，思想及文化思潮大量涌现。二战期间园林发展举步维艰，但不可否认，这个时期的景观师仍然坚持着对风景园林的研究与思考，例如20世纪30—40年代德国人汉斯·洛伦茨（Hans Lorenz）开始研究《公路线形与环境设计》，书中大量先进的定量研究方法在今天看来仍具实践意义。二战以后各国迅速进行战后重建工作，例如美国迅速崛起，成为现代风景园林的发祥地。

现代景观经历了百余年的变迁，各地理区域形成了差异化的景观风格，但在宏观的主流风格上具有很多共性。

二战前后现代主义盛行，强调以科学为基础，讲求理性逻辑、实验探证，并主张无神论。其中牛顿的力学理论、达尔文的进化论及弗洛伊德对自我的研究为现代主义奠定了重要的基础。此外，从19世纪开始，景观研究转向城市领域，景观实践从花园、公园扩展到整个城市系统。譬如克里斯托福·唐纳德（Christopher Tunnard，1910—1979）在罗得岛（Rhode Island）的纽波特（Newport）设计的园林，均是由庭院外延到城市公共空间的景观项目，这些项目的大量崛起给风景园林的实践创造了更多机会。欧美景观设计先后出现与传统景观设计分道扬镳的各种流派和思潮，有着鲜明的现代主义色彩。现代主义景观艺术比起建立在感性基础之上的以写实和模仿为特征的传统景观艺术而言，具有注重功能、理性、象征性、表现性和抽象性的特点。

20世纪的现代主义思潮与新艺术思潮交互冲击着景观设计，当时的先锋景观设计师关注空间的形式语言，其中包含对于人、环境、技术的理解，抛弃对称、轴线以及新古典主义的景观法则成为此间景观师的新追求。与单调专制的直线不同，曲线不受约束并具有神秘性的特征，由于景观具有自然的属性，曲线更易于适应自然的地形与植物，景观师从建筑与景观形式的内在二元性出发，借此生成了一种全新的设计语言。在 20 世纪的新艺术思潮中，立体主义为景观设计的形式和结构提供了丰富的源泉，立体主义理性地融合了空间与时间，并将四维的效果转化成二维，从而实现单一视角内的多重画面。在景观建筑中，立体主义表现为抽象概念和联合视点的产生。这一艺术手法首先在 20 世纪 20 年代由法国设计师——罗伯特·马莱特—史蒂文斯（Robert Mallet-Stevens，1886—1945）、安德烈·维拉（André Vera，1881—1971）、保罗·维拉（Paul Véra，1882—1957）和加布里埃尔·圭弗莱基安（Gabriel Guevrekian，1900—1970）等人将立体主义手法运用在庭园景观设计中。1925 年巴黎世界博览会上由圭弗莱基安设计的"水与光的园林"（图 1.7），几何的形式与强烈的色块使其成为世界博览会上最前卫的设计，随后圭弗莱基安设计的诺里斯花园（Noailles Garden）也充分体现了风格派和构成主义的特点。英国景观师唐纳德在其功能、移情和美学的理论中开始强调在景观设计中应用绘画和雕塑的手法。唐纳德和艺术家们保持着密切的联系，直接或间接地受到艺术家胡安·米罗（Joan Miro，1893—1983）和保罗·克利（Paul Klee，1879—1940）等人的影响，前卫的抽象艺术和超现实主义的手法在他的景观作品中有明显的体现（图 1.8）。1939 年，唐纳德受瓦尔特·格罗皮乌斯（Walter Gropius，1883—1969）的邀请赴哈佛大学任教，支持了盖瑞特·埃克博（Garrett Eckbo，1910—2000）、詹姆斯·罗斯（James Rose，1913—1991）、丹·凯利（Dan Kiley，1912—2004）等人的新探索，对

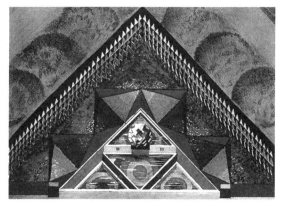

图 1.7　1925 年巴黎世界博览会上圭弗莱基安设计的"水与光的园林"

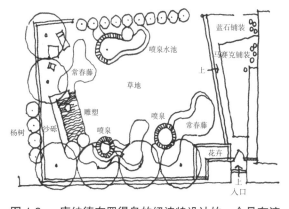

图 1.8a　唐纳德在罗得岛的纽波特设计的一个具有流动空间和形式的园林

图 1.8b　唐纳德私人花园实景图

美国的现代景观发展起到了积极的推动作用。1937年，埃克博在加利福尼亚格里德利附近的一个公园设计中受到路德维希·密斯·凡·德·罗（Ludwig Mies van der Rohe，1886—1969）的影响，尝试以穿插的绿篱划分组织空间，彼此重复而不相交的"绿墙"完全是建筑化构成方式（图1.9）。

罗斯认为，"实际上，它（景观设计）是室外的雕塑，不仅被设计为一件物体，而且应该被设计为令人愉悦的

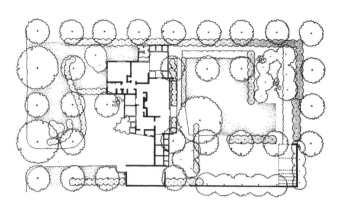

图1.9　埃克博设计的门罗公园

空间关系环绕在我们周围""地面形式从空间的划分方式发展而来……空间，而不是风格，是景观设计的真正范畴"。埃克博强调景观应该是运动的而不是静止的，不应该是平面的游戏而应是为人们提供体验的场所。无论如何，景观脱离不了对"美"的追求，而不同时期审美趣味的改变会影响景观设计的去向。从20世纪30年代末开始，在欧洲、北美、亚洲的日本等一些国家的景观设计领域已开始了持续不断地相互交流和融会贯通。

20世纪初建于德国德绍（Dessau）的包豪斯（Bauhaus）是一所著名的建筑学校，也是现代主义设计的发源地。20世纪30年代纳粹党关闭这所学校后，大批艺术家、建筑师和教师纷纷逃往美国，其中心由欧洲迁往美洲。二战以前，密斯与弗兰克·劳埃德·赖特（Frank Lloyd Wright，1867—1959）两位建筑大师的设计思想不仅影响着建筑界，而且给景观设计思想带来全新的血液。1929年，密斯设计了巴塞罗那世界博览会德国馆（图1.10）。这座展览馆占地长约50 m、宽约25 m，主厅部分有8根十字形的钢柱，上面顶着一片薄薄的屋顶，长25 m左右，宽14 m左右，玻璃和大理石构成的墙面相互穿插，伸出屋顶之外。紧邻建筑有两方水池和几片墙体，由此形成了一些既分隔又连通的半封闭、半开敞的空间，室内各部分之间、室内和室外之间相互穿插，没有明确的分界，室内

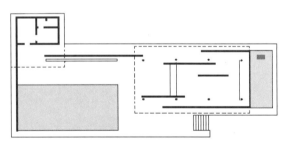

图1.10a　巴塞罗那世界博览会德国馆平面图

图1.10b　巴塞罗那世界博览会德国馆实景图1

图1.10c　巴塞罗那世界博览会德国馆实景图2

外的区别被悬浮于穿插墙面之上的屋顶淡化了，密斯成功地将建筑与景观环境处理成统一的空间。简单的形体突出了建筑材料本身固有的色彩、肌理和质感，巧妙地实现了"少就是多"（Less is More）的建筑设计原则。

园林景观中的建筑或构筑物通常处在以自然景观为主体的环境中，建筑设计与周围自然景观环境相协调，如同从自然中生长出来一般。赖特是一位对建筑环境有深刻理解的建筑师，他设计的"草原式住宅"便是融于景观环境的建筑设计的典范。草原式风格追求表里一致性，建筑外形尽量反映出内部空间关系，注意建筑自身比例与材料的运用。建筑往往利用垂直方向的烟囱将高高低低的水平墙垣、坡度平缓的屋面、层层叠叠的水平方向阳台与花台以及舒展而又深深的挑檐统一起来。它既具有美国建筑的传统风格，又突破了传统建筑的封闭性，很适合于美国中西部草原地带的气候和地广人稀的特点。建筑以砖木结构为主，尽量表现材料的自然本色，重点装饰部分的花纹大多为图案化的植物图形或由直线组成的几何图形（图1.11）。赖特相信现代社会中的诸多弊端主要根源于人与自然的不和谐以及人定胜天的误区，建筑师的职责便在于协调人与自然的关系。因此，赖特设计的建筑始终是自然环境的一部分。美国中西部的草原成为赖特有机建筑理论的实验平台，建筑舒展的形体与地面平行，一方面强化了场地的特征，另一方面与场地环境共同成为景观的一部分，大量使用地带性材料，实现建筑与环境的相互渗透。他的建筑与环境之间构成了可塑的整体空间。流动与连贯成为赖特所设计的建筑与环境有机性的特征。"我们不再将建筑内部和外部空间作为两个独立的部分。如今，外部能够成为内部，同样，内部也能成为外部。它们之间可以相互转化……有机建筑要从它的场地中生长出来，从土壤中来到阳光里——场地也是建筑的一部分。"因此赖特设计的建筑犹如土地中生长出的一般，在1936年的流水别墅（Fallingwater）（图1.12）、1938年的西塔里埃森（Taliesin West）（图1.13）中均有突出反映。西塔里埃森位于亚利桑那州斯科茨代尔（Scottsdale，Arizona）附近的沙漠中，那里气候炎热、雨水稀少。西塔里埃森的建筑用当地的石块和水泥筑成厚重的矮墙和墩子，粗犷的乱石墙、没有粉饰的木料和白色的帆布板错综复杂地组织在一起，它与当地的自然景物相匹配，给人的印象犹如从那块土地中长出来的沙漠植物一般。

在1890年前后，大约有65%的美国人口居住在农村地区；从1930年起，超过半数的人口居住在城市和郊区。城市和城镇的新人口有更多的闲暇时间，要求有更多的机会，需要休闲公园、露营地和体育设施。20世纪初，马尔福德·罗宾逊（Mulford Robinson）也呼吁对城市形象加以改进，以此解决当时美国城市脏、乱、差的现状，随后兴起了持续多年的"城市美化运动"。两次世界大战之间的美国景观设计已从由欧洲继承的传统设计思路转向开辟新的景观设计方法。二

图1.11　美国芝加哥罗比住宅实景图

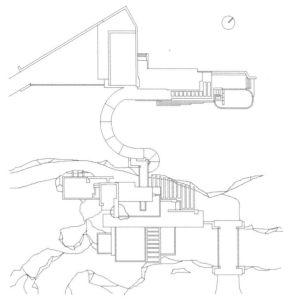

图 1.12a　流水别墅平面图　　　　　　　图 1.12b　流水别墅实景图

图 1.13a　西塔里埃森卫星影像

图 1.13b　西塔里埃森实景图

战后，新的公共建设给设计者提供了大量的机会，众多的建筑师与艺术家开始加入景观设计的行列，景观设计与城市设计结合在一起，"现代主义"景观设计得到广泛应用，一些大规模的景观设计项目也得以实现。随着科技的发展，生态技术开始出现在景观设计中，追求精神表现的作品也大量出现，文脉性、地域主义逐渐得到景观设计师的重新认同。人文思想、回归自然的渴望是此间发生的最大变化，多元文化的需求也促使景观设计再一次寻求自身的变革。美国现代景观设计实践首先大规模出现在私家庭院中，继而反映在校园景观设计中。从 20 世纪 20—30 年代美国"加州花园"到 50—60 年代景观规划设计事业的迅速发展，都集中表现为"现代主义"倾向的反传统强调空间和功能的理性设计。此间所涌现的一些大型景观设计事务所和众多杰出的设计师在其中起到了不可忽视的推动作用。由于美国成了世界经济的中心，大量的实践再次将美国推向景观发展的前沿，与此同时，欧洲在二战后也重新开始走向繁荣，自由形式设计的语言在各种规模的景观项目中得以广泛运用。

抽象艺术对 20 世纪所有艺术形式都产生了深远的影响。一大批抽象绘画作品崛起，其平面构成意味强烈，大量强调平面哲学的抽象艺术作品成为造园的范板。从 20 世纪 50 年代开始，一些早期的景观设计已在创作手法上有所变化。结构主义大师卡西米尔·塞文洛维奇·马列维奇（Kazimir Severinovich Malevich，1878—1935）和亚历山大·罗德钦科（Alexander Rodchenko，1891—1956）创造了抽象的几何结构和硬边结构；特奥·凡·杜斯堡（Theo van Doesberg，1883—1931）和约瑟夫·亚伯斯（Josef Albers，1888—1976）实现了具体艺术；汉斯·阿尔普（Hans Arp，1887—1966）和胡安·米罗（Joan Miro，1893—1983）则运用了抽象的松散结构，即生物形态。加之受到立体主义的影响，从 20 世纪 40 年代开始，一些美国景观建筑师如埃克博、罗斯、罗伯特·洛斯顿（Robert Royston，1918—2008）、托马斯·丘奇（Thomas Church，1902—1978）、劳伦斯·哈普林（Lawrence Halprin，1916—2009）等致力于新形式的探索，随后而来的"肾形""变形虫"之类的设计语言广泛出现在丘奇等人的景观设计中，甚至成为加利福尼亚州景观的标志。

当现代景观艺术来临之后，与美洲以及欧洲其他国家相比较，英国显得相对保守，现代景观艺术对英国的影响微乎其微，杰弗里·杰里科（Geoffrey Jellicoe，1900—1996）于 1929—1934 年作为建筑联合会一个工作室的主要负责人，他吸收了现代主义思想，对现代主义景园做出的最具现代意义的设计是在 1936 年为约克郡的公爵夫妇所做的"平台"。他通过把建筑刷成白色，并在建筑周围种满杜鹃花，来一改维多利亚时代哥特式皇家风格的古板与沉闷。保罗·克利（Paul Klee，1879—1940）对杰里科的景观设计产生了深刻的影响，莎顿庄园和舒特住宅花园是他的代表性作品，高贵优雅而又富有神秘的色彩。直到二战前夕，亨利·摩尔（Henry Moore，1898—1986）和芭芭拉·赫普沃斯（Barbara Hepworth，1903—1975）终于凭借现代雕塑为英国争得了一定的国际地位，本·尼科尔森（Ben Nicholson，1894—1982）的抽象雕塑经常会出现在杰里科的景观中。

安东尼奥·高迪·科尔内特（Antonio Gaudi Cornet，1852—1926）的初期作品近似华丽的维多利亚式，随后采用历史风格，属哥特式复兴的主流。作为建筑师，高迪希望仿效大自然，像大自然那样去建筑。1900 年，高迪设计了一处供中产阶级使用的居住小区，取名古埃尔公园（图 1.14）。该公园位于佩拉达山坡，面积为 29 hm²，规划的每一栋住宅都可以得到阳光并可以俯瞰以大海为背景的巴塞罗那市容，遗憾的是已建成的住宅只有两栋，一栋是为古埃尔家庭设计的，另一栋后来被高迪买下并一直住在那里。作为住宅，这个项目无疑是失败的，而作为公园，古埃尔却成为奇迹。高迪将建筑、雕塑、色彩、光影、空间以及大自然融为一体。虽然高迪极力地追求形式的特异，但公园布局沿用中心轴线的平面构图，有些古典味道。由于山地不规则的地貌，所以采用水渠形状的桥梁作为公园的路径，融合了地中海地域特征。大门两侧分别是警卫室和接待室。建筑平面为椭圆形，屋顶是传统的加泰罗尼亚式砖砌穹顶，墙由碎石砌筑，并以色彩斑斓的马赛克进行装饰。进入公园，沿轴线布置大台阶和跌落水池、喷泉，导向一座由69根陶力克柱支起的大厅，在原设计中，这里作为居住区的中心商业街，大厅的屋顶作为露天剧场，其中的柱子犹如森林中的树干。在古埃尔公园中，高迪成功地将大自然与建筑有机地融合成一个完美的整体，其中的小桥、道路和镶嵌着彩色瓷片的长椅都蜿蜒流动着，达到了童话般的境界。

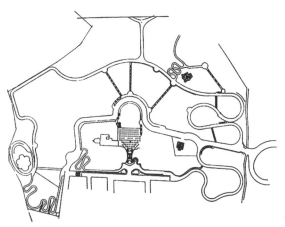

图1.14a　古埃尔公园平面图

巴西画家马克斯是抽象画家出身，早年在德国学习绘画，深受当时先锋艺术的影响，熟悉植物和生态知识以及景观设计的基本理论，他将景观设计当作绘画艺术与自然的结合。在巴西教育部侧楼屋顶花园的设计中，他采用绘画艺术造园，庭院呈现出抽象性平面构图。马克斯的景观作品表达了其对艺术构图过程的理解。形体的布局、色彩与形的有节奏的交替、重复与并列的使用，类似的设计手法也出现在潘普尔哈公园和里约热内卢国家美术馆庭院、巴西利亚的动植物园之中。马克斯的景观犹如一幅幅真实的"生态画"，表现着自然的价值。

图1.14b　古埃尔公园实景图1

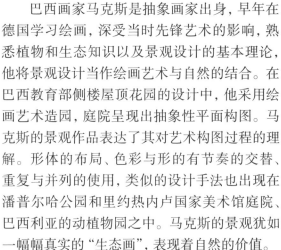

图1.14c　古埃尔公园实景图2

图1.14d　古埃尔公园实景图3

图1.14e　古埃尔公园实景图4

马克斯认为，艺术是相通的，1954年他在美国景观设计师协会（ASLA）演讲中再次提到，"艺术之间没有隔阂，因为我们使用相同的语言"［参见彼得·沃克，梅拉妮·西莫.看不见的花园——探寻美国景观的现代主义［M］.王健，王向荣，译.北京：中国建筑工业出版社，2009］。景观设计与绘画从某种角度来说，只是工具的不同。他用大量的同种植物形成大的色彩区域，正如他的作品三角园如同在大地上而不是在画布上作画（图1.15）。他曾说："我画我的园林（I paint my gardens）。"这生动地表明了他绘画般的景园设计手法。从他的设计平面图可以看出，他的景观形式语言受到超现实主义绘画和立体主义的影响。

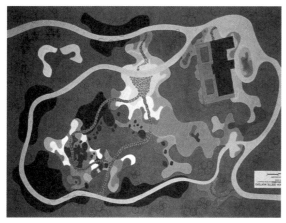

图1.15a　三角园平面图

图1.15b　三角园实景图

　　20世纪40—50年代，美国景观设计师丘奇将新的视觉形式运用到园林中，立体主义、超现实主义的形式语言被他结合形成简洁流动的平面，用动态、流动的视角表达设计理念，满足功能要求，从而创造了"加利福尼亚风格"。他对包豪斯和立体主义绘画产生了浓厚的兴趣。1948年他与哈普林合作设计的唐纳花园（Dewey Donnell Garden）被评价为"20世纪最重要的花园设计之一"（图1.16）。受立体主义思想的影响，丘奇认为花园的每处景观都可以同时从若干个视角来观赏，并且一座花园应该没有起点和终点的限制，景观空间是周而复始的。线条之间的对抗、形式之间的对立，使整个形体具有强烈的约束感，不仅具有自身独立的特点，而且符合场地

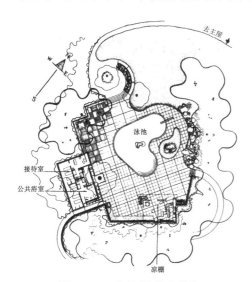

图1.16a　唐纳花园平面图

图1.16b　唐纳花园游泳池实景图

的需要。丘奇从阿尔瓦·阿尔托（Alvar Aalto, 1898—1976）的设计中获得了灵感，并且将阿尔托设计的独特的凳子、椅子和花瓶引入旧金山。索诺玛（Sonoma）附近的埃尔·诺维列罗（El Novillero）教堂水池是丘奇的代表作。水池的形状与旧金山湾北部弯曲的盐碱沼泽地互为呼应。随后"肾形泳池"成为加利福尼亚景观设计风格的代表。丘奇放弃了传统的轴线，逐渐形成一种新的动态的构成，即由流动、简洁的形式，多视角的观赏角度以及自由曲线和折线构成。丘奇不仅对设计的基本元素和原则掌握得十分熟练，而且对历史景观先例也有充分的研究，他能够从传统的"三段式"中提取设计的灵感。他擅长整合内部空间和外部空间，于是场所空间和其中的活跃元就成为一个具有整体格调的生活空间的一部分。同样，涉及自然景观的设计也要考虑这两者的整合，他擅长在铺地上用绿色植物进行"减法"，或者用构成和间隔重复的方法打破铺装的单调。在一个小的范围内，不同的场所功能常常被组合在一起，例如一个升起的路基边缘常常会被设计成能坐的矮墙或者是绿化的平台。在他所有的设计中，无论规模、地形及业主的要求等如何不同，他总是很注意将环境中各个部分综合起来形成一个具有整体性的场所。

凯利的设计理论则是基于其对现代建筑的深刻感悟。与其他倾向于自我表现的景观师不同，凯利的设计更强调景观环境与建筑的有机结合，突出整体美感的持久魅力。凯利于1955—1958年设计了印第安纳州哥伦布市的米勒花园（Miller Garden）（图1.17），从中可以看出他尝试运用西方古典主义景观语言营造现代空间。凯利的设计显示出他对理性与功能的重视。而他于1988年设计的北卡罗来纳州国家银行（North Carolina National Bank）公园（图1.18），则显示出一些微妙的变化。与早期功能主义不同，这一时期凯利强调景观的偶然性、主观性，突出时间和空间不同层次的叠加，创造出更复杂、更丰富的空间效果。在这两件作品中，凯利采用的是建构与种植相结合的手法，其中占地 1.86 hm² 的长条形的米勒花园平面沿着长轴方向被划分为三个部分，即花园、草地和林地。他用树篱、林荫道和墙垣围合形成矩形空间，在庭院区和草坪之间是一条两边种植着美洲皂荚的林荫道，道路的尽头摆放着摩尔的雕塑，充分体现出花园与埃罗·沙里宁（Eero Saarinen）设计的住宅部分完美结合。在达拉斯联合银行广场设计中，凯利在基地上采用了建筑玻璃幕墙的构成方式，使用两套重叠的 5 m×5 m 的网格，于网格的交叉点上布置了圆形

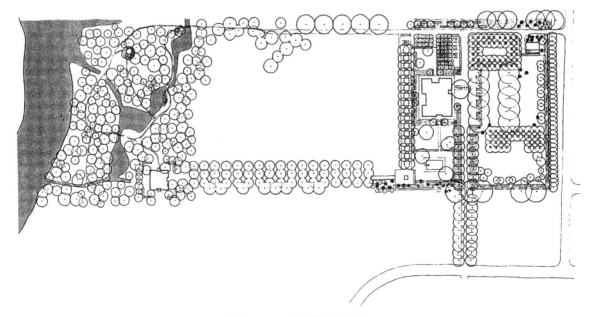

图 1.17a　米勒花园平面图

图 1.17b 米勒花园实景图

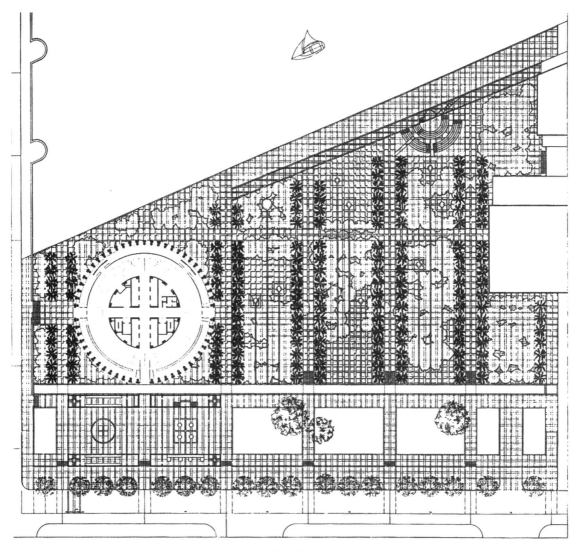

图 1.18a 北卡罗来纳州国家银行公园平面图

图 1.18b　北卡罗来纳州国家银行公园实景图

的落羽杉树池与喷泉，整个景象犹如森林沼泽，为夏季炎热的达拉斯带来一片清凉。米勒花园及北卡罗来纳州国家银行公园等作品均反映了凯利以建筑秩序作为景观设计的出发点，在景观环境与建筑之间形成内在的同构关联，景观细部刻画追求简洁与多重变化，实现建筑与景观环境的交融。

劳伦斯·哈普林作为美国现代第二代景观设计的代表人物之一，先后在康奈尔大学、威斯康星大学和哈佛大学学习，深受赖特、唐纳德、格罗皮乌斯、丘奇等人的现代主义景观设计思想的影响。1945 年，他加盟托马斯·丘奇事务所，协助丘奇从事"加州花园概念"的完善与发展。1949 年，他开办了自己的事务所，他的景观设计领域广阔，从雕塑喷泉设计到城市更新、建筑及区域规划。水、树木、粗糙的石块与混凝土等都是哈普林景观作品中最具特征的组成部分。

哈普林强调对于自然及其过程的解读，其景观设计融合西方的理想与东方的哲理。现代艺术的崛起在很大程度上源于东西方文明的碰撞、交汇和共生。哈普林认为东方文化博大精深，他提出要遵循自然之"TAO"，"TAO"即"道"，也就是自然的规律。从某种意义上讲，哈普林是东西方思想的折中主义者，他的作品融合了西方的设计理念和东方的意境追求。"理解、记忆与体验"大自然景观及其过程是哈普林景观设计的特色。通过巨大的水瀑、万顷的波涛、粗糙的混凝土墙面与茂密的树林在城市人工环境中为人们架起了一座通向大自然的桥梁，它使人想起点缀瀑布和植物的绵绵山脉。受到东方艺术与哲学的启发，他在开始设计项目之前，首先要查看区域的景观，试图理解这片区域的肌理，并结合其自创的谱记方法记录下自然的过程，再通过设计来反映这个自然的"全貌"，如同东方人的"搜尽奇峰打草稿"的创作过程。其中一个很好的例子便是著名的滨海农场住宅开发项目。大自然是哈普林许多作品的重要灵感之源。在深刻理解大自然及其秩序、过程与形式的基础上，他以一种艺术抽象的手段再现了自然的精神，而不是简单地移植或模仿。哈普林通过对自然的观察，体验到自然过程之"道"。20 世纪 60 年代，他为俄勒冈州波特兰市（Portland, Oregon）设计了一组广场和绿地——伊拉·凯勒水景广场（Lra Keller

Fountain Plaza)(图 1.19），从高处的涓涓细流到湍急的水流，从层层跌落的跌水直到轰鸣倾泻的瀑布，整个过程被浓缩于咫尺之间。爱悦广场（图 1.20）是这一系列中的高潮，广场的大瀑布是整个序列的结束。在面积达 2.2 hm² 的西雅图高速公路公园（Seattle Freeway Park）中（图 1.21），人造"岩石"作为"自然"素材被引入城市空间，水从高低不等的"岩石"上倾泻而下，不仅创造了极好的视觉效果，而且削弱了环境中的噪声。依据对自然的体验来进行设计，哈普林一系列以自然景观为表现对象的景观设计，不仅美化了场所，而且营造了人性化的开放空间。1974 年，在罗斯福纪念园（The FDR Memorial Park）的设计中，哈普林以一系列花岗岩墙体、喷泉、跌水、植物等营造了四个空间，分别代表了罗斯福的四个时期以及他所宣扬的"四种自由"，以雕塑表现四个时期的重要事件，用岩石和水的变化来烘托各个时期的社会气氛，使得设计与环境融为一体。纪念园开放的、引人参与的空间特色、景观风格与罗斯福总统平易近人的个性非常吻合，从设计上摆脱了传统模式，更为尊重人的感受和参与性。哈普林用独特的视角和创造性的理念设计了罗斯福纪念园（图 1.22），在表达纪念性的同时，也为参观者提供了一个亲切、轻松的游赏和休憩环境。

图 1.19a　伊拉·凯勒水景广场实景卫星影像

图 1.19b　伊拉·凯勒水景广场实景图

图 1.20a 爱悦广场卫星影像

图 1.20b 爱悦广场瀑布

图 1.20c 爱悦广场水面

图 1.21a 西雅图高速公路公园实景图 1

图 1.21b 西雅图高速公路公园实景图 2

图 1.21c　西雅图高速公路公园实景图 3　　　　　图 1.21d　西雅图高速公路公园
实景图 4

图 1.22a　罗斯福纪念园实景图 1

图 1.22b　罗斯福纪念园实景图 2

当代景观接受现代建筑营造法则的同时，一些勇于思考的景观师则提出了质疑，如哈普林在 1961 年指出，"推土机吹起可怕的灰尘，乡村树林在一夜之间死亡，山丘被平整以迎合车辆的需要，在平整的农业用地上，富饶的土地被下水道的格网和成千上万的延伸数英里（1 mile≈1 609.344 m）的混凝土板分割，迎合着 2×4 的模数……在这些人造的现代景观中，重要的是应该考虑和审视什么是我们所追求的，应该采用什么样的方法来达到我们的目的"［参见彼得·沃克，梅拉妮·西莫.看不见的花园——探寻美国景观的现代主义［M］. 王健，王向荣，译. 北京：中国建筑工业出版社，2009］。哈普林用自己的景观语言诠释了现代景观设计的基本含义，以现代的工程技术结合抽象的表现、简洁的形式去展示自然的美与规律。他的景观作品没有"网格"与"轴线"，不谋求以趋同的方式求得与建筑环境的协调，而是以表现自然的过程、典型的景象与模糊的界面实现与包括建筑在内的周边环境相融合，表现出他高度的智慧与娴熟驾驭景观环境的能力。

佐佐木英夫是景观、城市设计和规划事务所 SWA 集团及佐佐木事务所（Sasaki Associates Inc.）的创始人。1948 年，他毕业于当时由格罗皮乌斯执掌的哈佛大学设计研究生院景观建筑系。1953 年，他建立了自己的景观建筑设计事务所。他将景观规划设计理解为人类的财富和文明的记忆，将设计领域从"景观"拓展到城市设计，在更广泛的范畴中思考自然资源、人类活动的场所，因此他极力推动景观设计与城市设计的结合。他鼓励景观建筑师与规划师、建筑师在城市设计领域紧密合作，为城市设计带来新气象。同时，他身体力行，将自己从景观设计中发展出来的一些观念带入城市设计中去，并以城市设计引领建筑设计。从景观设计到城市设计，佐佐木英夫的设计与创作事业也随之蓬勃发展，他对景观与城市设计领域的认识也在不断深化。

佐佐木英夫侧重大范围内适应场地的设计，而不主张受先入为主的概念和理论的束缚，强调设计应当基于对自然环境的理性分析。他在对环境正确理解的基础上，从各种生态张力的作用中找到适合的设计手段并将生态系统纳入城市基本结构，追求生态与城市的共生，人与自然、城市与自然的和谐；建立开敞空间系统，并追求宜人的空间和适当的尺度，支持连续的步行空间；联系整体环境考虑地段的设计；提供土地的混合使用，激发城市的活力。佐佐木英夫的和谐设计观是动态的和谐。他主张城市各方面弹性发展，从城市整体结构到具体使用功能的配置均应有可塑性。他以动态的和谐观所做的系列城市设计、景观设计均取得了与环境的协调。他既有学院派规划设计方法的坚实基础，同时也具有为现代建筑场地环境设计的实际经验，他将设计注意力集中在和谐、整体的环境塑造上，建筑与环境彼此烘托。佐佐木英夫认为景观设计是为了给现代建筑与雕塑提供优雅的环境，他倾向于采用人工水面来调节建筑的物理环境，因此他成为继凯利之后最为现代建筑师所青睐的景观师。佐佐木英夫是现代主义的设计师，其作品流露出他对于理性的执着，同时他又有着如奥姆斯特德一般的田园审美理想。

此外，对这一时期产生广泛影响的景观师还有日裔美籍雕塑家野口勇（Isamu Noguchi，1904—1988），他将雕塑、绘画融入风景环境中来，创造了地景艺术。此外，他的景观设计表达了对日本枯山水庭院的憧憬，将东方的空间美学融入西方的现代理性当中。他的作品包括纪念馆、游乐园和桥梁，代表作有纽约市曼哈顿银行、泊纳克珍藏本图书馆和手稿图书馆、加利福尼亚州科斯塔梅萨（Costa Mesa）的加利福尼亚州情景剧场（图 1.23）等。墨西哥建筑师路易斯·巴拉冈（Luis Barragan，1902—1988）、丹麦景观师斯文—英瓦·安德松（Sven-Ingvar Andersson，1927—2007）等擅长将景观、城市规划与建筑相融合设计，以其独特的设计理念和方法影响着世界的景观设计（图 1.24）。此外如埃克博、罗斯、瑞士景观师恩斯特·克莱默（Ernst Cramer，1898—1980）等都是 20 世上半叶的著名景观建筑师（图 1.25 至图 1.28）。这些不同的风格聚合在一起，共同构成了 20 世纪上半叶的景观世界，他们大都能够从这些形式复杂多样的风格中获取创造灵感。

图 1.23a 加利福尼亚州情景剧场 1

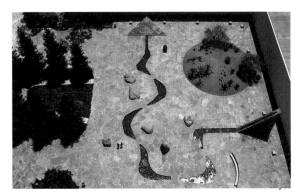

图 1.23b 加利福尼亚州情景剧场 2

图 1.24a 圣·克里斯特博马厩与别墅实景图 1

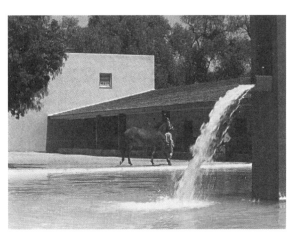

图 1.24b 圣·克里斯特博马厩与别墅实景图 2

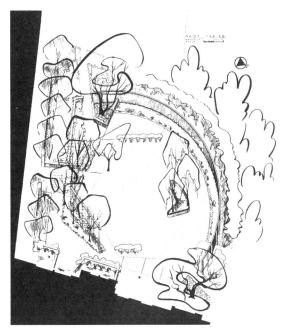

图 1.25 埃克博景观作品

图 1.26 纳菲花园

图 1.27a　罗斯景观作品 1

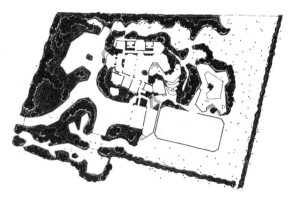

图 1.27b　罗斯景观作品 2

图 1.28　克莱默景观作品

1.1.3　20 世纪 60—70 年代的生态主义与大地景观

　　两次世界大战后，西方的工业化和城市化发展达到高峰，郊区化导致城市蔓延，环境与生态系统遭到破坏，人类的生存和延续受到威胁。人们对自然的态度发生了转折性的变化，一度被认为是强大而取之不尽的自然环境突然变得脆弱而且资源短缺。自 20 世纪 60—70 年代开始，蕾切尔·卡逊（Rachel Carson，1907—1964）的"寂静的春天"把人们从工业时代的富足梦想中唤醒，生态环境问题日益受到人们的关注。20 世纪 60 年代，移居美国的意大利建筑师保罗·索勒瑞（Paola Soleri，1919—2013）创造了一个新词，它由两个词结合而成，一个是生态学（Ecology），一个是建筑学（Architecture），二者首尾相接组成了生态建筑学（Arcology）。这是绿色建筑时尚的开端。由于新景观的自然、历史及生态价值观和新技术的发展开始强调景观规划设计的可持续性，城市经济发展与环境发展需要保持动态的稳定，二者之间要相互适应，共同协调发展。通过对人的行为需求及其规律的研究，调整人与外部环境的相互关系；通过对自然的存在与生长规律的研究，提高环境质量。科学、哲学和"现代主义"的理性促使现代景观设计思想与范式的形成，在关注空间、功能的同时，"生态主义"的审美观与方法论成为 20 世纪 60 年代后景观设计科学化的主流（图 1.29）。

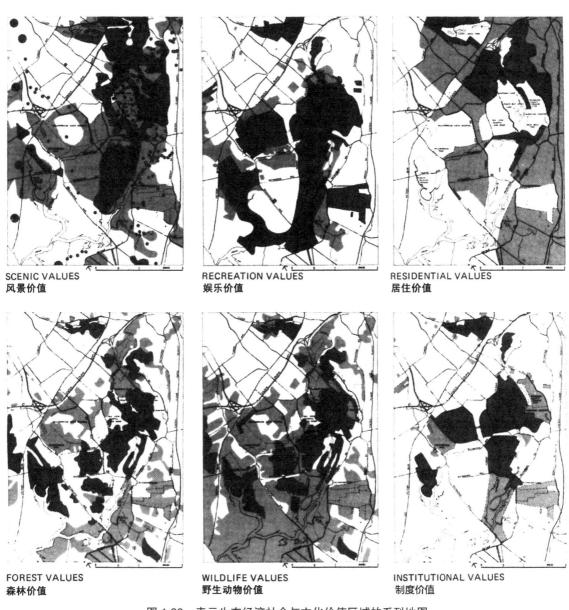

图 1.29　表示生态经济社会与文化价值区域的系列地图

　　生态学正改变着人们对于自然环境的观点，甚至左右着人们的审美观念。一处相对稳定的生态群落，依据传统的（古典的）观念来看，是杂乱的，然而生态科学研究表明这意味着多样的、稳定的存在形式，并且是一个动态的、平衡的与稳定的系统，是需要加以保护的对象。正如凯文·林奇（Kevin Lynch）所言："科学和设计的准则只是部分的吻合。纯粹的保护与人的意向是有矛盾的，而我们对解决这种矛盾缺少引导。对我们的价值观和条件有了更深的理解，就能创造一个包容整个有机体的更合适的道德准则"[参见凯文·林奇,加里·海克.总体设计[M].黄富厢,朱琪, 吴小亚, 译. 北京: 中国建筑工业出版社, 1999]。生态学带来了人们对于景观审美态度的转变, 20 世纪 70 年代在英国的住区景观环境设计中, 个别案例已到了近乎疯狂的地步——景观师抛弃了传统的"设计", 而是将大量的地带植物种子播洒在住区的环境之中任其生长, 两三年之后一片荒芜的景象展示在眼前, 随之而来的小动物出没、住区的安全问题以及大量的住户迁徙, 迫使设计者重新审视自己的举措, 其结果是重新恢复到传统的住区景象。将生态观简单地"自然化"、杜绝人为的加工显然是失败的, 人们在实践中应不断地修正思路, 景观师应更多地探索"生态化"与传统审美认知间的结合点与平衡点。需要整体理解生态系统、行为环境以及空间形式之间的内在联系, 这是现代景观设计逐步建立起的整体设计价值观。

大量的创造实践, 丰富了生态建筑学理论。景观师麦克哈格 (1920—2001) 于 1969 年出版了《设计结合自然》一书。他反对传统依据使用功能而对区域和城市加以规划的做法, 提出了将景观环境作为一个系统加以研究, 其中包括地质、地形、水文、土地利用、植物、野生动物和气候等, 这些决定性的环境要素相互联系、相互作用共同构成环境整体。麦克哈格强调了景观规划应该遵从自然的固有价值和过程, 即土地的适宜性。他完善了以环境因子分层分析和地图叠加技术为核心的生态主义规划方法, 俗称"千层饼模式" (Layer-Cake Model) (1981 年)。麦克哈格的研究范畴主要集中于大尺度的景观与环境规划上, 他的设计思想逐渐影响到不同尺度的景观实践, 景观环境由"生态"与"美学"两大体系共同组成。1960—1981 年, 麦克哈格和设计师威廉·罗伯特 (William Robert) 及托德 (Todd) 合伙成立了一家设计事务所。他还与生态学家吉姆·索恩 (Jim Thorne)、李·亚历山大 (Lee Alexander) 等共同在纽约设计了一座滨河公园。该公园位于布朗克斯区, 面积为 50 acre (1 acre≈4 046.856 m²), 设想中的公园是一个环境教育中心。麦克哈格的方案是将这处场地恢复为原先的森林群落。他的计划包括对覆盖了此处近半数面积、有着 200 年历史的森林进行整理恢复, 同时努力保持场所的延续性, 运用自然生态系统的可持续性——这种强大的自然力量去创造富有多样性、易于管理的景观环境, 使其符合自然生态的规律性。麦克哈格的规划理念强调结合自然, 极力探寻包括地形、地貌、植物等在内的自然界的存在规律。林地社区 (The Woodlands) 是麦克哈格最有影响力的项目之一, 是美国历史上第一个以生态学理论为主导的新城规划。该规划以采用生态水文设计、原生植物保护等生态学方法而闻名, 因地制宜地将地表降水顺应地形就近处理并加以利用, 很好地体现了麦克哈格所倡导的"利用自然的过程" (图 1.30)。

西蒙兹在《大地景观: 环境规划指南》 (*Earthscape: A Manual of Environmental Planning*) 一书中提出从"研究人类生存空间与视觉总体的高度"探讨景观规划设计, "景观设计师的终生目标和工作就是帮助人类使人、建筑物、社区、城市——以及他们的生活——同生活的地球和谐相处"。这极大地拓展了景观研究的范畴与视野, 并指出景观规划设计是为了人类的生存环境改善而设计。西蒙兹说: "自然法则指导和奠定所有合理的规则思想。"他主张理解自然, 理解人与自然的相互关系, 尊重自然过程, 需要全面解析生态要素分析方法、环境保护和生活环境质量提高策略。西蒙兹认为, 改善环境不仅仅是指纠正由于技术与城市的发展所带来的污染及其灾害, 还应是一个人与自然和谐演进的创造过程, 帮助人们重新发现与自然的和谐。规划的"人的体验"必须通过重组物质空间要素实现。景观要素既有纯粹自然的要素, 如气候、土壤、水分、地形地貌、大地景观特征、动物、植物等, 也有人工的要素, 如建筑物、构筑物、道路等等。西蒙兹的景观规划设计理念深受美国现代主义建筑大师路易斯·沙利文 (Louis Sullivan, 1856—1924) "形式追随功能"的影响。他说: "规划与无意义的模式和冷冰冰的形式无关, 规划是一种人性的体验, 活生生的、搏动的、重要的体验, 如果构思为和谐关系的图解, 就会形成自己的表达形式, 这种

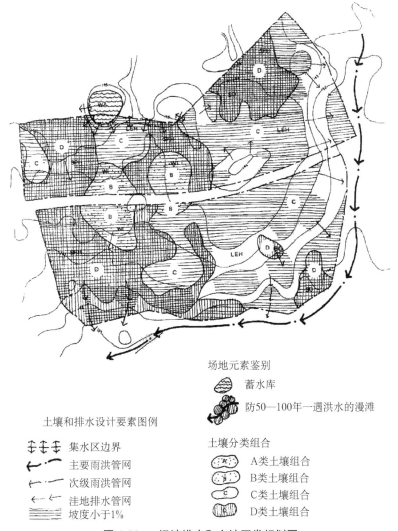

场地元素鉴别

蓄水库

防50—100年一遇洪水的漫滩

土壤和排水设计要素图例

集水区边界

主要雨洪管网

次级雨洪管网

洼地排水管网
坡度小于1%

土壤分类组合

A类土壤组合

B类土壤组合

C类土壤组合

D类土壤组合

图 1.30a　场地排水和土地开发规划图

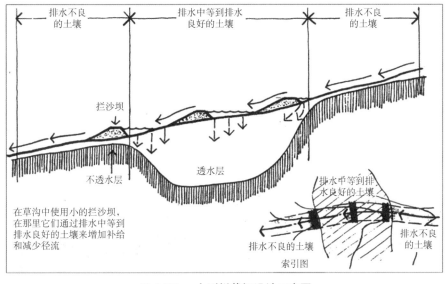

排水不良
的土壤

排水中等到排水
良好的土壤

排水不良
的土壤

拦沙坝

不透水层

透水层

排水中等到排
水良好的土壤

在草沟中使用小的拦沙坝，
在那里它们通过排水中等到
排水良好的土壤来增加补给
和减少径流

排水不良的土壤

排水不良
的土壤

索引图

图 1.30b　小型拦截坝设计示意图

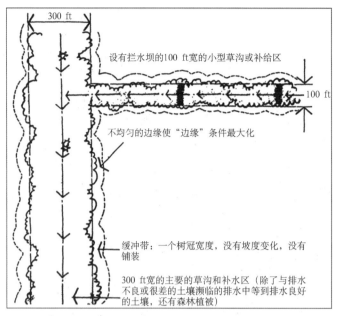

图 1.30c　生态植草沟设计原理示意图

图中标注：

300 ft

设有拦水坝的100 ft宽的小型草沟或补给区

100 ft

不均匀的边缘使"边缘"条件最大化

缓冲带：一个树冠宽度，没有坡度变化，没有铺装

300 ft宽的主要的草沟和补水区（除了与排水不良或很差的土壤濒临的排水中等到排水良好的土壤，还有森林植被）

形式发展下去，就会像鹦鹉螺壳一样有机；如果规划是有机的，它也会同样美丽。"西蒙兹的研究内容涉及组群规划，生态决定因素分析，各种方式的交通运输设计，社区规划，城市更新，城市与区域规划的结构，露天矿区、垃圾场和土地改造方法，噪声消减方法，水和空气的保护以及动态的保护方针等（图 1.31）。作为匹兹堡环境规划与设计公司（Environmental Planning and Design Company，简称 EPD 公司）合伙人，西蒙兹通过 60 余个大型社区的规划来实现其景观规划理想。近半个世纪以来，遵从自然的景观设计模式在生态学和人工景观环境之间建立起联系，走出一条可持续环境发展的科学化景观设计之路。后工业时代的景观师勇敢地担负起"人类整体生态环境规划设计"的重任，由此景观设计研究范畴进一步拓展到人类生态系统的设计——一种基于自然系统自我有机更新能力的再生设计。

　　"大地景观思想"从科学到艺术层面对此间的景观设计产生了巨大的影响。与景观设计科学层面的演变相呼应，20 世纪 60 年代大地艺术家们开始摆脱画布与颜料，走出艺术展览馆。他们带着环保意识到美国西部广阔无垠的沙漠和荒地进行创作，营造出巨型的泥土雕塑——"大地艺术"（Land Art）。这些艺术家不仅用泥土，而且用石头、水和其他自然因素，改变并重新塑造景观空间。早期的"大地艺术"是为艺术而产生的（Arts for Arts' Sake），正如迈克尔·海泽（Michael

图 1.31　芝加哥植物园

Heizer, 1944— ）所说："艺术必须是激进的。"面对"现代功能主义"和"技术理性"的所谓"科学的思想与技术"带来的环境危机，艺术家们的美学理论的最初目的是反人工、反易变的，企图摆脱商业文化对艺术的侵蚀，强调不妥协，强调创新。他们的作品都建造在沙漠、废弃的采石场、海滩和湖畔等。"大地艺术"的作品超越了传统的雕塑艺术范畴，与基地产生了密不可分的联系，从而走向"空间"与"场所"，视环境为一个整体，强调人的"场所"体验，将艺术这种"非语言表达方式"引入景观建筑学中，并为之提供了新的设计观念与思路，赋予其勃勃生机（图 1.32 至图 1.34）。

图 1.32 安东尼·葛姆雷（Antony Gormley）的大地艺术

1.1.4 现代主义之后的多元共生格局

20 世纪 70 年代之后，景观设计格局向多元化方向转化，一方面以生态学为代表的景观科学化设计思想仍在如火如荼地发展着，另一方面景观师的视角开始从自然与建成环境转而关注整个地球。生态学的发展改变着人们的世界观与方法论，"异质性"和"共生思想"是 20 世纪生态学整体论的基本原则。景观异质性理论指出，景观系统由多种组分和要素构成，如基质、斑块、廊道、动物、植物、生物量、热能、水分、空气、矿质养分等等，各种要素和组分在景观系统中总是不均匀分布的。由于生物不断进化、物质和能量不断流动，因此景观永远也不会实现同质化。日本学者丸山孙郎从生物共生控制论角度提出了异质共生理论，他认为增加异质性、负熵和信息的正反馈可以解释生物发展过程中的自组织原理。在自然界生存最久的并不是最强壮的生物，而是最能与其他生物共生并能与环境协同进化的生物。差异与共生不仅仅符合自然界的规律并且具

图 1.33 大盐湖螺旋形防波堤

图 1.34 南希·霍尔特（Nancy Holt）的作品《上与下》

有优越性，这无疑动摇了传统的一元论、二元论思想基础，人们对于自然界的包容性理解得更为透彻。不仅如此，20世纪80年代以后随着冷战的结束，国际政治呈现多元化格局，局部的动荡代替了世界大战的危险，从一个方面证明了保持"异质性"基础的"共生"思想同样可以适用于人类社会的其他方面，这是80年代以来思想领域的一次飞跃。

当大尺度的景观规划转向理性的生态方法，小尺度的景观设计也受到20世纪70年代以来的建筑与艺术的影响以及后现代主义思潮的激励，景观界对于艺术思潮与景观的关联做了大量的探索。伴随着"国际主义"的衰退，新现代主义和后现代主义并存成为现代建筑与景观的一大突出现象。现代哲学、美学、艺术设计思潮极大地影响着现代景观设计思潮的流变，观念和哲学的成分在景观设计创作领域中逐渐加重。设计师意识到，理论创新的缺失导致形而上设计哲学思想的落后，最后致使设计程序缺乏理论依据。除去一般的空间形式，缺乏形而上的追求，其景观设计结果难免缺乏诱人的意义。概念艺术的盛行几乎使得艺术家、景观师成为哲学家，而这种观念直接导致了景观设计中大地艺术、极简主义、后现代主义等等不同流派的诞生，各种流派之间彼此渗透。现代景观设计较之于过去更强调人和自然的相互依存关系，同时提倡尊重文化的多元化特征，景观环境被视为文化的一种载体。除去美国一度引领现代景观运动的主要潮流，欧洲以及世界其他各国的多元实践共同推动了现代景观发展。帕瑞克·纽金斯称20世纪70年代以来的世界建筑为"个人主义和现代技术的多元化世界"［参见帕瑞克·纽金斯.世界建筑艺术史［M］.顾孟潮，张百平，译.合肥：安徽科学技术出版社，1990］。20世纪是一个多"主义"的时代，诸如结构主义（Constructivism）、解构主义（Deconstructivism）、新构成主义（Neo-Plasticism）、有机主义（Oganism）、新陈代谢主义（Metabolism）、新新陈代谢主义（New-Metabolism）、现代主义（Modernism）、后现代主义（Post-Modernism）、历史主义（Historicism）、极简主义（Minimalism）、地域主义（Regionalism）、表现主义（Expressionism）、后现代古典主义（Post-Modern Classicism）、达达主义等等，而更多的"主张""宣言"则不胜枚举。凡此种种正说明20世纪建筑与景观设计思维的活跃与丰富，反对单纯的模仿传统，探索、求新、发展成为20世纪景观设计的主流。20世纪80年代以来，信息的快速传递，不同学科间的相互交融，尤其是哲学与建筑、景观设计的结合，设计创作变得更加自信，表意更加丰富、深刻，所表现出的思想观念和技术水平也更为先进。景观师可以从建筑、绘画、雕塑、电影等相关艺术领域中获取灵感，在单一性的环境中，拓展了更多样的观点与角度。在建筑领域里，面对现代主义的单调与乏味，来自后工业化国家如英国、美国、日本、瑞士等国的一些新锐建筑师坚持发展自我概念，积极推动当代建筑设计理论与方法的探索，各种反传统的观念在现实的设计中得以实现。建筑师将现实环境中的"片段""表象"的现象作为主题并反思建筑及景观创作，提倡增强建筑与景观的展示性、表现性、个性化及其信息化，建筑师不再受"形式追随功能"的束缚，建筑创作可以彰显设计者的个性风格。各色非理性的设计思想、混沌的非线性思维丰富了建筑师的创作理念，突破了传统美学的框框，设计师不再受到主从、对比、变化等传统营造法则的限制，在个性化空间与形式秩序的基础上追求混沌、晦涩的空间效果，从而创造新的形式与意义。

黑川纪章（Kisho Kurokawa，1934—2007）认为现代主义时代人们的思维方式是机械的二元论，非此即彼，是追求"真"的时代。而生命时代，则是多元共生的，是追求关系的"真"的时代。在认识论上已经从否定和矛盾的时代转向了包含否定和矛盾的时代，整个知识体系都发生了结构性的变化。共生思想是黑川纪章哲学理念的主体，共生哲学几乎涵盖了自然及人类社会的各个领域，是黑川纪章城市设计思想和建筑设计理念的核心。同样，欧洲当代景观师也反对传统的认知观念，如人与自然、城市和自然、人类和生态、技术和自然之间不再是对立和矛盾的关系，而是可以共生的。阿德里安·高伊策（Adriaan Geuze，1960—）认为技术与生态之间是一种新的共生关系。由于景观设计的介入总是在改变着自然，即使是自由、放任也是一种塑造自然的方式，故而应当淡化"人造"和"自然"的界限，争取更为宽泛的设计空间。

20世纪末高新科学技术的不断涌现，大批新型材料的运用拓展了景观设计的表现空间。以CAD（计算机辅助设计）、3DS Max（三维动画渲染和制作）、GIS（地理信息系统）等为代表的辅助设计软件出现后，对于景观环境的研究与设计变得更加方便，景观分析与设计语言的表达更加生动。三维与虚拟现实技术极大地深化了设计研究的深度与维度，拓展了现代景观设计空间与表现力。以生态学为代表的生命科学、环境科学思想成为当代文化的一部分，渗透到景观设计的各个层面。而合成金属、玻璃纤维、清洁能源被运用于景观环境中，极大地丰富和扩展了景观设计的表现力。行为科学的发展及其向景观环境领域的渗透为景观环境设计提供了充分的依据，西蒙兹指出，景观"规划的不是场所，不是空间，也不是物体；人们规划的是体验——首先是确定的用途或体验，其次才是随形式和质量的有意识的设计，以实现希望达到的效果。场所、空间或物体都根据最终目的来设计"。因此，景观环境变得更加富有人性化与人情味，是实现功能性、舒适性与美观的最佳结合。现代景观设计倾向于运用科学与艺术原理融会贯通，创造出可持续、富有审美情趣并且具有精神内涵的人居环境。虽然科学与艺术是人类存在和需求的两个相对独立的分支，但是在景观设计领域，科学与艺术的"整合"成为学科发展趋势，现代景观设计成为科学与艺术的结晶。

建筑师的探索极大地激发了景观师的创新意识，不甘寂寞的景观师先后扛起各自的旗帜，各种风格、主义、流派层出，似乎并不比建筑界冷清。景观师从不同角度探讨景观设计所面对的各种环境问题，走自己的路成为个性景观师的共性，而人们热议的似乎都是那些最富个性特征的景观师。彼得·拉茨（Peter Latz，1939—）曾批评景观界缺少建筑界的创新意识与理论思维，反对传统田园牧歌式的唯美景观设计。拉茨认为现代景观设计与建筑艺术相关学科的发展相比较，其理论与实践滞后了20年，而20世纪50年代所出现的一些借鉴建筑语言的景观设计也显得单调与乏味。除了个别项目外，大多数的景观设计缺少与现代主义的理智对话，只是流于一种表面的尝试。景观师几乎没有找到通往后现代景观艺术的道路。当下的景观师忽视表达景观的结构。多数景观师在玩一些形式的游戏，或者一头钻进了历史，缺乏体现当代文化的景观设计语言。一方面人们追逐、鼓励个性，另一方面则是争议不断。拉茨的探索既有大批拥护者，世界各地也不乏其模仿秀，但他的创作也被指责为垃圾美学的代表——庸俗的堆砌、凌乱不堪、莫衷一是。而景观师本人往往也厌倦于长时期坚持一种个人风格，譬如20世纪80年代中晚期彼得·沃克（Peter Walker，1932—）开始怀疑"极简"的价值。一方面，景观学是一个开放性的学科，来自不同领域的影响共同造就了其相对宽泛的涉猎面；另一方面，景观设计更有其自身的规律性，不能脱离景观本体讨论其他领域对景观的意义。现代主义和工业化社会、后现代主义和当代高科技社会都存在关联。后现代主义是针对现代主义节省、极简风格的一种反应，他过分地关注文脉、隐喻和形象，是多种文化的混合物，没有明确的概念。在乔治·哈格里夫斯（George Hargreaves，1952—）、高伊策、凯瑟琳·古斯塔夫森（Kathryn Gustafson，1951—）、米歇尔·德维涅（Michel Desvigne，1958—）以及克里斯汀·道尔诺基（Christine Dalnoky，1956—）等人的作品中都含有后现代主义元素。后现代主义宣扬、鼓励多元化设计思想。受到现代主义、后现代主义、文脉主义、极简主义、波普艺术的侵染，景观设计不再拘泥于传统的形式与风格，提倡设计平面与空间组织的多变、形式的简洁、线条的明快与流畅，以及设计手法的丰富性，现代景观设计呈现出前所未有的个性化与多元化特征。

与建筑相比较，景观环境设计的制约因素（功能等）相对要少一些，更加强调艺术性。除了景观师以外，先锋的建筑师往往也会选择景观项目作为其新锐设计理念的试验场，不论是伯纳德·屈米（Bernard Tschumi, 1944—）的拉·维莱特公园、摩尔的新奥尔良市意大利广场、罗伯特·文丘里（Robert Venturi, 1925—2018）的富兰克林庭院（中心广场）、查尔斯·詹克斯（Charles Jencks, 1939—2019）的宇宙思考花园，还是矶崎新（1931—）的筑波中心广场等，景观空间成为建筑师阐述观念的理想介质（图1.35至图1.39）。景观较之于单纯的建筑似乎更能够营造宽松的创作环境，任凭建筑师抒发自己的理想，这些"有意思"的空间或建筑体量虽小，但意味深远，代表着建筑及景观创作领域的新思潮。20世纪70年代以后，现代景观设计思潮更加趋于多元化，从一个层面反映了文化及审美的结构性转变。"复杂""矛盾""对立""冲突"等等非传统美的现象均为现代景观师所接受，推崇破除传统的二元论，即所谓的"形式与功能""抽象与具象"等二元思想。相对于传统美学观念的变异，当代景观设计引发出并置的复杂意象，体现了其发展趋势——多元的价值取向。在后现代理论视野中，人类理性被压制，而非理性大放异彩，从而解构"自我"与"他者"的二元对立，实现不同文化、思想观念其至表现手法之间基于彼此差异的相互尊重。创造与拼贴并存，在复杂与无序景观的背后不难看出，多元共生的价值观念的核心仍然是基于肯定差异的和谐。

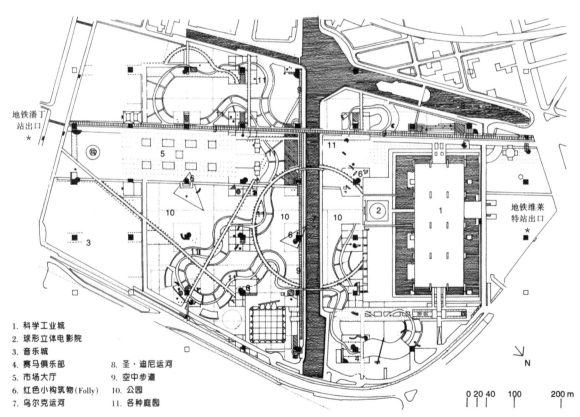

1. 科学工业城
2. 球形立体电影院
3. 音乐城
4. 赛马俱乐部
5. 市场大厅
6. 红色小构筑物（Folly）
7. 乌尔克运河
8. 圣·迪尼运河
9. 空中步道
10. 公园
11. 各种庭园

图1.35a　拉·维莱特公园平面图

图 1.35b　拉·维莱特公园实景图

图 1.36a　新奥尔良市意大利广场卫星影像

图 1.36b　新奥尔良市意大利广场实景图

图 1.37a　富兰克林庭院（中心广场）卫星影像

图 1.37b　富兰克林庭院（中心广场）实景图

图 1.38a 宇宙思考花园中的 DNA（脱氧核糖核酸）与物理园实景图

图 1.38b 宇宙思考花园中的 DNA 与物理园效果图

图 1.39a 筑波中心广场卫星影像

图 1.39b 筑波中心广场实景图

　　装饰主义在现代景观设计中仍然流行。人们一方面猛烈地抨击着"城市美化运动"，另一方面又在突出形式至上，充满着矛盾。通过迥异于周边环境的强烈对比的色彩、体块、线型等引起关注，历史的遗存被重新粉饰一新，甚至改变其颜色。而超越功能要求的小品早已不再安分地充当"小品"，而是无限制地被放大尺度、披上鲜艳的外衣……凡此种种，一方面与不同民族的审美心理、趣味、取向有着密不可分的关联；另一方面也说明景观尤其是小尺度环境中的景观，美化仍然是设计的基本目的之一。景观环境中的美化与装饰并不一定都是"罪恶"，其关键在于"度"的把握，适当的装饰可以画龙点睛，过度的装饰则会走向堆砌和繁琐，与营造美的景观环境相去甚远。

20 世纪六七十年代波普艺术在美国发展迅速，波普艺术的思想代表了一种回归，从精英文化向大众文化的转变，在景观设计中表现为对工业产品的直接运用，景观设计风格逐渐通俗化、世俗化，严谨的现代主义作风为戏谑、轻松的手法所替代。美国景观师玛莎·施瓦茨（Martha Schwartz, 1950—）曾经从事纯艺术创作，后来转向景观领域。她认为，景观是与其他视觉艺术相当的艺术形式，也是一种采用现代材料制造表达的当代文化产品。她极力主张波普艺术的思想，在景观中大胆地使用工业产品，以塑造一种世俗性、商业性和大众性的文化景观。与抽象表现主义正好相反，波普艺术的作品中往往采取超级写实的手法，逼真到夸张的形体与细部及其强烈对比的色彩。波普艺术思想影响广泛，其中主题公园是依据特定的主题而创造出的景观空间，它以景观环境为载体，是景观设计与旅游业、娱乐业联姻的产物。主题公园设计受到波普艺术的影响较大，通常以典型地域文化的复制、缩微等手法表现景观，以不同的主题情节贯穿各个游乐项目，具有信息量大、直观的特点。迪士尼乐园作为主题公园的代表把动画片所运用的色彩、刺激、魔幻等表现手法与游乐园的功能相结合，运用现代科技为游客营造出一个充满梦幻、奇特、惊险和刺激的游乐世界。

20 世纪 70 年代中期开始合作模式，即由一些小型事务所或分支机构共同组成大的设计团体，大型的建筑设计公司如 HOK、SOM 等也开始成立各自的设计机构。伴随着公司化的运作与团队规模的扩大，景观师、规划师以及经理人共同领导着景观公司，极大地冲击了由一两个主持人对于设计目标与过程的决策。20 世纪 80 年代早期，当公司成员达到百人以上时，当个人意志难以充分贯彻之际，早期的创始人大多选择了"离开"，如埃克博、佐佐木英夫（图 1.40）、哈普林、麦克哈格、沃克等人或再次成立个人的设计事务所，或重返讲坛，抑或两者兼顾。这也从一个方面说明了与规模经济利益相比较，大师们更注重实践和追求自我与个人的景观设计理想，正是他们的不懈努力推动了现代景观设计理论与思想的发展。

简约是现代景观艺术设计的特征之一，极简结

图 1.40　佐佐木英夫作品

构、线条和抽象的几何图形不断地出现在 20 世纪末的景观作品中。简洁的形式与耐人寻味的空间，所谓"简洁而不简单"是极简主义艺术作品的共同特征。沃克对"极简主义"抱有极大的兴趣，时常运用极简艺术的手法进行景观设计。他将简约的设计与日本禅宗的枯山水庭院相结合，特别是在日本的实践得到世人的认可之后，通过广泛宣传而使其在欧洲被广泛接受，从此声名鹊起。他先后设计了索尼幕张技术中心、丰田艺术博物馆、慕尼黑机场、凯宾斯基酒店庭院、IBM 公司（国际商业机器公司）庭院等有影响力的景观作品。沃克的景观作品带有强烈的极简主义色彩，他也因此被公认为极简主义景观的代表。他的作品具有简洁的布局形式、古典的元素，充满矛盾、神秘的氛围，简洁的形式中往往蕴含了深刻的意义。沃克曾经师从哈普林，后与佐佐木

图 1.41　唐纳喷泉

英夫合伙成立了事务所[SWA 集团（总部位于美国的设计与环境咨询公司）的前身]。哈普林和佐佐木英夫两位景观设计大师的锐意创新精神对沃克的创作有深刻的影响，他在对法国古典主义规则园林、现代主义和极简主义艺术进行综合研究后，开始尝试将极简艺术结合到景观设计中去，从而创造出极简主义的景观设计。他早期的设计作品包括 1980 年与施瓦茨合作的尼可庭院和 1983 年的伯纳特公园等。他在 20 世纪 80 年代中后期的一些作品标志着其极简设计风格的成熟，以 1984 年设计的唐纳喷泉（图 1.41）、IBM 公司索拉纳园区规划、加利福尼亚州科斯塔梅萨市中心 IBM 广场大厦和城镇中心公园（Plaza Tower and Town Center Park）等为代表（图 1.42）。其中哈佛大学校园内的唐纳喷泉位于一个交叉路口，是一个

图 1.42　广场大厦和城镇中心公园

由 159 块巨石组成的直径为 60 ft（18.29 m）的圆形石阵，内部由一些同心但不规则的圆组合，所有石块都镶嵌于草地之中，呈不规则排列状。石阵的中央是一座半径为 20 ft（6.10 m）、高 4 ft（1.22 m）的雾状喷泉，喷出的水雾弥漫在石头上。喷泉会随着季节和时间而变化，尤其在冬季，大雪覆盖了巨石，由集中供热系统提供蒸汽在石块上弥漫开来，隐喻着巨大的力量，表现大自然谜一般的特性。在晚上，灯光从下面透射出来，给雾及空间带来神秘的光辉。唐纳喷泉充分展示了沃克对于极简主义手法运用的纯熟。沃克的景观作品除去简约甚至神秘的色彩，大多隐喻着历史及其对于项目所处环境的理解，甚至有其创作原型。譬如巨石阵景象隐喻着英国远古巨石柱阵，而圆形的布置方式则出于对周围环境的考虑。沃克在其充满神秘感的景观设计作品中，都是运用简单的甚至自然的形体，以几何化的结构组合自然材料，唐纳喷泉也因此被看作沃克一件典型的极简主义园林作品。

　　作为现代抽象艺术的一支，极简主义艺术的纯净形式平衡内在秩序仍然是一种理想的象征；作为现代艺术构成主义的一脉，极简主义艺术的逻辑意图仍然是一种主观的认识。由于极简主义与日本禅宗庭院的设计思想有着相似之处——两者都崇尚简洁与自然，因此备受日本人的欢迎。20 世纪 90 年代后，沃克擅长运用日本园林中的主要要素，如竹子、石块、水体、沙砾等。这些特点主要表现在日本播磨科学花园城、索尼幕张技术中心、丰田艺术博物馆等设计作品中（图 1.43）。沃克的作品体现了极简主义与日本园林传统的有机结合。沃克还出版过《极简主义庭园》和《看不见的花园——探寻美国景观的现代主义》这两本专著，其中《看不见的花园——探寻美国景观的现代主义》对于美国自二战后至 20 世纪 70 年代末景观实践的演变做了全面的论述。沃克可以被称为最后一位现代主义的景观师，或是现代主义景观的终结者。由于极简主义的出现，现代主义的景观设计手法开始式微，此后的景观设计大多转入后现代时期。

图 1.43a　日本播磨科学花园城　　　　　　图 1.43b　索尼幕张技术中心

　　20 世纪 50 年代后期欧美发达国家先后进入后工业（Post-Industrial）时代，至 80 年代大量的工业用地与设施随着产业的调整面临"关停并转"。此外，矿山废弃地是人为干扰下生成的一类特殊的环境资源。随着矿山资源的枯竭，大量的废弃地产生，由此带来了大量的土地与工业设施遗存，如被污染的河道、废弃的滨水区、矿山、化工厂、仓储设施、垃圾场、冶炼厂、铁道等所谓棕地。在这样的背景下，人类文明进程中如何更加科学地利用工业废弃地，如何节约再生土地资源，变废为用，对于健全生态系统而言，是实现工业及矿山废弃地持续发展的重要课题。景观化改造是诸多废弃地的解决途径之一，新兴高科技工业不是利用既有的工业用地或遗存，而是另择他处，如利用空置的工业、交通用地供景观开发，这样可以节省大量的财力和精力。各国都在探索相应的对策，德国成功转型的鲁尔工业区部分工业遗存、英国著名的铁桥峡谷等都是利用工业遗存资源重建的具有特色的工业遗产景观环境。促进生态恢复、土地复垦与再生利用，对具有历史价值的建筑及地段进行保护性改造再利用，其中公园化、景观化改造利用是诸多方式之一，依据场所固有特征再结合游憩需要进行景观复原、改造设计，进而形成所谓的"后工业景观"。在充分研究场地现状、历史的前提下，利用原有的构筑物、设施等，赋予其新的游憩与展陈功能。这一类景观的显著特征是体现了工业文明和记忆，蕴含了个性化的场所精神。通常关于废弃地景观再生的设计思想理性而清晰，往往采取"生态修复"与"遗存再生"并置的方式。首先，利用工业遗存中既有的自然修复，结合人为干预进一步地实现生态化、景观化修复，改善区域生态环境条件，营造良好的生态氛围。其次，保留工业遗存、场地遗址，选择部分具有利用价值的建构筑物经过二次设计赋予其新的使用功能，通过缝合、填充与串联方式来满足新的使用需要，将观赏、交通、娱乐、演艺、展示和购物等功能重组到设施与建筑物中，以此来取得场所与设施的再生。废弃的机械装置和建构筑物被重新诠释了美的意义，废弃地景观再生思想与20世纪六七十年代在环境保护思想的影响下出现的"废弃品艺术"是何等的相似。

高线公园（High Line Park）原来是1930年修建的一条连接肉类加工区和三十四街哈德逊港口的铁路货运专用线，后于1980年功成身退，一度面临拆迁危险。在纽约高线之友（FHL）组织的大力保护下，该线路被保存了下来，并建成了独具特色的空中花园走廊，为纽约赢得了巨大的社会经济效益，成为国际设计和废弃地重建的典范（图1.44）。首先，高线公园设计是对城市历史的尊重，不仅保留了高线铁路遗址，而且保存了纽约西区工业化的历史记忆。其次，高线公园设计也是对市民意愿的尊重，从项目缘起、竞标、设计、实施，均与当地居民保持了紧密的联系，为纽约市民带来了一条人性化的公共空间。与此同时，高线公园设计既充分体现了对场地的尊重，也是对高线结构特性的保存和重新阐释并转型为公园的关键所在，记载、诉说和传递着场地的历史。

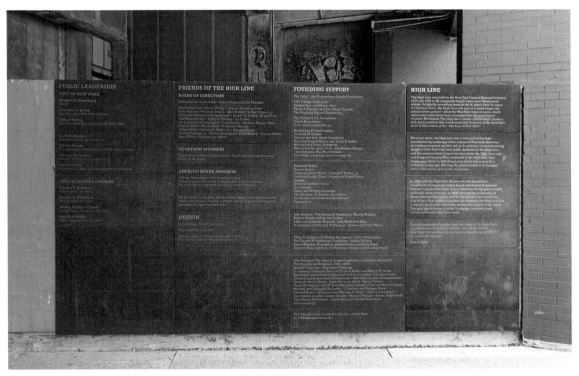

图1.44a　美国高线公园设计说明

图 1.44b　美国高线公园实景图

　　拉茨是德国当代著名的景观设计师,他主张景观设计应尽可能采用一种理性的、结构清晰的设计方法,认为设计师首先要建立一个理性的系统,即在不同的项目中规划可以有很多变化。他在景观设计中始终贯彻技术、生态、再生的思想。拉茨锐意创新,他批评大多数的景观设计缺少理智地与现代主义的对话;大多数景观设计师在玩一些形式的游戏,或者一头钻进了历史,他们不使用体现当代文化的设计语言。拉茨感叹现代景观设计与相关学科相比发展滞后。

　　拉茨认为,景观设计师不应过多地干涉一块地段,而是要着重处理一些重要的地段,让其他广阔地区自由发展,即应采取对场地最小干预的设计方法。景观设计师处理的是景观变化和保护的问题,要尽可能地利用特定环境,从中寻求景观设计的最佳解决途径。他反对以田园牧歌式的园林形式来描绘自然的设计思想。他的设计侧重于寻求适合场地条件的设计,追求的是地段的特征。拉茨推崇密斯"少即是多"的设计思想,在景观设计中利用最简单的结构体系。形式和格网是拉茨在景观设计中常用的手法。

　　北杜伊斯堡景观公园是埃姆舍公园国际建筑展(IBA Emscherpark)中众多景观独特的主题园之一。200 hm² 的北杜伊斯堡景观公园是拉茨的代表作(图 1.45),这里曾经是有百年历史的泰森(A. G. Tyssen)钢铁厂,于 1985 年关闭,无数的老工业厂房和构筑物很快被湮没于野草之中。1989 年,政府决定将工厂改造为公园,使其成为埃姆舍公园国际建筑展的组成部分。从 1990 年起,拉茨开始进行北杜伊斯堡景观公园的规划设计,1994 年公园部分建成开放。面对庞大的工业遗存,拉茨采用生态的手段处理这片破碎的地段,将其融入今天的生活和公园的景观之中。在保留工厂中建构筑物的基础上,部分构筑物被赋予新的使用功能。拉茨的设计致力于对这些旧有结构和要素的重新解释:水可以循环利用,污水被处理,雨水被收集,将其引至工厂中原有的

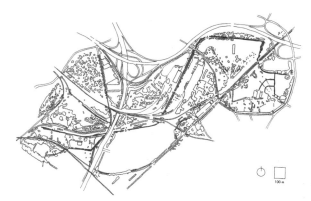

图 1.45a　北杜伊斯堡景观公园平面图

图 1.45b　北杜伊斯堡景观公园实景图 1

图 1.45c　北杜伊斯堡景观公园实景图 2

冷却槽和沉淀池，经澄清过滤后流入埃姆舍河。拉茨最大限度地保留了工厂的历史信息，利用原有的废弃空间与材料来营造公园的景观，从而最大限度地减少了对新材料与能源的消耗。"炉渣堆与露天剧场""高炉与眺望台""煤气罐与游泳馆""高架铁路与游步道"等等，这些原本不相关联的场所奇迹般地被拉茨整合在一起。

　　拉茨在设计萨尔布吕肯市（Saarbrucken）的港口岛公园（Buergpark Hafeninsel）时（图 1.46），同样使用生态的理念与手法处理这块遭到重创而衰退的地区，对废弃的材料进行再利用。港口岛公园的面积约为 9 hm²，拉茨在综合研究了码头废墟、城市结构、基地上的植被等因素后，对场地进行了"景观结构设计"。对待历史遗存，拉茨将其解读为开放空间的结构设计，通过重构破碎的城市片段来联系它的各个部分，以揭示被湮没的历史。拉茨用废墟中的碎石在公园中构建了一个方格网，以此作为公园的骨架。他认为这样可唤起人们对 19 世纪城市历史面貌片段的回忆。原有码头上重要的遗迹均得以保留，工业的废墟，如建筑、仓库、高架铁路等等经过处理后都得到了很好的利用。公园设计中同样考虑了生态的因素，相当一部分建筑材料利用了战争中留下的碎石瓦砾，它们成为公园中不可分割的组成部分，并与各种植物交融在一起。园中的地表水被收集，通过一系列的净化处理后得到循环利用。新建的部分多以红砖构筑，与原有瓦砾形成鲜明对比，具有很强的识别性。

　　詹克斯是后现代主义的思想家，先后出版了一系列关于后现代主义建筑理论的著作，如《后现代建筑语言》《后现代主义》《今日建筑》等。早在 20 世纪 70 年代，他最先提出和阐释了后现代建筑的概念，并且将这一理论扩展到了整个艺术界，从而形成了广泛而深远的影响，为后现代艺术开辟了新的空间。1990 年，他和妻子玛吉·凯瑟克（Maggie Keswick）共同设计了宇宙思

图 1.46a　港口岛公园实景图 1　　　　　　　　　　图 1.46b　港口岛公园实景图 2

图 1.47a　宇宙思考花园 1　　　　　　　　　　图 1.47b　宇宙思考花园 2

考花园（图 1.47），它由一些不同主题的花园组成，位于苏格兰南部低矮起伏的群山之中，占地 16.2 hm²。该园的设计构思与灵感来源于混沌理论和中国风水理论。詹克斯假设大自然的形式是不断变化和弯曲的，园林中由山峦、溪流、绿篱和墙垣构成的整体图体现了这一概念。宇宙思考花园的起点是他家的餐厅——"龙舞室"，那里的装饰是非线性的，各种图案突显的是弧线的褶皱和波纹。

　　该园的轴心起于住宅之下，沿斜坡而下。詹克斯以物理、遗传、宇宙、历史等学科名词来命名园林中的景观节点，如"干瀑（Dry Cascade）与迷宫之脑（Maze Brain）""公平竞争园（Garden of Fair Play）"（网球场）、DNA 与物理园（图 1.48）、双螺旋体山丘。园中的山丘也有类似象形的名字，如"蜗牛""古亚述金字塔"等。其中，"DNA 与物理园"是宇宙思考花园中的主要景点。整个庭园模仿分解的 DNA 图谱弧线和波纹线栽植，这些地块中种有蔬菜、果树和药草等。而由当地的红砂碎砾制成的两堵呈波浪状的围墙，其中之一有 3 个开口，用来观察 DNA 与物理园。詹克斯以戏剧化的方式再现了其对于历史上和当今的宇宙观的认知。通向 DNA 与物理园的石

图1.48 DNA与物理园

门扶壁在具有17—18世纪传统风格的凤梨尖饰上设置了一个具有现代风格的旋转体，左边是铜制的旧宇宙外观，右边是铝制的新宇宙外观。这些独特的金属球代表了主要的宇宙理论模式：托勒密定理、星座理论、圆环论、原子论、盖亚猜想和整体宇宙观。

许多坚持自我概念的建筑师对于历史主义的后现代思潮与20世纪初期的前卫艺术感到反感，他们利用现实环境中的"片段、表象"作为主题并反思当今建筑的窘境，于是解构建筑应运而生，但是解构建筑并不希望被冠上什么风格。后结构或解构的建筑师意图打破单一形象的概念，如绝对的观点或是明确的形式语言。

解构主义（或称后结构主义）是从对结构主义的批判中建立起来的，它的形式实质上是对结构主义的破坏和分解。结构主义哲学认为世界是由结构中的各种关系构成的，人的理性有一种先验的结构能力。而结构是"事物系统的诸要素所固有的相对稳定的组织方式或连接方式，即结构主义强调结构具有相对稳定性、有序性和确定性，而解构主义反对结构主义的二元对立性（非黑即白的绝对对立观点）、整体统一性、中心性和系统的封闭性、确定性，突出差异性和不确定性。雅克·德里达（Jacques Derrida）认为结构主义是西方形而上学的"逻各斯中心主义"的一种表现形式，结构主义的结构中心性是建立在"形而上学"基础上的。因此他把矛头指向"逻各斯中心主义"，指向形而上学哲学传统，达到将传统文化中一切形而上学的东西推翻的目的。解构主义哲学渗透到景观设计领域，深深地影响了景观设计理论与实践。先锋派建筑师彼得·艾森曼（Peter Eisenman）、屈米等人将解构主义理论用于建筑实践并从中探索建筑的解构理论（图1.49）。其中屈米设计的巴黎拉·维莱特公园成为解构主义的代表作之一（图1.50）。1982年拉·维莱特公园获国际设计竞赛一等奖，至1998年工程完工。拉·维莱特公园是巴黎为了纪念法国大革命200周年而建设的九大工程之一，它位于巴黎市东北角，在原有屠宰场和肉市场的旧址上修建而成。法国政府通过竞赛的方式企图把拉·维莱特公园建成一个"属于21世纪的、充满魅力的、独特并且有深刻思想含义的公园，它既要满足人们身体上和精神上的需要，又是体育运动、娱乐、自然生态、工程技术、科学文化与艺术等诸多方面相结合的开放式绿地，同时还要成为世界各地游人的交流场所"。屈米采用解构主义手法，打破一切原有秩序

图 1.49a　柏林大屠杀遇难者纪念馆广场卫星影像（彼得·艾森曼作品）　　图 1.49b　柏林大屠杀遇难者纪念馆广场（彼得·艾森曼作品）

图 1.50a　拉·维莱特公园栈道　　　　　　　　　图 1.50b　拉·维莱特公园河道

和构图原则，首先从中性的数学构成或理想的拓扑构成（网格的、线条的或同中心的系统等）着手，设计出三个自律性的抽象系统——点、线、面，即每隔 120 m 建成的红色构筑物、科学工业城、音乐城等作为一个个"点"，轴线、漫步流线的道路系统形成"线"，点线相交构成"面"，由此形成公园的整体骨架。屈米的公园设计与传统的景观设计方法不同，它体现出不完整性和不系统性，没有非黑即白的二元对立，强调多元与模糊，这是解构主义的特征。解构主义反对二元对立，强调多元，通过模糊化的方式来建构空间。同时解构主义又是反权威的，在貌似随心所欲的空间形式背后却有着内在结构的联系，在感性而多变的形式之中彰显高度的理性精神。

　　施瓦茨由美术专业转而学习景观设计，在马萨诸塞州的坎布里奇拥有自己的公司——玛莎·施瓦茨有限公司，从事公共环境艺术与景观设计。由于她是先学艺术再改行做景观设计的，因此她的作品具有强烈的装饰意味，表现出她对一些非主流的、临时的材料以及规整的几何形式有着狂热的喜爱，同时表现出她对基址文脉的尊重。施瓦茨是使用特别材料，以怪诞的表达方式进行设计的老手。她的设计注重在平面中对几何形式的应用，在景观中使用工业化的成品，使用廉价的材料以及人造植物来代替天然植物。传统园林要素的变形和再现体现了基地的文脉（图 1.51）。施瓦茨认为，景园是一个与其他视觉艺术相关的艺术形式，景观作为文化的人工制品，应该用现代的材料建造，而且要反映现代社会的需要和价值。施瓦茨的景观设计作品则否定了材料的真实性，以戏谑代替严肃、复杂代替简单，现代主义景观中的呆板与理性被设计者所否定。极力推崇波普艺术的施瓦茨被称作艺术对景观的"入侵者"，是传统园林审美观的"冒

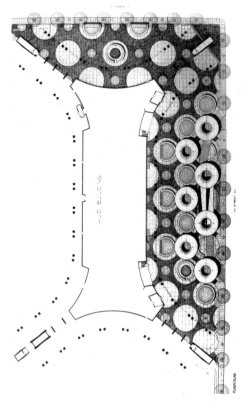

图1.51a 施瓦茨设计的美国住房与城市发展部前广场（HUD Plaza）平面图

图1.51b 美国住房与城市发展部前广场实景图

犯者"，是一位在景观设计方面的"离经叛道者"。

20世纪80年代以来，"地景艺术"以全新的面貌出现在景观设计中。与六七十年代的大地艺术有所不同，"地景艺术"不再是存在于人迹罕至的沙漠与海岸，也不再是几乎没有"功能"的纯粹装饰物，各种尺度的景观环境中均可采取地景化的表现方法。新地景艺术已不再是某些空洞理论的物化，而是理性地与景观环境的固有特征紧密地结合在一起，汲取极简主义、抽象主义以及后现代主义的景观形式语言，通过隐喻、象征、联想以及富有雕塑感的方式表现场地的演变过程与秩序，从这些作品中人们隐约可见罗伯特·史密森、拉茨、马克斯的影子。

当20世纪七八十年代生态化景观设计大行其道的时候，哈格里夫斯坚持认为艺术是景观设计的根本。他关注空间和时间的双重因素，在设计之中会考虑自然的演变和再生的过程。大地艺术深深地感染着哈格里夫斯，他汲取了一些大地艺术家的创作思想，提出景观艺术可以是"康复大地的一条有效途径"，因此他想用自然的元素再造自然，但他设计的景观是自然的而非自然状的，是对自然的提炼和升华。同时他在设计的景观中也注入了对自然和文化的思考，寻求客观物质与人类精神世界之间的桥梁。他反对机械地模仿英国的自然式造园与现代主义几何化的景观设计语言，主张依据场地的特殊性，采取隐喻的方式表现场所的演化进程。沃克称赞哈格里夫斯"不仅才华横溢，而且是其同代人中难得的表现模式可能性的人，（人们）可从他身上学会如何投身于设计实践中去"。1983年哈格里夫斯创立了哈格里夫斯设计事务所，开始了风景园林艺术实践的新尝试，其代表作包括烛台点文化公园、加利福尼亚州圣何塞市广场公园（图1.52）、拜斯比公园（图1.53）、哥德鲁普河公园、辛辛那提大学总体规划、悉尼奥运会公共区域景观设计等。哈格里夫斯认为景观是一个人造或人工修饰的空间的集合，它是公共生活的基础和背景，是与生

图 1.52b　加利福尼亚州圣何塞市广场公园实景园

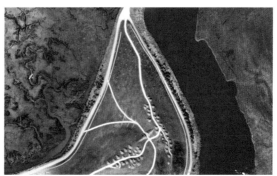

图 1.53a　拜斯比公园卫星影像

图 1.52a　加利福尼亚州圣何塞市广场公园卫星影像

图 1.53b　拜斯比公园实景园 1

图 1.53c　拜斯比公园实景园 2

活相关的艺术品，具有大自然的动力性和神秘感，基地所特有的人与大地、水、风等自然要素的
互动，以及历史和文化的表达。后现代主义者以近乎怪诞的新颖材料和交错混杂的构成体系反
映了后现代美国社会复杂和矛盾的社会现实，以多样的形象体现了社会价值的多源，表达了在这
个复杂的社会中给予弱势群体言说权利的后现代主义的社会理想。哈格里夫斯创造的是一种全
方位的、动态的、开放式的景观构图，表达另外一种自然美的愿望，变化、分解、崩溃和无序成为
他景观表达的主要方向。"白艾克什公园"是哈格里夫斯大地艺术的代表作。

哈格里夫斯以其特殊的大地艺术的方式设计、改造废弃地。1988—1992 年他将加利福尼亚
州帕罗奥多市（Palo Alto）一个占地约 12.14 hm^2 的垃圾填埋场改造成具有大地景观特色的滨水

山地公园——拜斯比公园（Byxbee Park）（图 1.53）。他采用 900 mm 的复合土层覆盖垃圾山，形成连续的土丘，为了防止树根刺穿土层导致垃圾中的有害物质外泄，整个场地不栽大树，仅以地带性草皮覆盖。在山谷处设"大地之门"，在山坡处则用土丘群隐喻当年印第安人渔猎时就地填起的贝壳堆。沿等高线的登山道由破碎的贝壳铺成。山下形成湿地，观鸟台随山就势而筑，电线杆成阵列状分布于坡地草丛中，电线杆与起伏的山体曲面形成了很强烈的场所感。山谷间长明的沼气火焰隐喻着场地的历史，采用人字纹混凝土条——"人为降落"暗示附近飞机场的存在。类似的地形处理手法多次出现在他其他作品中，如加利福尼亚州萨克拉门托的"绿景园"、哥德鲁普河公园（Guadalupe River Park）（图 1.54），这一系列设计中最为引人注目的是波浪状起伏的地形、粗放种植的树木，或暗示了水的活力和流动性，或结合雾状喷泉营造富有诗意的休憩空间。哈格里夫斯认为景观设计不仅要解决与建筑场地有关的社会与环境问题，而且要建立人与景观之间的接合点，以寻求要反映的系统美学。

图 1.54a　哥德鲁普河公园卫星影像

图 1.54b　哥德鲁普河公园实景图

　　高伊策认为，景观设计的介入总是在改变着自然，自由放任也是一种塑造自然的方式，即使采取科学的手段也是如此。自然和城市也不再是各自独立，而是彼此互相融合。自然通过技术正在变得完美，城市正在无法控制地扩展成城市森林，处理自然和环境需要理性与技术。高伊策认为自己是写实主义者、功能主义者，他的设计风格源于荷兰人与景观的典型关系。高伊策欣赏苏联构成派艺术家的作品，喜欢简洁的风格与波普艺术、大地艺术，欣赏丹麦简约的景观设计，如卡尔·西奥多·索伦森（Carl Theodor Sorensen，1893—1979）和安德松等往往使用很少的元素来创造出美丽、形式简洁的作品。高伊策常运用普通的材料创造出为大众所接受的作品。他将景观作为一个动态变化的系统，设计的目的在于建立一个自然的过程，而不是一成不变的如画景色。高伊策提出人类应当适应环境，而不是再创造一种新的环境来适应人类。

　　与早期创作的大地艺术不同，高伊策对于大环境的关注能够与环境自身的特征及其修复相结合。在东斯海尔德大坝北部、岛屿和南部景观项目中，面对零乱的区域，他采取简便的手法——利用废弃的蚌壳覆盖，并由此解决了工地的美化问题（图 1.55）。鸟蛤壳和蚌壳被布置成有韵律的图案，形成黑白相间的条带或棋盘方格，其中棋盘方格图案出自 17 世纪荷兰画家扬·维米尔（Jan Vermeer，1632—1675）和彼得·德·霍赫（Pieter de Hooch，1629—1684）的绘画作品。长条形的图案反映了荷兰特有的围海造田而形成的线状景观。经过高伊策的设计，原来的工地遗存变成了深浅不同的贝壳图案，多种鸟类在此飞翔并栖居其中。

图 1.55a　东斯海尔德国家公园卫星影像　　　　　　图 1.55b　东斯海尔德国家公园实景图

　　1996 年建成的鹿特丹剧院广场位于充满生机的港口城市——鹿特丹的中心（图 1.56、图 1.57），1.5 hm² 的广场下面是两层的车库，由于无法覆盖土壤，广场上不能种树。高伊策的设计强调了广场中虚空的重要性，通过将广场的地面抬高，使其成为一个平的、空旷的空间，成为一个"城市舞台"广场，没有赋予其特定的使用功能，广场可以灵活使用。广场每一天、每一个季节的景观都在变化。为了降低车库顶部荷载，高伊策使用木材、橡胶、金属和环氧树脂等轻型饰面材料，以不同的图案分布在广场的不同区域。花岗岩的铺装区域上有 120 个喷头，每当温度超过 22℃ 的时候就会喷出不同的水柱。地下停车场 3 个 15 m 高的通风塔伸出地面，其上各有时、分、秒的显示，构成数字时钟。广场上 4 个红色的 35 m 高的水压式灯每 2 h 改变一次形状，也可通过投币来操控灯的悬臂。这些灯烘托着广场的海港气氛，使广场成为人们对鹿特丹港口的初步印象。高伊策期望广场的气氛是互动式的，伴随着温度的变化，白天和黑夜的轮回，或者夏季和冬季的交替以及通过人们的幻想，广场的景观都在改变。

图 1.56　鹿特丹剧院广场卫星影像　　　　　　　　图 1.57　鹿特丹剧院广场实景图

　　位于荷兰蒂尔堡（Tilburg）的因特比里斯（Interpolis）公司的总部庭院（图 1.58、图 1.59），其 2 hm² 的内院由绿篱和栏杆围成一个封闭的空间向市民和员工开放。该庭院最突出的特点是其中方向不同、长度不一的水池，与不规则的草坪和铺地构成了庭院不断变化的透视效果。庭院的空间摒弃了规则的单灭点的透视原则，利用水池、草地和铺地的不规则组合构成了多灭点的透视关系。在庭院中运动时空间也在不断地发生变化，人们感受到的是动态的而不是静态的空间，这与

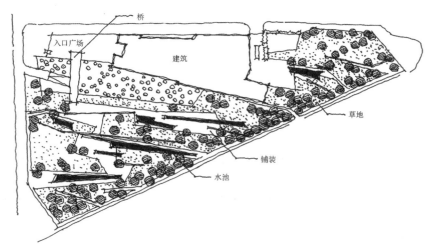

图 1.58　因特比里斯公司总部庭院平面图

图 1.59a　因特比里斯公司总部庭院实景图 1

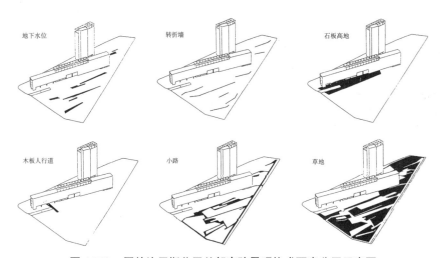

图 1.59b　因特比里斯公司总部庭院景观构成要素分层示意图

图 1.59c　因特比里斯公司总部庭院实景图 2

传统的规则式园林有着根本性的差异。庭院大部分采用的是自然的元素，色彩协调，不同的块面之间是隐藏着的动态的平衡和微妙的张力，高度有限的水池和草地基本停留在二维的空间中，在有限的空间内增加微妙的变化。庭院有乔木点缀其中，愈向外愈密，与外部形成良好的隔绝，接近建筑的部分铺设了大片暗红偏灰色的页岩，当台阶上的玉兰花盛开的时候，两者会形成强烈的对比。

正如艺术史学家的分析，传统艺术结束于印象主义（Impressionism），现代艺术结束于极简主义（Minimalism），后现代艺术正方兴未艾。当代景观设计理论与实践的探索在景观发展史上是空前的，其主流是积极地推动着景观学的发展。设计思想的解放极大地丰富了景观设计的形式语言，分解重构的手法使现代景观呈现出从未有过的面貌。然而不可否认，复杂的形式背后往往是令人费解的"道理"，唯理论而设计，为理论而论理。当花哨形式被彻底打碎之后，新的迷茫又再次出现在世人面前，难道这些支离破碎的形体与设计者的梦呓就是景观设计的未来？具有试验意义的个案是否具有普遍价值？当代景观设计的宗旨何在？现代景观的实践与探索留给这个时代的不仅仅是五彩斑斓，同时也遗留下一系列的问号，值得当代景观师思考。

回顾并反思风景园林的发展历程，现代主义、解构主义、后现代主义等流派不断涌现，并在一定程度上影响景观行业的发展。但这些"主义"难以经得起时间的检验。对于景观设计而言，不变的核心是"场所"。正确运用各种理论进行场所设计的关键是找对方向和路径，以历史观念动态地把握当下、预知未来。

1.2　现代景观设计发展趋势

近100年来各种景观主义、流派和风格虽层出不穷，但很快就销声匿迹，这是由于现代景观的目标不再追求明显的个体倾向，而更多地强调解决问题和注重普适性的规律总结。现代景观设计更加遵从科学意识，注重调查研究，强调客观性和逻辑性。

图 1.60 康纳花园实景图

图 1.61 埃克博作品

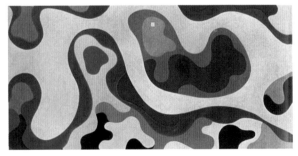

图 1.62 巴西教育及公共卫生部屋顶花园平面图

1.2.1 分解与重构及其多维度演绎

现代景观设计在于对空间而不是平面或图案的关注,设计应该具有"三维性"。埃克博在 1937 年的《城市花园设计程序》中指出,"人是生活在空间中、体量中,而不是在平面中"。他提出城市环境中小型园林的 18 种设计方法,这些设计放弃了严格的几何形式,而以应用曲线为主。他强调景观应该是运动的而不是静止的,不应该是平面的游戏而是为人们提供体验的场所。空间的概念可以说是现代景观设计的一个根本性变革,对 19 世纪的学院派体系产生了冲击。现代雕塑中的空间概念对景观的影响是比较直接的,但空间的革命最早起源于绘画,塞尚的绘画和立体主义的研究为空间的解放开辟了道路,多视点的动态空间和几何的动态构成以及抽象自由曲线的运用开辟了全新的空间组织方式,这些甚至直接地被反映在景观设计的手法中,例如以丘奇、埃克博等人为代表的"加利福尼亚州风格"(图 1.60、图 1.61),以及马克斯的有机形式景观作品(图 1.62)。

现代主义设计的理论和实践都受到立体派的启发,景观从两维向多维方向转化,景观师倾向于对空间做多维演绎,尤其依赖现代艺术中用简单有序的形状创造纯粹视觉效果的构图形式。立体派所倡导的不断变换视点、多维视线并存于同一空间的艺术表现方法可以说是现代主义设计的重要手法之一。从形式到功能,现代主义设计引发了景观空间的审美革命。建成于 1999 年的巴塞罗那雅尔蒂(Jardi)植物园位于蒙特惠奇山的南坡,在这里能够欣赏到加泰罗尼亚首府的壮丽景色。该植物园由景观师贝特·费盖拉斯(Bet Figueras)和建筑师卡洛斯·菲拉特尔(Carlos Ferrater)合作设计,使用了复杂的不规则几何形式来划分空间,用裸露的混凝土和锈铁来建造园中的小路和墙体。穿过了由大型钢铁制成的大门,从低矮的结合地形的建筑中走出来,你就会发现前面视野开阔的景观。园里的景观呈梯田的形状,有着许多三角形的道路、锯齿状延伸的锈红色钢板和浅灰色裸露的混凝土。设计中坚持采用带墙体的草坡,其意图在于作为面临威胁的梯田文化的抽象再现。整个地块以不同寻常的方式划分成三角形的种植区域,目的在于规划一个三角形的网络,这种形式更加适合灵活多变的地形,同时,自然的片段、尖锐的钢铁护坡和不规则的混凝土混杂形成了独特的视觉外观。形式的解放极大地丰富了景观设计的语言，分解重构的手法使现代景观呈现出从未有过的面貌，但是当形式被彻底打碎之后，新的迷茫又开始出现在面前，这些支离破碎的形体难道就是构筑我们未来世界的所有手段？回答应该是否定的。但作为当今景观设计中新的表现形式，它值得我们去认真研究其存在的客观价值。

艾森曼设计的意大利维罗纳"逝去的脚步"（Lost Foot）庭院位于一个 14 世纪的古堡中，1958—1964 年由卡洛·斯卡帕（Carlo Scarpa, 1906—1978）改建成博物馆。艾森曼的设计从建筑出发，在建筑外部布置了与室内同大的五个空间，由倾斜的石板构成，与转换了角度的网格系统相重叠，穿插在三维形态的草体中。艾森曼考虑如何把原有的小尺度与大尺度结合在一起，如何在古堡、斯卡帕改造的部分以及自己的设计之间建立关系。在这里他应用了一贯的设计手法，红色钢管、地形的处理、倾斜的石板、起伏而不规则形态的草地成为较大空间中主要的三维物体，化解了水平空间的真实尺度，也构成了明显带有立体主义色彩的视觉特征。

1.2.2 从景观规划到城市设计

现代景观从其发端便紧紧围绕着城市问题展开讨论，景观界的先哲们不仅仅扩大了研究的视野，而且业界的研究问题也从单一的生活环境美化上升到城市层面。在发表于 20 世纪 50 年代的几篇文章中，佐佐木英夫描述了从环境规划到城市设计的景观建筑学领域的研究范围。"我们需要对各种影响所规划地区的自然界力量进行生态学的观测，"他在 1953 年写道，"这种观测可以决定何种文化形式最适合这些自然条件。使各种正在运作的生态张力，能从这种研究中得到激发，从而创造出一个比如今我们所见到的更为合适的设计形式。"这种理念不仅反映在其景观设计创作中，而且在其城市设计创作中打下了深深的烙印。注重生态环境与城市的和谐共生，体现在佐佐木事务所的多项城市设计之中。

20 世纪 50 年代，当佐佐木英夫和他的事务所从事波士顿、费城和芝加哥的项目时，对城市的一些潜在问题进行了思考（图 1.63）。1955 年他在文章中写道："作为功能与文化表达载体的城市正处于危险之中。"而在 1956 年他特别提到城市设计的新领域，他认为景观建筑师可以利用专业知识为城市设计领域做出巨大的贡献。他们还能和规划师一起决定土地利用的有关方面，甚至决定整个项目的设计构架和形式。这些言论，反映了佐佐木英夫对于景观建筑学和城市设计的互动关系以及城市发展的一些根本问题已经有了严肃而深入的思考，他的城市设计思想正在逐渐走向成熟。虽然佐佐木英夫进行了许多景观设计的实践，但他的同事评论道："他从来没有认为自己是个景观设计师。"我们进行规划和设计的土地不是作为商品，而是作为自然资源、人类活动的场所以及人类的财富和文明的记忆，这就是这位创始人对自己的职业和公司的根本观点。

图 1.63a　印第安纳波利斯滨水中心实景图

图 1.63b　印第安纳波利斯滨水中心鸟瞰图

1.2.3　行为科学与人性化景观环境

古典主义的景观设计是以人的意志为中心的，东西方景园设计均有鲜明的人本意识，现代景观设计强调"创造使人和景观环境相结合的场所，并使二者相得益彰"。在此前提下研究人的行为与心理，从而使景观设计更好地实现以人为本。人是环境的主宰，人同样离不开环境的支持。《马丘比丘宪章》中有这样一段话："我们深信人的相互作用和交往是城市存在的根本依据。"景观环境的创造不同于物质生产，它是将环境作为人类活动的背景，为人类提供了游憩空间。《华沙宣言》指出，"人类聚居地，必须提供一定的生活环境，维护个人、家庭和社会的一致，采取充分手段保障私密性，并且提供面对面的相互交往的可能"。拉特利奇（A. J. Rutledge）的《大众行为与公园设计》、扬·盖尔的《交往与空间》、爱德华·T. 霍尔的《隐匿的尺度》、高桥鹰志＋EBS组的《环境行为与空间设计》等专著针对环境中人的行为展开系统的调查研究，进一步揭示人在环境中的行为与心理。现代景观设计融功能、空间组织及形式创新为一体。良好的服务或使用功能是景观设计的基础，例如为人们漫步、休憩、晒太阳、遮阴、聊天、观望等户外活动提供适宜的场所，在处理好流线与交通关系的基础上考虑到人们交往与使用中的心理与行为的需求。

西蒙兹在《景观设计学——场地规划与设计手册》中指出，"景观，并非仅仅意味着一种可见的美观，它更是包含了从人和人所依赖生存的社会及自然那里获得多种特点的空间；同时，应能够提高环境品质并成为未来发展所需要的生态资源"。设计师应该坚持将"以人为本"作为"人性化"设计的基本立足点，在景观环境设计中强调全面满足人的不同需求。人性化景观环境设计建设有赖于使用者的积极参与，不论是建设前期还是建成以后，积极倡导使用者参与空间环境设计具有十分重要的意义。使用者将需求反映给设计者，尽可能弥补设计者主观臆测的一面，这将有助于景观师更有效地工作，并加强使用者对景观环境的归属感和认同感。调研、决策、使用后评价几个过程是可以发挥使用者潜力的环节，应积极地发挥景观设计中的"互动"与"交互"关系。人性化景观环境设计主要由三个方面构成：人体的尺寸、人在外部空间中的行为特点以及人在使用空间时的心理需求。

1.2.4　生态学观念与方法的运用

20世纪二三十年代，英国学者赫特金斯（G. E. Hutchings）和法格（C. C. Fagg）提出景观是由许多复杂要素相联系而构成的系统。如果对系统的构成要素加以变动，将不可避免地影响系统中的其他组成部分。诸环境要素之间存在着内在的关联，而对于环境的研究也总是从单一的因素入手，诸如土壤、植被、坡度、小气候、动物等等，如何将诸要素完整地整合到同一场地之中，从而完整、全面地认知场地，1943年埃斯克里特（L. B. Escritt）的专著《区域规划》（*Regional Planning*）一书对于如何使用叠图法来分析景观环境有了详尽的论述，这是一个简单易学、易用并且行之有效的技术措施，对于推广科学化的景观规划具有重要的现实意义。1969年，麦克哈格在其经典名著《设计结合自然》中提出了综合性的生态规划思想。

对于景观环境中的一些环境敏感设施的选址、选线向来是中外景观设计中备受争议的话题，为此设计研讨室有限责任公司（Design Workshop, Inc）专门研发了一套视觉模拟系统以辅助设计，取得了可喜的成果（图1.64）。今天广泛使用的GIS系统也可以有效地解决长期以来关于上述问题的困扰。设计研讨室有限责任公司在改造美国亚利桑那州凤凰城西部能源协会经营与维修中心的景观环境时，以对环境非常敏感的沙漠景观代替了原先的绿洲景观以保护水与能源。

生态学观念影响着景观设计理念，生态化景观环境设计突出改造客观世界的同时，不断减少负面效应，进而改善和优化人与自然的关系，生成生态运行机制良好的景观环境。如世界著名的苏黎世大学（UZH）成立于1833年，最初建立的人工环境经过180多年自然的做功，现已达到人

图 1.64a 阿米亚保护区 1

图 1.64b 阿米亚保护区 2

工环境与自然环境融为一体的状态（图 1.65）。生态观念强调环境科学中不断更新的相关知识信息的相互渗透，以及多学科的合作与协调。城市景观建设必须以生态环境为基础，在生态学基本观念的前提下重新建构城市景观环境设计的理论与方法。城市景观环境是一个综合的整体，景观生态设计是对人类生态系统整体进行全面设计，而不是孤立地对某一景观元素进行设计，是一种多目标设计，为人类和动植物所需要、为审美所需要，设计的最终目标是整体优化。生态学方法可以贯穿到景观环境设计的全过程，如用地的选择、用地的评价、工程做法、植物的选择与配置、景观构成等方面，目的在于完善环境的机能，促成建筑与环境的有机化，从而达到建筑环境的动态平衡。

生态型景观是指既有助于人类的健康发展，又能够与周围自然景观相协调的景观。生态型景观的建设不会破坏其他生态系统或耗竭资源。1988 年，美国风景园林教育工作者委员会（Council of Educators in Landscape Architecture, CELA）提出，生态型景观应能够与场地的结构和功能相依存，有价值的资源如水、营养物、土壤以及能量等将得以保存，物种的多样性将得以保护和发展。生态型城市景观环境规划设计必须遵循景观生态学的原理，建立多层次、多结构、多功能的植物群落，建立人类、动物、植物相关联、相共生、相和谐的新秩序，使其在对环境的破坏影响最小的前提下，达到生态美、艺术美、文化美和科学美的统一，为人类创造清洁、优美、文明的景观环境。现代景观设计在生态学观念引导下业已形成一系列的生态化工程技术措施，诸如保护表土层、保护湿地与水系、模拟地带性群落以及采用地带性树种、地表水滞蓄、自然化驳岸、中水利用、透水铺装等。

图 1.65　人工环境与自然环境融合的苏黎世大学校园景观

1.2.5　地域特征与文化表达

　　赖特精通于在沙漠里种花和带刺的沙漠植物，以及在西南地区贫瘠的干旱土地上种花，营造属于沙漠的建筑与景观。赖特的有机建筑思想具有鲜明的地域性，他和奥姆斯特德、林奇和哈普林等有着相似的自然哲学观。如此强调景观的地域性深深地影响了现代景观设计。贝尔特·柯林斯集团设计的肯尼亚内罗毕狩猎宾馆（图 1.66）方案，整个环境犹如布置于非洲土著的地毯之上，浓烈的色彩洋溢着浓郁的非洲文化氛围。

图 1.66a　内罗毕狩猎宾馆卫星影像

图 1.66b　内罗毕狩猎宾馆实景图

　　詹尼斯·霍尔（Janis Hall）的作品"记忆之河"（Mnemonic River）（图 1.67）是一处位于美国马萨诸塞州东南部的私人宅院。霍尔将景观环境中的乡土植物、微地形、光影、风与水、真实的空间与虚幻的景象有机地融于广袤的自然背景中，起伏的地形、干枯的河床俨然是远处海湾与山林的一部分。随着日出日落，起伏的地形呈现出无尽的变化。霍尔将大地与土壤的物质性加以抽象，使泥土的本质更加鲜明。场所中恒定不变的地形在光与空气的作用下变化多端，从而使大地的永恒与时间的转瞬形成鲜明的对照，达到虽由人作、宛自天开的境界。

地域是一个宽泛的概念,景观中的地域包含地理与人文双重涵义。大至面积广袤的区域,小至特定的庭院环境,由于自然和人为的原因,每一处场所在历史长河中形成了自身的印迹。自然环境与文化积淀具有多样性与特殊性,不同场所之间的差异是生成景观多样性的内在因素。景观设计从既有环境中寻找设计的灵感与线索,从中抽象出景观空间构成与形式特征,从而对特定的时间、空间、人群和文化加以表现,通过场所记忆中片段的整合与重组,使其成为新景观空间的内核,以唤起人们对于场所记忆的理解,形成特定的印象。墨西哥景观师马里奥·谢赫南(Mario Schjetnan)的作品泰佐佐莫克公园和成熟期的霍奇米尔科生态公园都体现了当地的生态与环境特征,它们既是全世界的,也是本土的(图1.68)。

图 1.67　记忆之河

图 1.68　谢赫南作品

通过景观设计保留场所历史的印迹,并作为城市的记忆,唤起造访者的共鸣,同时又能具有新时代的功能和审美价值,关键在于掌握改造和利用的强度和方式。从这个意义上讲,设计包括对原有形式的保留、修饰和创造新的形式。这种景观改造设计所要体现的是场所的记忆和文化的体验。尊重场地原有的历史文化和自然的过程和格局,并以此为本底和背景,与新的景观环境功能和结构相结合,通过拆解、重组并融入新的景观空间之中,从而延续场所的文化特征。

二战后的日本景观发展迅速,并不断寻求现代景观与传统园林的结合方式,日本的景观师铃木昌道、枡野俊明、佐佐木叶二、长谷川浩己和户田芳树都是现代景观的杰出代表,为日本的现代景观争得了一定的国际地位。风环境咨询设计研究所设计的东京都千代田区众议院议员议长官邸庭园,占地面积为 19 062 m²。该设计模仿传统禅宗庭院意向,树木、岩石、天空、土地等常常是寥寥数笔即已蕴涵着极深寓意,在修行者眼里它们就是海洋、山脉、岛屿、瀑布,一沙一世界,这样的园林无异于一种"精神园林"。这种园林发展臻于极致——乔灌木、小桥、岛屿甚至园林不可缺少的水体等造园惯用要素均被一一剔除,仅留下岩石、耙制的沙砾和自发生长于荫蔽处的一块块苔地,这便是典型的、流行至今的日本枯山水庭园的主要构成要素。结合日本传统和式园林与现代景观于一体的景园风格,象征"新和风"的"条石透廊",横穿和式与洋式两个庭园,消失在水池中。走在条石走廊上,右边是青青的草坪,左边是白河石的"大海"。在和式园中运用了白河石、白沙、枯草以及鸡爪槭,在现代园部分则运用了大草坪。沃克称赞佐佐木叶二"运用最简单的几何学形态,着眼于有生命的素材自身的丰富性和它们映现出来的光与影,扩展设计的领域"。设计师用一种智慧的手法诠释日本景观的民族风格。

1.2.6 个性化与独创性的追求

景观是空间的艺术,其形式不仅仅是表现的对象,也是形而上设计思想的物质载体,设计者千变万化的构思与意图无不是通过"形式"加以表现。景观师又以独特的设计风格为追求。与传统景观追求和谐美不同,凸现景观设计个性化是当代景观设计的趋势之一。如同生物学中基因变异能够产生新的基因和物种一样,部分先锋景观师为了追求奇异或表达特殊的设计理念,通过景观的构成要素、构成形式及其与环境之间的冲突,产生一种充斥着矛盾的景观形式,形成新的景观体验。现代景观设计的独创性体现为敢于提出与前人、众人不同的见解,敢于打破一般思维的常规惯例,寻找更合理的新原理、新机构、新功能、新材料,独创性能使设计方案标新立异、不断创新。

从一定意义上说,现代景观艺术的变化折射出时代观念的变革,现代绘画与雕塑从描绘神话故事、宣扬宗教教义的重负中摆脱出来,开始寻求自身独立的价值。立体主义表达形式,野兽派表达色彩,表现主义表达精神,未来主义赞扬运动和速度,达达主义宣扬破坏,超现实主义则试图揭示人内心深处的真实……20世纪60年代,艺术中出现了从精英向大众化转变的呼声,世俗化和地方化的因素重新开始被关注。20世纪70年代之后,观念和哲学的成分在艺术中逐渐加重,概念艺术的盛行甚至表明艺术家可以不用画画了,他们几乎成了哲学家,而这种观念直接导致了大地艺术、极简主义、行为艺术和装置艺术等等不同流派的诞生。虽然我们可以质疑其中个别荒诞的现象,但这些思想的确丰富了艺术的发展,与此同时,景观设计也开始积极寻求自身新的意义。大地艺术可以说是与景观设计拥有完全相同的构成要素,但却向不同的方向发展,其中的不同就是大地艺术更加关注功能和形式之外的意义,它试图寻求弥合人类和环境之间沟壑的方式,探讨自然可能产生的新的含义,证明人和自然并不是不可调和的对立体。景观在满足了功能,或功能意义可以淡化的时候,神秘性、隐喻性和观念性的融入能够促进我们思考,使人们的情感得以寄托,甚至重新回归与绘画、诗歌同等的艺术地位。

当代景观建筑师从现代派艺术和后现代设计思维方式中汲取创作的灵感,融汇雕塑方法去构思三维的景观空间。现代景园不再沿袭传统的单轴设计方法,立体派艺术家多轴、对角线、不对称的空间理念已被景观建筑师加以运用。抽象派艺术同样影响着当代景观设计,曲线和生物形态主义的形式在景园设计中得以运用,通过对场地特征的分析与解读,使其不拘一格。采用适宜的表现方法,利用场地固有的特征来营造、突显环境个性成为当代景观设计的一大特点(图1.69)。

1.2.7 场所再生与废弃地景观化改造

任何人工营建的设施均有设计及使用寿命,如我国民用建筑设计使用寿命为50—100年,而正常使用周期内也会因为种种原因需要转变使用要求,由此大量设施超越设计使用周期后或项目本身转变使用功能后往往存在如何处置或二次设

图1.69　詹克斯作品

计的问题。

致力于废气工业地景观化再生的领军人物，如理查德·哈格（Richard Haag）、罗伯特·史密森（Robert Smithson）和拉茨等人，其代表性的作品有美国西雅图（Seattle）煤气厂公园（Gas Works Park）、德国北杜伊斯堡景观公园（Duisburg North Landscape Park）、德国萨尔布吕肯市港口岛公园（Burgpark Hafeninsel）、德国鲁尔区格尔森基尔欣北星公园（Nordsternpark）、美国纽约斯坦顿岛弗莱雪吉尔斯（Fresh Kills）垃圾场、美国内华达州拉斯维加斯湾（Las Vegas Bay）、英国伦敦湿地中心（London Wetland Centre）和荷兰阿姆斯特丹的西煤气厂（Westergasfabriek）公园。哈格于1972年主持设计的美国西雅图煤气厂公园（图1.70），首先应用了"保留、再生、利用"的设计手法。面对原煤气厂杂乱无章的各种废弃设备，哈格因地制宜，充分地尊重历史和基地原有特征，把原来的煤气裂化塔、压缩塔和蒸汽机组保留下来，表明了工厂的历史；并把压缩塔和蒸汽机组涂成红、黄、蓝、紫等不同颜色，用来供人们攀爬玩耍，实现了原有元素的再利用。继西雅图煤气厂公园改造成功后，德国景观设计师拉茨设计的北杜伊斯堡景观公园（图1.71）就充分利用了原有工厂设施，在生态恢复后，生锈的灶台、斑驳的断墙在"绿色"的包围中讲述着一个辉煌工厂帝国的过去。

图1.70a　美国西雅图煤气厂公园卫星影像

图1.70b　美国西雅图煤气厂公园远景图

图1.71　北杜伊斯堡景观公园实景图

各国的实践不仅变革了传统的景观设计观念，而且丰富了景观类型与表现手法。但其中也存在诸多的问题，比如尺度迷失。众所周知，产业类建筑由于其功能特殊性往往尺度巨大，设计中往往缺乏对人的尺度和建筑尺度之间的比较分析，造成了方案建筑与人的尺度感相差较大，同时其结构的僵硬更加拉大了与人之间的距离。虽然强调了对于工业遗产的多样化改造模式，但缺乏对尺度消解和产业建筑氛围塑造等方面的研究，这是工业遗存景观化改造中的通病。建构筑物被改造后大多作为地标，符号性远大于其实用性功能，部分工业建筑物内部的使用方式也受到了既有结构、层高、设备、通风乃至保温节能等因素的限制，改造与使用的成本居高不下，往往是叫好不叫座。

从历史的角度来看，欧洲古典造园艺术一直就有用残缺遗存表达历史与怀旧的情愫，譬如始建于212—217年、占地11万 m^2 的古罗马卡拉卡拉浴场（图1.72），以及建于125—134年、占地18万 m^2 的哈德良别墅（图1.73），其遗迹均被保留至今，并作为遗址公园向公众开放。

图1.72 卡拉卡拉浴场遗址

图1.73 哈德良别墅遗址

1.2.8 节约型景观与可持续发展观

"节约"并不单纯意味着一次性工程造价的少投入，而是在充分调研与分析的基础上，通过集约化设计，以适宜性为基础比选、优化设计方案，合理布局各类景观用地，利用天然的河流、湖泊水系，尽量减少对于洁净水源的依赖，最大限度地重复利用既有的环境资源。通过采取节能、节水和推广地带性植被、使用耐旱植物等技术措施，实现减少管护，减少人、财、物的投入，从而实现节约的目的。科学化的规划设计是实现景观环境可持续发展的基础。

对于景观环境中的建筑及工程设施，尽可能采用节能技术，充分考虑太阳能的利用、自然通风、采光、降温、低能耗围护结构、地热循环、中水利用、绿色建材、有机垃圾的再生利用、立体绿化、节水节能设备等建造技术。在景观环境亮化方面，可利用自然光以及自动控制技术实现节电，利用软开关技术延长灯具寿命等。

合理选择植物种类，优化植物配置。植物是景观环境的主要组成部分，合理的植物种类选择和配置方式对发展节约型景观环境具有重要意义。通过采用地带性植物种类、推广使用耐旱植物、模拟地带性植物群落来增强植物的适应性和抗逆性、耐旱能力，通过减少养管等方式实现节约。一片"耐旱的"景观用地，一般可节水 30%—80%，还可相应地减少化肥和农药的用量，既减少了对水资源的消耗又降低了对于环境的负面影响。

雨水利用是充分利用有限水资源的重要途径。传统排水观念认为雨水是废弃物，很少考虑雨水的滞蓄利用。针对城市暴雨洪涝、水污染、干旱缺水等矛盾的凸显，国内外先后提出了低影响开发（LID）、水敏性城市设计（WSUD）、海绵城市等雨水管理与控制的理念与方法。低影响开发强调通过源头分散的雨水控制设施来实现对地表径流、面源污染的控制，就近利用雨水、回补地下水，使开发场地尽可能地接近开发前的水文循环。相较于传统的城市设计，水敏性城市通过整合城市基础设施和贯彻水敏感理念将城市的宜居性提高到了一个新的高度，并通过综合的水资源管理达到城市级别的水平衡，确保城市应对气候变化时的韧性，满足了现代城市日益增长的水资源需求。海绵城市则是针对我国地域性特征提出的城市雨洪管理概念，优先保护山水林田湖等自然生态本底，将自然途径与人工措施相结合，在确保城市排水安全的前提下，统筹渗、滞、蓄、净、用、排各个环节，最大限度地实现雨水在城市区域的自然积存、自然渗透和净化，促进雨水资源的控制和利用。德国柏林波茨坦广场（图 1.74）通过相应的集水技术和措施不仅可以利用雨水资源以节约用水，而且能够减缓建成环境洪涝现象并且可以补充地下水，改善城市生态环境。此外采取节水型灌溉方式，可以降低景观环境对水资源的消耗。传统的浇灌会浪费大量的水，而喷灌是根据植物品种和土壤、气候状况，适时适量地进行喷洒，不易产生地表径流和深层渗漏。喷灌比地面灌溉可省水 30%—50%，因此必须大力推广节水型灌溉方式。

图 1.74a　德国波茨坦广场卫星影像　　　　　图 1.74b　德国波茨坦广场实景图

"3R"，即减少资源消耗（Reduce）、增加资源的重复使用（Reuse）、资源的循环再生（Recycle），是进行景观设计的三个重要方法。"3R"中包含着后现代思想，在建成环境的更新过程中，废弃的工业用地可以通过生态恢复后转变成游憩地，这不仅可以节约资源与能源，而且可以恢复历史片段、延续场所文脉。可持续景观规划设计是指在生态系统承载力范围内运用生态学原理和系统化景观设计方法，改变景观环境中的生境条件，优化景观结构，充分利用环境资源潜力，实现景观环境保护、自然、人文与生态的和谐与可持续发展。

1.2.9　数字技术与定量分析方法的运用

参数化的设计模式、集约化和系统化的设计思想，已经成为 21 世纪新时期风景园林发展的主导。传统风景园林设计常以设计师的经验为基础，利用定性的原则进行设计实践。纵观科学的发展史，自 19 世纪末起，在数学逻辑发展的助力下，人类求知的活动逐渐从启蒙运动之后的唯心主义转向了实证主义，走上了一条量化、实证的道路。亚里士多德的形式逻辑概念被以数学为基础的符号逻辑体系所取代，诞生了定量研究的现代科学研究方法，成为20世纪以来科学研究的主流。现代的风景园林学是兼具艺术性与科学性的学科，需要定性的方法，也离不开定量的支撑。

数字技术在风景园林行业的应用主要集中于四个方面：数据采集与测控技术、数据分析评价技术、数字生成与建造技术以及虚拟现实技术。这四个方面几乎涵盖了风景园林从规划、设计、施工直至管理的全过程。

（1）数据采集与测控技术。在传统风景园林设计过程中，数据的采集工作完全依靠人工完成，难以避免其具有主观性和模糊性，尤其在面对大中尺度的风景环境时，局限性较为突出。遥感技术、航测技术、三维扫描技术等数据采集技术的发展改变了传统的调研与资料收集方式，极大地提升了调查研究的精准性。新技术的运用不仅提供了更为全面、客观的数据资料，而且提供了传统调研方法难以收集的环境信息，从而为风景园林设计开启了新的视角。

（2）数据分析评价技术。数据的分析与评价需要在数据采集的基础上进行，对应于设计师解读场所、评价环境的过程，也是整个风景园林设计过程中极为重要的一个环节。科学的研究离不开定性与定量的评价方法，然而无论是量化还是质化的评价体系均离不开数据分析技术的支撑。数据分析技术与结论的可靠性及有效性紧密关联。ArcGIS（地理信息系统软件）具有强大的数据库功能，在可视化表达的同时能够即时地生成关联数据，为量化比较与分析提供了便利。此外，ENVI、ERDAS、Dethmap、Fragstats、Fluent、Urbawind等一系列数字化软件平台为包括地理分析、空间分析、生境分析等在内的风景园林设计分析与评价提供了支撑。

（3）数字生成与建造技术。无论是旨在实现设计全生命周期数字化管理的建筑信息模型（BIM），还是景观信息模型（LIM），都已经成为当下研究的热点。参数化设计方法是数字化设计流程中的重要一环，也是当代风景园林设计方法发生重大变革的设计手段之一。随着计算机技术在设计领域里的深入应用，3D（三维）打印技术、轮廓工艺、数控加工等作为设计的建造手段得到越来越广泛的运用。建造技术的变革从另一个方面促进了风景园林设计方法的发展，体现在从设计思维到设计表达、从输入到输出的整个设计过程中。

（4）虚拟现实技术。虚拟现实（VR）技术是一种对环境信息模拟的计算机仿真系统，在军事、教育、娱乐、医疗、设计、建造等各行各业均有着广泛的应用。数字化模拟技术是当下国内外数字景观研究领域之一，包括测量及影像处理技术、景观环境的可视化技术、过程模拟技术等。通过图形处理及显示，虚拟现实技术能够将风景园林设计成果以三维立体的方式呈现给受众，营造身临其境的感受。在此基础上能够实现对设计方案的评价、行为心理的研究、植物生长的模拟等。虚拟现实技术还能够作为交互式呈现系统的一部分，极大地改变传统设计方法中单纯对二维图面的依赖，从而将景园设计研究从二维引向三维。

1.3 走向系统化的现代景观设计

20世纪，中国城市发展历程中相继出现了"园林城市""生态园林城市""公园城市"，逐渐从单纯的城市形态问题向城市生态系统问题研究转变。"园林城市"更多地强调园林绿化，是一个美化过程，主要针对形态问题。"生态园林城市"在美化之外有了新的诉求，要求城市建设必须符合生态学的规律和人居建成环境的生态特征，不同于"园林城市"。而"生态园林城市"所关注的除了客观存在的山林草地、河湖水系等30%—40%自然属性的土地之外，还包括60%—70%拟自然的人工建成环境。"生态园林城市"将人工城市理解为一种生命体或生命过程，是一种拟自然的生态系统，也有着模拟自然生命过程的基本特征。"公园城市"是我国城市化进程的新阶段，旨在尊重自然生态及其规律的前提下，最大限度地遵从既有城市自然资源的演化过程；保留自然生态环境的特征与功能，形成在人工及自然生态系统共同作用下的完整城市生态系统，从而提升城市环境的运作效率与持续发展能力。

建立在经验基础之上的景观设计，单纯地靠景观师的感觉、悟性与积累，缺乏科学性与可传授性，因此现代景观环境设计走系统化道路成为必然，应综合、统筹、科学地组织环境中的各种要素，从而实现多重设计目标。现代景观设计已不仅仅是"修建性"的规划与美化，而是建立在系统化思想基础上的全面重组与再造，具有动态、多样、综合的效应。景观环境中的自然因素、人工因素和社会因素是互相联系、不可分割的，景观环境是一项系统工程，构建一套操作性强、可传授的现代设计体系以适应景观学科的发展势在必行。

1.3.1 多学科交叉背景下的现代景观设计

从学科发展来讲，风景园林学科体系越来越完善，知识更加模块化。随着更多景观实践的开展，风景园林学科的规律性被逐步认知。景观设计主要从事外部空间环境的规划与设计，涉及建筑学、城乡规划学、植物学、生态学等主要学科，集科技、人文、艺术特征于一体。景观学对于优化城市景观、调节生态系统、保护历史遗产和地方文化、改善人居环境质量等方面起着重要的作用。由于风景园林学科本身具有科际整合的特征，突出多学科整合、加强相关学科之间的有机统一性，是建构当代景观学科体系的有力保证。近年来风景园林（景观学科）事业有了长足的发展，大量的实践加深了人们对于景观学科的认知，景观设计已不再是"建筑＋绿化"的初级阶段，概括来说风景园林学科领域包括传统园林学、城市规划和大地景物规划三个层次。

科学和艺术是人类认知和表述外部世界的两种渠道，现代风景园林学正是两者融合的学科。风景园林的科学性在于认知客观规律和解决客观问题，其艺术性在于对认知的表达和阐述，技术则作为缝合科学和艺术的纽带和桥梁，是风景园林从认知到实践的手段和方法。较之传统景园设计，现代景观设计最重要的原则之一就是科学性。传统的景观教育比较注重传授基本概念和基本原理甚至设计表现技巧。以景观设计为例，建立在"改图"基础上的设计课教学对于分析、研究问题、设计方法的讲解较弱，感性成分大于理性成分，在一定程度上景观设计等同于空间构成甚至平面构成，重形式而轻内容。因此，景观规划设计体系的完善与创新，必须着眼于景观设计思维与方法的研究，建立起"人、场所、生态、功能、空间、材料、构造、文化"相互关联的景观设计思维模型，强调设计过程的解读与科学化，突出景观空间、场所、功能、文化及技术支撑的一体化整合设计，彻底突破设计要素、层面与方法彼此游离或简单叠加的设计模式，营造可持续的、有机和谐的人居环境。"因地制宜"是中外景观设计的共同原则，是建立在对景观环境全面理解、认知的基础之上。全面认识基地的自然属性（生态、土壤、植被、小气候、地质、地貌等）、空间属性（围合、朝向等）、人文特征（人群行为、生产与生活方式、宗教与民俗等），对于促进景观设计的科学化、系统化具有重要的战略意义。

由于景观学的特殊性，跨人文、技术和自然科学三大领域，涉及学科领域广泛，知识域与课程设置不能简单地等同，同样学科间的交叉并不能取代学科间的融合，当代景观学呈现出如下发展态势：一方面学科内部分工细化，另一方面学科与学科之间的交叉与融合日趋明显。多学科的整合研究，景观建筑师需要有广阔的视野，不囿于门类知识的限制，具有将不同专业知识整合起来解决实际问题的能力。长期以来，景观设计或着重于空间理念和形式的建构，或强调自然适应性，缺少统筹兼顾的科学化景观设计，缺乏对新技术的运用主动性。这不仅造成设计方案构思深度的缺失，而且会因为欠研究而影响设计的进一步发展，至于科学化的景观规划设计更是无从谈起。

1.3.2 现代景观环境设计的基本意义

景观空间是一个多功能、多层次、多目标的评价对象。随着科学与技术的发展，当代景观环境的评价标准也在不断地丰富与完善，传统的单因子或建立在单纯空间研究基础之上的评价体系正逐渐式微，取而代之的是更加科学全面的评价体系。注重环境品质、生态保护、空间协调、文化内涵丰富、低能耗、易管养等均成为衡量现代景观设计质量的标准。与传统景观设计比较，现代景观设计具有多目标的特点，其中"空间、生态、功能与文化"是现代景观设计的四个基本方面，也即四个基本要素。四要素间的关系犹如三棱锥上的四个节点，不同的环境中四个"节点"的权重及其相互间的关联度不尽相同。也正是由于四要素之间的差异，景观环境特征表现出明显的倾向性，进而呈现出千变万化的景观环境。

林奇认为，"设计是通过想象来创造某种可能的形式，来满足人类的某种目的，包括社会的、经济的、审美的或技术的"。景观环境设计建立在艺术与科学的整合基础之上，具有持续发展意义。1981年国际建筑师协会第十四次代表大会上指出，建筑学是为人类建立生存环境的综合艺术和科学：首次形成环境建筑学观念，并很快得到业界的认同与传播。西蒙兹指出，"景观设计师的终生目标和工作就是帮助人类使人、建筑物、社区、城市——以及他们的生活——同生活的地球和谐相处"。景观设计在利用、改变环境，自然和人为不再彼此对立，而是互相融合。现存的场所通过人为的介入符合多重目的需求，因此变得更加完美。

景观环境设计的主旨在于利用自然环境或营造人化自然环境，以满足人们的生活及游憩需求，其前提是必须满足自然环境的生成演替规律。在此基础上，应满足人在景观环境中的行为要求，如游赏、休憩、体育健身、聚会、演艺、穿越等等，而不同的行为对于景观环境有不同的需求。景观环境设计同时也是一种文化现象，除了满足功能需要，成功的设计还必须能够给人以精神的享受，具有良好的文化氛围。一处优秀的环境不仅能够满足人的行为要求，具有悦目的形式，而且应该具有浓郁的文化氛围，丰富人的精神环境，充分发挥环境的社会效益。

景观环境的艺术性能够满足人们的审美需求。景观环境设计始终要追求怡人的视觉景观效果，目的在于为人们创造可观、可游、可参与其中的人居环境，为人们提供轻松舒适的自然化空间，为人们营造诗意的环境。赫伯特·西蒙（Herbert Simon）在《工艺科学》（*The Science of Artificial*）中指出，设计"就是找到一个能够改善现状的途径"。因而设计方案没有最好只有更好，在两个以上的方案比较中选择更适合特定场所与要求的方案，从而实现对于场所的优化。景观设计过程就是一个研究场所条件、寻求解决问题的途径、建构"空间、生态、功能与文化"和谐共生的景观环境。

现代景观设计思维具有系统性的特征，景观设计具有多目标的特征，生态、空间、功能、文化是景观设计必须统筹的四个基本面，它们彼此游离又高度聚合。生态、空间、功能、文化在各自维度中的展开，可以通过"分析"去加以解析。景观环境是一个有机整体，不是四要素的简单叠加，而是具有复合性的特征，需要权衡四要素，使之在同一景观环境中共生，因此景观设计需要以整合为基础的集约化思维（图1.75）。

景观设计提供的不单纯是一个美好的构想，而必须是一个有针对性的、优选的、切实解决问题的方案。现代景观环境设计的基本意义在于景观环境的构建与重

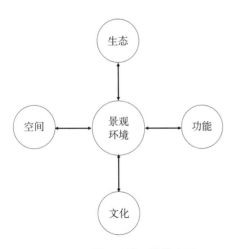

图1.75 景观设计系统模式图

组，包含"三种秩序与两个层面"。概括来说，景观环境设计包括以下三个方面：其一，满足自然的秩序（生态）；其二，满足功能秩序（行为）；其三，满足美的秩序（空间）。两个层面：空间层面与文化层面。与之相对应，景观环境具备三个基本功能：一是生态环境功能；二是休闲活动功能；三是景观文化功能。建构"安全、稳定、优美并富有文化"的景观环境是当代景观设计的基本准则。

1.3.3　走向集约化的现代景观设计

景观设计本身要走向科学，评价是其必不可少的环节。无论是最早使用叠图法的艾略特或是麦克哈格都是走的先调查后规划的设计之路，调查与评价方式仍然停留在定性的阶段。将景观环境评价以科学的方法从定性引向定量，无疑可以提高设计依据的客观性以及设计方法的可表达性。传统的景观规划设计方法往往是口口相传的法则，以个人经验的积累为主，而现代景观设计则强调评价与分析方法的重要性，不依赖于景观师个人长时间的积累，也并非按照延续下来的经验来认知环境，而是通过理性的方法，将场地中各因素所反映出的特征转换为可以进行评判的"数据与范围"。场地适宜性评价不仅仅是对环境中的生态条件、空间特征以及历史人文背景加以分析、评估，评价结果并非类似环境评价报告一般的数据分析，而是寻求其与场地使用功能之间的对应性。设计目标是进行景观环境调研与分析的背景，适宜性的评价在于寻求对空间、生态以及文化等合理利用与优化的可能性，通过分析实现对客观环境的认知，对场地适宜性做出评价，在系统化的基础上制定具有一定针对性的设计策略。

科学评价不仅是景观环境对土地的科学认知，而且是有效规范土地空间开发秩序、合理控制空间开发强度、形成经济与资源环境相协调的集约化土地空间开发格局的重要科学依据，是土地开发的基础性、前置性和引导性的决策引领工作。土地空间规划基于对土地、环境的客观认知，综合"土地资源环境承载力"和"土地空间适宜性"两个方面内容形成了资源环境承载力评价和国土空间适宜性评价的"双评价"体系。在宏观尺度上综合区域资源、环境和社会经济活动等状态，采用定性与定量结合的思维来探索区域自然资源与环境支撑社会发展的承受能力，确定区域内资源环境条件本底、状态、潜力和趋势，揭示土地空间中城镇、农业、生态等开发模式下的适宜程度，强调资源环境与人类活动的优化配置和合理布局。

现代建筑理论将设计哲学分为两种：归纳式严谨的笛卡尔哲学和浪漫发散型的歌德哲学。现代景观环境设计强调以科学的场所分析与评价为前提，以理性思维为基础，突出设计过程的逻辑性与整体性。现代景观设计思维强调理性的同时，针对景观设计特征，积极融合感性思维的灵活性、模糊性与发散性，将景观设计科学价值与艺术价值有机融合，实现理性与感性的交织。景观设计思维体系犹如一棵大树，其中的理性思维如同树干，而感性思维则如同枝叶，离开理性的支撑，设计思维则是杂芜的；反之，没有感性的丰富，设计思维则会走向刻板与教条。片面地强调"理性"或"感性"都不利于景观设计的健康发展。现代景观设计方法具有理性与感性、分析与整合交织两大基本特征。任何一个景观项目都有其特定环境，借此通过"发现与创造"生成特定的设计策略，形成具有不同特征的景观环境（图1.76）。

景观环境具有多义性、复合性的特征，整合了生态、功能、空间与文化等方面的要求，因此景

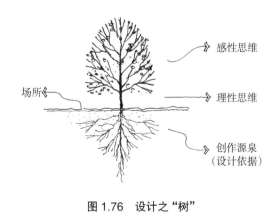

图1.76　设计之"树"

观设计并非单纯满足某一因素要求,而是同时满足多方面的需要,具有多目标的特点。景观环境是复杂的系统,以理性的环境分析为基础、以整合为手段融合环境因素,进而最大限度地实现对于场地本体的认知,通过比较与筛选明确场地的适宜性,为进一步的设计理念、技术路线的生成提供依据。作为艺术的景观终究需要景观师的创造性思维,景观设计实际上是设计师关于生态、场所、空间的理想化及其物化,景观设计过程又具有理性与感性复合的特点,需要有在系统方法论指引下的集约化设计体系的支撑。建立在系统化思想基础之上的"集约化"设计方法具有统筹兼顾、权衡利益、突出重点、实现场所均衡发展的优势。集约化景观设计是指在景观环境寿命周期(前期研究、规划设计、施工维管、再生利用)内,通过合理降低控制资源和能源的消耗以及工程投入,有效减少废弃物的产生,并且可再生利用,从而最大限度地改善生态环境,进而促进土地等资源的集约利用与生态环境优化,实现生态效能的整体提升。景观环境富含人文意义,最终实现人与自然和谐共生的可持续性景观环境。

风景园林发展到现在,所应用的技术手段随着科学进步呈现出多样化的发展趋势。现代技术手段的支撑,使研究从定性描述转变为定量分析,从而推进了景观研究的量化和深入。

集约型景观设计理论与方法的提出,主要针对长久以来景观设计过程中普遍存在的主观性、模糊性、随机性的现实缺憾,以及随之产生的工程造价和管养费用居高不下、环境效应不高等问题。以量化技术为平台,依托数字化叠图技术、GIS技术等数字化辅助设计手段,建立全程可控、交互反馈的景观设计方法体系;通过调整景观设计的技术路线、适宜策略,整合关键技术实现设计方法的创新,逐步建构以"数字化"为基础的景观设计体系。集约化思维具有整体性、系统性的特征,以肯定各设计要素间的不可分割性为前提,通过景观系统内部的"重组、调节、优化"来实现设计意图。景观系统整体性的"权重系数"可以表示为"1",其中的四个组成部分"生态(X_1)、空间(X_2)、功能(X_3)、文化(X_4)"可以表示为"($X/1$)",$1=(X_1/1+X_2/1+X_3/1+X_4/1)$,其中"$X_1$—$X_4$"因环境间的差异而有所不同,但最终需服从于景观系统的整体性。空间作为景观环境的物质载体,是其他诸要素存在的前提,同样也是景观设计的基本点,具有不可或缺性。其他三要素的权重可因景观环境的差异而有所不同,譬如纪念性景观环境中"文化"因素的权重较大,也是景观设计必须面对的主题;自然环境中"生态"是景观设计应重点处理的方面;健身活动场所则着重满足人的"行为"需求(功能)。因此不同的景观环境可以表现出不同的性格特征。功能主义已成为景观设计的普遍准则,现代景观设计在肯定功能的基础上,将文化艺术与生态完美地结合在景观空间之中,在比较中选择较为适合的设计方案。优化设计是现代设计方法的重要内容之一,它以数学规划为理论基础,以电子计算机为工具,在充分考虑各种设计约束的前提下,寻求满足预定目标的最优设计方案。

设计变量、目标函数和约束条件是优化设计数学模型的三个要素。

求 $\boldsymbol{X} = [X_1, X_2, \cdots, X_n]^\mathrm{T}$,使

$$\min f(X) = f(X_1, X_2, \cdots, X_n) \qquad X \in \mathbf{R}^n$$
$$\text{s.t.} \quad h_j(X) \leqslant 0 \qquad (i=1, 2, \cdots, p)$$
$$h_j(X) = 0 \qquad (j=1, 2, \cdots, q)$$

其中,$\mathbf{R}^n$ 表示 n 维欧式空间;$\boldsymbol{X}=[X_1, X_2, \cdots, X_n]^\mathrm{T}$ 表示一个 n 维的列向量 $\boldsymbol{X}$;$h_j(X)$ 表示约束条件;p 表示不等约束条件;q 表示等约束条件。

优化方法的基本思想是搜索、渐进,即求解时,从某一初始点出发,利用函数在某一局部区域的性质和信息,确定每一迭代步骤的搜索方向和步长,寻找新的迭代点,这样一步一步地重复数值计算,用改进后的新设计点替代老设计点,逐步改进目标函数,并最终逼近极值点。

当代景观学科的集约化发展离不开地理信息技术、传感器技术和互联网技术的推动。海绵路的特点是"旱涝兼治"——集约化解决问题，不拘泥于形式的下凹与非下凹之争，而是着眼于道路系统，针对城市道路水环境特征展开系统研究，生成设计策略，形成相应的技术体系。

例如，在南京河西地区的天保街生态路项目中，依托传感器的大量使用和互联网技术，实现了景观绩效的实时监控。南京天保街生态路工程系统以解决城市道路雨洪问题为出发点，以恢复城市自然水文循环为理念，因地制宜地采用生态渗透路面、集水边沟、自然渗透蓄水模块等类自然人工干预技术，旨在构建完整的城市道路雨洪管理系统，实现对城市道路雨水的自然积存、自然净化、自然渗透和自然利用，做到收、蓄、渗、净、排、用、管各层面的呼应与协调。南京天保街生态路工程系统改变过去以排为主的城市道路雨洪应对措施，增强道路系统自身对降雨的处理能力，强调可持续设计理念。示范工程段路面的透水量和路牙的收水量均由传感器进行监测，监测得到的数据通过公共网络实时传输至实验室，以此作为设计绩效的评价（参见后图 3.118 d）。

科学是人类探究规律性的结果，重在发现；艺术则是人类追求美的产物，重在创造。景观设计是科学与艺术的结晶，人类的发现与创造是其共同基础。景观设计离不开社会环境，离不开特定时代的价值观、科学观、环境观、审美观，正是这些人类的观念左右着景观规划设计及其发展趋势，就这层意义而言，任何景观设计都是自然与人为过程的一部分。

2　景观环境调查与评价

　　环境是认知主体周围包括人、事、物在内的物质层面和精神层面的集合。景园环境由人和自然共同构成，其设计的出发点是改善人的生活品质。景观规划设计范畴包括风景环境与建成环境两大类，不论是哪一类环境，场所均有着自身的特征，如空间、生态、文脉等。所有环境均非"一张白纸"，景观规划设计是在有条件的场所中展开，结合场地区位条件、自然秩序、人工建设状况等赋予现有场地新的使用功能，因此景观设计的核心在于寻求场所与规划设计方法之间的适应性。

　　景观环境调查与评价是一个信息采集与分析的过程，对影响环境的因素进行定性的确认与评估，并在可行的情况下加以量化，从而引导规划设计与场地环境相互适应。景观环境的调查与评价是科学规划的重要前提之一。对现有环境资源建立合理的评价体系，明确场地适宜性及建设强度，尽可能避免设计过程的主观性和盲目性是现代景观设计方法需着重解决的问题，也是实现景观资源综合效益的最大化以及可持续化的基本前提。

　　场地适宜性的评价目的最终表现在两个方面：一是针对环境而言，对现有自然环境、空间形态以及历史人文背景的认知及评价，最大限度地利用环境自身的条件，因势利导，采取相应的规划设计策略；二是就设计而言，针对设计在开发定位、建设规模、使用功能以及空间形态等方面的具体要求，通过评价"环境条件"与"使用要求"之间的耦合性，进一步明确场地的使用价值，通过评价来科学地规划场地，在满足游憩与审美的同时实现环境的可持续发展。

　　景观设计不仅营造满足人们活动、赏心悦目的户外空间，而且协调人与环境的和谐相处。景观设计通过对场地生态系统与空间结构的整合，最大限度地借助于基地潜力，是基于环境自我更新的再生设计。生态系统、空间结构以及历史人文背景是场地环境所固有的属性，对其的认知是环境调查与评价的主要内容，切实把握场地特性，从而发挥环境效益，最大限度地节约资源。

　　景观环境可分为风景环境与建成环境两类。风景环境和建成环境各自的内在规律不同，需要分别对两者进行调查和评价，才能全面合理地认知环境的固有特征，从而有针对性地对场所特征进行取舍和利用。由于风景环境中的人为影响较少或无，自然条件对环境起决定作用，因此，对风景环境的研究主要是对其自然因素的分析与评估。而建成环境则不同，它是依据人的使用要求而营造的，较多地反映了人的意志，反映了人对环境的改造过程。但是任何一处建成环境中都仍然或多或少地保留了原有场所一些固有的自然属性，譬如地形、地貌、水系乃至植物等等。因此，建成环境较自然环境更为复杂，其中既反映了原有自然的基底，也反映了人的干预和自然环境之间的交互作用过程，更有人文因素的积淀。因此对建成环境的研究，除去对自然属性的考量，还包括对人为因素的分析与评估（图2.1）。

　　风景环境与建成环境两者差异的核心在于人在环境中所扮演的角色。在建成环境中，人是环境的主要影响要素；而在风景环境中，人是环境的次要影响要素，自然则作为主导要素而存在。风景环境（图2.2）按照纯自然的规律运行，而建成环境（图2.3）则是对自然的间接表述。

　　对于风景环境而言，不同尺度的风景环境具有相似性，例如黄山（景区总面积约为1 200 km²）、泰山（景区总面积约为426 km²）和钟山风景名胜区（景区总面积约为54 km²），其尺度不同，但空间形态特征相似，因为其物质环境完全是按照自然规律自发形成的。因此自然环境

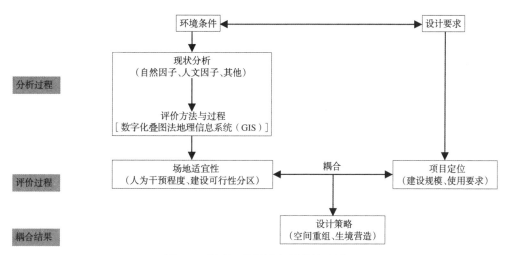

图 2.1　景观环境调查与评价流程图

图 2.2　风景环境

图 2.3　建成环境

特征的本质相对简单，而在人为干预条件下形成的建成环境的复杂程度远大于风景环境。

　　建成环境体系内部存在着许多共性规律，但也具有差异性。这与环境所处的地理位置、空间形态等因素有关。对建成环境的深刻理解需要建立在研究不同环境的共性与总结各自差异性的基础上。例如，对处于不同气候带的线性空间、面状空间、点状空间进行研究，其重点在于探究和总结这些不同的空间形态所具有的共性规律。又如对校园绿地、住区绿地、医院绿地等不同专属绿地的研究，则需要探究各种绿地之间的差异性，将其个性的特征和共性的特征相结合。

　　例如，澳大利亚悉尼科技大学（图 2.4）的校园景观绿地具有独特的个性，其集约化设计及生态化设计为校园创造了一个多功能的校园景观空间，提供了良好的生态系统服务功能。美国萨克拉门托马克河（The Rivermark）社区（图 2.5）的景观设计出色地解决了如何利用建筑之间的空间问题，其景观造景要素为简单的方盒子，通过不断的重复和适当的变化，形成了强烈的视觉冲击。丹麦的纽灵文叙瑟尔医院（图 2.6）的景观绿地翻新设计属于扩建项目，占地面积约为 1.4 万 m²。在设计中采用大片立式玻璃幕墙，整体显得透亮、宽敞；行进流线通过主体建筑中部的一条绿带将空间划开，同时采用深色建筑来围合内部立面的设计，通过模仿山体的自然色调来降低空间视觉上带给病人的压力。该医院位于城郊，周围的建筑高度普遍低于三层，有效地增加了医院

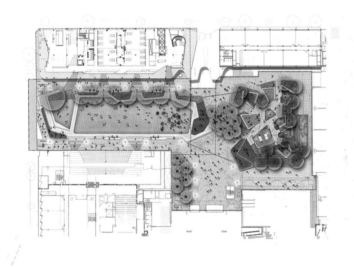

图 2.4a　悉尼科技大学的校园景观平面图　　　　图 2.4b　悉尼科技大学实景图

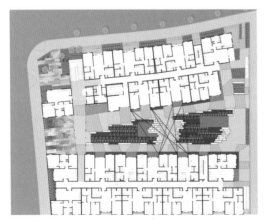

图 2.5a　马克河社区景观平面图　　　　图 2.5b　马克河社区景观实景图

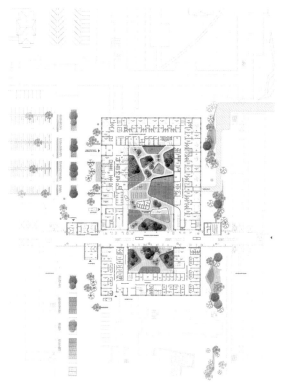

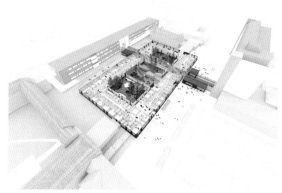

图 2.6a　纽灵文叙瑟尔医院景观平面图　　　　　　图 2.6b　纽灵文叙瑟尔医院景观鸟瞰图

空间的受光面积，为病人的恢复与休息提供了良好的外部环境。

　　校园绿地、住区绿地和医院绿地都存在于景观环境中，其设计理念、设计方法、服务对象及人群和功能特点都个性鲜明，但是共性都是为了提升人们的景园环境质量，同时其形态也具有共性规律，即设计中都包含线性空间、面状空间和点状空间。

　　空间规模是影响建成环境特征的重要因素。例如，村镇、城市和区域因规模的不同而呈现出三种不同的环境特征。中国的村镇规模一般为 1—2 km²，对应于 1 万—2 万人口。村镇的形态一般沿主要道路发展成条带状，其中的环境问题相对简单，与自然环境的关系也相对密切。当村镇发展为拥有 10 万人口、占地 10 km² 的县城，或者拥有 50 万人口的中等城市的时候，在政策、经济、交通等众多因素的相互影响下就会呈现多种形态，发展过程中所产生的问题也会越来越复杂。而对于拥有 100 万人口的大城市来说，其本身就已经是一个个小组团逐渐复制、蔓延发展的结果；其组团之间的相互制约，多个中心的同时扩展，更多元的引力促进和条件限制，导致其空间形态更加多样，面临的环境问题也更加复杂。以南京市为例，市域范围内聚集了新街口商圈、山西路商圈以及宁南商圈、江北商圈，这些商圈分别涵盖了不同的空间形态。每个商圈拥有各自的空间形态特征和环境问题，聚集在一起就构成了整个城市的复杂形态和复杂问题。而当规模进一步扩大为北京、上海等特大城市的规模，再到长三角、珠三角、黄渤海等拥有众多大城市、特大城市的区域，建成规模的集聚对客观环境的扰动是巨大的，会产生更高层级的问题。总而言之，不同尺度条件下的建成环境所面临的问题是不一样的，需要有区别地对待这些问题，不可用单一标准将小尺度环境的研究模式对应到大尺度环境，或者把对大尺度环境的思考移植到小尺度环境上。

2.1 景观环境特征

科学认知环境特征是评价的前提，风景环境与建成环境均具有空间与生态的双重属性。其中建成环境是以人为中心，包含了其他生物物种生存和延续的生态系统。人们通过技术手段控制整个环境的物质循环和能量流动，使之最大限度地产生有利于使用者的功能输出，创造出符合人们物质使用和精神审美需求的景观环境。对建成环境的评价必须另外加入对人文因素的分析。对景观环境的认识可以从对风景环境与建成环境所共有的生态特征与空间特征着手。

风景环境没有或少有人类活动干扰，属于自然生态系统。景观的变化主要受自然因素的影响，生态环境整体复杂而有序。地貌特征对环境的空间格局影响较大，景观基质的连通性高，斑块和廊道密度低，景观元素间的边界呈曲线状，物种丰富。

自然环境要素是建成环境存在与发展的基础：场地的自然地理位置与地貌类型，如山地、高原、丘陵、盆地、平原、河流等，对建成环境空间的发展具有重要的影响；地质条件限制了开发与建设强度；环境中水文、气候等对整体景观风貌有着限定性作用等。同时，建成景观环境内部与外部系统之间的物质、能量、信息的交换，主要依靠人类活动来协调和维持，生态稳定性较差。斑块形状规则且数量多，线状廊道多，带状廊道少。

2.1.1 景观环境的生态特征

生态系统是一个由生物群落及其环境所构成的复杂系统，迄今仍只能当"灰箱"加以探讨。通过研究这个灰箱的输入与输出的关系，预测系统的行为。单纯依靠直觉无法认识生态系统的全部过程，为了预测景观项目对生态系统各成分的影响，现代生态学由描述转向采取数学方法与电算技术对生态系统进行模拟分析。

1）风景环境生态特征

风景环境由相互作用、相互影响的生态系统组成，具有明确的空间范围和边界。生态系统之间的物质、能量和信息流动形成了整体的结构、功能、过程以及相的动态变化规律。由于风景环境受人类活动干扰较少，景观中的生物栖息地与其周围的景观元素存在较多的自然联系，同类性质斑块之间或不同性质斑块之间的景观连通性水平较高，环境变化对于生态的影响相应较大。对风景环境进行评价是研究生态系统的必要程序。不同国家和地区，因其生态特征的不同，评价标准也相应有所区别。美国将风景环境定义为国家公园（National Park），并采用可视化资源管理（Visual Resource Management, VRM）、土地资源管理（Landscape Resource Management, LRM）等评价系统对其进行风景资源管理。日本也在《自然公园法》中规定了三类自然公园，并制定了一系列的规划管理体系和评价方式，如通过将里海（Satoumi）理念与生态系统服务方法（Ecosystem Services Approach, ESA）结合得到包容性财富（Inclusive Wealth, IW）来评价滨海区域综合管理。今天我们国家所说的国家公园、自然保护地都属于风景环境的范畴，具有风景环境的共性特征。

（1）整体性特征

在自然生态系统所处的空间范围内，以生物为主体、各要素稳定的网络式联系保证了系统的整体性。在该系统中，不存在绝对的部分和绝对的整体，任何一个子系统对于其各要素而言，都是一个独立完整的整体，而对于上一级系统来说又是一个从属部分。自然景观生态系统以"整体"的形式出现，其组成斑块也是一个相对独立完整的整体。自然景观生态系统的整体属性是景观组成要素相互作用、相互影响共同形成的，而不是景观要素属性的简单相加。

（2）复杂有序的层级关系

2007年邬建国指出，生物多样性和相互关系的复杂性，决定了自然景观生态环境是一个极为复杂的，由多要素、多变量构成的层级系统。较高的层级系统以大尺度、大基粒、低频率和低速率为特征，而低层级则表现出小尺度、高频率、高速率的特征（图2.7）。

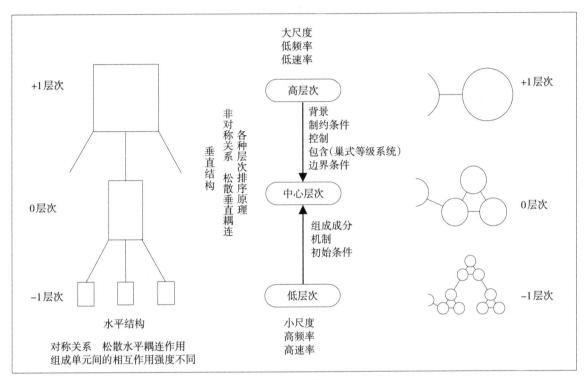

图2.7　层级系统示意图

（3）自我修复与更新能力

自我修复与更新能力是衡量一个系统优劣与否的关键。当系统不具备修复和更新能力时，则意味着系统生命的结束。自我修复和更新的能力包括两个方面：一方面，生物从环境中摄取所需的物质来生存和繁衍；另一方面，环境需要对其输出不断地进行补偿，这种输入与输出的供需关系使同种类生物之间、不同种类生物之间都存在着数量的自我调控，动植物与环境之间能相互适应。同时，生态系统依靠反馈作用，在季节、气候等发生变化的时候，通过正、负反馈的相互作用和转化，通过自身功能来减缓系统内的压力，以维持整体的稳定性（图2.8、图2.9）。

（4）动态演化过程

自然生态系统是有生命存在并与外界环境不断进行物质交换和能量传递的特定空间，是运动变化的系统，其不断经历一个由原生演替或者次生演替逐渐到达顶级状态的过程，具有发生、形成和发展的不同阶段。其中各子系统都是经过长期发展而形成的，具有自身特定的演化规律。

2）建成环境生态特征

建成环境是由自然生物圈与人类文化圈交织而成的复合生态系统。一方面，建成环境往往要满足景观、人文、经济、建筑、交通、环境和生活质量方面的要求，满足人们的生理、心理需要和环境的可持续发展；另一方面，人工建筑材料的使用严重污染环境，建筑密集造成了城市热岛等负面效应。由于人口集中以及大规模的人工干扰，生态环境遭到了严重破坏，植物生长比例失

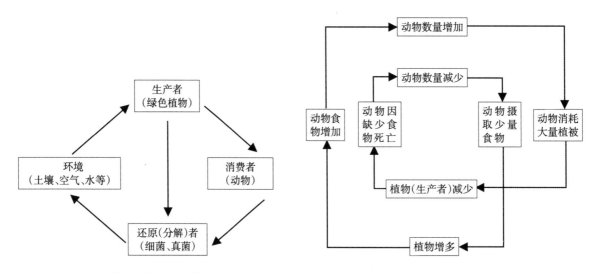

图2.8　生物与环境之间的供需关系　　　　图2.9　动物与植物种群之间的负反馈

调，野生动植物稀缺；大量的建设与开发改变了环境的原有地貌；人工活动大量占据资源，消耗能源的同时排出废弃物。上述种种情况导致了环境恶化，降低了环境自净能力和自我调节机能，破坏了自然界的物质循环。

与大尺度的自然生态系统不同，小尺度建成环境的生态系统不稳定，易受人为活动的影响。如建筑可以改变基地的光照条件，影响局部空气的流动，造成建筑物周边南北向场地的温差，从而形成小气候条件；人为的硬质铺装以及下水系统会改变地表径流等。任何景观规划与设计都是以自然生态为背景、以满足使用要求为目的的人为干预活动，建成景观环境不可避免的是两种生态系统的叠加：基地固有的生态系统与人为生态系统。所以建成环境中的自然景观要素对于场地生态特征有着决定性的作用。

（1）以人为主体的景观生态单元

建成环境是由人规划设计、由人选择各种要素组成的系统，如整齐的行道树、五颜六色的花、平整的草坪……由于人类活动的强烈影响，环境的自然条件发生了很大变化。建成景观环境是一个以人工为主的复合系统，大量的人工设施附加在自然环境上，形成了显著的人工化特点。

（2）系统的不稳定性

与自然生态环境相比，物种单调的建成环境的生态系统显然很不稳定。枯枝落叶常被清除，养料、水分常常来自外部，土壤中的微生物发育不充分，整个系统内的物质循环和能源流动是不连续的。同时随着经济的发展，以及政治、文化等因素的变动，建成环境变化极快。建成环境本身并不是"自给自足"的系统，主要是依靠外来人工才能保证其系统的相对稳定性。

（3）耗散结构

建成环境是一种耗散结构，就其规模而言，很难达到完全的自我维持的平衡状态。城市生态系统处于非平衡状态，通过与外界系统进行物质与能量的交换，产生熵的同时又不断向外界输出熵，以此来维持自身的有序性。因此，对建成环境进行生态化的设计，是最大限度地提高自然及人工资源的利用率，减少对环境的压力，尽可能接近于自然生态系统的生态循环状态（图2.10）。

（4）高度开放性

建成环境的生态系统是一个开放系统，与外界有着能量、物质和信息的交换。从系统科学的角度来看，生态系统向有序方向进化的基本条件是从外部获得能量和物质，即获得足够的负

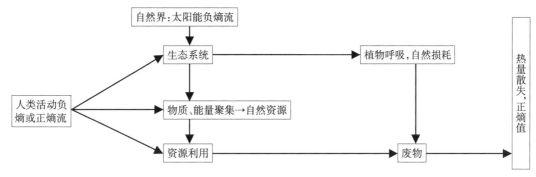

图 2.10　区域系统熵流图

熵流，其绝对值大于生态系统内部的熵产生，从而使系统的熵减少。也就是说生态系统必须是开放的和非平衡态的。没有充分的开放，生态系统就会失去活力和自主性。建成环境是一个反馈系统，食物、水与材料等的输入（负熵）变成了污水、垃圾与其他形式的废物输出（正熵）。同时，建成环境满足了人们的使用要求，通过这种负熵流的方式取得与大范围环境的和谐共存、持续发展。

（5）景观的异质性特征

建成环境是由异质单元所构成的镶嵌体，异质性来源主要是人工产生的，如场地中及周边的道路、建筑物、广场、行道树、河道等都是人工兴建、栽植和开挖的。除此之外，还有自然原因形成的，如地形地貌等。建成景观的异质性首先表现为二维平面的空间异质性，环境中的绿地、水面、建筑物、道路等性质各异，功能各不相同；其次表现为垂直的空间异质性，因人为构筑物的高度不同而出现垂直方向上的参差不齐。在大多数的城市建成环境中，人工构筑物是城市的基底，绿地是城市中的生态斑块。然而能真正起到生态效益的城市应该以成片的绿地为基底，人工构筑物作为点缀的斑块散布在基底绿地中，如马来西亚的布城和波兰的华沙是生态效益很高的城市（图 2.11）。在中国的城市建设过程中，如何合理地安排土地、人口、开发强度是实现国土资源可持续发展的内在要求。

图 2.11a　马来西亚布城城市鸟瞰图　　　　图 2.11b　波兰华沙城市鸟瞰图

2.1.2　景观环境的空间特征

景观师所面临的景观环境通常是从数百平方米到上百平方千米不等的尺度范围，与大尺度的大地景观有所区别。但正如"全息理论"一样，在小尺度空间仍然存在着与大尺度环境类似的空间格局，譬如斑块、基底、廊道等等。因此，在对小尺度景观格局进行评价的过程中仍然遵循类似的结构关系。

景观的空间特征主要包含两个方面：一方面为空间形态，主要指场地形状、地形地貌、界面的围合等，即空间的表象特征；另一方面为空间结构，即景观格局，指大小和形状各异的景观要素在空间上的排列和组合形式，它包括景观组成单元的类型、数目以及空间分布，是景观环境内在的结构特征。

空间形态具体是指环境在某一时间内，由自然环境、历史、政治、经济、社会、科技、文化等因素在互动影响下发展所构成的空间形态特征。空间形态无论是松散的还是紧密的，是简单的还是复杂的，都反映出环境机能的一种平衡、秩序与效率的状态与水平。景观环境的空间形态指环境实体所表现出来的具体的空间物质形态。而空间结构是指景观的组分构成及其空间分布形式。景观结构特征是景观性状的最直观表现方式，主要包括景观格局、景观异质性和景观尺度效应等。

1）风景环境空间特征

（1）空间形态特征

① 区域边界模糊。自然环境的区域之间相互分割不明确。

② 方向性不明确。在自然环境中，边界往往出现连续不断的转折与模棱两可的渐变，加之缺少参照物与标志性节点，使环境内的导向元素不明晰、方向性差。

③ 空间形态具有不确定性。自然环境中各生态元素的组织方式通常按照生态特征以及演化规律进行配置，其形态具有随机性（图2.12）。

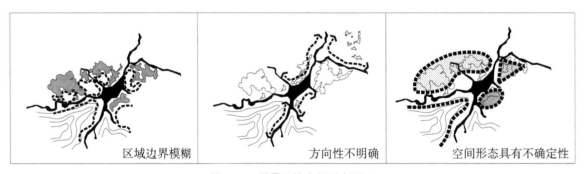

区域边界模糊　　　　　方向性不明确　　　　　空间形态具有不确定性

图2.12　风景环境空间形态图示

（2）空间结构特征

① 景观基质连通性高。景观由若干类型的景观要素组成，其中基质是面积最大、连通性最好的景观要素类型，在景观功能上起着重要作用。

② 景观边界呈曲线。由于景观要素的边界可起到过滤器或半透膜的作用，所以以边界形状对基质与斑块间的相互作用至关重要。两个区域间的相互作用与其公共界面的周长成正比。自然景观环境与外界的连通性较高，边界的周长长，从而在形态上呈曲线，即回旋边界较大，系统与外界环境可进行大量的能量与物质交换。

③ 斑块和廊道密度低。斑块是在一定尺度内，在性质上或者外观上与周围环境（基底）不同的空间实体。它在空间上呈现非连续性，在生态系统方面表现为内部均质性。在自然景观环境中，斑块没有贯穿整个环境的廊道网络，从而缺少密度大且面积相近的斑块群。

2）建成景观环境空间特征

（1）空间形态特征

① 道路的方向性与连续性强。2001年，凯文·林奇指出，道路是建成环境中最常见、最可

能的运动线路网络,是环境整体组织最有效的手段之一。建成环境中的道路具有指向性,或称作不可逆转的方向性。

② 区域边界具有明显的可识别性。在建成环境中,为了求得人们的关注,往往将反差大的区域并排设置,并且从外部可以看到两者边界相交处,这可以帮助观察者形成内—外的感觉。当边界不封闭或不明显时,往往会有相应的界标以及指引方向性的节点,使其边界完整、定位明确。

③ 视域空间整体性强。由于人为的介入,在建成环境中会有意识地增大观察者的视域范围,如透明度(玻璃和架空建筑)、空间的方向性(梯形的广场、开敞的空间)、景深(沿轴线布置的构筑物)以及视点(高视点、焦点)等等。所有这些相关的特性,通过提高景观视域的渗透性,扩大观察者的视域范围以及心理感受,从而掌握环境的整体特征(图2.13)。

图2.13　建成环境空间形态示意图

(2)空间结构特征

① 建成环境以引进斑块为主,形状规则,数量多。城市景观中的斑块主要是各不相同的功能分区之间呈连续岛状镶嵌分布的格局。这些斑块是各具功能、相互联系、分工有序的基本功能区域,即生态单元。

② 在城市环境中,以线状廊道为多,带状廊道少,网络数量多,基质的连接度低,景观高度破碎。城市廊道主要由公路、街道、河流以及带形绿地构成,人工的景观单元形成了城市景观的基本格局。

③ 城市景观的梯度性。城市是人为影响相对集中的地段,在单核心型城市,人类活动的强度由市中心至边缘区逐渐减小,方式也有所改变,表现为人口密度、干扰程度等呈梯度逐渐降低(图2.14)。

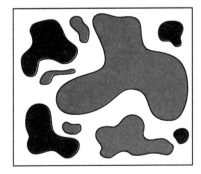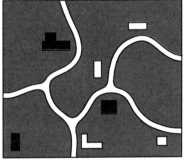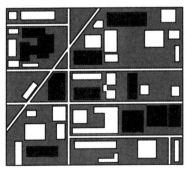

图2.14　风景环境到建成景观环境空间结构的演化

2.2 景观环境调查与评价内容

对场地环境进行调查与评价是为了对场所进行科学的认知，通过对场地适宜性的分析，从而在最大限度利用自然的基础上对生态环境、空间格局以及人文背景进行合理的重组与利用。场地适宜性的评价包含多方面的内容，除了对生态适宜性的分析，还涵盖了对空间特征及人文背景的评价。对生态环境的评价主要在于对场地中自然因子权重的认知、场地本身的敏感程度以及开发建设的承载力；对空间的评价主要针对环境外在空间形态以及内在空间格局两个方面展开；对人文景观的评价侧重于历史与艺术价值、典型性以及可再生性等。此外，环境评价的内容还包括交通、区位等外部因素。

无论是针对哪种属性，评价的核心主要有两点：一方面，对评判环境中那些具有典型性的部分以及敏感不能扰动的区域进行保护；另一方面，明确场地中适宜建设的部分，对环境进行修复、重组以及再利用，从而实现其在新的景观环境中的再生。换言之，场地适宜性评价的最终目的是以实现设计要求为目标，对场地环境进行有意识、有目的地认知，分析环境与设计之间的关系，探索场地系统中开发目标、建设行为的适宜性，从而实现科学、客观的规划设计。景观评价的意义在于，首先在生态优先的前提下，通过人为干预来优化景观格局；其次在集约的基础上寻求系统化的设计途径，重组景观环境内的土地资源，控制建设强度与规模。

景观评价的作用：通过数字化叠图、地理信息系统（GIS）等方法对景观环境生态质量加以评价，明确区分场地中不同区域的生境质量，据此制定相应的规划设计策略；在生态优先的前提下，结合不同拟建项目对场地的要求，以建设适宜性为标准，对场地中的适宜建设区域进一步评价，从而针对不同待建项目选择最为适宜的场地。景观评价建立在比较基础之上，对设计策略加以优选，从而实现景观环境设计的科学化。

分析、整合、评价作为景观设计的前期环境研究，这一阶段具有"线性"思维的特征，突出强调因果关系，评价的结果可以作为进一步解决问题再分析的基础，由此建立一个理性而完整的过程。

环境的分析与评价作为设计过程中一个不可或缺的环节，离不开景观师的认知能力，及其对于环境构成要素的掌握能力。在强调生态优先的现代景观设计观念中，应尊重场地及其构成演替规律，尊重场所的使用者与文化，通过适度的"设计"来实现对场所的整体优化。

2.2.1 景观环境调查

调查是对场地环境基础因素的认知过程，是利用现有地形图，结合实地勘测，以实现对环境中不同类型因素数据的收集以及对其图形化的表达，为场地评价提供齐全的基础资料以及建立相对精准的图纸表达。调查前能够获取的地形资料主要有卫星航拍图和CAD地形图两种类型，两者均存在着一定的局限性。卫星航拍图覆盖面广、资料全面，但需专业的软件及技术人员对其判读，以期明确各因素分布的不同边界；CAD地形图相对精准，同时易于进行数据的操作，但其通常仅以表达地貌、地物为主，或稍有植被的信息，难以全面地反映场地环境条件。因此在地形图的基础上对场地环境进行踏勘，对不同类型环境因素的数据整理与收集，以期实现对现有地形资料的完善与补充。

踏勘应根据环境中因子类别的不同分项目进行：一方面，不同因子所采取的调查方法相异；另一方面，分类调查能够更有针对性地对地形图中的不足进行补充。常采用的调查方法有抽样控制法、问卷调查法、行动观察法等多种方法。对于如水文、土壤以及植被这类因素通常会采用抽样控制法，即将场地环境分为不同的样区，分别抽取其中各要素作为样本，并将其作为该样区的调查结果在地形图中加以反映；对于周边道路交通以及流线等因素可采取行动观察法，即在场地内和周边选择观察点，采取目测、摄影以及测量等方式进行记录，将周边人流和车流方向、场地现状使用情况在图面中进行绘制；而对于如文化背景、历史遗存等人文因素可采用问卷调查法来确定人们对场地现有文脉的认同感与选择性，对于坡度、坡向这类尺度较大的地貌因素可采用GPS（全球定位系统）加以辅助，以实现数据的精确与全面。

前期调查的主要目的是对现有地形资料进行补充，因此，调查结果是以图面形式进行表达，通常是采用统一底图，即在原有地形图的基础上，分因素记录场地情况，最终通过不同色阶（色调）或数据标识在图面中明确场地各因素的条件以及分布情况（表2.1）。

表 2.1　主要调查项目

	水文	水深、水质、水底基质…
	土壤	土质、土壤类型…
	植被	乔木、灌木、地被、水生植物…
自然因素	动物	种类、数量、栖息地…
	地貌	海拔、坡度、坡向…
	气候	区域气候、场地小气候…
人工因素	人工构筑物	质量、高度、类型、分布情况…
	历史遗存	文物保护等级、保存情况、分布…
周边环境	道路交通	车流方向、人流方向、车流量、道路…
	社会条件	用地类型、设施分布…

2.2.2　生态环境评价

麦克哈格在其著作《设计结合自然》中，反对对土地和功能进行分区的传统规划方法，而是强调土地利用规划应遵从自然的固有价值和自然过程，即土地的生态适宜性。生态评价就是衡量场地中自然生态因子对整体环境发展的价值。也就是说在自然生态因子的调查、记录的基础上，对各种资料、数据进行分析研究，或通过计算等方法，描述各种生态因子对生态环境发展的价值状况。通过对各种生态因子综合叠加分析，确定场地中的各种价值区域，为场地环境的维护管理、开发决策的制定和环境中被破坏生态区域的恢复提供依据。

1）评价要求

现状评价是在区域生态环境调查的基础上，针对本区域的生态环境特点，分析区域生态环境特征与空间分异规律，评价主要生态环境问题的现状与趋势。评价生态环境现状应综合考虑两个方面：一是自然环境要素，包括地质、地貌、气候、水文、土壤、植被等方面；二是人类活动及其影响，包括土地利用、城镇分布、污染物排放、环境质量状况等方面。现状评价必须明确区域主要生态环境问题及其成因，要分析该地区生态环境的历史变迁，突出地区重点问题。以南京市牛首山改造项目为例，通过对山体生态环境现状的评价，发现其最大的环境问题是山体的矿坑修复问题。1958年"大炼钢铁"时期，因在牛首山发现了铁矿石，当地政府便在此进行大力开挖，并且削平了牛首山西峰，形成了一个超过60 m深的矿坑（图2.15）。铁矿伴生的产业带来了大量工厂的进驻、聚落的产生与村民的迁入，人为的干扰导致原有的历史文化几乎荡然无存，只留下被阻断的水脉和颓废了的矿藏。只有通过对修复项目的现状进行深入的环境评价才能抓住主要问题，有的放矢地进行景观修复与改造。

图 2.15a　20 世纪 30 年代的牛首山

图 2.15b　采矿后残留的大矿坑

2）评价内容

（1）生态承载力分析

生态承载力分析主要针对特定景观环境范围内生境最大可能承载的游人规模、空间建设规模以及开发强度等做专项分析，在于确定环境承受力允许下的人为干扰强度。一方面，生态系统作为一个系统而言，不存在绝对的上限；另一方面，如果系统长期接近极限状态，其必然将逐渐衰退。要让生态系统处于良性运转状态，环境中的游人数量以及人的干预程度应处在一个适中状态，使环境能够及时进行自我修复。例如，安徽马鞍山采石风景区，由于人流量过大，游客对公园过度的践踏以及垃圾的排放导致了土壤板结，土壤厚度变薄，土壤水分含量减少，地被植物的高度也发生相应的变化，造成场地生态环境的逆向演替。因此，承载力的分析应立足于自然生态质量，对环境中人类活动进行预测，并且对建设强度加以控制，如人均空间面积的计算、社会经济容量的分析等。按照生态系统自然承载力来确定规划范围以及规模，考虑资源负担能力的限制问题是景观生态规划的前提（图 2.16）。

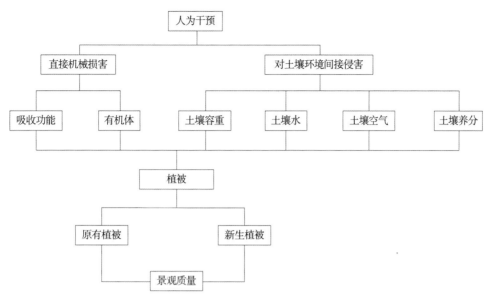

图 2.16　人为干预对植被及土壤影响模型

（2）生态敏感性分析

生态敏感性分析是指在不损失或不降低环境质量的情况下，生态因子对外界压力或干扰适应的能力，用来分析用地选择的稳定性。不同生态系统对人类活动干扰的反应不尽相同，无序的人工活动有可能损坏一切的生态系统，所以必须把对人类活动反应最强烈、最易受人类干扰的空间（通常是生态敏感因子集合场所）划分出来，通过规划措施加以保护。首先，敏感性分析应明确区域可能发生的主要生态问题的类型与可能性大小；其次，敏感性分析应根据主要生态环境问题的形成机制，分析生态环境敏感性的区域分异规律，明确特定生态环境问题可能发生的地区范围与可能程度。

生态敏感性具有相对性，它本身不是绝对值，而是一个具有相对意义、比较成立的相对概念。通过相对性的比较，目的就是找到同一范围内的不同研究地块或同一地域的不同研究对象间的敏感性差异。通过对这些地块的等级区分，从而在尊重土地自然规律的基础上，为科学地保护土地资源、使用土地提供前置性评价。此外，生态敏感性不是以立地条件、植被状态好而作为评价指标，而是以是否脆弱、容易受到环境的扰动而划分敏感等级。

（3）土地利用适宜性分析

土地利用适宜性分析是在生态敏感性分析的基础上，根据土地用途要求及自然条件进行全面综合的评价。不同的用途对土地质量有不同的要求，对同一块土地，不同的用途就会有不同的适宜性。在生态敏感性分析的基础上来确定不同土地利用类型的适宜程度，根据区域景观资源与环境特征、城市发展需求与资源利用要求，针对各类发展用地的自然要求而制定适宜性评价体系标准。这是将各项空间利用对场地的要求与生态环境实际供给之间进行比较和匹配的过程。在评价过程中首先要明确各类用地对土地的要求，其因素包含多个方面，既有自然因素也有社会经济因素，要在分析过程中分清主次，抓主导因素进行评价。土地利用适宜性评价是建立在区域景观环境资源评价、资源承载力评价、生态敏感性评价等基础上，根据土地用途要求结合自然环境条件，来控制或协调土地利用的类型、建设强度、开发途径及方向等。

2.2.3　空间特征评价

在景观环境中，空间形态往往是最为直观、最易识别的要素，同时也是最终景观效果的基础。无论是空间注记法还是序列景观分析法，对其的评价与分析均力求描述环境中各个片段，而缺乏对场地整体的综合认知，如何从全面到局部，全方位地评价场地空间的复杂性、积极与消极因素是空间形态评价的首要任务。在建成环境中，人为不断地干扰在环境中形成了空间的异质性，景观格局分析方法可以用于辨析各种尺度、动态变化的空间格局。对景观空间特征进行评价之前需要先进行景观空间调查，即通过调查空间属性的内在关系，把对空间特征有决定性作用的要素提取出来，并对可以改变的部分进行强度分级，为进一步制定规划策略提供依据。

1）评价要求

（1）重视环境中自然因素的空间属性

对景观环境空间特征的评价要建立在对场地中自然因素空间属性认知的基础上。与建筑空间、城市空间有所不同，景观环境通常没有明确的围合边界，无法在特定的空间中进行体积、密度的衡量。在场地中，自然要素作为景观不可或缺的部分往往占据了主导地位，人工构筑物处于从属地位。景观环境的空间界面是生长变化着的，随着时间的推移、植物的生长，其郁闭度会逐渐增加，原有的空间形态发生变化。如季节更替，在夏季围合感强的内向性空间，在秋冬季节往往因为植物的代谢而呈现对外开放性与渗透性；又如枯水期可穿越的河道，在丰水期却成为场地中不可逾越的空间界限（图 2.17）。又如镇江南山风景区（图 2.18）西入口处的植被群落结构，由夏季和冬季卫星影像可明显看出，山坡和山脚处的竹林片区即使在冬季也能保持常绿；而以落叶阔叶林为主的山顶和山腰片区，冬季则枯黄和萧瑟。

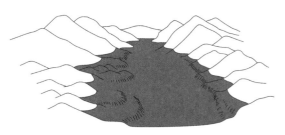

（a）河流枯水期　　　　　　　　　　　　　　　　（b）河流丰水期

图 2.17　自然因素空间的属性

图 2.18a　镇江南山风景区夏季卫星影像　　　　　　图 2.18b　镇江南山风景区冬季卫星影像

（2）综合考虑空间界面构成

景观环境的空间形态相对较为复杂，往往存在人工与自然两种不同属性因子形成的围合界面，而根据材质、结构等的不同，这两种界面又在外在形式上表现为多种不同的肌理，如围合体的透明度、界面的反射等等，其对空间的影响更为直接，使环境的空间形态更为复杂、丰富。如建筑的柱廊或是连续排列的乔木，都在对空间加以限定的同时具有一定的开放性，又如玻璃幕墙的围合往往会导致空间界面的多层次性等等（图2.19）。因此，评价应对空间界面的不同肌理加以重视，综合考虑其空间特性。

（a）水面的反射　　　　　　　　　　　　　　　（b）玻璃界面的多层次

图2.19　空间界面的层次性

（3）对大区域地形、地貌的研究

大区域地貌是由多因素、多层次相互联系而组成的复杂系统，其对场地环境整体空间形态、生态特征等多方面具有影响。场地周边地形的竖向变化、地貌特征不仅反映了场地围合程度、海拔高程，同时也对场地的采光与小气候具有一定的限制作用，甚至汇水、排水以及坡向的差异都会对景观环境造成不同的影响。

2）评价内容

（1）景观空间的特异性

景观空间的特异性是空间形态最重要的属性，是场地区别于周边环境，形成独特景观效果的根本因素。其往往表现在两个方面：空间形态的典型性与空间界面的差异性。

景观环境的空间形态是人工与自然共同作用的结果，无论是山水环境还是城市街道场地中原有竖向变化、河道径流以及人工构筑物等生成景观空间形态，分析其中典型性空间组合或空间序列，如滨河空间的线性构成、城市广场的开放型界面等等，将其加以调整与强化，从而优化既有空间格局。

景观空间中不同界面的转换往往会导致空间形态乃至空间格局的变化，对环境中空间界面进行分类，明确其属性以期在设计中采取相应措施。典型性空间形态往往会出现在两种不同界面的交接处，如硬质广场中的大面积绿化区域、河道与城市之间的滨河绿带等（图2.20）。

（2）景观空间界面的连续性

景观空间界面的连续性是指边界或表面连续（比如街道、天际线或退让线），形态相似、一定数量的人工构筑物组合（成组的构筑物或景观小品），有节奏的重复与间断（绿化、硬质材质的相同，标示物的连续排列等）（图2.21）。在一个限定的空间范围内，对界面连续性的处理有可能会

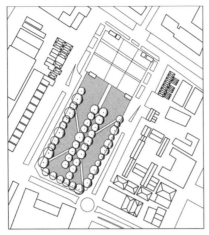

墨尔本大学广场建成环境中的大面积绿化

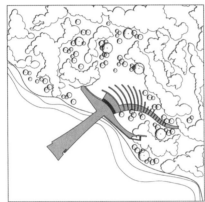

百利头路（Bradleys Head Road）圆形剧场风景
环境中的人工建筑物

图 2.20　景观空间的特异性

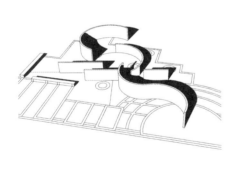

图 2.21　景观空间界面的连续性

影响到人们对于环境的整体意向。过长的均质界面令环境缺乏特异性，而过短的空间界面又会使观察者的视域范围受到限制，过于复杂而导致景观空间整体感的缺失。

（3）景观格局

景观格局（图2.22）是大小和形状不一的镶嵌体在空间内分布的总体形式，反映了景观动态变化的基本过程。景观格局是景观异质性的具体表现，同时又是包括干扰在内的各种生态过程在不同尺度上作用的结果。景观格局是一种结构逻辑下的存在状态，在某种

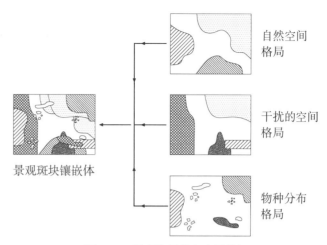

景观斑块镶嵌体

自然空间格局

干扰的空间格局

物种分布格局

图2.22　景观格局的多来源特征

意义上反映了自然生态系统的优劣以及稳定程度。1988年，李哈滨和富兰克兰（Franklin）指出，景观格局的研究目的是在似乎无序的斑块镶嵌的景观系统中发现潜在规律性。对景观格局进行定量描述和分析，是揭示景观结构与功能之间的关系、刻画景观动态的基本途径。通过景观格局分析，能够确定产生和控制空间格局的因子和机制，比较不同景观的空间格局及其效应，探讨空间格局的尺度性质。分析空间格局要考虑不同景观类型斑块的拓扑学性状，对镶嵌体形状、大小、分布、地理位置和相对位置分析，通过改变景观结构的异质性，增强环境的生物多样性，从而实现景观格局的稳定。

目前景观生态学中对景观格局的研究主要针对空间的异质性、空间的相互作用、空间规律或梯度以及景观格局与功能的相互关系等方面进行研究。南京市地处长江中下游中部、江苏西南部。南京市景观结构主要表现为自然景观向人文景观转变，斑块密度、分离度、破碎度减小和景观多样性指数增大等特点。南京的紫金山一带山脉，包括鸡笼山、五台山、清凉山等都是景观斑块（生态踏脚石），景观格局的优化将这些生态踏脚石连结为一个整体，完善生态机能（图2.23）。

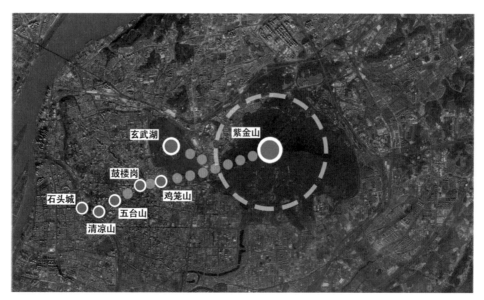

玄武湖　紫金山
鼓楼岗
石头城　鸡笼山
五台山
清凉山

图2.23　景观空间界面的连续性

斑块—廊道—基质模型是景观生态学用来解释景观结构的基本模式。目前已建立了相应的景观结构与空间格局分析方法，主要包括景观格局指数法与空间统计学方法这两类，前者用于空间非连续的类型变量数据，后者用于空间连续的数值数据。景观生态学的研究中主要运用 Fragstats（景观格局分析软件）这一软件来计算景观格局指数，对单个斑块层次、斑块类型层次以及景观水平三个层次进行定量分析，描述和评价景观结构特征。2007 年，邬建国指出，常用的景观格局指数有空间形状指数、斑块面积指数、景观优势度指数等。

2.2.4 人文景观评价

诺伯格·舒尔兹（Norberg-Schulz）说："每一种独立的本体都有自己的灵魂……这种灵魂赋予人和场所以生命……同时决定他们的特征和本质。"对于任何建成环境而言，由于人的介入，不同的干预行为与使用功能使场地环境有了丰富的人文精神，所以景观评价不仅仅是对物质环境的调研与分析，更是为了提取环境中所需延续的人文因素，包括场所精神的提炼与文脉特征的延续，借此实现人们对场地环境的历史认同，以及增强场所的可识别性。只有当空间具备了历史文脉的内涵，再配以完善的人工设施才能形成具有场所感的景观环境。任何的景观规划与设计都必须尊重场地中的人文历史沿革，注重与所在地区的历史延续性相协调，体现场地的文脉。因此，在景观环境的规划设计过程中，对场地历史文化的前期评价是不可或缺的。

文化是人们长期创造而形成的产物，凝结在物质之中又游离于物质之外。场所是一个"容器"，承载着人类活动留下的信息，人文内涵是场所的重要标志。在历史长河中，人类按照自我意识影响着自然环境，由此赋予了场所独特的文化特征，体现为民族性、地域性和时代性。中华文明起源于农耕文明，其价值观深受儒、释、道思想体系的影响，其行为模式受礼义道德和宗法制度的制约，对待自然讲求"天人合一"的态度。这种文化氛围衍生出独特的中国传统园林体系，追求"师法自然"，并融入了中国古代山水画的意境，达到"一石以代峰，一池以代水"。园林空间强调营造周而复始、循环往复的境界，体现了时人的生活观和环境观。

"南京 1912"位于南京市长江路与太平北路交会处，由 17 幢民国风格建筑以及"共和""博爱""新世纪""太平洋"4 个街心广场组成，总面积超过 3 万 m²。这片青灰色与砖红色相间的建筑群风格古朴精巧，错落有致地呈 L 形半包围在"总统府"西北侧，成为以民国文化为建筑特点的商业区（图 2.24）。

图 2.24a　南京 1912 街区谷歌影像图

图 2.24b　南京 1912 街区平面图

图 2.24c　南京 1912 街区实景图

　　对景观环境的人文评价并不等同于文物保护的评价，其根本是从可利用的角度出发，希望通过评价，把场所中环境积淀的人文因子加以解析，选择那些具有延续价值和具有地域性的场所精神加以传承、保留或重组到新的景观环境秩序中来，从而实现空间组合与历史印迹的有机延续。

　　通常来讲，风景名胜区由于尺度大、发展时间长，历史文化遗存与非物质文化丰富，因此对文化资源的评价可以参照《旅游资源分类、调查与评价》（GB/T 18972—2017）中的旅游资源分类表以及旅游资源评价赋分标准来进行评定。而景观环境中更多的是小尺度与多种不同开发类型的场地，其并不涉及高等级的人文资源，但这并非意味着小尺度环境没有人文背景可以挖掘与利用。从评价的角度而言，任何场地环境都并非"一张白纸"，长久以来人们的生产与生活方式、风俗都在场地中留有印记。任何环境都是一个"容器"，不仅是历史遗迹与遗存的残留，还容纳记录了人的行为模式与地域特征。优秀的景观作品含有人性的关怀与人文的精神。"文化即人化"，没有人的干预就没有文化的产生。人文就是在客观环境中人为因素留下的印记，以及这些印记转化成的景观意境、景观格局和景观现象。因此，那些长期存在于场地中，反映了时代信息、人类活动的历史遗迹与非物质文化是评价中的主要对象。其中人文资源等级较高的历史遗存往往隶属于不同级别的文物保护单位，有明确的法规对其外观形式、保护措施以及空间范围进行限定。

　　1）评价要求

　　（1）尊重场地原有历史文脉及场所精神

　　保持场地的地域特征与文化内涵是延续周边大环境"景观风貌"的必要条件，这就要求设计在发掘地段原有文脉基础上提炼并延续其潜在内涵。对人文景观进行评价要在对场地原有历史及文化遗存尊重的基础上，对地段环境和历史文脉进行分析、解读、提炼和升华，同时注重探究空间形式中潜藏的内在含义，尊重并保护环境原有地貌、文脉肌理，使地区特有的历史文化与空间环境特征相融合（图 2.25）。

　　（2）综合考虑与景观环境相协调

　　作为整体大环境的组成部分，建成场地的景观规划必然要服从其总体定位、风格特征以及延续其历史文脉，从而做到部分与整体相协调（图 2.26）。城市作为典型性整体大环境是一个不断发展与变化的有机体，而景观环境作为其组成部分，随着城市的生长而不断地在原有基础上更新与演化：一方面，场所历史文化与固有的自然地理环境紧密结合在一起，形成了城市景观的地域性特征；另一方面，场所是历史痕迹积淀的结果，作为"人化自然"的建成景观环境，其场所精神以及文脉形成了城市人文景观的基本特征。这种地域与人文景观特征共同构建起一个城市独特的景观风貌，而建成环境中的景观规划与设计在一定意义上是城市景观风貌的延续与发展。所以其必须尽可能地与地段整体环境相协调，防止因规划设计不当而割断历史文脉，造成建设性的破坏。

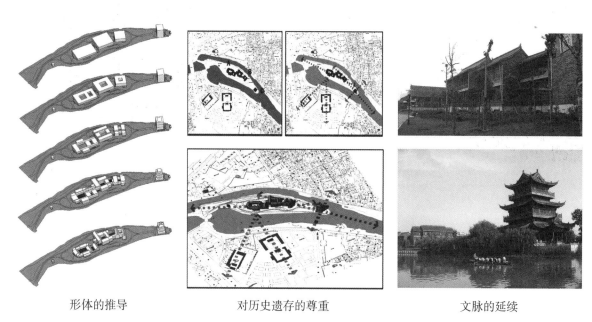

形体的推导　　　　　　　对历史遗存的尊重　　　　　　　文脉的延续

图 2.25　清江浦公园——对原有文脉的挖掘与利用

注：中洲地区位处淮安历史街区的核心，由于独处古运河的中央，自成一体。设计在充分研究周边环境空间尺度、历史遗存以及地域特征的基础上，处理好"更新"与"延续"的关系，实现与城市整体风貌的协调。

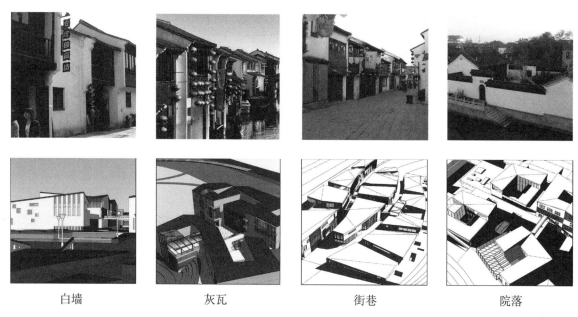

白墙　　　　　　　　灰瓦　　　　　　　　街巷　　　　　　　　院落

图 2.26　苏州南石湖——规划与城市整体风貌的协调

注：景区内的建筑在吸取苏州民居建筑风格特征（灰瓦、白墙）、空间布局特征（街巷空间）等的同时，融入现代的设计手法：以苏州老城尺度为主导，建立立体的街巷空间体系；外墙采用灰白色调，局部加入木制隔栅，形成独具特色的现代苏州风格，与周边环境相协调。

2）评价内容

（1）人文景观的历史价值

人文景观的历史价值是评价中需要首要考虑的问题。场所中的历史遗存往往携带着真实的历史信息，蕴含着不同时期经济、文化以及人的审美等多种社会信息，是环境中"人化自然"最深刻的体现，最能反映场地更新、发展的过程。人文景观的价值并非完全按照文物保护单位的等级划分而确定，其最终目的是希望延续场地环境中独具特征的地缘文脉。人文景观评价一方面应对历史文化遗产进行分级分类，确定其保护类型以及保护范围；另一方面应对其他不在保护范围内的历史遗存，乃至非物质文化景观进行打分测评，在明确其历史价值的同时对其加以合理的保护与利用（图 2.27）。

御碑亭

青江浦石码头遗址

清真寺
（市级文物保护单位）

文庙
（省级文物保护单位）

若飞桥（清江大闸）
（市级文物保护单位）

慈云禅寺
（市级文物保护单位）

图 2.27　淮安里运河中洲段历史遗存的保护

注：淮安里运河中洲段位于淮安市老城区核心区，周边 0.26 km2 范围内历史遗存丰富。综合考虑不同等级遗存的历史价值，维持历史街区的视觉完整性。

（2）人文景观的艺术价值

无论是历史文化遗产、历史遗存还是非物质文化景观均反映了长期以来人们对场地的认知，而其外在形态或表现形式已为人们所接受，美学价值以及观赏性是评价的主要内容，在对历史遗存进行保护的同时，提取符合时代审美的构成要素对其加以强化。

（3）人文景观的地域性特征

景观环境中固有的自然属性与文化背景相结合形成了场地的地域性特征，是人们对场地认知的首要因素，与场所具有不可分割性。

（4）人文景观再利用的可能性

场地中人文景观评价并不仅仅是对其价值及特征的分类与分级，更重要的是如何在保护的基础上实现再利用。而再利用又并非单纯物质形态的功能置换，同时还包括如传说、民俗等非物质文化的更新与延续。历史遗存能否在现代景观中得到再利用，主要是针对以下三方面的评价：空间形态与文化关联性、地域性特征的可识别性以及文化内涵。

景观空间形态的变化、发展、更新过程在一定程度上反映人们对于场地的认知，而不同的空间形态与地域特征本身反映了不同的场所精神，如轴线式空间形态反映出了强烈的节奏感以及等级差异。两者的相互关联令场地具有明确的识别性，这是感性认识必须具备的客观基础。环境整体的地域特征反映了整体大区域的自然属性与历史文化特征。对场所中人工实体的风格特征以及非物质文化景观，如历史沿革、社会背景等，进行归纳与深入挖掘，提炼其中最具代表性的因素，使之应用于新的景观环境（图 2.28）。

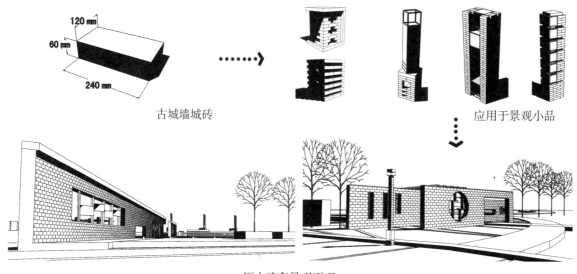

图 2.28　淮安古城墙公园——历史遗存的景观再生

注：设计采用被遗弃的古城砖进行景观化的利用与改造，从而形成具有明确标示性的、反映地域特征的空间场所。

建成环境长久以来积累了深厚的文化内涵，如民俗、精神与信仰、审美与情感等。场地环境的规划与设计往往使得生活群体发生变化，在景观设计中以新的手法将其融入新的景观环境中。如江苏镇江圌山地方性节日"黄明节"，黄明乃吴语"亡命"的谐音，由春秋时介子推剜肉救重耳而得名。按照当地民俗，清明当天要返乡扫墓，祭奠自家故人，第二天则要登上圌山给那些异乡游子和没有亲人的逝者烧纸祈福。相沿成俗，附近民众每年黄明节都要相约登山踏青，举行祭奠活动。一方面，这一地方性节日的存在反映了地域性历史文化内涵；另一方面，登山踏青这一特有形式能够延续至今，也反映出当地公众对其的认可。因此，可以在圌山风景环境规划设计中对其进行景观化的表达，以求在表现地域文化特征的同时实现场所环境的认同感。

2.2.5　环境容量的评价

1）评价标准

环境容量是场地综合属性之一，其综合了生态、空间以及人为干扰等多方面的内容。任何人工设施的建设与开发都会对景观环境造成一定的影响，因此对空间的利用与优化都应控制在生态环境可承受范围之内。

环境容量的原意侧重于生态环境对人类活动的承载力,即可以容纳多少污染物而又不对环境造成永久性损害,是环境评价的必要依据。环境容量还具有其他层面的涵义:一是科学意义上的容量,例如污染物的环境容量;二是视觉意义上的容量,反映在设计场地内,表现为空间的密集与稀疏;三是实质上的空间容量,即有效环境空间能够容纳的游客数量。景观环境是一个动态开放的系统,各要素随着时间的推移而不断变化,如植被密度的增加、区位条件的变化等都会对其产生影响,同时它还受到建成后游客量以及配套设施的改善等因素的限定。因而适宜性评价中的环境容量除了对生态条件的考虑之外,还综合了对场地中绿化植被以及建设规模等的评价,主要包括生态容量、空间容量及容人量。

2)评价内容

(1)生态容量

景观环境生态容量是指环境在保持自我更新能力的前提下,能够承载人为设施及游人活动的能力,是景观规划的一个阈值。由于生态容量是以生态系统的"供给量"为基础的运算容量,其定义可概括为"在自然生态系统及要素保持持续生存能力而不受损害的前提下,景观环境所能承受的开发活动强度指标"。其主要包含两个方面的内容:一方面针对环境本身而言,场地中各因素是否超出了自然代谢能力,环境是否能够进行正常的顺向演替。在现实情况中,某些自然因素过度增长就有可能导致生态系统的不稳定,如绿化种植密度过高,植物缺少必要的生长空间而出现大面积的死亡,从而造成生态的逆向演替。另一方面,针对场地中人为活动而言,人作为生态环境中的一个因素,对自然的干扰不能超越环境的承载力,使环境丧失自我更新与自我修复的能力。如对水库水位的人为调节,以人工干预的方式控制污染与洪灾等不利因素,并对水文条件加以利用,但这也造成了周边河流的衰退,破坏了河流系统本身自我维持与更新的能力。

生态容量的计算与技术实现的难度非常大,主要是由于生态系统中各要素之间有十分复杂的相互关系,作为一个开放系统是处于不断的变化之中的。如季节的交替、特殊的气候(干旱、暴雨等)都会造成容量的差异。传统生态容量的计算往往强调对土地利用的最大值,如土地面积法,或是针对场地环境中资源的产出量(包括了生态产品产出量和生态服务能力),如资源产量法(2005年刘年丰提出),而景观环境不单纯是对"产出"最大化的追求,同时也包含了人们对环境的空间感受、美学需求等,对景观环境生态容量的考量也较其他环境限定性因素更多。现阶段尚无法做到定量研究。

(2)空间容量

空间容量主要包括两个方面的内容:一是自然要素,包括植被等在特定场地中的密度;二是指在不破坏生态景观的前提下功能性空间及设施在环境中所占的比例。

景观环境不同于建筑空间,其没有明确的围合边界,无法在特定的空间中进行体积的衡量。在景观环境中,自然要素作为景观不可或缺的部分往往占据了主导地位。这就决定了景观环境的空间密度呈线性变化:随着时间的推移、植物的生长,其密度会逐渐增大,原有的空间格局发生变化,所以景观环境中的空间容量是一个动态的模糊值。因此,在考虑建筑所占比例的同时对绿化的比例进行设计,不应一味地追求绿量,应做到疏朗有致,为今后植被的生长及场地容量的变化留有余地。

(3)容人量

容人量通常是在对场地路线或游憩项目进行定位与设计后进行评价的适宜性指标,主要包括外部游憩空间以及建筑及服务设施中可容纳的游人数量。其中外部游憩空间主要包括外部活动空间和游览道路空间。由于空间的性质和功能各不相同,游览方式各异,人均占用空间计算标准不尽相同,因此,景观环境中容人量这一指标应根据不同游憩项目与功能分别对待处理。其主要计算方法有单位面积指标法、路线法以及卡口容量法。

2.3　景观环境调查与评价方法

　　长期以来,景观环境设计缺乏科学的评价与分析,场地环境中包含了多种不同属性因素,各个属性在场所中的价值往往取决于设计者依据经验的判定,因此风景环境的评价通常是定性的描述。传统的景观规划侧重于地质环境、自然景观空间形态及美学评价,较多地依赖评价者的认识水准,存在着一定的或然性。19世纪末至20世纪初查尔斯·艾略特开始使用叠图法,20世纪中叶麦克哈格运用计算机辅助进行叠图的分析评价,这种叠图的方法对人居环境规划设计产生了深远影响。运用叠图等技术手段来研究景观环境,迄今已有百年历史。叠图的目的在于科学地评价土地的生态敏感性,并对土地进行合理的分区、分级,在此基础上,结合计划的使用功能来探讨不同土地的建设适宜性,从而使规划设计更加科学。作者的研究团队于20年前开始采用参数化叠图,在运用叠图法的基础上,基于大量的实践和对不同生境的研究,对环境的评价分析更加科学并且具有针对性,这与今天的国土空间规划从本质上来讲遵循相同的原则,即在尊重土地的生态敏感性的基础上评价土地利用的适宜性、合理有序地开发利用土地资源。

　　传统的评价方法主要包括专家法、社会科学法等。专家法是一种以绘图方式对城市景观进行记录与分析的方法,由此可以发现城市景观的连续关系、排列位置及顺序。社会科学法则是力求在环境的实质属性与群众反映间找到联系。可用此法研究城市环境中的一些特殊状况,如高层建筑与住户的关系、绿色植物在城市环境中所扮演的角色等问题。这两种方式能够在一定程度上解决景观评价主观性这一问题,但其研究的覆盖面较窄,往往是针对单一因素,如对空间形态、植被环境进行调研,就缺乏对环境的整体考虑。随着现代科学技术的发展,对风景园林影响最大的技术是数字技术和计算机技术。一方面数字技术为作图过程提供了便利性;另一方面计算机技术提供的虚拟技术、模拟环境分析、场所信息采集、环境评价与分析、复杂系统模拟、交互式实时呈现等先进技术手段在风景园林学的研究中得以运用,使设计变得更加理性、精准,逐步将景园研究引向系统化。其中以系统论、景观生态学、可持续技术、数字技术与风景园林学关系最为密切。当今设计面对的是海量的信息以及多学科的交叉,无法在单一维度上进行评价。运用数字技术辅助设计进行理性化分析,能够帮助设计实现多目标的综合权衡。叠图法与GIS基于对景观环境要素分析的基础上,通过整合统筹实现对于场所的认知,是现代景观环境调查与评价的两种基本方法。

2.3.1　叠图法在景观设计中的应用

　　叠图作为GIS分析的原型,它的认知基础就是通过分析、归纳的方法来还原环境的系统属性,是西方分析归纳术在景观环境认知和理解方面的具体显现。在GIS广泛使用的今天,叠图法这一以因子分层分析和地图叠加技术为核心的环境评价方法,对于景观环境评价仍然具有便捷的运用价值。一方面,叠图法操作方便,无需如GIS般复杂的数据录入,因而工作周期短;另一方面,叠图法能够与现有常用软件紧密结合,如采用AutoCAD(自动计算机辅助设计软件)与Photoshop(图像处理软件)结合即可完成叠图,无需特殊的专业应用软件作为支持,简便易行,尤以小尺度构成复杂的景观环境评价最为适宜。

　　叠图法是将环境中具有控制作用的因子提取,依类别进行逐一分析,以色阶(调)或数值表现于统一的底图上,并以图形交叠的方式显示出影响环境诸因素的总和。由叠图法可产生一个复合式的土地利用图，既体现出该地块的生态敏感区域，也反映整体环境的形态特征。在地块宏观定位的前提下，对土地兼容性进行全面考虑。

从最早的地图加灯光的叠加到以硫酸纸绘制地形，以不同色彩对因子进行标识叠加，再到后来用透明胶片的层叠，直至今日采用 AutoCAD 和 Photoshop 等软件，辅以航片进行精确的绘制，应用于大尺度环境信息评价的 GIS 中，对于景观格局分析的基本原理同样也是将数据精确化后进行叠图。因此，叠图法依然是景观环境评价中最为方便的一种有效方法。

在此需强调，叠图法其一需要区分层级，而非无权重等量评价；其二为聚类叠加；其三需要明确应用叠图法生态敏感性评价与建设适宜性评价的相对性。使用叠图法分析，当没有明确的目标与对象时，其结果形成是一个泛意义的叠图。而当叠图法分析有具体的对象时，需要对分析对象、环境要素进行人为的解析与判断，避免叠加结果示意混乱。如分析对象为矿坑、地被稀少等的环境恶劣地区，以及处于修复进程中的地区，叠图法并不是评价其生态环境的优劣，而是评价外界对其扰动的抵御作用。由此，对于环境恶劣的区域，一方面需要了解该地区的顶级群落状态及演替规律，另一方面需要对其进行生态敏感性区划分级。

1）传统叠图法的缺陷与问题

叠图法作为景观环境评价的基本方法之一，确实能够解决对环境因素进行综合评价这一问题，有其可取之处，但在传统叠图法的实际应用中仍有诸多不足。

（1）因子选取的模糊性

景观环境作为一个复杂系统，其因子数量与种类纷繁复杂，有些因素复合了多种场地特征，而对环境具有很强的控制力，这类因素的改变通常会导致场地生态、空间等发生大的变化，而有些则具有单一特性，仅单纯反映场地某些客观条件，其变化直观影响了复合因素的性质。传统叠图法通常对环境要素采取主观分类的方法，如麦克哈格在里士满林园大道（Richmond Parkway）选线的方案中将场地中各要素分为"工程技术人员通常评价的标准""与危及生命财产的因素有关""自然和社会发展过程"三大类。从中可以很容易看出，前两类要素所包含的因子有互相重叠的情况。这种分类方式无法明确、有效地区分各因子的差异以及其所反映出的场地特征，往往会造成同类因子的重复叠加，由此导致叠合成果的混乱与随机性。同时由于缺少相应的评价标准，对因子的选取往往主观而不成体系。

（2）等量叠加的局限性

从 19 世纪晚期开始，景观设计师就开始使用手绘的、半透明的图纸进行叠加分析。艾略特以及他在奥姆斯特德事务所的同事们最先在办公室的窗户上利用日光透射对基地环境进行叠加分析。之后，麦克哈格也在其著作《设计结合自然》中提到"要承认各因素的参数是不相等的"，同时也提到这种方法带有"不甚精确的局限性"，但没有明确指出这一问题的关键，以及具体的解决途径。而今天，在景观环境的评价中采用叠图法也往往忽视这一问题，仅仅是机械的、等量的叠加，最终成果也只能说明某地块所受的影响因素的多寡。造成这一问题的关键在于缺少对环境因子的权重赋值，无法将各因子对场地的影响力在图中体现。

如图 2.29 所示，颜色最深的区域仅能说明叠合的层数较多，地块受到多种因子的影响。由于缺乏对各因子控制强度的分析，因而无法明确该地块可以进行何种程度的人工干扰，以及无法制定切实、相应的设计策略。因此传统叠图法仅是一个数量上的叠加，而非对整体环境质量的有效评估。所以在评价环境时，要客观地了解不同因子在环境中扮演的角色，从而选择各因子的权重值。此外，同一因子在不同时间段的权重比例不同，需要分时段进行研究。

图例

VI　Ⅲ

V　Ⅱ

Ⅳ　Ⅰ

北

0 50 150 300m

图 2.29　传统叠加图：天目湖湿地分析

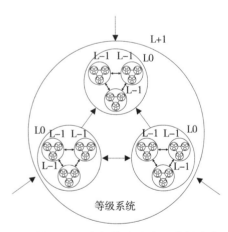

等级系统

等级是一个由若干层次组成的有序系统，它由相互联系的亚系统组成。

图 2.30　等级系统示意图

注：L+1 即系统；L0 即亚系统；L-1 即次等级亚系统。

2）叠图法的数字化改造

针对传统叠图法的局限性，数字化叠图法主要从以下两个方面加以改进：其一是据场地客观条件对因子进行分类与分级；其二是对各因子进行权重赋值，以实现因子属性数值化，明确各因素对场地的影响强度，并加以图示化表达，从而实现对场地生态适宜性、建设可行性的科学评价。

（1）景观环境因子的分级

因子分级是基于等级理论对分类方式的完善与补充。景观生态学中等级理论建立在复杂系统的离散性这一基础之上，主要作用在于简化复杂系统，以便对其结构、功能和动态进行理解与预测。通常一个复杂的系统可以看作由具有离散性等级层次（Discrete Hierarchical Level）组成的系统，包含了相互关联的亚系统，而亚系统又由各自更低一级系统组成，以此类推，直至最低的层次。2007年，邬建国指出，低层级对高层级表现为从属组分的受制约特性，而高层级对低层级表现出整体特性（图 2.30）。

以场地生态为例，一级因子，即最高层级因子可以分解为多个二级因子，二级因子又进一步分解为多个三级因子，而因子层级的多寡主要根据场地的复杂程度而定。生态因子可分为水文因子、土壤因子、植被因子等，而水文因子又可分为水深因子、水质因子等。对场地的评价是基于单项因子调研与分析，对高层级因子进行综合分析。

（2）环境因子赋值及其图形化表达

因子"赋值"与"图形化"是数字化叠图法的关键，其主要针对同一层级因子，经由"初始图形（范围）→无权重叠加→权重计算及其图示化"等步骤来实现。数字化叠图法中所涉及的"图形"均是指根据不同因子属性所划定的场地范围。

数字化叠图过程从最低层级的单因子开始，分层级处理环境要素，根据因子分级的多寡，叠图过程可以重复 N 次（N 为层级数减一）。从对由对单个因子的分析，逐渐过渡到对场地的综合评价（图 2.31）。

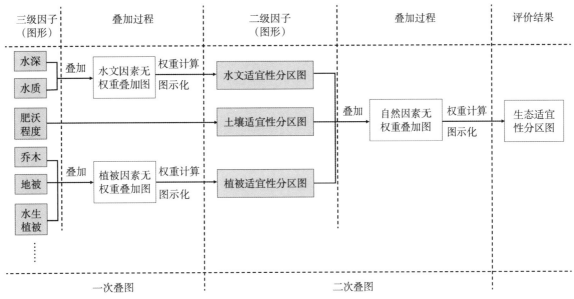

图 2.31　多因子分级叠图

　　① 初始图形（范围）：对某一因子赋值并明确其在场地中的分布。某一因子的分值主要依据其在场地中的状况而定。如自然条件恶劣则分数为"1"，而自然条件良好则分数为"3"。在确定因子分值的基础上，将其进行图形化表达，图中颜色深浅与分值高低相对应，即将各因子属性归纳为分值，通过色阶在图面中加以反映。

　　② 无权重叠加：对多个同一层级因子的初始图形（范围）进行叠加，以明确其复合属性分布情况；因子的无权重叠合类似于传统叠图法，所不同的是，所叠合的图纸不仅是色彩深浅的叠加，更是多个同层级因子分值的累积。根据叠加因子数量以及因子分值的不同，场地可划分为多个区域，为下一步引入权重进行因子的影响作用评估确定区域。

　　③ 权重计算及其图示化：将因子权重（对场地控制的强弱）代入划定范围的叠合图中进行计算，并将计算结果加以图示表达。

　　因子权重系数的确定可采取与其他多指标综合评价类似的方法，如 AHP（层次分析法）、德尔菲法等。同级因素的权重系数总和为"1"。自然生态环境可分为土壤条件、水文条件、植被条件以及气候地貌条件等，其权重和为"1"，而水文条件可以分为水深条件与水质条件等，其权重和也为"1"（图 2.32）。

　　将叠合图中因子分值进行累积并加以权重分析，计算结果综合了该层级因子复合属性（分值）及其对场地的影响力（权重），据此判断场地特点和适宜性设计策略，从而实

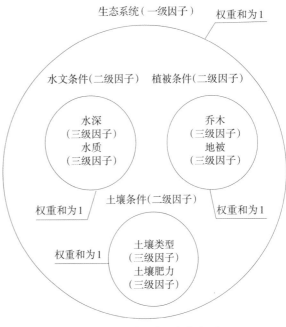

图 2.32　场地要素层级与权重

现场地中同层级因子综合条件的数据化，其结果可用适宜度指数加以表示。由于叠图的多层级性，最高层级的适宜度指数可以作为场地适宜性分级依据。因子适宜度指数（Factor Suitability Index，FSI）算式如下：

$$FSI = \sum_{i=1}^{n} W_i C_i$$

其中，W_i指第i项因子的权重值；C_i指第i项因子的分值。将客观数据与图形紧密结合，经过分层级多次叠合，能够对场地"适宜性"进行图形化表达，从而实现叠图法的数字化改造（图2.33）。

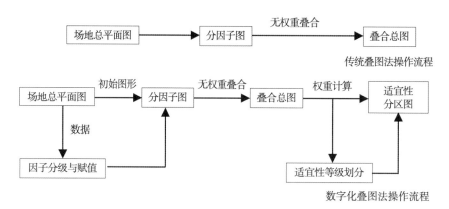

图 2.33 传统叠图法与数字化叠图法操作流程对比

3）数字化叠图法的意义

（1）反映场地生态梯度

叠图法对单因子的分级能够明确场地中各要素的生态梯度，从而帮助设计者针对不同区域确定不同的项目定位。如在图2.34中将植被加以标明，按照类型的不同将其分为混交林、纯林以及作物等，并依据其生态的稳定性赋予分值。在图2.34中区分了不同植被的面积范围，同时明确了生态保育区域以及所需的保护方式。

（2）明确场地的开发强度

在建筑规划与设计中，通常使用容积率、建筑密度配合建筑高度及红线退让来对场地的用地强度加以控制。而景观规划设计是对外部空间的整合并加以利用，同时由于景观环境重形式，往往缺少土地建设强度的控制性指标。如何在尽可能减少对生态环境破坏的基础上实现景观环境社会价值的最大化，同时保证环境的可持续性利用，是场地评价的目的之一。

采用叠图法，将自然因素、人文历史因素以及建设控制因素相叠加，最终的成果反映了特定的社会资源与美学价值，使景观师能够立足于环境容量、空间容量以及视觉容量来采取相应的设计策略。

（3）对于已建环境要素的评价

叠图法不仅能够对自然环境进行叠加评价，而且可运用于建成环境。对现有建筑的不同属性进行分类并加以图面表达，使设计者能够明确场地中不同质量与高度的建筑分布情况，从而对基地环境的整体空间形态加以认知，形成现有建筑的改造设计策略（图2.35）。

（4）明确场地适宜性，从而合理利用场地

场地适宜性的评价是对场地中各因素综合分析的结果，除了对生态适宜性的分析之外，还涵

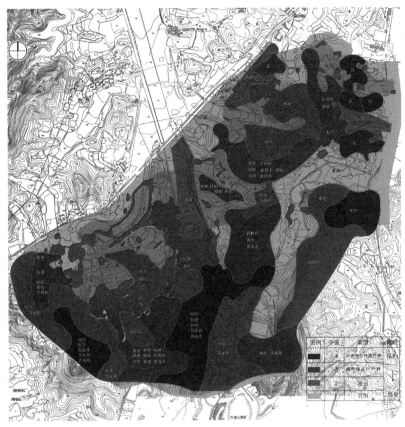

图 2.34 植被区域划分示意图

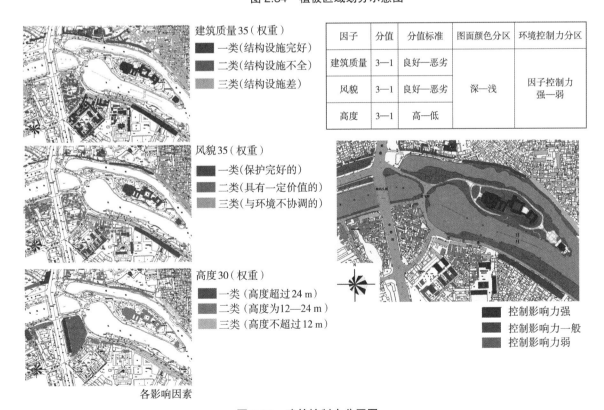

建筑质量35（权重）

■ 一类（结构设施完好）
■ 二类（结构设施不全）
■ 三类（结构设施差）

风貌35（权重）

■ 一类（保护完好的）
■ 二类（具有一定价值的）
■ 三类（与环境不协调的）

高度30（权重）

■ 一类（高度超过 24 m）
■ 二类（高度为 12—24 m）
■ 三类（高度不超过 12 m）

各影响因素

因子	分值	分值标准	图面颜色分区	环境控制力分区
建筑质量	3—1	良好—恶劣	深—浅	因子控制力 强—弱
风貌	3—1	良好—恶劣		
高度	3—1	高—低		

■ 控制影响力强
■ 控制影响力一般
■ 控制影响力弱

图 2.35 建筑控制力分区图

盖了对项目建设适宜性的评价以及场地周边区位交通等方面的分析。

生态适宜性分析是在对场地生态条件认知的基础上，对设计要求是否适宜以及适宜程度进行评价并划分适宜性等级。在适宜性评价中将场地作为一个生态系统来对待，综合各个因素现状特征来进行考虑，明确其生态梯度，根据生态环境的优劣条件进行分区与分级，从而对不同条件的地块采取相应的规划设计策略。生态适宜性是场地适宜性评价的基本阈值，也是场地可持续发展的评价指标。

项目建设适宜性的评价主要遵从减少对场地空间形态、地貌特征大规模改造这一原则，针对某一具体用地项目，对生态适宜性评价结果中的适宜建设区域进行二次评价，其包括了具体项目的建设可行性、对场地环境的要求。建设可行性主要反映建设条件、建设成本等因素，应避免过度化设计，尽可能减少对原有生态的扰动，尽量利用原有空间形态，调整人工建筑物朝向与形式。建设可行性高的土地，通常地基承载力大，交通方便，周边生态环境已被扰动、敏感性低，对于项目布局无空间规模限制，因此是适宜开发与建设的区域。

叠图法通过将多个单因子归类为不同的控制性因素，如自然控制因素（水文、植被、土壤、小气候等）、人文历史控制因素（文物古迹、历史沿革等）、建设控制因素（坡度、坡向）等。遵循生态优先的原则，对因素进行分级评价，明确场地内生态环境的敏感地区、历史遗存的分布情况以及场地中适宜建设的坡向和空间。在景观项目宏观定位的条件下，明确场地内各区域的定位，在与整体环境相协调的基础上最终形成满足设计要求的用地划分。

4）数字化叠图法的操作与应用

菱溪湖基地位于滁州城东开发区，距离城市中心区 3 km，周边工业发达，已形成了以汽车及其配套制造为主的产业集群。基地南北两侧为规划居住用地，西侧为工业用地，东侧为中学用地。贯穿滁州城南北的重要河流——清流河由南向北流经场地东侧，与内部水文贯通联系。场地周边交通便利，规划中的经二路、纬三路分别位于南北两侧（图 2.36）。

该基地南北两侧陆地夹中部水系分为三个部分，形成"一片水域、两带陆地"的空间形态。该基地水系以菱溪湖为主体，为城市原南北向水系——菱溪的残余片段。湖面有堤，将北侧水体划分出一条水道，两岸有半岛交错其中。该基地内的植被资源较丰富，覆盖率较高。该基地三侧临城市道路，一侧临住区，较之于其他大面积的自然地块，其外在人为干扰因素较强。同时由于外部因素和场地自然生态环境的交互作用，从菱溪湖到周边地区呈梯度变化：一方面是场地与周边环境之间生态敏感性的逐步递减；另一方面是外部环境对场地造成的影响由内而外的逐步增加（图 2.37）。

一方面，该项目本身被定位为城市公园，其位于城市绿色廊道上，是今后服务于该地区乃至整个滁州的重要景观节点，发挥环境的生态调节作用是设计目标之一，而作为城市公园，应满足市民游憩的使用要求，必须具有相应的游憩休闲项目与配套服务设施。另一方面，从基地本身环境而言，整体生态条件尚好，系统较稳定，部分区域有一定规模的人工村落，相应的对生态环境的扰动较大。

（1）单因子的选取与分类

根据场地现有资源情况与生态适宜性的评价标准，以生态环境的可持续发展为目的对因子进行分类分级。规划选取水文、植被、土壤三个大类的自然因素，对其中所包含的单因子进行调研与价值判断，并加以综合（表 2.2）。

将生态环境的可持续发展作为评价标准，明确各个基础因子的分值标准、图面颜色的分区以及最终适宜性分区，具体如表 2.3 所示。

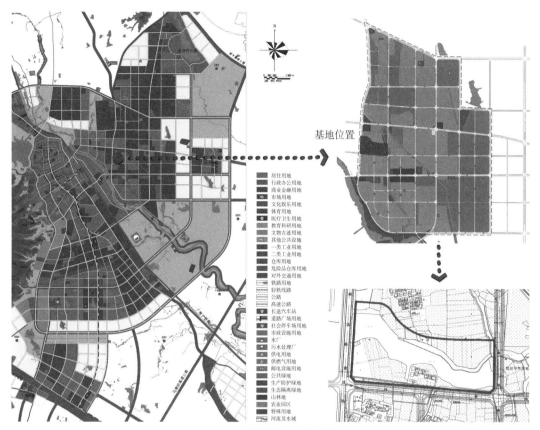

图 2.36　菱溪湖上位规划图

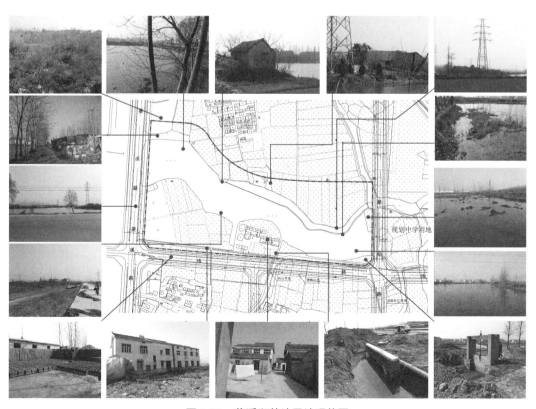

图 2.37　菱溪湖基地用地现状图

表 2.2	菱溪湖场地因子分类表			表 2.3	因子分值标准与图面分区表			
一级因子	二级因子	三级因子		因子	分值	分值标准	图面颜色分区	适宜性分区
自然因素	水文	水深		水深	1—3	水浅—水深	浅—深	建设—保护
		水质		水质	1—3	恶劣—良好		
	植被	地被		地被	1—3	恶劣—良好		
		乔灌木		乔灌木	1—3	恶劣—良好		
		水生植物		水生植物	1—3	恶劣—良好		
	土壤	土壤肥沃度		土壤肥沃度	1—3	贫瘠—肥沃		

（2）因素的分级叠合与赋值

以水文因素为例，依据"初始图形（范围）→无权重叠合→权重计算及其图示化"等步骤进行分析。

① 初始图形（范围）

环境中的水体占据近 2/3 的面积，由东向西贯穿整个基地。一方面，大面积的水域具有对生态系统的调节作用，影响着区域内动植物的生存、生长，甚至影响着环境中的小气候条件等；另一方面，自然水环境的岸线形态、基底条件决定了场地的空间形态与空间结构。因此，菱溪湖水体作为场地中占地面积最大的自然因素是环境评价中的关键因子。

将水深情况分为三个等级，即 0.5 m ≤水深 <1.1 m、1.1 m ≤水深 < 1.6 m、水深 ≥ 1.6 m，图中颜色越深水越深，颜色越浅水越浅（图 2.38）。同时对水深情况进行赋值，水最深处为 3 分，其次为 2 分，水最浅处为 1 分。

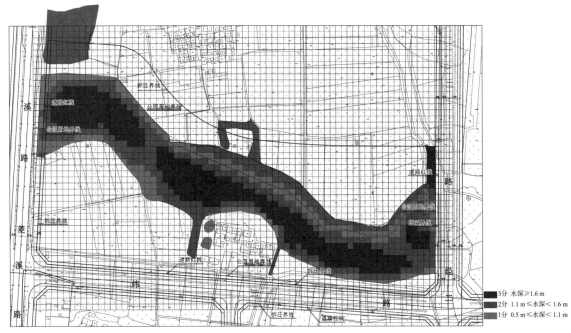

图 2.38　水深分级图

将水质也同样分为三个等级，即水质良好、水质一般、水质较差，图中颜色越深水质条件越良好，赋值为 3 分，颜色越浅则相反，赋值为 1 分（图 2.39）。

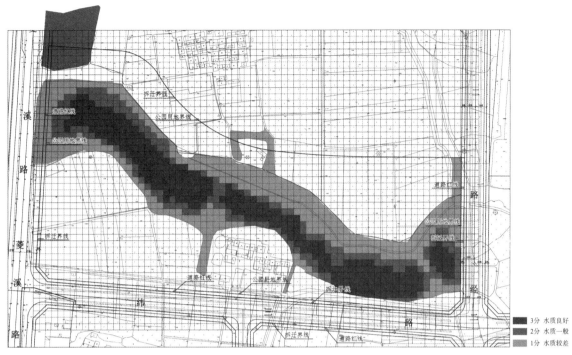

	3分 水质良好
	2分 水质一般
	1分 水质较差

图 2.39　水质分级图

② 无权重叠合

　　将水深与水质分析图进行无权重叠合,根据各区域叠合分值组合的不同,将场地划分为 19 个区域,分别对应图面上的 $A—S$(图 2.40)。

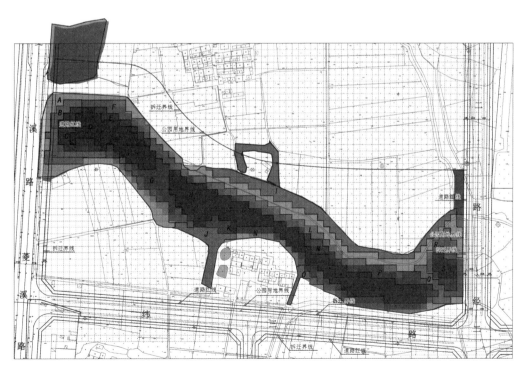

图 2.40　水文因子无权重叠合图

③ 权重计算及其图示化

根据无权重叠合图和因子适宜度指数计算公式进行计算：

$$FSI = \sum_{i=1}^{n} W_i C_i$$

其中，FSI——因子适宜度指数；W_i——第 i 项因子的权重值；C_i——第 i 项因子的分值。

对计算结果进行整理，分值的高低与二级因子的适宜度指数即二级因子的分值相对应。计算结果平均分为三等：1.0—1.7 分的区域二级因子分值为 1；1.7—2.3 分的分值为 2；2.3—3.0 的分值为 3（表 2.4）。

表 2.4　水文因子适宜度指数计算表

项目	水深/分	水质/分	合计/分	水文因子适宜性指数/分
权重	0.4	0.6	1.0	—
地块 A	1.0	1.0	1.0	1.0
地块 B	2.0	1.0	1.4	1.0
地块 C	3.0	2.0	2.4	3.0
地块 D	3.0	3.0	3.0	3.0
地块 E	3.0	2.0	2.4	3.0
地块 F	2.0	2.0	2.0	2.0
地块 G	2.0	3.0	2.6	3.0
地块 H	3.0	3.0	3.0	3.0
地块 I	2.0	1.0	1.4	1.0
地块 J	2.0	1.0	1.4	1.0
地块 K	3.0	1.0	1.8	2.0
地块 L	2.0	1.0	1.4	1.0
地块 M	3.0	2.0	2.4	3.0
地块 N	2.0	3.0	2.6	3.0
地块 O	2.0	1.0	1.4	1.0
地块 P	2.0	2.0	2.0	2.0
地块 Q	2.0	1.0	1.4	1.0
地块 R	2.0	2.0	2.0	2.0
地块 S	3.0	3.0	3.0	3.0

根据分值计算绘制出水文适宜性分区图，分值越高则生态条件越良好，颜色最深；分值越低，则水文条件越差，可以进行人为干扰，颜色最浅（图 2.41）。

水文适宜性分区图包含了水深与水质两个因素的分布情况，并综合了两者对场地影响程度的分级与分区。从图中可以很清楚地看出，在场地中，沿岸线部分的水文条件较差，尤其是临近建筑部分，由于人的干扰，污染较为严重。水域中现存的堤岸是水质与水深的分界线，堤岸南侧的水面离人工环境较远，因而污染较少，水较深，生态环境良好，不适宜进行大面积的开挖与填

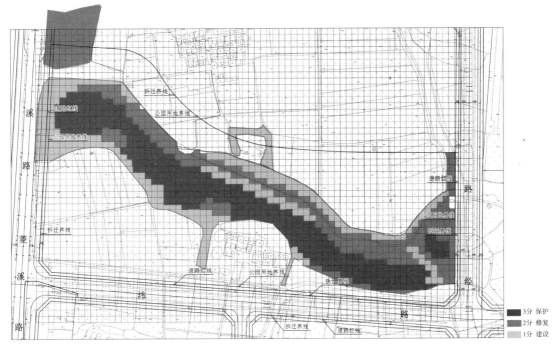

3分 保护
2分 修复
1分 建设

图 2.41　水文适宜性分区图

埋,应尽量保持原状。场地东侧临近城市道路,且有涵洞与清流河相通。水面由东南延续至外,此部分水环境较差。同时,从图中水域与陆地交接形态还可以发现,原有岸线较为平直、规整,破碎度低,仅南北两侧各有半岛分割边界,形成空间上的变化。

　　同理,按照以上步骤,对植被因子与土壤因子进行基础因子的调研与图形绘制,并且计算分值,得出二级因子适宜性分区图(图 2.42、图 2.43)。颜色最深处植被与土壤条件良好,需要进行保护与修复;最浅处植被与土壤条件较差,适宜建设与开发。

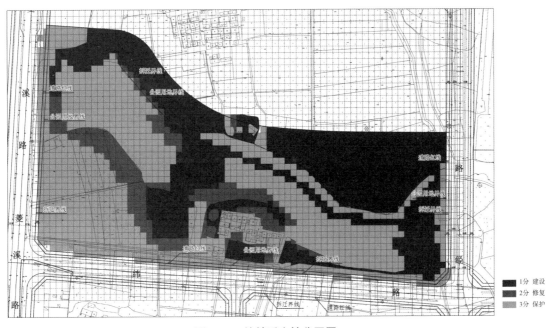

1分 建设
2分 修复
3分 保护

图 2.42　植被适宜性分区图

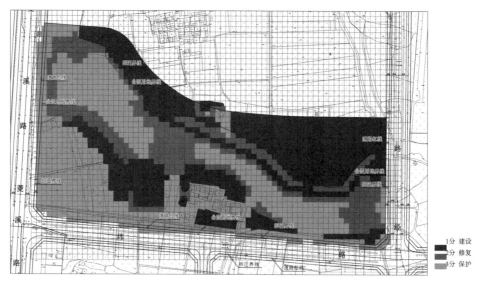

图 2.43　土壤适宜性分区图

从植被适宜性分区图中可以看出,基地原有水生植物生长状况良好,尤其是南侧沿岸一带。同时,沿纬三路一侧绿化条件优异,对城市道路所产生的噪声、粉尘等的污染能够起到一定的阻隔作用。西北部沿菱溪路一带植被较稀疏,而该道路为城市干道,交通便利,人流量和车流量大,对场地环境的影响严重。因此,设计中应对此采取相应的处理措施,在采取微地形补种植被降低噪声与遮挡视线的同时适当考虑在此处进行公园开口的设置。

土壤的条件从直观上表现为植被的生长状况,同时也反映了场地的生境条件。场地中的用地类型主要有住宅与农业用地,其中被建设过的住宅用地土壤受人为扰动较大,条件较差。而北侧大量的农田土壤状况良好,适宜植被生长。

将水文适宜性分区图、植被适宜性分区图和土壤适宜性分区图按照基础因子叠合步骤进行无权重叠加,如图 2.44 所示。

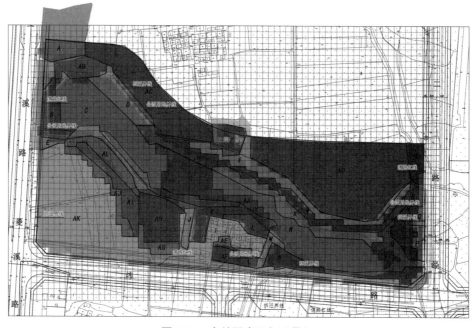

图 2.44　自然因素无权重叠加

场地中不同区域所叠因素种类的数量不同,部分场地缺少水文因素,仅包括土壤和植被,因此,计算表格分为两个,以便对不同情况加以区分:表 2.5 为三类因素叠合计算,表 2.6 为两类因素的综合计算。对计算结果进行整理,分值为 1.0－1.7 分的区域生态条件差,可进行人工构筑物的建设;1.7－2.3 分的区域生态环境较稳定,应适当加以修复;2.3－3.0 分的区域生态条件良好,应减少人工干扰,以保护为主。

表 2.5　生态适宜性计算表

项目	植被 / 分	土壤 / 分	水文 / 分	合计 / 分	生态适宜性
权重	0.15	0.20	0.65	1.00	—
地块 A	1.00	1.00	2.00	1.65	适宜建设区域
地块 B	2.00	2.00	2.00	2.00	较适宜建设区域
地块 C	1.00	1.00	3.00	2.30	较适宜建设区域
地块 D	1.00	1.00	2.00	1.65	适宜建设区域
地块 E	1.00	1.00	1.00	1.00	适宜建设区域
地块 F	1.00	2.00	1.00	1.20	适宜建设区域
地块 G	3.00	2.00	3.00	2.80	不适宜建设区域
地块 H	3.00	2.00	2.00	2.15	较适宜建设区域
地块 I	2.00	3.00	2.00	2.20	较适宜建设区域
地块 J	1.00	1.00	1.00	1.00	适宜建设区域
地块 K	3.00	3.00	1.00	1.70	适宜建设区域
地块 L	2.00	3.00	1.00	1.55	适宜建设区域
地块 M	1.00	1.00	1.00	1.00	适宜建设区域
地块 N	3.00	3.00	1.00	1.70	适宜建设区域
地块 O	3.00	3.00	1.00	1.70	适宜建设区域
地块 P	1.00	1.00	1.00	1.00	适宜建设区域
地块 Q	1.00	2.00	1.00	1.20	适宜建设区域
地块 R	3.00	3.00	1.00	1.70	适宜建设区域
地块 S	3.00	3.00	2.00	2.35	不适宜建设区域
地块 T	3.00	2.00	1.00	1.50	适宜建设区域
地块 U	3.00	2.00	1.00	1.50	适宜建设区域
地块 V	3.00	2.00	3.00	2.80	不适宜建设区域
地块 W	1.00	1.00	3.00	2.30	不适宜建设区域
地块 X	1.00	2.00	2.00	1.85	较适宜建设区域
地块 Y	3.00	3.00	1.00	1.70	适宜建设区域
地块 Z	1.00	1.00	1.00	1.00	适宜建设区域
地块 AA	2.00	3.00	3.00	2.85	不适宜建设区域

表 2.6　生态适宜性计算表

项目	植被 / 分	土壤 / 分	合计 / 分	生态适宜性
权重	0.4	0.6	1.0	—
地块 AB	2.0	2.0	2.0	较适宜建设区域
地块 AC	3.0	3.0	3.0	不适宜建设区域
地块 AD	3.0	3.0	3.0	不适宜建设区域
地块 AE	1.0	2.0	1.6	适宜建设区域
地块 AF	3.0	3.0	3.0	不适宜建设区域
地块 AG	1.0	1.0	1.0	适宜建设区域
地块 AH	3.0	1.0	1.8	较适宜建设区域
地块 AI	3.0	2.0	2.4	不适宜建设区域
地块 AJ	3.0	1.0	1.8	较适宜建设区域
地块 AK	1.0	1.0	1.0	适宜建设区域
地块 AL	2.0	2.0	2.0	较适宜建设区域

　　自然因素适宜性分区图综合水文、植被、土壤三类因素以及相关权重，一方面反映了不同的区域受自然因子控制强度的不同，另一方面体现了场地生态条件的整体情况，即生态梯度。在图2.45 中，颜色最深处，现有生态环境最为良好，生态敏感性高，应以尽量减少扰动为目标制定相应的设计策略；颜色一般的区域则对人为干预不太敏感，可进行适当的修复、调整等；而颜色最浅的区域，生态条件恶劣，或本身已有较大规模的人工开发，外部干扰对其影响小，因此，对该类地区可以进行干预程度较强的活动，如人工建设、地形改造等。

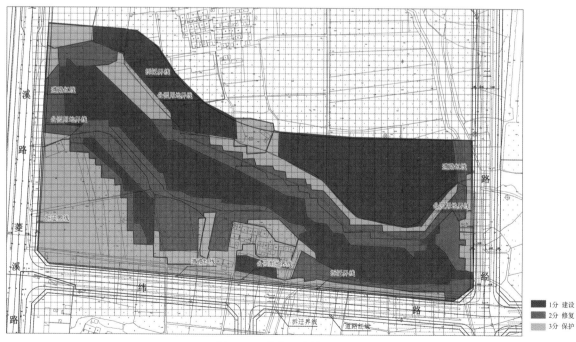

图 2.45　生态适宜性分区图

至此，经过多等级生态因子的叠合以及权重分值的计算，场地中自然因素综合适宜性的分区可以在图面中表达出来。在图中，颜色的深浅以及区域的划分完全是基于环境现有的基础资料经计算、绘制而成，具有一定的客观性。同时，图中的网格为 10 m×10 m，明确各区域面积，为建设强度与环境容量的计算提供一定的数字和依据，从而使景观设计过程相对客观与科学。

较之于传统叠图法而言，数字化叠图比较好地解决了以下两个问题：

首先，场地中综合因子的分级与分类。大部分场地环境中的因子是相互掺杂的，如水文因子中往往会有植被等因素，而竖向坡度中通常存在建设可行性等因素。如何将其分解为基础的、直观可调研的单因子是评价中的问题之一。叠图法依据等级理论，基于复杂系统的可再分性，提出因子分级法，根据场地环境以及设计要求的不同，将复合的高级因子分为多个次级因子，将次级因子再次划分，直至成为场地中可调研的单因子，可操作性强。

其次，将场地中的不同因素采取统一"赋值与分级"，并加以图形化，从而简化矛盾，便于计算。不同因素对场地环境的影响力各不相同，将具体评价分值与场地环境因素相联系，采用初始图形（范围）→无权重叠合→权重计算及其图示化的方式，将各因子在场地中的分布情况与影响程度反映在图面上，使数据与图形相对应，真正实现由定性到定量的转化。

数字化叠图法能够解决现有叠图法中所存在的相应缺陷，较好地完成场地适宜性评价分级与分区，但在目前的使用中也存在着一些局限性和不足，对于因子复杂程度高的大区域评价过程较为繁琐，工作量较大，不如 GIS 方便。

2.3.2 基于 GIS 的景观分析与规划

GIS 的方法与叠图法具有同样的认识逻辑与模型结构，都是通过分层的方法描述并表达外部环境的系统属性。因此，前文提到的生态敏感性的相对性同样适宜于 GIS，运用 GIS 时同样也要对场地的生态敏感性及其要素的构成做人为的区分，否则 GIS 所得到的结论可能依旧混乱。

1）GIS 与景观环境评价

（1）3S 技术在景观规划上的运用

GIS（地理信息系统）、RS（遥感）和 GPS（全球定位系统），三者有机地结合在一起加以应用，称为 3S 技术。地理信息系统是一项以计算机科学为基础，由计算机科学、地理学、测量学、地图学等多门学科综合的一门技术。它是以地理空间数据库为基础，在计算机软硬件技术支持下，用于对空间数据的获取、存储、管理、传输、检索、分析和显示，以提供对空间对象进行决策和研究的人机系统。GIS 有如下优势与作用：

① 定量

GIS 的运用可以对使用地作适宜性的评价，从因子的选择与准备、单因子的分析到多因子的综合适宜性分析的整个过程，始终是以定量分析作为其理论模型。用地适宜性评价通过 GIS 以栅格数据作为量化分析工具，这是传统景观规划方法所不具备的。GIS 技术的引入为景观规划中因子的量化创造了条件，并对数据处理具有大容量、高速度、运算准确、便于反复调试等特点，因此适用于各种空间问题的量化分析、规划预测和模拟优化。利用计算机辅助设计手段增加了规划的深度，严密了规划思维的逻辑性，充实了规划内容，丰富了景观规划的表现手段。

② 精确

运用 GIS 的景观规划方法由于采取量化分析，分析结果比传统景观规划方法更加精确。应用 GIS 的空间分析功能和专题制图功能对用地调查成果进行分析处理，可以较好地完成规划土地利用现状分析，例如通过定量数据统计可以精确分析土地利用的建设潜力。通过掌握全面的、量化的用地基本信息，从系统角度出发，具体分析后再得出理性的规划结论。

③ 时效

由于计算机有完善的内外存设备,提高了数据存储、检索和处理的能力,因此可存储丰富的数据资料。又由于计算机具有数据输入、查询、检索、修改等功能,且运算速度快,因而可以做到适时修改、补充、更新数据,大大加快了研究的速度,扩展了研究的广度,提高了研究结果的时效性。

④ 综合

GIS 的运用方便了多学科研究,对于景观的研究往往是多层次、多学科的,借助计算机丰富的数据管理能力、众多的应用模型和完善的软件支持,可以和各部门、各学科专家交流经验,建立评价模式和应用模式并形成专家系统以方便调配和检验模型,并能迅速在短时期内反复检验结果,进行多方案比较,优化研究方案,提高研究质量。

同时也应该认识到,GIS 在景观规划中的应用方面还存在诸多问题,主要表现在以下方面:

a. 数据来源与数据质量难以保证(数据来源广泛,但数据质量不高)。景观环境调查与评价涉及土壤学、环境学、地理学和社会学等各个学科领域,影响因素复杂,数据需求量大且质量要求高。数据来源不一、格式各异、年代不同等原因造成资源与环境数据质量难以保证,特别是数据格式不一,使各地区的数据难以共享,严重影响了 GIS 在景观规划方面的应用。

b. 应用水平低。目前,地理信息系统在景观规划专业方面的应用,还停留在简单的资源浏览查询、制图及简单分析水平,而真正意义上以资源环境合理配置、决策支持方面的专业应用系统仍十分缺少。

c. GIS 的功能没有得到充分发挥。管理者的认知、基础数据、模型方法等方面的欠缺使 GIS 的各项分析功能在专业方面没有充分发挥效益。

d. 标准规范不统一、数据共享程度低。由于景观规划的专业性原因,在相应 GIS 建立的过程中技术标准和数据交换标准等方面存在着很大的差别,使不同的信息系统之间难以共享。

e. 集成化程度低。目前 GIS 在景观规划专业方面的许多功能相对单一,系统结构开发性差,大多数没有实现与全球定位系统、遥感信息的集成应用,难以满足专业方面相对集成化、综合化发展的需求。

要想充分发挥 GIS 的作用,就需要建立相关基础地理数据库、规划成果数据库、规划项目数据库等,即解决数据源的问题。现阶段,信息空间数据库的缺乏,阻碍了 GIS 在景观规划中的大规模应用。

RS 技术获取信息具有范围广、速度快、信息广的特点,遥感图像视域宽阔,客观反映出各种地质现象及其相互间的关系,形象反映出区域地质构造,以及区域构造间的空间关系,为景观规划设计提供了直观的图像。RS 技术最简便的使用方法就是光谱相机。根据不同植物色彩、波长各不相同的特征,通过光谱相机进行捕捉,从而分辨出不同植物的边界。此外,通过分析遥感地图,可以看出坡度、坡向,同时分辨出不同的地表属性,但由于国家公共航空政策尚未放开,在一定程度上限制了无人机的使用,阻碍了对遥感地图的应用。GPS 在导航和其他动态定位及数据采集系统的应用中有重要运用价值,手持 GPS 可以方便定位、生成轨迹,可用于景观调查中的补充与辅助修测。

以地理信息系统为核心的 3S 技术的集成,实现了对空间数据的实时采集、更新、处理、分析,同时动态的地理过程的分析与决策建立了强大的技术体系。三种技术的结合根据实际需要而定,如对于定位、规划、资源评估等,可采用地理信息系统与全球定位系统的结合,组成"GPS+GIS"系统;而地理信息系统和遥感的结合则可实现对信息和图像的处理。

（2）基于 GIS 的景观分析与规划

在现代景观规划设计中，对环境资源的合理保护利用越来越得到重视。客观地对环境进行评价，分析其与设计要求之间的对应性是设计者所寻求的目标。因此，如何合理利用现有土地资源，保护环境敏感区，在对土地进行适宜性分析的基础上进行景观规划等，是科学规划所要解决的问题与努力的方向。运用科学技术以及其他系统性的知识，为决策提供优选方案。

传统景观规划方法大多强调规划设计的过程和结果，而在对环境的前期分析和研究方面则依赖于主观判断。GIS 在景观规划的适宜性研究方面可以起到重要的辅助作用，同时弥补传统叠加分析数据无权重、无法图形化的缺憾，使分析结果更具理性和更加明晰，同时使得景观规划方案与环境之间更具对应性和耦合性，尤其是针对大尺度复杂的景观规划，GIS 的应用价值更为明显。GIS 分析的目的在于得出对建设场所、建设区域以及空间范围和建设强度的控制指标。除此以外，GIS 分析对特定区域的道路选线、景观的生成等均有积极的意义。将遥感地图导入 GIS 可以得到宏观的地块分区，通过因子修正可以调节分区范围，了解土地的使用状况，不同土地斑块的类型、资源，以及其所对应的历史文化保护点等，从而得出需要保护的范围，确定保护类型。

国内逐渐将 GIS 应用于景观环境的前期评价过程中。如森林公园生态环境的分析、公路建设的选线、自然保护区的规划等，其对场地环境评价有相当积极的作用。相关应用主要集中在各大专院校对课题的研究中，普通专业设计单位对 GIS 的关注度较低。

（3）GIS 与景观格局分析软件的结合

景观格局反映了场地环境中不同类型斑块的分布情况、结构组成以及空间配置等特征，对之的分析与评价有助于认知环境的空间结构、景观动态变化的过程。景观空间格局分析与模拟的软件很多，例如 Spatial Scaling、Fragstats、Apack、Ai、Rule、SimMap、Patch Analyst 等，大多是在 GIS 对场地进行航片判读后所生成的景观格局基础图层和相应的属性数据库的基础上，进行景观格局指数的计算与比较，其中最常用的分析软件是 Fragstats。

Fragstats 是一个基于分类图像的空间格局分析程序，以计算大量景观指数来定量分析景观结构组成。其与 GIS 相结合，针对环境中的不同景观类型，分析各景观要素的结构及其在复合生态系统中的功能特征，在不同层次上进行指数计算。通过对计算结果的分析与比较来评价研究区域的景观格局及其特点，为场地规划提供定量的依据。

Fragstats 软件功能强大，可以计算出 59 个景观指标。这些指标被分为三组级别，分别代表三种不同的应用尺度：①景观斑块水平（Patch-Level）指标，是定量化和特征化各板块空间性质和内容的指标，也是计算其他景观级别指标的基础，适用于微观尺度；②景观类型水平（Class-Level）指标，综合了某一既定景观类型上所有斑块的信息；③景观级别（Landscape-Level）指标，综合了所有斑块信息指标，反映景观的整体结构特征。由于许多指标之间具有高度的相关性，只是侧重面有所不同，因而使用者在全面了解每个指标所指征的生态意义及其所反映的景观结构侧重面的前提下，可以依据各自研究的目标和数据的来源与精度来选择合适的指标与尺度。

值得注意的是，一方面，Fragstats 软件的最大作用在于量化景观中斑块的面积大小和空间分布特征，但其只能分析类型数据（如各种类型图），其分析要建立在景观合理分类的基础之上。因此，使用者必须根据场地范围和设计要求的不同合理地选择所分析的景观斑块的幅度与分析层次，不同的分类方式有可能会造成结果的差异，而不同层次的景观格局指数与不同尺度相对应，反映出的空间结构必然有差异。另一方面，Fragstats 软件的最终分析结果是景观格局指数，而并非像叠图法或 GIS 那样以图形的方式来反映适宜与否的范围区域。使用者必须对计算后的数据进行评判，而各指数并没有统一标准进行参照。因此，对其的分析是通过对同一项目环境内不同区域的数据比较而来。

2）以苏州石湖风景区为例

作为一个较大尺度的景区，石湖风景区的内部环境相对复杂，影响因素众多，各种微观的和宏观的、静态的和动态的、内部的和外部的、时间的和空间的、自然的和社会的等等因素构成一个有机的系统，反映在用地选择上要充分考虑其整体性要求。同时，基地是一个受很多因素影响而不断发展变化的动态系统，各因素多方面的影响和相互制约使基地成为一个动态的模型，因而决定用地适宜性的各个方面的因素也在不断变化中。

传统的评价方法很难从整体上对动态的环境进行把握，而在这样大尺度的环境中应用叠图法来进行评价操作过于繁琐，同时难以进行全局考虑。由此，采用GIS对其进行前期的评价与规划，其中包括对场地的评价和对环境的评价两个方面。

（1）石湖风景区现状特征

石湖风景区位于苏州西南，距古城约4.5 km，位于古城与太湖之间，是国家级重点风景名胜区——太湖风景名胜区13个景区之一，面积为22.35 km²。石湖风景区以石湖和横山支脉上的方山、吴山为骨架，以吴越遗迹和江南水乡田园风光见长，是市郊最近的风景区、城市生态环境中的重要片区。针对场地优越的自然条件和深厚的文化积淀，系统科学地对环境进行评价研究，提高景区环境资源与人文资源的质量是景区建设的先决条件。

根据现状条件（图2.46）和规划目标，场地适宜性分析主要分为两个方面：对场地的评价和对环境系统的评价。对场地的评价主要包括对各项场地资源进行合理、科学的记录，量化其中各个因子，考虑规划利用方式与原有土地利用方式的兼容性，即场地适宜做何种用途，从不同的方

图2.46　石湖风景区现状用地图

面和侧重点对整个场地进行科学、有效的评价。对环境系统的评价主要是针对整个用地环境资源方面而言,具体内容包括土壤、水、植被、动物、气候等等。其原理同场地评价一样,也是对每项环境资源进行科学的记录和量化,同时可以根据目标的不同确定各个环境因素的权重和权值,从而在整体上和各个不同方面对环境系统进行科学的认知。对两者的评价结果加以综合,从而形成最终场地适宜性分区。

(2)石湖风景区适宜性项目研究

① 研究方法

本书将借鉴相关学科的研究成果,注重多学科交叉与综合,将传统的定性方法尽可能地结合现代先进的定量研究技术,结合卫星航拍图和 CAD 地形图进行勘察,将数据录入 ArcView(GIS 软件)中进行定性定量分析,以图表形式表述分析结果,并在此分析结果上进行规划设计(图 2.47)。

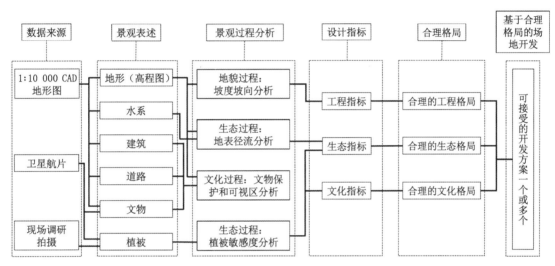

图 2.47　研究方法图示

② 研究步骤

本书通过确定基地利用方式和开发方式的需求找到相对应的要素(即因子),把所需求的因子叠加绘制成图,确定合并规则以能表达适宜度的梯度变化,找出开发项目与各因子相互制约的关系,在特定的结合规则下制成能描

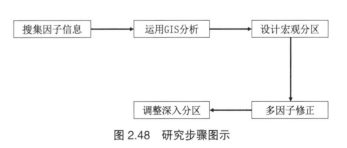

图 2.48　研究步骤图示

述土地对多种利用方式的内在适宜度的关系图纸,通过图纸的绘制,描述对各种土地利用方式具高度适宜性的区域分布(图 2.48)。

③ 基地资源调研与信息搜集

石湖风景区拥有丰富的自然景观和历史文化资源。石湖的自然山水风景具有自然、朴素、柔美、秀丽的特色,凝聚了江南田园山水之美;在历史文化方面,作为吴越争霸的主战场之一,石湖地区有不少的历史遗迹。根据石湖风景区现有资源的情况和规划目标,初步确立调研和信息搜集的主要内容有以下方面:

a. 现有历史文化遗存的影响程度与保护状况；

b. 现有土地资源的使用状况（城镇、村落、墓区、学校等）；

c. 现有水文资源（水源、水域、水质等）；

d. 现有山体状况（高度、断层、观赏性等）；

e. 现有植被绿化（树种、植物生长状况等）。

（3）基于GIS的适宜性分析

① 现有土地资源使用状况分析

整个石湖风景区的用地范围内不仅存在着大量的风景旅游资源，也存在着一定的人为建设景观，在红线范围内存在着一定数量的墓区、村落和学校，尤其是山体上存在的墓区影响了整个山地的自然景观，而村落和学校的存在不仅影响了整个规划布局，而且也影响着整个景区的建筑风貌，大部分为负面影响。根据其影响程度，赋予其权值，影响越大，权值越高。

依据现场调研，参照《旅游资源分类、调查与评价》(GB/T 18972-2017)中的旅游资源分类表，现有土地资源分类主要有：地文景观（自然综合体、地质与构造形迹、地表形态、自然标记与自然现象）、水域景观（河系、湖沼、地下水、冰雪地、海面）、生物景观（植被景观、野生动物栖息地）、天象与气候景观（天象景观、天气与气候现象）、建筑与设施（人文综合体、实用建筑与核心设施、景观与小品建筑）、历史遗迹（物质类文化遗存、非物质类文化遗存）、旅游购物（农业产品、工业产品、手工艺品）、人文活动（人事活动记录、岁时节令）。根据它们的重要程度和影响程度不同，在ArcView中绘制出这些区域，并制作成表，如表2.7所示。

表2.7 场地旅游资源使用类型权值表

名称			重要程度	权值
物质类文化遗存	保护区	金佛像	观赏性强，有一定的历史价值	90
		治平寺	有一定的观赏性和历史价值	85
		石佛寺	有一定的观赏性和历史价值	85
		石湖书院	观赏性强，有一定的历史价值	90
		行春桥	有一定的观赏性和历史价值	85
		越城桥	有一定的观赏性和历史价值	85
		越城遗址	有一定的历史价值	80
		渔庄	观赏性强，有一定的历史价值	90
		蠡岛	有一定的历史价值	75
		天镜阁	有一定的历史价值	70
		顾野王墓	有一定的历史价值	75
		申时行墓	有一定的观赏性和历史价值	80
		乾元寺	有一定的观赏性和历史价值	85
		宝华寺	有一定的历史价值	80
		老寺	有一定的历史价值	80
		楞伽寺	观赏性强，有一定的历史价值	90

名称			重要程度	权值
人文综合体	村落	薛家村	有一定影响	80
		行春桥村	影响较大	95
		渔家村	影响较大	95
		陆家桥	有一定影响	80
		华村	有一定影响	85
		梅湾村	影响较大	75
		站下村	有一定影响	85
		旺家里	有一定影响	85
		北塘村	有一定影响	85
		王家场村	有一定影响	85
		南塘村	有一定影响	80
		后下舟村	有一定影响	80
		莫舍小村	影响一般	75
		桃花里村	有一定影响	80
		前下舟村	影响一般	75
		莫舍大村	有一定影响	85
		庙桥头村	有一定影响	80
		西边村	影响较大	90
		黄泥墩村	影响较大	90
人文综合体	村落	钱家坞村	影响较大	95
		南家浜村	影响较大	90
		陆墓山村	影响较大	90
		董家坟村	影响一般	70
		南角村	影响较大	90
		三家村	有一定影响	85
		小泥弄村	影响较大	90
		西山塘村	影响较大	90
		巷上村	有一定影响	85
		张家桥村	影响较大	90
		薛家桥村	有一定影响	80
		旺山桥村	影响一般	75
		邵昂村	有一定影响	80
	城镇	木渎镇	影响一般	75
		蠡野镇	有一定影响	85
		新郭镇	影响较大	90

名称			重要程度	权值
实用建筑与核心设施	学校	苏州科技大学	有一定影响	80
		江苏省邮电技工学校	影响较大	85
		苏州外国语学校	影响一般	75
		苏州大学文正学院	影响较大	90
	墓区	公墓	影响一般	75
		上方山公墓	有一定影响	80
		吴家岭公墓	影响较大	90
		清泉公墓	影响较大	90
		旺山公墓	影响较大	90
		吴山头公墓	有一定影响	85
		横泾公墓	影响一般	75
		弥陀山公墓	影响较大	90

分析图纸如图 2.49 所示。

分析结果：从图 2.49 可以看出环境中存在大量的村落、城镇以及公墓群，对风景区有负面

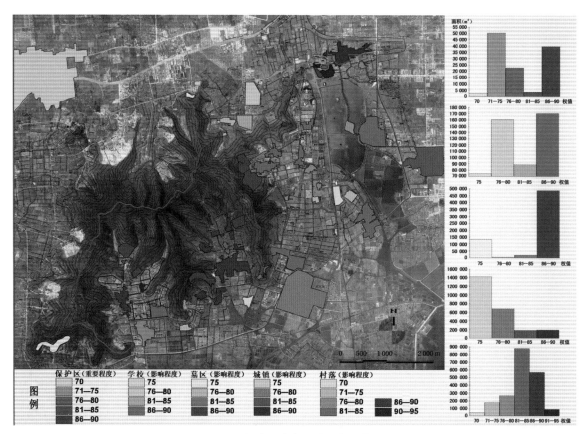

图 2.49　场地土地资源使用类型范围图

影响。尤其是场地东南部不仅集中了大面积的村落与分布零散的墓群，同时还存在着部分具有一定价值的文物保护单位与历史遗迹。其中村落与公墓严重干扰了旅游资源和风景区的吸引力。对于其他资源保护情况较好，离景区较近、影响较大（权值较高）的用地区域应予以重点管理和维护，以期与整个景区更好融合。

② 历史文化区域的开发与保护

整个景区具有独特的自然景观和人文景观，同时存有大量的历史遗迹。其中楞伽寺、越城遗址、顾野王墓、渔庄、行春桥为省级、市级文物保护单位，而上方山国家森林公园本身已经具有规模和影响力。利用 ArcView 对各个风景文化保护景点做缓冲区分析，得到离各个景点不同距离范围内的区域分布图，距离越近，颜色越深。

对于保留较好的自然景观和历史文化资源，在规划设计中应予以保留和保护，这些区域即为规划中的敏感区，不宜进行开发；同时其周边一定范围内也不适合做大规模的开发，将这些区域设为缓冲区。

分析图纸如图 2.50 所示。

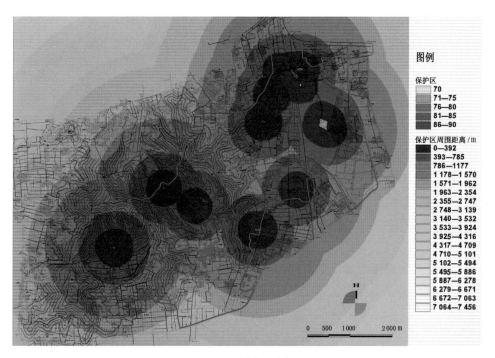

图 2.50　缓冲区分析图

分析结果：图 2.50 中颜色愈深的地方，离保护区越近，越不宜进行开发建设，规划建议根据其文物保护单位的重要程度划分出一定范围内的保护半径（范围）。历史文化保护区较为集中的地方为巫山—石湖风景区，规划建议此区域为文化风貌区，以恢复、改建历史性街区、景点为主，以彰显当地的吴文化特色。

③ 水文分析

整个风景区自然资源丰富，以石湖的各种大小水域构成的景群形成了开阔的视野，山水相映，波光水影，构成了绚丽的画境。因此，合理保护和利用现有水资源，实现以水为主题的生态度假区成为规划设计的思路之一。在 ArcView 中绘制出这些水域，根据水文情况赋值制表。

分析图纸如图 2.51 所示。

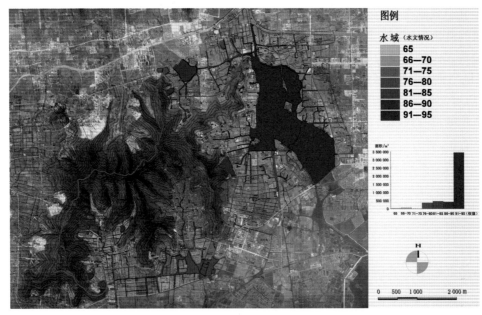

图例

水域 (水文情况)
- 65
- 66—70
- 71—75
- 76—80
- 81—85
- 86—90
- 91—95

面积/m²

0 500 1 000   2 000 m

图 2.51　水文分析图

分析结果：图 2.51 中颜色愈深的地方，水文情况愈好，尤其对于面积较广、水质情况较佳的地方要重点保护利用；对于存在污染源的河流、溪流以及对大面积水域存在威胁的区域要加以重点整治管理。巫山—石湖风景区水域面积最大，但结合图 2.49 可以看到其周围文化保护景点较多，还存在一定数量的学校，因此该区域不宜再做大规模的开发建设。反观上金湾地区，水域面积较大，水文情况较好，除部分村落之外基本没有其他建筑群，因此规划建议此区域为以滨水建筑为主题的生态度假区。

④ 植被分布

整个石湖风景区的绿化状况较为良好，尤其在山体上，各种地带性植物已基本上覆盖整个区域，如黑松、枫香、三角枫、毛竹、香樟等，在 GIS 中将不同的植被种类分类编辑，以不同的颜色显示，首先可以比较清晰地看到基地中植被的分布状况；其次可以通过不同地形条件下各种植被的统计分析来确定最能反映这个区域地域和气候特色的地带性植被类型和植被群落特征，为用地植被优化提供科学的依据（图 2.52）。

分析结果：风景区的植物景观优化是一个长期的过程，因此需要在原有基础上根据各类植物景观特点，以及风景区各区域的景观功能需要及其发展的要求，有计划、分阶段地进行优化林相、林分的调整，而植被分析图能够为景区的绿化工作提供客观依据。由图 2.52 可以很清晰地看出，风景区内的植被以针阔叶混交林为主，间以少量的竹林与松林等纯林以及农田。由于针阔叶混交林较纯林的林分结构更加稳定，同时有更强的自我调节、维持生态平衡的能力，因此整体生态环境较为稳定。整个风景区的绿化应以补充和完善地带性植被为主，适当种植观赏性较强的植物，突出景观效果，增加季相变化，以丰富景区的植被景观。

⑤ 山体分析

在整个景区中，山体占有相当的比例，因此合理地利用山体资源、开发其旅游价值成为规划目标之一。在 ArcView 中通过以下几个角度对山体进行分析：

a. 高程分析

山体的高度对规划布局、道路的走向和线形、建筑的布置、景区的轮廓和形态等都有一定的影响。在 ArcView 中根据等高线生成山体的高程图，由图 2.53 可以清晰地看到山体的高度变化。颜色愈深的地方，山体海拔愈高。

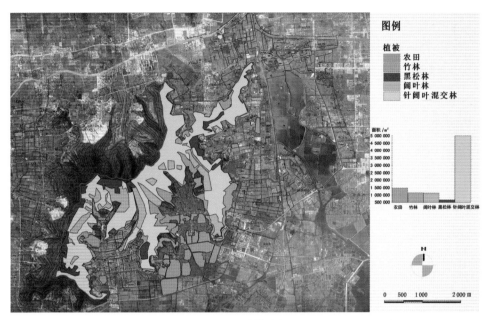

图 2.52　植被分析图

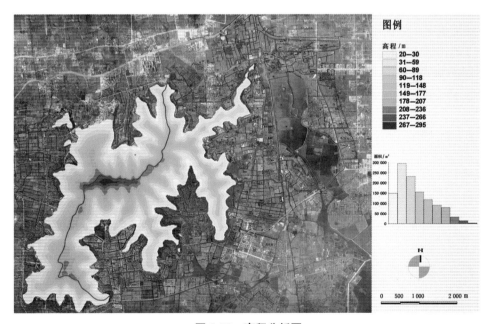

图 2.53　高程分析图

在对山体高程分析的基础上可以得到山体上植被、墓区的高程分析图，由图 2.54 可以看到各种植被、各个墓区在不同高度上所对应的面积分布。

分析结果：由图 2.54 可以看出，景区中的山脉主要呈南北走势，因此构成了大面积的朝东景区，包括石湖景群、吴山景群、上金湾景群、钱家坞景群和上方山景群的大部分以及七子山的峰

图 2.54　植被和墓区分布高程统计图

顶区域,使得几乎全部景群都可以获得良好的日照。该片植被繁茂,景观层次丰富。这些面向东南的山体缓坡又为游憩活动的规划打下了良好的基础。

b. 坡度分析

地面的坡度,即高程的变化率。坡度分析图反映了特殊的地形结构,其对工程建设具有重要的影响,并能为某一地区不同坡度的土地利用方式提供决策依据。地形坡度的大小对道路选线、纵坡确定、地面排水、土石方工程量以及绿化植被选择的影响尤为显著。可以结合实际情况,根据不同的地形坡度采取不同的建筑形式。同时,在 ArcView 中还可以提取出满足建设要求的坡度范围,如 15°＜坡度＜30°(图 2.55、图 2.56)。

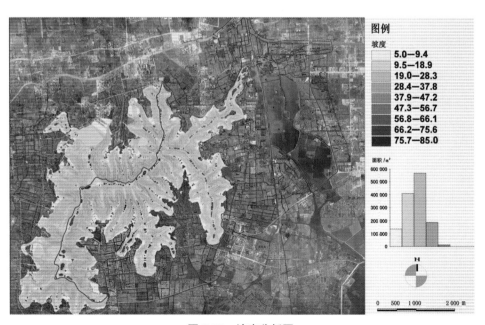

图 2.55　坡度分析图

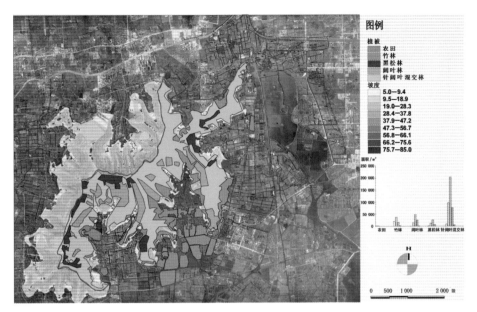

图 2.56　植被分布坡度分析图

　　分析结果：场地环境中的山脉整体坡度较为缓和，平均为5°—20°，结合高程图可以发现丘陵与山谷交错出现，整体空间层次丰富，原有空间形态良好。

　　c. 坡向分析

　　坡向分为平坦、东、西、南、北或平坦、东、西、南、北、东北、西北、东南、西南等不同的等级。坡向影响到建筑的通风、采光。如在炎热地区，建筑适合建在面对主导风向、背对日照的地方，而寒冷地区则希望背对主导风向、面对日照，这和坡向密切相关。同时在植被绿化中，不同的植物对光的要求并不同，阳性植物只宜种在向阳地带，而耐阴植物则种在光线不足和背阴的地带。利用 GIS 坡向查询分析可为园林植物种类的选择提供依据。当然，也可以分析出既满足某一坡度要求又满足某一坡向要求的综合查询。坡向分析图如图 2.57、图 2.58 所示。将植被分布

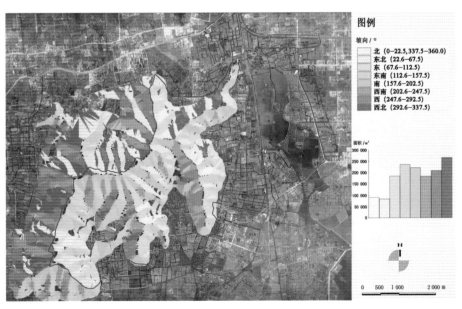

图 2.57　坡向分析图

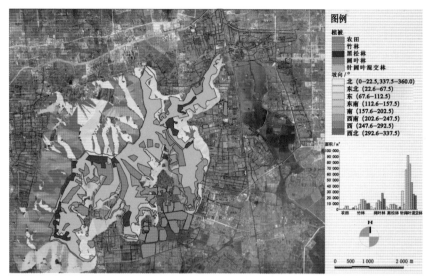

图 2.58　植被分布坡向分析图

图和坡度、坡向分析图进行叠合可知，不同坡度和坡向的林地分布着不同的植被类型，反映出一种与自然环境的对应关系，并需要防止过多的干扰，否则就会产生很多环境问题。在叠合图中可以得出不同植物的坡向分布和占地面积的大小，根据这些分析再对植被喜阴或喜阳的特性进行研究，进而合理地调整规划。

　　d. 地形分析

　　地形起伏越大或者越显著，迎风坡的风压也就越大，而背风坡形成的涡流也就越强。这些因素会影响大气的温度和湿度，因此对当地的小气候具有重要的影响。在 ArcView 中通过阴影变化的分析生成地形的起伏变化，由图可以较为直观地观察整个用地的地形地貌。通过勘察，发现山体由于开挖存在部分断层，尤其以钱家坞地区居多。结合上文对历史风貌区、生态度假区的规划分析，规划建议将钱家坞地区建设成为充分利用山体的运动休闲区（图 2.59）。

图 2.59　地形分析图

⑥ 生态因子分析

石湖风景区自然资源丰富，条件较好，尤以水资源和植被资源为佳。在规划区域中应合理保护利用各个资源，在 ArcView 中绘制出各个区域及其周围的缓冲区。图 2.60 为生态因子分析图，图 2.61 为生态缓冲区分析图。

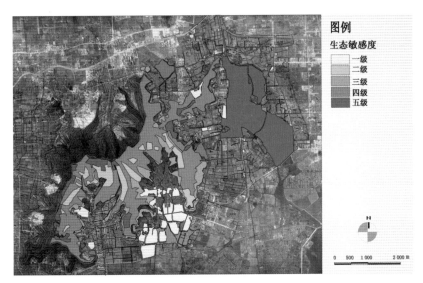

图 2.60　生态因子分析图

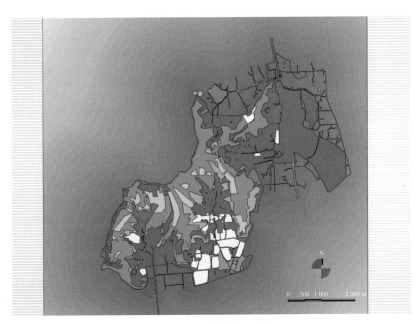

图 2.61　生态缓冲区分析图

分析结果：图中颜色愈深的区域生态敏感度愈高，规划建议在生态敏感度较高（颜色较深）的地区不适宜进行开发，应以保护利用的原则为主，合理利用其生态资源。

⑦ 综合因子叠加分析

综合上述各个因子，我们在 ArcView 中根据各个因子影响程度的不同输出综合叠加分析图（图 2.62）。

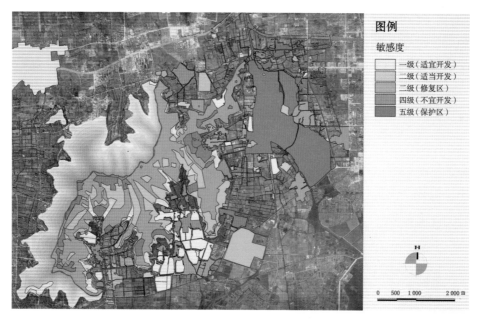

图例

敏感度

一级（适宜开发）
二级（适当开发）
三级（修复区）
四级（不宜开发）
五级（保护区）

N

0　500　1 000　　　2 000 m

图 2.62　综合叠加分析图

分析结果：颜色愈深的地区影响越大，越不适合进行大规模的开发，应以维护和改造的原则为主；颜色愈浅的地区影响越小，可以适当进行一定规模的开发利用。在图中区分出这些区域，为以后的规划提供科学的依据。

⑧ 场地适宜性的分区

对于景观环境中的建设项目而言，科学的选址是建设的基本前提，通常需要同时满足以下要求：

a. 选址要在风景区规划布局的指导下进行，根据建设项目自身的功能特点，通过踏勘、调查研究，选择最适宜修建的场所；

b. 选址需设置在风景区主要旅游线路的周边，以满足水、电、能源等配套设施的要求；

c. 根据景观生态学的相关理论选择场地，使其与自然相融合；

d. 综合考虑风景区的整体景象特征，使温泉度假村与风景区相协调。

在 ArcView 中我们对各个因子进行调研、评估，并对某些因子进行了叠加分析。同时在一些特殊地形条件中，可以查询出满足特殊条件要求的场地，以便为进一步的开发建设提供科学、合理的依据。在整个石湖风景区中，山体占了相当的比例，因此山体中的哪些区域适合开发成为可行性研究的重点之一。经过研究，坡度在 10°至 30°之间，东南坡向，山体高度在 20 m 到 100 m 之间，距离保护区和墓区大于 100 m 的区域比较适合建设，在 ArcView 中利用查询功能得到满足以上条件的区域（图 2.63）。

3）基于 GIS 的建筑建设适宜性研究

石湖风景区中的建筑建设应根据具体的环境和位置做恰当的定位，满足多元化、多层次的风格表达，既不拘泥于传统建筑形式，也不一味追求现代建筑特征，而应当研究环境肌理与文脉，找到适当的风格与表达方法，探讨具有时代感的传统风格的表达。在建筑规模上，应以整体环境的氛围塑造为第一原则，避免过大的体量对环境造成伤害。在建筑色彩上，应继承苏州传统灰瓦白墙的特色。在辅助性游艺设施上，可以选择一些跳跃的颜色。同时，建筑的建设应与环境紧密结合，既不破坏环境，又合理利用环境资源，在最适宜建筑的场地条件下可进行开发建设。

上金湾景群的各个因子条件都相对平均和优良，可开发建设为以生态度假为主题的风景区。

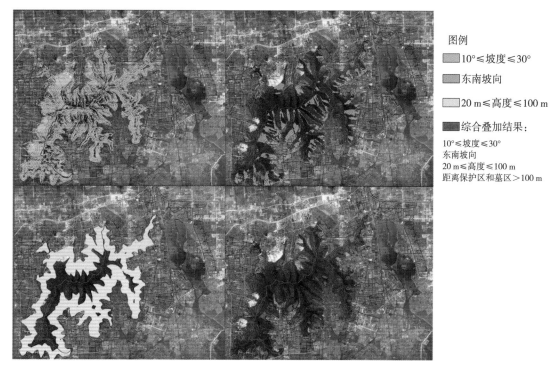

图例

▢ 10°≤坡度≤30°

▣ 东南坡向

▢ 20 m≤高度≤100 m

▦ 综合叠加结果：

10°≤坡度≤30°
东南坡向
20 m≤高度≤100 m
距离保护区和墓区>100 m

图 2.63 适宜性分区图

在此规划区内依托自然条件，建造一背山面水的风景建筑不仅可以服务人群，还可以提升旅游吸引力，这种短期的居住行为满足了人们旅游过程中所必要的休憩需要，并且构成了旅游度假区构建的主体因由。适宜在山坡上，且宜离水域和现有道路有一定距离的范围内建造一风景建筑——石湖书院，因此建筑的建设条件限定为以下几点：

① 与现有道路的距离保持在 100 m 至 300 m 之间[图 2.64(a)]；

② 与现有水域的距离保持在 100 m 以内[图 2.64(b)]；

③ 选址在坡度为 15°—30°的山体[图 2.64(c)]；

④ 选址在山体的正东至正南范围[图 2.64(d)]。

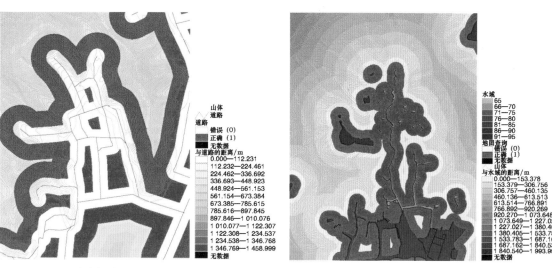

（a）提取 100—300 m 范围　　　　　　　　　　（b）提取 0—100 m 范围

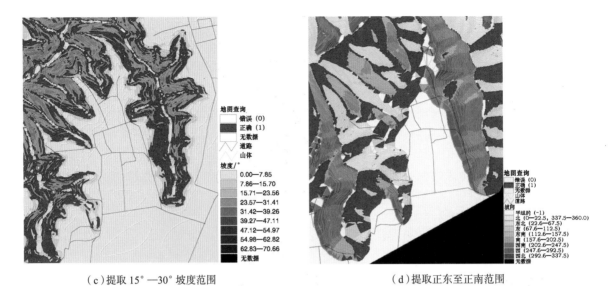

（c）提取 15°—30° 坡度范围

（d）提取正东至正南范围

图 2.64　石湖书院建筑选址条件图

在 ArcView 中利用"Map Calculator"（地图计算器）命令分别提取出满足各项条件的区域，这些区域即石湖书院最适宜建设的区域，如图 2.64 中红色所示。图 2.65 为各项条件叠加，图 2.66 为满足所有条件的区域（红色区域）。

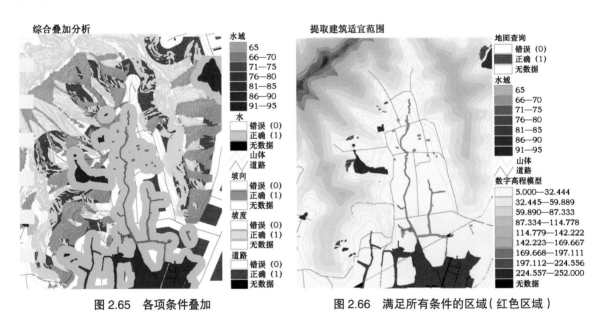

图 2.65　各项条件叠加

图 2.66　满足所有条件的区域（红色区域）

具体来说，石湖书院的建筑风格应当在传统风格的基础上更加自然化，体现石湖风景区山清水秀的特质，展现自然景观与人文景观的和谐统一。石湖书院应以传统建筑风格为主，但又不拘泥于传统风格，不一味追求对传统建筑风格的再现，而应当体现石湖风景区山水相宜的灵气。

此外，尽量少建设人造景点，以降低开发压力，并且不建高层和大体量建筑。建筑体量控制在 4 层以下，以 1—2 层为主。建筑规模宜以小型为主，停车场尽量隐蔽。园林绿化采用自然群落为主，整个基调定位为"宜小不宜大，宜低不宜高，宜疏不宜密，宜淡不宜浓"。

考虑到横山诸多的制高点所形成的鸟瞰视角,建筑的第五立面——屋顶势必成为一个重要的观赏面。屋顶的风格与形式,既要适应环境的肌理,又要体现地形的灵动,还要不失质朴的传统气息。新建筑在运用新材料的基础上与旧建筑在风格上协调一致。在"粉墙黛瓦,清秀简洁"的基调上,新旧建筑风格共存互动,构成了统一中有变化的环境,使传统风格的持续发展更有意义。

南京石头城遗址公园的景观建筑选址也是一个典型案例。该组建筑对整体规划起到"画龙点睛"的作用。文化主题的定位为景观建筑的选址提供了规划设计要点。建筑选址在对自然环境、地势地貌进行科学分析和评价的基础上,为三种不同类型的景观建筑选址提供依据。

基于城市空间结构的计算机模拟,利用 ArcGIS 软件对公园内部的地形竖向进行了地理信息系统分析,有针对性地进行了景观廊道构建实验(图 2.67):

(1)1—1 切面沿东西方向,经秦淮河、明城墙遗址、国防园制高点、虎踞路,至清凉山公园制高点,横贯整个用地。模拟数据说明国防园制高点的高程为 43.26 m,理想条件下能够俯瞰明城墙遗址和秦淮河。清凉山公园制高点的高程为 65.96 m,与国防园制高点之间形成天然的景观视线通廊。在此处设置景观建筑不仅可以形成城市和景区新地标,而且对整个景区风貌协调起到"提纲挈领"的标志作用。

(2)2—2 切面沿东西方向,经秦淮河、明城墙遗址、清凉山南侧的三座山脊与两座山谷,包括其中的清凉寺、崇正书院等现有文物建筑,横贯整个用地。切面中的三个山脊自西至东高程分

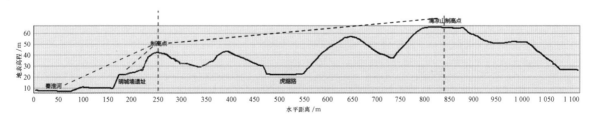

图 2.67a　1—1 竖向切面

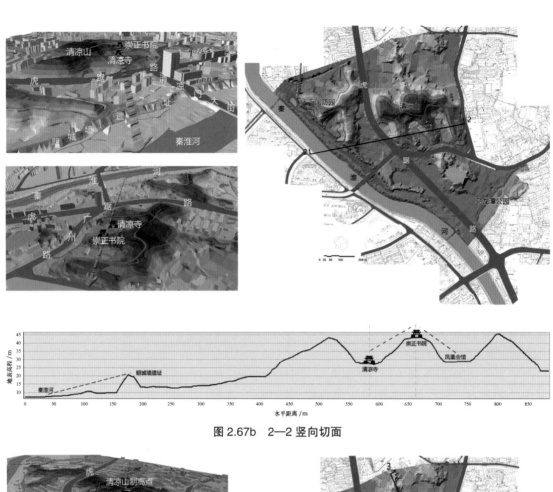

图 2.67b　2—2 竖向切面

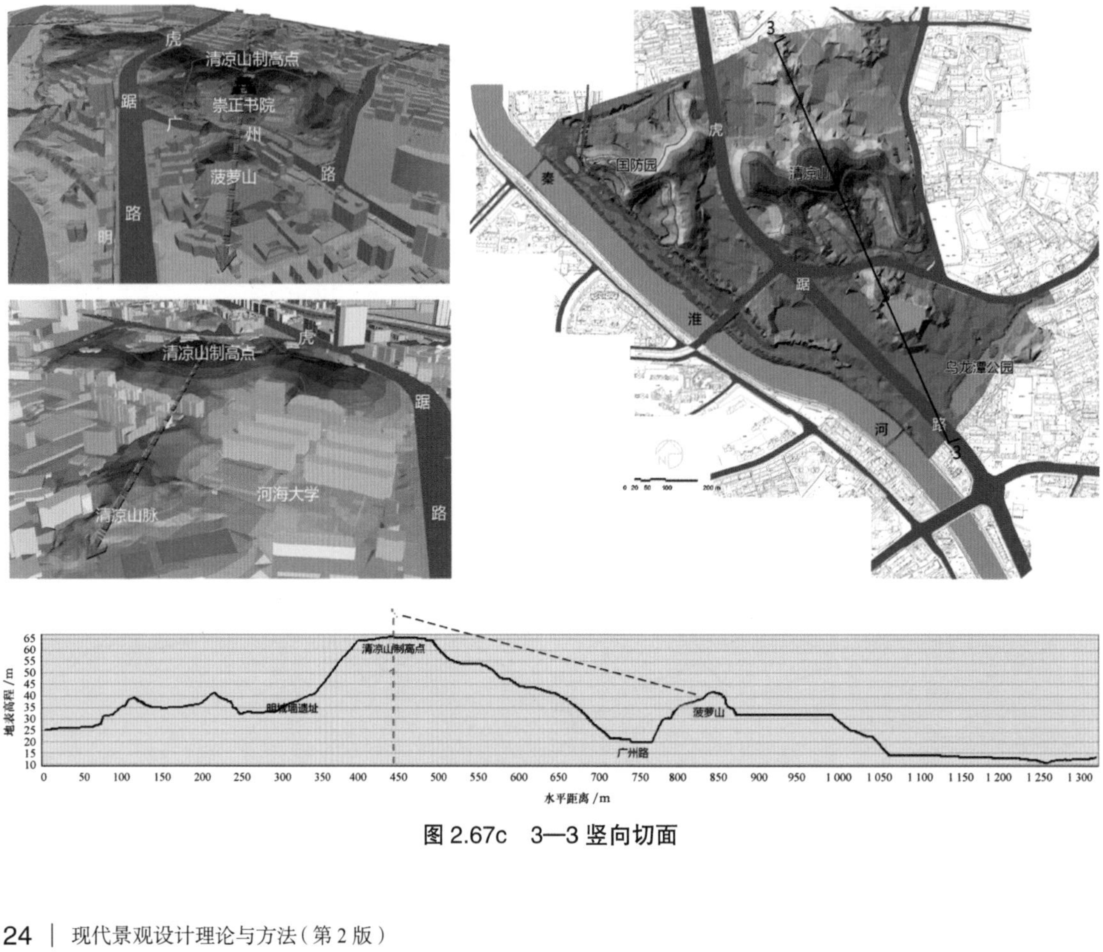

图 2.67c　3—3 竖向切面

别为 48.48 m、47.81 m 和 45.84 m，植物的遮蔽使其互相不能通视，但是崇正书院所在的中间山脊对两侧山谷的景观视域良好。由于规划总体要求将崇正书院作为文物保护，而清凉寺在进行整治复建，唯有奇石文化市场所在的东侧山谷用地可用。

（3）3—3 切面沿南北方向，经河海大学与南京水利科学研究院间清凉山脉的清凉山公园制高点、清凉山南侧中间山脊至菠萝山，纵贯整个用地。切面中清凉山脊与菠萝山形成周线关系，崇正书院与菠萝山互为对景。

运用 ArcGIS 软件综合分析用地情况、场地交通、坡度坡向、景观视域、生态敏感度及建设可行性等因素之后，验证景观建筑选址地块进行建设的可行性。在清凉山制高点适宜建设观景平台和地标建筑，而东侧谷地不仅临近未来遗址公园的入口，而且是相对湿润、遮阳、安静、通视的处所，适合兰花培育与书画交流，在此建设艺术中心和展馆建筑较为适合。

目前 GIS 作为一种普适性的系统正在被广泛地应用。如何在景观规划中体现 GIS 的强大功能、多角度的运用优势以及科学性成为目前的主要课题之一，同时，GIS 本身作为一种地理学的系统，与景观学的结合运用也成为一种多学科交叉的必然，在景观规划中运用的普及性也有待提高。通过对 ArcView 的运用可以发现，ArcView 本身作为一种强大的数据库，信息处理功能的优势不言而喻，但前期数据的调研、收集、整理尤为重要，其对后期的适宜性分析的结果有着相当大的影响，调研资料不够完整和详细可能会导致评价结果缺乏科学性。与此同时，在充分掌握这些资料的基础上，规划设计人员需要对分析能够产生的结果有一定的判断和估计，只有在明确分析目的的基础上，才能充分利用这些基础资料和 ArcView 数据处理的优势，这就需要规划设计人员具有一定的专业设计经验和规划设计的预判能力。

随着科技的进步与更新，认识水平的不断提高，无疑将会有更多的操作方式与技术工具能够被应用到景观环境评价中，但从目前来看，利用现有的技术手段，叠图法与 GIS 对于景观师而言易于掌握运用，上手快，效率高，利用现有调研的基础数据，易于综合整理，以相关的权重明确各因子对场地的控制力，从而实现对环境的认知。其中叠图法更适宜处理小尺度环境，其对场地环境数据的要求更具有目的性，所需软件更加普及化，因此操作更为简单易行；而 GIS 则对大区域、大尺度、环境因子复杂的场地更具有控制力，相应的其对数据的全面性与精确性也有一定的要求，操作的技术性与专业性更强。因此，场地适宜性评价需要结合设计要求和环境条件，考虑场地尺度范围，选择不同的方式来对环境加以认知。

4）基于 GIS 的水体设计研究

南京市牛首山北部景区设计在水景设计与施工中采用参数化设计方法，针对场所地形地貌特点和水文特征营造拟自然的生态水景观。

该设计依据地形地貌及汇水条件对原有水系进行梳理，提升暴雨时期场地的调蓄能力，为日常景观灌溉提供充足的水源。同时，优化生态环境，结合地带性植物配置，构建典型生境特征。

（1）主要径流提取及现状水域分布

在水景设计与施工中采用参数化设计方法，针对场所地形地貌特点、水文特征，通过参数化调控的设计与施工营造拟自然的生态水景观。

（2）径流量预测

① 流域划分

根据场地现状分水岭和水流方向将其划分为四个汇水区域，用不同颜色表示（图 2.68），本次设计区域主要位于流域 2 范围内，流域 2 的面积为 926 135 m²。

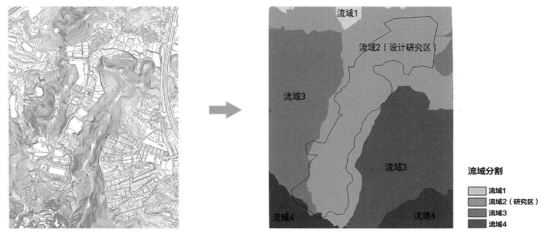

图 2.68 流域划分图

② 降雨径流预测模型（图 2.69）

流域径流量＝流域降雨量－流域森林蓄水量。

森林蓄水量＝森林冠层截留水量＋枯落物持有水量＋土壤蓄水量。

径流系数＝径流量 ÷ 降雨量。

$Q_i = \sum_{i}^{n} P_i \cdot e_i \cdot A_i \cdot 1\ 000$	$(LC)_i = \sum_{i}^{n} L_i \cdot W_i \cdot e_i$	$S_i = \sum_{i}^{n} K_i \cdot D \cdot e_i \cdot 1\ 000\ 000$
Q_i 为 i 单元森林冠层截留水量	$(LC)_i$ 为水文响应 i 单元的枯落物持水量	S_i 为水文响应 i 单元土壤蓄水量
P_i 为水文响应 i 单元内降雨量	L_i 为水文响应 i 单元单位面积枯落物累积量	K_i 为水文响应 i 单元森林类型下土壤非毛管孔隙度
e_i 为水文响应 i 单元森林类型面积	W_i 为枯落物最大持水率	D 为平均土壤深度
A_i 为水文响应 i 单元森林类型森林冠层截留水量	e_i 为水文响应 i 单元森林类型面积	e_i 为水文响应 i 单元森林类型面积

图 2.69 降雨径流预测模型公式说明

③ 计算

根据研究区流域现状地表植被覆盖类型、各植被类型截水系数以及降雨量数据，通过地表径流预测模型分别预测出研究区的年总径流量、丰水期总径流量、枯水期总径流量以及流域径流系数，为后期场地水系设计、水体流量安排提供依据和决策参考（图 2.70）。

④ 结论

根据地表径流预测模型计算，得到全年径流量、丰水期径流量、枯水期径流量如表 2.8 所示。

表 2.8 平均径流量计算表

时期	平均降雨量 / mm	径流量 / mm	径流系数
全年	1 092.26	766.936	
丰水期（5—9 月）	871.08	611.633	0.75
枯水期（10—4 月）	293.86	206.334	

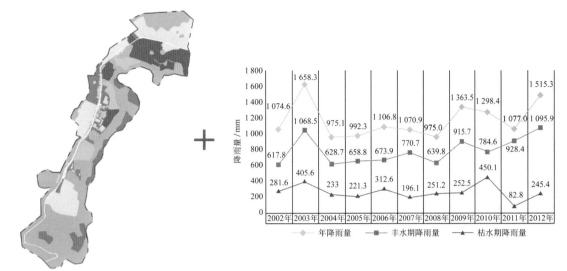

图 2.70　计算说明

（3）汇水水域形成潜力分析

通过建立场地 DEM（数字高程模型），运用 GIS 提取地表汇水线即地表径流，对场地潜在汇水区域进行分析，为下一步场地水景设计提供依据和支持。

（4）水景设计

在对流域区地表径流分析基础上，结合现状水域分布，根据其形成的汇水潜力区布局水景。设计水景面积共计 25 942 m²，景观用水需求量约为 38 900 m²。依据场地现状研究中对径流量的预测可知，丰水期水系水量充足，枯水期需要采用水景分级动态循环系统确保水量满足景观用水需要。水系总体布局以顺应整体山水格局、融合自然环境为原则，保持自然水景的质朴风格，同时采用泉、潭、滩、湖、溪、涧等形式，达到水体变化多样、动静结合的景观效果（图 2.71）。

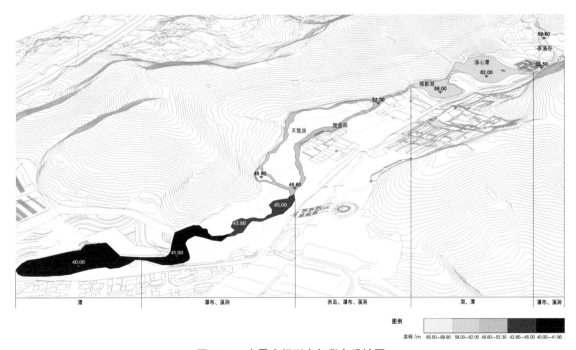

图 2.71　水景空间形态与竖向设计图

又如在镇江南山风景区西入口片区策划项目中也用到基于 GIS 分析的水体设计策略。项目场地为低山—丘陵地形，喀斯特地貌，有利于地表水的汇集和地下水的补给。南山地区的地质条件良好，地下水资源丰富，山泉众多。

丰富的现状水资源集中分布在南北两侧谷地，南侧水资源以大面积块状分布为主（湖面和塘），北侧水资源呈条带状分布为主（条带状水域），贯穿山谷；北侧谷地水系较为连续贯通，南侧水系不连贯，水系形态比较生硬。

① 主要径流提取及现状水域分布

利用数字高程模型分析场地地表径流，根据阈值设定可调控径流网络的密度。经由比较，选取阈值为 2 000 时生成的径流网络作为径流分析的结果并进行分级（图 2.72）。

② 汇水水域形成潜力

通过 GIS 水文分析进行盆域提取，提取河网，生成集水流域，并对场地潜在汇水区域进行分析，为场地水景设计提供依据和支持（图 2.73）。

图 2.72　现状水域与径流分布图

注：径流网络为阈值 2 000 下的径流网络，1 和 6 为一级径流，2—5 和 7 为二级支流。

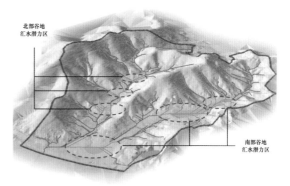

图 2.73　汇水潜力区分布图

③ 径流量估算

a. 面积计算

研究区域面积为 1 639 255 m²。根据集水流域的划分，南部谷地集水面积为 740 374 m²，北部谷地集水面积为 898 881 m²。

b. 降雨径流模型

流域径流量＝流域降雨量－流域森林蓄水量。

流域森林蓄水量＝森林冠层截留水量＋枯落物持有水量＋土壤蓄水量。

$$W = \sum_{i=1}^{n} k_i \cdot m_i \cdot A_i \cdot P \cdot 10^3$$

其中，W 为可利用的水量；k_i 和 m_i 分别为第 i 种土地利用类型的集水区下垫面径流系数和径流折减系数；A_i 为第 i 种土地利用类型的集水区面积（m²）；P 为多年平均降水深度（mm）。

c. 计算

根据《江苏省统计年鉴：2019》，镇江市年降水量为 1 272 mm，丰水期降水量为 849.2 mm，枯水期降水量为 422.8 mm。以南山地区观测资料和实际情况为依据，估算得出年径流量为 350 657 m³（丰水期为 219 370 m³，枯水期为 131 287 m³），其中南部谷地汇水 158 375 m³（丰水期为 99 079 m³, 枯水期为 59 296 m³), 北部谷地汇水 192 282 m³(丰水期为 120 291 m³, 枯水期为 71 991 m³)。

④ 筑坝位置与水体选址

GIS 水文分析可提取倾泻点, 倾泻点又称出水点, 是流域内水流的出口, 也是整个流域的最低处。倾泻点的定位为人工筑坝的选址提供了参考。在计算出研究范围内所有倾泻点的基础上, 根据现状水系情况, 确定筑坝位置与水体选址(图 2.74)。

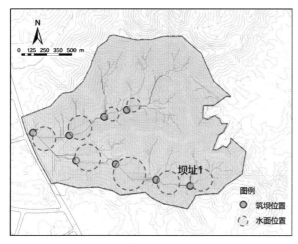

图 2.74a　筑坝位置与水体选址　　　　图 2.74b　研究范围内的倾泻点分布

⑤ 坝高确定与形态模拟

通过坝址汇水量的计算, 采取逼近法建立库容曲线, 可以确定坝高的阈值。对于不同坝高对应的水面形态进行模拟, 从而在此基础上选择合适的水系形态。

以坝址 1 为例, 倾泻点位于南部谷地上游地带, 通过确定集水流域面积得出汇水量为 38 990.50 m³。建立库容曲线得出倾泻点 1 最大筑坝标高为 44.3 m。以 44.3 m 坝顶标高为限, 在 GIS 软件中对不同坝高所对应的水面形态进行模拟, 筛选出较为理想的水体形态, 进而确定最终的坝高与倾泻水量(表 2.9, 图 2.75)。

表 2.9　水位与库容、水体面积

水位 / m	库容 / m³	水体面积 / m²
38.0	607.71	981.14
39.0	2 702.94	2 452.70
40.0	5 756.05	3 601.33
41.0	10 124.55	4 919.80
42.0	16 580.51	7 518.53
43.0	24 937.72	9 248.60
44.0	35 183.44	113 08.01
44.3	38 673.60	11 904.24
45.0	47 489.67	13 326.00

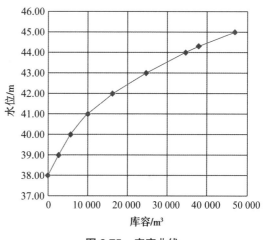

图 2.75　库容曲线

2.3.3　基于 Smart3D 软件的景园空间分析与评价方法

对于空间形态的描述，过往的方法主要是进行定性描述，因此具有或然性及不确定性。随着数字技术的发展，人们可以更多地运用空间建模与分析技术精准地认知景观环境的空间特征，更加精准地把握对于空间的干预、改造的强度，包括在特定景观环境中建筑物的体量、方向、占地、朝向等的把握，使规划设计更具科学性和可操作性。

1）Smart3D 实景建模系统

Smart3D 实景建模系统是以建模主体的数码照片作为输入数据源，设置好各类辅助参数（照片焦距、位置、控制点等）之后，即可将数据通过运算处理成分辨率高、带有真实纹理的三维实景模型。Smart3D 软件生成的三维实景模型实际上是一种三角网格模型，它可以准确、精细地复原出建模主体的几何形态、真实纹理色彩以及细节构成。Smart3D 实景建模系统具有以下优势：

（1）软件操作简单、全自动。将建模主体的数码照片导入 Smart3D 软件中时，大部分相关参数都会自动识别；而在开始运算之后，无需人工干预，最后自动会生成三维实景模型。

（2）三维实景模型精度高。Smart3D 软件基于真实影像可以运算生成超高密度点云，从原理上来看，只要输入照片的分辨率和精度足够，生成的三维模型可以实现无限精细的细节。

（3）数据兼容性高。Smart3D 软件可以导入由各种工具采集的照片作为数据源，包括无人机倾斜摄影、数码相机和手机拍摄等等。Smart3D 软件建成模型后，可输出的数据格式也具有较高的兼容性，包括 obj、dae、tif 等，可以导入各种空间分析平台，如 GIS 等。

2）Smart3D 软件在景园空间调查上的运用

景园空间具有模糊性、渗透性、复杂性等特征，而 Smart3D 软件正适合用于复杂空间建模，因此在景园空间调查上，可以运用 Smart3D 软件进行景园空间的实景建模，具体技术方法如下：

（1）无人机倾斜摄影技术采集数据源。该项技术使用无人机进行航拍，采集一个垂直视角和四个倾斜视角的影像照片，通过设置一定的航向重叠率和旁向重叠率，获取场地较为全面的数字图像数据库。和正射影像相比较，倾斜摄影能从各个角度观察地表物体，反映出更加真实的情况，具有空间属性。使用无人机航拍时，设置好航拍的路线和航向重叠率等参数，即可实现全自动获取数据源。

（2）用 Smart3D 软件生成三维实景模型。将无人机航拍照片作为数据源导入 Smart3D 软件中，设置好相关参数后，软件自动进行空三运算。待完成空三运算后，新建三维重建任务，软件进行复杂的三维实景模型创建。在三维实景模型创建的过程中，软件将自动进行大量密集运算，包括关键点提取、自动连接点匹配、稠密影像匹配、无缝纹理映射等等，无须人工干预即可自动完成。

（3）根据需要导出各类格式的模型数据。由 Smart3D 软件自动创建三维实景模型之后，可以导出包含有空间信息的不同格式的模型，其中 osgb、obj、3ds、tif 等格式的三维模型数据，可以导入 Rhino（犀牛，专业三维造型软件）、3d Max（三维动画渲染和制作软件）等软件中进行测量分析或是进一步处理模型；其中，tif 格式的数字表面模型可以导入 GIS 等软件中，使用栅格图像对场地进行空间分析和栅格运算等。

3）以东南大学九龙湖校区为例

东南大学九龙湖校区，位于南京市江宁经济技术开发区南部的九龙湖畔，在吉印大道以南、东南大学路以北、双龙大道以西、苏源大道以东的范围内，校区占地面积约有 3 752.35 亩（1 亩≈ 666.7 m^2）。东南大学九龙湖校区用地处于城市最佳的上风向，地处牛首山与秦淮河的怀抱之中，东西遥望方山、牛首山，周围与江宁高新技术产业园、南京师范大学附属中学江宁分校等共同构建了江宁经济技术开发区的发展中心，既有风水形胜，又毗邻自然与人文景观。

（1）东南大学九龙湖校区校园空间调查研究

东南大学的校园环境文化是校园文化的重要组成部分，十几年前建成的东南大学九龙湖校区与高品质校园环境存在差距，在校园景观改造提升工作中，使用 Smart3D 软件和倾斜摄影技术对校园空间进行数字化建模，以便精准研究。

使用大疆"御 Mavic Pro"型号无人机进行倾斜摄影，航向重叠率和旁向重叠率均为 60%，在实地调研中获取了大量的航拍图像。获取数据源后，导入 Smart3D V4.0 版本的软件进行三维实景模型的创建，最后输出 osgb 格式的三维实景模型和 tif 格式的数字表面模型（图 2.76）。

图 2.76　东南大学九龙湖校区图书馆周边三维实景模型

（2）研究内容与方法

基于东南大学九龙湖校区中心湖区三维实景模型，对校园空间进行调查研究。重点选取了六处景园空间单元样地，编号为 X1 至 X6，包括广场空间单元、密林空间单元、疏林草地空间单元、草坪空间单元几种典型的空间单元（表 2.10）。

表 2.10　中心湖区改造前选取空间单元样地

样地编号	实景照片	位置	空间单元类型	空间单元面积 / m²
X1		九曲桥西北侧	广场空间单元	1 377.01
X2		文科楼西南侧滨水广场	广场空间单元	1 384.94

样地编号	实景照片	位置	空间单元类型	空间单元面积 / m²
X3		文科楼西南侧	广场空间单元	590.62
X4		文科楼南侧	密林空间单元	2 483.73
X5		经管楼南侧	疏林草地空间单元	2 225.27
X6		纪忠楼北侧	草坪空间单元	1 735.06

对于每块空间单元样地，重点调查研究空间围合度指标和空间疏密程度，对应指标包括宽高比、天空开阔度、空间密度和郁闭度。不同类型的量化指标数据以不同的方法获得，如表 2.11 所示。

表 2.11　典型景园空间单元特征量化指标

指标分类	指标名称	计算方法	备注
空间围合程度	宽高比 A_R	$A_R = D/H$	表示空间某一剖面宽（D）与高（H）的比值，反映空间的围合程度
	天空开阔度 SVF	栅格计算	表示观察点可见天空的比例，反映空间的围合度程度
空间疏密程度	空间密度 ρ	$\rho = (V_0 - V_空)/V_0$	表示景园要素体积的占比，反映空间的疏密程度。V_0 为景园要素体积；$V_空$ 为空间体积
	郁闭度 C_D	$C_D = C/A$	表示空间乔木树冠投影面积（C）和空间面积（A）的比值，反映空间的疏密程度

（3）调查结果分析

对校园空间所选样地测算指标如表 2.12 所示。

表 2.12　中心湖区改造前选取空间单元样地指标

指标名称	样地 X1	样地 X2	样地 X3	样地 X4	样地 X5	样地 X6
宽高比 A_R	2.118	1.169	1.244	0.914	2.612	3.915
天空开阔度 SVF	0.679	0.428	0.548	0.282	0.602	0.811
空间密度 ρ	0.126	0.298	0.278	0.278	0.214	0.065
郁闭度 C_D	0.198	0.440	0.354	0.642	0.315	0.092

基于三维实景模型和数字表面模型，对于中心湖区改造前的所选样地可以准确测算出结果。其中，X1、X2、X3 样地为广场空间单元，X4 样地为密林空间单元，X5 样地为疏林草地空间单元，X6 样地为草坪空间单元，对比参照典型空间单元区间阈值，可以得到以下结论：

① X1 样地在水边种植了桂花等灌木，使得空间单元围合度较高，但对于视线有极大阻碍，建议做较大的调整；X2 样地的郁闭度较高，空间不够开阔，缺乏滨水开放的空间氛围；X3 样地较为孤立，与相邻空间单元之间缺乏可达性。

② X4 样地为密林空间单元，较高的郁闭度和空间密度使人们无法亲近水边；X5 样地种植了较多遮挡视线的灌木，水岸不通透；X6 样地比较开阔，但只有一些小乔木及灌木，空间较为简单，层次较为单一，可以适当增加一些高大乔木来丰富空间形态。

4）以清凉山南片区品质提升规划项目为例

该项目位于鼓楼区南侧、环明城墙（秦淮河）风光带与鼓楼—清凉山历史城区片交界处，毗邻民国历史文化街区和北京西路历史人文轴。该项目及其所在的清凉山公园、石头城公园和国防园是历史城区西南角的重要绿地、环明城墙（秦淮河）风光带贯穿的重要节点，也是连接与贯穿老城片、明城墙、秦淮河以及其南侧区域的重要游憩与文化空间。该项目所在的清凉山是片区自然地形中的相对制高点，具有较多及较好的景观视角和视野。因此，该项目是一个方位和视线上的交汇、统领节点。

（1）空间定量研究技术手段

在设计中借助无人机倾斜摄影技术和雷达扫描技术精确记录场地形态，并通过 Smart3D Capture（全自动三维建模软件）软件处理影像数据，生成基于真实影像纹理的高分辨率三维实景模型，获取常规摄影无法得到的地物纹理信息与空间几何信息（图 2.77），实现场地形态的精确描述与定量分析。

三维实景空间模型剖切面可以直观地反映地表形态［数字高程模型（DEM）］与植被、建筑等地物影响下的表面形态［数字表面模型（DSM）］之间的关系，实现空间形态的科学描述与判断。设计运用 ArcGIS 中的 Surface Volume（表面体积）和 Cut-Fill（开挖与填充）工具，定量计算清凉山山南空间容积。同时就空间体积与各类景观要素的空间占比对研究空间的容积进行判断，提出景观空间形态优化建议（图 2.78）。

（2）空间形态评价

清凉山山体北高南低，整体呈现出"一峰·三脊·两谷"的空间形态（图 2.79）。"三脊"与"两谷"（银杏谷与幽兰谷）即位于此次规划研究的南部片区。通过对山体地形线和林冠线进行剖

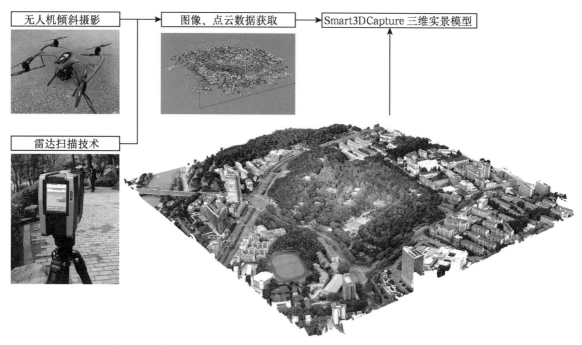

图 2.77　基于无人机倾斜摄影技术与雷达扫描技术的三维空间建模技术

图 2.78　ArcGIS 平台支持下的三维空间模型定量分析

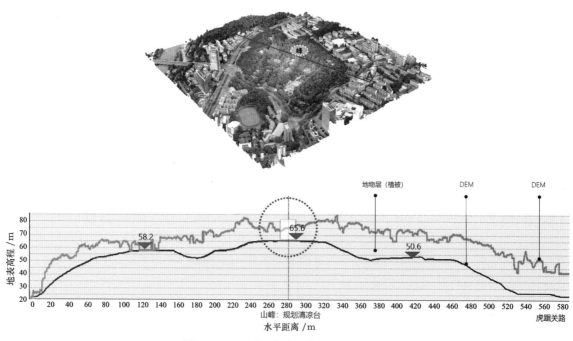

图 2.79a　一峰：全域至高（规划清凉台）

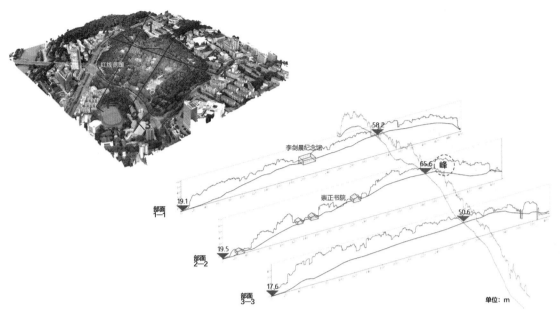

图 2.79b 三脊：空间核心骨架

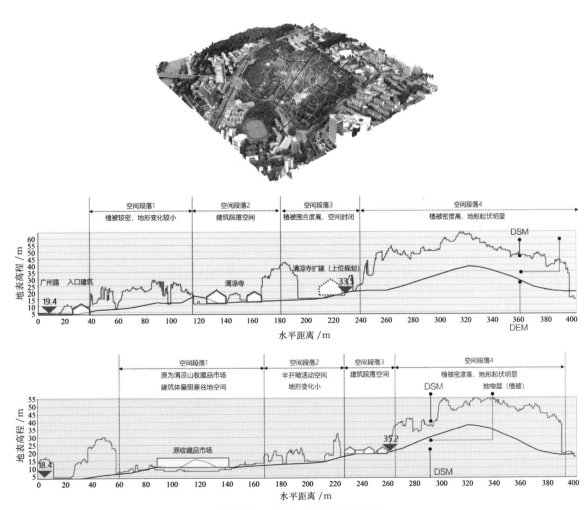

图 2.79c 两谷：银杏谷与幽兰谷

切可清楚、直观地分析其空间特征，并对其空间形态进行评价。

从清凉山整体形态上看，中部山体北侧平地现状地势最高，高程约为 65.6 m，是全域的制高点。但现状山体天际线形态不佳，《南京石头城遗址公园概念性规划设计》规划在此增设清凉台，以此作为地标性建筑，可改善天际线轮廓，凸显"一峰"的空间形态格局。切面沿东西方向的三路山脊自西向东高程分别为 58.2 m、65.6 m 与 50.6 m。中部山脊最高，崇正书院坐落于此，位于清凉山南部片区的空间中心。三脊现状植被覆盖率较高，空间形态均已定性。

场地西侧的银杏谷地势北高南低，地形自南至北缓坡上升，高程分布在 19.4 m 至 33.5 m 之间。受现状种植以及建筑的影响，整体空间较为郁闭且空间连续性弱，其空间类型分别为郁闭度高的林下空间、以清凉寺为主的建筑空间、植被围合的封闭空间以及以密林为主的山地空间。东侧幽兰谷地势北高南低，自南至北高程分布在 18.4 m 至 35.2 m 之间。谷地南侧原有清凉山收藏品市场，建筑体量较大。幽兰谷以北空间整体连续性强，根据空间剖面可以分为四类空间段落，即建筑体量阻塞的谷地空间、半开敞活动空间、建筑院落空间以及高植被密度的山地空间。总体来讲幽兰谷原有建筑体量较大，空间形态有待提升。

（3）空间容积量化评价

在定量计算植被、建筑等地物影响下的景观外部空间体积的基础上，通过空间容积的量化对研究空间的可容纳量进行判断，提出空间形态优化建议。运用 ArcGIS 中的 Surface Volume 和 Cut-Fill 工具，对空间体积与空间容积进行计算。其中，空间体积反映的是谷地空间四至边界与植被冠层围合出的外部空间体积，而空间容积则是除去内部植被、建筑等地物体积后剩余的外部空间体积。西侧银杏谷的空间容积较少，在设计中宜保留现有空间格局，允许小范围的改造提升。计算结果显示，现状银杏谷植被空间占比较高，达到 30% 以上（图 2.80，表 2.13）；东侧幽兰谷空间容积较多，空间容积占比为 73.6%（图 2.81，表 2.14）。

图 2.80　银杏谷空间容积量化

表 2.13　西侧银杏谷现状空间评价

类别	建筑	植被	空间	地形空间
面积 /m²	1 283.00	8 153.13	11 562.85	11 562.85
覆盖率 /%	11.10	70.51	—	—
高度 /m	3/4	—	—	—
体积 /m³	5 052.00	108 392.14	220 170.91	333 615.05
空间占比 /%	1.51	32.49	66.00	100.00

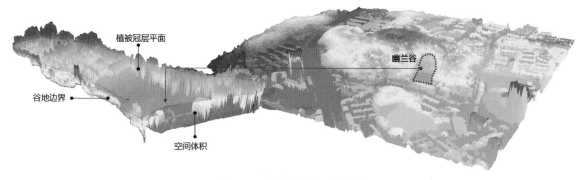

图 2.81　幽兰谷空间容积量化

表 2.14　东侧幽兰谷现状空间评价

类别	建筑	植被	空间	地形空间
面积 /m²	4 346.00	6 333.77	14 891.58	14 891.58
覆盖率 /%	29.18	42.53	—	—
高度 /m	3/6/9	—	—	—
体积 /m³	20 379.00	107 866.61	357 581.99	485 827.6
空间占比 /%	4.20	22.20	73.60	100.00

2.4　景观环境场地适宜性与设计策略

在土地资源紧张和生态环境恶化的双重压力下，突出生态保护优先，对设计场地资源进行优化配置，提高场地利用集约程度，实现环境资源的综合利用与社会效益的最大化。而场地适宜性评价是实现场地资源优化配置的基础，其核心内容是在针对生态条件分析的基础上，结合不同建设项目及其对于环境的要求，有针对性地评价，为选择用地范围及分布提供基本依据。设计策略是处理场地适宜性与设计要求之间相互关系的途径与方法：针对场地适宜性的评价分区与分级，以合理利用原初的环境为条件，对地貌、水文以及植被进行适当的整理与改造，明确拟建设项目的定位与规模布局。

场地适宜性包括两个层面的内容：生态适宜性与项目建设适宜性。前者针对场地自然资源进行评价分析，以生态环境的可持续发展为目标，明确场地的生态梯度，参照项目的定位，划分为适宜保护、适宜修复以及适宜建设三个等级。通常生态资源良好的场地利用适宜性广、潜力大。用地生态适宜性必须充分关注环境的可持续利用，考虑土地和环境演化的规律与建成后的运营，统筹生态、社会、经济的综合效益。而项目建设适宜性基于生态评价对可建设的区域进行权衡与选择。针对不同拟建项目对环境的要求，做有针对性的评价，从外部环境、空间形态、使用要求等多个方面来分析环境中可建设用地与设计要求之间的对应性，作为选择用地范围和调控建筑体量的依据。项目建设适宜性可以分为适宜建设、较适宜修复以及不适宜建设三个等级。项目建设适宜性评价以实现特定设计要求为目标，具有一定的针对性。要求对项目建设适宜性评价进行多方面的比较，通过对不同开发方式与强度所产生的综合环境效益或景观效果进行对比，实现最大限度地利用既有场地资源，在比较的基础上寻找最佳的针对性设计方案（图 2.82）。

生态敏感性与建设适宜性各有侧重，基于 GIS 分析的建设适宜性研究是生态敏感性研究的反向抽取工作，是从另一层面反过来进行的解读。

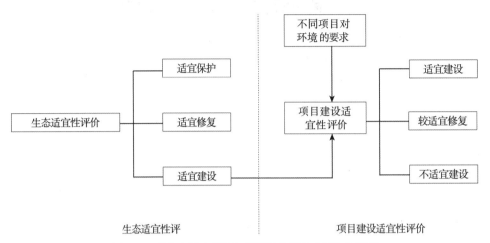

图 2.82 "生态适宜性"与"项目建设适宜性"的关系

2.4.1 生态敏感性评价

　　生态敏感性评价用于表达环境对于干扰及影响的抵御能力，而非生境本身条件的优劣，如正在修复的矿坑、裸地等缺少植被的区域，生境条件差但生态敏感性高。评价结果常通过分级来表达景观的生态特征，由此制定与等级相对应的不同修复策略，如对敏感、较敏感的区域采取保护策略，对一般敏感、较不敏感的区域采取修复策略，对于不敏感的区域可将其作为建设适宜区域的选择范畴，进而在适宜建设区域内进行再评价。

　　景观环境中往往存在两种系统，即基地固有的生态系统与为满足使用要求的人为生态系统，景观规划与设计不可避免的是两种系统的叠加。人的任何行为都是对环境进行设计的过程，无论是"加"或是"减"，都会使场地原有生态环境发生转变。对场地生态条件的科学认知，保证景观环境的顺向演替，满足景观环境的持续发展是设计的基本前提。因此，对生态环境的评价是敏感性评价的基础。场地生态敏感性评价需要根据场地固有的环境资源与特征，对景观环境特征加以定位，如山地公园、湿地公园、水景园等，并在此基础上对环境资源进行分类，求得某种特定利用方式的敏感性程度。其作用在于以下方面：

　　① 确定场地最适宜用途，为科学调整用地结构提供依据；

　　② 确定场地建设用地的分区与用地属性，指导土地利用规划；

　　③ 明确场地生态承载力与开发强度，在保证生态环境安全的同时实现综合效益的最大化。

　　生态敏感性评价的主要目标：一是明确场地生态梯度关系，对人为干预程度加以限定；二是依照生态条件的差异划分相应的区域，从而为项目建设适宜性评价划定场地范围。根据生态条件的从优到劣，可以将场地分为保护区域、修复区域以及适宜建设区域。

　　① 保护区域：自然环境良好，生态系统稳定，应尽量减少人为干预，维持环境自身代谢功能。如自然形成的湿地，原有的生态系统较为稳定，若为了景观效果增加其他水生植物，往往会破坏水文基底，导致原有生态格局的紊乱，所以对于该类型环境，应以生境的保护为主。

　　② 修复区域：自然条件略差，景观效果一般，可采取修复的方式来对生态环境进行调节。如通过对人工林相对单一的区域进行绿化的补植，来促进环境中植被的自然演替，适当增加花灌

木,以满足景观效果。

③ 适宜建设区域:生态条件差,受人为干扰较大,可进行人工构筑物的建设。苏州南石湖位于太湖风景名胜区 13 个景区之一的石湖风景区南端,通过大堤与北石湖隔堤相望。基地东临友新路,西接石堤,南抵吴中大道,北有河道,规划总面积为 120 hm²,其中陆地规划面积为 50.95 hm²(图 2.83)。

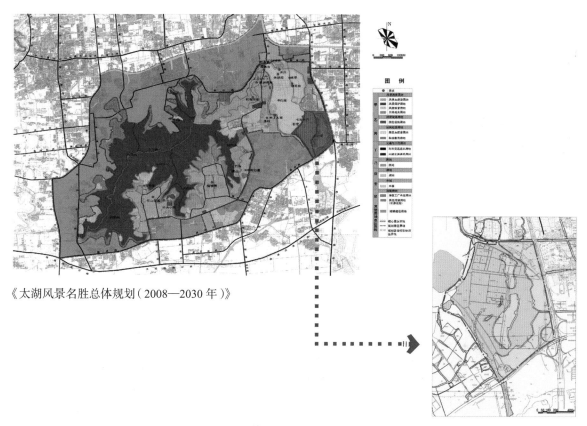

《太湖风景名胜总体规划(2008—2030 年)》

图 2.83 苏州南石湖环境区位示意图

对于风景环境而言,景观规划与设计的理想状态是尊重原有场地环境,对生态环境进行修复的同时满足设计需求。南石湖隶属于整个大的石湖风景区,但由于地理位置的特殊性,其位于整个风景区与城市的交界面,周边环境较复杂:场地北侧为建设中的新农村,东侧为城市高架路,这些都导致了其与城市空间和城市生活紧密相接,因此整个区域不可避免地具有城市公园的属性(图 2.84)。根据这一景观特征定位采用数字化叠图法对场地生态敏感性进行评价(图 2.85)。

基地原有自然环境简单,且大多为人工干预后所形成的。作为太湖的一个内湾,其水域基本由退田还湖而来,水底基质与水质情况相对匀质。水面由范公堤分为两部分,西侧与整个石湖风景区为一堤之隔,东南侧有涵洞与友新路东侧河流连通,且有取土坑位于其南侧,因此水深略有变化。基地内土壤基本为原有耕土,人工植被主要以栽培作物为主,水生植被生长良好。

对基地内的自然因素进行分级,分值的高低与场地资源条件的优劣相对应,即分值越低,自然条件越差,越不适宜进行人工修复;分值越高,则资源条件良好,应尽量减少对其的干扰,以保护为主(表 2.15)。

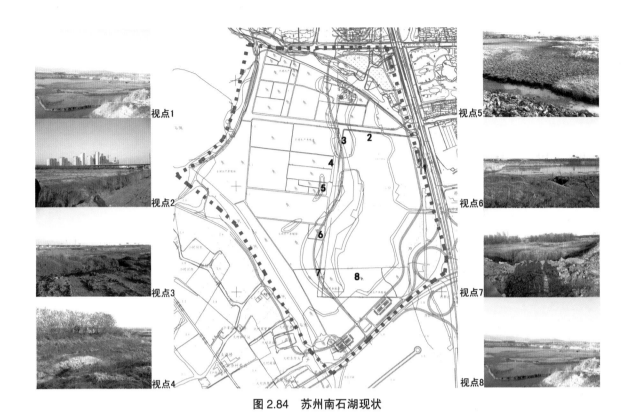

视点1
视点2
视点3
视点4
视点5
视点6
视点7
视点8
1
2
3
4
5
6
7
8

图 2.84　苏州南石湖现状

环山路
上方山
石湖风景区
南石湖
自然
缓冲带
城市

图 2.85　苏州南石湖与周边环境的梯度关系

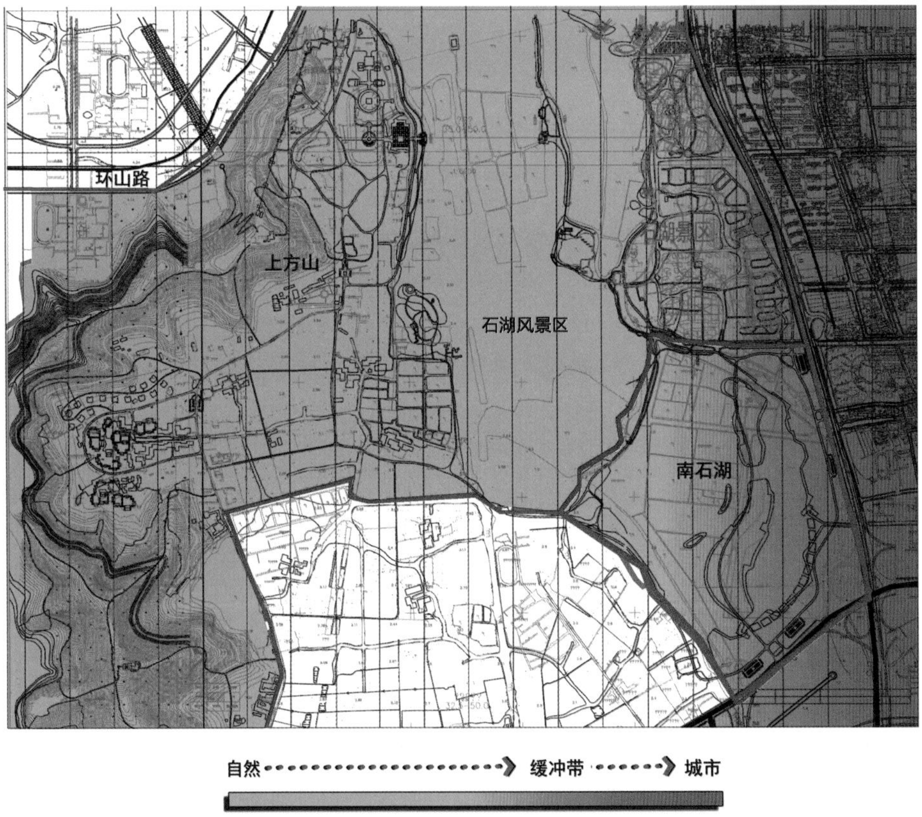

表 2.15　因子分值标准与图面分区表

一级因子	二级因子	分值 / 分	分值标准	图面颜色分区	适宜性分区
水文	水深	1—3	水浅—水深	浅—深	建设—修复—保护
	水质		较差—良好		
土壤	—	1—3	较差—良好		
植被	—	1—3	较差—良好		

　　根据现有基地资料结合踏勘的调研结果，采用数字化叠图法对二级因子进行因子分值的图面表达。水文因子较土壤与植被相对复杂，将其分为水深与水质两个低级因子进行图面表达与赋值（图 2.86）。

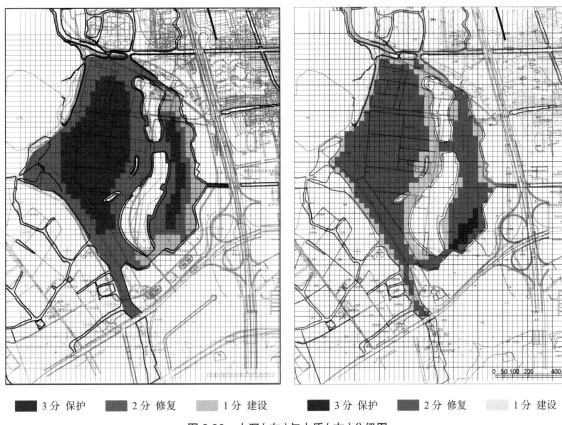

■ 3分 保护　　■ 2分 修复　　▨ 1分 建设　　　　■ 3分 保护　　■ 2分 修复　　▨ 1分 建设

图 2.86　水深（左）与水质（右）分级图

　　水深与水质均分为三个等级，水越深，水质越良好，区域生态系统越稳定，颜色相应越深，分值越高，适宜保护；水越浅，水质越差，生态条件越差，颜色越浅，分值越低，适宜建设。将二者进行无权重叠合（图 2.87），并根据因子适宜度指数公式计算水文因子分值（表 2.16）。

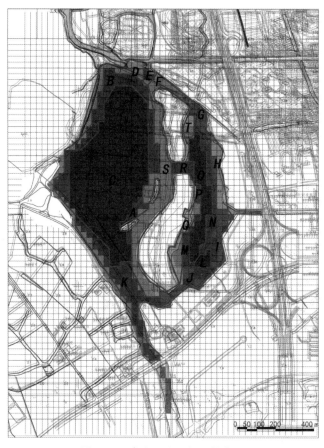

图 2.87　水文因子无权重叠合图

注：A 至 T 为地块编号。

表 2.16　水文因子适宜度指数计算表

项目	水质	水深	合计	水文因子适宜度指数（分值）
权重	0.7	0.3	1.0	—
地块 A	2.0	2.0	2.0	2
地块 B	2.0	2.0	2.0	2
地块 C	3.0	3.0	3.0	3
地块 D	2.0	1.0	1.7	2
地块 E	2.0	2.0	2.0	2
地块 F	2.0	1.0	1.7	2
地块 G	1.0	2.0	1.3	1
地块 H	1.0	1.0	1.0	1
地块 I	1.0	2.0	1.3	1
地块 J	1.0	2.0	1.3	1

项目	水质	水深	合计	水文因子适宜度指数（分值）
地块 K	2.0	2.0	2.0	2
地块 L	2.0	3.0	2.3	2
地块 M	2.0	2.0	2.0	2
地块 N	2.0	2.0	2.0	2
地块 O	3.0	2.0	2.7	3
地块 P	2.0	2.0	2.0	2
地块 Q	2.0	1.0	1.7	2
地块 R	2.0	2.0	2.0	2
地块 S	2.0	1.0	1.7	2
地块 T	2.0	1.0	1.7	2

对计算后的数值分级，平均分为三个等级与水文因子分值相对应：数值在 1.0 至 1.6 之间的区域水文因子分值为 1，数值在 1.7 至 2.3 之间的区域分值为 2，数值在 2.4 至 3.0 之间的区域分值为 3。在图面中划分分值相同的区域，形成水文分级图，如图 2.88 所示。图中颜色最深的区域，水文条件良好，分值最高；颜色最浅的区域，条件恶劣，分值最低。

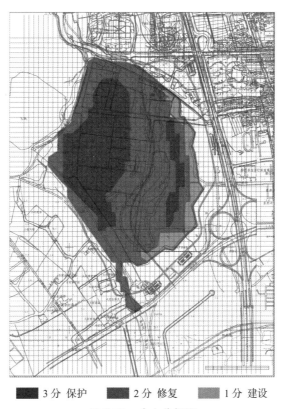

■ 3 分 保护　■ 2 分 修复　■ 1 分 建设

图 2.88　水文分级图

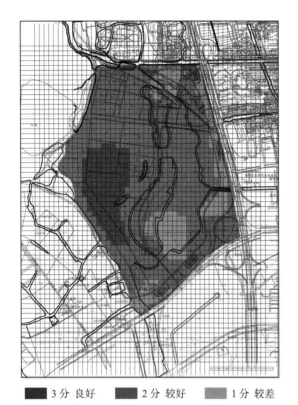

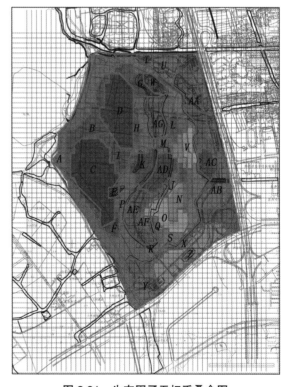

基地内的土壤条件较为匀质，东侧临高架路一带受粉尘等污染严重，条件较差，西侧与石湖交接，水底基质良好。将土壤条件反映在图面中，即颜色越深，条件越良好，分值越高；颜色越浅则相反（图2.89）。

基地内的水生植物条件良好，主要以芦苇、蒲苇为主，尤其是西侧临石堤一带，具有典型的耕作湿地特征。基地东侧植被一般，东南角由于挖方取土和匝道的存在，严重地破坏了生态环境。具体情况如图2.90所示，颜色由深到浅对应植被条件从良好到恶劣，分值由高到低。

从因子分级图中可以发现，范公堤西侧与石湖风景区相交接部分的水文、土壤（水底基质）以及植被条件均良好；东侧沿路则相对较差；基地东南角环境较为复杂。将三类因素进行无权重叠合，计算适宜度指数（图2.91）。

地块 A—S，三种因子均参与评价（表2.17）。

■ 3分 良好　■ 2分 较好　■ 1分 较差

图2.89　土壤分级图

■ 3分 良好　■ 2分 较好　■ 1分 较差

图2.90　植被分级图

图2.91　生态因子无权重叠合图

注：图中字母为地块编号。

表 2.17 生态敏感性计算表

类别	水文	土壤	植被	合计	生态敏感性
权重	0.5	0.2	0.3	1.0	—
地块 A	2.0	2.0	2.0	2.0	修复
地块 B	3.0	2.0	2.0	2.5	保护
地块 C	3.0	3.0	3.0	3.0	保护
地块 D	3.0	2.0	3.0	2.8	保护
地块 E	2.0	2.0	3.0	2.3	修复
地块 F	2.0	2.0	3.0	2.3	修复
地块 G	2.0	2.0	3.0	2.3	修复
地块 H	2.0	2.0	3.0	2.3	修复
地块 I	3.0	3.0	2.0	2.7	保护
地块 J	2.0	2.0	2.0	2.0	修复
地块 K	2.0	2.0	3.0	2.3	修复
地块 L	3.0	2.0	2.0	2.5	保护
地块 M	3.0	2.0	2.0	2.5	保护
地块 N	3.0	2.0	1.0	2.2	修复
地块 O	2.0	1.0	1.0	1.5	建设
地块 P	2.0	2.0	2.0	2.0	修复
地块 Q	2.0	1.0	2.0	1.8	修复
地块 R	1.0	2.0	2.0	1.5	建设
地块 S	1.0	1.0	2.0	1.3	建设

地块 $T—AC$ 中无水文因子,因此不参与评价,土壤与植被因素影响生态环境(表 2.18)。

表 2.18 建设适宜性计算表

项目	植被	土壤	合计	建设适宜性
权重	0.4	0.6	1.0	—
地块 AB	2.0	2.0	2.0	非适宜建设区域
地块 AC	3.0	3.0	3.0	非适宜建设区域
地块 AD	3.0	3.0	3.0	非适宜建设区域
地块 AE	1.0	2.0	1.6	适宜建设区域
地块 AF	3.0	3.0	3.0	非适宜建设区域
地块 AG	1.0	1.0	1.0	适宜建设区域
地块 AH	3.0	1.0	1.8	非适宜建设区域
地块 AI	3.0	2.0	2.4	非适宜建设区域
地块 AJ	3.0	1.0	1.8	非适宜建设区域
地块 AK	1.0	1.0	1.0	适宜建设区域
地块 AL	2.0	2.0	2.0	非适宜建设区域

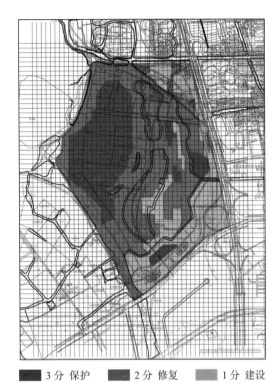

3分 保护	2分 修复	1分 建设

图 2.92　生态适宜性分区图

对计算后的数值分级,数值在 1.0 至 1.6 之间的,总体生态环境恶劣,可进行人工构筑物的建设;数值在 1.7 至 2.3 之间的生态环境较为一般,应以生态修复为主;数值在 2.4 至 3.0 之间的生态环境良好,应减少人工干预,保护现有生态环境。在图面中将分值不同的区域用色调加以区分,颜色最深处,分值最高,为保护区域;颜色最浅处,分值最低,为适宜建设区域(图 2.92)。

景观环境规划与设计要遵循生态优先原则,生态敏感性评价通过对生态因子的综合考量,明确场地中生态条件最为良好的区域,对其进行保护,在一定程度上维持生态系统的自我更新与代谢过程。生态敏感性评价是场地开发建设的前提,通过评价划定适宜建设区域,从而限定了开发建设的范围,控制了人为干扰对环境的影响。

2.4.2　项目建设适宜性评价

建设适宜性评价以生态敏感性评价为基础的再评价的过程,主要目的是依据建设功能需求,对"适宜建设区域"进行选择与协调,如明确不同用地类型在场地中的定位与规模,以及开发强度、道路选线选址等评价。

依据项目整体定位,综合既往设计和使用经验,可以对场地中拟建项目类型进行预测,如城市公园这类项目中通常需要一定规模的餐饮设施,住区景观环境中应有儿童活动的专门场地,而大型风景区项目中需要有配套的住宿用地等。项目建设适宜性评价是根据不同的拟建项目对环境的要求而做出针对性的评价,明确不同用地类型与场地环境的适宜程度,划定用地范围、建设规模等。项目建设适宜性评价可分为三个等级:适宜、较适宜以及不适宜。评价内容包括场地内部环境和外部条件两个方面。

场地内部环境:项目建设适宜性评价范围为生态适宜性分区中的"适宜建设区域",分析内容主要包括场地的竖向变化、坡度坡向以及土地使用情况等方面,这些因素限定了建设的难易程度,同时与不同类型项目对应程度的相异也会影响到项目建设适宜性评价。

场地外部条件:主要包括外部道路交通情况、人流和车流、噪声以及其他特殊的干扰,如污染、高压走廊等因素。

苏州南石湖风景区作为整个石湖风景区与城市之间的缓冲带,与城市和景区的关系都十分密切,周边道路干扰和原有空间格局对场地影响较大,建设不利因素多。一方面,作为石湖的配套服务设施,场地应满足住宿、娱乐、餐饮以及休闲等使用要求,因此大规模的开发、大尺度的人工构筑物的建设是不可避免的;另一方面,南石湖风景区积淀了丰富的人文景观,在现有景区规划中以风景环境游憩为主,但缺少相应的文化展示场所,场地良好的自然条件与人文景观没有得到很好的体现,因此南石湖片区应在优化环境、满足服务设施配套的同时,营建一定规模的文化展陈与交流空间以突出文化景观的内涵。

以生态敏感性评价为前提,针对文化展陈空间这一拟建项目进行项目建设适宜性评价。如图 2.93 所示,图中红线范围为生态适宜性评价中所划定的适宜建设区域,以此为评价用地。

风景环境中的展陈建筑都很好地与景观环境结合在一起,这一类建筑基本的功能是满足人们休闲观赏的需求,同时也是各种专门文化载体的展示场所。景观环境中这类用地的主要特点是结合自然与人工环境,注重对景观环境的影响和自身作为景观对象的塑造。其对环境通常有以下要求:

① 相对便利的交通:展陈建筑需要考虑一定的游客流量,包括人流的疏散、相应的停车等问题。

② 较少的城市干扰:景观环境是该类展陈建筑的背景,应具有安全、宁静的自然环境。

③ 良好的视域范围:景区中的展陈建筑一般规模不大,通常会考虑室外展示以及在外部环境中满足游客休憩、餐饮等需求,因此周边应具有开阔的视野,同时应尽可能地"借"景区中或外部环境中的特色景观节点形成视轴线,扩大游览者的视域范围,满足审美需求。同时,其本身也作为景观对象,在选址过程中应考虑到周边环境对其观赏的视线要求。

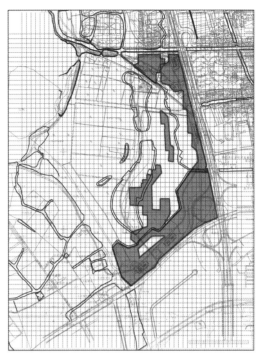

图 2.93　适宜建设区域范围图

南石湖风景区中的文化展陈类建筑围绕人文背景展开,是游客参观以及艺术家寄情山水进行文化创作、展示与交流的场所。根据这一用地类型对场地的要求,从交通、竖向、高架路干扰以及视域范围四个方面进行分析,以求明确其最佳选址位置和规模体量(表 2.19)。

表 2.19　因子分值标准与图面颜色分区表

一级因子	分值 / 分	分值标准	图面颜色分区	适宜性分区
交通	1—3	不便利—便利	浅—深	建设—修复—保护
竖向	1—3	高差较大—地势平坦		
高架路干扰	1—3	干扰较大—不受干扰		
视域	1—3	郁塞—通畅		

① 原有交通流线分析

基地东临友新路高架路,东南侧为吴中大道,交通便利。景区西侧与北石湖风景区接壤,原有两条小路穿越基地,与城市道路相交接。在基地外围形成了有序、便捷的交通体系(图 2.94)。

将适宜建设区域中的交通情况分为三个等级:交通便利、较便利、不便利。根据现场探勘,形成道路因子分级图(图 2.95)。图中颜色越深处交通条件越好,颜色越浅则相反。文化展陈建筑要求有相对便利的交通来满足游客游览、展品更换的需求,据此对其赋值,最便利处为 3 分,即适宜该类项目的建设,其次为 2 分,最不便利区域为 1 分,即不适宜建设。

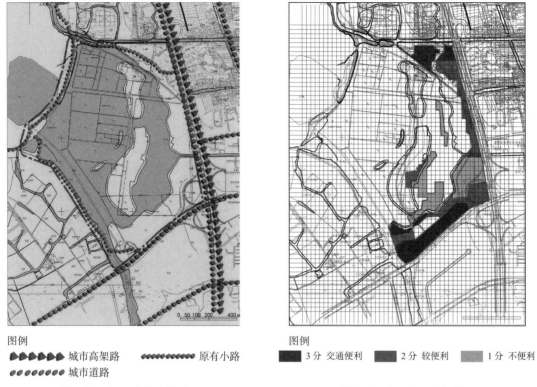

图例

🐾🐾🐾🐾 城市高架路　　⚫⚫⚫⚫⚫ 原有小路

⚫⚫⚫⚫⚫ 城市道路

图 2.94　原有道路分析图

图例

■ 3分 交通便利　　■ 2分 较便利　　▨ 1分 不便利

图 2.95　道路因子分级图

② 竖向分析

基地高差变化较小，大部分区域地势平坦。东侧临友新路高架高差大，由东向西逐渐降低。东南角有取土坑，局部地形变化大（图 2.96）。

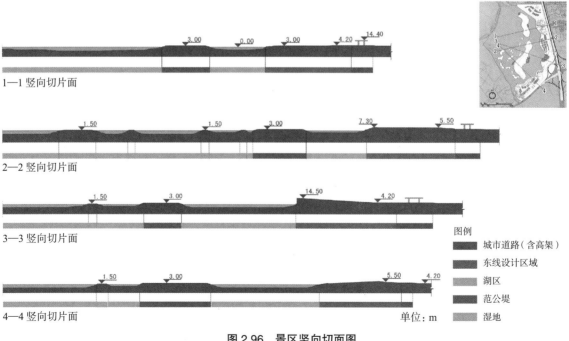

1—1 竖向切片面

2—2 竖向切片面

3—3 竖向切片面

图例

■ 城市道路（含高架）
■ 东线设计区域
■ 湖区
■ 范公堤
■ 湿地

4—4 竖向切片面　　　　　　　　　　　　　　单位：m

图 2.96　景区竖向切面图

适宜建设区域中的竖向条件分为三个等级：高差较大、略有高差、地势平坦。在图面中加以表示并赋值：高差越大的区域越不利于构筑物的营建，分值越低，颜色越浅；地形变化少、地势平坦的区域，适宜建设，分值高，颜色深（图2.97）。

③ 高架路干扰分析

场地东侧的高架路严重干扰了景区环境，道路与场地之间的高差较大，噪声、车流，加之缺少相应的绿化，都对南石湖风景区，乃至整个石湖风景区造成很大的影响。展陈建筑需要相对安静、干扰较少、空间良好的场地环境，以满足人们观赏、创作的需求。图中颜色越深的区域分值越高，相对远离高架路，所受干扰较小，适宜展陈建筑的营建；与之相反，颜色越浅，分值越低，离道路越近，噪声干扰大、粉尘污染严重，条件恶劣，不适宜建设（图2.98）。

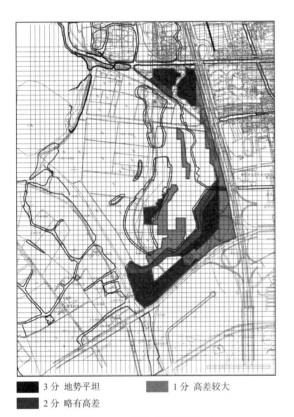

■ 3分 地势平坦　　　　■ 1分 高差较大
■ 2分 略有高差

图2.97　竖向因子分级图

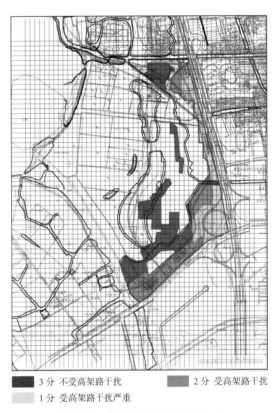

■ 3分 不受高架路干扰　　　　■ 2分 受高架路干扰
■ 1分 受高架路干扰严重

图2.98　高架路干扰因子分级图

④ 景观视域范围分析

南石湖风景区与西侧石湖风景区一堤之隔，景观资源丰富，因此，场地内的展陈建筑一方面要求能够有较为良好的视野，以满足人们在室外游憩与观赏的需求；另一方面应尽可能利用视域范围内的石湖风景区的景观节点，如石堤、楞伽寺等，形成多层次的视域界面。同时，作为石湖风景区的一部分，其也是景观对象，应满足周边"观景"的视线需要。

场地中南侧水面狭长，与范公堤和友新路沿岸形成"一水二带"的空间格局。由于城市高架路紧邻用地并且高差较大，因此沿友新路一侧用地视线范围受到限制，而范公堤两侧临水，景观视域良好（图2.99）。

范公堤与西侧上方山景区的楞伽寺和吴越春秋两个大型景点产生空间视轴线，视觉焦点处景观视域良好。根据以上调研，形成场地视域范围因子分级图（图2.100），颜色最深处，视野开阔，视域良好，因此最符合展陈建筑对视线的要求，分值最高；相反，颜色最浅处，不适宜该类用地选址，分值最低。

将交通、竖向、高架路干扰以及视域范围四类因素无权重叠合（图 2.101），并根据风景环境中展陈建筑的要求，采用专家法确定各因素权重，再进行适宜度计算，如表 2.20 所示。

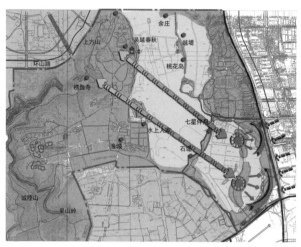

图 2.99　景区视轴分析图

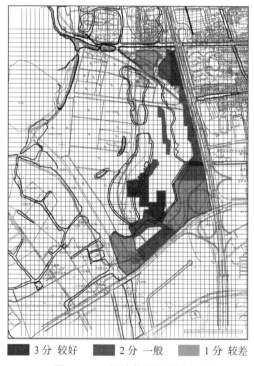

■ 3分 较好　■ 2分 一般　■ 1分 较差

图 2.100　视域范围因子分级图

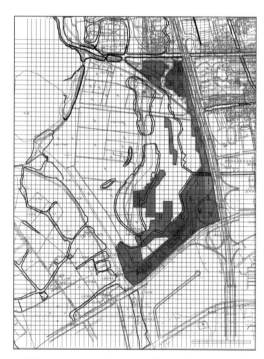

图 2.101　项目建设适宜性因子无权重叠合图
注：图中字母均为地块编号。

表 2.20　项目建设适宜度指数计算表

类别	交通	竖向	高架路干扰	视域	合计	项目建设适宜度
权重	0.15	0.10	0.30	0.45	1.00	—

类别	交通	竖向	高架路干扰	视域	合计	项目建设适宜度
地块 A	3.00	3.00	3.00	1.00	2.10	较适宜
地块 B	3.00	2.00	3.00	1.00	2.00	较适宜
地块 C	3.00	3.00	2.00	2.00	2.25	较适宜
地块 D	2.00	3.00	2.00	3.00	2.55	最佳选址
地块 E	3.00	3.00	1.00	2.00	1.95	较适宜
地块 F	2.00	3.00	1.00	3.00	2.25	较适宜
地块 G	2.00	1.00	1.00	2.00	1.60	不适宜
地块 H	1.00	1.00	3.00	2.00	2.05	较适宜
地块 I	1.00	1.00	1.00	2.00	1.45	不适宜
地块 J	1.00	2.00	2.00	2.00	1.85	较适宜
地块 K	1.00	1.00	1.00	3.00	1.90	较适宜
地块 L	1.00	3.00	1.00	3.00	2.10	较适宜
地块 M	2.00	3.00	1.00	3.00	2.25	较适宜
地块 N	2.00	1.00	1.00	3.00	2.05	较适宜
地块 O	3.00	1.00	1.00	1.00	1.30	不适宜
地块 P	3.00	2.00	2.00	1.00	1.70	较适宜
地块 Q	2.00	2.00	2.00	1.00	1.55	不适宜
地块 R	1.00	1.00	3.00	3.00	2.50	最佳选址
地块 S	2.00	3.00	3.00	3.00	2.85	最佳选址
地块 T	1.00	1.00	3.00	2.00	2.05	较适宜
地块 U	3.00	3.00	2.00	2.00	2.25	较适宜
地块 V	2.00	3.00	3.00	1.00	1.95	较适宜
地块 W	3.00	3.00	2.00	1.00	1.80	较适宜
地块 X	1.00	3.00	1.00	1.00	1.20	不适宜
地块 Y	1.00	1.00	3.00	2.00	2.05	较适宜

　　将计算结果进行整理分级,数值在 1.0 至 1.6 之间的区域,不能满足该类建筑对场地的要求,因此不适宜选址与建设;分值在 1.7 至 2.3 之间的区域较适宜;分值在 2.4 至 3.0 之间的区域为最佳选址地点。从表 2.20 中可以看出,S 地块的分值最高,与其他地块相比,最能满足该用地类型对环境的要求,最适宜展陈建筑的选址与建设。将项目建设适宜度分级在图面中反映,如图 2.102 所示。

　　图面网格为 30 m×30 m,可确定 S 地块面积约为 9 000 m²。2009 年,成玉宁提出,根据既往经验,展陈建筑需要具有一定规模的室外空间,包括人流集散广场、停车场、室外绿化广场、室外展场、后场等,同时风景环境中的展陈建筑对环境绿化的要求较高,因此特定地块内展陈建筑容积率适宜控制在 0.6 以内,建筑密度不应大于 40%。由此可以推算,S 地块中的展陈建筑总建筑面积应该控制在 6 000 m² 以内,建筑高度以 2—3 层为适宜。

　　通过以上分析可以明确南石湖风景区中拟建展陈建筑的选址与建设规模。采用这一方法,

3 级
2 级
1 级

图 2.102　项目建设适宜性分区图

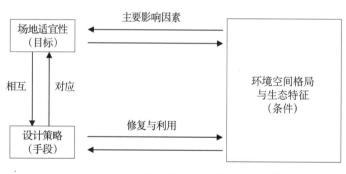

图 2.103　场地适宜性与设计策略的对应性

同样可以对其他用地类型进行项目建设适宜性的评价与分析。根据拟建项目设计要求，比较场地中不同地块的条件，从而确定符合项目要求的区域，即最佳选址位置。

2.4.3　设计策略的生成

用地适宜性的评价与设计策略的制定是在同一区域范围内交互进行的，调查与评价的根本目的在于建立特定的场地与特定设计要求之间的耦合，设计策略是处理两者之间相互关系的手段与方法。总体来说，不同尺度、不同空间格局的环境单元构成了多层次的空间系统，场地的利用目标和所采取的设计手段与环境的空间格局和生态特征密切相关，无论是保护还是恢复与改造，抑或是开发建设，最终都是通过对场地条件的分析与研究，实现原有环境资源的重组与优化。科学地评价场地条件是实现"适宜性设计的前提"（图 2.103）。

由于设计场地中存在着大量的生命体，因此设计策略除了需要有好的理念和创意之外，还受到时间和生命的限制。分析策略的手段具有规律性，但是策略本身没有规律，所以设计方法也是千差万别的。设计策略要考虑的是周边环境对场地的影响，如外部交通对场地流线的

控制与干扰，环境出入口的选择以及场地的开敞度等。而对于场地内部环境，各影响因素相对宽松，可对其空间形态与空间格局进行适当调整。同时生态环境的保育、空间系统的修补以及功能性空间的建设都是设计策略所要针对的问题。由此可以看出，对于不同的场地环境、不同的建设项目有着不同的限制因素来制约其开发与利用方式。这就要求在对场地适宜性进行分析的同时选取相应的设计策略。根据对生态环境、空间形态以及历史人文背景的综合评价，所采取的设计策略也往往是多方向与多目标的，主要由以下四个层面构成：用地生态格局的优化、空间形态的重组、人文景观的保护与利用模式以及场所的定位。

1）用地生态格局的优化

用地生态格局的优化主要指在适宜性分析的基础上对场地生态环境与规划布局进行协调，优化生态结构的同时使建设行为更趋合理。

由于自然因素占主导地位,因此景观环境是一个动态的、发展的外部空间。在以自然环境为主体的前提下,强调景观的可变性,把握人对自然干预的动态关系,在满足功能需求的情况下,更多地为自然环境发展、演替留有空间是首要策略。无论是自然环境还是建成环境,对生态条件进行评价与分级都是科学设计的基本前提。依据场地适宜性评价结果与设计要求,以生态安全格局为基础,确定不同景观用地的空间范围与区域,按照条件优劣依次分为核心区、缓冲区、协调区、改善区等。依照分区的不同采取相应的布局与操作方法,如对核心区着力于保护,控制其开发强度,尽量避免增加人工构筑物;在缓冲区与协调区中增加廊道,从而提高斑块间的连通性;在改善区域内开发建设的同时,建立缓冲带,如绿化的栽植以及水面的应用,从而保护核心区不受干扰。

以苏州南石湖风景区为例,依据前期对场地的分析形成生态环境圈层图(图2.104)。从图中可以看到,由西向东,从自然环境过渡到城市人工环境,生态条件呈梯度递减。对该梯度的综合分析有助于确定建设强度与范围。

基于生态格局与周边环境的分析提出"隔离与融合"设计策略(图2.105)。场地东部沿友新路城市高架一侧,噪声、车流等对景区影响大,同时道路与场地之间存在较大高差,属干扰类因素,设计中采取"隔离"的方式将外部环境对南石湖风景区,乃至整个石湖风景区的影响降至最低。场地西侧与石湖风景区接壤,可充分利用现有景观资源,采取"融合"的手法,充分融合周边绿化、水体、人文景观。

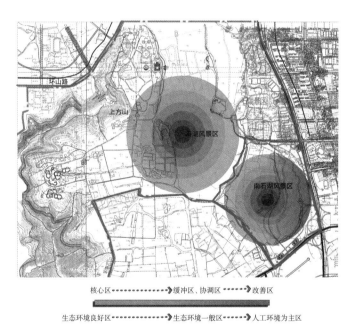

核心区 •••••••••➤ 缓冲区、协调区 •••••• ➤ 改善区

生态环境良好区 •••••••➤ 生态环境一般区 ••••• ➤ 人工环境为主区

图2.104 南石湖生态环境圈层图

图例

■ 城市高架路干扰带   ～ "融合"   ～ "隔离"

图2.105 "隔离与融合"设计策略

设计针对友新路城市高架的干扰采取"隔离"的方式(图2.106),主要分为两个方面:东侧紧邻道路影响因素最大,设计利用场地高差采用建筑与植被密植的方式对外部环境进行"阻挡",降低噪声、车流以及视线等不利因素的影响;在中部范公堤一带所受干扰较小,采取微地形加之植被的合理配置,使高架路对石湖风景区的影响降至最低。

作为石湖风景区与城市之间的缓冲带,在隔离道路干扰的同时,将周边绿化环境资源互借互用,把自然风景引入城市中来。同时以多层次的人工构筑物作为东侧界面,为景区创造围合而又贯通的空间形态(图2.107)。

2 景观环境调查与评价 | **153**

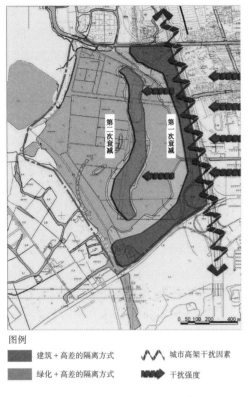

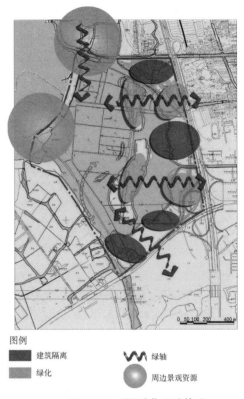

图例

█ 建筑＋高差的隔离方式　　∿∿ 城市高架干扰因素

█ 绿化＋高差的隔离方式　　⟫⟫⟫ 干扰强度

图 2.106　"融合"设计策略

图例

█ 建筑隔离　　　　∿∿ 绿轴

█ 绿化　　　　　　● 周边景观资源

图 2.107　"隔离"设计策略

2）空间形态的重组

用地的结构与形态左右着场地的基本形式，林奇认为，一个地方的空间结构会对人们形成对

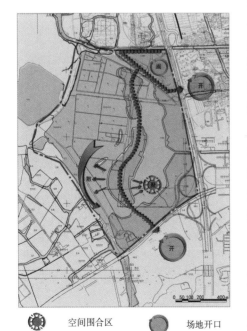

█ 空间围合区　　　● 场地开口

⌒ 空间开敞区　　　▬▬▬ 流线走向

图 2.108　空间界面与流线图

该场地记忆的心理产生影响，对场地原有空间形态的利用与改造是景观规划设计最根本的行为，也会给使用者带来最直观的印象。对其采取的策略通常分为三个方面：①整理场地与外部环境的关系，对交通流线、开敞界面进行处理，如整理原有道路流线，明确场地出入口的具体位置，着力处理与外部环境接壤区域，以期形成良好的对外景观风貌；②就人工构筑物本体而言，对其体量进行控制，如考虑建筑高度与周边环境的关系、建筑形体与场地空间的接驳等；③对场地中景观视点与空间视线进行设计，对视觉轴线、视觉焦点加以控制，保证景观节点有良好的视觉通达性，使观赏者能够通过视觉感知场所中的空间。

（1）苏州南石湖场地流线与空间界面的处理方式

场地原有道路流线封闭，且空间形态过于均质，在对外围道路与内部环境进行分析后，明确场地交通体系，在优先建设区域开口，在考虑建设的同时满足人流、车流疏散问题。同时通过堤岸形态走势分析，在适度建设区域形成良好的景观界面，满足使用者对环境的需求（图 2.108）。

（2）建筑体量控制

　　场地东侧的自然条件较差，以间断的建筑形成围合界面隔离城市交通干扰，控制建筑单体之间的开口位置，降低临街建筑高度，将南石湖乃至整个石湖风景区的景观环境有选择地渗透到城市中来，满足城市对自然界面的要求。高架的干扰以及道路与场地之间的高差也是环境中所面临的不利因素，由此产生对于建筑体量消减和高度控制的设计策略。图 2.109 为建筑体量控制图，图 2.110 为建筑高度控制图。

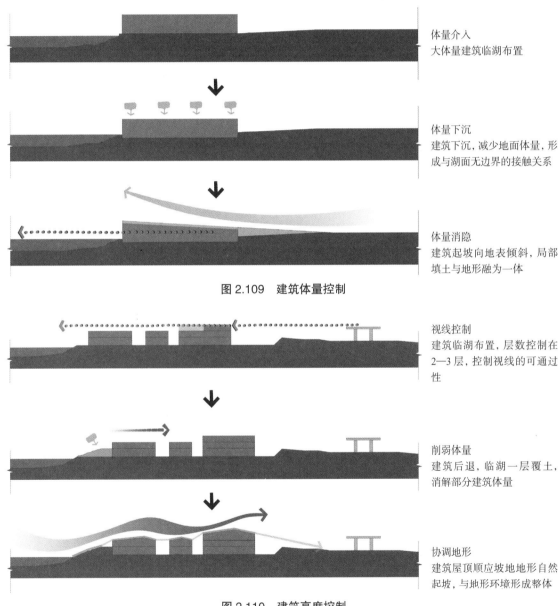

图 2.109　建筑体量控制

图 2.110　建筑高度控制

（3）视点与空间视线设计

　　绘制场地不同区域整体视域范围图（图 2.111），反映身处景区的观赏者通过视觉所感受到的景观空间。选取适宜建设区域的不同位置，取垂直视角 18°、水平视角 36° 绘制最佳视角范围分析图（图 2.112），明确各区域的良好与不良视域范围。

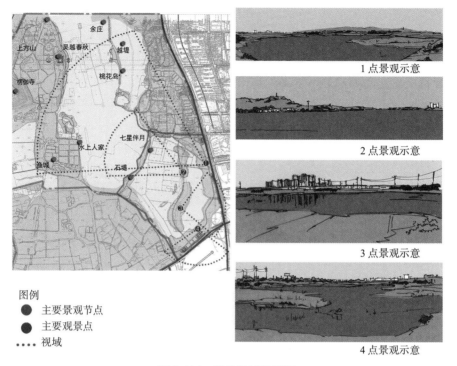

图例
● 主要景观节点
● 主要观景点
···· 视域

1 点景观示意

2 点景观示意

3 点景观示意

4 点景观示意

图 2.111　整体视域范围图

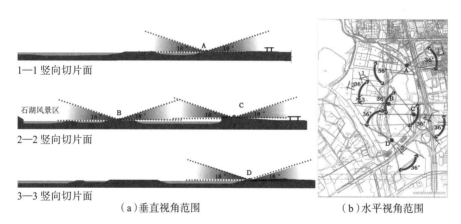

1—1 竖向切片面

石湖风景区

2—2 竖向切片面

3—3 竖向切片面

（a）垂直视角范围　　　　　（b）水平视角范围

图 2.112　最佳观察视角范围分析图

3）人文景观的保护与利用模式

与其他因素不同，场地中的人文属性在区域中没有明确的限定，国家与各省市各级文物保护单位作为文化景观通常存在于少数场地环境中，有相应的法规来限定其保护范围与建设控制地带，并且规划中的紫线划定了其空间范围，因此，对其设计策略通常依照相应规范予以保护或修缮。存在于大量景观环境中的是那些没有定性的历史遗存与非物质文化，没有明确的区域限定，但通常反映了不同历史时期特殊的人文意义，体现着场所环境中人类活动与生产生活过程，延续了地域特征与风俗习性。因此，对文化景观的设计策略主要针对非文物保护单位的遗址与人文活动，以求对场所有特殊意义的人文景观加以展示与利用。

在充分考虑现状条件与可操作性的同时制定相应的设计策略：保护、重组和更新（表 2.21）。

表 2.21　文化景观资源分类表

E 建筑与设施	EA 人文景观综合体	EAA 社会与商贸活动场所；EAB 军事遗址与古战场；EAC 教学科研实验场所；EAD 建设工程与生产地；EAE 文化活动场所；EAF 康体游乐休闲度假地；EAG 宗教与祭祀活动场所；EAH 交通运输场站；EAI 纪念地与纪念活动场所
	EB 实用建筑与核心设施	EBA 特色街区；EBB 特色屋舍；EBC 独立厅、室、馆；EBD 独立场所；EBE 桥梁；EBF 渠道、运河段落；EBG 堤坝段落；EBH 港口、渡口与码头；EBI 洞窟
H 人文活动	HA 人事活动记录	HAA 地方人物；HAB 地方事件
	HB 岁时节令	HBA 宗教活动与庙会

（1）保护

对于文物点、非历史文化遗产、具有一定历史价值的遗存，维护其原状，以求如实反映历史信息，可对个别构件进行修缮，维持其完整性。

德国柏林著名的"蛀牙"教堂，即威廉大帝纪念教堂（Kaiser Wilhelm Gedachtniskirche）。这座塔顶已倾毁、墙面斑驳的建筑矗立于周边现代化的环境中十分引人注目。这座建造于 1891—1895 年的新罗马风格大教堂，原是为表彰"第二帝国"创立者、普鲁士王威廉一世所建；第二次世界大战时，作为纳粹德国指挥中枢的柏林曾遭联军大肆空袭，包括此教堂在内的诸多大建筑均难逃炮火侵袭，但是战后其他建筑均一一复原，只有此教堂保留被破坏的模样，以提醒德国人战争所带来的灾难。同时，对其的维护原则也值得一提：对建筑遗存不修缮、不恢复，任其发展。这一措施维护了场地的原真性，无须进行附加或颠覆性的改变，一个多世纪以来人类对其的使用是最好的设计。其特殊的建筑形式与材料肌理都反映了教堂的历史与时代的背景，使其不仅作为城市中肌理独特的地标性景观节点，同时也容纳并继续积累着时代的烙印。图 2.113 为蛀牙教堂原状与现状对比图。

（a）原貌　　　　　　　　　　（b）1945 年被毁后　　　　　　　　（c）现状——历史遗存的保护

图 2.113　蛀牙教堂原状与现状对比

（2）重组

对文物点保护范围附近环境质量较好、景观风貌一般的区域维持现状；将场地环境中具有典型性地域特征、能够反映时代信息的标识物、标志性人工构筑物重组到新的景观环境中。

　　上海徐家汇公园，原初场地内有大中华橡胶厂、中国唱片厂等历史遗存。其中大中华橡胶厂是中国早期最大的橡胶工业企业，是最早制造轮胎和出口轮胎的工厂，是近代民族工业的缩影。长期以来，橡胶厂污染物造成了徐家汇地区的环境恶化，在现代上海人记忆里，大中华橡胶厂是"'三废'企业"的代名词。因此，大中华橡胶厂作为工业遗存具有典型性与特异性。设计师保留了原来在人们心目中深恶痛绝而又具有橡胶厂典型特征的烟囱，变废为宝，将其作为徐家汇公园的起点标识物，形成了具有特殊历史意义的入口空间，实现了园林景观与地域历史文脉的对话（图2.114）。

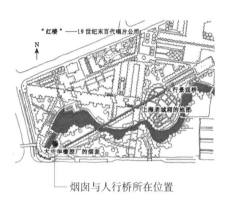

图2.114　上海徐家汇公园大中华橡胶厂现状

　　（3）更新

　　维持原有空间形态与场地肌理，对反映场地历史文脉、具有典型性地域特征、能为现代审美所接受的环境因素进行改造与利用。对景观环境中延续至今，能够反映场地环境中人类生产生活，并具有一定影响力的民俗礼仪、宗教活动等加以提炼，形成场地中独具特色的空间环境。

　　江苏省盐城市大丰区二卯酉河景观设计中对场地与周边城市环境的历史背景进行了解读与提炼，在此基础上整合当今的用地形态与空间构成，两个层面共同构成景观的生成决定因素。二卯酉河作为一条人工开挖形成的河道，其历史不过百余年，但对于仅有50年建城历史的盐城市大丰区而言，它却又是城市发展历史的见证，二卯酉河与其他人工河道不仅仅在历史上发挥过重要作用，也影响着现在乃至未来大丰的城市发展，业已成为该城市景观特征的重要组成部分（图2.115）。保护好城市既有的纵横正交水网景观特色，使之融入新城市空间，并且成为城市景观体系的基本框架，对于大丰城市景观形态构成具有重要意义。

　　4）场所的定位

　　场所的定位是综合了场地客观条件与外部环境资源，针对使用功能、选址布局、游憩类型等方面要求生成的设计策略。场所的定位要对场地内外资源综合考虑，针对场地本身以不超越现有环境承载力为基础，对游憩项目进行限定；同时，综合考虑周边大区域的现状与发展态势，实现对场地功能的预测与布局定位。场所定位主要包括三个方面内容：场地功能与游憩方式的预测、人工设施的选址布局、构筑物的规模与体量的限定。

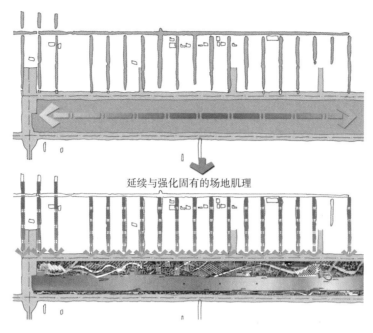

延续与强化固有的场地肌理

图 2.115　二卯酉河周边水系分析图

（1）场地功能与游憩方式的预测

场地功能的预测以不超越场地生态承载力为前提，对周边人群结构和用地类型加以综合考虑。景观设计追求以人为本，功能的定位必然要符合周边人群的使用要求，与人们的行为习惯相协调。如场地与居住区毗邻，即应适当考虑老人和儿童活动的区域，以满足该类人群健身和游憩的需求。

（2）人工设施的选址布局

选址布局一方面需要考虑场地周边道路和流线，另一方面要对使用者的行为模式加以预测。使用人群行为的规律性直接影响了景观环境中的功能分区。如城市公园中应将健身场设置在入口附近，由于公园健身场的使用者往往是行动不便的老人与儿童，入口处便利的交通有利于其更好地参与场地活动。外部环境和流线结合场地内景观节点的布局能够对场地内流线和开口方向加以限定。如根据周边交通可以明确场地出入口，沿景观节点分布设置场地内主干道与支路的走向。

（3）构筑物的规模与体量的限定

构筑物的规模与体量应控制在场地生态容量的范围之内，以不影响环境自我修复与更新为前提。一方面，针对已有的功能定位与既往设计经验，预估服务范围内使用人群的数量与使用频率，从而确定游憩空间、建筑空间以及道路面积；另一方面，根据整体项目定位，预估适宜建设用地容积率，同时建筑高度、风貌应与周边环境相协调。

设计策略是协调场地客观环境与使用功能之间相互关系的方法，是针对场地现有缺憾的优化措施。中国传统造园历来强调因地制宜、因景制宜，即结合环境特征采用合理的方式与手法来达到设计的目的。因此，立足于设计，审视调研与评价过程，在对场地科学认知的基础上，分析两者之间的接口，采取恰当的方式协调两者关系，从而实现设计与评价的有机结合。

3 可持续景观设计方法

中国的生态学思想启蒙于农业文明。因此中国古代便有了"地理环境决定论""天人合一""因地制宜"等自然观。西方的生态化设计源于麦克哈格的《设计结合自然》一书，该书运用当时的计算机技术发展了艾略特的"叠图法"，后来逐步发展为现代的 GIS 技术，而且已经成为景观规划设计行业最重要的分析手段。生态学思想促进风景园林学科的发展，将定性的描述转到定量的研究，使得学科特征与理论体系的构建日趋成熟。20 世纪与 21 世纪交接之际是景观生态主义快速发展的时期，也标志着东西方智慧大融合时代的到来。

景观生态学、生态美学、可持续景观等学术思想，不断影响甚至引导着景观设计学科的发展。

生态学来源于地理学，本质上是一种关系学，是描述人地关系与人地格局、研究生命与环境关系的学问。当代的生态学科呈现两级发展的趋势：一是形而上的方法论层面；二是具体的操作层面。两者的核心思想均是可持续发展，均要求充分利用环境，尽可能地降低对资源的消耗，让自然做功。景观生态学描述的是包含自然和人的空间格局，不涉及具体的景观环境。景观生态学用基质（未被人们干预的物质）、廊道（用来联系不同板块的比较长的线性空间）、斑块的概念来描述景观格局的复杂性和它的变化态势。

生态美学的概念不仅指形式美，而且强调尊重自然变化的规律，倡导一种理想且协调的状态。凡是投入少的、免维护的、符合自然规律的景观就是美的，正如"野草之美"，"野"强调植物地带性的特征之美。在当下资源消耗过度的时代，我们要尽力做到对于资源利用的精细化和可持续化。

位于美国纽约曼哈顿地区的泪珠公园（图 3.1）综合反映了生态学、生态美学以及可持续思想。该公园处于高层建筑的包围中，面积仅为 1.8 acre（1 acre ≈ 4 046.856 m²），是社区小公园。其整体设计以可持续发展为原则，以保护生态环境为目标，在材料选择和建设实施等方面采用了多种可持续的措施：景墙、公园其他所需石材均来自 500 mile（1 mile ≈ 1 609.344 m）以内的采石场；公园所需的全部灌溉用水均来自附近建筑内的中水与公园内地下储水管截留的暴雨径流；园内的混合土都针对性地做了精心调配，以达到园内植物最佳的生长条件；园中大部分植物是乡土

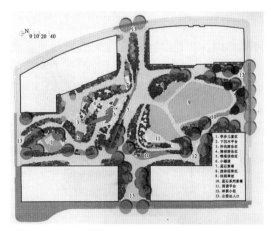

图 3.1a　泪珠公园平面图

图 3.1b　泪珠公园鸟瞰图

概念草图（Concept Sketch）

设计图（Working Drawing）

设施管理入口

饰面石材
压顶石

隧道

冰墙喷泉管道

施工中的采石场（Under Construction at Quarry）

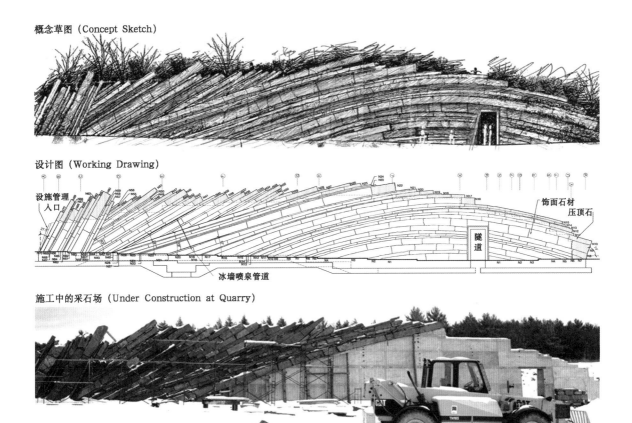

图 3.1c　泪珠公园景墙立面图

图 3.1d　泪珠公园实景图

植物，为候鸟提供了优越的生境；人造有机土壤与合理的养护制度，避免了杀虫剂、除草剂、杀真菌剂等的使用。

随着景观生态学、生态美学以及可持续景观的观念被引入景观规划设计中，景观设计不再是单纯地营造满足人的活动、建构赏心悦目的户外空间，而是侧重于协调人地关系以及维持人与环境的和谐相处。因此，景观规划设计的核心从最初的造景转变为对土地利用和景观生态系统的干预和调整。自然生态规律是现代景观设计的基本依据之一。从更深层的意义上说，现代景观设计是人类生态系统的设计,是一种基于自然生态系统自我更新能力的"再生设计",是一种最大限度地借助于自然再生能力的"最少设计",同时也是对于景观环境的"最优化设计"。可持续景观规划设计的重点在于对既有资源的永续化利用。可持续景观规划设计并不是意味着投入最小,而是要求追求合理的投入和产出效益的最大化,真正实现景观环境从"量"的积累转化为"质"的提升。

集约化的设计理念意在最大限度地发挥生态效益与环境效益,满足人们合理的物质与精神需求,最大限度地节约自然资源与各种能源,提高资源与能源利用率,以最合理的投入获得最适宜的综合效益。通过集约化设计理念,引导景观规划设计走向科学,避免过度设计。正如"全生命周期"概念所阐释的在生态、社会、经济等效益的总账范围内计算投入产出比。真正的生态系统必须具有自循环功能,而城市生态系统是伪生态系统,仅可作为能量的驿站,而且其中物质的输入、输出有赖于外部环境。

当代的景观设计基于人居生态系统理论,景观规划师应具备充分的意识和知识储备来进行角色转变,运用足够的智慧处理人与自然的关系,实现人与自然的和谐共生。

面对日益严重的环境危机,"可持续发展"是一个被高频率讨论的议题。面对这一议题,以生态学为基础的现代景观学有着独特的优势。景观环境中的各种生境要素、可再生材料是可持续景观设计的物质载体,景观工程措施是实现景观环境可持续发展的重要技术保障。从规划的理念、设计的方法到实施的技术,只有从各阶段各层次提出具体的设计策略,才能实现真正意义上的可持续。

美国旧金山电报山住宅是由伦德伯格设计(Lundberg Design)公司的建筑师改造的具有现代感的建筑,该住宅在保留历史遗迹的基础上,坚持环保的理念。设计师巧用一面简单的锈板,将其设置于庭院入口,给庭院增加了新的材料语言;水平转盘上使用回收砖建造改造后的车道;一块利用可回收稻壳材料搭建的平台为主人的每日瑜伽提供了场所(图3.2)。

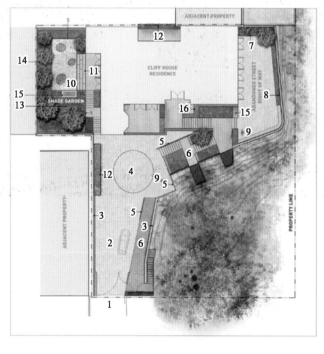

1. 入口大门
2. 重建的砖铺车行路
3. 混凝土景观墙
4. 回车场
5. 科尔顿耐腐蚀钢景墙
6. 黑色玄武岩铺地
7. 屋顶花园
8. 草本植物园
9. 雕塑
10. 透水砾石铺地
11. 踏石
12. 竹子遮挡种植
13. 回收利用的平台木板
14. 现存与新栽树木
15. 消防设施
16. 小花园

图3.2a　电报山住宅平面图

图 3.2b　电报山住宅实景图

巴黎 18 区罗莎·卢森堡（Rosa Luxemburg）公园屋顶板采用太阳能电池板，不仅能够满足夜晚公园的照明，而且能将多余的太阳能储存到地下电房供商业使用（图 3.3）。

里弗马克（The Rivermark）社区位于美国萨克拉门托河边，为居民提供了经济、适用的住房。设计时所面临的最大挑战之一是在有限的经济住房项目预算下以高品质的材料为居民创造富有设计感的功能空间。生态滞留池、透水铺装、雨水收集设施、本土植物、节能景观材料等都是里弗马克社区景观设计中生态景观的应用（图 3.4）。

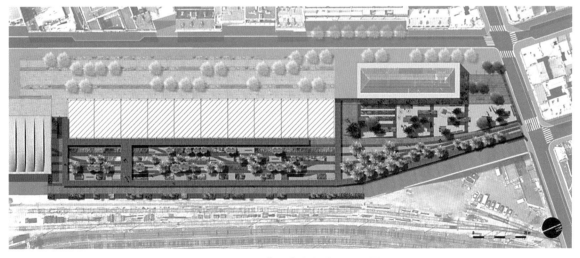

图 3.3a　罗莎·卢森堡公园平面图

图 3.3b　罗莎·卢森堡公园鸟瞰图　　　　图 3.3c　罗莎·卢森堡公园建筑屋顶板构造

图 3.3d　罗莎·卢森堡公园实景图

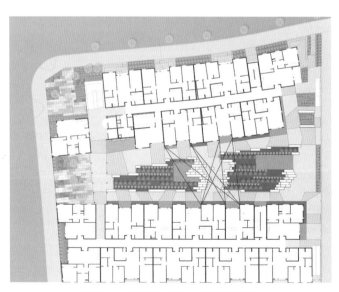

图 3.4a　里弗马克社区景观平面图

生态滞留池：
将中央庭院设计为下凹式景观生态滞留池，提高雨水利用率

透水铺装：
住区内采用透水铺装和透水路面，加强雨水渗透能力

雨水收集设施：
落水口与景观相结合，设置多个雨水收集箱，用于过剩雨水的净化、处理和使用

本土植物：
行道树采用美国梧桐，其他灌木和植被均采用地方植物，减少后期人工维护

节能景观材料：
使用石块和素混凝土块设计丰富活动空间，降低施工过程成本投入

图 3.4b　里弗马克社区生态景观分析图

图 3.4c　里弗马克社区实景图

节地节材：
在不破坏生态环境的条件下最大化利用土地，节约开发成本

材料环保：
建筑使用光化玻璃，还使用了各种可持续材料，包括回收钢材和粉煤灰混凝土等环保材料

自然能源：
引进太阳能发电系统、供热系统以及温多地暖系统和LED灯照明

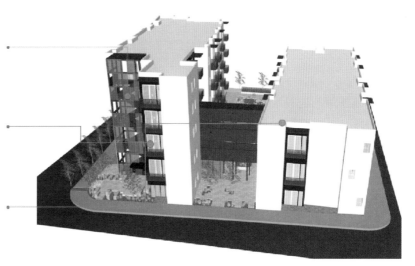

图 3.4d　里弗马克社区生态建筑分析图

3.1 可持续景观设计策略

景观环境中依据设计对象的不同可以分为风景环境与建成环境两大类。前者在保护生物多样性的基础上有选择地利用自然资源，后者致力于建成环境内景观资源的整合利用与景观格局结构的优化。

风景环境由于人为扰动较少，其过程大多为纯粹的自然进程，风景环境保护区等大量原生态区域均属此类。对于此类景观环境应尽可能减少人为干预，减少人工设施，保持自然过程，不破坏自然系统的自我再生能力，无为而治更合乎可持续精神。另外，风景环境中还存在着一些人为干扰过的环境，由于使用目的的不同，此类环境均在不同程度上改变了原有的自然存在状态。关于这一类风景环境，应区分对象所处区位、使用要求的不同而分别采取相应的措施，或以修复生境、恢复其原生状态为目标；或辅以人工改造，优化景观格局，使人为过程有机融入风景环境中。

在建成环境中，人为因素占据主导地位，湖泊、河流、山体等自然环境更多地以片段的形式存在于"人工设施"之中，生态廊道被城市道路、建筑物等"切断"，从而形成了一个个颇为独立的景观斑块，各个片段彼此较为孤立，缺少联系和沟通。因此，在城市环境建设中，应当充分利用自然条件，强调构筑自然斑块之间的联系。同时，对景观环境不理想的区段加以梳理和优化以满足人们物质和精神生活的需求（图 3.5）。

限制（Containment）
控制资源核心区或土地使用改变区域的变大或扩张
实例 都市绿带或管理再造林的范围

分隔（Segregation）
集中或减小所选定土地使用冲击的策略性概念
实例 构架概念、分区

受保护核心区（Protected Core）
在一个收威胁或不被支持的环境中，维护资源核心区的防卫性策略
实例 绿核、栖息镶嵌体

树枝状阶层网络（Dendritic Hierarchical Network）
最有效供应能流或移动的方法所形成的联结系统
实例 排水网络

指状嵌入（Interdigitation）
以资源本身分布形式所发展的空间整合系统
实例 山脊与山谷

控制扩张（Controlled Expansion）
引导土地使用往偏好的方向改变或扩张，如沿着廊道发展
实例 都市中的高速公路廊道

线性网络（Linear Network）
联结分离元素的简单系统，可形成一个整合系统，可为阶层状
实例 道路网、绿篱、河道

节点与廊道网络（Node and Corridor Network）
具有联结效益而可组合各大型核心区利益的核心区系统
实例 生态跳岛、网络绿地与绿带之串联

图 3.5　景观组成要素之生态功能

以常州市圩墩遗址公园（图 3.6）为例，其重点展示的是一段距今已有五千多年的历史沉淀和文化传承。其总规划面积为 5.63 km²，规划区域东临沿江高速公路、南至 312 国道、西至今创路和建设路、北至剑马路，其中湿地水面达 2 666.7 km²，宋剑湖湿地旅游区将"生态"与"乡土"两大主题有机统一，在修复湿地生态的同时建设成集休闲旅游、度假酒店、科普教育、生态居住、商务办公为一体的湿地公园。

长期以来，景观环境的营造意味着以人为过程为主导，以服务于人为主要目标，往往是在所谓"尊重自然、利用自然"的前提下造成了环境的恶化，诸如水土流失、土壤理化、水体富营养化、地带性植被消失、物种单一等生态隐患。景观环境的营造并未能真正从生态过程角度实现资源环境的可持续利用。因此，可持续景观设计不应仅仅关注景观表象、关注外在形式，而且应研

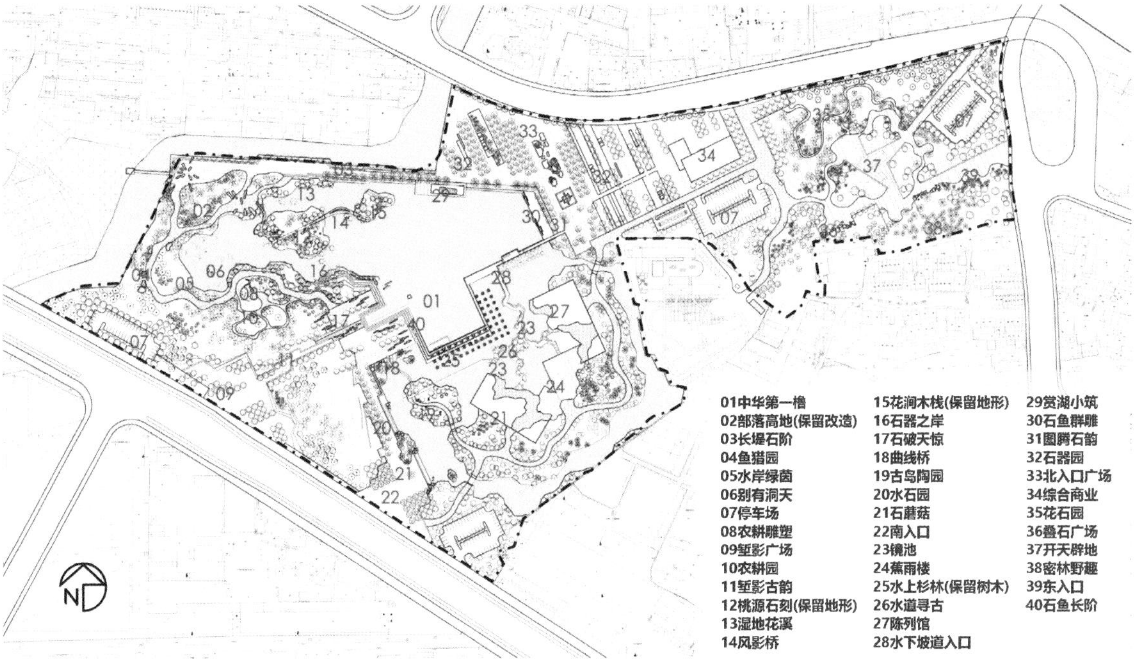
01中华第一橹
02部落高地(保留改造)
03长堤石阶
04鱼猎园
05水岸绿茵
06别有洞天
07停车场
08农耕雕塑
09堑影广场
10农耕园
11堑影古韵
12桃源石刻(保留地形)
13湿地花溪
14风影桥
15花涧木栈(保留地形)
16石器之岸
17石破天惊
18曲线桥
19古岛陶园
20水石园
21石蘑菇
22南入口
23镜池
24蕉雨楼
25水上杉林(保留树木)
26水道寻古
27陈列馆
28水下坡道入口
29赏湖小筑
30石鱼群雕
31图腾石韵
32石器园
33北入口广场
34综合商业
35花石园
36叠石广场
37开天辟地
38密林野趣
39东入口
40石鱼长阶
N

图 3.6a　圩墩遗址公园平面图

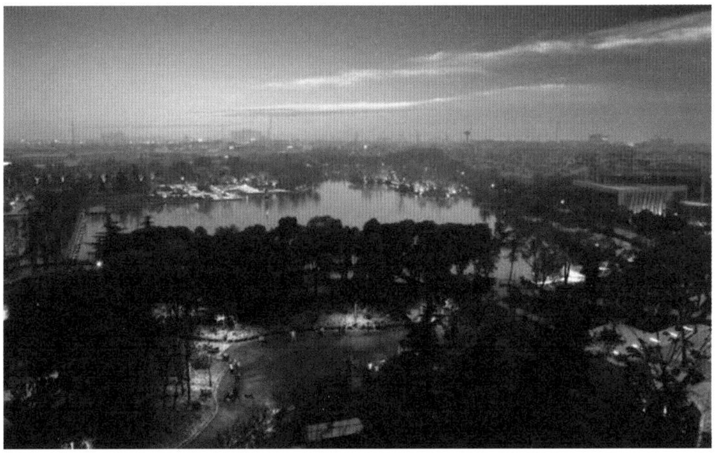

图 3.6b　圩墩遗址公园鸟瞰图

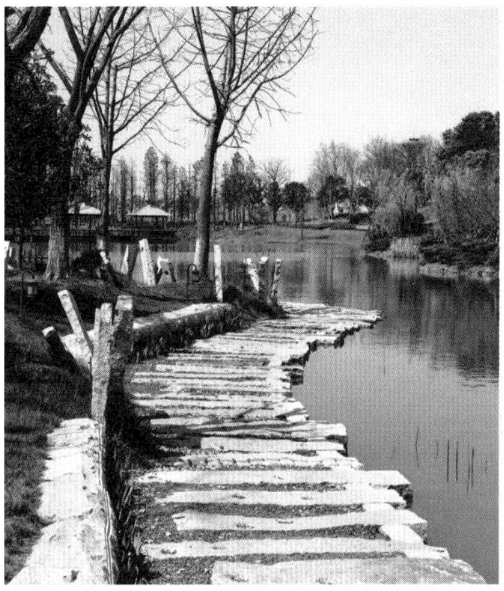

图 3.6c　圩墩遗址公园实景图 1

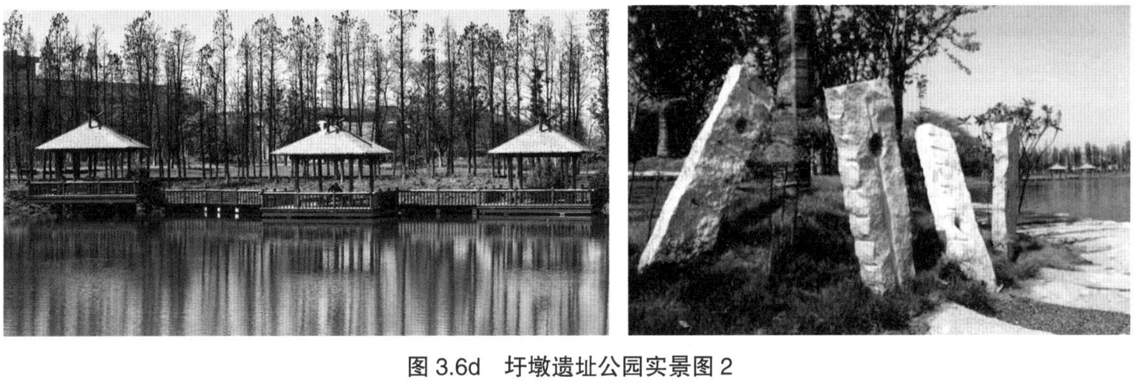

图 3.6d　圩墩遗址公园实景图 2

究风景环境与建成环境内在的机制与过程,针对不同场地生态条件的特性展开研究,分析环境本身的优劣势,充分利用有利条件,弥补现实不足,使环境整体朝着优化的方向发展(图3.7)。

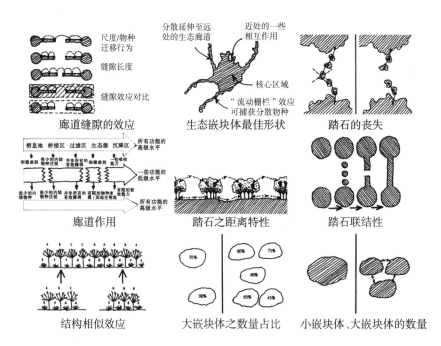

图3.7 应用于景观规划的空间发展概念

景观的组成要素包括自然和人工干预下的各类植被、水系、地表形态等,其生态功能包括网络关系、扩张关系、嵌入关系、节点与廊道关系,这些关系都是随着时间推移而逐渐形成的。

应用于景观规划的空间发展概念包括生态廊道、斑块间隙、踏石系统等。踏石系统是指位于大型生态斑块之间,由一系列小型斑块构成的生物迁移通道。由于城市景观要素不完整,连续性弱,因此作为独立个体来说,城市的生态效应无法完全从景观生态学的角度来描述。但是从更大尺度上来说,城市可以作为生态斑块来描述其生态效应。比如宁镇扬或苏锡常的关系,一旦区域间的绿地联系起来,景观空间关系就发生了改变——大量的农业用地、自然山地和水体就成为生态基底,城市相对于自然本底就变成了生态斑块。

3.1.1 风景环境规划设计

1)风景环境的保护

生态环境的保护和生态基础设施的维护是风景环境规划建设的初始和前提。可持续景观环境规划设计的目的是维护自然风景环境生态系统的平衡,保护物种的多样性,保证资源的永续利用。景观环境规划设计应该遵循生态优先原则,以生态保护作为风景环境规划设计的第一要务。风景环境为人类提供了生态系统的天然"本底"。有效的风景环境保护可以保存完整的生态系统和丰富的生物物种及其赖以生存的环境条件,同时还有助于保护和改善生态环境,维护地区生态平衡。

根据对象的不同,风景环境的保护可以分为两种类型:第一类是保护相对稳定的生态群落和空间形态;第二类是针对演替类型,尊重和维护自然的演替进程。

(1)保护相对稳定的生态群落和空间形态

生态群落是不同物种共存的联合体。生态群落的稳定性,可分为群落的局部稳定性、全局稳定性、相对稳定性和结构稳定性四种类型。稳定的生态群落，对外界环境条件的改变有一定的抵御能力和调节能力。生态群落的结构复杂性决定了物种多样性的复杂性，也由此构成了相应的空间形态。风景环境保护区保护了生物群落的完整，维护了生物群落结构和功能的稳定，同时还能够有效地对特定的风景环境空间形态加以保护。

要切实保护生态群落及其空间形态须做到以下两点：

一方面，要警惕生态环境的破碎化。尊重场地原有生态格局和功能，保持周围生态系统的多样性和稳定性。对区域的生态因子和物种生态关系进行科学的研究分析，通过合理的景观规划设计，严格限制建设活动，最大限度地减少对原有自然环境的破坏，保护基地内的自然生态环境及其内部的生境结构组成，协调基地生态系统以保护良好的生态群落，使其更加健康发展。

另一方面，要防止生物入侵对生态群落的危害。生物入侵是指某种生物从原来的分布地区扩散到一个新的地区，在新的区域内，其后代可以繁殖、维持并扩散下去。生物入侵会造成当地地带性物种灭绝，使得生物多样性丧失，从而导致原有空间形态遭到破坏。在自然界，生物入侵概率极小；绝大多数生物入侵是由于人类活动直接影响或间接影响造成的。

（2）尊重和维护自然的演替进程

群落演替是指群落由量变的积累到产生质变，即产生一个新的群落类型。群落的演替总是由先锋群落向顶极群落转化。沿着顺序阶段向顶极群落的演替为顺向演替。在顺向演替过程中，群落结构逐渐变得复杂。反之，由顶极群落向先锋群落的退化演变成为逆向演替。逆向演替的结果是生态系统的退化，群落结构趋于简单。

保护自然的进程，是指在风景环境中对那些特殊的、有特色的演替类型加以维护的过程。这类演替形式往往具有一定的研究和观赏价值。尊重自然群落的演替规律，减少人为影响，不应过度改变自然恢复的演替序列，保持自然特性。

景观环境中大量的人工林场，在减少或排除人为干预后，同样具备了自然的属性，亚热带、暖温带大量的人工纯林逐渐演替成地带性的针阔叶混交林是最具说服力的案例。以南京的紫金山为例（图3.8），在经历太平天国、抗日战争等战火后，至民国初年山体植被毁损大半。于是，人们开始有选择地恢复人工纯林，以马尾松等强阳性树种为主作为先锋树种。随后百余年的时间里，自然演替的力量与过程逐渐加速，继而是大面积地恢复壳斗科的阔叶树，尤以落叶树为主。近30年来，紫楠等常绿阔叶树随着生境条件的变化，在适宜的温度、湿度、光照的条件下迅速恢复。南京北极阁的次生植被在建设过程中遭到破坏，但随着自然演替的进行，次生群落得以慢慢恢复（图3.9）。由此可见，人与自然的关系往往呈现出一种"此消彼长"的二元对立局面。

图3.8　南京紫金山混交林

（a）改造后　　　　　　　　　　　　　　　　　（b）改造前

图 3.9　南京北极阁次生植被

顶级群落是生态演替的最终阶段，也是最稳定的群落阶段。群落演替是一个漫长的动态发展过程，到达顶级群落的状态并不意味着演替过程的结束，而是下一次演替的开始。群落的演替具有自然规律，发现和掌握这种规律，可以有效预测群落的未来发展。不同区域的顶级群落的结构特征具有鲜明的地域差异，如南京地区的顶级群落为常绿落叶混交林和阔叶混交林，长江以北区域内的顶级群落为落叶常绿针叶混交林，再往北区域内的植被群落则是落叶阔叶林、草甸等。海拔超过 500 m 的区域有垂直分布现象，此垂直分布基本上类似于自南至北的群落分布规律。维护群落演替规律和顺应自然的演进更新是对大自然智慧的尊重，需要借助自然的力量营造美好的人居生态环境。

作为一种生态退化类型，采石宕口是一类特殊且极端的生境。宕口坡高且坡面陡峭，植物生长环境极度恶劣。由于缺乏对采石宕口生态系统的了解，目前一些宕口复绿工程往往带有一定的盲目性和随意性，一味地人为修复急于求成，未必合适。在采石宕口的修复设计中，应该充分了解这类严重受损的生态系统自然演替早期阶段的土壤环境、水环境和植被特征，尊重自然演替过程，以自然恢复为主、人为过程为辅（图 3.10）。

图 3.10　采石宕口绿化照片

（3）科学划分保护等级

① 保护等级划分

保护原生植物和动物，首先应该确定那些重点保护的栖息地斑块与有利于物种迁移和基因交换的栖息地廊道。通过对动物栖息地斑块和廊道的研究与设置，尽可能将人类活动对动植物的影响降到最低点，以保护原有的动植物资源。

不同状态的景观生境对应着不同的保护等级。生境良好的景观区域需要防止人为的介入对原有生态系统造成破坏，生境较差的景观区域则应加速干预，但同时要避免过度干预。

在对新区湿地的保护与恢复模式的研究中，借鉴自然保护区理论中常用的圈层式保护模式，即"核心区—缓冲区—试验区"的划分与利用模式，在现状场地核心区（天然湿地）与外围城市建成区之间建立缓冲区（人工湿地），达到对外界不良生态干扰的屏蔽，以及对场地内部原生湿地的保护和过渡（图3.11）。为了加强生态环境保护的可操作性和景区建设的管理，将生物多样性保护与生物资源持续利用有效结合，可以将景区划分为四个保护等级（图3.12）。

a. 生态核心区，即指生态保护中的生态廊道和景观特色关键且具有标志性作用的区域。其主要包括重点林区以及动物栖息的斑块和廊道。该区域严格控制人为建设与活动，尽可能保持生态系统的自然演替，维护基因和物种多样性。对于生态核心区的确立，往往要遵循以下原则：

- 典型性原则。在自然风景环境中，应该对具有典型地带特色的生态环境实施保护。
- 稀缺性原则。对风景区环境中的特色斑块、稀有物种存在区应该予以保留、保护。
- 多样性原则。生物多样性是衡量生境系统稳定性的一个重要指标，生态保护应该有效维护其多样性。
- 脆弱性原则。对生境条件较为薄弱的地带实施保护，能够有效提升该地区的生态环境。

b. 生态过渡区，即指生态保护和景观特色有重要作用的区域，包括一部分原生性的生态系统类型和由演替系列所占据的受过干扰的地段，包括人工林、山地边缘、大部分农业种植区和水域等。该区域应控制建设规模与项目，保护与完善生态系统。

c. 生态修复区，即指生态资源和景观特色需要恢复保护的区域。该区域针对基地现状生态系统特征，有计划地加以恢复自然生态系统。

d. 生态边缘区，即指受外界影响较大、生态因子欠敏感地带，主要分布在基地外围和道路边缘地区。该区域可以结合功能要求，适当建设相应的旅游活动区域与服务设施，满足游人的使用要求，完善景观环境。

② 风景区生境网络与廊道建设

景观破碎度是衡量景观环境破碎化的指标，亦是风景环境规划设计先期分析与后期设计的重要因子。在景观规划设计中应注重景观破碎度的把握，建立一个大保护区比总面积相同的几个小保护区具有更高的生态效益。不同景观破碎度的生境条件会带来差异化的景观特质（图3.13）。

单个的保护区只是强调种群和物种的个体行为，并不强调它们相互作用的生态系统；单个保护区不能有效地处理保护区连续的生物变化，它只重视在单个保护区内的内容而忽略了整个景观环境的背景；针对某些特殊生境和生物种群实施保护，最好设立若干个保护区，且相互间距愈近愈好。为了避免生境系统出现"半岛效应"（Peninsula Effect），自然保护区的形态以近圆形为最佳（图3.14）。2005年，张恒庆指出，当保护区局部边缘破坏时，对圆形保护区中的实际影响很小，因为保护区都是边缘；而在矩形保护区中，局部边缘生境的丢失将影响保护区核心内部，减少保护区的面积。在各个自然景区之间建立廊道系统，满足景观生态系统中物质、能量、信息的渗透和扩散，从而有效提高物种的迁入率（图3.15）。

2）风景环境的规划设计策略

（1）融入风景环境

在风景环境中，自然因素占据主导作用，自然界在其漫长的演化过程中已形成了一套自我调

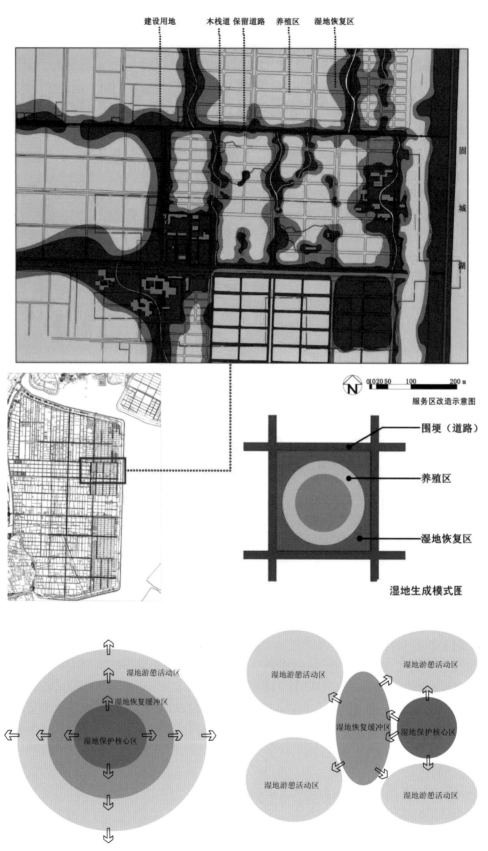

建设用地　木栈道　保留道路　养殖区　湿地恢复区

固
城
湖

0 10 20 50　100　　　200 m

服务区改造示意图

围埂（道路）

养殖区

湿地恢复区

湿地生成模式图

湿地游憩活动区

湿地恢复缓冲区

湿地保护核心区

湿地游憩活动区

湿地游憩活动区

湿地恢复缓冲区

湿地保护核心区

湿地游憩活动区

湿地游憩活动区

图 3.11　南京高淳固城湖国家湿地公园

图 3.12　功能圈层图

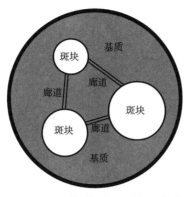

图 3.13　生境基质—斑块—廊道模式图

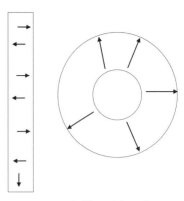

图 3.14　保护区形态示意图

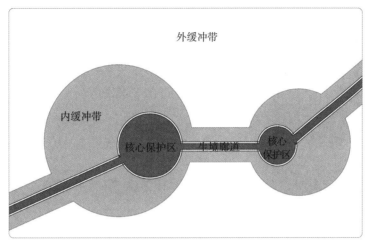

图 3.15　保护区间廊道示意图

节系统以维持生态平衡。其中土壤、水环境、植被、小气候等在这个系统中起着决定性作用。风景环境规划设计通过与自然的对话，在满足其内部生物与环境需求的基础上，融入人为过程，以满足人们的需求，使整个生态系统良性循环。自然生态形式都有其自身的合理性，是适应自然发生发展规律的结果。

一切景观建设活动都应该从建立正确的人与自然的关系出发，尊重自然，保护生态环境，尽可能少地对环境产生负面影响。人为因素应该秉承最小干预原则，通过最少的外界干预手段达到最佳的环境营造效果，将人为过程转变成自然可以接纳的一部分，以求得与自然环境的有机融合。实现可持续景观环境规划的关键之一就是将人类对这一生态平衡系统的负面影响控制在最小限度，将人为因子视为生态系统中的一个生物因素，从而将人的建设活动纳入生态系统中加以考察。生态观念与中国传统文化有类似之处。生态学在思想上表现为尊重自然，在方法上表现为整体性和关联性的特点。中国传统文化中的"天、地、人"三者合一的观念，便是人从环境的整体观念中去研究和解决问题。

设计作为一种人为过程，不可避免地会对风景环境产生不同程度的干扰。可持续景观设计就是努力通过恰当的设计手段促进自然系统的物质利用和能量循环，维护和优化场地的自然过程与原有生态格局，增加生物多样性。实现以生态为目标的景观开发活动不应该与风景环境特质展开竞争或超越其特色，也不应干预自然进程，如野生动物的季节性迁移，而应该确保人为干扰在自然系统可承受的范围内，不致使生态系统自我演替、自我修复功能的退化。因此，人为设施的建设与营运是否合理是风景环境可持续的重要决定因素，从项目类型、能源利用乃至后期管理都是景观设计师需要认真思考的内容。

① 生态区内建设项目规划

自然过程的保护和人为的开发从某种角度上来讲是对立的，人为因素越多地干预到自然中，对于原有的自然平衡破坏可能就越大。对于自然保护要求较高的地区，应该尽可能选择对场地和周围环境破坏小、没有设施扩张要求而且交通流量小的活动项目。场地设计应该使场地所受到的破坏程度最小，并充分保护原有的自然排水通道和其他重要的自然资源，以及对气候条件做出反应。同时，应使景观材料中所蕴含的能量最小化，即尽可能使用当地原产、天然的材料。种植设计对策应该使植物对水、肥料和维护需求最小化，并适度增加景观中的生物量。

风景环境中的建设项目要考虑到该项目的循环周期成本，即一个系统、设施或其他产品的总体成本要在其规划、设计和建设时就予以考虑。在一个项目的整个可用寿命或其他特定时间段内，要使用经济分析法计算总体成本，应该尽可能在循环周期成本中考虑材料、设施的废物因素，避免项目建设的"循环周期"污染。

以南京珍珠泉旅游度假区大门广场改造为例，景观与建筑设计建立在优化现有场地条件的基础上，尽量减少对自然山体的扰动。考虑到景区旺季人流量较大，同时，为了消减周边大体量酒店的影响和视觉干扰，广场设计成口袋形。在广场和修复的山体上种植南京地带性树种。曲线形建筑与溢水池及山体等高线走向契合，充分融入自然环境。

在滁州丰乐亭景区的规划设计中，项目建设以修复生境为基础。在维护原有地块内的生态环境的基础上，改善和优化区域内的景观环境，重塑自然和谐的生态景观主题。同时突出以欧阳修为代表的地方历史文化景观特色，以生态优先为原则，结合各个地块的特色，对区域内的地块进行合理的开发和利用。

② 生态区内的能源

可持续景观采用的主要能源为可再生的能源，以不造成生态破坏的速度进行再生。任何开发项目，无论是新建筑，还是现有设施的修缮或适应性的重新使用，都应该包括改善能源效益、减少建筑物范围内以及支撑该设施的机械系统所排放的"温室气体"。

为了减少架设电路系统时对环境造成的破坏，在生态区内尽可能多地采用太阳能、风能等清洁能源，一方面可以减少运营的后期开销，另一方面可以减轻对城市能源供应的压力。以沼气为例，沼气作为一种高效的洁净能源已经在很多地区广泛使用，在生态区内利用沼气作为能源既可以减少污染，也能使大量有机垃圾得到再次利用。

罗斯特·道格步行道位于美国亚利桑那州斯科茨戴尔市麦克道尔索诺兰（McDoweu Sonaran）保护区南部，设计充分尊重区域原有景观，具有较好的地域适用性。设计师充分利用了本土植物，并且克服原有景观的限制使设计适于当地环境。该项目提升了干旱地区规划设计、维护和建造的水平，景观设计就地取材，采用了清洁能源、生态厕所、雨水收集等措施，充分体现了其兼顾保护区游客需要与保护沙漠中脆弱的生态环境的科学理念。

③ 废弃物的处理和再利用

在自然系统中，物质和能量流动是一个由"源—消费中心—汇"构成的头尾相接的闭合循环流，因此，大自然没有废物。但在建成环境中，这一流动是单向不闭合的。在人们消费和生产的同时产生了大量的废弃物，造成了对水、大气和土壤的污染。可持续的景观可以定义为具有再生能力的景观，作为一个生态系统它应该是持续进化的，并能为人类提供持续的生态服务。

在风景环境建设中,应该最大限度地实现资源、养分和副产品的回收,控制废弃物的排放。当人为活动存在时,废弃物的产生也无法避免。对于可回收或再次利用的废弃物,我们应尽最大可能使能源、营养物质和水在景观环境中再生,使其功效最大化,同时也使资源的浪费最小化。通过开发安全的全新腐殖化堆肥和污水处理技术,努力利用景观中的绿色垃圾和生活污水资源。对于不可回收的一次性垃圾,一方面加强集中处理,防止对自然环境的破坏;另一方面,通过限制游客的数量,减少对生态环境的压力。

（2）优化景观格局

风景环境的景观格局是景观异质性在空间上的综合表现,是自然过程、人类活动干扰促动下的结果。同时,景观格局反映了一定社会形态下人类活动和经济发展的状况。为了有效维持可持续的风景环境资源和区域生态安全,需要对场地进行土地利用方式的调整和景观格局的优化。

优化景观格局的目的是对生态格局中不理想的地段和区域进行秩序重组,如林相调整改造等,使其结构趋于完善。风景环境的景观格局优化是在对自然景观结构、功能和过程综合理解的基础上,通过建立优化目标和标准,对各种景观类型在空间和数量上进行优化设计,使其产生最大景观生态效益和实现生态安全。

风景环境的景观格局具有其自身的特点,因此,对其进行优化时需要掌握风景环境的生态特质和自然过程,把自然环境的生态安全格局保护、建设作为景观结构优化的重要过程。自然环境与人工环境均经历了长期的演变,是诸多环境要素综合作用的结果。环境要素之间往往相互影响、相互制约。景观规划设计应以统筹与系统化的方式处理、重组环境因子,促使其整体优化,突出环境因子间及其与不同环境间的自然过程为主导,减少对人为过程的依赖。

① 基于景观异质性的风景环境格局优化

在景观格局优化过程中,人为过程不能破坏自然生态系统的再生能力;通过人为干扰,促进被破坏的自然系统的再生能力得以恢复。景观异质性是指景观格局里的多样化指数,或者叫作异质化指数。景观异质化指数越高,则意味着生态系统更加复杂和多样,景观环境也趋于稳定。景观异质性有利于风景环境中物种的生存、演替以及整体生态系统的稳定。景观异质性导致景观复杂与多样,从而使景观环境生机勃勃,充满活力,趋于稳定。因此,保护和有意识地增加景观的异质性有时是必要的。干扰是增加景观异质性的有效途径,它对于生态群落的形成和动态发展具有意义。在风景环境中,各种干扰会产生林隙,林隙形成的频率、面积和强度影响物种多样性。当干扰之间的间隔增加时,由于有更多的时间让物种迁入,生物多样性会增加;当干扰的频率降低时,多样性则会降低。生物多样性在干扰面积大小和强度为中等时最高,而当干扰处于两者的极端状态时则多样性较低。在风景环境的景观格局优化过程中,最高的多样性只有在中度干扰时才能保持。生态群落的林隙、新的演替、斑块的镶嵌是维持和促进生物多样性的必要手段。

增加异质性的人为措施包括控制性的火烧或水淹、采伐等。控制性的火烧是一种森林、农业和草原恢复的传统技术,这种方式可以改善野生动物栖息地、控制植被竞争等。

② 基于边缘效应和生物多样性的风景环境格局优化

边缘效应是指在两个或两个以上不同性质的生态系统交互作用处,由于某些生态因子或系统属性的差异或协和作用而引起系统某些组成部分与行为的较大变化。

边缘地带的生态环境往往具备以下特征:

● 边缘地带群落结构复杂,某些物种特别活跃,其生产力相对较高;

● 边缘效应以强烈竞争开始,以和谐共生结束,相互作用,从而形成一个多层次、高效率的物质、能量共生网络;

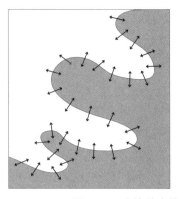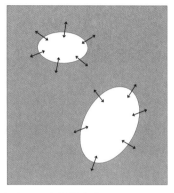

图 3.16 边缘效应模式图——边界的变化

● 边缘地带为生物提供更多的栖息场所和食物来源，有利于异质种群的生存，这种特定的生境中生物多样性较高。

因具有较高生态价值或因特殊的地貌、地质属性而不适于建设用途的非建设用地，它们在客观上构成了界定建设用地单元的边缘环境区，与建设单元之间蕴藏着源于生态关联的"边缘效应"。在风景环境格局优化中，重组和优化边缘景观格局对于维护生境条件、提高生物多样性具有重要意义。边界形式的复杂程度直接影响边缘效应（图 3.16）。因此，通过增加边缘长度、宽度和复杂度以提高丰富度。

（3）修复生境系统

生境破碎是指由于某种原因而使一块大的、连续的生境不但面积减少，而且最终被分割成两个或者更多片段的过程。当生境被破坏后，留下了若干大小不等的片段，这些片段彼此被隔离。生境的片段化往往会限制物种的扩散。一般来说，生态系统具有很强的自我恢复能力和逆向演替机制，但是，今天的风景环境除了受到自然因素的影响之外，还受到剧烈的人为因素的干扰。人类的建设行为改变了自然景观格局，引起了栖息地片段化和生境的严重破坏。栖息地的消失和破碎是生物多样性消失的最主要原因之一。栖息地的消失直接导致物种的迅速消亡，而栖息地的破碎化则导致栖息地内部环境条件的改变，使物种缺乏足够大的栖息和运动空间，并导致外来物种的侵入。适应在大的整体景观中生存的物种一般扩散能力都很弱，所以最易受到破碎化的影响。风景环境中的某些区域由于受到人为的扰动和破坏而导致其生境质量下降，从而使得生物多样性降低。

生境系统修复的目的是尽可能多地使被破坏的景观环境恢复其自然的再生能力。关于生境修复，日本著名生态学家山寺喜成认为应当通过人工辅助的方法，使自然本身具有的恢复力得到充分发挥，必须从"尊重自然、保护自然、恢复自然"的角度来进行生境恢复设计。

因此，生态恢复过程最重要的理念是通过人工调控，促使退化的生态系统进入自然的演替过程。自然生境的丧失，会引起生物群落结构功能的变化。人工种植生境的群落结构与自然恢复生境的群落结构相比具有较大的差异性。自然演替的进程一直存在着博弈，自然界的绞杀现象非常普遍。而大自然本身具有非常强的修复能力，因此，应以自然修复为主、人工恢复为辅。自然生长可有效恢复生境，但是需要较长的时间。在自然生境演替的不同阶段适当引入适宜性树种，可以加快生境的恢复过程。

南京大石湖景区规划建设在维护原有地块内生态环境特色的基础上，改善与优化区内的景观环境，重塑自然和谐的生态景观。景观规划设计结合各地块的特色，以生态优先为原则对区内的地块进行合理的开发和利用。从整体上考虑，以修复生态环境为宗旨，因地制宜，展现当代生态农业、生态林业以及生态养殖业的成就为依托，为城市居民提供生态化、多样化的休闲方式，营造可持续发展的风景环境。南京大石湖景区作为城市近郊的自然生态旅游度假区，除了在景观（包括场地尺度）的规划和设计上为人们提供休憩场所，更重要的是考虑到自然过程的保护与修复。区域内的原有特色和规划中所要坚持的生态理念决定了在对其自然景观和生态环境的处理时坚持"以自然资源、环境生态保护利用为核心,重在自然生态的保育,实现可持续发展"的方针(图 3.17)。

图 3.17　南京大石湖景区生境修复相关图片

3.1.2　建成环境景观设计

1996 年 6 月的土耳其联合国人居环境大会专门制定了《人居环境议程》,提出城市可持续发展的目标为"将社会经济发展和环境保护相融合,从生态系统承载能力出发改变生产和消费方式、发展政策和生态格局,减少环境压力,促进有效的和持续的自然资源利用。为所有居民,特别是贫困和弱小群组提供健康、安全、殷实的生活环境,减少人居环境的生态痕迹,使其与自然和文化遗产相和谐,同时对国家的可持续发展目标做出贡献"。对于当下社会,《人居环境议程》中所提到的"减少人居环境的生态痕迹"已不符合当代人居环境设计的理念,应改为"保留人居环境中的生态痕迹"。近些年来低影响开发的研究和实践在世界范围内不断发展,然而,低影响开发工程设施普遍被简单化处理,景观及生态效果欠佳(图 3.18)。

建成环境有别于风景环境,在这里人为因素为主导,自然要素往往屈居次席。随着经济社会的不断发展,有限的土地需要承受城市迅速扩张的影响,土地承载量超负荷,工程建设造成环境污染,进而导致城市河流、绿带等自然流通网络受阻,迫使城市中自然状态的土地必须改变形态。同时,大面积的自然山体、河流开发促使自然绿地消失和人工设施的无限扩展,即便是增加人工绿地也无法弥补自然绿地的消减损失。自然因子以斑块的形式散落在城市之中,形成孤立的生境岛,缺乏联系,物质流、能量流无法在斑块之间流动和交换,导致斑块的生境结构单一,生态系统颇为脆弱(图 3.19 至图 3.21)。在建成环境中,人为因素是主导,60% 以上的土地由人工控制,30% 以上的土地是在人工控制下顺应自然形成的城市园林绿地。如何让有限的 30% 的园林绿地充分发挥生态效益,来弥补城市中大面积土地生态效益的不足,成为当下亟须思考的问题。

随着社会经济的不断发展,自然的下垫面不断被建设成为城市的建筑、道路、铺地等人工设施,有限的土地需要承受城市迅速扩张所带来的负面影响。如何在满足人的行为需求的同时尽可能少地改变土地的自然属性,是景观设计师需要去探索的设计智慧。

可持续景观设计理念要求景观设计师对环境资源进行理性的分析和运用,营造出符合长远效益的景观环境。针对建成环境的生态特征,可以通过三种方法来应对不同的环境问题。

① 整合化的设计:统筹环境资源,恢复城市景观格局的整体性和连贯性。
② 典型生境的恢复:修复典型气候带生态环境以满足生物生长需求。

图 3.18　低影响开发设施的下凹式绿地

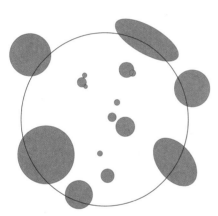

1980 年　　　　　1988 年

1994 年

城镇用地
林业用地
果园用地
稻田用地
水域用地
湿地用地
灌草地
裸地

图 3.19　建成环境中自然斑块的"散落"　　　图 3.20　1980 年、1988 年、1994 年深圳市景观变化

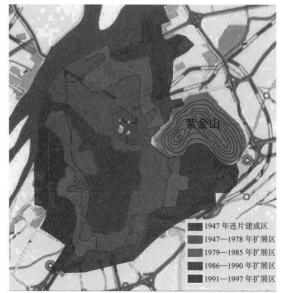

1947 年连片建成区
1947—1978 年扩展区
1979—1985 年扩展区
1986—1990 年扩展区
1991—1997 年扩展区

图 3.21　自然斑块在城市中的分布

③ 景观设计的生态化途径：从利用自然、恢复生境、优化生境三个方面入手，有针对性地解决不同特点的景观环境问题。

1）整合化的设计

景观环境作为一个特定的景观生态系统，包含多种单一生态系统与各种景观要素。为此，应对其进行优化。首先，加强绿色基质，形成具有较高密度的绿色廊道网络体系；其次，强调景观的自然过程与特征，设计将景观环境融入整个城市生态系统，强调绿地景观的自然特性，控制人工建设对绿色斑块的破坏，力求达到自然与城市人文的平衡（图3.22）。

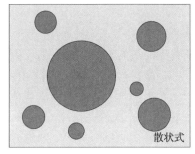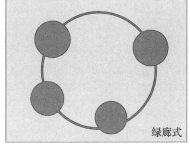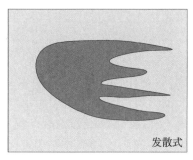

散状式　　　　　　　　绿廊式　　　　　　　　发散式

图 3.22 "绿色廊道"模式图

整合化设计，即一体化设计，是通过将离散的部分进行联系，产生集体的效应。通过统筹环境资源，恢复城市景观格局的整体性和连通性。

整合化的景观规划设计强调维持与恢复景观生态过程与格局的连续性和完整性，即维护、建立城市中残存的自然斑块之间的空间联系。通过人工廊道的建立在各个孤立斑块之间建立起沟通纽带，从而形成较为完善的城市生态结构。建立景观廊道线状联系，可以将孤立的生境斑块连接起来，提供物种、群落和生态过程的连续性。建立由郊区深入市中心的楔形绿色廊道，把分散的绿色斑块连接起来，连接度越大，生态系统越平衡。生态廊道的建立还起到了通风引道的作用，将城郊绿地系统形成的新鲜空气输入城市，改善市区环境质量，特别是与盛行风向平行的廊道，其作用更加突出。以水系廊道为例，水环境除了作为文化与休闲娱乐载体外，更重要的是它作为景观生态廊道，将环境中的各个绿色斑块联系起来。滨水地带是物种较为丰富的地带，也是多种动物的迁移通道。水系廊道的规划设计首先应设立一定的保护范围来连接水际生态；其次贯通各支水系，使以水流为主体的自然能量流、生态流能够畅通连续，从而在景观结构上形成以水系为主体骨架的绿色廊道网络（图3.23）。

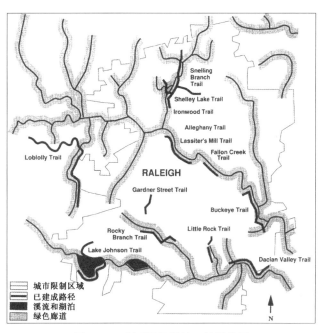

图 3.23 美国最早的地区性绿道网

作为整合化的设计策略，从更高层面上来讲，是对城市资源环境的统筹协调，它涵盖了以构筑物、园林等为主的人工景观和各类自然生态景观构成的城市自然生态系统。设计的重点在于处理城市公园、城市广场的景观设计以及其他类型的绿地设计，融生态环境、城市文化、历史传统与现代理念以及现代生活要求于一体，能够提高生态效益、景观效应和共享性。而各类自然生态景观的设计重点在于完善生态基础设施，提高生态效能，构筑安全的生态格局。

在进行城市景观规划的过程中，我们不能就城市论城市，应避免不当的土地使用，有规律地保护自然生态系统，尽量避免产生冲击。我们应当在区域范围内进行景观规划，把城市融入更大面积的郊野基质中，使城市景观规划具有更好的连续性和整体性。同时，充分结合边缘区的自然景观特色，营造具有地方特色的城市景观，建立系统的城市景观体系。

建成环境的整合化设计策略须做到以下两点：一方面，维护城市中的自然生境、绿色斑块，使之成为自然水生、湿生以及旱生生物的栖息地，使垂直的和水平的生态过程得以延续；另一方面，敞开空间环境，使人们充分体验自然过程。因此，在对以人工生态为主体的景观斑块单元性质的城市公园设计过程中，追求景观环境的整体效应，追求植物物种的多样性，并根据环境条件之不同处理为廊道或斑块与周围绿地有机融合。

建成环境的整合化生态规划设计反映了人类的一个新的梦想，它伴随着工业化的进程和后工业时代的到来而日益清晰，从社会主义运动先驱欧文（Owen）的新和谐工业村，到霍华德（Howard）的田园城市，再到20世纪七八十年代兴起的生态城市以及可持续城市。这个梦想就是自然与人工、美的形式与生态功能真正全面的融合，它要让景观环境不再是孤立的城市中的特定用地，而是让其消融，进入千家万户；它要让自然参与设计，让自然过程进入每一个人的日常生活；让人们重新感知、体验和关怀自然过程和自然的设计。应注重城市绿地系统化、整体化，绿地的布局、规模应重视对城市景观结构脆弱和薄弱环节的弥补，考虑对功能区、人口密度、绿地服务半径、生态环境状况和防灾等需求进行布局，按需建绿，将人工要素和自然要素有机编织成绿色生态网络。

19世纪下半叶城市公园和保护区在美国大量出现，为绿道（Greenway）的产生奠定了基础。这一概念发展到现在已经日趋成熟和完善，在当下的景观项目实践中绿道被广泛用来将各大公园联系起来，形成较为完善的城市生态结构。19世纪末，景观建筑师奥姆斯特德和艾略特意识到在城市环境建设中维系自然资源的重大意义。河流、港湾、海岸线、邻里公园和环抱的小山都是为波士顿注入特色和活力的元素，这些丰富的天然景观要素造就了今天的波士顿式典范。奥姆斯特德的代表作品——"绿宝石项链"就是通过把城市中的一系列绿地与自然连接起来而形成的杰作。波士顿"蓝宝石项链"计划是继承奥姆斯特德的"绿宝石项链"精神，由公园和开放空间组成一条70 km长的连续的步行系统（图3.24）。

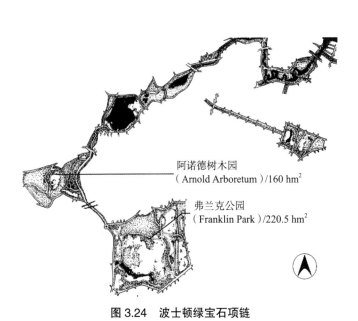

阿诺德树木园
（Arnold Arboretum）/160 hm²

弗兰克公园
（Franklin Park）/220.5 hm²

图3.24　波士顿绿宝石项链

我国也越来越注重城市生态空间的连通与生态网络的构建。南京市 2011—2020 年绿地系统规划根据生态城市建设的总体要求，突出南京市园林绿化的特色和文化内涵，建立良好的区域生态环境和优美的城市绿化景观，形成城郊结合、城乡一体的市域绿地系统，努力将南京建设成经济生态高效、环境生态优美、社会生态文明、自然生态与人类文明和谐统一的现代化国际性人文绿都，依托山林水系的自然地貌格局，结合历史人文古都格局，构成"一江两河"引绿水、"四环六楔"显格局、"十六条绿廊"展锦带、"二十片绿洲"蕴美景的市域绿地系统结构（图3.25）。苏州市 2017—2035 年的绿地系统规划提出保护江南水乡生态安全、实施"四角山水"生态修复、建设"沿江沿河"生态廊道、构建丰富多彩的自然保护地体系，形成以古城风光环、区块拉接环、城市公园环、郊野生态环及生态廊道为纽带，多类型、多层次、多功能、网络化的绿色空间体系，并在市区形成"两片四楔"（生态山林湿地体系）、"四环"（特色公园绿地体系）、"多廊"（滨水绿网廊道体系）的规划布局结构（图3.26）。

走向可持续城市景观，必须建立全局意识，从观念到行动均面对当前严峻的生态环境状况以及景观规划设计中普遍存在的局部化、片面化倾向，走向可持续景观已经成为人类改善自身生存环境的必然选择。在设计取向上，不再把可持续景观设计仅仅视为可供选择的设计方式之一，而应使整合化设计成为统领全局的主导理念，作为设计必须遵循的根本原则；在评价取向上，应转变单纯以美学原则作为景观设计的评判标准，使可持续景观价值观成为最基本的评价准则。同时，可持续景观必须尊重周围的生态环境，它所展现的最质朴、最原生态的独特形态与人们固有的审美价值在本质上是一致的。

在可持续发展思潮的推动下，美国城市生态学者认识到城市发展必须注重城市生态的变化，城市发展应该成为一种与"人"共生

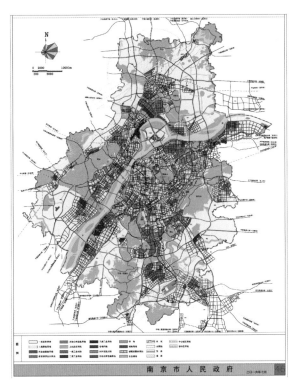

图 3.25 《南京市城市总体规划（2011—2020 年）》之都市土地利用规划图

图 3.26 《苏州市城市绿地系统规划（2017—2035 年）》之市区绿化系统规划结构图

的自然体系。城市发展必须回归到特定的生态环境结构之上,并逐步发展成为一种与自然有机融合的城市空间结构。城市发展以景观生态学与城市生态学为理论基础,从而质变成更为具体、更具空间组织的生态城市。生态城市结构能够有效弥补城市规划在空间与自然生态系统之间的隔阂。将生态城市理念融入城市发展计划中,强化城市生态与城市绿地系统共生共营的规划理念。

生态城市(Ecological City)建设是基于可持续景观生态规划设计的建设模式。"生态城市"作为对传统的以工业文明为核心的城市化运动的反思、扬弃,体现了工业化、城市化与现代文明的交融与协调,是人类自觉克服"城市病"、从灰色文明走向绿色文明的伟大创新。生态城市建设是一种渐进、有序的系统发育和功能完善过程。促进城乡、区域生态环境向绿化、净化、美化、活化的可持续生态系统演变,为社会经济发展建造良好的生态基础(图3.27)。从一般意义上说,凡是能够自我循环或自我更新能力强的地区便可称为生态城市。

埃尔朗根位于德国南部,是著名的大学城、"西门子城"和生态城市,也是现代科学研究和工业的中心。其城市面积为77 km²,总人口约为10万人。在埃尔朗根城的总体规划中,其基础部分是景观规划(图3.28)。

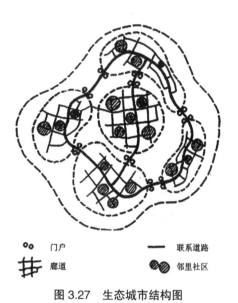

门户   联系道路
廊道   邻里社区

图3.27   生态城市结构图

图3.28   德国南部埃尔朗根生态城

埃尔朗根生态城市建设的主要策略包括以下方面:

(1)生态保护:扩大城市的自然边界,保护森林、河谷和其他重要的生态城区,这些区域占据总面积的40%。

(2)绿廊规划:城市中拥有更多贯穿和环绕城市的绿色地带。城市中心区和城市周边的绿地被绿色廊道连接起来,不管是步行还是骑车,从城市中任何一个住处前往绿地只需5—7 min。在分区规划中,这些生态方面的限制得到了充分考虑。

(3)交通模式的改变:在交通规划中则改变多年来其他城市普遍实施的以车为主的方针,减少和限制在市区、居住区的汽车使用,鼓励以环保方式为主的城市活动,如步行、骑车和公共交通。

澳大利亚的哈利法克斯生态城位于澳大利亚阿德雷德市内城哈利法克斯街的原工业区,占地24 hm²,有350—400户居民,是与现有的城市生活和设施联系起来的混合型社区,其中以住宅为主,同时配有商业和社区服务设施。

哈利法克斯生态城建设的主要策略包括以下方面：

（1）生境修复：部分场地因曾被用作工业用地，如服务站、沥青工厂、仓库等而留下一些废弃物和污染物。改良生态环境通过各种生态恢复措施，如人工湿地、植被种植、废水回用、垃圾堆肥等，在中长期内治理这些曾被污染的土壤。

（2）节能环保和清洁能源的利用：哈利法克斯综合开发了各种节水、节能、节物的生态建筑技术，包括太阳能供热水、制冷、取暖、自然采光、中水及雨水利用技术，选用对人体无毒、无过敏、节能、低温室气体排放的建筑材料等。太阳能成为生态建筑规划设计的能源保障。

哈利法克斯生态建设的12条原则如下所述：①退化生态系统的恢复；②适应当地生态；③在环境容量限度内开发；④防止城镇摊大饼式外延；⑤优化能源结构和效率；⑥创造和促进新的经济增长点；⑦提供卫生、安全的人居环境；⑧社区共生；⑨基础设施与社区服务共享；⑩历史文化的延续性；⑪突出多样性的文化景观；⑫修复和支持生态基础设施。

库里蒂巴是联合国命名的"生态城市"，是世界上绿化最好的城市之一，人均绿地面积为581 m²，是联合国推荐数的4倍。库里蒂巴市的居民和历届政府都极其重视保护环境，这已成为本地沿袭百年的优秀传统（图3.29）。

图 3.29　库里蒂巴生态城

库里蒂巴生态城市建设的主要策略包括以下方面：

（1）绿地系统规划：全市大小公园有200多个，全部免费开放。此外，库里蒂巴还有9个森林区。这里绿量大，自然与城市设施有机融合。

（2）植物配置：库里蒂巴的绿化注重地带性树种的选择、多样化的树种配置，既考虑到城市美化的视觉效果，也考虑到野生动物的栖息与取食。

（3）工业遗存改造和生境恢复：将工业遗存改造成城市公共绿地。今日的库里蒂巴在市区和近郊已经没有工矿企业，原有的工厂都已迁至几十千米以外。城市近郊原来有一处矿山，因为破坏生态环境被停业。人们对破损的生态环境进行结构梳理和修复。在矿山原址，库里蒂巴人把采矿炸开的山沟开辟成公共休闲地。

2）典型生境的恢复

所谓物种的生境，是指生物的个体、种群或群落生活地域的环境，包括所必需的生存条件和其他对生物起作用的生态因素，也就是指生物存在的变化系列与变化方式。生境代表着物种的分布区，如地理的分布区、高度、深度等。不同的生境意味着生物可以栖息的场所的自然空间的质的区别。生境是具有相同的地形或地理区位的单位空间。

现代城市是脆弱的人工生态系统，它在生态过程中是耗竭性的；城市生态系统是不完全的和开放式的，它需要其他生态系统的支持。随着人工设施的不断增加，环境恶化，不可再生资源迅猛减少，加剧了人与自然关系的对立，景观设计作为缓解环境压力的有效途径，注重对于生态目标的追求，合理的城市景观环境规划设计应与可持续理念相辅相成。

典型生境的恢复是针对建成环境中的地带性生境破损而进行修复的过程。生境的恢复包括土壤环境、水环境等基础因子的恢复，以及由此带来的地域性植被、动物等生物的恢复。景观环境的规划设计应当充分了解基地环境，典型生境的恢复应从场地所处的气候带特征入手。一个适合场地的景观环境规划设计，必须先考虑当地整体环境所给予的启示，因地制宜地结合当地生物气候、地形地貌等条件进行规划设计，充分使用地方材料和植物材料，尽可能保护和利用地方性物种，保证场地和谐的环境特征与生物多样性。

美国 FO（Field Operations）景观事务所设计的弗莱士河公园（Freshkills Park），设计师在 900 hm² 的区域内，恢复了当地典型生境，保护生物多样性，创造出富有生命力的人文景观，从而赋予未来使用者热情和想象力（图 3.30）。

图 3.30　美国弗莱士河公园

3）景观设计的生态化途径

工业化的后果往往是城市人口的剧增和污染的加剧，这些后果正冲击着中国城市的生态环境。生态与发展是相互制约的矛盾体，能否吸收西方工业化发展的经验，在发展与生态间找到某种平衡，已成为中国目前和未来面临的重大课题。联合国开发计划署第一执行主任、里约热内卢联合国环境与发展大会组织者斯琼（M. F. Strong）先生提出了"生态发展"的观念，对正统的发展力量和实践提出挑战。此观点对解决我们所面临的问题具有一定的现实意义，值得深思。

建成环境景观设计强调人与自然界相互关联、相互作用，保护和维护人类与自然界之间的和谐关系。生态化设计的主要目的在于利用自然生态过程与循环再生规律，达到人与自然和谐共处，最终实现经济社会的可持续发展。公元前 271 年罗马领事下令建造运河并将沼泽里的水引至天然悬崖而形成马尔莫尔人造瀑布，但是却造成运河洪水暴发，经过 15—16 世纪教皇格雷戈里和保罗三世的水利工程改造，便再没有发生过洪水泛滥的情况。经过几次探索自然规律并进行人工干预，终于形成了这个具有水力发电功能的壮观的人造瀑布旅游胜地（图3.31）。

图 3.31 意大利马尔莫尔瀑布景观

景观环境的生态化途径从利用、营造、优化三个层面出发，针对设计对象中现有环境要素的不同形成差异化的设计方法。景观设计的生态化途径是通过把握和运用以往城市设计所忽视的自然生态的特点和规律，贯彻整体优先和生态优先原则，力图创造一个人工环境与自然环境和谐共存、面向可持续发展的理想城镇景观环境。景观生态设计首先应有强烈的生态保护意识。在城市发展过程中，不可能保护所有的自然生态系统，但是在其演进更新的同时，根据城市生态法则，保护好一批典型而有特色的自然生态系统，对保护城市生物多样性和生态多样性以及调节城市生态环境具有重要的意义。

4）利用、发掘自然的潜力

可持续景观建设必须充分利用自然生态基础。所谓充分利用，一是保护，二是提升。充分利用的基础首先在于保护。原生态的环境是任何人工生态都不可比拟的，必须采取有效措施，最大限度地保护自然生态环境。其次是提升，提升是在保护基础上的提高和完善，通过工程技术措施维持和提高其生态效益和共享性。充分利用自然生态基础建设生态城市，是生态学原理在城市建设中的具体实践。从实践经验来看，只有充分利用自然生态基础，才能建成真正意义上的生态城市。

不论是建设新城还是改造旧城，城市环境中的自然因素是最具地方性的，也是城市特色所在。全球文化趋同与地域性特征的缺失，使得"千园一面"的现象较为突出。如何发掘地域特色、解读地景、有效利用场地特质，成为城市景观环境建设的关键点。

可持续城市景观环境设计首先应做好自然的文章，发掘资源的潜力。自然生境是城市中的镶嵌斑块，是城市绿地系统的重要组成部分。但是人工设施的建设造成斑块之间的联系甚少，自然斑块的"集聚效应"未能发挥应有的作用。能否有效权衡生态与城市发展的关系是可持续城市景观环境建设的关键所在。

生态观念强调利用环境绝不是单纯地保护，如同对待文物一般，而是要积极地、妥当地开发并加以利用。从宏观层面来讲，沟通各个散落在城市中和城市边缘的自然斑块，通过绿廊规划以线串面，使城市处于绿色"基质"之上；从微观层面来讲，保持自然环境原有的多样性，包括地形、地貌、动植物资源，使之向有助于健全城市生态环境系统的方向发展。

南京帝豪花园紧邻钟山风景区，古树婆娑、碧水荡漾，原有景观环境很好，建筑充分理解自然条件，与环境有机融合（图 3.32）。国外许多城市在建设过程中都注重利用、发掘自然环境，如法国塞纳河滨河景观带在很多地段均采用自然式驳岸、缓坡草坪，凸显怡人风景，将自然通过河道绿化渗透到城市中，构成"城市绿楔"（图 3.33）；具有中世纪遗风的卢森堡首都卢森堡市环山面水，被两条河流隔为新市区和旧市区两部分，其市中心正是位于河谷地区，东部森林密布，很好地保留了原生的自然环境（图 3.34）。奥地利首都维也纳城区内也拥有一片保持原始风貌的天然林，主要由混合林和丘陵草地组成，共 1 250 km²，维也纳森林不仅保存完好，而且对洁净空气起着重要作用，拥有"城市绿肺"的美誉（图 3.35）。

图 3.32　南京帝豪花园

图 3.33　法国塞纳河畔

图 3.34　卢森堡绿地

图 3.35　维也纳绿地

（1）模拟自然生境

在经济社会快速发展的今天，城市的扩张对自然环境造成了一定的破坏，景观设计的目的在于弥补这一现实缺憾，提升城市环境品质。"师法自然"是传统造园文化的精髓。自然生境能够较好地为植物材料提供立地条件和生长环境，模拟自然生境是将自然环境中的生境特征引入城市景观环境建设中来，通过人为的配置，营造土壤环境、水环境等适合植物生长的生境条件。

生态学带来了人们对于景观审美态度的转变，20 世纪 60—70 年代，英国兴起了环境运动，在城市环境设计中主张以纯生态的观点加以实施。英国在新城市和居住区景观建设中提出"生活要接近自然环境"，但最终以失败告终。这种现象迫使设计者重新审视自己的举措，其结果是重新恢复传统的住区景象,所谓纯生态方法的环境设计不过是昙花一现。生态学的发展并非要求我们在自然面前裹足不前、无所适从,而是要求在建设过程中找到某种平衡,纯粹自然在城市环境建设中是行不通的,生态问题也不仅仅是要多种树。人们在实践中不断修正思路,景观师更多地在探索"生态化"与传统审美认知之间的结合点与平衡点。

图3.36　上海延中绿地人造群落

上海延中绿地占地面积为 23 hm², 基地以前是上海旧房危房密度最高的地区之一,也是上海热岛效应最严重的地区。通过拆旧建绿,消减中心城区的热岛效应,提升城市品质。上海延中绿地人工群落将乔、灌、草复合配置作为植物群落景观的主要构建途径,模拟自然生境,群落绿量普遍较高(图3.36)。

国内首家利用工业废料建设的山体公园——紫云公园2002年在天津塘沽区(现滨海新区)新港建成。紫云公园占地面积为33万 m²,公园融湖泊、高山、林木于一体,昔日的碱渣山如今变成了美丽的公园,成为人们休闲观光的好去处,是世界最大的工业废料环保型公园。利用设计注重人与自然的交流体现园林生态、绿色空间的主题,充分利用碱渣山的特殊景观效果,在被破坏的环境中创作出最具生态内容的绿色天地,它体现出城市边缘地带的保护与再生,在城市与市郊建立起人与自然共存的良性循环空间,保护和修复区域性生态系统,通过模拟自然生境,建立合理的复合型的人工植物群落,保护生物多样性,建立人类、动物、植物和谐共生的城市生态环境。紫云公园不但成为以环保为主题的公园题材,更在城市边缘废弃地区形成了大面积的绿化区域,恢复了该区域的绿色环境,为城市发展所追求的大生态环境提供了新的保障。

(2)生境的重组与优化

针对建成环境中某些不具备完整性、系统性的生境进行结构优化、提升生境品质。生境的重组与优化目的明确,即为解决生境因子中的某些特定问题而采取的措施。

① 土壤环境

土壤环境是生境的基础,是生物多样性的"工厂",是动植物生存的载体。微生物在土壤环境中觅食、挖掘、透气、蜕变,它们制造腐殖土。在这个肥沃的土层上所有生命相互紧扣。但在城市环境中,土壤环境往往由于污染而变得贫瘠,不利于植物生长。中国各区域的土壤土质差异很大,东南部土壤肥沃,利于生产耕作,聚集众多人口,并成为中华文明的发源地;西北部土地较为贫瘠,发展相对滞后。由此可见土壤对于社会的发展意义重大。

a. 土壤改良

土壤改良技术主要包括土壤结构改良、盐碱地改良、酸化土壤改良、土壤科学耕作和治理土壤污染。土壤结构改良是通过施用天然土壤改良剂和人工土壤改良剂来促进土壤团粒的形成,改良土壤结构,提高肥力和固定表土,保护土壤耕层,防止水土流失。盐碱地改良主要是通过脱盐剂技术、盐碱土区旱田的井灌技术、生物改良技术进行的。酸化土壤改良是控制废气二氧化碳的排放,制止酸雨发展或对已经酸化的土壤添加碳酸钠、消石灰等土壤改良剂来改善土壤肥力、增加土壤的透水性和透气性。采用免耕技术、深松技术可解决由于耕作方法不当造成的土壤板结和退化问题。土壤重金属污染主要是采取生物措施和改良措施将土壤中的重金属萃取出来，富集并搬运到植物的可收割部分或向受污染的土壤投放改良剂，使重金属发生氧化、还原、沉淀、吸附、抑制和拮抗。

b. 表土的利用

表土层泛指所有土壤剖面的上层，其生物积累作用一般较强，含有较多的腐殖质，肥力较高。在实际建设过程中，人们往往忽视了表土的重要性。在挖填土方时，将之遗弃。典型生境的恢复需要良好的土壤环境，表土的利用是恢复和增加土壤肥力的重要环节，生境恢复尽量避免客土。

② 水环境恢复

水是生命之源，是各种生物赖以生存的物质载体。水环境的恢复意在针对某些存在水污染或存在其他不适生长因子的地段加以修复、改良。因此，适宜的水环境营造对于典型生境的建构显得尤为重要。根据建成环境中各类不同典型生境的要求，有针对性地构筑水环境。

常熟沙家浜芦苇荡湿地充分利用基地内原有场地元素和本底条件，注重生物多样性的创造，形成一处自然野趣的水乡湿地。沙家浜湿地曾被改造成土山，并且在土山上种植了大量香樟，但后来全部凋零。原因是香樟种植要求土壤透气且忌肥，而土山为大量的淤泥质土壤，提供不了香樟所需的土壤环境。故随后的改造设计中最重要的理念是还原湿地本来的样貌。景区的设计是在对现状基地做大量分析的基础上进行的，无论从路线的组织还是项目活动的安排都是在对基质特性把握的基础上做出的。通过竖向设计，调整原场地种植滩面宽度，形成多层台地，以满足浮水、挺水、沉水等各类湿地植物的生长需求（图 3.37）。

图 3.37　沙家浜湿地生境改造图（单位：m）

荷兰轻轨与城市道路相邻且处于同一水平面上，通过生境优化，交通区域内覆盖了地带性植被，绿化有效地消减了铁轨的僵硬感，使城市交通设施融入城市环境，显得亲切、自然（图 3.38）。

西雅图奥林匹克雕塑公园（Olympic Sculpture Park）由韦斯与曼弗雷迪建筑事务所（Weiss/Manfredi Architects）完成。随着越来越多被废弃的城市滨水地区的恢复和再生，生境条件不断恶化。西雅图市中心北边临着艾略特海湾（Elliott Bay）的地块以前是加州联合石油公司用来储存石油的地方，土壤被严重污染。公园在筹划之初就设立了两个主要的目标，其一当然是艺术，其二则是生态修复。设计使这些曾被污染的土地具有新的用途，既能服务广大的城市居民，又能把城市纳入一个绿色的生态系统中（图 3.39）。

图 3.38　荷兰轻轨沿线景观照片

图 3.39　西雅图奥林匹克雕塑公园

鲁尔（Ruhr）是德国的工业重镇，20 世纪 80 年代后，鲁尔区工业衰退，留下的是大面积被工业设施污染的环境，生态条件很差。设计师对一些主要河流进行优化，恢复地带性生境，景观环境逐步改善。在鲁尔区工业遗存景观与自然景观和谐并存，成为莱茵河畔特殊的风景。拉茨设计的德国萨尔布吕肯市（Saarbrucken）港口岛公园保留了原码头上所有的重要遗迹，收集工业废墟、战争中留下的碎石瓦砾，经过处理后使之与各种自然再生植物相交融；园中的地表水被统一收集，通过一系列净化处理后得到循环利用。公园景观实现了过去与现在、精细与粗糙、人工与自然的和谐交融，充分体现了可再生景观理念。

3.2　集约化景观设计方法

3.2.1　集约化景观设计

景观环境规划设计要遵循资源节约型、环境友好型的发展道路，就必须在全生命周期内选择以最少的用地、最少的用水、适当的资金投入、对生态环境最少干扰的景观设计营建模式，以因地制宜为基本准则，使园林绿化与周围的建成环境相得益彰，为城市居民提供最高效的生态保障系统。建设节约型景观环境是落实科学发展观的必然要求，是构建资源节约型、环境友好型社会的重要载体，是城市可持续发展的生态基础。集约型景观不是建设简陋型、粗糙型的城市环境，而是控制投入与产出比，通过因地制宜、物尽其用，营建彰显个性、特色鲜明的景观环境，引导城市景观环境发展模式的转变，实现城市景观生态基础设施量增长方式的可持续发展。建设集约化景观，就是在景观规划设计中充分落实和体现"3R"原则，即对资源的减量利用、再利用和循环利用，这也是走向绿色城市景观的必由之路。

（1）最大限度地发挥生态效益与环境效益

在景观环境建设中，通过集约化设计整合既有资源，充分发挥"集聚"效应和"联动"效应，使生态效益和环境效益充分发挥。

（2）满足人们合理的物质需求与精神需求

景观环境建设的目的之一是满足人们生活、游憩等需求。

（3）最大限度地节约自然资源与各种能源

随着经济社会的不断发展，资源消耗日益严重，自然资源面临着巨大的破坏和使用，不断退化，资源基础持续减弱。保护生态环境，节约自然资源和合理利用能源，保证经济、资源、环境的协调发展是可持续发展的重点。

（4）提高资源与能源利用率

倡导清洁能源的利用，对于构筑可持续景观环境实为有效。集约化景观设计要求提高资源利用效率。

（5）以最合理的投入获得最适宜的综合效益

集约化景观设计追求投入与产出比的最大化，即综合效益的最适宜。集约设计不意味着减少投入和粗制滥造，而是能效比最优化的设计。

3.2.2 集约化景观设计体系

推动集约化景观规划设计理论与方法的创新，关键要针对长久以来在研究过程中普遍存在的主观性、模糊性、随机性的缺憾，以及随之产生的工程造价及管养费用居高不下、环境效应不高等问题。集约化景观设计体系以当代先进的量化技术为平台，依托数字化叠图技术、GIS技术等数字化设计辅助手段，由环境分析、设计、营造到维护、管养，建立全程可控、交互反馈的集约化景观规划设计方法体系，以准确、严谨的指数分析，评测、监控景观规划设计的全程，科学、严肃地界定集约化景观的基本范畴。集约化景观规划设计如何操作，进行集约化景观规划设计要依据怎样的量化技术平台是集约化设计的核心问题之一，进而为集约化景观规划设计提供明确、翔实的科学依据，推动其实现思想观念、关键技术、设计方法的整合创新，向"数字化"的景观规划设计体系迈出重要的一步（图3.40、图3.41）。

研究平台的构建是风景园林集约化设计的基础。集约化设计理念和量化的技术手段是对研究平台的支撑。在此基础上，还需要搭建技术平台和操作平台，从而形成动态反馈和再深化的研究机制。集约化景观环境设计方法研究以创建集约、环保、科学的景观规划设计方法为目标，以具有中国特色的集约理念所引发的景观环境设计观念重构为契机，探讨集约化景观规划设计的实施路径、适宜策略及其技术手段，以实现当代景观规划设计的观念创新、机制创新、技术创新，进而开创可量化、可比较、可操作的集约化景观数字化设计途径为目的。

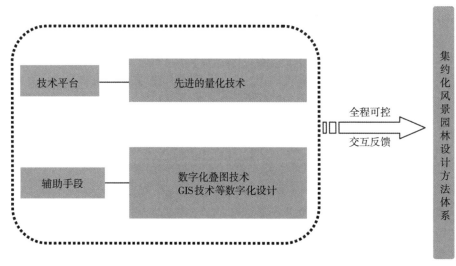

图 3.40　集约化风景园林设计基本框架图

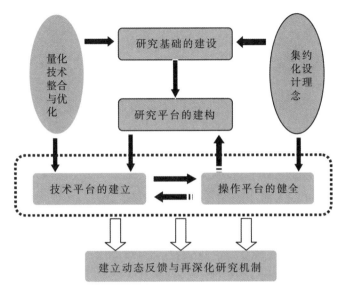

图 3.41　集约化风景园林设计基本流程图

3.2.3 绿色建筑评估体系

自 20 世纪 70 年代的能源危机以来,以节约能源与资源、减少污染为核心内容的可持续发展的设计理念逐渐成为景观建筑师努力的方向。在生态科学与技术的支撑下,重新审视景观设计,突破传统唯美意识的局限。能源与环境设计先锋(Leadership in Energy & Environmental Design, LEED)认证作为美国民间的一个绿色建筑认证奖项,由于其成功的商业运作和市场定位,得到了世界范围内的认可和追随,虽然其中不乏质疑者缕缕不绝的批判的声音,比如美国价值观的全球化对地方主义的影响,美国标准本身的粗犷和不严谨,等等,但这些并没有阻碍 LEED 作为主流的绿色建筑评估体系得到世界上不同气候带的很多国家的认可,这些国家主要集中在北美和亚洲,自然也包含中国。LEED 侧重于在设计中有效地减少环境和住户的负面影响。其内容广泛地涉及五个方面:可持续的场地规划;保护和节约水资源;高效的能源利用和可更新能源的利用;材料和资源问题;室内环境质量。

LEED 体系使过程和最终目的能够更好地结合,正是由于 LEED 认证体系的这种量化过程,建筑的设计和建造过程更趋于可控化、可实践性。在旧城的更新改造和再生中,"转变"(Transformation)、"再生"(Revitalization)、"插入"(Infill)、"适应性再利用"(Adaptive Reuse)成为近几十年欧美等发达国家城市建设的主体,正如旧有城市产业用地、废弃用地、旧城历史特色街区的更新与改造,城市改造进入了一个功能提升和环境内涵品质全面完善的历史新阶段。其中对城市旧有功能与城市新的发展目标和环境现实的适应性再利用,特别是将一些未充分利用和已废弃的城市土地改造为各类景观用地,则是城市发展阶段面临的一个全新要求。通过对城市中这些有缺陷空间的积极改造,赋予其新的生机和活力,促进该地区的整体协调发展。

将 LEED 应用于景观环境建设中,不仅能够对景观进行合理评判,而且对于服务研究规划以及指导构建能耗最少、环境负荷最小、资源利用最佳、环境效能最大的城市景观设计有显著指导意义。景观绩效是指景观解决方案在实现其预设目标的同时满足可持续性方面效率的度量,目的是为景观的可持续性提供证据,减少设计中的不确定性。中国住房和城乡建设部在 LEED 基础上制定了一套绿色建筑评价体系,但是我国的绿色建筑指标仍存在缺漏,缺少指标制定的依据,因此在景观中引入绩效概念,运用新技术,如传感技术、物联网技术等,以此实现景观成效的实时监控和设计反馈。

在辩证地研究澳大利亚、北美的海绵实践的基础上，笔者在海绵系统实践中引入全生命周期思维和集约化理念，从雨水的收集、路面的渗透处理，到集水、分水系统与灌溉系统，各阶段均可监测海绵系统的实践绩效，以此来验证设计是否有效。生态路工程系统通过采用城市道路水环境监测技术实现了对城市道路水环境 24 h 的实时监测，管理人员可利用电脑客户端、手机 APP、LED 大屏幕等终端设备随时掌握城市道路降雨量、雨水收集量、中侧分带土壤含水量等水文数据，实现城市道路水环境管理的定量化、可视化和智能化（表 3.1）。

表 3.1　海绵绩效研究

海绵绩效运用技术	优势	功能
传感技术 / 物联网技术 / 云计算技术 / 移动互联网技术	持续监测 / 软硬件一体 / 智能互联 / 再生能源供电	雨水收集效果 / 地表径流量 / 水文效应改善监测 / 绿化节水比例 / 水质改善状况

以南京市河西区天保街生态路为例，通过对天保街水环境智能监测系统监测数据分析，2015 年生态路工程系统平均雨水径流控制率在 87% 以上，平均雨水收集率在 60% 以上，2015 年全年雨水径流控制量约为 15 108 m³，实现雨水收集约 10 419 m³，储水模块平均缓释速率为 2.02 mm/h，全年节约城市绿化灌溉用水约 1 万 t。

东南大学校园梅庵地块，是东南大学建设的数字花园。通过将操场的降水集中至本场地，设置仪器对 PM 2.5（细颗粒物）、光辐射、空气湿度、地表水进行定量记录。东南大学梅庵地块是体现东南大学百年老校的文化窗口，亦是数字技术展示的重要窗口，同时还作为景观数字实验室的室外区域。数字化和集约化技术支撑着景观参数化的研究（图 3.42）。

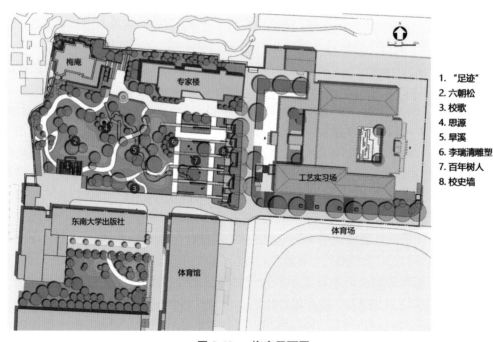

1. "足迹"
2. 六朝松
3. 校歌
4. 思源
5. 旱溪
6. 李瑞清雕塑
7. 百年树人
8. 校史墙

图 3.42a　梅庵平面图

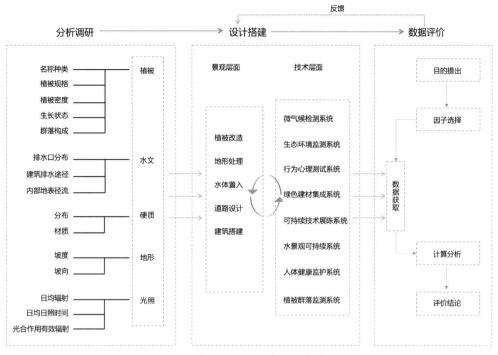

图 3.42b　梅庵——数字花园系统模型构建

3.3　可持续景观设计技术

实现生态可持续景观是景观设计的基本目标之一。可持续的生态系统要求人类的活动合乎自然环境规律，即对自然环境产生的负面影响最小，同时具有能源和成本高效利用的特点。生态的理性规划方法基于生态法则和自然过程揭示了针对不同的用地情况和人类活动需要营造出最佳化或最协调的环境，同时还要维持固有生态系统的运行。随着生态学等自然学科的发展，越来越强调景观环境设计系统整合与可持续性，其核心在于全面协调景观环境中的各项生境要素，如小气候、日照、土壤、雨水、植被等自然因素，当然也包括人工的建筑、铺装等硬质景观等。统筹研究景观环境的诸要素，进一步实现景观资源综合效益的最大化以及可持续化。

从花园到公园，再到公园体系，风景园林学的研究尺度不断拓展，也带来了界面的拓展。当代风景园林师不再囿于小尺度的视角去探讨"点"的问题，也不再局限于从区域的角度出发思考"面"的问题，而是在更大范围、更多层次的视角下，思考人居环境系统与结构性的问题。数字技术的发展，使场所信息采集、环境评价与分析、复杂系统模拟、交互式实时呈现系统等先进技术手段在风景园林学的研究中得以运用，逐步将景园研究引向系统性。

3.3.1　可持续景观生境设计

1）土壤环境的优化

土壤的优化是景观生境中最重要的问题之一。我国近 2/3 的土地存在土壤硬化的问题，仅 1/3 的土地仍具有土壤的自然属性。此外，土壤具有显著的地域性特征，不同区域的土壤土质及成分不同（图 3.43）。即便是同一区域，土壤的微生物、植物的形态等都使得各地块的土壤生态属性不同。

（1）原有地形的利用

景观环境规划设计应该充分利用原有的自然山形地貌与水体资源，尽可能减少对生态环境的扰动，尽量做到土方就地平衡，节约建设投入。尊重现场地形条件，顺应地势组织环境景观，将人工的营造与既有的环境条件有机融合是可持续景观设计的重要原则。首先，充分利用原有地形地貌，体现和贯彻生态优先的理念。应注重建设环境的原有生态修复和优化，尽可能地发挥原有生境的作用，切实维护生态平衡。其次，场地现有的地形地貌是自然力或人类长期作用的结果，是自然和历史的延续与写照。其空间存在具有一定的合理性以及较高的自然景观和历史文化价值，表现出很强的地方性特征和功能性的作用。再次，充分利用原有地形地貌有利于节约工程建设投资，具有很好的经济性。原有地形形态利用包括地形等高线、坡度、走向的利用，地形现状水体借景和利用，以及现状植被的综合利用等。

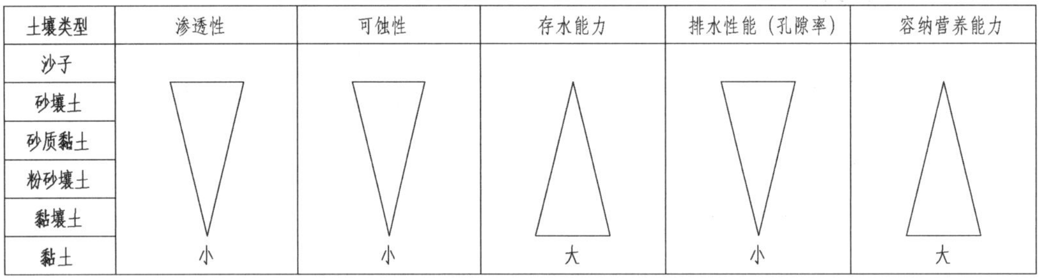

土壤类型	渗透性	可蚀性	存水能力	排水性能（孔隙率）	容纳营养能力
沙子					
砂壤土					
砂质黏土					
粉砂壤土					
黏壤土					
黏土	小	小	大	小	大

图 3.43　土壤特征

青枫公园位于常州城西新兴发展板块中，总面积约为 45 hm²。设计师采用"森林涵养水，水成就森林"的森林生态能量交换与循环运动的思想，以"生态、科普、活力"为目标，充分利用场地内原有地形和植被条件。通过园林化改造，将青枫公园营造成一个真正有生命意义的场地，实现可持续发展的城市森林生态公园。在公园建设过程中，尽量保留了场地中的原有地形，依山就势，自然与城市和谐对话。这样既达到了围合空间的目的，又减少了土方挖填量，有效节约了建设投入（图 3.44）。

图 3.44　常州青枫公园照片

常州荷园占地面积为 12.77 hm²，其中水域在 65% 以上，其前身为废弃的水产养殖场，地势低洼。景观设计结合原有地形、肌理和自然郊野的生境条件，使设计融入自然，减少人工构筑对环境的影响，营造出静谧的氛围（图 3.45）。

（2）基地表土的保存与恢复

通常建设施工首先是清理场地，即"三通一平"，接着便是开挖基槽，由此而产生大量的土方。一般来说，这些表土被运出基地，倒往他处。这种做法首先改变了土壤固有的结构；其次是将富含腐殖质的表土去除，而下层土壤并不适宜栽植。科学的做法应该是将所开挖的表土保留起来，待工程竣工后，将表土回填至栽植区域，这样有助于迅速恢复植被，提高植栽的成活率，起到事半功倍的效果（图3.46）。

图 3.45 常州荷园照片

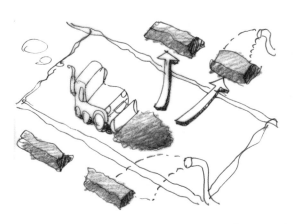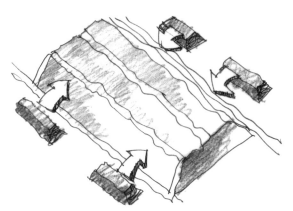

图 3.46 表土利用示意图

在进行景观环境的基地处理时，注意要发挥表层土壤资源的作用。表土是经过漫长的地球生物化学过程形成的适于生命生存的表层土，它在保护并维持生态环境中扮演了一个相当重要的角色。表土中的有机质和养分含量最为丰富，通气、渗水性好，不仅为植物生长提供所需养分和微生物的生存环境，而且对于水分的涵养、污染的减轻、微气候的缓和都有着相当大的贡献。在自然状态下，经历100—400年的植被覆盖才得1 cm厚的表土层，可见其重要性。千万年形成的肥沃的表土是不可再生的资源，一旦破坏，是无法弥补的损失，因此基地表土的保护和再利用非常重要。另外，一定地段的表土与下面的心土保持着稳定的自然发生层序列，建设中保证表土的回填将有助于保持植被稳定的地下营养空间，有利于植物的生长。

在城市景观环境设计中，应尽量减少土壤的平整工作量，在不能避免平整土地的地方应将填挖区和建筑铺装的表土剥离、储存，用于需要改换土质或塑造地形的绿地中。在景观环境建成后，应清除建筑垃圾，回填同地段优质表土，以利于地段绿化。中国台湾中贝池村庄在环境改造过程中，积极保护和有效利用表土资源，植被恢复迅速。日本横滨若叶台居住区在平整土地时，将原有的表层熟土先收集起来，然后再铺在改造后的地表上作为绿化基质，整个居住区共保存了这类表土约6万 m³。

（3）人工优化土壤环境

各区域的土壤土质及成分存在差异，土壤类型包括沙壤土、砂质黏土、粉砂土、黏壤土、黏土等，各类土壤的属性及性状均不同。为了满足景观环境的生境营造，体现多样化的空间体验，需要人为添加种植介质,这就是所谓的人工土壤环境。这种人工土壤环境的营造并不是单一的"土壤"本身,为了形成不同的生境条件,通常需要多种材料的共同构筑。中国传统耕作制度所提倡的适时休耕,即是一种人工改良土壤肥力的方法。通过适时休耕,大量的有机质可以腐烂在土壤中,逐步恢复土壤肥力。保留地表土是最简单的人工处理方法,可以避免很多问题的产生。

泰国曼谷都市森林从 2013 年 5 月开始建设,引进了约 37 000 m³ 的土方,并对其进行分级利用。6 000 m³ 的混合土壤用于护坡建设,提供适宜的种植土壤和地形。在不同的护堤中组织土壤,以避免表层土壤所蕴含的养分被冲刷。使用肥沃的有机预配土壤混合物(3 份表层土、1 份未加工的稻壳、1 份椰糠土、1 份鸡粪)作为适应幼苗生长的土壤介质,其营养物质足以保证植物前 3 年的生长并维持至成熟期(图 3.47)。

1. 车行道
2. 人行道
3. 林带
4. 主入口
5. 门卫
6. 辅路
7. 自行车道
8. 建筑出入口
9. 展厅
10. 屋顶花园
11. 户外剧场草坪
12. 天然水塘
13. 瀑布
14. 坝
15. 溪流
16. 人行天桥
17. 观赏塔
18. 景观桥
19. 林间布道
20. 停车场
21. 苗圃

图 3.47a　泰国曼谷都市森林平面图

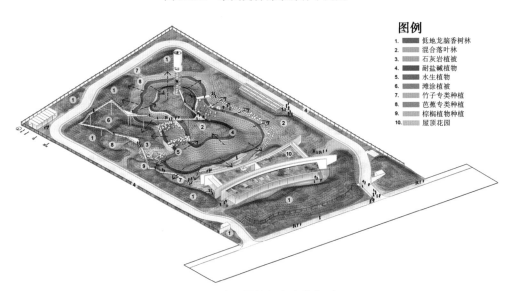

图例

1. 低地龙脑香树林
2. 混合落叶林
3. 石灰岩植被
4. 耐盐碱植物
5. 水生植物
6. 滩涂植被
7. 竹子专类种植
8. 芭蕉专类种植
9. 棕榈植物种植
10. 屋顶花园

图 3.47b　泰国曼谷都市森林鸟瞰图

第一个月
在2012年晚些时候，废弃场地的先天条件使得倾倒物可以被利用。所有不可分解的垃圾都被从场地清理出去，留下来的垃圾都是可以被分解的

第二个月
场地最初的土方工程要求对现状土壤进行挖掘，同时将特殊的工程土进行混合

第三个月
将肥沃的工程土壤导入场地，以防止压实并考虑所设计坡台的多孔性因素

第四个月
早期塑造的坡台顶部覆盖了1 m厚的混合表土

第五个月
将蜿蜒的水系进行疏通和开凿之后，很快形成明晰的水岸边界

第六个月
完成了分级的土方工程并准备进行树苗移植

第七个月
移植了一周之后树苗的生长情况

第十九个月
近一年之后的树木生长情况，新的城市森林正在逐渐成型

第三十一个月
正在对水景观进行一些"装饰性"的处理

第三十二个月
得益于景观师对天然水系的重塑，水流中的水量已有显著增长

第三十三个月
相比较于景观塔旁边新栽植的龙脑香树林，最初栽植的树苗已经完全成林

第三十八个月
2015年5月，项目落地仅三年时间，已经为游客呈现出极具观赏价值的绿树成荫的景观风貌

图 3.47c　泰国曼谷都市森林土壤改良和植被演替过程

图 3.47d　泰国曼谷都市森林实景图

位于美国纽约的布鲁克林植物园游客中心建立了一个梦幻般的城市与花园之间的公共接口，该景观设计把当代现场工程技术和可持续的景观与园艺设计融合在一起。其土壤改良技术是设计的一大亮点：山坡上历史性地填补的受污染的土壤需要采取补救措施，另一些受污染的土壤可以被覆盖住。生物渗透盆地的土壤被设计用来吸收和过滤污染物，这些土壤已经改善了水的质量，结构性土壤被铺在人行道下面和混合在广场的铺路材料中，从而支撑邻近的雨水花园，扩大雨水的采集和植物根部的生长。同时为每一种植被专门设计了土壤剖面，以满足每种植物群落的性能标准（图3.48）。

图 3.48a　布鲁克林植物园游客中心平面图

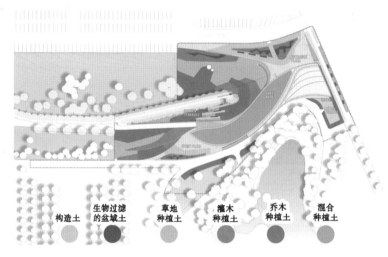

构造土　生物过滤的盆域土　草地种植土　灌木种植土　乔木种植土　混合种植土

图 3.48b　布鲁克林植物园游客中心土壤分析图

图 3.48c　布鲁克林植物园游客中心实景鸟瞰图

　　作为旧金山首个可持续性建筑项目之一，新的加利福尼亚州科学馆拥有 10 117 m² 的绿色屋顶，它强调了生境的品质和连贯性。伦佐·皮亚诺（Renzo Piano）建筑工作室邀请了 SWA 集团和园艺顾问保罗·凯法特（Paul Kephart）共同设计"绿色屋顶"。项目的设计将周边的自然景观分三层设置，使之错落有致，跃然于建筑屋顶之上，充满生机与活力。覆盖植被的屋顶轮廓与下面的设施、办公室和展厅相得益彰。由于部分山体坡度达 60°，不利于植被种植，因此设计师在种植屋顶植被前进行了大量的测试，设计了等比例模型，利用这些模型来测试锚固系统和构建植被生长基础的多层土壤排水系统。底部纵横交错的石笼网不仅可以充当屋顶的排水渠道，而且可以支撑由压缩椰壳做成的种植槽。植被首先在场地外被植入种植槽内，成活之后再运往现场，然后由人工放置在石笼网内的防水绝缘材料上。这些种植槽作为支撑结构，随着植物的生长最终降解融于土壤之中。屋顶灌溉主要依靠自然灌溉而非机械灌溉，除了采用节水的种植方式外，从屋顶收集的以及流失的雨水都被回收到地下水中（图3.49）。

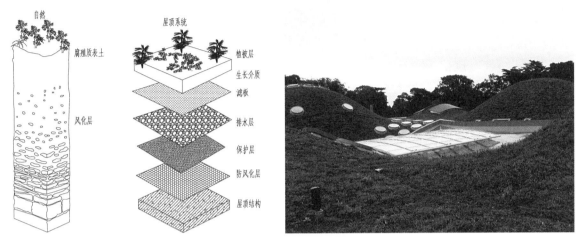

图3.49　加利福尼亚州科学馆屋顶花园

纽约的布赖恩公园（Bryant Park）由欧林景观事务所（Laurie D. Olin）设计，在这个最新的项目里，117 358 m² 的花园全部建在建筑物之上。大型喷泉和长满植被的屋顶以及墙面的荷载成为项目中主要考虑的因素。在早期的项目中，设计师就认识到如果有足够的深度供根球生长，并且土壤固定树根的能力很高，那么培植器所需的连续土层的深度就会小得多。这要求在大面积的种植区域中填入很多蓬松的聚苯乙烯，在某些铺好的地面之下也是如此。在需要土层最薄的地方，首先要在屋顶上铺装 101 170 m² 的草垫，然后加入最薄的排水垫和新开发的聚乙烯储水池，这样在提供空气和屋顶排水的同时，又为这里干燥大风的环境保证了湿度。欧林景观事务所在建筑物上修建景观项目还具有另一种功能，即创造和维持表面的风景，以掩饰人工设备，令它们看起来较为自然。在地面铺装、喷泉、花园和草坪下是复杂的灌溉系统、高分子聚合砖、塑料排水垫、弹性防水布和惰性的疏松"土壤"［参见休·韦勒. 材料、技术和创新［J］. 房丽敏，译. 世界建筑，2003（3）：13-16］。

西林公园选址处是常州一个已经废弃的垃圾堆场。当地政府将对原先只采取简单环保措施的垃圾堆场进行全部搬迁，并对原堆放场地进行清理；然后就近在西林公园内新建卫生填埋场，对原来的垃圾进行卫生填埋，并实施垂直防渗、水平防渗等规范封场措施后，再覆土实施生态恢复工程。这一改造方案，不仅可有效防止原垃圾堆场的二次污染，而且可彻底改善周边环境。通过土壤改良，公园在生境修复的基础上营造了景观环境。

2）水环境的优化

人类对"水"有着特殊的感情，不仅生产、生活离不开水，而且在人类历史发展过程中形成了对"水"的审美哲学。除了审美、文化方面的意义，水景观之于景观规划设计还具有重要的生态意义。城市"海绵体"不仅包括河、湖、池塘等水系，而且涵盖了绿地、花园、可渗透铺装面等城市基础设施。景观环境中的水体具有重要的生态价值：一方面，水体的存在，尤其是水系的存在，能够对集水区内的降水进行收集，并在无降水期间将水缓慢释放至周边土壤，调节水量平衡；另一方面，水系良好的调蓄作用能够缓解突发性大量降水产生的瞬时地表径流，减缓对下游的冲击，对保持水土具有重要意义。

城市雨洪灾害和水污染管理是制约我国城市生态发展的核心问题之一，"雨洪"和"干旱"这一对矛盾同时出现在人为营造的城市之中，几乎成为当代东西方城市共同面临的城市病。

美国加利福尼亚州哥德鲁普河公园由一条穿越圣何塞市市中心长达 4.8 km 的河道改建而成。圣何塞市政府希望建设一个供人们休闲、娱乐的滨水活动空间，使得该地免受洪水的侵袭，并以此带动河两岸土地的开发和利用。该公园系统分为上下两层，下层为行洪通道，上层则为滨河散步道和野生动植物廊道，并连接着其周围新的市政建筑、住宅和商业开发区。通过模拟水流形态，分析水流速度和水流方向对河岸的作用，哈格里夫斯归纳并应用了一种类似于麻花状的沟壑体系。河岸波浪状起伏的地形，暗示着水的流动性与活力。模仿水流流动过程，在泄洪时有利于减缓水的流速（图 3.50）。

图 3.50a　哥德鲁普河公园平面图

图 3.50b　哥德鲁普河公园鸟瞰图

位于巴涅（Bagneux）的维克多·雨果生态社区（ZAC Eco-quartier Victor Hugo）是通往城市北部的门户。巴黎地铁 4 号线和巴黎大巴快线 15 号线是该市发展的问题。为了应对生态社区概念背后的环境挑战，新西兰通过建设绿色基础设施，建立雨水花园，一些景观项目（图 3.51）通过网络体系来管理雨水，最大限度地渗透雨水，并实现雨水资源的充分利用。

图 3.51b　新西兰怀唐伊公园

图 3.51a　新西兰亨德森图书馆科技设施　　　　　图 3.51c　新西兰杰利科圣温亚德区

　　城市水环境两极化的矛盾根源在于城市不透水地表面积比例的急剧增大、雨水下渗量的减少、地表径流的增加以及市政排水系统的负荷加重。传统的城市规划在功能至上观念的引导下，淡化了对自然本底与规律的研究，过度强调人为控制，导致 2/3 以上的人工下垫面失去了自然土地的海绵效应，取而代之以灰色管网解决雨水排放问题。一方面，如果管网不足则易积涝；另一方面如果排水能力强，虽不积涝却会导致城市缺水。两难境地致使城市已然成为旱涝频发的重灾区。

　　自 20 世纪初至今，国内外在改善城市水环境方面不断进行着理论和实践的探索。20 世纪90 年代末期，美国西雅图和波特兰提出了"低影响开发"（LID）的理念，通过分散的、小规模的源头控制机制和技术，达到对暴雨所产生的径流和污染的控制。2012 年，我国首次提出"海绵城市"的概念，"海绵城市"是人类运用生态智慧统筹解决城市理水问题的构想，是针对当代城市水环境的特征，以最为集约的方式系统地解决"渗、蓄、滞、净、用、排"问题，达到充分让自然做功，从根本上解决城市旱涝问题。"海绵城市"概念蕴含着丰富的生态智慧，其要义有三：天人合一的认识论、因地制宜的方法论和让自然做功的技术观。海绵城市理论体现了中国传统文化孕育的生态智慧，对于构建人与自然和谐关系至关重要。

　　通过现代技术进行水环境的优化，其思路是通过一定方式调蓄水体。就具体措施而言，改善水环境，首先是利用地表水、雨水、地下水，这是一种低成本的方式；其次是对中水的利用，然而中水利用成本较高，且存在着二次污染的隐患，生活污水中的有害物质均对环境有害，而除去这些有害成分的成本高昂。根据研究，总面积在 5 hm² 以上的居住区，应用中水技术具有经济上的可行性。如在南京某住区设计之初，期望将中水回用作为景观环境用水，结果由于中水回用设备运营费用过高，被迫停用。因此，在相关技术未有大幅改进的前提下应慎用中水。

（1）地表水、雨水的收集（雨水平衡系统）

在所有关于物质和能量的可持续利用中，水资源的节约是景观设计当前所必须关注的关键问题之一，也是景观设计师需着力解决的方面。城市区域的雨水通常会为河流与径流带来负面的影响。受到污染的雨水落在诸如屋顶、街道、停车场、人行道的城市硬质铺装上，每一次降水都会将污染物冲刷到附近的水道中；而且硬质铺装的表面使得雨水流动更快，量也更大，原本这些雨水都应该渗透到自然景观区域的土壤当中。城市中无处不在的硬质铺装地面加速了雨水流入河流，因此洪水泛滥的可能性也更大。

因为缺少相应的管理，城市发展的污染依然非常严重，世界上许多城市都面临着这个尚未解决的问题。美国国家环境保护局（EPA）已经开始关注城市雨水成为水体污染的重要来源这个问题。面对中国城市普遍存在水资源短缺、洪涝灾害频繁、水污染严重、水生栖息地遭到严重破坏的现实，景观设计师可以通过对景观的设计，从减量、再用和再生三方面来缓解中国的水危机。其具体内容包括通过大量使用乡土和耐旱植被，减少灌溉用水；通过将景观设计与雨洪管理相结合，实现雨水的收集和再用，减少旱涝灾；通过利用生物和土壤的自净能力，减轻水体污染，恢复水生栖息地，恢复水系统的再生能力等。可持续的景观环境应该努力寻求雨水平衡的方式，雨水平衡也应该成为所有可持续景观环境设计的目标。地表水、雨水的处理方法突出将"排放"转为"滞留"，使其能够"生态循环"和"再利用"。在自然景观中，雨水落在基地上，经过一段时间与土地自身形成平衡。雨水只有渗入地下，并使土壤中的水分饱和后才能成为雨水径流。一块基地的地表面材料决定了成为径流的雨水量。开发建设会造成可渗水表面减少，使得雨水径流量增加。不透水材料建造的停车场阻碍了雨水渗透，从而打破了基地的雨水平衡。不谨慎的建设行为会使场地的雨水偏离平衡。不透水的表面会使得雨水无法渗透到土壤中，进而影响到蓄水层和与之相连的河流，从而产生污染。综合的可持续性场地设计技术能够帮助实现和恢复项目的雨水平衡，它强调雨水收集、贮存、使用的无动力性。最具有代表性的是荷兰政府1997年强调实施可持续的水管理策略，其重要内容是"还河流以空间"。以默兹河（Mosa）为例，具体包括疏浚河道、挖低与扩大漫滩、退堤，以及拆除现有挡水堰等，其实质是一个大型的自然恢复工程。又如葡萄牙里斯本滨海滩涂景观提升工程，采用最小人工干预，让自然在最大程度上做功，实现沿海滩涂自然生态景观修复（图3.52）。

美国钢铁厂基地——南工厂位于芝加哥历史悠久的南部地区，是用于城市重新开发的最大空地。基地占地超242.8 hm^2，拥有长达2 414 m的密歇根湖岸线，为建造一个富有创意的可持续性新社区提供了罕见的机会。这个新社区结构紧密，与交通枢纽紧密相连，便于行人活动，在一个世纪以来首次将人们与湖滨联系起来，为芝加哥南部正在进行的恢复与重建做出了贡献。在城市设计过程中，对区域水环境做了详尽的规划设计，形成了一套完善的雨洪管理系统（图3.53）[参见丹尼斯·帕普斯，米契·哥拉斯，罗宾·里德. 芝加哥南工厂湖畔开发[J]. 李攀瑜，译. 景观设计, 2009（32）: 39-41]。

改善基底，提高渗透性，主要是指通过建设绿地、透水性铺地、渗透管、渗透井、渗透侧沟等，令地面雨水直接渗入地下，既可涵养地下水源，同时也可缓解住区土壤的板结、密实，有利于植物的生长。日本早在20世纪80年代初就开始推广雨水渗透计划。有资料表明，利用渗透设施对涵养地下水、抑制暴雨径流十分明显：东京附近面积达22 hm^2、平均日降雨量为69.5 mm的降雨区，由于实施雨水渗透技术，平均流出量由原来的37.59 mm降到5.48 mm，储水

图 3.52　葡萄牙里斯本滨海滩涂自然修复实景

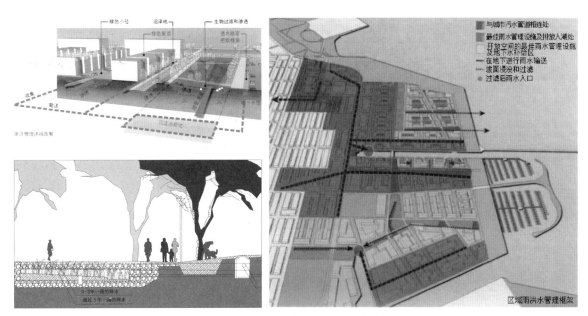

图 3.53　芝加哥南工厂湖畔相关图片

效率大为改观,也未发现对地下水造成污染。

　　无论是单体建筑还是大型城市,应该严格实行雨洪分流制,针对不同地域的降水量、土壤渗透性以及保水能力分别对待。首先,尽可能截留雨水、就地下渗;其次,通过管、沟将多余的水资源集中贮存,缓释到土壤中;再次,在暴雨期超过土壤吸纳能力的雨水可以排到建成区域外。

　　雨水收集面主要包括屋面、硬质铺装面、绿地三个方面(图3.54)。

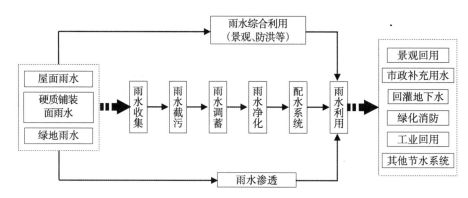

图3.54　雨水利用系统图

　　① 屋面雨水收集系统类型与方式

　　a. 外收集系统:檐沟、雨水管。

　　b. 内收集系统:由屋面雨水斗和建筑内部的连接管、悬吊管、立管、横管等雨水管道组成屋面雨水收集过程中,可以采用截污滤网、初期雨水弃流装置等控制水质,去除颗粒物、污染物。在德国波茨坦广场的景观设计中,绿化屋顶和非绿化屋顶的结合设计可以获取全年降雨量。雨水从建筑屋顶流下,作为冲厕、灌溉和消防用水。过量的雨水则可以流入水池和水渠之中,为城市生活增色添彩。波茨坦广场的设计理念为:雨水在降落之地即被就地使用。植被净化群落也融入整个景观设计之中用以过滤和循环流经街道和步道的水质、水体,而无任何化学净水制剂的使用。同时,由于净化雨水的再利用,也使得建筑内部的净水使用量得以减少(图3.55)。

图3.55a　波茨坦广场平面图

图3.55b　波茨坦广场鸟瞰图

　　② 硬质铺装面(道路、广场、停车场)雨水收集系统类型与方式

　　a. 雨水管、暗渠蓄水:采用重力流的方式收集雨水。

　　b. 明沟截流蓄水:通过明沟砂石截流和周边植被带种植不仅可以起到减缓雨水流速、承接雨水流量的作用，同时，借助生物滞留技术和过滤设施，还能够有效防止受污染的径流和下水道溢出的污染物流入附近的河流。在这些景观区通过竖向设计调整高程，以便收集雨水，并使雨水经过滤后渗入地下。明沟截流可以降低流速、增加汇集时间、改善透水性并有助于地下水回灌。同时，这些明沟可以增加动物栖息地，提高生物多样性（图 3.56）。

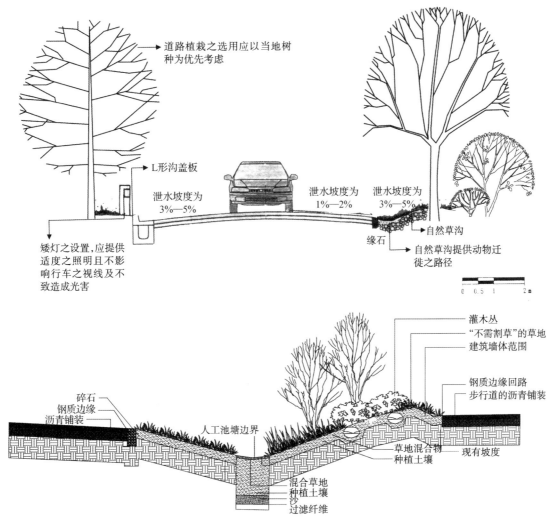

图 3.56　道路两侧明沟截流蓄水

　　欧林景观事务所与尼区（Nitsch）工程公司合作在麻省理工学院斯塔塔中心的基地上设计了一个创新型雨水处理系统，可以保持场地内 100% 的降水量。同时作为花园和机器设备的雨水处理系统的场地下是斜坡式的蓄水池。这个蓄水池就是中心的花园，上面种植这些本土湿地物种，大约可以保持 1.82 m 深的水量。通过植物、沙砾和土壤渗透的雨水都被储存到了地下的蓄水池，每天使用太阳能水泵循环两次。循环后的雨水可以作为灌溉和中心盥洗室使用。设计利用 91 m 长的本土石头、沙砾、大石头组成的区域分别将这个水池放置在湿地植物与干地植物之下。降雨时期的排水口则是一个金属石笼。这个措施不仅减少了 90% 的地表径流，而且每年可节约上千加仑的水（图 3.57）[参见欧林景观事务所. 麻省理工学院斯塔塔中心 [J]. 国际新景观, 2008（8）: 16–19]。

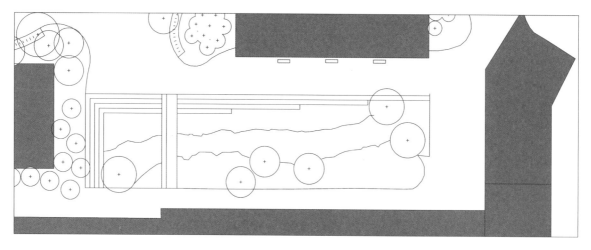

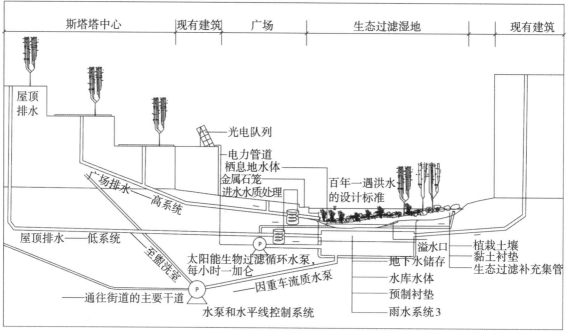

图 3.57a　麻省理工学院斯塔塔中心集水庭院构造图

图 3.57b　麻省理工学院斯塔塔中心集水庭院实景图

c. 台地蓄水：通过地形塑造形成多级台地，降低雨水流速，最终汇入附近水域中。利用池塘和湿地系统来处理地表径流。湿地植物还能够消除雨水冲刷带来的污染物（图 3.58）。

绿地对于雨水具有直接的渗透作用。绿地中的植物种植较为集中且种类丰富，可以储存更多的水，而且对于净化水体也有积极作用。如蕨根系统对渗透过程中悬浮物的纯化有明显的作用，各种树木的根还可以吸收水底完全溶解的物质，减少水中细菌和病毒的数量。雨水在通过绿地的垂直结构时，植物会对雨水进行一系列的截留，可达到对 30% 雨水的拦截。雨水花园是自然形成的或人工挖掘的浅凹绿地，是一种生态可持续的雨洪控制与雨水利用设施，应用方式包括水生植物园、树池、下凹式绿地、生态植草沟等。

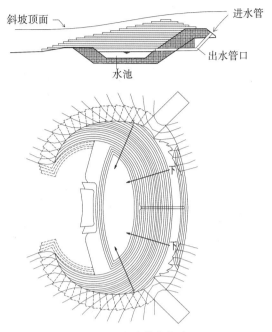

图 3.58　台地蓄水构造图

2.25 hm² 的水之园是美国俄勒冈公园内一块成熟的湿地和水生植物展示园区，也是湿地处理和城市废水再利用的典范。同时，水之园也进一步向人们展示了野生动物栖息地通过水的再利用处理也可以是如此美丽的一个植物园。其对于游客的教育意义在于它传达的可持续环境的含义。水之园的设计将公园的科普、示范、生境以及湿地水景营造有机地结合起来。整个地势从高到低，水之园被规划成了三个区域，土方基本实现挖填平衡。最高区域平台的水池拥有很多原生植物，园内原有的石头和干木为野生动物构架栖息地。这里只有一部分对游客开放。污水从高一层的水池流入一个 0.45 m 深的黏土池，即污水处理池。中间地带有多个水池，还有一个观景台和游步道。这片区域主要可以提供有关湿地和野生动物方面教育和研究的信息和机会。最低的区域包括供参观的水生植物展示池，该展示池位于入口一级园路旁[参见梅耶·里德.议会街 601 号屋顶花园［J］.国际新景观，2008（8）：22-25]。

风景环境中拟自然水景的营造对于整个区域而言不仅有着积极的生态学价值，而且能够通过蓄积和缓释的过程实现区域水资源的调节与优化，既缓解了干旱缺水又能够有效避免水量过大。将人工营造的水景纳入自然的系统，有助于维持区域水系的完整性和系统性。

例如南京牛首山景区北部地区就采用了拟自然的水景营造措施。依托于参数化的分析与计算，从研究场所出发，通过对地形地貌、水文条件等现状因素的分析，利用现有洼地和水源，形成由三个不同高程的开阔水面、溪流及跌水组成的拟自然水体系统，使原本被直接排入城市管网的降水得以蓄积。对水量的估算和调控能够确保景区常年有水，形成水体形态自然优美和水系生态系统稳定的景区水环境（图 3.59）。

d. 街道雨洪设施：绿色基础设施是场地雨水管理和治理的一种新方法。在雨水管理和提升水质方面都比传统管道排放的方式有效。建设的一些生态洼地和池塘都是典型的绿色基础设施，可以为城市带来多方面的好处。通过道路路牙形成企口收集、过滤雨水，将大量雨水流限制在种植池中，通过雨水分流策略，减轻下水道荷载压力。避免将雨水径流集中在几个"点"，而将雨水分布到基地各处的场地中。同时考虑到人们集中活动和车辆的油泄漏等污染问题，应避免建

图 3.59 南京牛首山景区北部地区实景图

筑物、构筑物、停车场上的雨水直接进入管道，而是要让雨水在地面上先流过较浅的通道，再通过截污措施后进入雨水井。这样沿路的植被可以过滤掉水中的污染物，也可以增加地表渗透量。线性的生态洼地是由一系列种有耐水植物的沟渠组成，通常出现在停车场或是道路沿线，还有一些通过植物和土壤中的天然细菌吸收污染物来提升水质的系统。洼地和池塘都可以在解除洪水威胁之前储存雨水。在这些系统当中，一些可以用于补给地下水，一些则在停车场上方，要保持不能渗透。绿色基础设施也可以与周围的环境一起构成宜人的景观，同时提升公众对于雨水管理系统的认知并增强水质的意识。

赛斯克东北街（NE Siskiyou）绿色街道被认为是波特兰市最好的绿色街道雨洪改造工程实例之一。首先这种形式在所有地方用雨洪收集管道代替典型的住宅街道停车区，以便于收集流失的雨水。2003 年秋天建成的 NE Siskiyou 绿色街道，例证了可持续的雨洪管理原理，并充分体现了简单、节约成本以及创新的设计解决方案的价值（图 3.60）。

e. 充气水坝（Inflatable Dam）：通过弹性的充气基础，可以起到控制洪水分流的作用，迅速将巨大水流调节变小，化整为零（图 3.61）。

f. 透水铺装：改善景观环境中铺装的透气、透水性，通过透水材料的运用，迅速分解地表径流，使其渗入土壤，汇入集水设施。

g. 三种铺装材料（图 3.62）：

• 多孔的铺装面：现浇的透水性铺装面层使用多孔透水性沥青混凝土、多孔性柏油等材料。多孔性铺装的目的是从生态学角度处理车辆的汽油，从排水中除去污染物质，把雨水循环成地下水，分散太阳的热能，让树根呼吸，这也是在恢复城市自然环境的循环机能基础上确立的。但是多孔性柏油的半液体黏合剂堵塞透气孔，会使植物根系呼吸不良，影响植物的生长。而多孔性混凝土因为其多孔结构会降低骨料之间的黏结强度进而降低路面的强度及耐久性等性能指标，因此必须注意通过添加特殊添加剂改善和提高现浇透水性面层黏结材料的黏结强度。多孔的铺装面能够增加渗透性，形成一个稳定、有保护作用的面层。

• 散装的骨料：如碎石路面、停车场等。在南京大石湖景区中，运用碎石作为路面铺装，有效提高了场地的透水性，减少了硬质材料对自然环境地表水流动的阻隔（图 3.63）。

• 块状材料："干铺"的方式使用块状材料，如道板细石混凝土、石板等整体性块状材料。透

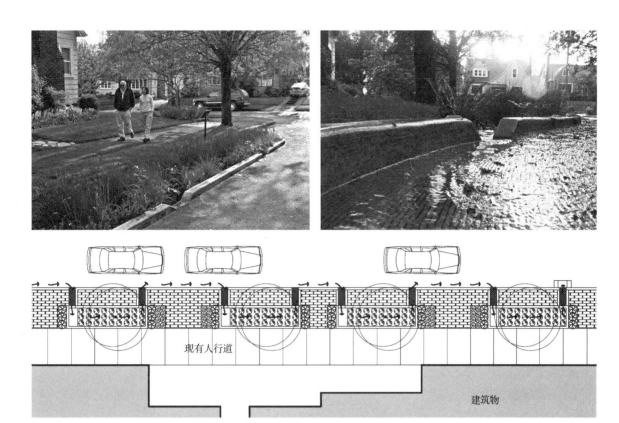

现有人行道

建筑物

图 3.60　俄勒冈波特兰绿色街道

图 3.61　充气水坝

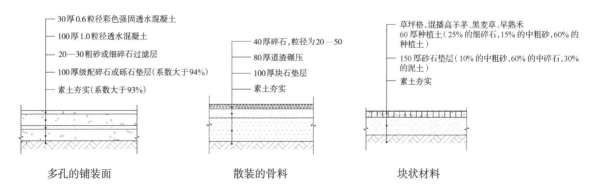

— 30厚0.6粒径彩色强固透水混凝土
— 100厚1.0粒径透水混凝土
— 20—30粗砂或细碎石过滤层
— 100厚级配碎石或砾石垫层(系数大于94%)
— 素土夯实(系数大于93%)

多孔的铺装面

— 40厚碎石,粒径为20—50
— 80厚道渣碾压
— 100厚块石垫层
— 素土夯实

散装的骨料

— 草坪格,混播高羊茅、黑麦草、早熟禾
  60厚种植土(25%的细碎石,15%的中粗砂,60%的
  种植土)
— 150厚砂石垫层(10%的中粗砂,60%的中碎石,30%
  的泥土)
— 素土夯实

块状材料

图 3.62　三种透水铺装构造图(单位: mm)

水性块状材料面层的透水性通过两种途径实现：一种是透水性的块状材料本身就有透水性，另一种透水方式是完全依靠接缝或块状材料之间预留孔隙来实现透水目的。这两种方式中所使用的面层块状材料本身不透水或透水能力很有限，如草坪格、草坪砖等（图3.64）。

图3.63 南京大石湖景区透水路面及停车场

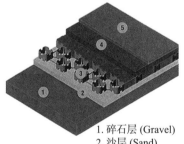

1. 碎石层 (Gravel)
2. 沙层 (Sand)
3. 植草层 (Plastic Ring Grid)
4. 种植土 (Topsoil)
5. 草坡 (Grass/Turfing)

图3.64 草坪格、草坪砖的运用——南京新世界花园

上述三种常用的方法均可达到透气、透水的目的，其基本原理是通过面层、垫层、基层的孔洞、空隙实现水的渗透，从而达到透水的目的。在技术层面上应该注意区别道路铺装面的荷载状况而分别采用不同的垫层及基层措施。上述三种方法各有利弊，如透水混凝土整体性最强，其表面色彩、质地变化多，但随着时间的推移，由于灰尘等细小颗粒的填充，透水混凝土的透水率会逐渐降低，最终失去透水的意义。比较而言，散状骨料的适应面最宽，只要妥善处理面层、垫层及基层级配，此种铺装面几乎可以适用于任何一种景观环境，具有造价低、构造简单、施工便捷、易维护等多种优点。块状材料透水铺装面主要用于步行场合，不适宜重荷载碾压，否则会由于压力不均而致路面塌陷变形。

北京北海团城是利用水资源的典范，体现着先人们的环境意识及驾驭工程技术的智慧。团城地砖呈倒梯形。把这些倒梯形的砖排列起来，砖与砖之间形成了一个三角形的通道，这个通道既便于透气，又便于渗水。不仅如此，砖与砖之间的缝隙也没有抹灰浆，这样做显然是为了让雨水更好地下渗。砖下面的垫层材料比较松软。在环绕团城270 m有余的长城墙上，没一个泄水口。在团城超过 5 900 m² 的地面上,除建筑物占地外,其余的地面都铺有地砖。铺砌样式分为两大类型:一小部分为甬道,由方砖铺成,它们质地致密,不渗水,专供人行走;另一部分为地面,绝大部分铺的是倒梯形方砖,供渗水、集雨之用。团城地势为北高南低,雨水从北往南流,铺在城北和城南的倒梯形砖在尺寸和质地上也不相同。城北的砖较厚,上表面还有一层两三厘米厚的致密层;城南的砖稍薄,没有致密层,砖体还遍布气孔,其吸水性比前者要强。此外,城南的砖体表面积也小于城北的砖,这样做可以使城南地面的缝隙更多更密,更利于雨水下渗。团城共有 9 个入水井口,呈椭圆形排列,每个井口均与地下涵洞相通。地面上雨水口所处位置均是涵洞走向的转折点,按逆时针方向经 8 号、7 号、6 号等井口,最后到达 1 号井口,整个涵洞走向呈"C"字形。每当大雨或暴雨来临时,雨水就顺着井口流入涵洞储存起来,形成一条暗河,使植物在多雨时不致积水烂根,在天旱时不致缺水干枯(图 3.65)。

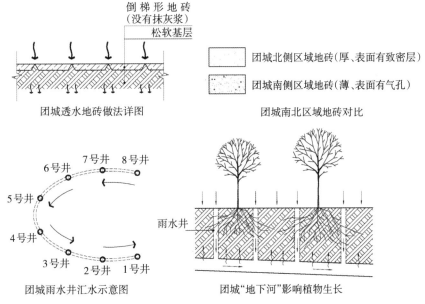

图 3.65 北京团城透水砖和集雨涵洞

(2)中水处理

中水回用景观设计是当今城市住区环境规划中体现生态与景观相结合的一项有着多重意义的课题,对于应对全球性水资源危机、改善城市环境有着非常重要的价值。将生活污水作为水源,经过适当处理后作为杂用水,其水质指标介于上水和下水之间,称之为中水,相应的技术称之为中水处理技术。经处理后的中水可用作厕所冲洗、园林灌溉、道路保洁、城市喷泉等。对于淡水资源缺乏、城市供水严重不足的缺水地区,采用中水技术既能节约水源,又能使污水无害化,是防治水污染的重要途径,也是我国目前及将来长时间内重点推广的新技术、新工艺(图 3.66)。

中水处理技术类型有以下几种:

① 物理技术,包括沉淀法、过滤法、气浮法等技术措施。沉淀法利用重力作用使污染水中重于水的固定物质沉淀;过滤法是将水通过滤料或多孔介质,通过吸附作用和物理筛滤截流水中悬浮物;气浮法利用细小气泡和细微颗粒之间的吸附作用使污染物形成实际密度小于水的漂浮物,从而起到与污水隔离的作用。

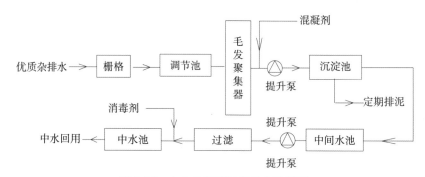

图 3.66　中水处理及景观分布流程图

② 生物处理技术，包括好氧生物处理法和厌氧生物处理法。根据微生物的呼吸特性，采用一定的人工措施营造有利于微生物生长繁殖的环境，使微生物大量繁殖，以提高微生物氧化分解有机物的能力，达到净水目的。

③ 净水生境系统，将污染物迁移转化后外移，通过植物的吸收、吸附、截留、过滤作用，降解、转化水体中的有机污染物。湿地结构模式快速的水循环和对富营养物高效的新陈代谢，对污水的处理特别有效。高渗透性的矿物材料确保基质的多孔性和孔隙度，有利于植物的生长。净化生境系统在降解微粒和分解有机物方面十分有效。有氧水生微生物和一些植物的根系形成共生关系，这些微生物能够促进碳的化合物的分解。同时，也应该看到，在某些污染严重的水体中由于生境破坏严重导致植物生长困难。另外，考虑到植物生长周期、生长速度，应避免因其过度生长或组织沉淀而造成水体的二次污染（图 3.67）。北京奥林匹克公园是中水利用的典型案例。公园每日排放污水 2.56 万 m³，全部收集进入北小河污水处理厂。利用反渗透膜处理技术，再生水水质可达到地表水 Ⅲ 类标准，全部返回用于公园的厕所和绿化用水。奥林匹克公园每年利用再生水 800 万 m³，其中河湖景观用水 400 万 m³（图 3.68）。

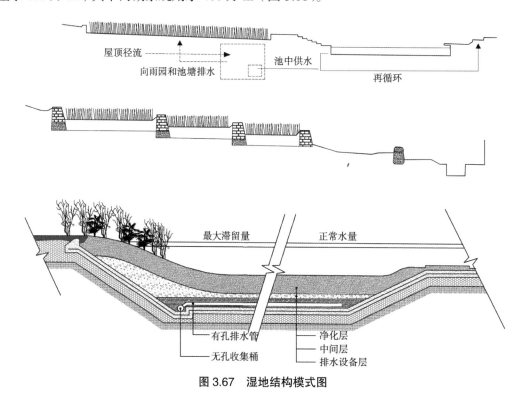

图 3.67　湿地结构模式图

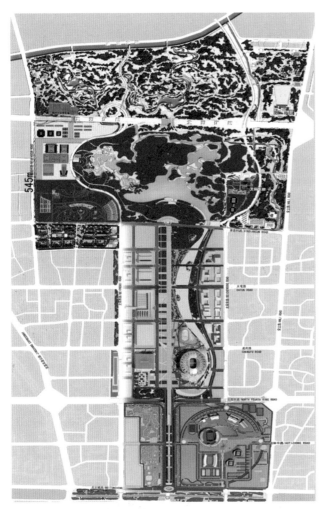

图 3.68a　北京奥林匹克公园平面图　　　　图 3.68b　北京奥林匹克公园实景图

（3）水量调控

水量调控是对水的调节和控制。在调控的源头阶段，可促进雨水下渗，降低尖峰径流量和集流时间；在调控的中端阶段，通常会利用雨水花园和置留湿地进行雨水滞留，以降低尖峰径流量。

位于费城宾夕法尼亚大学校园中一片占地 1.1 hm² 的城市公园被用作研究多重绿色雨水基础设施（GSI）系统的实验地。地平线下沙质存储床、设计配比土壤、配有水箱并循环利用暴雨和空调冷凝水的灌溉系统、本土植被以及雨水花园被应用在项目中，构成管理降雨量的 GSI 系统。设计团队使用压力传感器测量水流量来获取水平衡数据；使用张力计和土壤湿度计获得土壤水分与蒸发量数据；使用树叶孔隙度仪和比色计获得植物蒸腾量。对水量进行调控之后通过对雨水流失量、水质、土壤和植被进行监控，评估基础设施的作用和管理的长期效果（图 3.69）。

（4）水网格局优化

依据规划范围不同，水网格局有大尺度和小尺度之分。大尺度水网格局包含整个城市甚至更大流域范围内的所有河流和湖泊；小尺度水网格局主要包含片区内的河湖坑塘、滨水地区和近自然河道。在对水网格局进行优化的过程中，需要尊重水系现状条件，以解决城市水环境的问题为导向，对城市水环境进行质量控制与保障。

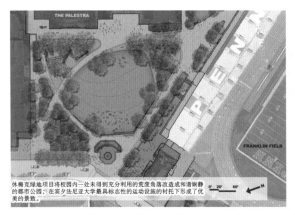

休梅克绿地项目将校园内一处未得到充分利用的荒废角落改造成和谐娴静的都市公园，在宾夕法尼亚大学最具标志性的运动设施的衬托下形成了优美的景致。

图 3.69a　宾夕法尼亚大学休梅克绿地平面图

图 3.69b　宾夕法尼亚大学休梅克绿地鸟瞰图

图 3.69c　宾夕法尼亚大学休梅克绿地实景图

　　布城是马来西亚新的政府行政办公中心，位于首都吉隆坡南 26 km，目标是建成智能型新城和花园城市。在靠近布城市中心处设置了两个拦水坝，形成了一个近 400 hm² 的人工湖。人工湖位于新城的核心片区，为了使湖水的水质满足人体接触的景观娱乐用水标准，在上游汇水区域雨水径流流入湖体前设置了一系列人工湿地，利用其滞留和净化汇水区域内的雨水径流（图 3.70）。

　　波士顿的"翡翠项链"公园体系通常被认为是美国第一个有深远意义的绿道系统，其最初的设计目的是防洪和水体净化。奥姆斯特德以河流等因子所限定的自然空间为定界依据，从波士顿公园到富兰克林公园，绵延约 16 km，沿着淤积河泥排放区域进行建造，对于清除河流的污染起了很大的作用。该公园体系成为连接波士顿和布鲁克林的一个室外排水通道（图 3.71）。

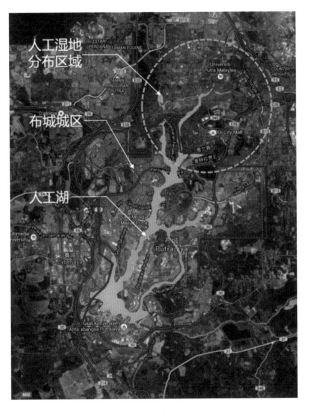

项目	上游北部	上游西部	上游东部	下游东部	上游东北部	中游
汇水面积 /km²	11.54	5.53	3.34	1.73	4.03	24.7
湿地面积 /hm²	54.1	38.5	15.8	14.3	23.6	50.9
水面面积 /hm²	38.3	27.0	10.8	9.5	20.6	48.3
蓄水量 /10⁴m³	31	23	13	15	43	120

图 3.70a 布城流域水系分布

图 3.70b 布城水岸实景图

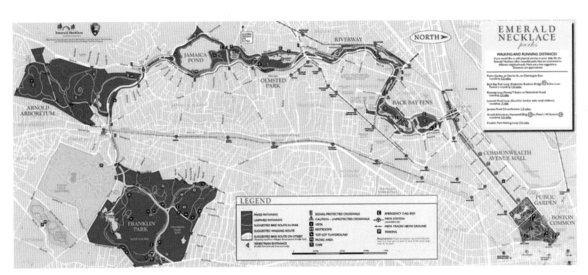

图 3.71a 波士顿"翡翠项链"项目平面图

图 3.71b　波士顿"翡翠项链"项目鸟瞰图

3）小气候环境

小气候环境的考虑因素包括以下方面：

（1）光照。可通过三种方式来减少太阳的直接辐射：一是利用构筑物的遮挡减少直接辐射。遮挡太阳的构筑物阴影随日升日落和季节的不同发生变化，在营造小气候环境的时候可以巧妙地利用或避开构筑物阴影。二是通过植物遮挡减少太阳直接辐射。不同种类的乔木由于其树冠大小、密实度、对热辐射的反射率不同，遮挡太阳辐射的效果也有所不同。三是利用不同的地表物来调节太阳的间接辐射。在可见光谱中，潮湿的深颜色的表面比干燥的色彩明亮的表面的反射率要低，因此可以利用不同的表面对太阳辐射进行调节。

以布鲁克林绿洲花园为例，在鳞次栉比的布鲁克林住宅区之中，一栋五层建筑的后院被改造成了一个静谧的小花园。几株大树在庭院投下阴影，为建筑和庭院遮挡夏日酷热的光照，而场地独特的温和小气候让山茶和紫薇等植被得以在这个气候严酷的城市中存活（图 3.72）。

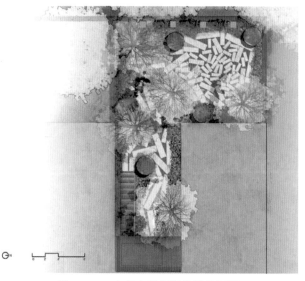

图 3.72a　布鲁克林绿洲花园平面图

图 3.72b　布鲁克林绿洲花园实景图

（2）温度。很多因素都会影响小气候环境的温度。例如，在炎热的白天，厚砖墙的住宅比轻型建筑更凉快，夜间则较暖和；大的水体能使环境内的昼夜温差及不同季节内的温度波动趋于平衡。再比如反射率低的地面传导率高，会使多余的热量很快被吸收和储存，当周围温度下降时，会很快将热量释放出来，以使小气候温和而稳定。

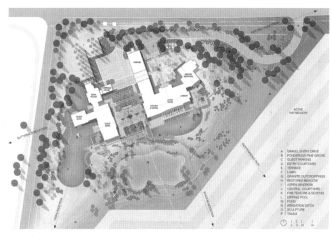

图 3.73a　美国科罗拉多州 DBX 农庄平面图

位于美国科罗拉多州的 DBX 农庄在设计中，针对基地所在的高海拔环境，以环境敏感与可持续策略为原则重塑本土植被群落，改善了野生动植物的栖息环境。池塘岸边零星点缀着云杉、小灌木、香蒲、莎草等水生植物群落。郁郁葱葱的植被形成阴影，投落在水面上，降低了部分水域的温度，形成了适宜鱼类生长的栖息地（图 3.73）。

（3）湿度。水面附近水汽充足，对于较阴的环境应避免空间过分封闭，需增加空气对流，减少水汽淤积。过大的铺装地面容易引起水汽上升，又由于没有新的水汽来源，因此铺装

图 3.73b　美国科罗拉多州 DBX 农庄实景图

地面上层的空气经常会比较干燥。增加空气湿度的方式除了利用水面的直接蒸发，还可以通过植物的蒸腾作用进行调节。对于生长在山区对环境湿度、温度条件要求较高的特殊植物来说，则更需要综合利用地形、水体等自然因素为其营造适当的小气候环境。

沃克设计的唐纳喷泉就是一个善于利用蒸汽的案例。唐纳喷泉位于哈佛大学校园内的人行路交叉口，由 159 块巨石组成一个圆形石阵，所有石块都镶嵌于草地之中，呈不规则排列状。石阵的中央是一座雾喷泉，喷出的水雾弥漫在石头上。喷泉会随着季节和时间而变化，到了冬天则由集中供热系统提供蒸汽，从池中腾腾而起的水雾覆盖在柏油路、草坪和树木周围，增加了湿度的同时，也为整个校园增添了奇幻的色彩。

（4）通风。根据不同的景观需求选择不同的方式增加或者减慢风速。通过对材料的选择，可以控制地表摩擦力——同等条件下，地面光滑、平坦的材料会减弱对风的阻力，相反则会阻碍空气的流通速度。带状灌木和乔木是有效的防风带，可使林带下方 10—20 倍树高距离内的风速降低 50%。

位于美国亚利桑那州立大学的理工学院成功地利用微气候将位于沙漠中的前空军基地变成绿树成荫的校园。理工学院占地 14 000 m²，包含 5 个建筑群，建筑内的庭院充分利用建筑围合，形成宜人的微气候，并在科学与技术教学楼庭院中创建出河流峡谷的风貌。行政楼之间的人行

图 3.74　美国亚利桑那州立大学理工学院

通道覆盖攀缘植物的棚架，成为很好的通风廊道（图 3.74）。

3.3.2　可持续景观种植设计

地带性植物群落是大自然长期进化的产物，具有免治理、免管理的种群优势。地带性植物的运用，有助于降低能耗、降低石油成本，还能够保持物种的多样性。近年来，在景观环境建设过程中，过分追求"立竿见影""一次成型"的视觉效果，将栽大树曲解为移植老树，从而忽略了植被的生态功能，大量绿地存在功能单一、稳定性差、易退化、维护费用高等问题。可持续景观种植设计注重植物群落的生态效益和环境效益的有机结合。通过模拟自然植物群落、恢复地带性植被、多用耐旱植物种类等方式实现可持续绿色景观的有效途径，建构起结构稳定、生态保护功能强、养护成本低、具有良好自我更新能力的植物群落。

1）地带性植被的运用

自然界植物的分布具有明显的地带性，不同的区域自然生长的植物种类及其群落类型是不同的。景观环境中应用的地带性植被，对光照、土壤、水分适应能力强，植株外形美观、枝叶密集，具有较强的扩展能力，能迅速达到绿化效果且抗污染能力强、易于粗放管理，种植后不需经常更换。地带性植被栽植成活率高，造价低廉，常规养护管理费用较低，往往无需太多管理就能长势良好。地带性植物群落还具有抗逆性强的特点，自成群落，生态保护效果好，在城市中道路、居住区等生态条件相对较差的绿地也能适应生长，从而大大丰富了景观环境的植物配置内容。

地带性树种根系较发达，能疏松土壤、调节地温、增加土壤腐殖质含量，对土壤的熟化具有促进作用。

在立地条件适宜地段恢复地带性植被时，应该大量种植演替成熟阶段的物种，首选乡土树种，组成乔、灌、草复合结构，在一定条件下可以抚育野生植被。城市生物多样性包括景观多样性，是城市人们生存与发展的需要，是维持城市生态系统平衡的基础。城市景观环境的设计以其园林景观类型的多样化以及物种的多样性等来维持和丰富城市生物多样性。因此，物种配置以本土和天然为主，这种地带性植物多样性和异质性的设计，将带来动物的多样性，能吸引更多的昆虫、鸟类和小动物来栖息。在南京地铁一号线高架站广场景观环境设计中，大量使用地带性落叶树种，如榉树、朴树、黄连木、马褂木等，形成四季分明的植物景象（图 3.75）。

图 3.75　南京地铁一号线地带性树种选用

北京塞纳维拉居住区运用杨树来营造一种"白杨乡土景观"。在一个高档社区中使用了最便宜却具有地域特征的树木，不仅提升了住区的品质，而且在改善景观环境质量的同时节约造价，合理科学的设计实现了景观的可持续。塞纳维拉居住区以北方常见的新疆杨为主要的景观元素，简单地规则种植，力图以其高大挺拔的风姿将建筑掩映其间，它们统一了场地并构成了最显著的地域特征和地域标识。与此同时，杨树林下以草坪和地被植物作为基底，这些地被植物用来保持水土、界定道路。局部配置早园竹丛，点缀季节特征显著的花灌木，作为低空屏障，既可挡风又可增添视觉趣味，从而有助于形成简洁而有力度的种植，它们共同构成极具地带性特色的景观（图 3.76）。

图 3.76　北京塞纳维拉居住区

图 3.77　南京玄武北极阁广场种植的银海枣

强调地带性植物的意义，并非绝对排斥外来植物种类。譬如广泛分布于长江流域的悬铃木、雪松等。但是，目前很多城市景观是由非本地或未经驯化培育的植物组成。这些植物在生长期往往需要大量的人工辅助措施，并且长势及景观效果欠佳。以南京玄武北极阁广场上的银海枣为例，保护它们正常越冬是每年必不可少的工作，大大增加了养管费用。同时，这些新引进的树种，由于对气候的不适应，往往生长状况差，根本达不到原产地的效果。外来树种引种需要有一个适应环境的过程，其周期较长，因此引种须慎重（图 3.77）。

2）群落化栽植——"拟自然景观"

自然界树木的搭配是有序的，乔、灌、草分级分布，树种间的组合也具有一定的规律性。它们的组合一方面与生境条件相关，另一方面又与树种的生态习性有关。对于景观师而言，通过模拟地带性自然植物群落以营造景观是相对有效的办法，一方面可以强化地域特色，另一方面也可以避免不当的树种搭配。模拟自然要符合自然演替的规律。以植物群落为基本单元，顺应自然规律，构建多层次的植物群落，增加绿地的稳定性和抗逆性。模拟自然景观的目的在于将自然环境的生境特征引入城市景观环境建设中来。模拟自然植物群落、恢复地带性植被的运用，可以构建出结构稳定、生态保护功能强、养护成本低、具有良好自我更新能力的植物群落，不仅能创造清新、自然的绿化景观，而且能保护生物多样性和促进城市生态平衡。

植物群落所营造的是拟自然、原生态的景象。在种植设计中，要注意栽植密度的控制，过密的种植会不利于植物生长，从而影响景观环境的整体效果。在技术上，应尽量模拟自然界的内在规律进行植物配置和辅助工程设计，避免违背植物生理学、生态学的规律进行强制绿化。植物栽植须在生态系统允许的范围内，使植物群落乡土化，进入自然演替过程。如果强制绿化，就会长期受到自然的制约，从而可能导致灾害，如物种入侵、土地退化、生物多样性降低等的发生。

拟自然的植物群落具有较强的抗逆性，模拟自然将逐步形成自然演替，顺应自然的规律，按照从低级到高级进行顺向演替。拟自然植物群落的基本方法：首先，植物栽植应尽可能提高生物多样性水平，但生物多样性不是简单的物种集合；其次在植物配置时，既要注重观赏特性对应互补，又要使物种生态习性相适应；尊重地带性植物群落的种类组成、演替规律和结构特点，以植物群落作为绿化的基本单元，再现地带性群落特征。顺应自然规律，利用生物修复技术，构建层次丰富、功能多样的植物群落，提高自我维持、更新和发展能力，增强绿地的稳定性和抗逆性，减少人工管理力度，最终实现景观资源的可持续发展（图 3.78）。

图 3.78　杭州太子湾公园人工群落

3）不同生境的栽植方法

在进行植物配置时，要因地制宜、因时制宜，使植物正常生长，充分发挥其观赏特性，避免为了达到所谓的景观效果而采取违背自然规律的做法。譬如大面积的人工草坪不仅仅建设与养管成本高，而且由于需要施肥，当大面积草坪与水面相临时，就难免使水富营养化，从而带来水环境的恶化。

生态位是指物种在系统中的功能作用以及在时间、空间中的地位。景观规划设计要充分考虑植物物种的生态位特征，合理选择、配置植物群落。在有限的土地上，根据物种的生态位原理实行乔、灌、藤、草、地被植被及水面的相互配置，并且选择各种生活型以及不同高度、颜色、季相变化的植物，充分利用空间资源，建立多层次、多结构、多功能科学的植物群落，构成一个稳定的长期共存的复层混交立体植物群落。

树种的选择主要受生境因子的影响，就景观栽植而言，一方面是依据基地条件而选择相适宜的树种；另一方面是着眼于景观与功能，改善环境条件而栽植某些植物种。树木与环境间是一种"互适"的关系。以"适地适树"为根本原则，在确保植物成活率的同时，降低造价及日常的养护管理费用。

合理控制栽植密度，植物配置的最小间距为 $D = A + B$。其中 A 和 B 为相邻两株树木的冠幅，D 为两株树木的间距。复层结构绿化比例，即乔、灌、草配植比例是直接影响场地绿量、植被、生态效应和景观效应的绿化配置指标。据调查研究，理想的景观环境为 100% 的绿化覆盖率，复层植物群落占绿地总面积的 40%—50%，群落结构一般在三层以上，包括乔木、灌木、地被植物。

荷兰库肯霍夫（Keukenhof）国家公园是在 1840 年由著名的景观园艺家左贺特（Zochter）父子所设计，公园整体的景观设计以英国都铎式风格为主，园内树木参天，绿荫浓密，搭配着蜿蜒的林径、幽静的喷泉水池，经历了 160 余年的演替，库肯霍夫国家公园已宛如自然一般（图 3.79）。

图 3.79　荷兰库肯霍夫国家公园

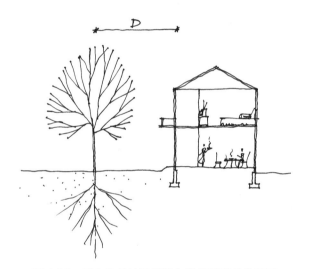

图 3.80　树木生长的相似性与建筑基础的关系图

（1）建筑物附近的栽植

在景观环境中，通过种植设计形成良好的空间界面，与建筑物达成一定的对话关系。建筑周边立地条件复杂，通常地下部分管线、沟池等占据了地下空间，自然生长的植物、材料具有两极性，即植物的地下部分与地上部分具有相似性（图 3.80）。树木的地上、地下部分都在生长，因此，地上、地下都必须留出足够的营养空间。所以，在种植设计过程中，不仅要考虑到植物、材料地上部分的形态特征，同时也要预测到植物生长过程中根系的扩大变化，以避免与建筑基础管线产生矛盾。靠近建筑物附近的树木根系往往会延伸至建筑室内地下，一方面会破坏建筑物的基础；另一方面由于树木的根系吸收水分，可引起土壤收缩，从而使室内地面出现裂纹。尤其是重黏土，龟裂现象更为明显。其中榆树、杨树、柳树、白蜡树等树种容易造成此类现象，因此在种植设计时必须与建筑保持足够的距离，通常保持与树高同等的距离，至少保持树高 2/3 的距离。

（2）湿地环境植物栽植

水生植物常年生活在水中，根据生态习性的不同，可以将其划分为五种类型，其分别适宜生长在不同的水深条件中。挺水植物常分布于 0—1.5 m 的浅水处，其中有的种类生长于潮湿的岸边，如芦苇、蒲草、荷花等；浮水植物适宜水深为 0.1—0.6 m，如浮萍、水浮莲和凤眼莲等；沉水植物的植物体全部位于水层下面，是营固着生活的大型水生植物，如苦草、金鱼藻、黑藻等；沼生植物是仅植株的根系及近于基部的地方浸没水中的植物，一般生长于沼泽浅水中或地下水位较高的地表，如水稻、菰等；水缘性植物生长在水池边，从水深 0.2 m 处到水池边的泥里都可以生长（图 3.81）。

不同水生植物除了对栽植深度的要求有所不同外，对土壤基质也有相应的要求，在景观栽植中应注意不同水生植物的生态习性，创造相应的立地条件。

（3）坡面栽植

土石的填挖会形成边坡土石的裸露，造成水土流失、影响植被生长。坡面栽植可美化环境，涵养水源，防止水土流失和滑坡，净化空气，具有较好的环保意义。

坡面栽植效果如何在很大程度上取决于植物材料的选用。发达根系固土植物在水土保持方面有很好的效果，国内外对此研究也较多。采用发达根系植物进行护坡固土，既可以达到固土保沙，防止水土流失，又可以满足生态环境的需要，还可进行景观造景，在城市河道护坡方面可借鉴。固土植物可以选择的主要有沙棘林、刺槐林、黄檀、胡枝子、池杉、龙须草、金银花、紫穗

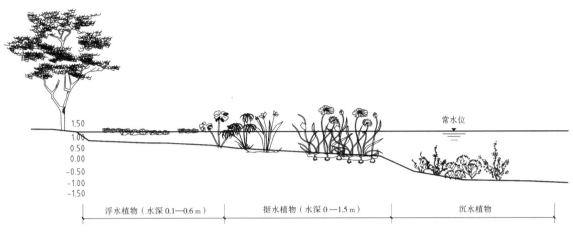

浮水植物（水深0.1—0.6 m）　挺水植物（水深0—1.5 m）　沉水植物

图3.81　湿地环境植物栽植图（单位：m）

槐、油松、黄花、常青藤、蔓草等等，在长江中下游地区还可以选择芦苇、野茭白等，具体根据该地区的气候选择适宜的植物品种。

按栽种植物方法不同分为播种法和栽植法。播种法主要用于草本植物的绿化，其他植物绿化适用栽种法。播种法按使用机械与否，又可分为机械播种法和人工播种法；按播种方式不同还可分为点播、条播、撒播。

三类坡面栽植技术：

① 陡坡栽植（坡度大于25°的坡面）。注意坡面防护，植物可选用灌木、草本类植物，可在边坡上打桩，设置栅栏、浆砌石框格以利于边坡稳定和植物生长。但这些措施并不能保证边坡长久的稳定，后期还要维护和管理。对于重要边坡，可选用植生混凝土绿化。

② 高硬度土质边坡栽植。当土壤抗压强度大于15 kg/cm² 时，植物根系生长受阻，植物生长发育不良。在这种情况下，可采用钻孔、开沟、客土改良土壤硬度，也可以用植生混凝土绿化。

③ 岩石坡面栽植。岩石坡面属高陡边坡，立地条件差、栽植技术复杂、成本高、养管难度大，非特殊地段及需要不应该过度人为绿化。对于稳定性良好的岩坡，可考虑藤本植物绿化。在坡面附近或坡底置土，其上栽种藤本植物，藤本植物生长、攀缘、覆盖坡面。对于稳定性较差的岩坡，应充分考虑坡面防护。先在岩坡上挂网，采用特定配方、含有草种的植生混凝土，用喷锚机械设备及工艺将其喷射到岩坡上，当植生混凝土凝结在岩坡上后，草种从中长出，覆盖坡面。

植生混凝土主要由多孔混凝土、保水材料、难溶性肥料和表层土构成。多孔混凝土是植被型生态混凝土的骨架。将表层土铺设于多孔混凝土表面，形成植被发芽的空间并减少混凝土中的水分蒸发，同时提供植被发芽初期的养分。采用喷洒植生混凝土的护坡绿化技术，能够在坡度超过20%的岩石上拉网喷射一层植被混凝土。但由于植生混凝土成本过高，推广应用尚比较困难。国内开始研究适合岩石边坡喷射施工的水泥生态种植基。水泥生态种植基是由固体、液体和气体三种物质组成的具有一定强度的多孔人工材料。固体物质包括粗细不同的土壤矿物质颗粒、胶结材料、肥料和有机质以及其他混合物。在种植基固体物质之间是形状和大小均不相同的空隙，空隙由成孔材料产生，成孔材料采用稻草秸秆，空隙中充满水分和空气。

生态笼砖边坡复绿技术是采用工厂生产配制的栽培基质加黏合剂压制成砖状土坯，在砖坯上播种草、花、灌等植物种子，经养护后，砖坯内长满絮状草根的绿化草砖，将草砖装入过塑网笼砖内，形成绿化笼砖，将笼砖固定在岩质坡面上，达到即时绿化效果，解决了75°以上的石壁边坡绿化难题。但由于工程造价较高，其推广受到限制。

生物防护技术是将选定的植物种子通过两层浆纸附着在可降解的生态植被袋的内侧,在施工时在植被袋内装入营养土,封口按照坡面防护要求码放,经过浇水养护能够实现施工现场的生态修复。生态植被袋既可以用于土石坡面,也可以用于岩石坡面,但坡度较陡时坡面不宜太长。生态植被袋是用高分子聚乙烯以及其他材料制成,耐腐蚀性强,对植物友善。生态植被袋有过滤功能,在允许水通过时,可以防止颗粒渗透,透水不透土,具有水土保持的关键特性。

灌木护坡技术有利于土方加固和大体积稳定。在边坡上开挖种植企口,形成种植台地,栽植灌木(图3.82)。

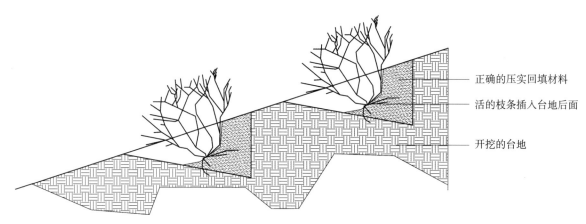

——正确的压实回填材料

——活的枝条插入台地后面

——开挖的台地

图 3.82 "灌木护坡技术"模式图

(4)屋顶栽植

屋顶栽植作为一种不占用地面土地的绿化形式,其应用越来越广泛。屋顶栽植的价值不仅在于能为城市增添绿色,而且能减少建筑材料屋顶的辐射热,降低城市的热岛效应、改善建筑的小气候环境、提高建筑物的热工效能,形成城市的空中绿化系统,对城市环境有一定的改善作用。

屋顶栽植的技术问题是一个核心问题。对于屋顶绿化来讲,首先要解决的是建筑的防水问题。不同的屋顶形式需选择不同的构造设施。倘若屋顶的种植植物还是按照地面的栽植方式则不适合。考虑到屋顶栽植存在置换不便的现实问题,因此植物选择上要注意生命周期,尽量选取寿命长、置换便利的植物材料,置换期一般需 10 年以上。同时,屋顶基质与植物的构成是否合理也是需要慎重考虑的一个方面。在一个大坡度的屋顶覆土深度近 0.5 m,如果仅种植草本植物,从设计及绿化方式的选择上是不恰当的。

屋顶栽植结构层一般分为屋面结构层、保温隔热层、防水层、排水层、过滤层、土壤层、植物层等(图3.83)。

① 保温隔热层:可采用聚苯乙烯泡沫板,铺设时要注意上下找平密接。

② 防水层:屋顶绿化后应绝对避免出现渗漏现象,最好设计成复合防水层。

③ 排水层:设在防水层上面,可与屋顶雨水管道相结合,将过多水分排出,以减轻防水层的负担。排水层多用砾石、陶粒等材料。

④ 种植层:包括植物层和土壤层,一般多采用无土基质,以蛭石、珍珠岩、泥炭等与腐殖质、草炭土、沙土配置而成。

种植屋面的防水层兼有防水和阻止植物根穿透的功能。种植屋面常用的防水卷材主要包括改性沥青、PVC（聚氯乙烯）和 EPDM（三元乙丙橡胶）三种。由于种植屋面荷载重、要求使用寿命长、不易维修等因素，国外采用叠层改性沥青防水层较多，但沥青基防水卷材阻根性较差，需要采取阻根剂、铝箔、铜蒸气等手段解决这一问题。PVC 和 EPDM 防水卷材只要具有较大的厚度也可用于种植屋面单层铺设，或者铺在有沥青卷材作为下层防水的上面，组成多层防水。因此，可大力发展阻根叠层改性沥青防水层，以适应细作型（重型）种植屋面之需，同时适当发展和采用 PVC 及 EPDM 防水卷材，逐渐形成多元化防水材料体系。

① 含有复合铜胎基的 SBS（苯乙烯）改性沥青防水层；

② PVC 防水层；

③ EPDM 防水层。

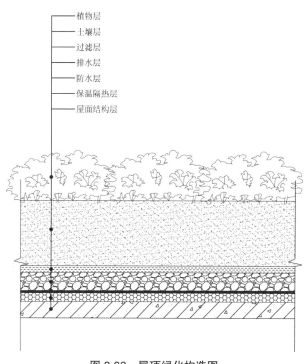

植物层
土壤层
过滤层
排水层
防水层
保温隔热层
屋面结构层

图 3.83　屋顶绿化构造图

新建成的美国国会图书馆帕卡德园区视听资料保存中心（简称 NAVCC）占地 16 万 m^2，坐落于弗吉尼亚州乡间（图 3.84）。其重要的场地设计理念包括：对原有建筑的适应性再利用；保留原有树木；使用乡土植物；雨洪管理；高度隔离性；利用窗前的拱廊遮挡夏日的阳光。屋顶有一定的坡度分级，有的地方厚度达 122 cm，有的地方厚度只有 22 cm。最薄的地方由 80% 的 Stylite（专用于屋顶绿化的轻质、多孔的烘干沙土）和 20% 的混合肥料组成。设计师首先绿化平坦的区域，然后在斜坡处采用湿法喷播植草，使建筑与原地形巧妙地融合在一起。斜坡的厚度只有 15 cm，种植了景天属植物和侧穗格兰马草。就色彩而言，其与周围的乡土色彩和谐一致［参见约翰·罗密士，汤姆·福克斯.地下建筑与绿色屋顶：美国国会图书馆帕卡德园区视听资料保存中心［J］.申为军，译.景观设计，2009（32）：50–53］。

议会街 601 号是美国一家公司美国总部的办公楼，佐佐木事务所（Sasaki Association，Inc）为其设计的绿色屋顶花园具有可持续发展的性质（图 3.85）。屋顶花园的面积约为 1 020 m^2。采用的植被大部分为耐干旱的装饰草类和景天属植物。排水、蓄水、通风系统铺在一层挤压成形的聚苯乙烯隔热层上面。

排水系统由 100% 回收的轻型聚乙烯板组成，这些聚乙烯板被塑造成蓄水杯和排水渠的形状，通过毛细管和蒸发作用为土壤层、植物层供水。过滤织物把排水系统和种植土层分隔开。屋顶花园虽然面积不大，但是扩大了周围城市环境中有限的绿色空间，同时也为一些鸟类和昆虫提供了栖息场所［参见阿利斯泰尔·麦金托什.议会街 601 号屋顶花园［J］.胡斌，张斗，译.景观设计，2007（6）：24–27］。

唯优（Vue）公司绿色屋顶位于一栋 8 层车库的顶部，也是这栋围合式建筑的中心位置。屋顶花园总体方案的目标是具有时代感的形式，以形成空间的焦点元素（图 3.86）。同时为了方便各类使用者的出入，把露台分成若干开放式公共空间和相对私密的区域。在整个设计过程中，减少雨水径流、限制灌溉用水量、使用本地或再生材料等都是优先考虑的因素。不仅在设计上有着

图 3.84　美国国会图书馆帕卡德园区视听资料保存中心

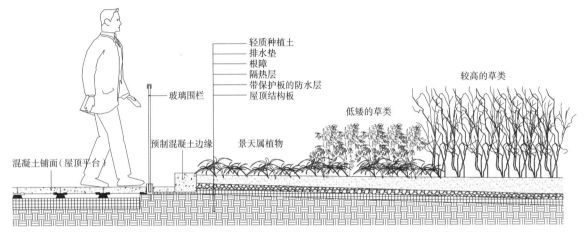

轻质种植土
排水垫
根障
隔热层
带保护板的防水层
屋顶结构板

玻璃围栏

较高的草类

低矮的草类

预制混凝土边缘

景天属植物

混凝土铺面（屋顶平台）

图 3.85　议会街 601 号屋顶花园

图 3.86　Vue 公司绿色屋顶

较强的表现力,同时将舒适性、便捷性和可持续性巧妙地结合在一起[参见理查德·琼斯.实用性与环境可持续性相平衡:The Vue 绿色屋顶撰写[J].申为军,译.景观设计,2009(2):28-31]。

3.3.3　可持续景观材料及能源

莱尔(Lyle)指出,"生物与非生物最明显的区别在于前者能够通过自身的不断更新而持续生存"。他认为,由人设计建造的现代化景观应当具有在当地能量流和物质流范围内持续发展的能力,而只有可再生的景观才可以持续发展。正如树叶凋零,来年又能长出新叶一样,景观的可再生性取决于其自我更新的能力。在城市景观环境规划设计过程中,不可避免地要处理这类问题。因此,景观设计应当采用可再生设计,即实现景观中物质与能量循环流动的设计方式。绿色生态景观环境设计提倡最大化利用资源和最小化排废弃物,提倡重复使用、永续利用。

景观材料和技术措施的选择对于实现设计目标有重要影响。景观环境中的可再生与可降解材料的运用、废弃物的回收利用以及清洁能源的运用等是营造可持续景观环境的重要措施,从上述诸措施着手,统筹景观环境因素间的关系,是构建可持续景观环境的重要保证。

1)生态厕所

作为景观环境的配套环卫基础设施,生态厕所是指具有不对或较少对环境造成污染,并且能够充分利用各种资源,强调污染物自净和资源循环利用概念和功能的一类厕所。根据不同的进化措施,目前社会上已经出现了生物自净、物理净化、水循环利用、粪污打包等不同类型的生态厕所。

生态厕所的主要特点有以下几个方面:

(1)粪污无害化。将厕所所收集的粪污进行就地处理或异地处理,使粪污无害化后再回归于环境。在进行粪污处理时,可以将回收粪污中的有用成分用于制肥或回收水资源,使得粪污从无害化走向资源化。

(2)节能节水。一般生态厕所具备粪便处理、回收水的功能,也有一些厕所使用非水冲方式达到洁净目的。这些厕所在使用上具有独立性,特别是对水资源的需求较少,具备节水特点。还有一些厕所利用太阳能作为取暖能源。

(3)应用范围广。由于生态厕所减少了对外界资源的依赖性,因此,生态厕所可以广泛地应用于环境和条件受限制的地域。在立地条件不是很理想的景观环境中,生态厕所的安装使用较普通厕所更为便利。

目前,太阳能生态厕所已经研制成功。太阳能厕所的原理是对建筑外墙进行保温,并把向阳面做成集热墙。集热墙上下部分别设可调式通风口,利用物理原理使吸热体内的热空气与室内的冷空气之间形成自动循环,将太阳能转换成电能,达到冬季提高厕所内室温、防止厕所内水管冻裂的目的。与有供暖的厕所相比,太阳能厕所节约了能源,节省了运行费。生态厕所采用微生物技术处理污物,污物经过除臭、分解、酵化三个步骤,将产生的污浊气体转换成二氧化碳排放到空气中,对周围环境基本没有影响。经测试,这种环保型厕所不仅具有清洁、安全、节能的功能,而且解决了过去普通厕所存在的污水再污染等问题。这种环保型厕所的投入使用,不但可以节约大量的水资源,还大大减少了城市污水的排放量。

为了治理生活污水污染,改变普通国标化粪池给城乡自然水体带来的严重污染,目前已经开发出了安装简便、易于工厂化生产的高效一体化生物化粪池。这种产品介于化粪池和无动力污水处理设备之间,既可作为老式化粪池的更新换代,又有较好的污水净化效果,已充分体现出它的实用性、先进性,在景观环境中使用较为便捷(图 3.87)。

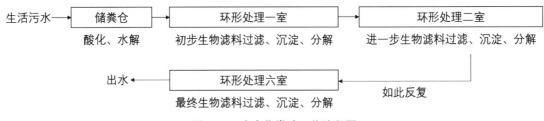

| 生活污水 → | 储粪仓 | → | 环形处理一室 | → | 环形处理二室 |
| | 酸化、水解 | | 初步生物滤料过滤、沉淀、分解 | | 进一步生物滤料过滤、沉淀、分解 |

| 出水 ← | 环形处理六室 | ← | | | 如此反复 |
| | 最终生物滤料过滤、沉淀、分解 | | | | |

图 3.87　生态化粪池工作流程图

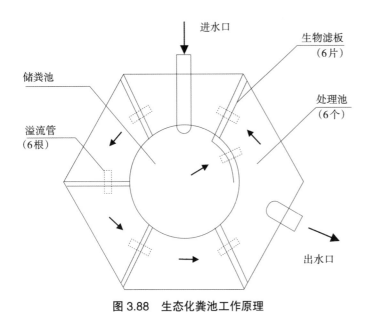

图 3.88　生态化粪池工作原理

高效一体化生物化粪池的特点如下：

① 设计新颖，结构紧凑，无能耗；玻璃钢（FRP）制造，使用寿命长。

② 具备格栅、隔油、沉淀、发酵和过滤的综合功能。

③ 安装使用方便，粪渣清理简便，清掏周期长；长期使用无堵塞现象。

④ 处理效果好，出水水质高于常规生物化粪池。

⑤ 具有抗脉动水流冲击、防气体爆炸功能（图 3.88）。

2）可再生材料的使用

从构成景观的基本元素、材料、工程技术等方面来实现景观的可持续，包括材料和能源的减量、再利用和再生。景观建造和管理过程中的所有材料最终都源自地球上的自然资源，这些资源分为可再生资源（如水、森林、动物等）和不可再生资源（如石油、煤等）。要实现人类生存环境的可持续，必须对不可再生资源加以保护和节约使用。但即使是可再生资源，其再生能力也是有限的，因此，在景观环境中对可再生材料的使用也必须体现集约化原则。

景观环境中一直鼓励使用自然材料，其中的植物材料、土壤和水毋庸置疑，但对于以木材、石材为主的天然材料的使用则应慎重。众所周知，石材是不可再生的材料，大量使用天然石材意味着对于自然山地的开采与破坏，以损失自然景观换取人工景观环境显然不足取；而木材虽可再生，但其生长周期长，尤其是常用的硬杂木均非速生树种，从一定程度上看运用这类材料也是对环境的破坏。不仅如此，景观环境中使用过的石材与木材均难以通过工业化的方法加以再生、利用，一旦重新改建，大量的石材与木材又会沦为建筑"垃圾"对环境造成二次污染。因此，应注重探索可再生资源作为景观环境材料，而金属材料是可再生性极强的一种材料。此类材料均有自重轻、易加工成型、易安装、施工周期短等优点，因此，应当鼓励将钢结构等金属材料使用于景观环境中。除此之外，基于景观环境特殊性、全天候、大流量的使用，因此除可再生性能外，还应注意材料的耐久性，可以长期无需要更换与养护的材料同样是符合可持续原则的。

基于可持续观念的材料研究将会成为继"钢"和"混凝土"之后的又一次材料革命。"钢"和"混凝土"曾经彻底解放了建筑的结构，也使得现代主义建筑运动得以成功，并加速了从手工业时代到工业时代的转变。而从后工业时代到可持续时代的过渡，则意味着对材料的新一轮的定义。因为所有的能源、资源和生态问题都因物质和材料而起。这种新的材料革命强调了充分利用材料的自然特性以及再生概念，并合理利用有限的自然资源。对于景观建设而言，依据物质材料的再生概念，根据材料再生方面的不同特性，还有其加工所消耗的能源数量的不同对其加以选择和划分。选择可再生、可降解、可重复种植、可重复生产的材料和可以再利用的材料，或者直接从再生、再利用的材料中获取景观材料。同时要求所有组成材料都能够被清晰地解读，而不会被完全纳入其他部分中。这样失去功效的材料能够被简单地分离、拆除，而不影响其他尚能发挥功效的材料的继续使用［参见孔祥伟.稻田校园：一次简单置换带来的观念重建建筑与文化［J］.建筑与文化，2007（1）：16-19］。

景观环境中运用的可再生材料主要包括金属材料、玻璃材料、木制品、塑料和膜材料等几种类型。正如金属材料一样，许多新材料的运用不是从景观设计中开始的，所以关注材料行业的发展，关注其他领域材料的应用，有利于我们发现景观中的新材料，或传统景观材料的新用法。

（1）金属材料

在景观环境建设中，金属材料应用广泛。与石材等其他材料相比，它具有可再生性、耐候性、易加工性、易施工和维护等特点。在景观环境中，常用的金属材料有钢材、不锈钢、铝合金等。不锈钢不易产生腐蚀、点蚀、锈蚀或磨损，能使结构部件永久地保持工程设计的完整性。含铬不锈钢还集机械强度和高延伸性于一身，易于部件的加工制造，可满足景观建筑师的设计需要。耐候钢的生产原理是在钢材中加入微量元素，使钢材表面形成致密和附着性很强的保护膜，阻碍锈蚀往里扩散和发展，保护锈层下面的基体，以减缓腐蚀速度，延长了材料的使用寿命。耐候钢以其独特的色彩和质感融于景观设计中，体现出别出心裁的艺术魅力。镀锌钢板是指表面电镀一层约1 mm的金属锌的钢板，具有防腐蚀的作用，在景观建筑行业中的应用比较广泛。通过压缩变形的镀锌钢板给景观环境设计带来了质感美和丰富的细部。铝合金具有适当的延伸率、良好的抗腐蚀性能。

① 可再生性：金属材料属可循环利用材料，可回收再加工，不会损害后续产品的质量，环保性强。回收利用是金属的一大优势，因为熔化金属耗费的能源很少。通常金属废料的再利用率可以达到90%，其中钢材料为100%。

② 耐候性、耐久性：许多金属材料具有良好的耐候性、耐久性。金属表面还可做涂层处理，以保护金属材料、提高耐久性。不同涂漆的性能主要表现在耐候性上。常用的涂漆方法有电泳涂漆、静电粉状喷涂、氟碳喷涂等。氟碳是目前广为使用的、耐候性最佳的涂料。

北京现代艺术中心公园位于北京"CBD（中央商务区）都市绿廊"的核心部分。锈蚀钢板与石材的结合，构成了具有现代气息的城市景观小品，两种材料的颜色、质地对比增加了景观肌理和细部（图3.89）。

韩国LG江南（Kangnam）广场位于韩国首尔江南区，设计的目的在于以一种对应的国际化广场和绿化形式整合周边现代风格的建筑群。这个广场可以分为四个区域：到达广场、竹园、水园、艺术会堂花园。设计利用不锈钢材料将通风管道包装，既满足了功能需要，同时螺旋状的通风井成为广场上的景观焦点（图3.90）。

在江苏宿迁河滨公园景观小品的设计上采用简洁明快的现代风格，以钢和玻璃为主。在休息亭中，钢管柱外饰铁灰色氟碳漆，增强了钢材料的耐腐蚀性（图3.91）。

③ 易加工性：金属材料延展性好、韧性强，易于工厂化规模加工，机械化加工精密，可以降低人工成本、缩短工期。在景观环境中其较强的可塑性可以满足设计的多样化需求。由于处理的方法不同，金属材料可呈现出不同的视觉以及触觉效果。平滑的铝板、不锈钢板能体现现代技

图 3.89　北京现代艺术中心公园锈蚀钢板的运用

图 3.90　韩国 LG 江南广场不锈钢板的运用

图 3.91　宿迁河滨公园休息亭

术以及工艺美；铜板材料表现出现代感与历史感的结合；波纹板则给设计带来丰富的细部；自然未处理的钢板容易留下自然和时间的印记。

　　传统的景观材料如石材、木材等大部分为天然材料，金属这一人工材料与其他天然材料的搭配使景观的变化更为丰富，能够展现出人工美与自然美的对比与交融。金属材料形式众多、色彩丰富、能够表现出各种复杂的立体造型、纹理及质感的效果，可针对景观环境特征有选择地使用各类金属材料。

　　西班牙达尔哥诺·玛公园（Diagonal Mar Park）坐落于西班牙巴塞罗那海洋森林街、吕尔街和何塞普·普拉街之间，由 EMBT 建筑事务所设计，于 1997—2002 年建造。设计运用不锈钢管的扭转构成轻盈且具有动势的景观构筑物，活化了场地空间，同时原来的基地环境（废弃的工业地块）在某种程度上得以体现。在这个公园中，不锈钢管可塑性强的特性使设计师的构思落到实处（图 3.92）。

图 3.92　西班牙达尔哥诺·玛公园不锈钢管的运用

专利花园（Patent Garden）由汤姆·奥斯隆德（Tom Oslund）、泰迪·科莱恩（Tadd Kreun）合作完成。这个小庭院花园使用强烈的形式感和抽象的符号，以实现一种平静且具有禅宗意境的花园。庭院场地为正方形，采用碎石铺地，中间由耐候钢板围合圆形草坪。螺旋状钢板墙体充分发挥了材料良好的延展性和可塑性（图 3.93）。

国会大厦广场（Capitol Plaza）是 2005 年美国景观设计师协会的获奖项目，由托马斯·贝斯利（Thomas Balsley）设计完成。各种不同座椅的设置使这个横穿街区的口袋公园备受欢迎。在这个广场设计中，27 m 长的橙色镀锌钢板墙形成了一个愉悦的背景。在波浪纹的钢板上开凿了大小不一的椭圆孔洞，增加了景观环境的细部和趣味性（图 3.94）。

在盐城市大丰区二卯西河景观带中，建筑小品以钢结构为基本结构形式，维护部分以玻璃为主，实现通透、轻巧，局部穿插使用毛石墙体，以丰富建筑立面和形体造型（图 3.95）。

④　易施工性：金属材料质量较轻，可以减少荷载，现场施工较为便利。

在荷兰蒂尔堡克罗姆豪特（Kromhout）公园和中关村科技园区 G1 地块中，钢格栅板的使用增添了场地的科技感，同时，格栅板的规格化制作使现场安装十分方便（图 3.96）。

图 3.93　专利花园锈蚀钢板的运用　　　　图 3.94　国会大厦广场镀锌钢板的运用

图 3.95　盐城市大丰区二卯酉河景观带景观小品

图 3.96　钢格栅板的运用

⑤ 易维护性：多数金属材料具有易维护的特点，材料管理便利，有效降低人工成本。

（2）玻璃材料

玻璃属于一种原料态资源，因为玻璃的主要成分是二氧化硅，一般玻璃制品不会污染环境。随着技术的发展，玻璃材料在景观环境中的运用不仅仅限于围护构件，亦可作为承重构件，从而增添了景观的可变性和趣味性。不同的玻璃材料具有不同的内在属性，在景观环境中发挥了特殊的功能作用。

① 透光性：玻璃制品最大的特性在于其透光性。不同的玻璃材料具有不同的透光度。超白玻璃是一种低含铁量的浮法玻璃，具有高透光率；玻璃砖和毛玻璃均具有透光不透影的特点。玻璃砖的运用给景观环境带来朦胧感，在夜景亮化中起到奇特的作用。

② 耐候性：玻璃制品一般不受自然气候的腐蚀，理论耐久年限可以超过 100 年。

③ 一定的机械性能：

a. 钢化玻璃是一种预应力玻璃，为提高玻璃的强度，通常使用化学或物理的方法，在玻璃表面形成压应力，玻璃承受外力时首先抵消表层应力，从而提高承载能力，增强玻璃自身的抗风压性、寒暑性、冲击性等（图 3.97）。

b. 夹胶玻璃强度高且破碎后玻璃碴粘连在一起，不易伤人，安全性高。在景观环境中，夹胶玻璃通常用于易受人体冲击的部位（图 3.98、图 3.99）。

图 3.97　美国大峡谷"空中漫步"钢化玻璃的运用

图 3.98　"戴维·波维林之星"玻璃建筑与双面镜

图 3.99　荣誉勋章纪念馆（印第安纳波利斯）圆弧形玻璃构筑物

　　c. 镀膜玻璃具有良好的遮光性能和隔热性能，镀膜反射率可以达到 20%—40%。

　　d. 中空玻璃由于其特殊的中空构造，大幅度提高了保温隔热性能和隔声性能，具有极好的防结露特性，适用于景观建筑、小品。

　　美国大峡谷"空中漫步"（Skywalk）建成于 2007 年。这个 U 形玻璃平台，从大峡谷的老鹰岩（Great Eagle Point）延伸出来，长约 21.34 m，高 609.6 m。玻璃走廊匠心独运的悬臂式设计，能抵御世界上所有天桥步道都不能承受的恶劣天气。玻璃材料的使用增添了景观环境的刺激程度。

　　④ 易加工性：玻璃材料易于工厂化规模加工，可根据设计要求定制各种类型、形状；机械化加工精密，玻璃制品平整度较高。

　　（3）木制品

　　木材和木制品的运用在国内相当丰富。木材往往具有以下材料特性：

　　① 热性能。木材的多孔性使其具有较低的传热性以及良好的蓄热能力。

　　② 机械弹性。木材是轻质的高强度材料，具有很好的机械弹性性能，根据木材的各向异性，在平行于纹理的方向上显示出良好的结构属性。

　　③ 易加工性。景观环境中的木制小品，可以根据需要加工定制（图 3.100）。

　　由于木材取材于自然森林，虽然属于可再生材料，但是由于成材周期长，大量使用原木并不是很经济，在一定程度上也影响了原产地的生态环境。木材等天然耐腐蚀性较差、养管比较复杂，人为添加化学防腐材料往往具有二次污染。

除了原木可以作为造景材料外，植物的"废料"，如剥落的皮、叶、枝条等也可以直接或间接作为景观材料使用。南京大石湖景区中利用棕皮覆盖树池，生态美观，独具特色，经济实用，凸显郊野风情（图3.101、图3.102）。

（4）塑料和膜材料

随着工业技术的不断发展，塑料制品的性能逐渐改良，一些新型的塑料和膜材料逐渐成为景观环境的构成元素，它们往往具有以下特性：

图 3.100　瑞典铁锚公园木制品

图 3.101　南京大石湖景区棕皮树池

图 3.102　上海街头公园树皮覆盖种植池

① 质轻高强、绝缘性能高、减震性能好。有机玻璃是一种使用广泛的热塑性塑料，抗冲击强度约为等厚度玻璃的5倍，它具有极佳的透光性；PC板（聚碳酸酯板）单位质量轻，但具有极佳的强度，它是热塑性塑料中抗冲击性最好的一种（图3.103）。如今广泛使用的膜材料能够很好地满足防火需求。

② 化学性能稳定。一些热塑性塑料具有良好的抗化学腐蚀性，如PC板、ETFE（乙烯–四氟乙烯共聚物）薄膜，后者由于耐候性较好，寿命可以长达25—30年。

③ 自洁性较好。膜材料表面采用特殊防护涂层，自洁性能好，可以大幅度减少维护费用。

④ 易于加工成型。塑料和膜材料可塑性较强，如ETFE可以加工成任何尺寸和形状，尤其适于景观环境中的大跨度构筑物。膜结构的形体可以更为自由，形式众多的刚性和柔性支撑结构以及色彩丰富的柔性膜材使造型更加多样化，可以在景观空间中创造出各种自由的、更富有想象力的形体。

在盐城市大丰银杏湖公园的露天剧场上，设计了一组张拉膜结构，喇叭花状的造型极具现代感（图3.104）。

图 3.103　慕尼黑奥林匹克运动会体育场顶部的 PC 板

图 3.104　大丰银杏湖公园膜结构舞台

　　种植网格是通过热焊接的高密度聚乙烯条制成的,它具有较好的聚合量。它结合了防收缩与排水设施,为坡面提供控制腐蚀、固定地面以及挡土墙的设施。设计师在高层建筑间的一段不宜种植的狭长地带营造出尺度宜人的实用景观,以艺术的手段解决了高层建筑所带来的压迫感。半球形绿化的形成依托于种植网格的运用。这种半球形结构使树木的根球能够保持在地坪以上(图 3.105)。

　　⑤ 易施工:塑料和膜材料及支撑结构现场安装较为方便,施工周期短。

　　3)可降解材料的使用

　　近年来,可生物降解材料是人们关注的一个热点课题。生物可降解性与从可再生资源制备是两种不同的概念。天然生成的聚合物,如纤维素或天然橡胶是可生物降解的,但是生物可降解性是与物质的化学结构有关,而不论此结构是由可再生资源或矿物资源制备的。

　　(1)纳米塑木复合景观材料

　　通过在 PE/PP(聚乙烯 / 聚丙烯)塑料颗粒原料中添加一定比例的含有木质纤维的填料和加工助剂,经由高速混合机混合后,利用专用加工设备和模具生产出具有天然木材特性的纳米 PE/PP 塑木复合景观及建筑材料制品(图 3.106)。

　　其性能特点如下:

　　① 天然质感、强度高。保留了天然木纤维纹理、木质感,与自然环境相融合;摒弃了自然木材易龟裂、易翘曲变形等缺陷。这种材料的强度是木材的七倍以上。

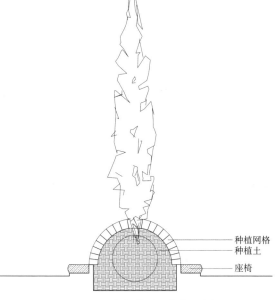

种植网格
种植土
座椅

图3.105 瑞士银行大厦大道（UBS Tower/One North Wacker Drive）半球形绿化剖面图

② 可塑性强。尺寸、形状、厚度可根据设计定制；通过加入着色剂、覆膜等后期加工处理技术可制成色彩绚丽、质感逼真的各种塑木制品；加工简单，可应用木工加工方法，灵活加工，任何木加工机械都可胜任装配；可钉、可钻、可刨、可粘、可锯、可削、可磨等二次加工。

③ 良好的机械性能。阻燃性好、吸水性小、尺寸稳定性好；具有抗腐蚀、抗摩擦、耐潮湿、耐老化、耐寒、抗紫外线、耐酸碱、无毒害、无污染等优良性能；耐候性较好，尤其适于室外近水景观场所。

④ 易维护、寿命长。平均比木材使用时间长五倍以上，无需定期维护，降低了后期加工和维护的成本费用，使用成本是木材的1/3—1/4，经济实用。

⑤ 质坚量轻、绿色环保。材料质坚、量轻、保温；100%可回收循环利用，可生物降解；不含甲醛等有害物质，与环境友好、绿色环保。

图3.106 纳米塑木复合景观材料

（2）可生物降解固土装置

弗瑞希尔公司设计的固土装置是一种为垂直及水平种植而提出的过渡性可由生物降解的生长系统。固土装置由聚乙烯乳酸和生物聚合物制成，"口袋"形的种植钵会慢慢降解。纤维的多孔性便于雨水灌溉、空气流通和排水。聚乙烯乳酸的吸水性使其能够达到储水的作用，有利于植物的生长（图3.107）。

图 3.107　固土装置

4）废旧材料的回收利用

大量旧有的生活设施和生活资料随着人们生活方式的更新而被丢弃；旧有的工业设施也逐渐被替代或者荒废，由此产生了大量废弃的生活资料、旧房拆迁的建筑废料以及工业化的过程中所产生的废弃生产资料。

从可持续景观环境建设的角度来看，废旧材料作为营造环境的元素会产生一定的经济效益和环境效益。运用废旧材料塑造景观环境，使废料循环使用，从而减少对新材料的需求。通过对原材料的分解与重组，赋予其新的功能。这种方式不仅对废旧材料进行了有效的处理，同时节约了购置新材料的费用，赋"旧"予"新"，物尽其用，符合可持续景观环境建设的要求；旧材料与新材料的结合往往会产生新奇的效果。废旧材料能够就地运用到景观环境中，可以减少运输费用、降低建设成本。另据研究，废旧材料可以转化成能源，从而减少能源开支。

在美国费城都市供应商海军总部庭院中，将表面的沥青层除去后，把混凝土切分为 0.6—1.2 m 的不等小块（图 3.108）。在废弃的混凝土块间加植槐树，并填充细碎石于缝隙中（图 3.109）。混凝土块与碎石大小肌理、色彩的对比在绿树的映衬下显得颇为质朴、和谐。同时，这种做法能够有效提升场地的透水性。

在淮安楚州淮扬美食中心前广场改造过程中，将废弃的混凝土路面切割成块，作为河道驳岸浆砌块石之用。一方面，避免了废旧材料的堆放；另一方面，将废弃物有效再利用，经济性较好（图 3.110）。

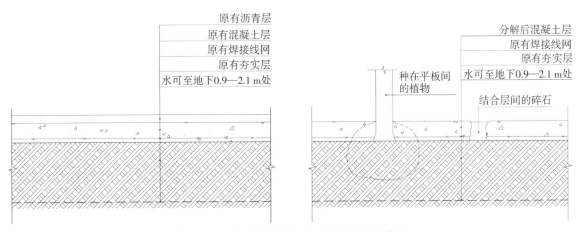

图 3.108　美国费城都市供应商海军总部庭院

图 3.109　树下用石碎片覆盖的丹麦格洛斯楚普（Glostrup）市政厅公园的

图 3.110　淮安用废弃路面制作的驳岸块石

图 3.111　则武株式会社公园原厂房砖的利用

则武株式会社公园（Noritake Garden）作为一个新的商业空间，意在通过绿色开放空间的营造为居民提供娱乐消遣的场地，带来文化的交流，促进城市以一种新的形式重生。在公园的创造过程中，最大限度地利用原有历史建筑物，转换场地功能。原有厂房中的许多产品和建筑材料成为景观环境设计的构成要素。例如，建筑废旧材料——砖通过重组在设计中得以充分运用（图 3.111）。

废旧轮胎草皮护坡是利用轮胎中的圆孔及排列空隙的土壤来种植连接水体的植物，以增加抗冲能力。对轮胎与河道堤身处进行透水垫层技术处理，利用植物根系与坡面土壤的结合，改善土壤结构，提高迎水坡面的抗蚀性、抗冲刷性，利用轮胎压盖来抑制暴雨径流和风浪对边坡的侵蚀，增加土体的抗剪强度，大幅度提高护坡的稳定性和抗冲刷能力，同时具有生态效益和绿色景观效益，造价较低。

5）清洁能源的利用

太阳能、风能、水能和生物质能等可再生能源将成为我国的主要能源。可再生的清洁能源资源对建立可持续的能源系统、促进国民经济发展和环境保护具有重大意义。在景观环境设计中，引入清洁能源作为景观设施的能源供给系统，一方面，可以有效地减少市政能源供给，提高景观环境的能源自给能力；另一方面，清洁能源的利用更是建设可持续、节约型景观环境的时代需求。同时，在一些老的载体上加装清洁能源工程措施比较方便，避免了挖凿埋线的麻烦。互补能源的开发运用、清洁能源与低能耗终端设施的配合使用，可以更有效地发挥自然功效。

（1）太阳能

太阳能是各种可再生能源中最重要的基本能源，通过转换装置把太阳辐射能转换成电能利用的属于太阳能光电技术，光电转换装置通常是利用半导体器件的光伏效应原理进行光电转换，因此又称之为太阳能光伏技术。20 世纪 70 年代以来，鉴于常规能源供给的有限性和环保压力的增加，世界上许多国家掀起了开发利用太阳能和可再生能源的热潮。1973 年，美国制定了政府级的阳光发电计划,1980 年又正式将光伏发电列入公共电力规划,累计投入超过 8 亿美元。日本在 20 世纪 70 年代制定了"阳光计划",1993 年将"月光计划""环境计划""阳光计划"合并成"新阳光计划"。德国等欧共体国家以及一些发展中国家也纷纷制定了相应的发展计划。20 世纪 90 年代以来联合国召开了一系列有各国领导人参加的高峰会议,讨论和制定世界太阳能战略规划、国际太阳能公约,设立国际太阳能基金等,推动全球太阳能和可再生能源的开发利用。开发利用太阳能和可再生能源成为国际社会的一大主题和共同行动,成为各国制定可持续发展战略的重要内容[参见中华人民共和国国家发展计划委员会基础产业发展司.1999 白皮书:中国新能源与可再生能源[M].北京:中国计划出版社,2000]。

太阳能光伏电池路灯和太阳能 LED 灯目前在景观环境中得到一定程度的推广。它们既符合节约能源的经济目标,又是彰显环保文化的绿色照明。在建设原则上力求灯光效果艺术化、灯光环境和谐化、灯光设备安全化、灯光管理自动化。太阳能环境照明充分体现具有不耗电有利于节约运行成本、低压安全有利于旅游开放、冷光源有利于植物生境需求、环保理念有利于植物园形象等诸多优点。

武汉植物园在园路建设中尝试采用太阳能庭院灯进行照明,共计安装了百余盏路灯,分别有七套太阳能集群系统进行控制。通过对太阳能产品的使用及设计施工安装,从中获取了很多重要参数并积累了丰富的经验,例如将原有的 12 V 供电改为 24 V 供电,有效地解决了直流供电长距离线损和照度问题,掌握了太阳能供电功率和照明工作时间是如何正确有效地配置比例关系;还采用集群高杆供电方式,从而有效地解决了植物园树林茂密的特殊环境情况下电池板采光不足的问题等。在实验初步获得成功的基础上进行较大面积的应用,例如在园中园、水生植物展示区等景区逐步推广采用了太阳能环境景观照明,并依据环境特征和景观表达要求采用了以太阳能 LED 灯为主要景观亮化光源。通过各种不同环境景观类型配套的太阳能照明应用,有效地节约了能源。

(2)风能

风能作为一种清洁的可再生能源,越来越受到世界各国的重视。风力发电在可再生能源的开发利用中技术最为成熟,最具商业化和规模化发展前景。在无锡落成的中国太湖生态博览园是国内首个湖泊"风能湿地"。所谓"风能湿地",就是通过安装在湿地的多个风能处理装置,将湿地处理污水的过程展示在人们面前,直观地感受到整个湿地在环境治理中的"呼吸过滤"作用。

(3)水能

水能是一种可再生能源,是指水体的动能、势能和压力能等能量资源。水能资源包括河流水能、潮汐水能、波浪能、海流能等能量资源。地表水的流动是重要的一环,在落差大、流量大的地区,水能资源丰富。因此,在景观环境中,尤其是风景环境中,如果能够将河流、潮汐、涌浪等水运动构成封闭系统用来发电,对环境的可持续发展将具有积极影响。

(4)生物质能

生物质能是蕴藏在生物质中的能量,是绿色植物通过叶绿素将太阳能转化为化学能而储存在生物质内部的能量。生物质能是可再生能源,通常包括木材、森林工业废弃物、农业废弃物、水生植物、油料植物、城市和工业有机废弃物、动物粪便等方面。生物质能的优点是燃烧容易,污染少。立足于景观环境的生物质资源,研究新型转换技术,开发新型装备既是景观环境发展的需要,又是减少排放、保护环境、实施可持续发展战略的需要。

(5)互补能源

风光互补发电就是利用风力发电机和太阳能电池将风能和太阳能转化为电能的装置。风光

互补逆变控制器是集太阳能、风能控制和逆变于一体的智能电源，它可控制风力发电机和太阳能电池对蓄电池进行智能充电，同时，将蓄电池的直流电能逆变成 220 V 的正弦交流电供用户使用。太阳能和风能在地域和时间上的互补性使风光互补发电系统在资源上具有最佳匹配性，并且在资源上弥补了风电和光电独立系统在资源上的缺陷。在一定的景观环境中采用这种风光互补装置，可以有效降低景观环境的用电量。

目前，风光互补供电路灯在景观环境中已经得到一定程度的运用，如南京中国绿化博览园、常州蔷薇园等诸多公园中均采用这种路灯设施（图 3.112）。

3.3.4 水绿耦合的海绵系统

自古以来城市的选址与建设均与水系有着密切联系，如何智慧地处理城市与水的关系是城市可持续发展的关键。传统的城市规划注重功能引导，弱化了对自然本底与规律的研究，过度地强调了人为控制与作用，由于面积占比 2/3以上的城市人工下垫面失去了自然土地的海绵效应，转而单纯依靠灰色的管网解决雨水排放，一方面管网不足易积涝，另一方面排水能力强虽不积涝却使得城市极度缺水，"两难"已然直接导致了当代城市成为旱涝频发的重灾区。另外，随着城镇化快速发展，城市建成区及周边填埋、侵占自然水域现象严重，河流萎缩、河流廊道断裂、河网支流大量消失，严重影响了城市水系蓄滞洪水的能力。海绵城市建设不应单一地以解决洪涝或雨水利用为导向，而是基于城市水文系统的重构与优化，统筹兼顾解决城市旱涝问题。

1）海绵城市设计原则

（1）基于"耦合"的设计法则

"耦合"强调从场所的不同层面、不同尺度进行分析与设计，体现一种全尺

图 3.112 风光互补供电路灯

度的设计方法，是一个动态的过程。在此过程中设计目标与场所互相影响，最终达到和谐共生。海绵城市规划设计中耦合法则的应用强调通过对场地的最小干预实现场所资源利用的最大化，通过运用生态学原理，实现对雨水的就近截留、蓄用平衡、水绿统调和多元蓄水等目的，持续改善城市水环境（图3.113）。

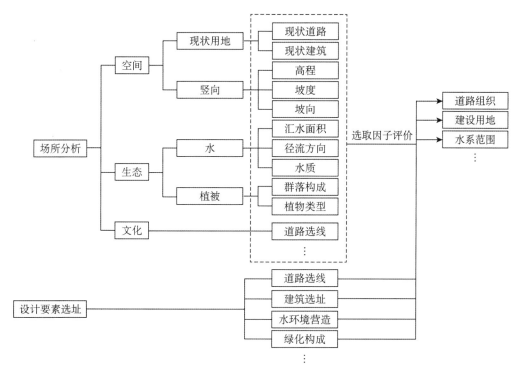

图3.113a "设计要素与场所的耦合"图示

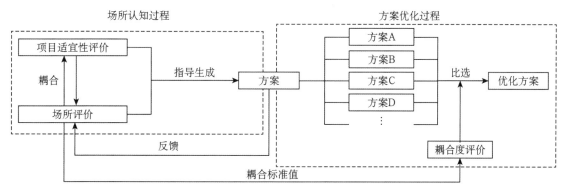

图3.113b 基于场所适宜性风景园林设计方法

（2）因天、因地制宜的设计策略

不同地理区位的城市在气候、水文、土壤、地形地貌等方面存在显著差别，需要充分考虑各地自然条件差异，进而确定海绵技术的运用范畴与适宜技术。因天、因地制宜是进行海绵城市实践的根本。

（3）基于系统的原则

基于系统的观念，统筹城市灰色系统、自然系统和海绵系统，形成符合城市特定气候地理环境的渗、滞、蓄、净、用、排的水循环体系。

（4）系统最优化策略

海绵系统是由相互联系、相互作用的若干要素有机结合形成的复合体，其整体功能取决于系统内部要素之间的相互关系。海绵系统的设计应以低成本投入和可持续技术集成实现系统功能的高效化。

（5）资源再生策略

海绵技术设施选择中应考虑海绵体材料的多样化，提倡资源的循环再利用，探索不同废弃物在海绵城市建设中的应用，如道路透水垫层铺设、蓄水材料填充等。可以作为海绵体的再生材料包括混凝土地块再生块料，如建筑梁、柱、楼板、墙板、基础底板等块料等。

2）海绵策略与适宜技术

海绵策略在一定程度上是缓解当前城市旱涝困境、解决城市水资源分布不均、优化传统城市给排水系统的一种重要策略和手段。海绵策略除了与城市自然条件有关外，还与城市下垫面关系密切，城市的水系、道路、建筑、广场和绿地的水环境特征有着显著差异，因此针对不同的城市下垫面，应当采取不同的海绵策略。

（1）典型城市下垫面的海绵策略

相对于硬质铺装，土壤是天然的海绵体；但同样是土壤，由于土壤类型不同，如黏土、亚黏土、粉质土等，其吸水率、孔隙率等均不相同。同样是硬质铺装，道路、广场和建筑物也不相同。相对于建筑而言，广场和道路产生径流更快，因为建筑有部分屋面能储存一部分雨水，另外在下渗过程中，管道、沟渠等一系列输水设施具有截留作用。所以矛盾最为突出的地段是广场和道路，其面积大、下垫面不透水，导致迅速生成径流。

由于自然地理条件的不同、下垫面的不同以及同一类型下垫面（如土壤）由于理化性能的差异导致下垫面透水、持水、径流等的不同，从而必须要有针对性的海绵策略以及与之相适应的海绵技术，切忌不分东西南北向，采取一刀切，进而产生难以避免的新问题。

（2）城市水系的保护和完善

① 建成环境中自然水系的退变

首先，城市水系景观破碎化、河流萎缩、河流廊道断裂、流域自然水系结构受到破坏，自然水体恶变。同时，湖泊斑块减少，湿地景观破碎化严重。其次，河网支流大量消失，调蓄洪水的能力下降，是导向城市积涝的重要原因之一。以南京为例，从明代至今，城市的主要河道保存较为完好，但河网支流大量消失，而支流水系在蓄积洪水、调节干流洪水到来的时间差等方面起到了重要的作用，支流的大量减少严重影响了流域蓄滞洪水的能力。最后，河道及驳岸硬化。硬化的河道或河岸阻碍河水下渗，破坏地下水库的补给；同时能加快水流速度，从而加快水资源从地表流走，并在雨量大时造成洪水泛滥的问题（图3.114）。

② 保护恢复与优化策略

作为海绵城市的重要措施之一，系统地恢复优化自然水系水文过程，结合低影响开发措施，切实优化城市水文过程：

a. 保护现状河流、湖泊、湿地、沟渠等自然水体；

b. 加强水系连通性，建设由干水、支水、水库、湖泊、湿地所构成的"点、线、面"结合的区域水系网络，提高雨洪调蓄能力；

c. 结合生态保护区和城市绿地进行城市水系节点建设，对重点水域实施保育恢复；

d. 加强城市水系与城市上游雨水管渠系统、超标雨水径流排放系统以及下游水系的充分

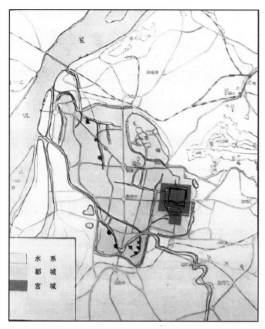

图 3.114a　南京明朝时期水系示意图

图 3.114b　南京当代水系示意图

衔接；

　　e. 充分利用城市自然水体设计汇水明沟、雨水湿地等具有雨水调蓄和净化功能的低影响开发设施，提高雨水资源集约利用水平；

　　f. 城市水系岸线应尽量设计为生态驳岸，并选择适宜的湿生或水生植物。

　　③ 盐城市大丰区高新技术开发区规划设计

　　地处江苏沿海的大丰区高新技术开发区位于城市防洪区划之外，加之地势平坦，土壤含盐高，pH（氢离子浓度指数）值为8.8。为了降碱的同时提高新区防洪、滞洪能力，规划提出人为开挖河道构成水网，利用所出土方堆高绿地，结合降碱、土壤改良等技术，满足绿地植物生长的同时，产生了很好的海绵效应。大丰区高新技术开发区水系规划设计整合了自然与人工水系、绿地的存蓄水功能，正常水位时，水面总面积达118万 m^2，水面率达11%，利用自然水系可调蓄场地约178万 m^3 的地表径流，提高了区内防洪的能力，减少了内涝风险，效果显著（图3.115）。

　　（3）城市道路

　　① 水环境特征

　　随着汽车的普及，道路占比逐渐增加。《城市综合交通体系规划标准》（GB/T 51328—2018）规定人口在200万人以上的大城市，道路占比为15%—20%，可见道路在城市生活中的重要性。

　　城市道路路面横坡排水有双坡排水和单坡排水两种方式。当车行道宽度较宽时，通常采取双坡排水方式，以减少地表水在道路表面的径流时间并迅速将雨水排入地下管道。一般横坡坡度为1.5%—2.5%，纵坡坡度为0.3%—8.0%。强降雨时，纵坡大面积的雨水径流能迅速汇集至道路低洼地段，从而形成内涝。同时，在降雨产流过程中，道路多为沥青路面，其摩擦力小，从而产生径流更快，因此其洪涝问题比其他不透水下垫面（如建筑、广场）更甚。此外，不同材质的道路径流系数差别也很大（图3.116）。

　　② 问题

　　一方面，城市道路多为沥青路面，阻力比其他不透水路面更小，且纵坡面积大，产生径流速

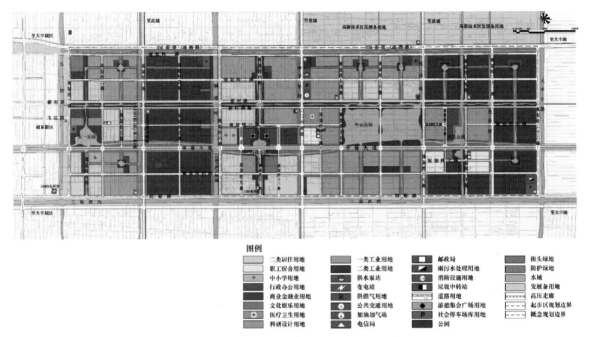

图例

二类居住用地　一类工业用地　邮政局　街头绿地
职工宿舍用地　二类工业用地　雨污水处理用地　防护绿地
中小学用地　供水泵站　消防设施用地　水域
行政办公用地　变电站　垃圾中转站　发展备用地
商业金融业用地　供燃气用地　道路用地　高压走廊
文化娱乐用地　公共交通用地　游憩集会广场用地　起步区规划边界
医疗卫生用地　加油加气站　社会停车场库用地　概念规划边界
科研设计用地　电信局　公园

图 3.115a　盐城市大丰区高新技术开发区用地规划图

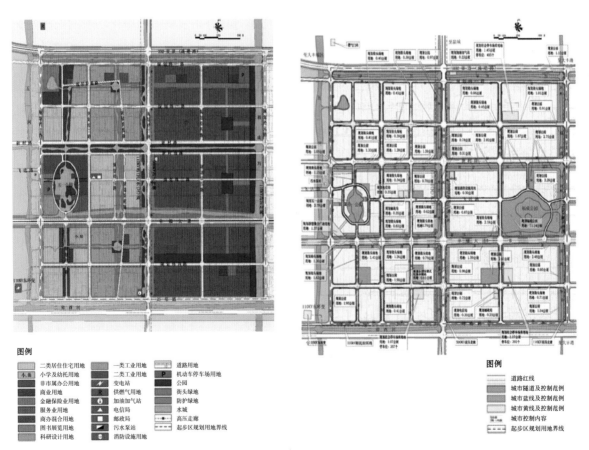

图例

二类居住住宅用地　一类工业用地　道路用地
小学及幼托用地　二类工业用地　机动车停车场用地
非市属办公用地　变电站　公园
商业用地　供燃气用地　街头绿地
金融保险业用地　加油加气站　防护绿地
服务办公用地　电信局　水域
商办混合用地　邮政局　高压走廊
图书展览用地　污水泵站　起步区规划用地界线
科研设计用地　消防设施用地

图 3.115b　盐城市大丰区高新技术开发区起步区控制性详细规划图

图例

道路红线
城市隧道及控制范例
城市蓝线及控制范例
城市黄线及控制范例
城市控制内容
起步区规划用地界线

图 3.115c　盐城市大丰区高新技术开发区四线控制规划图

图 3.115d 盐城市大丰区高新技术开发区规划后的卫星影像图

度更快；若此时周边用地的水再汇集至路面，则径流更大。因此道路系统往往是城市内涝灾害影响最为严重的地段（尤其是立交桥下的涵洞、过街地下通道、铁路桥等地势低洼处），在国内外暴雨洪灾中，城市道路首当其冲成为最危险的地段。如 2012 年北京"7·21"特大暴雨中有 8 人在驾车途中溺亡。另一方面，由于道路不透水下垫面的阻隔，城市地下水补给不足，雨水资源通过雨水管网迅速排走，造成城市道路周边干旱缺水，由此也会影响道路周边的小气候环境和绿化植物的生长。

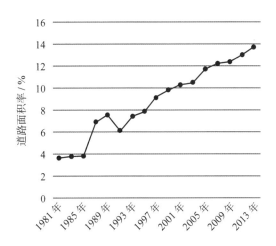

图 3.116 全国城市建成区道路面积率变化统计

③ 适宜策略

a. 城市道路应尽量采用透水性材料；

b. 运用路面集水和储水手段，加强对道路径流雨水的截留，并将其缓释至周围绿地土壤中；

c. 道路选线规划和建设应与城市绿地和水系综合考虑，增加道路周边消纳径流雨水的生态用地；

d. 道路横断面设计应优化道路横坡坡向、路面与道路绿化带及集水设施的竖向关系，便于径流雨水汇入集水设施；

e. 道路周边的集水设施应通过溢流排放系统与城市管渠系统相衔接，保证上下游排水系统顺畅；

f. 采用监测系统，对道路含水量进行实时监控以获取反馈信息。

④ 苏州城北路海绵系统实践

苏州城北路改建工程中的海绵系统设计范围全长约 14 km，包括道路红线内及道路两侧边坡绿化部分，设计根据普通路段、高架路段、隧道路段、周边绿地等不同地段类型因地制宜地选取适宜的海绵策略，综合采用渗蓄水罐、PP 蓄水模块、建筑废料填充海绵体、草坡明沟结合渗透管、雨水花园五种不同的技术措施，分别应对沿线不同的场地条件，因地制宜地实现了全线的海绵化（图 3.117）。

⑤ 南京市天保街道路海绵工程实践

在技术运用方面，天保街生态道路海绵工程项目中的人行道路面采用预制露骨料混凝土砖，雨水可由拼缝下渗，并通过碎石层渗入两侧绿带土壤中。非机动车道道路面面层均采用透水沥青，面层以下用碎石层将雨水导入绿带土壤中。机动车道路面雨水由透水面层通过边沟盖板侧面的导水孔进入收水边沟。边沟每 20 m 设跌水井，集中将雨水通过汇水管导入渗透集水井。集水透水井埋设于侧分带内，汇水管及收集管将路面雨水汇入其中。过路输水管将雨水导

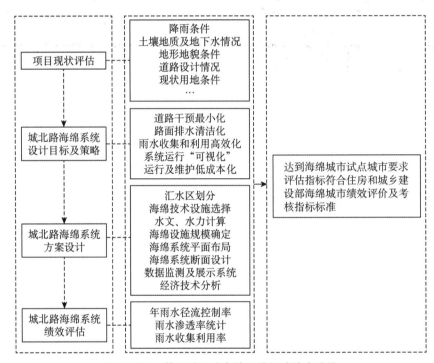

图 3.117a　苏州城北路海绵系统设计技术路线

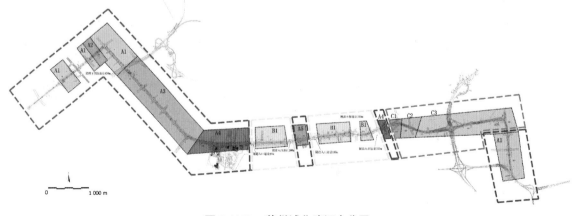

图 3.117b　苏州城北路汇水分区

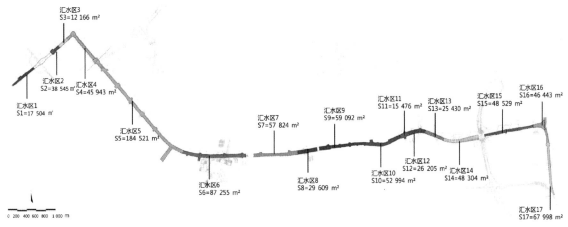

图3.117c　苏州城北路平面设计分区

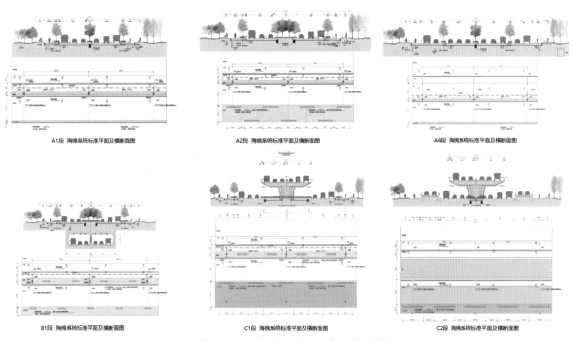

图3.117d　苏州城北路海绵系统不同类型典型横断面及平面

入中分带储水模块,侧分带透水管用于补充侧分带土壤水分。暴雨时,溢流管可将过量雨水排出至城市雨水管网,以维护系统安全。渗透式储水模块埋设于中分带内,成品模块可根据容积需求任意组合。模块外侧包裹土工布及碎石,可将储存的雨水缓释至周围土壤中,用于绿化植被灌溉。

项目的设计策略如下:城市道路应尽量采用透水性材料;运用路面集水和储水手段,加强对道路径流雨水的截留,并将其缓释至周围土壤中;道路选线规划和建设应与城市绿地和水系综合考虑,增加道路周边消纳径流雨水的生态用地;道路横断面设计应优化道路横坡坡向、路面与道路绿化带及集水设施的竖向关系,便于径流雨水汇入集水设施;道路周边低影响开发设施应通过溢流排放系统与城市管渠系统相衔接,保证上下游排水系统顺畅;采用监测系统,对道路含水量实时监控以获取反馈信息(图3.118)。

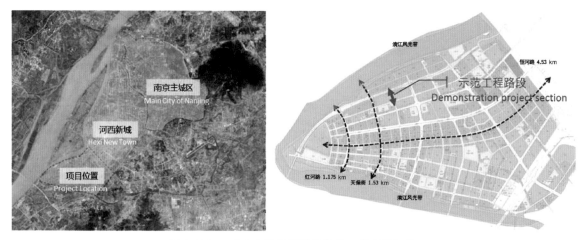

图 3.118a　南京市天保街道路海绵工程项目区位

图 3.118b　天保街生态路系统构成

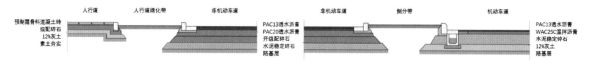

图 3.118c　天保街生态路机动车、非机动车道路面雨水渗透系统做法

图 3.118d　天保街生态路雨水收集、分配、储存示意图

以下为从"生态路系统监测平台"上截取的 2015 年入夏以来三次降雨后的数据信息。生态路试验段全长 567.5 m，机动车道总宽 18 m，因收集雨水主要来自机动车道路面，故汇水面积为 10 215 m²。储水模块总长 681 m，底宽 0.8 m，高 1.28 m，总体面积为 544.8 m²，总容量为 697.344 m³。雨水收集率计算见表 3.2。过程损失、渗透、蒸发和管道滞留相对一致，所以在储水容量范围内，雨量越大，收集率越高。以上三次降雨的平均收集率为 63.55%。考虑到雨水的直接渗透量、管道滞留量，生态路系统的雨水滞留率应在 70% 以上。当天保街涉及区域 24 h 降水量 ≤ 116.6 mm 时，生态路海绵系统能够实现 100% 就地消纳降雨，不生成地表径流。当 24 h 降水量 > 116.6 mm 时，结合灰色系统可以迅速将过量雨水排除，溢流进入市政管网。

表 3.2　雨水收集计算表

日期	2015 年 5 月 15 日	2015 年 5 月 29 日	2015 年 6 月 25 日
降雨总量 /mm	10.4	41	27.4
汇水量 /m³	106.23	418.815	279.891
储水模块水位平均上涨高度 /m	0.1	0.63	0.295
收水量 /m³	54.48	343.224	160.716
收集率 /%	51.28	81.95	57.42

（4）城市广场

① 水环境特征

城市广场的雨水径流量一般比较集中，采用有组织排水，坡度一般为 0.3%—3.0%（兼具停车场功能的广场坡度一般为 0.2%—0.5%）；不同的广场下垫面材料径流系数差别较大，其中不透水铺装的径流系数一般在 0.9 左右，透水砖为 0.65 左右，后者具有一定的下渗能力，而前者则需要完全依赖外部辅助排水。

② 海绵策略

a. 宜用透水铺装；

b. 优化广场布局，合理进行竖向设计，有效组织场地内的排水；

c. 在其周边布置可消纳径流雨水的绿地；

d. 运用集水和储水手段，加强对广场径流雨水的截留，并将其缓释至周围土壤中；

e. 有效存储并充分利用雨水资源，营造晴雨不同的场所景观。

③ 佛山市禅城区绿岛湖片区停车场规划设计

佛山禅城经济开发区位于广东省佛山市禅城区，面积为 33.3 km²。本项目包含五个停车场的建设，总占地面积为 63 710 m²，规划停车位超过 650 个。建设内容包括场地建设、景观绿化、电气照明、可持续水系统、辅助用房等配套设施设备（图 3.119）。

可持续水系统由雨水收集、储存、利用系统，中水处理系统和灌溉系统三个子系统共同组成，增强了场地的自循环能力，大大减小了人工水资源的输入和废水的输出，落实了集约化和生态化的设计理念。

收集的雨水经过沉淀过滤后可直接作为卫生间冲厕用水，冲厕及盥洗产生的废水经沉淀、过滤去除固体杂质后，按 1∶10 与雨水混合，该混合水中的有机质、氮（N）、磷（P）等营养物质含

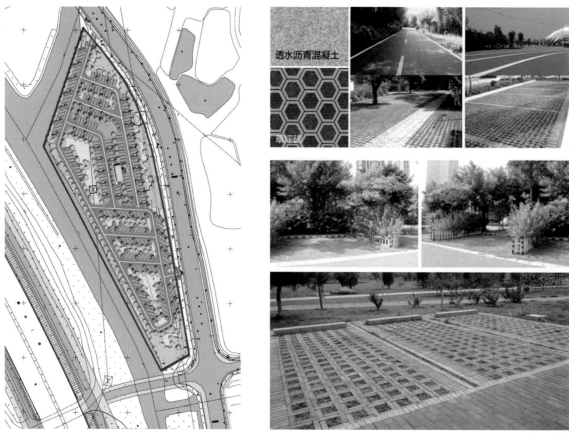

图 3.119a　佛山市禅城区绿岛湖片区停车场平面图

图 3.119b　佛山市禅城区绿岛湖片区停车场实景图

① 卫生间　　　⑥ 雨水回用池　　　⑪ 给水管
② 淋浴间　　　⑦ 雨水储存模块　　⑫ 污水管
③ 化粪池　　　⑧ 雨水收集管　　　⑬ 雨水输水管
④ 过滤池　　　⑨ 污水收集管　　　⑭ 泵坑
⑤ 混合池　　　⑩ 回用管　　　　　⑮ 接喷灌管网
　　　　　　　　　　　　　　　　⑯ 接地下灌溉管网

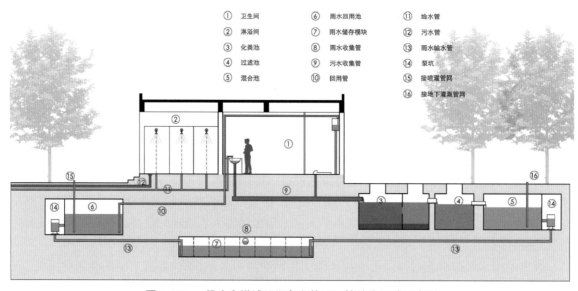

图 3.119c　佛山市禅城区绿岛湖片区可持续水系统示意图

量高，可通过渗漏管土壤灌溉系统用于绿化灌溉，提高土壤养分含量。雨水回用池供给卫生间冲厕用水的同时，另经过滤接入喷灌管网系统，用于绿化植被地表灌溉。

（5）城市建筑

① 水环境特征

建筑有屋面及排水管网系统延缓径流产生的时间，因此比道路、广场等其他城市不透水下垫面形成径流要慢。当下我国绝大多数建筑不具有蓄水能力，雨水通过屋面经排水系统迅速排走，造成雨水资源的浪费。建筑屋顶排水方式分为无组织排水和有组织排水两类，一般建筑多采用有组织外排水方式。

② 适宜策略

a. 屋顶坡度较小的建筑可采用绿色屋顶技术；

b. 优先选择对径流雨水水质影响较小的建筑屋面及装饰材料；

c. 将屋面雨水断接并引入周边绿地的低影响开发设施或场地内的集中调蓄设施；

d. 采用屋面雨水收集利用系统，将建筑物的屋顶作为集雨面，通过输水管、截污设施、储存设备、净化设施和配水系统等实现对雨水的利用（如消防、灌溉、景观用水、冲厕、洗车等）。

③ 南京市龙潭安置房景观及海绵系统一体化设计方案

南京市龙潭安置房景观及海绵城市设计采取一体化策略，即将人工营造景观与海绵系统整合成一个功能性整体，在实现场地景观功能的同时充分发挥场地"自然渗透、自然积蓄、自然净化"的海绵功效，让自然做功，满足场地可持续发展要求。在完成龙潭安置房景观及海绵系统的建设后，场地每年可实现约 11 万 m^3 雨水的收集、净化和渗透利用，年地表径流控制率达到 85%，雨水资源利用率在 70% 以上，达到并超过海绵城市建设指导意见中 70% 的年地表径流控制率指标控制要求（图 3.120）。

（6）城市绿地

① 水环境特征

城市绿地作为海绵体，具有较强的下渗能力和储水能力，其径流系数一般为 5%—15%，绿地排水坡度一般为 0.5%—1%；绿地排水以地面排水为主，同时结合沟渠排水和管道排水作为辅

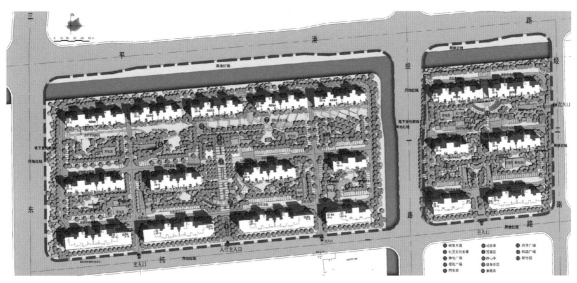

图 3.120a　龙潭安置房景观及海绵系统平面

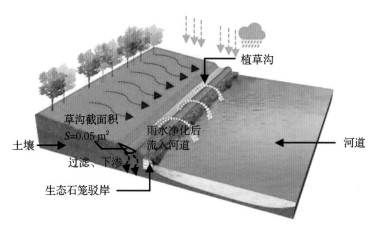

草沟截面积 S=0.05 m²
土壤
过滤、下渗
生态石笼驳岸
植草沟
雨水净化后流入河道
河道

图 3.120b 龙潭安置房景观及海绵技术措施 1

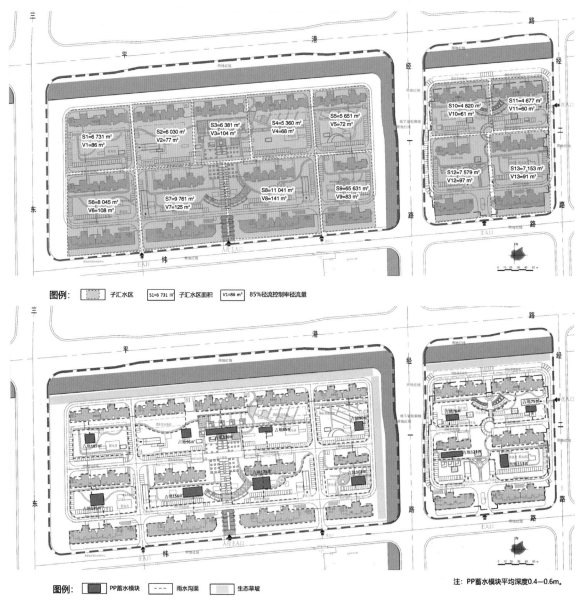

图例： 子汇水区 | S1=6 731 ㎡ 子汇水区面积 | V1=86 m³ 85%径流控制率径流量

图例： PP蓄水模块 | 雨水沟渠 | 生态草坡

注：PP蓄水模块平均深度0.4—0.6m。

图 3.120c 龙潭安置房景观汇水分区及海绵设施布置

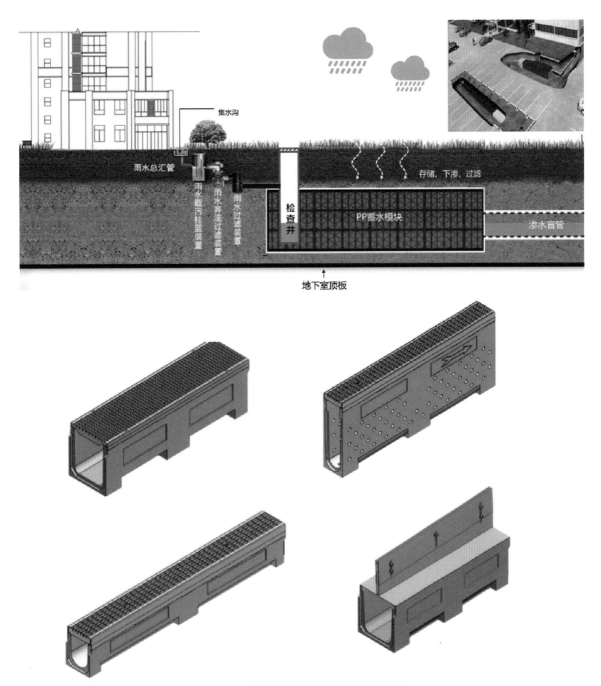

图 3.120d　龙潭安置房景观及海绵技术措施 2

助手段。城市绿地对雨水的滞蓄能力受土壤性质、土壤水分特性、饱和导水率、降雨特性等方面的影响，土壤渗透性越大，产生的径流越小。同时，枯枝落叶是城市下垫面中重要的海绵体，能吸收四倍于它体积的水量；植被对降雨具有截留作用，其截留程度的强弱与气候类型、植物种类和植被类型、植物冠层结构、降雨强度等密切相关。

　　② 海绵策略

　　a. 保护城市中及周边的森林、草地等原有绿地；

　　b. 增强城市绿地与城市水系、周边生态基底的联系，构建网络化和跨尺度的城市绿地系统

结构,加强绿地的雨洪调蓄功能;

c. 综合考虑景观和排水进行绿地的竖向设计,引导绿地汇水和集水;

d. 合理选择低影响开发设施,消纳自身及周边径流雨水,并利用沉淀池、前置塘等对进入绿地内的径流雨水进行预处理,防止污染环境;

e. 通过溢流排放系统与城市雨水管渠系统和超标雨水径流排放系统充分衔接;

f. 结合水分条件选择植物,宜选耐盐、耐淹、耐污能力强的乡土植物。

③ 徐州市襄王路节点海绵绿地设计

徐州市三环西路绿化"海绵城市"试点项目——襄王路节点海绵绿地位于徐州市西北部、襄王路与三环西路相交处东北角,本项目总占地 12 545 m²。考虑到徐州市的水文及降雨条件,将场地打造成自然积蓄、自然净化、自然灌溉、雨水精细化利用的集约型海绵绿地,利用场地既有建筑垃圾及周边道路拆迁建筑废弃材料作为海绵腔体填料,同时对场地水环境进行实时监测,对所收集的雨水进行精细化利用和管理(图 3.121)。

④ 徐州市韩山路节点海绵绿地设计

据场地现状竖向情况,因地制宜地将场地设计成季节性雨水花园,实现雨水滞留蓄积及净化处理。通过竖向处理,将雨水自然汇集于场地中部地势低洼区域,通过植被、砂石、自然海绵腔体填充等构造结构对雨水进行收集、净化、沉淀,经过净化的雨水通过土壤自然渗透,从而达到对雨水滞留、蓄积、净化以及回补地下水的作用。由于徐州市的水面蒸发量达 873.9 mm,最大达 1 140.8 mm,年降水量约为 800 mm,蒸发量大于降水量,加之粉砂土质,实践证明下凹式绿地的雨水资源化利用率与景观效果均不及绿地"深埋式"蓄水系统(图 3.122)。

(7)以用水为导向的雨水策略

城市的水资源在物理性质、化学性质和生物性质上存在很大的差别,不同用途的水资源均有相关水质标准。针对不同用水目的的城市水资源,可采用不同的适宜技术加以净化处理,实现城市水资源的有效利用。一般有以下几种方式:

1 耐候钢板花台
2 游园坐凳
3 乐活广场
4 景墙
5 入口景石
6 入口景墙
7 透水路面
8 休憩平台
9 条石坐凳
10 疏林漫步

图 3.121a　襄王路节点海绵绿地总平面

图 3.121b　场地原始地貌　　　图 3.121c　建筑废料再利用腔体填充　　　图 3.121d　自流透水管铺设

图 3.121e　襄王路节点海绵绿地建成后效果

1 生态绿林
2 湿地净化氧吧
3 湿生植物科普区
4 创意花带种植区
5 林荫氧吧

图 3.122a　韩山路季节性雨水花园平面　　　图 3.122b　韩山路季节性雨水花园建成实景

　　① 屋面雨水集蓄利用：利用屋顶做集雨面，用于家庭、公共和工业用水方面的非饮用水，如浇灌、冲厕、洗衣、清扫、消防、建筑施工、冷却循环等中水系统。

　　② 屋顶绿化雨水利用。

　　③ 绿地雨水集蓄利用：结合绿地设置雨水湿地、蓄水池等，同时也能用作为观赏性景观用水。

　　④ 地下存储式利用：将过量的雨水资源收集存储于地下储水设施，可在雨后将储存的雨水缓释至周围土壤中，用于绿化植被的水分补给。

不同的城市下垫面具有不同的水环境特征,因此强化对不同下垫面的研究与认知,是制定具有针对性的适宜海绵技术的基本依据。同时,海绵技术必须多样化,应当坚持自然生态、低成本、易维护、可持续等基本原则。

3.3.5 生态系统保护与修复

随着城市化进程的推进,城市快速扩张,原本完整的自然生境逐渐趋于破碎,物种栖息地丧失,生态系统恶化,最终导致城市环境恶化、发展受限。其中通过构建生态廊道实现建成环境生态格局的优化,已成为促进环境可持续发展的重要措施。

修复、重构生态系统已然成为当代城市发展的要务。利用 RS、GIS 技术和生态安全格局理论,基于现有生态本底,以道路线性空间为依托,并结合游憩系统,构建了全域绿廊网络。

1)生态源地的识别

所谓生态源地,是维护区域生态安全和可持续发展必须加以保护的区域,一般由生态服务较重要、生态敏感度较高的自然生态斑块组成。

依据研究区主要生态系统服务功能与生态敏感性特征状况,首先使用 ENVI 软件对研究区域的 Landsat 8(美国陆地卫星计划的第八颗卫星)卫星遥感影像图进行了解译,可获得区域的生态斑块分布图,并通过 Fragstats 软件对斑块分布进行分析,利用各项指标对研究区域的现状景观本底安全格局做出初步的了解和判断,再导入 GIS 中筛选,找出生态服务重要性高的斑块。其次在 ArcGIS 中对坡度、坡向、高程、植被覆盖度、水体缓冲区等基础信息图纸进行耦合叠加,实现对土地的生态敏感性评价。将上述提取的生态敏感度高的区域和生态服务重要性高的斑块进行叠加,即可得到南京市六合区生态源地分布图(图 3.123)。

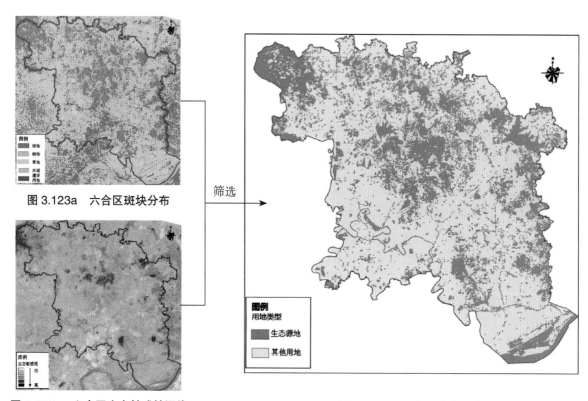

图 3.123a 六合区斑块分布

图 3.123b 六合区生态敏感性评价

图 3.123c 六合区生态源地

2）最小累计阻力面

在景观空间的分布中，特别是某些障碍性或导流性结构的存在和分布、景观的异质性将决定景观对物种的运动，物质、能量的流动和干扰扩散的阻力。

基于 ArcGIS 10.2 中 Cost-Distance（成本距离）模块，通过计算生态源地到其他景观单元所耗费的累积距离，以测算其向外扩张过程中各种景观要素流、生态流扩散的最小阻力值，进而可以判断景观单元与源地之间的连通性和可达性。依据研究区主要生态环境特征，利用地形位、土地利用类型及土壤侵蚀强度叠加，计算出生态源地向外扩张的累积耗费阻力（图 3.124）。

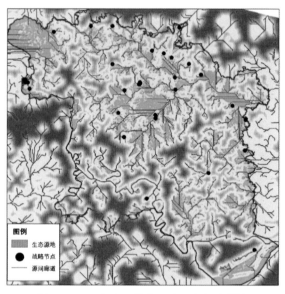

图 3.124a 六合区最小阻力面与绿廊提取

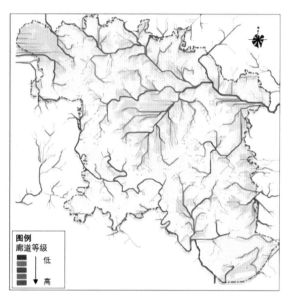

图 3.124b 六合区廊道分级

3）生态安全格局的构建

生态安全格局（也称生态安全框架），是指景观中存在某种潜在的生态系统空间格局，它由景观中某些关键的局部，其所处方位和空间联系共同构成。构建良好的生态安全格局对于维护或控制特定地段的某种生态过程有着重要的意义。

在上述生态源地扩张阻力面建立的基础上，通过分析其阻力曲线与空间分布特征，识别生态源地缓冲区；提取最小阻力面谷线，得到源间廊道；利用 ArcGIS 对廊道等级进行划分，得到重要性分级，将直接指导区域生态安全格局的构建、绿道网选线及等级划分，最终构建起南京市六合区的生态安全格局。

通过调研整理现有交通体系，按照服务功能和辐射范围的不同，将其分为四级，从而指导区域绿道等级的调整。通过提取道路轴网，对交通节点的交接进行修正，利用 DepthMap 软件（空间句法软件）进行空间句法的分析，针对路段定量研究六合区的交通体系和城市结构，选取全局整合度、局部整合度和道路选择度三个指标（图 3.125），得到绿道建设的道路系统优化需求。

在游憩体系构建专项研究中，筛选出六合区重要资源点 47 处，利用 ArcGIS 成本路径选线，以绿道建设适宜度、居民游憩需求及绿道建设成本这三个因子作为成本，分别以六合区东南西北四个主要入口为出发点进行选线，再叠加优化得到最佳游憩线路（图 3.126）。该线路串联并整合了六合全域重要的旅游资源点，满足了居民的日常游憩需求，同时保证游客游憩成本与绿道建设成本较低。

图 3.125a 六合区全局整合度　　图 3.125b 六合区局部整合度　　图 3.125c 六合区道路选择度

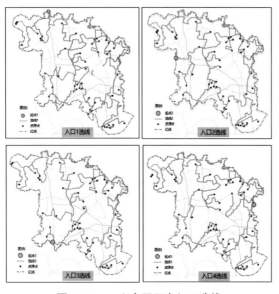

图 3.126a 六合区四个入口选线

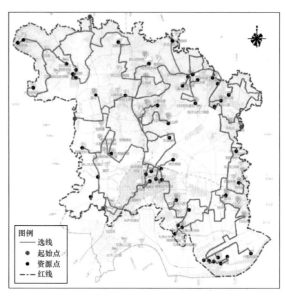

图 3.126b 六合区最佳游憩线路

通过将六合区生态网络与交通路网两网叠加，并结合游憩选线，三者耦合叠加，得到六合区绿道选线适宜性评价（图 3.127）。通过人工筛选与修正，最终得到六合区绿道布局（图 3.128）。

绿道线路总规模约为 805 km，以线性道路空间为依托，串联区域内生态源地，构建了六合区生态安全格局；沟通域内重要旅游资源点，推动全域旅游与区域协同发展；改善沿线景观效果，提高人居环境的品质。

六合区形成三横三纵两环的布局结构。三横三纵构成六合区绿道骨架；外环串联六合区外围重要的斑块，形成外部环状生态安全屏障；内环沟通城市与山水资源，打造生态宜居的生活游憩圈。通过绿道网的构建，串联六合区内重要的生态源地，优化区域生态空间格局；同时，局部慢行系统的建设能够改善老百姓的出行和游憩，也兼有促进区域旅游发展和举办赛事的能力（图 3.129）。

图 3.127　六合区绿道选线适宜性评价

图 3.128　六合区绿道布局图

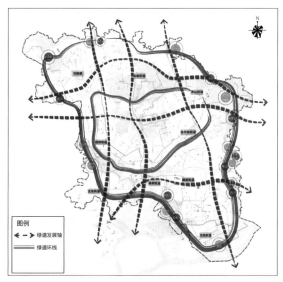

图 3.129　六合区绿道结构图

4　人性化景观环境设计

　　景观环境设计与人们的生活密切关联。它的最终目的在于满足人们的使用要求与心理需求，创造更为美好的生活环境。景观设计师通过对景观空间形态的营造来表达对于使用人群的关怀与使用行为的理解，而纯粹将景观环境设计形式化、神秘化其实是对设计的误解。因此，景观设计师应当摒除"唯我思想"，强化"为他意识"。景观设计师保罗·弗雷德伯格（Paul Friedberg）谈到他设计纽约城市公园时，曾煞费苦心地为老人们提供一个"他们自己的场所，这个场所特意避开那些曾与他们共同混杂在一个大广场的闹闹嚷嚷的人群"，但不久弗雷德伯格便发现老人们却躲开那个为他们准备的地方。老人们并不祈求幽静，他们更愿意回到人行道上［参见阿尔伯特·J.拉特利奇.大众行为与公园设计［M］.王求是，高峰，译.北京：中国建筑工业出版社，1990：31］，导致这种情况发生的原因正是老年人特有的行为心理：老年人群害怕孤独寂寞，他们渴望与人交流，更愿意待在人多的环境中。因此对于景观环境中人的行为研究应侧重于考察、分析、理解人们日常活动的行为规律，例如空间分布、使用方式及其影响因素（心理特征、环境特征等），这是设计人性化景观环境的前提条件。人在景观环境中的行为有着特定的模式与规律，行为与环境存在着互动效应，环境可以诱发行为，行为亦会反作用于环境。对不同空间形态中人的行为加以观察，可归纳出人们在景观环境中一般性的行为规律，进而预判待建场地上人的活动方式与行为特点，从而解读场所中潜在行为的可能性。实现景观环境的"人性化"应当从整体出发，基于人群的心理与行为活动特征及其规律，重组景园构成要素以适应场所潜在的行为需求。

图 4.1　户外供人休憩的景观环境

　　景观环境设计往往"形式"大于"内容"，忽略人的行为与心理需求，过分追求形式与个性的表现。简洁的形式往往是以牺牲场所的多样性与复杂性为代价的，在这些场所中，游人稀少，丰富多样的"生活"消失了，花重金营造的市民广场、公共景观对市民的吸引力却常常不及街边的一块小绿地。这其中的原因是多方面的，但对人的行为考虑不足是主要原因。景观设计师应更多地考虑大众的行为需求，创造一个充满人性的生活、娱乐、休憩的户外场所（图 4.1）。

　　人性化景观环境设计包括对人的生理及心理两个层面的关怀，不仅仅是满足人的使用，更重要的是从人的尺度、情感、行为出发，充分考虑日照、遮阳、通风等环境因素，尽可能地满足使用群体的需求，使人们都可以享受丰富多彩的户外休闲活动的乐趣。

　　景观环境设计是以多学科交叉的方法来研究人与环境、行为及场所之间的互动关系。全面、系统地进行环境行为与环境设计理论的基础研究及其应用具有非常现实的意义。

行为理论认为，人的心理活动是内在的，人的行为是外显的。内在的心理活动可以称之为内部行为，外显的行为称之为外部行为，内部行为与外部行为是相互联系、相互转化的。外部行为转化为内部行为称之为行为的内化（Internalization），内部行为转化为外部行为被称为行为的外化（Externalization）。内化提供了一种手段，使人们在没有外部活动的情况下与现实世界进行潜在的交互作用（如思考、想象、考虑计划等等）；当内部行为需要实现或调整时，就发生了行为的外化过程。外在的行为受内在的心理活动所支配，内在的心理活动通过外在的行为才能起作用和得到表现。心理和行为均按一定的活动规律进行。

此外，行为还受动机支配，由一系列活动组成。每个活动都受目标控制。活动是有意识的，并且不同的活动可能会达到相同的目标。活动是通过具体操作来完成的。操作本身并没有自己的目标，它只是被用来调整活动以适应环境，操作受环境条件的限制。

传播学的先驱者之一——德国心理学家库尔特·勒温（Kurt Lewin）"在格式塔思想路线下"，"根据物理学中出现的部分决定于整体的场现象，提出了'场理论'，用以研究心理现象……"。根据场理论，行为必须用个体的心理场来解释。勒温的场理论为我们探求大众心理提供了一种全新的思路。

勒温在场理论中提出了一个重要的概念叫"生活空间"（Life Space）。所谓"生活空间"是指人的行为，也就是人和环境的交互作用。其公式如下：

$$（行为）B = f（生活空间 LS）= f（人 P · 环境 E）$$

由于"生活空间"和"心理生活空间"内涵相同，所以这个公式也可理解为

$$（行为）B = f（心理生活空间 MLS）= f（人 P · 环境 E）$$

在这个公式里，B 表示行为，f 表示函数，P 表示个体，E 表示环境。该公式表明，人的行为（或心理生活空间）f 是个体 P 与环境 E 的函数，即行为（或心理生活空间）随着个体和环境这两个因素的变化而变化。这个公式同样可以解释大众的行为或心理生活空间［参见库尔特·勒温.拓扑心理学原理［M］.竺培梁，译.杭州：浙江教育出版社，1997］。

运用勒温的场理论分析大众的心理或行为（前者是内隐的，后者是外显的）可以看出，这种研究思路带有多维性（不仅研究大众，同时也重视环境）、动态性（大众的内在因素与媒介环境因素之间是相互作用的）、主动性（大众不仅接受环境媒介刺激的影响，同时还可以反作用于环境媒介）。显然，这种研究方法比刺激反应模式更能真实地反映出大众心理的复杂性、变化性和主观能动性。

对于外部空间环境而言，人的行为与空间环境密切联系、相互制约，人们一切的外部行为都是在一定的空间环境中展开的，因而会受到环境诸多因素的影响，例如光照、颜色、气味与声音。同时一定的空间形态还会诱发特定的环境行为，人的诸多心理特征也会影响行为的发生，例如人的领域感、依托感与趋光心理，同时不同年龄、不同性别也会对人的行为产生影响，甚至人们的受教育程度也会在一定程度上改变人的行为。人的外部行为是这些因素交织在一起综合作用的产物。因此，人性化的景观环境设计，必须综合考量这些要素，从人的体验出发，以服务多数大众为目的，真正实现以人为本的景观环境设计。

4.1 景观环境与行为特征

就空间形态而言，景观空间的存在形式分为面域空间与线性空间两类。不同形态的空间有

"动态"与"静态"之分。动态空间给人一种可穿越和流动性的心理感受，往往是一种线性的空间形态；静态空间给人一种逗留、活动与交往的心理感受，包括广场、绿地、院落等类型，具有一定的向心性和围合性。

从空间的使用要求及特性上看，美国学者奥斯卡·纽曼（Oscar Newman）提出人的各种活动都要求相适应的领域范围，他把居住环境区分为公共性空间、半公共性空间、半私密性空间和私密性空间四个层次组成的空间体系。对于属于公共空间的景观环境而言，可以划分为公众行为空间与个体行为空间两大类。

（1）公众行为空间

公众行为空间对应于群体行为，是给群体市民使用的场所，包括街头绿地、公园、广场和花园等，也包括更小范围的公共空间，如宅前道路、空地、公共庭院以及小型活动场地、绿地、花园等。行为类型包括群体健身、舞蹈、集会、表演等活动。其特征为空间开阔、彼此通视、场地平坦或有微坡、有围合感、场地具有集聚效应，中心往往存在一个核心空间可以开展各类活动，围绕核心空间常常散布小型的次空间供人们休憩、驻足观看（图4.2、图4.3）。公众行为空间设计的关键在于有效地提高场地利用率，并满足多种活动需求，因而恰当的空间尺度、围合感，有效的功能组织，适宜的环境设施，是公众行为空间设计应着重研究的方面。

理想的公众行为空间会成为市民进行户外活动和交往的主要场所，而不恰当的环境设计则会造成景观环境中无人问津的空白地带（图4.4）。人性化的景观环境设计应努力为市民创造适宜人们活动休憩的户外公众行为空间。

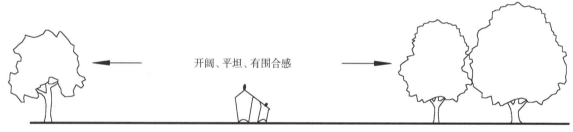

图 4.2　公众行为空间特征

开阔、平坦、有围合感

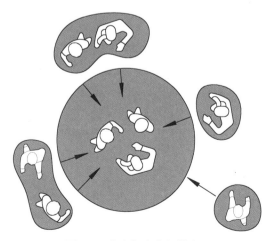

图 4.3　公众行为空间模式图

图 4.4　某绿地的平面构成——缺少人的参与

（2）个体行为空间

个体行为空间是指相对于群体空间而言，供个体活动所使用的空间环境，包括聊天、运动、休憩等活动类型，同时也包括一些特殊行为和一些特殊使用方式等。此类空间特征为尺度较小，围合领域感较强。这类空间的设计关键在于充分考虑个体行为对于空间的需求，特别是对环境细节的考虑，例如宜人的气候、温度、芳香的花草灌木、细腻的铺装材质、人性化的景观设施等（图4.5），同时应该考虑空间使用的模糊性和通用性，即在同一种环境满足多种行为需求的可能性。

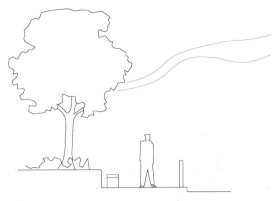

图4.5　个体行为空间特征

4.1.1　行为与环境

景观环境设计的目的在于通过创造人性化的空间环境，满足不同人群的行为需求。人在景观环境中的行为是景观环境和人交互作用的结果。这个过程中包括人对环境的感受、认知、反映这一连续过程。环境与人的行为之间存在着一定的客观联系：一方面，人的行为影响着环境，丰富多彩的户外活动不仅是景观环境的组成部分，而且甚至改变着景观环境的本来面貌；另一方面，环境也改变着人的生活方式乃至观念。良好的公共空间促进人们的交往，丰富人们的户外生活，并且特定的空间形式、场所也会吸引特定的活动人群，诱发特定的行为和活动。行为与环境的相互影响是客观存在的一种互动关系，所以设计者应充分研究人的行为规律以及心理特征，找出环境设计中的共性与规律，这对于营造良好的景观环境是十分必要的。

人不能脱离环境而存在，环境对人有着潜移默化的影响。人的任何行为或心理变化均取决于人的内在需要和周围环境的相互作用。行为会随人与环境这两个因素的变化而变化，不同的人对同一环境可产生不同的行为，同一个人对不同的环境亦可产生不同的行为，因此人的行为既受"场力"的作用，同时又产生反力作用于场所。人们在场所中的感受被称为"场所感"，戈登·库伦（Gordon Cullen）将"场所感"描述为"一种特殊的视觉表现能够让人体会到一种场所感，以吸引人们进入空间之中"。

此外，在景观环境设计中，设计师对环境使用者的充分理解是很有必要的。景观师西蒙兹认为，在景观环境设计中，人首先保留着自然的本能并受其驱使。所以要实现合理的景观环境设计，就必须了解并研究这些本能；同时，人们渴望美和秩序，在依赖于自然的同时，还可以认识自然的规律，改造自然。所以，理解人类自身，了解并把握人们在景观环境中的行为与心理特征，是景观环境设计的基础。

环境中人的行为是可以被认知的。基于此，设计师可以"规划设计"人的体验。如果人们在景观环境中所得到的体验正是他们所需要的，那这就是一个成功的设计，或是一个"以人为本"的设计。反之，则会事与愿违。景观环境设计应注重人在环境中活动的环境心理和行为特征研究，营造出不同特色、不同功能、不同规模的景观空间，以满足不同年龄、阶层、职业的市民的多样化需求。例如夏日广场上的"树荫"决定了人群的分布：炎炎夏日里，人们都趋向选择有遮阴的地方休憩，而暴露在阳光下的场地则无人问津。在户外公共空间中，特别是在夏热冬冷的亚热带季风气候带，休憩座椅上空要求夏日遮阴、冬季日照充足，因此落叶乔木是其理想的选择（图4.6）；同样，不同的坐凳材质也影响着人们的使用，座椅材料的选择应尽量选择导热系数低的材

图 4.6　夏日南京鼓楼广场树荫左右人的分布

料如木材、塑料，而不是导热系数很高的金属或者石材（表 4.1）。再如，人们对景观环境长期使用过程中，由于人和环境之间的相互作用，在某些方面会逐渐适应环境，形成具有一定规律性、普遍性的行为特征，在环境中表现出很多共性甚至是习惯性行为。譬如走路取捷径、从众性、趋光性、个体性、尽端倾向以及依托性等，这些行为和心理特征都是人性化景观环境设计的重要依据与研究内容。

表 4.1　常见环境材料导热系数

类别	导热系数 /$[W \cdot (m \cdot K)]^{-1}$
木材	普通松木 0.08—0.11，白桦木 0.15，胶合板 0.125
塑料	聚苯乙烯 0.08，硫化橡胶 0.22—0.29
石材	花岗石 2.68—3.35
玻璃	单层玻璃 6.2，双层中空玻璃（5 mm ＋ 9 mm ＋ 5 mm）3.26
金属	铁 80，铝 237，不锈钢 10—30

注：热传导系数的定义为每单位长度、每开（尔文），可以传送多少瓦的能量，单位为 W/(m · K)。其中 "W" 指热功率单位，"m" 代表长度单位米，而 "K" 为绝对温度单位。该数值越大说明导热性能越好。

　　环境心理学认为，人在景观环境中的行为可归为四个层次的需求：生理需求、安全需求、交往需求、实现自我价值的需求。景观环境设计就是要尽可能满足上述不同层次的需求。市民在广场上的行为活动具有个体性与公共性的双重性，带有自我防卫的心理，力求自我隐蔽。因此在景观环境中可以发现，人们往往避免在注视下穿越夹道，也不愿意停留在广场的中心，暴露在众目睽睽之下，或者是坐在四周空旷、毫无依托的座椅上，相反人们更愿意选择那些有依靠或者有边界的地方停留或者休憩，因为这样能给他们带来安全感（图 4.7）。

　　1）领域性与人际活动距离

　　领域性原是动物在环境中为取得食物、繁衍生息而采取的一种适应生存的本能方式。人与动物虽然在语言表达、理性思考、意志决策与社会性等方面有本质的区别，但人在景观环境中的活动也总

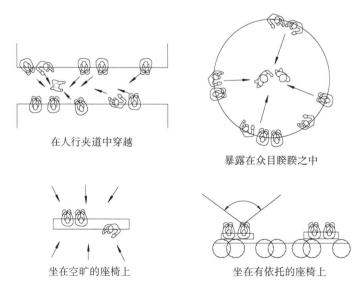

在人行夹道中穿越　　　　　暴露在众目睽睽之中

坐在空旷的座椅上　　　　坐在有依托的座椅上

图 4.7　户外环境中常见人的行为

是力求不被他人干扰或妨碍，表现出一定领域性的特征。如图4.8所示，亭中有四个人，左侧两个人彼此陌生，因而保持一定距离，同时两个人方向相反，以避免尴尬；右侧两个人关系亲近，因而彼此靠近，相向而对。

个人在空间中所占据的领域大小根据不同的接触对象和不同的场合，在距离上各有差异。它既可以指具体的空间，也可以指所感知到的大致或象征性的空间范围。一般而言，个人在空间中占据的具体空间根据活动范围大小，从 1.5—9 m² 不等，而人所能感知的象征性的空间范围则可以达到几十平方米。美国心理学家爱德华·T. 霍尔以动物环境和人的行为研究经验为基础，提

图 4.8　亭中"众生相"
注：人与人之间因人际关系不同表现出不同的人际距离与身体朝向。

出了人际距离的概念。根据人际关系的密切程度、行为特征确定人际距离，即分为亲密距离、个人距离、社交距离和公共距离（表4.2）。在每类距离中，根据不同的行为性质再分为接近距离与远距离。例如在亲密距离中，对方有可嗅觉和辐射热感觉为近距离；而可与对方接触握手为远距离。当然由于不同民族、宗教信仰、性别、职业和文化程度等因素，人际距离也会有所不同。

表 4.2　霍尔分类的人际距离

名称	范围 /cm	主要活动
亲密距离	0—45	安慰、保护、抚爱、角斗和耳语等
个人距离	45—120	在公开场合普遍使用的距离，个人距离可以使人们的交往保持在一个合理的亲近范围之内
社交距离	120—360	通常用于商业和社交接触
公共距离	360 以上	人们较少使用，通常出现在较正式的场合

心理学家索默（R. Sommer）认为每个人的身体周围都存在着一个既不可见又不可分的空间范围，它是心理上个人所需要的最小空间，就像是围绕着身体的"气泡"。这个"气泡"随身体而移动，当自己的"气泡"与他人的"气泡"相遇重叠时，就会尽量避免由于这种重叠所产生的不适，这个"气泡"就是个人空间。个人空间随场所的不同及个体状态如年龄与性别、文化与种族、社会地位与个性等等的不同而变化。比如两个阿拉伯人交谈，距离能够近到彼此能闻到对方的气息；而欧洲人如果对方如此靠近他，就会感到他的个人空间被侵犯了。个人空间不仅与民族、宗教有关，而且与年龄大小也密切相关。根据研究发现，年龄与人际距离的关系呈曲线形变化：儿童之间的距离保持的较小，老年人的人际距离也很小，中青年人则最大。儿童与老年人喜欢靠近其他人，喜欢热闹甚至嘈杂的场合。景观环境中常常可以看到陌生的老年人在儿童玩耍的区域停留。因此，在景观环境设计中老年人的活动场地可以与儿童的活动场地适当相邻。

领域性不仅体现在人际距离上，一块场地上人群的总体分布也能体现人的领域性，这是人际

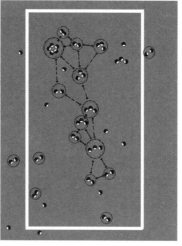

图 4.9　巴黎埃菲尔铁塔下草坪上的人群分布与分析示意图

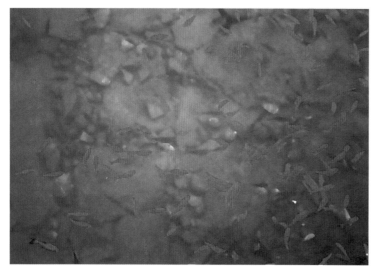

图 4.10　水池中的金鱼分布

距离在宏观层面上的反映。例如通过观察巴黎埃菲尔铁塔下草坪上人群的分布可见（图 4.9），每个人群之间都保持着相近似的距离，每个人群的周围也存在着一个不可见的空间"气泡"，它是心理上人群所需要的最小空间范围，各气泡之间既保持一定距离避免重叠，又彼此相互联系，保持一种内在的张力。而每个人群内部的人则都保持着很亲近的个体距离，人数都保持在两到三个人；与之相对应，水池中每条鱼之间都保持着近似的距离（图 4.10），但鱼类之间的距离是建立在生物本能需求上的，是动物保卫领地与食源的自然本性，体现了动物的自然均布性特征。

总体而言，可以观察到景观环境中的人群分布特征主要分为聚集与散布两大类，偶尔也可以见到规则分布的人群（表 4.3）。

表 4.3　人的群体分布特征分类

分布特征	典型图例	行为特征
聚集		聚会、表演、儿童游玩
散布		散步、闲聊、休憩
规则分布		排队、群体健身

（1）聚集：人们来到景观环境中的目的就是为了休憩或交流，而交流就需要与他人交谈或协作。景观环境中的活动也会诱发人们的聚集，因此，人们在公共空间中就不可避免地以一个个聚集的小群形式存在，每个小群少则 2—3 人，多则以一个小群为中心，周围聚集多组人群。

（2）散布：人群在公共空间中的分布是有规律的，呈散布状，单个人或群体之间都保持着近乎相等的距离，这是个体领域感在景观环境中的体现。根据观察，单个人之间的距离一般维持在3 m以上，群体之间的距离较远，一般需要达到7 m以上。

领域的划分不需要明显的隔断或边界，一个遮挡风雨的顶棚、地面铺装材质的区别、几片围合的墙体都能帮助人在心理上形成领域感，分开各类不同的人群。例如，廊架形成的领域空间，使得廊架内的休憩者与廊架外的过客虽然视觉空间上是连通的，但是心理感受却截然不同（图4.11a）；又如底界面铺装材质的特殊处理、地面的升起与降低、空间的围合也能营造出领域感，例如某街头三面围合的高起的场地，形成了领域感强烈的室外酒吧区，与前面的人行道相区别（图4.11b）；同样，顶界面也能形成强烈的领域感，街头的玻璃廊架与抬高的地面共同营造出了休憩的空间（图4.12）。

2）个体性与尽端倾向

个体性是指在景观环境中，行为个体常常需要维持一定的个体空间，以避免他人的干扰。因为人们都需要一个受到保护的空间（Protective Space），无论是暂时的，还是长期的；无论是一个人的独处，还是多人的聚集交流。在景观环境中，陌生的人与人、组团与组团之间会自发的保持距离，以保证个人和组团的个体性和领域性。人们既需要个体性也需要相互间的接触交流，过度的交流和完全没有交流都会阻碍个体的发展。景观环境设计中的一个基本目的就在于积极创造条件以求得个体性与公共性的动态平衡。一方面，在尺度相对较大的公共空间中，人们更喜欢选择在半公共、半个人的空间范围中停

图4.11a 街头廊架形成的领域感

图4.11b 街头三面围合高起的场地形成的室外酒吧区

图4.12 街头绿地廊架顶界面、底界面共同形成的空间领域感

留和交流。这样人们既可以参与本组群的公共活动，也可以观察其他组群的活动，具有相对主动的选择权。另一个方面，人们在环境中都希望能占有与掌控空间，当人们处在场地中心时，往往失去了对场地的控制力与安全感。只有当人们处在边缘与尽端时，才能感受到这是一个可以自由掌控的空间领域。所以那些有实体构筑物作为依靠的角落或者那些凹入的小空间最受游人青睐。例如在公园中，最受欢迎的座位是凹入的有灌木保护的座位而不是临街的座椅。同样，在餐馆中，有靠背或者靠墙的座位总是最先占用，无论是散客还是团体客人，都不会首先选择餐厅中间的座位。因此，无论广场或者街道环境，人们的活动总是从空间范围的边缘开始逐渐扩展开的。所以，如果环境中边缘空间设计得合理得当，整个景观环境就会很有生气，反之则会了无生机。例如某广场座椅都布置在道路十字路口的四个角上，游客只能相视而坐，个人活动毫无保留地暴露在对方的视野内，结果导致游人不愿意坐下，座椅入座率很低（图4.13）。反观德国法兰克福的滨河绿地，虽然场地不大，却因为宜人的尺度、良好的风景朝向与适宜的人际距离聚集了很多游人（图4.14）。这说明无论是一个广场还是小块街头绿地，只要尺度适宜，并充分满足人们的心理需求，都能成为受人欢迎的户外休闲场所。

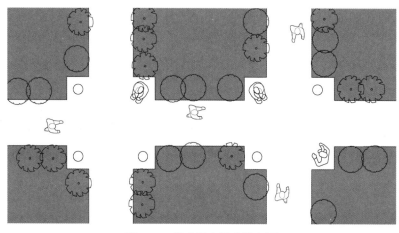

图 4.13　某广场上的坐凳布置

图 4.14　德国法兰克福的滨河绿地

图 4.15　高线公园中空间尽端形成的领域感

高线公园第25—26街的"森林天桥"（Woodland Flyover）空间处，由于邻近建筑而产生小气候，天桥将游客带入漆树绿荫的环境中，设计者使用栏杆扶手分割空间来形成领域感，并在尽端处设置座椅，且座椅使用率较高（图4.15）；高线公园另外一处尽端空间通过当地的植物种植，分隔了较为开敞的人行空间和较为私密的休息空间，增强了领域感，同时植物的枝叶产生的树荫为休息的人群提供夏日的阴凉（图4.16）。

图 4.16　通过植物分割空间形成私密空间的高线公园

3）依托的安全感

在景观环境中的人们，从心理感受来说，并不希望场地越开阔、越宽广越好，人们通常在空间中更愿意有所"依托"。这可以理解为个人或群体为满足安全感的需要而占有或控制一个特定的空间范围以及其中物体的习惯。安全感是人类最基本的心理需求之一。因此，人们都趋向于坐在场地边缘的座椅上，依靠大树、灌木或景墙，而场地中心则由于缺乏心理安全感常常无人问津（图4.17至图4.19）。

南京新街口乐福来前广场的一圈树池周围聚集了众多小憩的市民，市民依托以大悬铃木为中心的树池，有的看报，有的闲聊，树池具有良好的依托感、适宜的人际距离与宜人的遮阴环境，虽然充作坐凳的花坛矮了一些，但仍不失为广场中最具人气的地段（图4.20）；再如卢浮宫新馆中缺少坐憩的地方，疲惫的人们选择"金字塔"作为倚靠的对象（图4.21）。在火车站和地铁车站的候车厅或站台上，人们并不较多地停留在最容易上车的地方，而是

图 4.17　缺少依托的坐凳
注：这样的坐凳使用者较少。

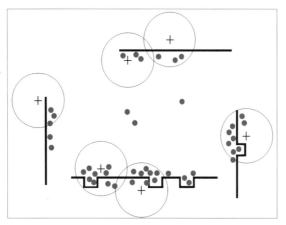

图 4.18　依托的安全感所产生的"边缘效应"：人们都趋向于在场地边缘停留

图 4.19　卢森堡河谷公园

注：公园中布置于场地中部的坐凳少有人使用，多数人停留在周边。

图 4.20　南京新街口乐福来前广场

图 4.21　卢浮宫中的"金字塔""躺椅"

相对散落地汇集在厅内、站台上的柱子附近，适当地与人流通道保持距离，因为在柱子边人们感到有了"依托"，更具有安全感（图 4.22）。因此，在景观环境设计中，应充分考虑人们对于依托安全感的心理需求，尽量多的创造多样化的空间边界，特别是在设置休憩、驻留等静态活动区域时，与空间边界相结合，创造宜人的空间环境。

　　法国的"大合奏"公园（The Grand Ensemble Park）入口处的座椅背后通过花坛设置一定高度的篱笆，为人们的休息停留提供了一定的依托感（图 4.23）。

　　4）人聚效应、趋光效应与坡地效应

　　"人看人"是人的天性，人们闲暇时间中的一部分是在"人看人"。这是一种无约束的广泛交流，交流的对象没有任何限制，可以是熟人，也可以是陌生人。这也是一种个人自尊心外化的表现，通过在别人面前的"表演"获得对自我价值的认可，无论看者或是被看者，都会获得各自心理上的满足。在人性化景观空间的设计中，应恰当地创造这种人看人的环境，也就是设计适当的"舞台"和"观众席"，"舞台"指相对开放、活动的部分，可以是交通空间也可以是公共活动空间；"观众席"则是相对安静的部分，可供人静坐或散步，并使处于该部分的人有朝向"舞台"的视线，如此设计才能诱发"人看人"现象的发生。

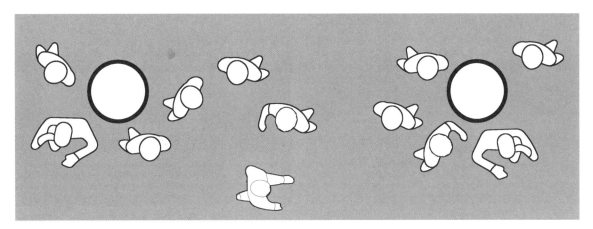

图 4.22　车站站台上候车的人群分布

图 4.23a　"大合奏"公园入口处平面图

图 4.23b　"大合奏"公园入口处实景效果图

从一些公共场所内发生的事故中观察到，紧急情况时人们往往会盲目跟从多数人群的去向。当火警或烟雾开始弥漫时，人们无心注视标志及文字的内容，甚至对此缺乏信赖，往往是更为直觉地跟着领头的几个人跑动，以致形成整个人群的流向。这是因为外部空间中人与人之间也有着潜在的相互"吸引力"，人们会在自觉或不自觉中表现出群聚倾向，表现为一种集体的无意识行为，即从众心理或人聚效应。例如上海徐家汇公园内一处并不起眼的水边休息亭，并无特殊的活动在此发生，却聚集了很多人群，市民在此闲聊、交谈，观看别人的行为，休息亭中聚集的人群越多愈加吸引更多的游人（图 4.24）。人聚效应与人看人的心理特征是景观环境中的一大特色。

在美国纽约的高线公园 17 街设有一个阶梯广场，直接面对第十大道，阶梯巧妙地表现出公园的层次感，提供了舞台功能，同时，透过玻璃护墙人们还可俯瞰旧街区更新后的别样繁华（图 4.25）。

空间中的人群密度直接影响到人的心理与行为，相同空间环境中不同的人数会造成人的心理感受的显著差异。在单位面积空间中，人的数量可以用人的密度 d 来表示，一般而言，人对空间中人群密度的反应呈正弦曲线状，存在一个最佳的密度区间，密度过高与过低都会使人的消极情绪增加、满意度下降（图 4.26）：空间中的人数过少时，人们会感到空旷、孤独，甚至感到不安、恐惧；空间中的人数过多时，人们又会感到拥挤、堵塞，甚至会感到烦躁、混乱。

图 4.24a　上海徐家汇公园聚集于亭中的人们

图 4.24b　上海徐家汇公园中的水边休息亭

注：并无特殊活动的亭子却吸引着众多的人群——人聚效应。

图 4.25　纽约高线公园的"人看人"现象

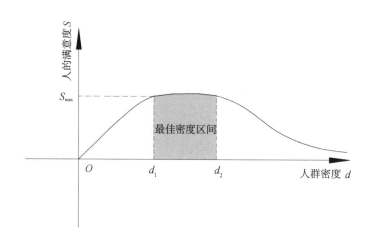

图 4.26　人的满意度与空间人群密度的关系图

注：$d = n/a$，d 为空间人群密度，n 为人的数量，a 为场地面积。

此外，在景观环境中，人们还表现出"趋光心理"，即环境中的人们都趋向于选择光线充足的场地作为休憩场所。根据一般人的体验，充足的光线能让人产生轻松、愉快的心情，阳光也能带给人们健康，有阳光的地方让人心情开朗、舒畅。除非到了炎炎夏日，人们不得不借助于广场建筑物或绿化遮阴，在一般的春秋季节人们更愿意在阳光下进行休闲活动。例如夏日在巴黎蓬皮杜国家艺术文化中心广场上活动的人群更多的选择在有阳光的树荫下进行休憩活动，而更大面积的阴影处却少有人问津，明媚

图 4.27　巴黎蓬皮杜国家艺术文化中心广场
注：人们更愿意聚集在光线明亮的树荫下。

的阳光激发了人们活动的欲望，而阴暗的地方则会削弱人们的活动意愿（图 4.27）。

光线对于人的行为与心理影响长期为人们所关注。环境心理学认为光照能使人感到心情愉悦、充满安全感，更利于人们之间的交往与活动的开展。实验证明，在阳光明媚的条件下，向路人征集志愿者，报名的人数相对于阴天要高很多。

从生理学角度来说，光线对于振奋人的精神也有显著影响。

（1）人类是昼行动物，光照能够减少瞌睡和抑郁感。特别是到了秋冬季，日照时间缩短，人们常会感到瞌睡、疲劳、情绪不高等，这种症状被称为"光饥饿"。研究表明，女性对于光照的需求高于男性。

（2）对人进行光照补偿，可以有效地缓解"光饥饿"症状。景观环境中必须要有足够的照明设施，以满足人们对于光线的生理需求。

综合以上研究成果，景观环境中最佳的光环境应该包含以下因素：

（1）在景观环境中，白天应该充分利用自然光源，减少阴影空间与郁闭感，使人们能够充分享受阳光；夜晚应利用人工光源延续人群活动的时间，扩大人群活动的空间，同时保障人们活动的安全。

（2）场地内的主要活动场地应该有充足的自然光照，不应被其他物体所遮挡，同时考虑到夏季的日光，座椅与休憩设施应该在保证有充足的光照情况下又有所遮阴。

（3）运用现代技术制造不同色光（冷、暖、中性）的人工光源时，应优先考虑全光谱日光灯对自然光的模拟，提高光环境的适应性。

（4）景观环境中的光环境设计不应只局限于满足照度标准这一个方面。光环境设计还应充分考虑到舒适度、艺术表现力等方面。特别是在夜晚的人工光环境设计中，要注意色彩对人心理的影响，绿色、蓝色的草坪灯与庭院灯都会造成阴森恐怖的感觉，因此夜晚光环境设计应多采用暖色光源，为人营造温暖、舒适与亲切的感受。

在景观环境中，缓坡与台阶往往是最集聚人气的地方，如果有良好的风景朝向，这里则会成为人们休憩、停留的最好去处。这是因为，一方面，缓坡、台阶的空间形态符合人们休憩的生理特征，适应人的坐憩行为要求，同时原来平地上的人际距离因为缓坡、台阶能够得到缩短；另一方面，人群间彼此的不遮挡与通视也可满足人们保持良好视野的需要，而坡面的单向性，也可避免陌生人之间对视的尴尬（图 4.28）。

图 4.28　坡地效应示意图

　　景观环境中能见到大量的坡地效应的实例，如德国慕尼黑奥林匹克公园草坡在秋日的傍晚聚集了大量休憩的人群，人们在此闲聊、休憩、观赏美景，这里成为公园内最聚人气的场所；欧洲许多公共建筑前宽大的台阶也成为人们休息、聊天和观景的理想场所，如巴黎歌剧院门前的台阶成为游客们休息驻足的集散地，再例如巴黎德方斯"门"前的大台阶聚集了大量的游客，其成为该地块最为宜人的休息场地，而世界著名的罗马西班牙大台阶上总是坐满了游客，良好的视野与人聚效应使得这里的游客成为一道奇特有趣的风景线（图 4.29 至图 4.33）。

　　5）空间形态对人的影响

　　人们对环境的感知首先是空间形态，然后才是以特定的语汇去分析与评价环境。不同的空间环境给人的感受往往大相径庭。例如植被繁茂、花团锦簇给人以轻松愉快、生机盎然的感觉；苍老的树木、古朴的石雕可以引发人们的历史沧桑感；杂草丛生、鼠兔出没、断壁残垣之地则给

图 4.29　慕尼黑奥林匹克公园草坡上休憩的游人

图 4.30　巴黎德方斯"门"前的台阶
注：此处几乎是该地块唯一且最为宜人的休息场所。

图 4.31　波恩大学校园草坪缓坡
注：这里是理想的讨论场所。

图 4.32　巴黎歌剧院前台阶上休息的人

人以萧条衰败之感。环境空间中的一切要素，包括植物、小品、场地共同构成了人们对于环境的整体感知。

景观环境的一切因素都在影响着人们的心理与行为，通过人们的行为外显出来。因此，研究人性化的景观环境设计，需要对空间形态与环境中的各种因素进行研究，包括空间密度、光照、颜色等等。通过大量的案例研究、心理学分析，把握这些环境因素和人们行为心理之间的内在关联，从而为环境设计提供合理的依据。

人们对环境的感受还直接来源于环境的外在形态，明暗、光照、色彩等这些环境要素影响到景观环境中人的心理与行为。例如环境中丰富的色彩最能引起人们的情感联想，绿色的植物给人以欣欣向荣的感受，色彩鲜艳的景观设施给人以动感（图 4.34、图 4.35），木本色的座椅则给人以亲切温馨的感受。

空间形状特征常会使置身于其中的人们产生特定的心理感受。贝聿铭先生曾对他的

图 4.33　罗马西班牙大台阶
注：这里坐满了人。

华盛顿艺术馆新馆有很好的论述，他认为三角形、多灭点的斜向空间常给人以动态和富有变化的感觉。同样，景观环境中特定的空间形态与空间属性也会给人以特定的心理感受，从而诱发人们不同的环境行为。这是因为在与环境的接触中人可以依据环境特征的暗示，自觉地调整自己的行为以适应所处的环境，即环境诱导行为。例如某公园的路缘石因为其宽阔的表面与适宜的高度，而附近又缺少休息设施从而成为游人们路边小憩的坐凳。正是路缘石表面的形状与游人们休息的需求诱发了人们停留休憩的行为（图 4.36）；再如香港文化中心的雕塑，其形状酷似靠背，加上适宜的宽度、高度成为人们休憩的"座椅"（图 4.37）。

图 4.34　给人以动感的色彩鲜艳的环境设施 1

图 4.35　给人以动感的色彩鲜艳的环境设施 2

图 4.36　某公园路缘侧石

图 4.37　香港文化中心雕塑

图 4.38　某公园中游人走出的道路

　　由于设计者对于人的行为与心理研究的缺失，往往诱发有违设计意愿的行为。例如不合理的游览线路往往不为游人所接受，人们会依据自己的穿行需求另辟蹊径，因此环境中常常出现了游人自己走出的"道路"（图4.38）。不当的道路空间设计诱发了人们的穿越行为。再如户外经常看到一些座椅因为过于宽阔与平坦而成为人们躺下酣睡的木床，宽阔而光滑的水池壁也会成为人们理想的平躺休憩的"矮床"（图4.39、图4.40），正是这些设施特定的形状诱发了人们在户外的躺卧行为。

景观环境中常见设计者在座椅上装上木条防止人们躺卧，这实属无奈之举。设计者不从对人的行为模式与心理特征研究本身出发而是通过干涉人的行为，强迫人们按照设计师的意图去使用环境设施，是非人性化的设计（图4.41）。

图 4.40　巴黎卢浮宫水池宽而光的池壁

图 4.39　某小游园坐凳

注：因其过于宽阔而成为人们酣睡的床。

图 4.41　街头绿地中的坐凳上防止躺卧的木条

6）色彩、气味、声音与行为

现代生理学研究颜色是视觉系统接受光刺激后产生的，是个体对可见光谱上不同波长光线刺激的主观印象。颜色有三个特征分别与光的物理特征相对应，即色调、饱和度与明度。按人们的主观感觉，色彩可以分为暖色与冷色，暖色指刺激性强，引起皮层兴奋的红色、橙色、黄色等相近色；而冷色则是指刺激性弱，引起皮层抑制的绿色、蓝色、紫色等相近色。

在行为心理学中，颜色与行为心理密切相关，色彩能够直接影响人们的情感，例如蓝色和绿色是大自然中最常见的颜色，它们可以使人体表温度下降、脉搏减少、降低血压和减轻心脏负担。蓝色的水面使人宁静；粉色给人温柔舒适的感觉，具有息怒、放松、镇定的功效；亮米黄色与白色能够延长人们运动与停留的时间，因此广场、花园的地面常常采用这些颜色；红色则常常给人以灼烧感与不宜接近感。因而最理想的色彩莫过于大自然环境中的红、橙、黄、绿颜色的变化，它们是大脑皮层最适宜的刺激物，能使疲劳的大脑得到调整，并使紧张的神经得到缓解。

从心理学的意义上讲，颜色中会有一些"基本色"，如红、黄、蓝三原色，它们是和谐稳定的。

在景观环境的各要素中，色彩无疑是对视觉感受影响最大、最直接的因素。景观环境中的色彩不是独立存在的，它依附于形式，作用于人的心理活动。色彩对人心理方面的影响，包括色彩知觉、色彩联想等。色彩知觉是指色彩对人们心理产生的冷暖感、进退感、膨胀感、收缩感等。例如在景观环境中，地面常用淡黄色、灰白色等浅色，使人感到场地开阔、延伸；而深色如红色、墨绿色则使人感到空间狭小，有封闭感。色彩联想是指人们根据色彩联想以往的经验、文化中的习惯或已具备的知识，可以分为具体联想与抽象联想。明亮的红色能使人们具体联想到火焰，进而抽象联想到热情、温暖，同时因为民族文化的关系，也可以联想到婚礼和吉祥时刻。

在景观环境中，色彩的种种特性能够使景观更好地向周围的人群传达信息，引起人的心理反应与各种行为。例如，在公共运动健身区域多采用暖色调的色彩可以提高市民运动的活跃度与兴奋感，诱发人们运动行为的发生；而在人们休憩、聊天的场地，则适宜采用冷色调的色彩，以创造安静、清新的休憩环境；景观环境中运用警戒色如红黑对比色、黄黑对比色，可以有效地预防事故的发生，保障游人的安全。此外，由于人们所处的地域、民族、情绪的不同，也会有不同的色彩喜好，这也会在不同程度上影响人们的心理活动。

色彩具有特定的文化和情感意味，可以对纪念性景观环境进行渲染，起到突出、强化意境和主题的作用。

美国罗斯福四大自由公园的入口为深色调，体现庄重大气的环境氛围；花园内的色彩明度高，对比度强，用来吸引视线；场地尽端的"房间"由花岗岩矮墙围合而成，为单一冷白色，宁静肃穆；草坪尽端的青铜雕塑颜色较深，与周围"房间"形成强烈的颜色对比（图4.42）。

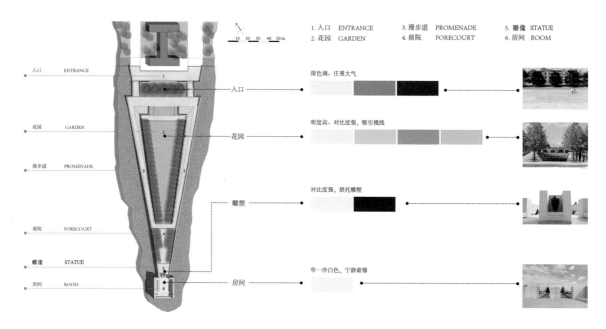

图 4.42a　美国罗斯福四大自由公园平面图

图 4.42b 美国罗斯福四大自由公园鸟瞰图

图 4.42c 美国罗斯福四大自由公园实景图

　　长期以来,对于景观环境色彩的研究主要基于人的感觉和感知,从客观上说,任何物质都具有色彩的物理属性,不以人的感觉为转移,也不以个体对色彩的感知强弱而有所变化。色彩环境研究关注的焦点是物质本身固有的色彩属性。景园环境色彩不同于一般的物质环境,其核心要素是植物,植物要素具有动态可变性,如春生夏长、春华秋实、阴晴雨雪等一年四季的物候变化。光线照度的不同也增加了景观环境色彩变化的多样性。这些可变性和多样性共同构成色彩丰富的景观环境,也造成了景观环境色彩的不确定性。

　　美国莱克伍德公墓陵园景观包括一栋位于朝南斜坡上的建筑、一片宁静的倒影池、乡土树林以及几间沉思凹室,其植物种植和季相变化十分丰富。金属镶边略微高起的种植槽中种植了花楸树,其花叶随季节有着红、绿、白三色的变化;教堂下方以五角枫作为树阵,火红的叶色与教堂相映成趣;教堂地下室的屋顶以草本植物种植为主,屋角种植四棵白鹃梅作为点缀;山楂树形成的树阵增加了空间序列感,同时改善了教堂地穴外墙面的环境;中央草地西面与陵墓之间以栎树作为分隔,同时形成树阵围合在草坪四周,用地周边则保留了大量原生植物,如橡树等(图4.43)。

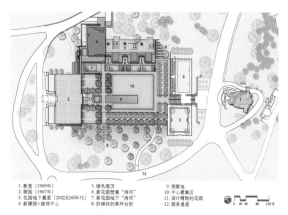

图 4.43a　美国莱克伍德公墓陵园平面图

1. 教堂(1909年)
2. 陵园(1967年)
3. 花园地下墓室(20世纪60年代)
4. 新陵园+接待中心
5. 绿色屋顶
6. 新花园壁龛"房间"
7. 新花园地下"房间"
8. 阶梯状的草坪台阶
9. 倒影池
10. 中心聚集区
11. 设计精致的花园
12. 服务通道

图 4.43b　美国莱克伍德公墓陵园鸟瞰图 1

图 4.43c　美国莱克伍德公墓陵园实景图

图 4.43d　美国莱克伍德公墓陵园鸟瞰图 2

伯明翰居住区坐落于美国密歇根州底特律郊区的街区中。住区内主要植物种类丰富,并反映出独特的季相变化。落叶乔木/灌木有黑桦(秋叶红色)、欧洲鹅耳枥(秋叶黄色)、北美皂荚树(秋叶红色)、华盛顿山楂树、欧洲山毛榉(秋叶黄色、枯而不落)、芳香漆;常绿乔木/灌木有紫杉树篱、波士顿常春藤;观花树种有欧洲鹅耳枥(花期4—5月)、北美皂荚树(花期5月)、华盛顿山楂树(花期5—6月)、欧洲山毛榉(花期3—4月)、芳香漆(花期5—6月);观果树种有欧洲鹅耳枥(果期8—9月)、北美皂荚树(果期10月)、华盛顿山楂树(果期9—10月)、芳香槭(果期7—10月)(图4.44)。

上海静安雕塑公园位于上海市中心,公园在植物配置上突出春景和秋色,形成春季繁花、秋季色叶、夏荫绿绿、冬阳落地四季变化的城市花园。园内主要植物有香樟、朴树、榉树、落羽杉、红花槭、湿地松、花毛竹、梅花、桂花、绛桃、大寒樱、垂丝海棠、茶花、杜鹃、矮八仙、红叶石楠、常绿萱草、四季草花等乔灌木及地被植物,实现了时间和空间上的景观变化(图4.45)。

圣路易斯城市花园位于美国圣路易斯城市中心,其景观植被设计层次丰富,场地共使用了20种不同品种的235棵树;89种、1 170株灌木,以及4 000多株花木;1万多株地被植物,还有约2 973m²的草坪(图4.46)。

诺华国际股份公司总部园区位于瑞士巴塞尔的莱茵河畔,公司庭院中的植被色彩是最为丰富的,随着时间、季节的变化产生了丰富的景观效果。早春,在论坛广场种植池中先花后叶的玉兰花开放,与公司员工产生情感上的共鸣。夏日,橡树林下的空间很受欢迎,员工在此午餐,这里是夏季良好的休憩地，修剪过的欧洲鹅耳枥绿荫浓密，而相比之下，邻近的桦树林则透着斑驳的阳光。员工在喜马拉雅白桦林下休息，阳光斑驳，安静惬意。秋天，论坛广场上秋色叶的栎树丰富了空间的景观效果，给人们季相变化的惊喜。冬日，喜马拉雅白桦林在水池中产生了倒影，如雕塑一样美丽。葱郁的栎树树阵给论坛广场增添了活力，为员工创造了舒适的休憩空间（图 4.47）。

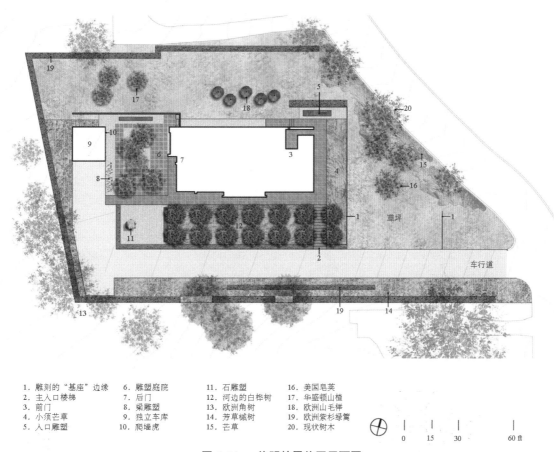

1. 雕刻的"基座"边缘	6. 雕塑庭院	11. 石雕塑	16. 美国皂荚
2. 主入口楼梯	7. 后门	12. 河边的白桦树	17. 华盛顿山楂
3. 前门	8. 梁雕塑	13. 欧洲角树	18. 欧洲山毛榉
4. 小须芒草	9. 独立车库	14. 芳草城树	19. 欧洲紫杉绿篱
5. 入口雕塑	10. 爬墙虎	15. 芒草	20. 现状树木

0   15   30   60 ft

图 4.44a 伯明翰居住区平面图

图 4.44b 伯明翰居住区实景图

图 4.45a　上海静安雕塑公园平面图

图 4.45b　上海静安雕塑公园航拍图

图 4.45c　上海静安雕塑公园实景图

图 4.46a 圣路易斯城市花园建设前后对比图

图 4.46b 圣路易斯城市花园实景图

图 4.46c 圣路易斯城市花园植物种植

图 4.47a 诺华国际股份公司庭院春日景色

图 4.47b 诺华国际股份公司庭院夏日景色

图 4.47c 诺华国际股份公司庭院秋日景色

图 4.47d　诺华国际股份公司庭院冬日景色

景观环境中历来注重视觉对行为的影响和视觉环境的设计，而近年来，随着景观规划理论的发展，环境中各类声音、气味与人们行为关联性的研究越来越得到人们的关注。

景观环境中气味与声音在很大程度上也影响到人的心理与行为。实际上，人们从很早就开始注意到不同的气味与声音对于空间氛围的影响。例如，古代举行重要仪式时，会焚香祷告，营造特定的环境氛围，这些习惯多数保留到了现在；又如寺庙中焚烧檀香供奉神祇（气味刺激），再辅以诵经（声音刺激），便能营造出庙宇庄严肃穆的气氛。

现代生物化学研究发现引起嗅觉的气味刺激主要是具有挥发性、可溶性的有机物质，可以分为六类基本气味，依次为花香、果香、香料香、松脂香、焦臭与恶臭。通过大量实验发现气味会影响到人的生理特征。实验人员使用扫描仪观察到香气能引起血流的变化：在薄荷香和茉莉花香的影响下，人的血管会达到最大的收缩扩张，从而起到放松的效果；玫瑰香气能够抑制心率的减慢，而柠檬香气却能增强心率的减慢；天竺花香味有镇定安神、消除疲劳、加速睡眠的作用；白菊花、艾叶和银花香气具有降低血压的作用；桂花的香气可缓解抑郁，还对某些躁狂型的精神病患者有一定疗效。

在景观环境设计中，应当充分发挥花木芬芳对于环境中游人的作用。例如在游人大量停留休憩的空间内，可以适当栽植一些可赏可闻的花木，延长人们停留观赏的时间，吸引人流的聚集；而在那些可能产生异味的地方，如厕所、垃圾箱周围则应予以遮蔽，尽量减少人的停留。

不同的人对一种气味会有不同的感受，甚至同一个人在不同的环境、不同的情绪时对一种气味也有不同的评价。因而景观环境中的嗅觉环境必须与景观空间本身相结合。例如，休憩与停留的场所对嗅觉环境要求较高，适宜营造鸟语花香的环境；而健身运动场所则对嗅觉环境要求较少，淡淡的花香味即可，过浓的香味反而会影响人们的健身活动。

就人对声音的感受效果而言，声音可以分为乐音和噪声。景观环境中能够引起人们愉悦心情的声音，如鸟鸣、潺潺流水声、风声等自然声音或人工的音乐声都可以称之为乐音；噪声是由不同频率和不同强度的声音无规律地组合在一起。等强度的所有频率声音组合而成的声音叫作白噪声。如果从心理学的角度来给噪声下定义，可以说，人们评价为不想听的声音都是噪声。噪声音量越大，越有可能干扰人们的言语交流，同时会引起个体生理的反应，如抵触、烦躁、注意力分散等；而乐音则有助于人们舒缓情绪、放松心情，促进人们各类户外游憩活动的开展。

20世纪60年代末，加拿大作曲家莫瑞·萨弗尔（Murray Schafer）首次提出了"声景观"（Soundscape）的概念。"soundscape"是"sound"（声音）和词根"-scape"（景观）组成的复合词，是相对于"视觉的景观"（Landscape）而言的。声景观意为"用双耳捕捉的景观""听觉的风景"。

相对于传统的声学理论而言，他根据声音特色把户外的声音分为以下三类：

第一类为背景声，即景观环境中人们的活动声、嘈杂声与自然声。根据背景声可以把握整个场地的总体特征，例如在交通性的户外公共空间中，车水马龙的鸣笛声就是背景声；而在风景优美的自然环境中，潺潺水流声和鸟鸣虫叫声则是背景声。不同的背景声对应于不同场地中的人的行为，例如在车水马龙的声环境中自然诱发人们匆匆过路的行为，抑制了人们停留休憩的欲望。例如在高达 70 dB 的街头设置小游园并非"适人"的场所，嘈杂的环境无法使人们坐下休憩（图 4.48）；而在鸟鸣山更幽的自然声环境中，人们很自然地会静下心来，集中注意力细细倾听天籁之声与观赏自然美景。

图 4.48　某街道口嘈杂的环境中设置的小游园
注：这里游人寥寥无几。

第二类为信号声，又称之为情报声，是指景观环境中具有提示作用的声音，比如警报声、广播声、铃声等。这类声音有些是必要的，比如在发生事故和紧急情况时，对于引导人的行为、保障人的安全是十分必要的。但是也应该看到，现在户外的这类信号声有噪声化的倾向，往往使游人感到不悦，反而影响到了这类声音应起的效果。因此，在景观环境中播放此类声音时，必须对声音的音质、音量、播放频率和时间进行研究，确定适宜的信号声。

第三类为演出声或标志声，是指具有独特场所特征的人工声音或者自然声音，包括人们在景观环境中的音乐声、歌声、钟声等人工声音，也包括喷泉、瀑布等自然声音。场地上的人工声音往往成为整个场地中最有代表性的声音，引导着人们的行为，例如场地舞台中的人们会不自觉地跟随着音乐声、歌声互动起来，同时一块场地上发生的演出声、歌声也会吸引更多的人参与进来；喷泉、瀑布等自然声音一方面能够吸引人流聚集，另一方面还起到了屏蔽噪声的作用。

景观环境中不同的区域由于不同的行为类型与使用人群，对于声环境的要求也是截然不同的。

（1）户外休憩区：景观环境中的休憩区以静态活动为主，个体活动较多，而群体活动较少，因而此区域内的声音特征要求为宁静、自然、放松。对应的声环境设计应以自然声音为主，人工声音为辅，例如虫鸣鸟叫声、树叶沙沙声、轻风流水声。

（2）健身运动区：景观环境中的健身运动区以动态活动为主，群体活动较多，老年人与儿童是这个区域的主要使用者。其声音特征要求为热闹、开放、充满活力，声环境设计应注重人工音的营造，运用广播、录音等设施提供音乐声、歌声等，满足场地内人们的使用需求。

（3）交通嘈杂区：户外环境中有很多区域处在交通喧闹的地段，例如十字路口的绿地，此区域内车水马龙，声环境质量较差，应当增加绿化栽植密度予以隔离，减少人工停留的区域与设施；此外还可以适当增加水流声、喷泉声等自然声予以隔离，以减少噪声，同时避免增加过多的人工声。

4.1.2　景观环境中的行为方式

从研究景观环境中人的行为方式入手，对不同年龄、性别、文化层次、爱好等因素进行调查分析，从而得出人在景观环境中活动的一般规律和特点。根据年龄差异，把人群划分为三大类：少年儿童、中青年人和老年人。老年人群的活动规律一般为在早晨和傍晚跑步、散步、打拳、跳舞等,反映出群体性特点;青年人群的活动一般在休息天或晚上,呈现出独立性和休闲性等特点;少年儿童的活动一般在星期天或放学后,呈现出流动性、活泼性、趣味性等特点。

景观环境中不同人群的行为方式迥异,对景观环境的使用情况是不同的,由表4.4可见老年人是室外环境的主要使用人群,中青年人次之,少年儿童使用最少。同时,也可以看出不同类型的景观环境使用群体也不尽相同,交通型和商业型空间中的中青年人群数量最多,而休闲型与综合型空间中的老年人群数量最多。

三类人群行为方式本身也存在很大差异,由图4.49可以看出,老年人多喜欢三四个人聚集在一起活动,分布更为集中;中青年人则更偏好独自或两三个人组团活动,分布更为零散。从时间上看,老年人是全天候的环境使用者,中青年人则常常于傍晚和晚上出现在景观环境中。

表 4.4 不同年龄人群的行为方式差异

场地名	少年儿童	中青年人	老年人	类型
鼓楼广场	—	★	▲	交通型
火车站广场	—	★	—	交通型
水木秦淮	▲	★	—	商业型
浮桥数码广场	—	▲	★	商业型
正洪街广场	—	★	—	商业型
珍珠河绿地	▲	—	★	休闲型
和平公园	—	▲	★	休闲型
建邺路小游园	—	—	★	休闲型
汉中门广场	▲	—	★	综合型
北极阁广场	—	—	★	综合型
朝天宫广场	—	▲	★	综合型
山西路广场	▲	★	—	综合型
大行宫广场	—	★	▲	综合型
★所占比例/%	0	46	54	—

注:★表示主要使用人群;▲表示较多使用人群。

1)老年人群

随着人口老龄化的速度加快,老年人在人口中所占比例日益增大,大量研究表明,户外活动与老年人的身心健康密切相关,户外活动可以缓解老年人容易产生的孤独感、寂寞感,以及社会遗弃的危机感,避免随之而来的自卑、意志消沉等抑郁心理,同时,老年人对户外公共空间的利用有着得天独厚的条件:老年人每天平均有8—10小时的闲暇时间,在一些大中型城市,很多老年人已养成了早晨在公园中早练,白天在公园中活动,晚上和家人、朋友在公园中散步、聊天的习惯(图4.50、图4.51)。因此,在老龄社会里,老年人成了景观环境中的主要使用群体,户外环境中的老年人活动区使用率是最高的。综上所述,对老年人群的行为研究是不可忽视的问题。

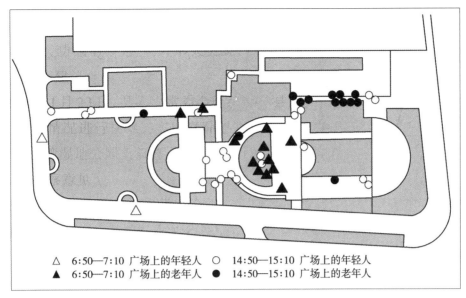

图 4.49　南京鼓楼广场不同年龄人群的行为地图

△ 6:50—7:10 广场上的年轻人　○ 14:50—15:10 广场上的年轻人
▲ 6:50—7:10 广场上的老年人　● 14:50—15:10 广场上的老年人

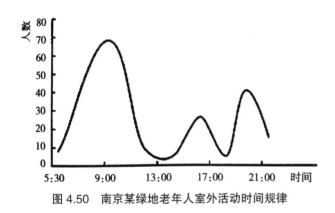

图 4.50　南京某绿地老年人室外活动时间规律

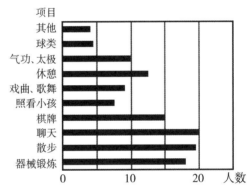

图 4.51　南京某绿地老年人室外活动内容分布图

　　老年人群的心理特征较复杂，一方面，老年人希望处在安静的环境中，不希望受到交通喧哗的影响；另一方面，老年人也正是因为渴望与人交流、害怕寂寞才来到公共环境中，因此需要为老年人提供尽可能丰富多样的活动类型和社会交往的机会。

　　作为景观环境主要使用者的老年人群，年龄集中在 55—75 岁，这个年龄段老人的活动特点是能够独自展开活动，活动类型不受限制，可以分为动态活动与静态活动两类，无论哪类活动都需要较为宽敞的活动场地与适宜的气候条件。

　　动态活动主要是指老年人的户外健身运动，主要包括交际舞、扇子舞、跳操等，这类活动的特点为人数多，场地要求大，需要相对较有围合感、面积较大的场地，因此对周围环境的影响较大；此外还包括太极拳、太极剑类，这类活动占地面积小于舞蹈类活动，较为安静，与其他活动相容性较高。

　　值得注意的是环境中很大一批老年人是独自开展活动的，有的是独自在场地上运动，不借助其他器材设备，如打拳、舞剑、做操；有些活动需要一定的器材设备，如悬吊、压腿。如果场地中没有提供相应器材设备的话，老年人常常会借助环境中的树木、栏杆作为替代品，这样既容易对设施造成一定的破坏，也会对老人造成伤害。因此户外景观环境中需要为老年人提供足够坚固

图 4.52　环境中借助广告栏健身的老年人

耐用的健身器材（图 4.52 至图 4.54）。

静态活动主要指老年人打牌、下棋和遛鸟等户外休闲活动，这类活动以群体娱乐为主，常常三五成群，驻留时间较长，需要大量的公共桌椅，并有所遮蔽（图 4.55、图 4.56）。

总体而言，为老年人设计的景观环境应有以下要求：

（1）安全性。考虑到老年人的身体特征与活动特点，景观环境应为老年人提供一个安全舒适的室外活动空间。例如在老年人活动区域提供更高的照明标准，以提高环境辨别度，特

图 4.53　环境中借助栏杆健身的老年人

图 4.54　环境中借助树木健身的老年人

图 4.55　在亭中"合唱"的老年人

图 4.56　在亭中打牌的老年人

别是在景观环境中的重点区域，如建筑物的出入口、停车场以及台阶、斜坡等地势变化的危险地段，注意无障碍设计；另外由于老年人视力及记忆力减退，方向判断力差，步行通道的趋向及位置要明显区分，在道路转折和终点处应安排明显标识，增强环境的可识别性。

（2）交往性。户外环境应为老年人提供尽可能丰富多样的活动内容和社会交往的机会。例如在环境中设置亭廊以及数量足够的桌椅以诱发老年人的交流活动，同时老年人活动场地应避免其他活动的干扰，特别是穿越交通。

（3）个体空间领域。由于老年人的心理特点，对环境中的个体空间有特殊的要求，他们往往在静坐或聊天时不喜欢被他人打扰，偏好于停留在视野开阔而本身又不引人注目但有所依托的场所。因此老年人的休憩活动区域应与其他区域适当保持距离，同时又彼此相连。

（4）便捷性。户外老年人的活动环境应满足便捷性的要求，即活动场地具有便捷的可达性，尽可能靠近老年人住区，一般以满足10分钟内的步行路程为宜；同时环境中的设施也要方便老年人使用，为老年人提供简单、易用的环境设施。

当前城市的许多公共绿地、休闲广场在规划设计中对老年人的行为考虑不周，存在活动场地狭小、互相干扰、缺少活动设施、服务半径不合理等不足之处，因此在景观环境设计中应当对老年人活动场地予以足够的重视，根据老年人独有的心理特点和行为特征进行规划设计，多为老年人创造舒适、优美、耐用的户外休闲空间。

2）中青年人群

中青年人群是景观环境中的重要使用者，由于其年龄特点，他们对环境质量要求较高，对环境设施、个体性空间、适宜的气候和温度条件更为关注。其行为可以分为以下两类：

（1）行人与等车的临时性的人群，他们的行为特征是在公共空间中停留的时间比较短，并常常在公共空间边缘活动，而不深入内部。他们对空间的标示性、可达性要求较高，而对环境中的绿化、铺装等细节较少关注。因此应在环境中为其提供具有明确导识性的环境设施与休憩座椅，特别是对行人应充分保障通道的便捷性，减少阻碍，避免高差。

（2）在场地上进行休憩与娱乐健身活动的人群，他们的活动分为静态活动与动态活动两类。此类人群对环境质量的要求较高，要求场地有围合感、有适宜的景观朝向与充分满足领域感的个体空间。静态活动以交谈、观察、演讲等为主要形式，人数一般在两人以上，要求场地有所围合，有适宜的自然环境与环境设施如亭廊、座椅，占地面积一般不大；动态活动以球类、轮滑、街舞等为主要形式，参与人数较多，常在四人以上，要求场地开阔，地面平坦，以羽毛球为例，场地大约在 5 m×10 m 以上。

中青年人群由于性别的不同，其行为特征表现出明显的差异：

在景观环境中，男性表现出更多的主动性（公开、社交、参与），趋向于外向型的活动，如运动、表演、乐于与人社交、参与公共活动，在位置选择上趋向于选择开放的空间或空间的中心位置，更喜欢占据城市广场前端显眼的位置，男性独自行为的比例较高。

女性在景观空间中表现出更多的后退性（安全、舒适、放松），趋向于内向型的活动，喜欢选择比较封闭空间或空间的边缘处，更喜欢待在靠后安静的自然环境中；女性多成群或结伴前往公共空间。同时女性对于空间环境的细节要求更高，对环境因素更为敏感，如噪声、尘土、污染等。

3）少年儿童人群

少年儿童是景观环境中常见的使用人群，其行为方式与成年人差异显著。景观环境中的少年儿童活动空间是他们除了幼儿园、学校之外的一个重要学习与成长空间。研究少年儿童人群的行为方式有助于更好地营造景观环境中少年儿童的活动空间，促进其身心健康成长。

少年儿童的心理特征较为特殊，对于环境的反应比成人更加直接与活跃，越是人多嘈杂的环境儿童越发兴奋，越愿意表现自己。适当将儿童活动场地与其他人群混杂，有利于激发其活动欲望，集聚场地人气。影响儿童行为的主要因素包括以下方面：

（1）场地的选择。少年儿童活动常常三五成群，多选择在场地的中心地段活动，以便获得更大的活动范围。场地要求较为开阔，铺装形式宜多样化，既可以是一块硬质铺装，也可以是一片草地或沙坑。同时场地应适当远离交通地段，以免带来危险。场地环境应尽量亲切温和，有所遮挡，避免强风（图4.57、图4.58）。

图 4.57　南京模范马路边的健身活动区
注：儿童是这儿的主角。

图 4.58　南京某小区草坪上的儿童游乐场

图 4.59　南京朝天宫外的踏步垂带
注：该踏步垂带成为儿童的滑梯。

（2）多样的游憩设施。少年儿童好奇心强，对环境敏感度高，一块怪异的石头、一尊鲜艳的雕塑或是一个斜坡，都能引起孩子们的极大兴趣，因此我们在公共空间中应该为他们多设计一些能诱发他们想象力的游憩设施（图4.59、图4.60）。但要注意游憩设施的复杂程度，国外的许多研究表明，尽管孩子们能够自己发现多种接触自然环境的游戏方式，但所设计的游戏设施的复杂程度是有一定限度的，也就是说游戏娱乐设施的使用要是太复杂，反而得不到少年儿童的关注。过于复杂的设施偏离了对儿童心理、生理机能培养的初衷和目的；同时游憩设施应多样化，除了秋千、跷跷板等设施，还要提供适合儿童身体发育及运动方式的器具，诸如跑、跳、攀爬。特别应注意的是儿童对于水的喜爱，为孩子提供浅水、喷泉等游乐设施。

（3）安全性的把握。少年儿童的活动空间设计应从少年儿童的视角与尺度出发，充分考虑少年儿童的身体特点和心理需求。游憩设施不宜过高过陡，以免儿童摔伤，尽量采用软质材料如塑料、人造革等，避免尖锐棱角、挤压、磕碰、滑倒、夹伤、撞头、翻倒等危险结构和不良使用方式的存在。

（4）环境的细节设计。在少年儿童使用的环境中应考虑到一些辅助性的细节设计，例如孩子们的活动常常是在家长们的陪伴下进行的，包括他们的父母与爷爷奶奶，他们常常站在场地的一边，边看着他们的孩子玩耍边互相攀谈，因此在为儿童设计游戏场地时也需要考虑成人的休憩设施；此外，在儿童景观环境中设置厕所也是必不可少的。

日本景观师仙田满在1973—1982年间对游憩设施、儿童公园及游戏场所等的调查中发现若干能够促使儿童进行游戏的空间结构特征。他称其为"环游结构"，即适宜玩耍的游戏设施，其游戏流线是循环的。一方面，利用游戏设施的各种活动，大多数情况下都是所谓的"追赶捉迷藏"类型的活动，其流线需要拥有一

图4.60　某广场的坡道
注：这儿成了儿童的游乐场。

条封闭的曲线；另一方面，调查发现，在城市中能够成为孩子们进行游戏的场所一般都是能够环绕一周的街区，而且有可以抄绕的近道，也可以称其为短路，同时这些街区都紧邻孩子们经常聚集的小广场。循环流线和近道，这两个共通的游戏结构形成了环游结构的基本形式。在环游结构游戏中，"晕"是不可缺少的体验元素。环游结构周边应具有标志性的空间标示，表面材质也应是柔软的材料，并提供有若干选择，同时开有孔洞可以随时脱离出去。环游结构的特征归纳为以下七点：①拥有循环的功能；②循环（道路）安全并且富于变化；③在其中有标志性空间、场所；④在其循环（道路）上有体验晕眩的部分；⑤有近道；⑥循环（道路）上有广场接壤；⑦整体由多孔质空间构成。

景观环境中的青少年人群，作为少年儿童人群中的一部分，常常为设计者所忽视。青少年人群有着特殊的心理特征：一方面他们试图模仿成年人的生活方式和行为，并对父母以及其他外界的干涉抱有排斥心理；另一方面其心智尚未成熟，仍对父母与成年人有所依赖。其行为方式有以下特征：

（1）自主性强。青少年人群自主性较强，常常集体活动，三五成群独自寻找游憩环境与设施，热衷于带有冒险、刺激的游憩活动，场地比儿童活动空间更宽广，活动类型更丰富。

（2）对知识的探索。青少年对于未知世界有着强烈的探索欲望，利用这个心理特点，可以将书本中的许多物理知识、原理诸如杠杆、滑轮、离心力、回声等运用到他们的游憩设施中去，在娱乐的同时了解和掌握知识。

（3）个体空间。青少年随着年龄的增加，心智逐渐成熟，对环境质量的要求逐渐提高，对领域性的要求逐渐增强，因此在环境中应为青少年提供适当的个体活动空间，但不宜封闭、闭塞，以免成为不良少年的聚集地，危害社会安全。

4.2　行为预见性与适应性

不同的行为对环境的要求不尽相同，环境与行为之间往往存在一种潜在的对应关联。环境

诱发行为,行为反过来又会作用于环境。研究这种关系有助于把握环境设计中对于潜在行为的有效预见以及提高环境对于人们行为的有效适应,从而更好地满足人们的行为需求,实现人性化的景观环境设计。

4.2.1 环境行为调查方法

实现设计的预见性与适应性必须要对景观环境中人的行为模式与特征进行调查。环境行为调查的方法,包括定性研究方法和定量研究方法。定性研究方法主要以行为观察法为基础,以调查问卷法为补充,运用观察、描述的方式对环境行为进行调查研究;而定量研究方法主要是指采用行为地图法,同时在此基础上运用统计分析法、数字检测法等进行归纳总结从而得出结论的方法(表4.5)。

表 4.5 环境行为调查方法分类

分类	研究类型	基础方法	辅助方法
环境行为调查方法	定性研究方法	行为观察法	问卷调查法等
	定量研究方法	行为地图法	统计分析法、数字检测法等

1)行为观察法

行为观察法,就是根据研究对象的需要,研究者有目的、有计划地运用自己的视觉、听觉器官或借助其他科学的观察工具,包括摄像机、录音机等工具,直接观测、研究景观环境中的对象,从而做出分析与结论。其特点是观察者置身于客观的环境空间中,通过观察、记录来分析被观测者。行为观察法具有直接性与直观性的特点。

2)问卷调查法

问卷调查是景观空间调研中应用最广泛的方法之一,是行为观察法的重要补充。问卷调查的影响因素是问卷结构的设计是否合理以及被调查对象的合作程度。问卷调查法在行为观察法的基础上,结合访谈的结果使问卷调查的结果尽可能接近客观。问卷调查具有直接性的特点,但由于受到问卷设计合理性和问卷对象个体差异的影响,又具有一定的片面性(图4.61)。

一般而言,调查问卷的设计有四个重要原则。

(1)自愿性原则:充分考虑被调查者是否愿意回答,尽量避免涉及个人隐私。

(2)必要性原则:紧紧围绕研究课题选择那些环境设计和居民使用中最可能遇到的问题展开问卷设计。

(3)可能性原则:设计问题应充分考虑被调查者的知识水平和回答能力。

(4)简洁性原则:问卷内容不宜过长,问题最好为选择性质的,大部分问题应只需勾选答案即可。

3)行为地图法

行为地图法是一种研究人员将特定时间段特定地点发生的行为标记在地图上的方法,常把不同行为或不同人群用符号标记在图上。行为地图可以由多张特定时间段的地图进行叠加,从而可以得出更大时间区段内特定场地的人们的行为特征。行为地图法的特点是平面标记直接明了,与设计最容易相结合(图4.62)。

行为地图法是由1970年环境心理学家伊特尔森(Ittelson)等人发展起来的,最初用以记录发生在所设计的空间中的行为,力图把设计特点与行为在时间、空间上联结起来。他认为行为地图有五个优点。

1. 年龄
   ① 0—10 岁　② 11—20 岁　③ 21—30 岁　④ 31—40 岁　⑤ 41—50 岁
   ⑥ 51—60 岁　⑦ 61—70 岁　⑧ 71 岁以上

2. 性别
   ① 男　　② 女

3. 受教育水平
   ① 小学　② 初中　③ 高中　④ 大学　⑤ 硕士　⑥ 博士　⑦ 博士后　⑧ 其他

4. 游客来源
   ① 本地　② 外地

5. 职业
   ① 工人　② 干部　③ 学生　④ 教师　⑤ 科技人员　⑥ 商业　⑦ 离退休者　⑧ 服务生
   ⑨ 军警　⑩ 金融　⑪ 其他

6. 个人月收入
   ① 1 500 元以下　② 1 500—4 500 元　③ 4 500—8 000 元　④ 8 000 元以上

7. 你经常来这里吗？
   ① 仅重要节日　② 每周 2—3 次　③ 周末　④ 偶尔，不定期　⑤ 每天

8. 你到这里的时段一般为？
   ① 早晨　② 上午　③ 下午　④ 晚上　⑤ 不定时　⑥ 全天

9. 你到这里的交通方式？
   ① 公交车　② 出租车　③ 自行车　④ 步行　⑤ 自驾车

10. 从你住所到这里一般需多久？
    ① 20 分钟以下　② 20—40 分钟　③ 40—60 分钟　④ 一个小时以上

11. 你来这里是因为？
    ① 风景好　② 特地来玩的　③ 家住附近　④ 正好路过

12. 你在这里休息或活动时是否受干扰？
    ① 不受干扰　② 有些干扰，但影响不大　③ 有干扰，受到影响　④ 干扰太大了

13. 你认为应该再增加哪些设施？
    ① 座椅　② 种植花木　③ 公厕　④ 草坪　⑤ 凉亭　⑥ 电话亭　⑦ 小卖店　⑧ 其他

14. 如果有机会你愿意再来这里吗？
    ① 非常愿意　② 愿意　③ 不确定　④ 不愿意　⑤ 非常不愿意

15. 如果有机会你愿意推荐亲友来这里吗？
    ① 非常愿意　② 愿意　③ 不确定　④ 不愿意　⑤ 非常不愿意

16. 马路上的噪声对这里有无影响？
    ① 没有影响　② 有影响，但还好　③ 比较好　④ 马路上的噪声太烦人了

17. 如果想留影，你会选择哪里？

18. 你对这里有哪些不满意的地方？

图 4.61　某公司调查问卷

2个举哑铃的老年人
1个练习杂技的年轻人
1个看练杂技者的妇女
12个玩纸牌者
6个玩纸牌者
33个玩纸牌者
11个跳舞的老年人
3个抄近路的年轻人
1个闲逛的中年妇女

11月30日 15点左右 园内行为分布图

图 4.62　行为地图法举例：南京和平公园

（1）有被观察地点的平面图；

（2）对有明确定义的人的行为有观察、有数据、有描述，在位置上有明确的标定；

（3）有日程表，表示观察与记录持续了多久；

（4）观察与记录均由科学的程序指导；

（5）有符号编码及统计、数据系统，以最少的时间和人力获得所需的观察记录成果。

4）统计分析法

统计分析法是行为地图法的重要补充，它在行为地图法的基础上充分利用调查搜集来的大量数据，再运用统计学原理来分析空间环境与人的行为模式以及心理特征之间的关系，对于景观空间的定量化研究分析来说是十分重要的手段和方法。统计分析法的特点是能在错综复杂的空间环境与极其丰富的环境因素中做出定量分析研究，从而得出各个要素之间的内在联系与总体规律，因此科学性是统计分析法的一个重要特征。它把对景观空间定性化的描述上升为定量化的科学分析的层面（图 4.63）。

5）数字检测法

在传统风景园林设计过程中，行为数据的采集工作完全依靠人工完成，难以避免主观性和模糊性，尤其在面对大中尺度的场地时，其局限性较为突出。遥感技术、航测技术和三维扫描技术等数据采集技术的发展改变了传统的调研与资料收集方式，极大地提升了调查研究的精准性。新技术的运用不仅提供了更为全面、客观的数据资料，也改变了难以收集人群行为信息的状况，从而为风景园林设计打开了新的视角。

（1）行为心理检测系统

随着数字技术的发展，行为心理数字检测系统逐渐被运用于景观环境的行为调查中，以探究人的行为活动和环境景观设计适应性的关系，目的是优化景园设计。利用视频的方式记录和分析行为的特征，实现人的行为活动数据的采集，协同其他系统数据进行综合分析，有助于景观

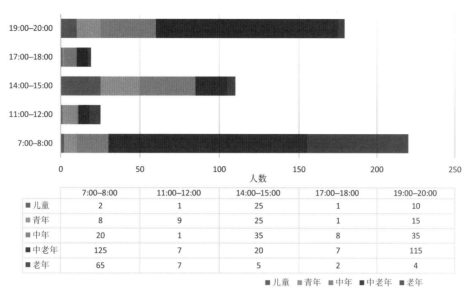

	7:00–8:00	11:00–12:00	14:00–15:00	17:00–18:00	19:00–20:00
■ 儿童	2	1	25	1	10
■ 青年	8	9	25	1	15
■ 中年	20	1	35	8	35
■ 中老年	125	7	20	7	115
■ 老年	65	7	5	2	4

■ 儿童 ■ 青年 ■ 中年 ■ 中老年 ■ 老年

图 4.63　南京北极阁广场不同地段与时间段使用人群统计表

环境设计的优化。例如眼动仪，采用场景式快速定标技术，记录个体的视觉变化轨迹，获得动态3D眼动变化信息，从而分析其视觉认知或注意力的变化特征。

（2）环境行为学

20世纪80年代，环境行为学理论开始传入中国。1996年，中国环境行为学会（Environment-Behavior Research Association）成立。同时，在很多高校都开设了环境行为学或环境心理学课程。环境行为学的影响日益扩大，逐渐渗透到建筑学、城市规划学（现城乡规划学）和相关学科的研究和实践中。

环境行为学（Environment-Behavior Studies）也称环境设计研究（Environmental Design Research），是研究人与周围各种尺度的物质环境之间相互关系的科学。它着眼于物质环境与人的相互依存关系，需要对环境和人同时进行研究。环境行为学的基本目的是探求决定物质环境性质的要素和对生活质量产生的影响，并通过环境政策、规划、设计、教育等手段，将相关理论应用到生活品质的改善中。

按照摩尔的分类，环境行为学的研究领域涉及社会地理学、环境社会学、环境心理学、人体工学、室内设计、建筑学、景观学、城市规划学（现城乡规划学）、资源管理、环境研究、城市和应用人类学。这个领域具有跨学科的特点，它追求环境与行为的辩证统一。环境心理学的出发点是关注人的内在心理过程，其研究涉及知觉、认知、情绪、思维、人格、行为习惯、人际关系、社会关系等领域，也与日常生活中的家庭、教育、健康、社会等发生关联。但是在环境行为学中，除此以外，还研究集团行为、社会价值、文化观念等与环境有关的广泛问题，是一个内涵宽广、多学科交叉的研究领域。它涵盖社会、文化、心理等不同方面对人与环境的研究，寻求环境和行为的辩证统一，关注人类生活品质的提高（图4.64）。

（3）空间句法

空间句法是20世纪70年代由英国伦敦大学学院希列尔（Hillier）和汉森（Hanson）发明的一种网络分析方法，用定量指标来描述人在空间中的移动，并分析建筑空间和城市空间对人的影响。在《空间的社会逻辑》（*The Social Logic of Space*）（1984年）一书中，他们首次提出建筑空间布局和建筑空间结构能够影响人的社会活动的主张。而后佩恩（Penn）等人于1998年强调了城

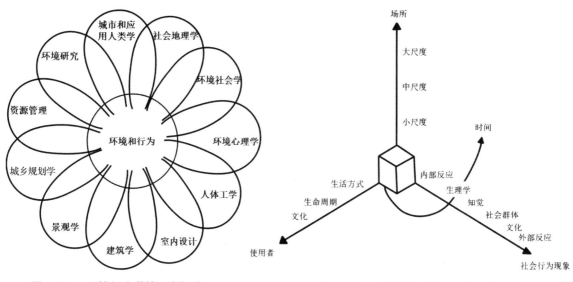

图 4.64a　环境行为学的研究领域　　　　图 4.64b　环境行为学的主要分析尺度

市空间组织对人的移动有潜在的影响关系。在过去的 30 多年中，空间句法经常被用于建筑形态和城市形态的研究，也被用于建筑设计和城市设计的实践之中。

空间句法理论体系有两个基本概念，即空间和句法。传统的空间是与时间相对应的一种物质存在形式，具有长度、宽度和高度三个维度。空间句法中的空间则具有更广泛的意义和内涵，并从两个方面对传统的空间概念进行了拓展和延伸：一是描述了空间之间的几何、距离和拓扑等关系；二是不仅关注局部的空间可达性，而且强调整体空间的通达性和关联性。在语言学中，句法是指词语在句子和短语中的排列组合方式及控制句子中各部分关系的法则。词语的组合关系的变化可改变甚至颠覆整个句子的意思，因此，句法在语言学中具有重要地位。在空间句法理论体系中，句法的概念是借用语言学中的句法本意，指限制多个空间之间组合关系的法则。空间句法是通过构形关系来分析所有空间元素的几何代表，不管这些元素是房间或者是轴线、凸空间、视域范围还是点，模型的建立流程为空间尺度划分和空间分割、空间构形的描述与分析以及形态分析变量的计算。

传统空间句法基于人的视线和步行行为对人的可达性进行分析，在建筑内部空间领域得到了广泛应用，较典型的是博物馆和展览馆内部空间，对于参观者视线范围内可步行经过的区域，其可达性高。当城市空间从建筑尺度变为地理尺度，空间句法就存在明显的局限性。如步行广场和步行街等室外空间，人的视线和步行行为不再是必要的条件约束：步行区域内的参观者依靠视觉感知判断其通行路径，通勤者则依靠自身经验进行判断，如购物者主要通过车行交通、商场的规模和特色等因素来判断其通行路径，而视线、步行路径反而变成了次要因素。

4.2.2　景观环境中人的行为模式

扬·盖尔将人们的一切户外活动总结为三种：强制性的必要性活动、个人的自发性活动、依赖他人参与的社会性活动，并且这三种活动形式对环境因素有着不同程度的依赖性。必要性活动是指各种条件下都会发生的行为，例如日常上班、上学等；自发性活动是指只有在适宜的户外条件下才会发生的行为，例如观赏景色、休憩、个体健身等；社会性活动是指有赖于他人参与的各种群体活动，例如集体健身、儿童游戏、交谈聊天等。

为了更好地研究景观环境中的各种行为特征与空间环境的对应性，在扬·盖尔分类的基础上，根据环境中行为的发生频率进一步把环境中发生的行为分为必然性行为、高频行为、偶然性行为。根据发生频率研究环境中常见的行为模式有助于更好地把握不同的行为模式和特定的空间形态与环境之间的关联。

1）必要性行为

必要性行为指在所有的景观环境中每天都会出现的行为方式，主要分为交通穿越、休憩与驻留三类（图 4.65）。

（1）交通穿越

交通穿越是景观环境中的常见行为，如上学、上班或赶公交车、地铁等，行为具有

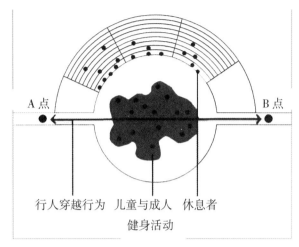

图 4.65　南京市山西路广场空间行为分析

取捷径的要求。穿越行为要求景观空间简洁、通畅、便捷、平坦、无高差变化，距离交通节点有最短的直线路径。地面铺装及灯具布置需具有指向性，材料没有强烈变化，步行区域开放无阻碍。同时环境中或周边需要必要的标示设施，为穿过的行人提供明确的导向。

对于这种行为模式而言，减少穿越时间、缩短行程是最为重要的，其影响因素有以下几种：

① 便捷性。从 A 点到 B 点穿越场地，人们更喜欢选择直线以缩短路程，因此，在设计场地的穿行通道时，应该考虑到人们的这种行为模式，不应当在其中设置障碍与高差。

② 识别性。在场地的交通结点，必须给行人明确的交通标识与方位，以方便行人迅速到达目的地。

③ 通道宽度。人行通道的宽度首先应该符合人体尺度，根据观察，单人行走的宽度一般应大于 600 mm，如果两人并行则增加到 1 200 mm 以上，两人相向行走时则需要更大的宽度，一般需要 1 500 mm 以上（图 4.66）；同时人行道宽度还应考虑街道预计通过人流量，根据观察，街道可通行的密度为每米街宽每分钟通行 10—15 人，如果密度增加则人群会变成两股逆向的人流，因此，在地铁站与其他车站等交通枢纽周边的景观环境设计穿行通道时，必须根据相应的人流量来确定通道宽度。

④ 地面铺装。大量的人流需要坚固耐用的地面材料，同时也有雨雪天的防滑和排水要求。

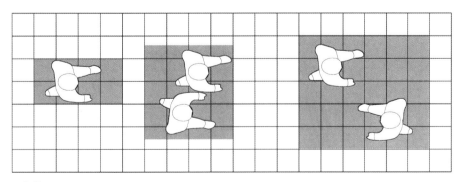

1 方格 ＝ 300 mm × 300 mm

图 4.66　人并行行走宽度示意图

（2）休憩

休憩是公共环境中人们主要的行为方式之一，主要表现为人们坐在座椅上交谈、下棋、观望与缓解疲劳等。

休憩行为发生的基本条件是要能够接收到阳光或人工光照环境，有合适的座椅或者供人休憩的设施如台阶、缓坡等，要求具有宜人的尺度，以围合、半围合等具有个人领域感的空间形式为最佳；在视觉上要求视域的多层次性与良好的风景朝向，并能够看到其他人；休憩行为常要求有宜人的小环境，露天咖啡座等便利设施、水景边、绿化植物旁多为休憩的好去处。景观环境周边如果有公共建筑，将公共建筑本身的功能转化到外部环境中也会诱发休憩行为。影响休憩行为的主要因素有以下方面：

图 4.67　面河而坐、背对道路的人们

① 依托。人们在休憩时都趋向于有所依托，或站或坐，片墙、灌木丛甚至一棵树都给人以依托感，吸引人们聚集。

② 干扰。人们在选择休憩场地时，趋向于选择那些不容易受到干扰有所遮挡的场地，例如远离主要运动场地和车道，即使人们不得已选择了一个靠近道路的座椅，也常常背过他们的身体，避免直接面对道路（图4.67）。

③ 光线。充足的阳光也是吸引人们聚集的一个重要因素，特别是冬日午后的阳光，这是由于人们具有普遍的趋光心理，同一块场地在一天阳光的变化中也往往呈现不同的景象。例如某街道的一块东南角被建筑包围的绿地中，早晨由于建筑物的遮挡缺少阳光，场地上冷冷清清；而傍晚场地上有了西晒的日光，这里便聚集了许多休憩的人群。

④ 场地围合。场地的围合感能给休憩的人群以安全感，根据观察，三面围合的场地最吸引人气，领域感最为强烈。此外，场地宽度 w 与建筑高度 H 的比例也影响场地围合感的产生，根据观察，比例为1—2时，围合感最为强烈；比例小于1时，感觉场地过于压抑，采光也受影响；比例大于2时，感觉场地过于空旷，缺乏凝聚力。

⑤ 景观。良好的景观朝向是人们选择休憩地点的一个重要因素，因为这里可以看到更丰富的风景或街景，例如南京火车站站前广场临玄武湖的亲水平台上总是坐满了游人，丰富的湖景与良好的亲水性使得这里成为旅客休憩的最好去处（图4.68）。

图 4.68　南京火车站站前广场临玄武湖的亲水平台

（3）驻留

在景观环境中我们常常可以看到人们驻留在某块场地上，或是偶遇邂逅，或是约会等待，或是被什么所吸引久久不愿离去。根据观察，以下几种因素常诱发人们的驻留行为：

① 标识性。人们常常选择那些具有强烈标识性的场地作为约会的地点，例如南京时尚莱迪购物广场巨大的张拉膜顶棚就成为年轻人聚集的地点，其夸张的形式强烈吸引游人的视线，从而成为整个空间的视觉焦点。

② 事件的发生。场所上发生的事件活动，无论是表演还是一般的健身活动，都能吸引人们驻足观望，这是因为人聚效应与"人看人"心理，外界发生的各种事件都会诱发人们的思考与猜测。

③ 边缘。景观环境中边缘地带是各种空间边界的交界处，具有复杂性与丰富性，各种活动多发于此，是驻留行为的多发地带。

④ 良好的视野。景观环境中驻留的人群多数是在等候、聊天或独处，因此要求视域开阔，有良好的景观朝向，同时能够满足夏季遮阴而冬季不挡光的要求。

值得注意的是，在同一户外开放空间中，不应将两种或两种以上的必要性行为组织在同一空间之中，以避免不同行为之间互相干扰。例如某公园中围绕水面展开的长廊，由于环境幽静，景观优美，适宜游人坐下休憩观赏风景，但它又是作为连接两个场地之间的必要交通空间。由于长廊的宽度有限，从而穿越与坐下休憩的人们都会感到尴尬。坐在座椅上的人群会感到他们的个体空间受到穿越人群的干扰，同时也挡住了他们的景观视线（图4.69）。

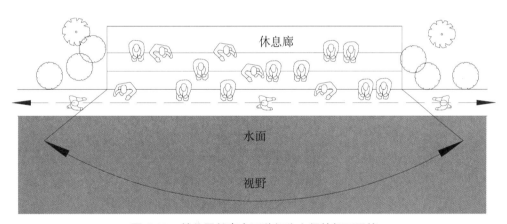

图 4.69　某公园长廊内两种行为之间的相互干扰

2）高频行为

高频行为是指在景观环境中一定条件下多发的行为方式，包括体育健身与娱乐休闲活动两大类。

（1）体育健身

随着市民健康意识的提高与人口不断老龄化，体育健身越来越成为公共空间的主要活动类型之一（表4.6）。总体而言，景观环境中的健身活动都需要一定的环境条件：一定规模的开阔、平坦的场地，良好的空间围合与充足的光线；场地应避免其他活动与人流的干扰，特别是避免行人的穿越。在现实中，往往一块人气旺盛的活动场地的路边总是停满了电动车、自行车，甚至堵塞人行道，因此设计健身场地时应该配置必要的停车场地以满足人们的停车需求。

表 4.6　南京市户外常见健身活动

分类	参与人数 / 人	空间大小 /m²	活动类型
个体健身运动	1—3	3—10	跑步、做操、打太极拳等
小型健身运动	10 以内	20—40	打拳、跳扇子舞、唱歌、玩轮滑等
大型健身运动	10—20 或以上	40—50 或以上	跳交际舞、跳大型舞蹈、做操等

户外常见的体育健身可以分为个体健身与群体健身两种。

① 个体健身

个体健身主要指人们独自开展的1—3人的户外健身运动，包括跑步、做操、打拳、玩轮滑等项目，全天均会出现，主体为青年人与中老年人。个体健身对环境要求较高：需要有足够的阳光照射，场所有所围合，对地面铺装材质及道路形式也有所要求，例如足底按摩需要有鹅卵石铺地，跑步要求流线型道路或环形道路，途经之处需要有优美的景色，并应设有休息座椅和各类健身设施、厕所等。值得注意的是，人们常常会利用环境中的一些要素来开展运动，例如滑板运动者利用场地的斜坡来开展运动；再如人们利用树木、栏杆来压腿和悬吊。这些行为常常会对环境场地造成一定程度的破坏，因此在景观环境中应充分考虑人们的行为需求，为人们提供足够坚固耐用的健身设施（图 4.70 至图 4.72 ）。

图 4.70　借助栏杆压腿的老年人

图 4.71　在游步道上跑步的人群

图 4.72　可以进行足底按摩的鹅卵石路面

② 群体健身

群体健身主要指多人参与的有组织的群体健身运动，通常发生在早晨与傍晚，参与者多为老年人，人数多在 4 人以上。其对环境的要求为：需要有阳光照射的大面积的开阔、平坦的场地，场地周边应配有休息设施及相应的配套健身设施、满足一定规模人群需求的厕所及垃圾桶。同时场地要求视域开阔，能够集聚人气，引发"人看人"的行为。

　　群体健身活动类型如舞蹈、太极拳、集体操等，对场地要求不一。交际舞参与人数较多，要求场地较大，一般参与人群数量为5对（10人）以上，活动面积至少需要50 m²；扇子舞一般在6人以上，人均占地2—3 m²，场地要求至少需要20 m²。舞蹈类活动对周围环境的影响较大，经常吸引许多人围观或参与。太极拳、太极剑也是群体性健身活动类型之一，这类活动要求场地较舞蹈类小很多，一般人均面积为2—3 m²，总人数为4—6人，活动较为安静，与其他活动相容性较高（图4.73至图4.75）。

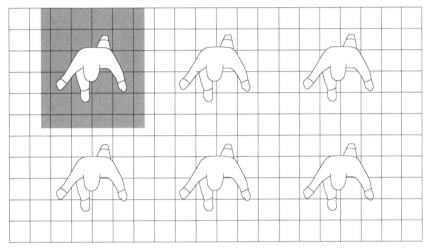

1 方格 ＝ 300 mm × 300 mm

图 4.73　群体健身活动空间示意图

图 4.74　广场上的扇子舞人群

图 4.75　南京北极阁绿地中打太极的人群

（2）娱乐休闲活动

　　娱乐休闲活动是人们在公共空间中主要的活动方式之一，常见的户外娱乐休闲活动包括棋牌、游戏、遛狗与遛鸟等其他一些娱乐活动。

　　棋牌：以老年人为主，人数为4—6人，常常发生在下午，人均占地面积为1.5—2 m²。棋牌

图 4.76　绿地中打牌的人群

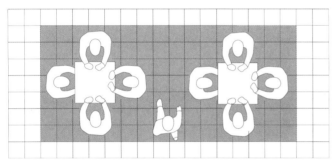

1 方格＝ 300 mm × 300 mm

图 4.77　棋牌活动空间示意图

图 4.78　珍珠河绿地中遛鸟的老年人

活动常常以群组的形式存在于景观环境中。一个场地内常常有多个棋牌活动小组，每个小组周围总是聚集着很多围观的人群。此类活动要求有安静及有围合领域感的景观环境，同时要求冬天能够接收到阳光，夏天有相应的绿化遮阴（图 4.76）。对于棋牌活动而言，四人座的桌椅形式最适宜开展棋牌活动，一般一个棋牌小组占地面积为 4—6 m²。此外，由于棋牌活动持续时间较长，使用率较高，桌椅应选用坚固耐用的材料（图 4.77）。

游戏：参与者主要为儿童，人数可多可少，大多发生在下午与傍晚。儿童游憩需要视野开阔的场地，这样能够被场地外的人们看到，以保障孩子行为的安全，场地周围应为孩子父母及游人休憩提供小品设施。儿童游戏对环境有一定要求，水景、喷泉、游乐设施、颜色丰富的灯光以及多样的植物色彩与香味能诱发儿童的游戏行为。

遛狗与遛鸟：在现代城市中，越来越多的家庭开始饲养鸟类、猫狗等宠物。遛狗与遛鸟是环境中常见的行为，主体为老年人群。遛鸟与遛狗行为两者有着明显的差别：遛鸟多发生在早晨及黄昏，需要有一定的个体领域性的空间及相互交流的场所，例如几组座椅或廊架、亭子；遛狗全天都可见，对场地与休憩设施要求不高。要注意的是，城市中狗类伤人的事时有发生，特别是对儿童。因此必须将遛狗的活动区域与其他活动区域相分隔，特别是远离儿童活动区（图 4.78）。

3）偶然性行为

偶然性行为指景观环境中在一定条件下偶发性的行为，比如临时

性的露天演出、展览、演讲等。这类活动规模
大小不定，各具特点，要求景观环境能够提供
面积足够大的永久性或临时性舞台，同时应避
免人流的穿越成为交通障碍。演出、展览和演
讲都需要有明显的标示性以方便人们的到达，
环境周边还需要有相应的座椅、休憩等配套
设施。

广场、绿地中的各类偶发性活动不仅会令
空间充满生机与活力，而且能促进人们之间的
交流，激活场地的商业潜力（图4.79）。

图4.79　某商业街头的露天演出

4.2.3　设计预见性与适应性

景观环境设计的预见性是指对景观环境
内潜在的不同人群的行为需求进行有效的预
见；设计的适应性则是指景观环境能够在多大程度上满足人们的行为与心理需求。设计的预见
性与适应性既相互区别又相互联系。预见性是从景观设计者角度出发的，而设计的适应性则是
从景观环境本身出发，两者的目的都指向满足人们的行为与心理需求。就同一个项目而言，两者是彼此覆盖的，因而评价一个景观环境设计的优劣可以从多大程度上实现设计的预见性与适应性的相互重合来加以判断：设计的预见性与适应性相互重合程度越高则说明场地设计与人的行为和心理需求契合度越高，越受使用者的欢迎；设计的预见性与适应性重合程度越低则说明原初的环境设计背离了人们的使用需求，这样的设计往往是缺乏人气的，不受欢迎的，甚至在一些情况下，人们会改变原初的设计，按照自己的方式使用景观环境，造成所谓的"二次设计"（图4.80）。

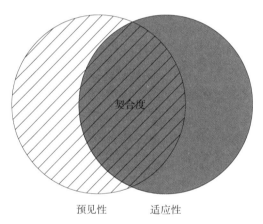

图4.80　设计的预见性与适应性叠合图

1）设计的预见性

景观空间中人的行为可以通过调研分析与环境设计实现"预见与诱导"。所谓预见性设计
就是指根据大量的对于类似场地环境和使用人群的研究分析，预测待建场地上使用人群的活
动方式与行为特点。恰当的设计可以诱发特定的行为方式，从而实现有针对性、有目的性的
设计。

景观环境不像建筑那样具有明确而单一的功能属性，在使用方面有较大的主观性，但通过对
于建成景观环境中人群使用情况的调查，可以发现不同类型的行为对于环境的要求有所差别，而
同一或相近似行为对于景观环境的要求却具有共性特征。景观环境设计需要对场地内可能发生
的行为进行调查与研究，从而实现满足不同行为方式的预见性设计。

一个集聚人气的景观环境一定是满足了场地中不同人群的心理与行为的需求。如何准确预
知人在景观环境中的行为是一个复杂的过程，某些行为看起来目的性明确，例如交通行为、舞
蹈、健身等具有明显的特征；而另外一些行为则没有确定的意图和规律，例如散步、驻留、观察
等。此外，不同地域、不同文化、不同气候条件下生活的人们日常行为往往存在着较大的差异。

综合看来,景观环境中人的行为模式还是存在一般性的规律,通过观察环境中人们的各种外部行为及对应的空间形态,分类归纳,形成不同的模式与类型,可以得出景观环境中人们一般性的行为规律(图4.81)。

图 4.81　行为研究步骤图:行为模式—类型—规律

不同的行为方式对应的类型、动静状态、行为特征与空间形态都是不同的,但是几种不同的行为方式却有可能有着相同的动静状态或者行为特征、空间形态,例如休息、棋牌与驻留行为都是静态行为,而休息与驻留都是点状的空间形态;再如健身、游戏与演出都是动态行为,而健身、游戏活动范围都是有限的,空间形态也都是面域状的。从而有可能同时考虑几种相似的行为要求,实现动静与功能区域的划分,为满足不同人群的使用需求创造了可能(表4.7)。

表 4.7　景观环境中各种行为方式的特点

行为方式	行为类型	行为状态	行为特征	对应空间形态
游览型穿越	自发性行为	动态	线性运动	线性
取捷径型穿越	必要性行为	动态	距离最短	直线型
健身项目	自发性行为	动态	有限范围	面域
棋牌	自发性行为	静态	有限范围	面域
游戏	自发性行为	动态	有限范围	面域
演出	社会性行为	动态	大范围	面域
休息	必要性行为	静态	个体范围	点状
驻留	必要性行为	静态	个体范围	点状

预见性是人性化设计的基础,在设计景观环境时,必须对场地内的功能性区域进行确定。通过对场地内潜在人群行为方式与活动类型的研究,根据不同人群的活动特点针对性地设计不同的区域,满足不同活动的使用要求。以滁州菱溪湖公园为例,公园景区的划分与场地内潜在人群和活动方式密切相关:公园基地周边环境复杂,西侧为城市主干道菱溪路,为公园游览人流的主要来向,适宜作为公园主入口,引导游客进入公园;基地南侧为居住用地,未来将有大量住区居民,因此场地南侧适宜安排居民的健身 休闲场所,例如运动健身、休闲与餐饮等活动,以满足居民潜在的活动需求(图4.82)。

再以宿迁市河滨公园改造设计为例,原宿迁河滨公园内的三条人流线彼此近乎平行,南北向滨河步道与沿街游步道之间缺少联系,不利于市民游憩亲水活动的开展,同时遮蔽了滨水景观;在改造过程中,设计者顺应游人们亲水的行为心理,有意识地引入多条东西向穿插的流线,把游人引向水边,同时改造二级驳岸为草坪缓坡,沟通东西向联系,并在公园面对河流处打开了透视线,大大增强了公园的游憩性,丰富了沿街的景观界面(图4.83至图4.86)。

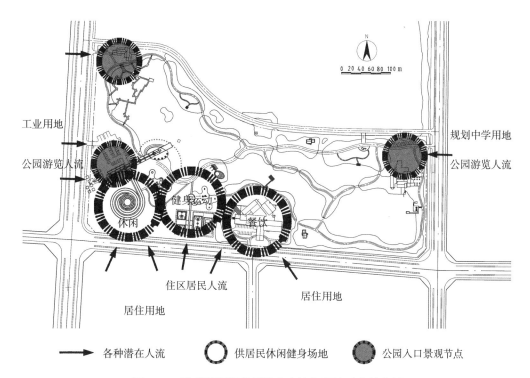

图4.82 滁州菱溪湖公园潜在人流与场地对应性分析

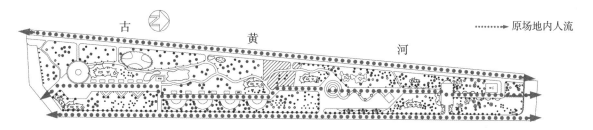

图4.83 宿迁河滨公园原场地内流线分析

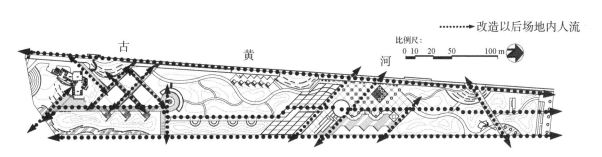

图4.84 宿迁河滨公园改造后场地内流线分析

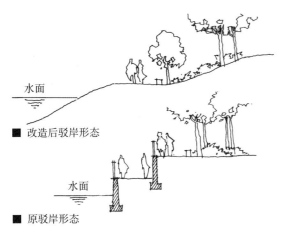

图 4.85　宿迁河滨公园驳岸改造示意

图 4.86　宿迁河滨公园改造增加的斜向道

2）设计的适应性

景观环境设计通过对行为与心理的研究突出对于人的适应性设计。"适应性"（Adaptation）是系统与环境相协调的行为（引自《中国大百科全书》）。景观环境作为一个复杂的人工系统，具有系统的各种特征。景观环境适应性设计即从整体观出发，通过不断调整景观自身构成要素以适应潜在的行为。适应性设计以一定的目的、方式达到与环境特点、人的行为需求相适应，创造出符合人们所需要的景观环境。景观环境设计的目的之一在于满足不同活动类型的行为需求。而实现环境设计适应性的关键就在于弄清各种人群与活动对于景观环境的不同要求，根据不同的活动方式与使用人群确定各种不同的环境要素与环境设施。

在大量案例调研的基础上，归纳出不同的行为方式对于环境要素、环境设施的不同需求。例如棋牌活动对阳光、公共设施高度、座椅的材料及形式有所要求；而演出则要求座椅朝向单一性，或者形成围合空间，此外对室外灯光照明也有要求；再如群体游憩活动对光线、座椅、道路铺装有要求，而个体游憩活动则更偏向于有水景或者喷泉的地方。例如美国纽约高线公园上独特的亲水设计使得游人更加亲近自然，为炎炎夏季行走在高线公园中的游人带来清凉（图 4.87）。纽约泪珠公园也是典型的案例，其中儿童戏水区的石块浅滩为孩子们提供了一个独特的戏水空间，在这里孩子们可以自由控制喷泉的开放，既节约了资源又提高了活动的参与性。作为空间的限定，小水塘四周堆叠形态各异的石块，为孩子提供了多种游戏的形式，激发了儿童的创造性。公园中的嬉戏场地让孩子远离交通和街区，更加亲近大自然（图 4.88）。瑞士诺华国际股份公司总部庭院水体是园区中的点景，水体由于周边环境的变化而产生变化。庭院内通过简单的树木种植和设置配套的景观设施，结合丰富的社交活动空间，形成了多变的景观。夏日到来，许多员工在喜马拉雅白桦林下休息，水体的设计为员工提供亲水、放松身心的场所（图 4.89）。因此，景观环境设计的适应性表现为环境与行为的对应性，不同的行为方式对应不同的环境要求。良好的环境设计的基本条件就是要充分实现环境与行为的对应性，而环境与行为对应性的缺失往往使得场地无人问津或者诱发人们不当的使用。值得注意的是，这种环境与行为的对应并不是单向、一一对应的。从表 4.8 中可以看出，几种不同的行为对环境要求可以相似，例如游戏与健身活动相近，游览与休息、驻留相似，因而，景观环境中的行为与环境要求的对应是多向的，可以将几种不同的行为方式安排在同一环境中，或者说同一环境可以满足多种行为需求，即景观空间环境往往具有多义性（图 4.90）。

图 4.87 纽约高线公园亲水设计

图 4.88 纽约泪珠公园亲水设计

图 4.89 瑞士诺华国际股份公司总部庭院亲水设计

表 4.8　景观环境中不同行为方式与环境要求表

行为方式	基本条件		基础设施																		空间			
			绿化			水景		休息设施				道路设施			灯光照明									
								座椅			其他休息设施						便利设施	维护设施	活动节目	活动场地				
	风	阳光	高度	色彩与芳香	品种	声音	位置	材料	形式	朝向		色彩	材质	方向	功能性	装饰性					尺度	围合	视域范围	高差变化
游览型穿越	●	●	●	●	●	●	●					●	●	●	●	●	●	●	●				●	
取捷径型穿越														●	●								●	●
健身活动 群体	●											●	●		●	●	●	●	●	●	●	●		●
健身活动 个体	●											●	●		●	●	●		●			●		
棋牌	●							●	●	●	●						●	●	●			●		
游戏	●					●	●								●	●			●			●	●	
演出	●							●	●	●	●				●	●	●	●	●	●				
休息	●	●	●	●	●	●	●	●	●	●	●				●	●	●	●	●					
驻留	●	●												●	●	●							●	

注：表中 ● 表示行为方式对此环境要素有要求。

人性化景观设计就是充分实现景观环境设计的预见性与适应性，以满足人的行为与心理需求为目的（图 4.91）。景观环境作为景观设计的空间形态，既承载景观设计者的思路与想法，也承载着人们的使用需求，只有这两者充分一致，景观环境才能得到充分利用，反之两者相背离，无论是为了形式而设计的景观还是缺乏设计的环境都将失去应有的人气。

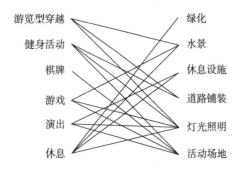

图 4.90　行为方式与环境需求的对应性

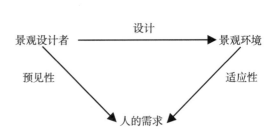

图 4.91　设计的预见性与适应性的关系图

设计师在高线公园上设计了种植池，其边缘的设计适合游人坐下休息，极大限度地满足了游人休憩和观赏街景的功能，同时使得身心得到放松（图4.92）。

图 4.92　纽约高线公园高架上的休息坐凳

位于美国波士顿 D 街草坪（The Lawn on D）项目旨在建造具有互动性、灵活性、艺术性、充满活力、专属各类人群的活动区域。The Lawn on D 项目由广场和草坪构成，是各种活动、装置艺术和举办节目的中心。广场是一个创意平台，彩色沥青材料搭配标志性的家具和装置营造了轻松的氛围。草坪上涵盖着多样化的场景，是承载艺术装置和休息设施的最佳场所。上面摆放着各种临时性的设计装置和创作项目，成为设计师和艺术家创意展示的舞台。The Lawn on D 的设计充分考虑了场地使用的灵活性、使用者的多样性、对季节的适应性和活动规模的可变性，其空间与基础设施的设计使之可以承载多样化的活动内容，同时也可随着季节和时间变化改变其格局（图4.93）。

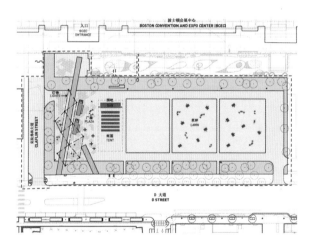

图 4.93a　The Lawn on D 平面图　　　　　　　图 4.93b　The Lawn on D 鸟瞰图

图 4.93c　The Lawn on D 广场实景图

图 4.93d　The Lawn on D 草坪实景图

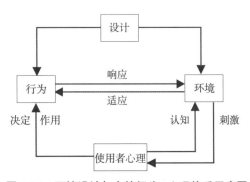

图 4.94　环境设计与人的行为、心理关系示意图

4.3　设计人性化的景观环境

　　人性化景观环境就是依据人的尺度与行为来设计人的户外空间环境。人类对户外空间的需求不断变化，景观环境的意义也随之不断丰富。

　　研究表明，影响人性化设计的因素主要有三个方面：环境本身、人在景观环境中的行为特点和人在使用空间时的心理需求。环境、行为、心理三者之间相互影响（图 4.94）。人性化的景观环境设计，主要是基于景观空间中人群行为活动的特征及其生理、心理需求，创造最为宜人的户外环境。

　　景观设计的目的在于营造空间，建构满足人们行为要求的空间"载体"。景观设计同生活密切联系，景观师需要通过一个"理解—沟通—认知"的过程，加深对使用者的了解。人的任何活动都必须在空间中展开，其中人的立足点是活动存在和进行的场所。人在外部空间中的不同行为对环境的要求不尽相同，所对应的环境特征各异，究其原因是对于场所与行为的对应性选择，而人性化设计的根本也就在于为人的不同行为创造与之相应的适合场所。人性化设计的更高层次要求还在于对于人精神层面的关怀，在满足人们的生理需求、心理需求之后，还有对景观空间的艺术气息、人文气息等更高层次的追求，以及对文脉和地域特征的传承和体现。

　　任何一处景观空间，若无人的活动参与，只是一种物质的存在，而一旦加入了人的行为、人的活动，便成了有活力的场所。景观环境设计的最终目的是满足人的需求，场所中的一切只要离

开人的活动就失去了意义。景观环境的各
种细节都应当体现人性关怀,例如德国街头
的金属靠背,从人的需求出发,为人们提供
一处可以倚靠着交谈聊天的场所,受到人们
的欢迎(图 4.95);纽约佩雷小游园(Parlay
Park)是一个非常小的街头绿地,只有 12 m
宽、30 m 长,它的三面都由建筑物的墙面
包围,只有一面临街,两侧的墙面是攀缘植
物,正面墙上是水幕,隔离了街头车流的噪
声。广场内配置了圆桌和靠椅,园内种植的
乔木形成小游园的绿色天棚,形成了闹市区
的一处"净土",十分亲切、宜人,受到市民
的喜爱(图 4.96、图 4.97)。

图 4.95　德国街头的"靠背"

图 4.96　纽约佩雷小游园实景图

1. 水幕
2. 美国皂荚树林
3. 门房 / 水泵房
4. 门房 / 凉亭
5. 第 53 东大街

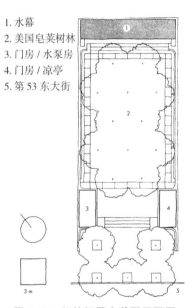

图 4.97　纽约佩雷小游园平面图

　　人性化的景观环境设计应遵循的基本原则如下:
　　(1)环境设施应在使用者易于接近并能看到的位置,方便市民使用。
　　(2)环境设计要考虑日照、遮阴、风力等环境因素及人的生理特点。
　　(3)满足不同人群的使用,不仅是老人、儿童,同时也应满足残障人士的使用,同时一个群
体活动不应干扰另一个群体,应提供不同年龄段人群的交往、共处空间。
　　(4)提倡民众参与,让使用者参与景观环境的设计、建造及维护的过程。
　　(5)景观设施的日常维护应简单、经济,景观设施材料应人性化、使人感到亲切。
　　(6)营造具有安全感、领域感的空间环境。
　　(7)景观环境是在不断变化发展中的,大众应成为景观环境的主人,应在环境中融入人们可
控制或改变的因素。

4.3.1　创造交往空间

社会心理学认为，交往是人类社会存在的基础。人们通过交往来组织生产、实现人与人的沟通，在交往中获取信息、在交往中得到启示，交往在人们的社会生活中无处不在。苏联社会心理学家 A. N. 列昂节夫（Leontiev Aleksei Nikolaevich）谈道："在一般情况下，人同他周围的物质世界的关系总是通过同他人的关系和同社会的关系间接地表现出来的。"因此，交往是人类社会性的反映，同时也是个人心理状态的重要决定因素。当今社会，人们重视交往、渴望交往，甚至利用科技的发展将交往拓展到网络虚拟生活中。人与人之间的交往是城市赖以存在的基本要素，而景观环境是人们交往的重要载体。景观环境中创造人与人之间的交往空间，能够满足人们的心理需求，增强人们的自我认同感、缓解现代都市生活的孤独感，丰富人们的休闲生活，是创造和谐稳定的社会环境的基本条件。

1）研究景观环境中潜在的交往行为

不同的景观环境中可能发生的潜在交往行为是不同的，这是由不同环境的特征决定的。例如社区景观环境中常见的行为如聊天、棋牌、健身等；商业景观空间中常见的售卖、休息、表演等行为；而在文化性景观空间中则常见各种文化表演活动，如巴黎蓬皮杜国家艺术文化中心广场上自发地聚集了很多人在街头为人画像，更多的人在驻足观看与交谈（图 4.98）。因此，必须对设计场地中可能存在的交往行为进行研究，为这些活动提供必要的环境设施，以满足其活动需求，诱发各类交往行为。

2）完善户外环境中的景观设施

户外环境中的景观设施包括坐凳、桌椅、休憩亭廊、信息指示牌等，对于促进环境中的人际交往起着重要作用。这类设施能够吸引人们前来休憩，诱发人们之间询问、聊天、棋牌等交往行为。例如，南京珍珠河绿地中聚集了大量前来休憩的人群，环境中的亭、桌椅等景观设施诱发了人们的棋牌、交谈等交往行为（图 4.99）。

图 4.98　巴黎蓬皮杜国家艺术文化中心广场的画像活动

图 4.99　南京珍珠河绿地中的亭子

注：该亭子为老人打牌提供场所。

3）营造合理的流线系统，创造交往空间

景观环境中的流线系统设计对于交往空间的营造影响显著。一方面，合理的交通流线保证了市民户外交往活动的安全，住区环境中采取人车分流的方式与集中停车的方式保障了居民安全的户外活动空间，减少了车辆对于人们交往的干扰；另一方面，合理流畅的流线设计还能够增加市民户外交往活动的空间，通过增加游步道、延长游览线路来增加市民户外活动停留的时间，引导人们休憩、游玩、健身等户外交往活动的开展。南京新世界花园住宅小区通过调整路网，增加了大量的宅间绿地与活动场地，为小区内的居民开展各项户外交往活动创造了条件（图4.100至图4.102）。

南京武夷绿洲住宅小区的观竹苑及品茗苑建筑密度较高，可供居民活动的开敞空间较少，通过挖掘两山墙之间的空间潜力，增加绿地面积，为小区居民提供丰富多样的户外休闲环境（图4.103至图4.106）。

图 4.100　南京新世界花园原平面图

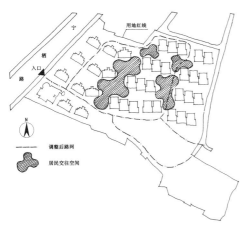

图 4.101　通过调整路网增加交往空间的南京新世界花园

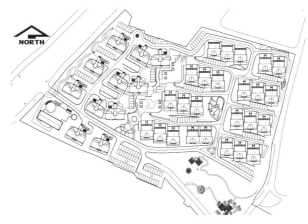

图 4.102　南京新世界花园调整后平面图

图 4.103　通过增加宅间绿地增加交往空间的南京武夷绿洲

图 4.104　南京武夷绿洲总平面图

图 4.105 南京武夷绿洲宅间绿地

图 4.106 南京武夷绿洲宅间活动场地

4.3.2 人性化尺度

"尺度"是一个较为宽泛的概念，不仅指计量的大小，更是一种衡量标准，它为城市设计、街区设计乃至单体建筑设计指明了方向。在人居环境科学范畴内，城乡规划学旨在解决城市、区域及更大尺度的问题；建筑学旨在解决城市设计及更小尺度的问题；而风景园林学则覆盖从单体、节点直至规划层面的问题，因此风景园林设计是"全尺度"的设计，从不同层面研究人、生境和文脉在空间中的共生问题。

景观环境根据讨论对象综合特征的不同，可分为自然风景环境和人工建成环境两大类。对于风景环境与建成环境的研究需要把握"尺度"差异性，从而提出因地制宜的景观规划设计策略。

（1）自然的尺度

风景环境反映自然的规律与进化历程，具有地域性和持续性等特征。自然尺度遵循自然要素与规律，不以人的意志为转移。符合自然尺度的风景环境规划设计应服从自然过程，采取"最少干预"的方法，并通过规划设计促进自然系统的物质利用和能量循环来维护原有的生态格局。

纽约长岛南湖公园总规划占地 30 亩，三面环水的公园开创了城市生态可持续发展的创新模式。设计利用工业遗址，结合海湾景色建立起一个多层次的娱乐文化场所，是后工业生态滨水场地和新生文化与生态结合的范例（图 4.107）。

（2）人的尺度

建成环境中的景园空间以人工营造为主体，以服务于人为宗旨，因此建成环境应遵循"人的尺度"进行设计。如同普罗泰戈拉（Protagoras）所言"人是万物的尺度"，东西方景园设计均带有鲜明的人本意识。设计师常常会从不同的角度出发，彰显景园的个性与风格，创造出新的内涵与形式；然而在追寻个性化和独创性之余，建成环境中的景园设计更多地要以人为本，符合人的尺度，满足人的诉求。

维斯特峡湾（Vestre Fjord）公园位于丹麦奥尔堡峡湾地带，公园主体参照峡湾的走向，沿东西方向狭长分布。该公园建筑服务与活动设施结合，满足人们的各项功能，包括用沥青铺成的儿童玩乐区、弹簧网、多功能设施可供人遮风挡雨、休憩停留、存放包裹和衣物、张贴海报、放置乐器、停放自行车等；设计考虑人性化尺度，使得空间尺度、环境设施的尺寸适宜人的活动与使用，符合不同人群的使用需求；还包括与水有关的设施活动，如跳水、游泳、皮划艇等（图 4.108）。

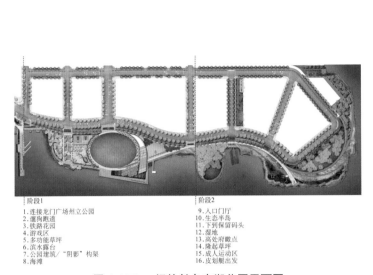

阶段1
1.连接龙门广场州立公园
2.遛狗跑道
3.铁路花园
4.游戏区
5.多功能草坪
6.滨水露台
7.公园建筑／"阴影"构架
8.海滩

阶段2
9.入口门厅
10.生态半岛
11.下到保留码头
12.湿地
13.高处府瞰点
14.隆起草坪
15.成人运动区
16.皮划艇出发

图 4.107a　纽约长岛南湖公园平面图

图 4.107b　纽约长岛南湖公园鸟瞰图

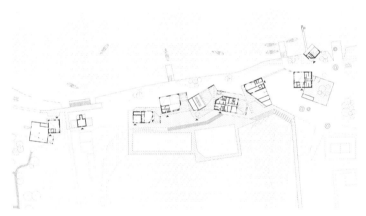

图 4.108a　丹麦维斯特峡湾公园平面图

图 4.108b　丹麦维斯特峡湾公园多样
的户外活动 1

图 4.108c　丹麦维斯特峡湾公园鸟瞰图

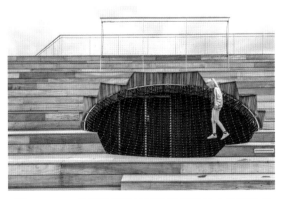

图 4.108d　丹麦维斯特峡湾公园多样的户外活动 2

人性化尺度蕴含丰富的含义，景观环境中的人性化尺度是指空间尺度、环境设施的尺寸适宜人的活动与使用。符合人性化尺度的环境使人产生舒适、安全、亲切的心理感受。人性化尺度还能够激发起市民的归属感与自我认同感，拉近人们彼此之间的心理距离，淡化现代城市中人与人之间的陌生感，促进人们相互之间的沟通与交流。

景观环境中的人性化尺度没有定值，不同的人群对空间的感受不同。例如儿童感受的空间尺度比成人小很多，男性的空间尺度一般要比女性大。但总体而言，空间比例关系与空间的围合性、人的感受之间存在对应关系，空间过大或过小都会导致人们亲切感与安全感的下降与丧失，从而使人产生紧张、恐惧、迷茫的心理感受。根据研究，景观空间间距 D 与两边建筑高度 H 的比值为 1—2 时，空间的围合性较好，人的感受是舒适、宜人的；小于 1 的时候，人们会有压迫感、紧张感；大于 2 的时候，人们会感到空旷、孤独，甚至感到不安、恐惧。同时，根据研究发现，人均占地 12—50 m^2 时，人们彼此之间的活动不会受到干扰，较为适宜开展外部空间活动（表 4.9、表 4.10）。

表 4.9　中外得到公众认可的市民广场面积

单位：hm^2

意大利 圣马可广场	美国 威廉斯广场	中国 南京鼓楼广场	日本 埼玉县广场	中国 深圳南国花园广场
1.28	0.56	1.86	1.80	1.50

表 4.10　广场上不同人流速度、占地大小与人的环境感受

环境感受	人均占地大小 /m^2	人流 /[人 · (min · m)$^{-1}$]
阻滞	0.2—1.0	60.0—82.0
混乱	1.0—1.5	46.0—60.0
拥挤	1.5—2.2	33.0—46.0
约束	2.2—3.7	20.0—33.0
干扰	3.7—12.0	6.50—20.0
不干扰	12.0—50.0	1.6—6.5

除了景观环境宏观尺度要注重人性化的控制之外，景观环境中的各种设施与小品设计也要考虑人的尺度与行为，否则就会出现尺度失当，影响到人们的使用。例如环境中亭廊高度一般控制在 3—4 m，宽度为 3—6 m，这样的尺度是比较适宜人们开展休憩活动的（图 4.109）。反之，如果某绿地中亭子尺度过大，远远超出了一般亭子的尺寸范围，更像是一栋大型的建筑，游客们更倾向于在亭中开展集体健身而非一般亭中常见的停留、休憩行为（图 4.110）。再如环境中的座椅、垃圾桶、灯具等环境小品，其长度与高度都应该根据人体尺度确定，过高、过低或过大、过小都会造成人们使用的不便（图 4.111）。在庭院空间设计中，应着重对尺度的把握和对细节的处理。苏州园林恰当地利用庭院边缘区域建造园林建筑，在中部设置水池对庭院空间进行"留白"处理，增加了空间的丰富度，体现出江南园林小中见大的基本原则。

苏州网师园是一个典型案例，其面积虽小，但空间功能布局完善，且通过"疏"空间的合理布局和不同空间的对比，达到小中见大、小可见多的效果。网师园空间对比分为两种不同的形式：一种为室外空间的对比，即两个庭院空间之间的对比；另一种是室内外空间的对比，即建筑和庭院间的对比（图 4.112）。

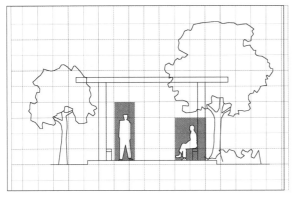

1 方格 = 600 mm × 600 mm

图 4.109　尺度适宜的亭子示意图

图 4.110　某绿地中尺度"失当"的"亭子"
注：此"亭子"更适合集体运动。

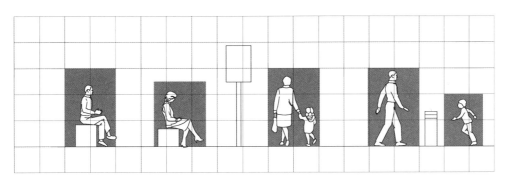

1 方格 = 600 mm × 600 mm

图 4.111　环境中各种景观小品的尺度控制

图 4.112　苏州网师园实景

4.3.3　边界的处理

盖尔在《交往与空间》中指出，人们喜欢停留在有依靠、有背景的边缘地带。场所的边缘为人们休憩、观看、运动与交谈提供了安全可靠的背景。环境心理学认为，人群之所以主动选择了场地的边缘，是因为人在边界的停留过程中感受到了支持与保护，当人的背后受到保护时，他人只能从前面走过，因此观察和反应便容易得多。所以，人们会很自然地选择有所依靠的地方。霍尔在《隐匿的尺度》中指出处于边缘或背靠建筑物的立面有助于个人、团体与他人保持距离，是人们安全心理的需求所致。从南京和平公园内四个不同时间点绘制的人群行为叠加图可以看出人群最乐衷于集结与停留的是一些空间的边界（图中灰色区域），例如花坛树池周边、塔周边、廊子（图4.113）。克里斯多夫·亚历山大（Christopher Alexander）在《建筑模式语言》中总结了有关公共空间中边界效应和边界区域的经验。他认为如果边界不复存在，那么空间就不会有生气。对于一个良好的景观空间来说，应当特别重视边界效应的应用，利用空间边界线的凸出或凹进造成对人的吸引与滞留，为人创造出适宜逗留的亚空间。心理学家德克·德·琼治（Derk de Jonge）也提出过边界效应理论，他指出森林、海滩、树丛、林中空地等的边缘都是人们喜爱逗留的区域，而开敞的旷野或滩涂则无人光顾，这都是因为边界能够给人提供一种安全的感觉。

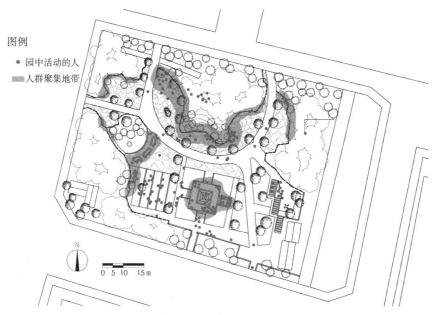

图4.113　四个不同时间点绘制的人群行为叠加图
注：地点为南京和平公园；时间段为6:30, 10:00, 12:00, 15:00。

图4.114　南京珠江路口花坛坐凳形成的边界

景观空间的边界形态是多样化的，可以是人工营造的地形、挡墙、台阶，也可以是长椅、亭廊、花架，同时应当考虑多种人群的使用，既可被青少年使用又可被老年人或其他人群使用（图4.114）。景观环境是开放的空间，与周围空间能否渗透是吸引人群的一个重要因素。成功的边界设计应是通透而丰富、曲折而富于变化的，并在适当位置设计休息和观光的空间。往往景观环境的边界越丰富，边界上逗留的人也就越多。例如图4.115所示，左侧的长椅适合单个或者两个人使用，中部突出的边界既可以供人坐下，又能够增加边界变化，丰富边界效果；右侧的C形座椅，适合三个人以上的人群使用——丰富的边界形态提供了多种活动的可能。

图 4.115　丰富的边界形态
注：空间边界越丰富，停留的游人越多。

4.3.4　座椅设计与设置

休憩行为是户外景观空间中最为常见的行为方式之一，因而适宜的座椅设计与设置是人性化景观环境设计中的重要环节。良好的座椅设计不仅能为市民提供良好的休憩场所，还能满足人们的心理需求，促进人们的户外交往，诱发景观环境中各类活动的发生。

座椅的设计首先是满足人们坐的需求，因而适宜的高度和良好的界面材料是最基本的要求，就人体工程学角度而言，最适宜的座椅应使入座者的脚能够自然地放在地上，并且不会感到压迫到腿，但由于人的身材体型不一，适宜的座椅高度因人而异。总体而言，景观环境中座椅的高度在 45 cm 左右是适宜大多数人群的。如果太高，则会让人感到不适或无法入座；如果座面太低，则会使人脚关节感到压迫。例如某广场上座椅设置太高，市民不得不把腿悬在半空，影响了人们的使用（图 4.116）。座椅表面的材料选择也是环境设计的重点，一般而言，木材是户外环境中最常采用的，金属与石材次之（表 4.11，图 4.117）。因为金属与石材导热性都较强，都存在冬冷夏热的缺点，不适合人们长期使用。例如，某小游园中供人进行棋牌活动的桌椅坐凳均为石材，冬冷夏热，冬季老人们不得不自己加上坐垫以御寒（图 4.118）。

图 4.116　某广场上面太高的座椅

表 4.11　景观环境常用界面材料

界面材料	优点	缺点
木材	触感较好，加工性好，亲近自然，比较受到市民欢迎	耐久性差
石材	颜色与纹理都比较多，坚固耐用	冬天冷夏天热，形状较难塑造
铁质（包括不锈钢）	坚固耐用，可以塑造成各种形状	冰冷感，也存在冬冷夏热的缺点，铁质器材还容易生锈

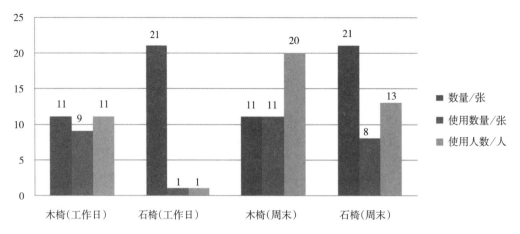

图 4.117　某公园内座椅使用情况统计

图 4.118　某小游园中的石材桌椅、座凳

图 4.119　南京新街口正洪街（步行街）路中使用率极高的座凳

景观环境中的座椅设置除了应该符合人体工程学的基本要求以外，应更加注重满足人的心理需求，包括人的领域感、个体性与依托感，并在此基础上促进人际间的交流，增加户外交往空间，实现景观环境的社会功能。

人在空间中的领域感影响座椅长度的设置与密度。美国城市学家威廉·H.怀特（Williams H. Whyte）曾经对纽约时代广场做过深入的调研。他发现广场最拥挤的时候，每 30.48 m 可坐空间容纳了 33—38 人，密度为 80—92 cm/ 人。

在实际中，如果座位的使用密度超过了或者是接近于这个上限，人们就会离开，转移到别的空间寻找位置。这其中包含着一个自发的调节机制：如果人数小于上限，就会有人将这个数目补齐，实际是人们自动调节了一个地方可以坐多少人。因此，在景观环境中，座椅的长度应当至少大于 160 cm，以满足至少两个人的容纳空间。当然在极端情况下，人们对于座椅空间的要求会降到最低，例如南京新街口正洪街路上的坐凳上挤满了游客，人们甚至能忍受与垃圾桶相邻（图 4.119）。

新街口步行街位于南京市核心地段，这里不仅是购物消费的汇金之地，也是市民休闲娱乐的文化场所，更是展示城市魅力的重要窗口。原有场地缺少停留与休憩空间，座椅上总是挤满了游客。设计更新了街区的景观环境，让南京的"城市客厅"展现出充满生机的新景象。

设计在整合公共空间的基础上，增设造型简洁、易维护的白麻石花坛坐凳。改造后的中心绿化带两侧各有不少于 6 m 宽的通道，既满足了功能需求，又从视觉上协调了步行街和周边建筑的尺度，缓解了高层建筑带来的压迫感（图 4.120）。

图 4.120　南京新街口步行街

美国纽约的高线公园中造型别致的坐凳不仅在视觉上给人耳目一新的感觉，也为游人的驻足、休息提供了便利（图 4.121）。

除了满足领域感，座椅设置还应满足人们的个体空间要求，例如座椅面对面放置，或放置的过于靠近，都容易产生压迫感、局促感，同时对视也会使人感到尴尬与不适；座椅还应有所倚靠，使人们可以观察到场地内他人的活动，满足人们安全感的需要。通过对多个广场的调研发现，人们趋向于在广场或绿地边缘的座椅上休息，例如在南京太平北路与珠江路交界的街头广场，人们要么快速穿越，要么寻找座椅加入其中，没有人愿意在广场中央被人注视着活动，人们乐于当"观众"观察别人而非"演员"被别人看（图 4.122）。

根据边界效应，座椅布置的方向应当朝向开阔地带，或者人流量大的方向。例如一个在建筑与开阔水面之间的座椅，其方向应该朝向开阔的水面，例如香港科技中心广场上的座椅虽然布置成向里侧开口的半弧形，但是人们多半选择坐在圆弧外侧面向开阔的海湾（图 4.123）；再如某绿地一处休息亭内的座椅设置成环形向心布置，但人们仍背向亭中，面向开阔明亮的亭外环境（图 4.124）。

图 4.121　纽约高线公园的人性化座椅

图 4.122　南京太平北路与珠江路交界的街头广场

图 4.123　香港科技中心广场上的座椅布置

图 4.124　某绿地休息亭内的座凳布置（使用者背向亭中）

　　座椅本身的形状对于人们的使用影响也很大，图 4.125 是两种形状相反的座椅形式。左边是内弧形的座椅，其空间形态是向心的，使用者的视线是内聚的，这种形状的座椅更适宜彼此熟悉的团体人群的使用；而右侧外弧形的座椅，其空间形态是发散的，能够为人们提供开阔的视野，因而更适合彼此陌生的人群使用（图 4.126 ）。

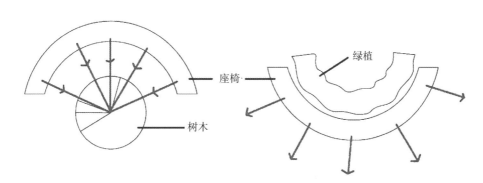
图 4.125　内弧形与外弧形座椅
注：内弧形座椅易产生视线会聚，外弧形座椅使视线分散。

图 4.126　内弧形的座椅
注：此种座椅更适合彼此熟悉的群体，陌生的人不得已侧转身体，避免尴尬。

4.3.5　路径与慢行系统设计

　　景观环境中路径设计的作用即在于使人在场所内或场所之间便捷地通行。路径不仅仅是交通的通道，而且是活动的空间。比如在城市环境中，街道不仅仅是交通空间，还是社会交往与人们休闲活动的场所；在风景环境中，游览线路不仅引导人们到达景点，而且是人们移步换景、欣赏美景的重要载体。良好的路径设计能够创造一个人性化的交通系统，引导人们经过潜在的交往与景观区域，诱发人们交往、驻足与观赏行为的发生（图 4.127、图 4.128 ）。在景观空间中，作为景观结构的重要组成部分，路径设计扮演着关键的角色。

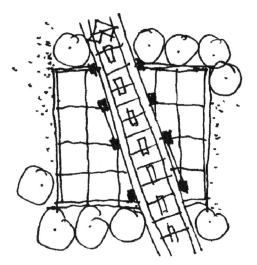

图 4.127　穿过活动场地的道路
注：该方式保留了道路形式。

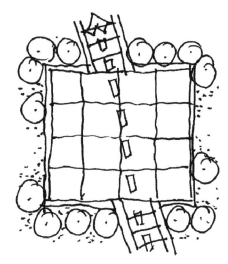

图 4.128　融入活动场地的道路

　　路径设计既包含车流设计也包含人流设计，景观环境中不同的使用者和交通模式直接影响着路径设计。景观设计师需要综合考虑不同的游览方式、不同使用者的特点与行为模式，减少它们之间的冲突。在许多景观环境中，设计者首先要考虑的就是化解机动车与行人之间的冲突。

　　景观环境中的人流路径类型根据目的类型可以分为四大类（表 4.12）：交通与穿越行为是景观环境中目的性最强的人流类型，便捷、快速的路径是这类人群最需要的。巴黎雪铁龙公园设计首先考虑到人们的交通穿越行为，整个公园被一条横穿大草坪的对角线一分为二，为从雅维尔（Javel）地铁站到巴拉尔（Balard）地铁站的人们提供了最快捷的通道（图 4.129）；再如南京地铁小行站环境设计突出交通流线，为进出地铁站的人群提供最便捷的通道（图 4.130）。目的性较弱的游览或者购物路径则对便捷性要求降低，路径可以有所曲折，而对周边风景或环境质量提出了要求。无明确目的的散步与休憩路径则可以蜿蜒迂回，对便捷性要求最低，而对周边风景、道路形式及环境细节要求最高。美国波士顿哈佛大学校园内的道路系统是非常现代简约的平面构成式道路设计，有直通式的人行道也有许多交叉式的道路。道路设计有通透、采光等多种功能，对于寻找教室的学生有良好的方向识别感（图 4.131）。停留、坐憩的空间往往方向不明，通常需要

表 4.12　人的路径类型分类

路径类型	图示	常见行为	平均步行速度 /(m · min^{-1})
目的性较强		交通、穿越、跑步	80—150
目的性较弱		游览、购物	40—80
无明确目的		散步、休憩	50—70
停滞状态		等候、观赏	0

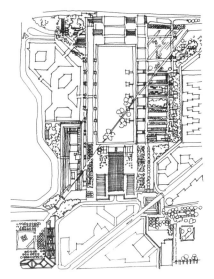

图 4.129　巴黎雪铁龙公园平面

图 4.130　南京地铁小行站广场

有较好的视觉环境，而无明确的方向感和路线要求，所以经常沿着道路的一侧做展宽段设置座椅、座凳等设施，以供人们停留观赏风景。例如美国新泽西医疗中心花园景观由连贯路径连接一系列不同功能的户外空间，不仅为人们提供了被动休息、放松和反思的机会，而且还可根据它们的不同位置，让其充当游戏区、用餐区、非正式的聚会 / 会议室、等候室等功能性区域，成为促进和激励所有人的疗养花园（图 4.132 ）。

图 4.131　哈佛大学校园

图 4.132　美国新泽西医疗中心花园景观

人们使用路径的方式、强度和频率决定了路径的宽度、形式和材料。流线型的路径设计能够吸引人们来回散步与慢跑，铺满鹅卵石的路面常常吸引人们边散步边进行足底按摩。同时人们的心理特点也影响人们对路径的选择，例如人们相对于踏步更愿意走稍陡的坡道；在景观环境中，人们趋向于选择曲折弯曲的小路而非直来直往的棱角生硬的大路。环境相似的路径中长时间地行走会使人疲倦，丰富的路径形式、多样的空间边界的合理组合能够创造丰富活泼的景观效果。

位于佛山市禅城区的绿岛湖慢行系统规划设计基于满足居民日常出行活动需求、慢行景观最优以及出行效能最优的选线原则，构建了慢行线路的技术路线。针对居民活动类型与规划用地，重点研究了可行路网的筛选与热点活动区域的预判，并提出了基于居民出行可达性最高与出行时间成本最低的慢行系统选线方法。

1）选线原则

（1）满足居民日常活动需求

慢行道路的选线应以居民日常活动为出发点，根据日常活动类型以及活动特征等要素，将居民日常活动频率最高的区域作为选线的必经点。同时，慢行系统的组织应体现社会关怀并承担社会责任。老人和儿童作为社会中的弱势群体，其出行的便捷性以及安全性更需重点考虑。故慢行道路的选线应以满足居民日常活动需求为首要原则，并着重关注弱势群体的出行诉求，以此构建贴近市民生活、服务于大众、体现社会关怀的慢行道路系统。

（2）慢行道路沿线景观最优

慢行道路的选线在满足居民日常活动需求的前提下，应为市民创造更优美的出行环境和舒适的出行体验。慢行的出行速度小于 15 km/h，在低速前进的过程中，慢行道路周边的景观环境会受到更多的关注，出行环境会对出行者的情绪直接产生影响。因此，慢行道路的选线应考虑其景观效果，合理利用规划绿地可以提升慢行道路的空间质量，为行人创造更加愉悦的出行体验。

（3）慢行线路出行效能最优（时间成本最低与可达性最高）

慢行线路出行效能最优亦是慢行道路选线的原则之一。慢行线路出行效能体现在慢行线路的可达性以及慢行出行时间成本上。相比于快速交通，慢行交通空间的移动速率较缓，慢行线路的路径长短以及可达性会直接影响居民的出行时间和慢行系统的使用率。在慢行系统的选线中，"可达性最高"和"时间成本最低（路径最短）"的线路选取能够提高居民出行的便捷性和慢行系统的使用率，从而实现慢行线路出行效能最优。

2）选线技术路线

慢行系统的选线共包含三大步骤，分别包括可行路网筛选、慢行节点提取以及慢行系统选线（图 4.133）。首先，可行路网的筛选是基于规划道路以及规划绿地的等级和宽度等特征，提取出可容纳慢行系统的区域，作为慢行线路的可行范围并生成可行路网。其次，以居民日常活动类型为依据，根据土地利用规划文件预判出该片区未来居民日常活动的热点区域，作为慢行系统选线的必经节点。再次，通过 DepthMap 道路整合度分析提取出可行路网中可达性最高的慢行道路，并通过 GIS 成本路径生成一条串联居民日常活动热点区域的慢行环线，将可达性最高线路与时间成本最低环线叠合，初步形成慢行系统的线路网络。最后，再根据绿地系统分布以及特殊慢行需求，进一步优化慢行线路，最终生成符合居民日常出行需求、景观环境优美、系统效能最优的慢行线路。

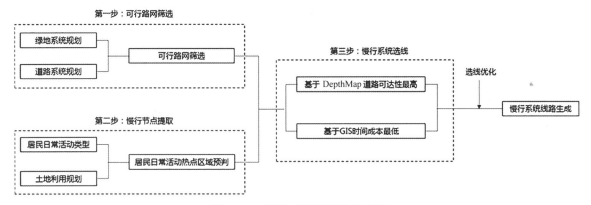

图 4.133　慢行系统选线技术路径

3）可行路网筛选

慢行系统的空间组织主要依托于规划道路两侧的机动车缘石线与道路红线之间预留的交通空间，以及规划公共绿地空间。将道路系统规划图与绿地系统规划图叠合，提取出规划道路两侧机动车缘石线与道路红线之间预留的交通空间，以及规划公共绿地空间，以 6 m 作为慢行空间的最小宽度，并对慢行系统可行空间进行筛选。最终形成的路网由可行路径与路径节点构成，该路网可以满足慢行系统对空间的宽度需求，是慢行系统组织的备选区域（图 4.134）。

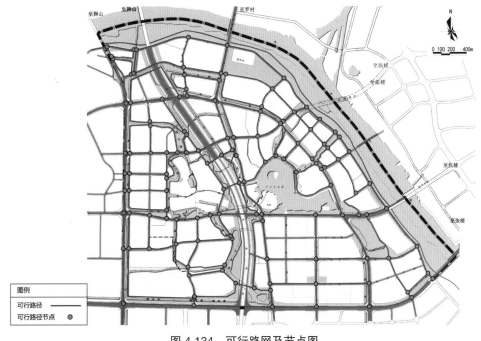

图 4.134　可行路网及节点图

4）慢行节点提取

（1）居民出行活动类型

根据居民出行活动类型和频率，可将日常活动分为必要性活动、偶然性活动与非日常性活动。通过对绿岛湖片区周边社区居民展开调研，以必要性活动、偶然性活动以及非日常性活动为评价标准，梳理出各类活动所对应的规划用地类型及公共场所类型（图 4.135，表 4.13）。

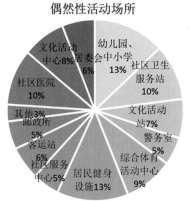
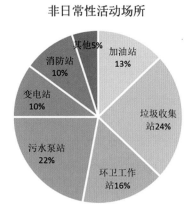

图 4.135　活动场所类型调研结果

表 4.13　活动场所类型调研结果

必要性活动场所	偶然性活动场所	非日常性活动场所
居住用地 商业用地 肉菜市场 地铁出入口 公交首末站 公交枢纽站	幼儿园、中小学 社区卫生服务站、社区医院 文化活动站、文化活动中心 警务室 综合体育活动中心 居民健身设施 社区服务中心 居委会 客运站 邮政所	加油站 垃圾收集站 环卫工作站 污水泵站 变电站 消防站

（2）热点活动区域预判与慢行节点提取

基于日常活动的频率及重要性，对于必要性活动场所、偶然性活动场所与非日常性活动场所，分别赋值 2 分、1 分及 0 分作为活动场所的热度值（表 4.14）。其中，幼儿园、中小学、社区卫生服务站与社区医院等教育、医疗场所虽为居民出行偶然性活动场所，但慢行系统的设置应重

表 4.14　活动场所活动热度赋值

热度值	2分	1分	0分
活动场所	居住用地	文化活动站、文化活动中心	加油站
	商业用地	综合体育活动中心	垃圾收集站
	肉菜市场	居民健身设施	环卫工作站
	地铁出入口	社区服务中心、居委会	污水泵站
	公交首末站、公交枢纽站	客运站	变电站
	幼儿园、中小学	邮政所	消防站
	社区卫生服务站、社区医院	警务室	—

点关注儿童及老人的出行便捷性与安全性，故上述教育、医疗场所应与必要性活动场所同等赋值。根据场地内土地利用规划及公共场所分布图例，以每个规划地块为单元，将每个地块内部所涉及的活动场所热度值进行叠加，得出每个规划地块的活动热度，最终形成绿岛湖片区内居民日常活动热度图（图 4.136）。该图反映了该片区未来各地块的活动热度，是对规划后的活动频率的预判。其中，红色区域出行活动热度高，是绿岛湖居民日常活动的聚集地；绿色片区出行活动热度低，居民在此活动频率较小。

将居民日常活动热度图与上一步筛选得出的可行路网叠合，以可行路径节点为研究对象，每个路径节点 A 均对应其周围的四个地块 B1、B2、B3 及 B4（图 4.137），四个地块各自的活动热度（HB1、HB2、HB3、HB4）均会对研究节点的活动热度（HA）产生影响。根据节点周边场地的活动热度平均值［HA =（HB1 + HB2 + HB3 + HB4）/4，确定每个可行节点的活动热度。最终，提取出居民日常活动热度最高的 10 个路径节点 A1、A2…A10（图 4.138），这些出行活动热度最高的路径节点即慢行系统选线的慢行节点，供进一步选线使用。

5）慢行系统选线与优化

慢行交通空间移动速率较缓，慢行线路的路径长短及可达性会直接影响居民的出行时间和慢行系统的使用率。慢行道路可达性越高则慢行系统的使用率越高，慢行路径越短则居民慢行出行时间越短。慢行道路的便捷性与使用率也是评价慢行系统服务效能的重要指标。在慢行节点确定的基础上，实现慢行节点可达性最高与居民出行时间成本最低是慢行系统选线

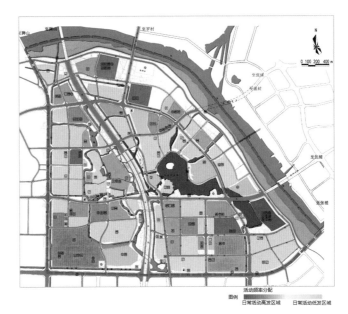

图 4.136　活动场所居民日常活动热度图

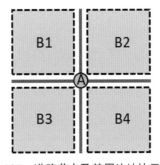

图 4.137　道路节点及其周边地块示意图

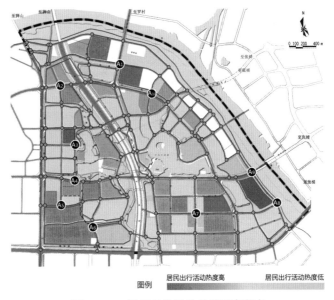

图 4.138　居民日常活动热度最高节点

的核心。"可达性"解决的是慢行道路如何进入的问题，而"时间成本最低"则是解决慢行节点如何到达以及热点区域之间如何高效衔接的问题。因此，慢行系统的选线应以"可达性"与"时间成本"为选线依据，从而实现慢行线路出行效能最优。

慢行系统的选线首先通过 DepthMap 道路整合度分析，提取出途经慢行节点且可达性较高的路径，该路径可达性最高，最易于让居民慢行到达；继而通过 GIS 时间成本最低选线将居民出行活动热度最高的慢行节点串联，形成一条日常生活便捷度最高的慢行路径；将上述两条慢行路径叠合，慢行系统网络便基本形成。最后，再根据规划绿地的分布，进一步优化慢行道路的线形。

（1）基于可达性最高的慢行道路选线

作为服务于周边居民的公共交通，慢行道路的设置应便于居民到达，为居民日常出行提供便利。"可达性"是衡量慢行道路是否便于居民到达的重要指标，可达性越高则居民越易到达，慢行道路使用率也相应越高。道路可达性可依托于空间句法中的"整合度"进行分析，在规划暂未落地阶段，空间句法能够为未知的空间关系进行有效预测。"整合度"是反应空间关系的重要指标，整合度越低，即从其他空间到达该空间的步数较多，可达性较差；反之，整合度较高，可达性较好。

利用 DepthMap 软件对绿岛湖片区慢行系统的可行道路进行整合度分析，根据分析而成的可行路径整合度图（图 4.139）可以看出：红色线路道路整合度最高，即从整个绿岛湖片区路网中的任意一点都最易到达该线路；相反，蓝色线路整合度最低，即最不易到达。将慢行节点与道路整合度图叠合，提取出途经慢行节点且道路整合度较高的路径（图 4.140）。选得的路径不仅连接了居民活动热点区域，而且是绿岛湖片区居民最便于到达的区域。

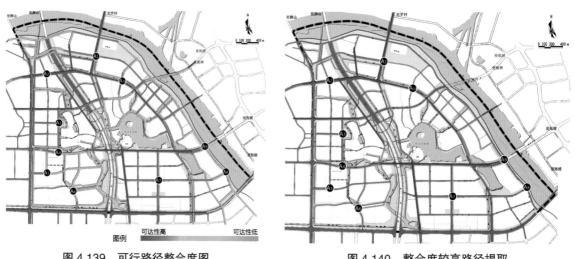

图 4.139　可行路径整合度图　　　　　　　图 4.140　整合度较高路径提取

（2）基于时间成本最低的慢行道路选线

基于可达性最高的道路选线，筛选出了绿岛湖片区居民日常出行最便捷到达的若干路径，而基于时间成本最低的道路选线则是在此基础上，将热点活动节点高效地衔接，完善慢行系统的路线网络。时间成本最低的慢行路径串联了绿岛湖片区居民日常活动的热点区域，未来将是居民慢行出行的重要线形载体。时间成本最低的慢行选线可依托 ArcGIS 中的"成本路径"来实现。将上一步骤提取出的慢行节点 A1、A2…A10 设为必经点，通过 ArcGIS "成本路径"命令，即可自动生成一条串联慢行节点且时间成本最低（路径最短）的环线（图 4.141）。该环线途径连接了居民日常活动的热点区域，同时实现了居民出行时间成本最低。

将筛选出的基于可达性最高的慢行路径与基于时间成本最低的慢行路径叠合（图 4.142），便初步构成了绿岛湖片区的慢行线路网络（图 4.143）。初步形成的慢行线路沿规划绿地和规划道路布局，既便于绿岛湖片区居民出行到达，又高效地衔接了居民日常热点活动区域，是慢行系统的结构框架。

（3）道路选线优化

慢行空间的景观环境对慢行系统的品质起着决定性作用，因此，在慢行线路网络初步确定的基础上，本书以优化慢行线路的空间景观为目标，进一步对慢行路径进行调整。将初步形成的慢行网络与规划绿地系统再一次叠合，根据绿地系统空间分布与形态，适当调整慢行线路，将慢行线路更多地与规划绿地结合，为慢行创造更优美的出行环境。最终优化后的慢行线路即绿岛湖片区的慢行线路网络（图 4.144）。该慢行线路既满足了居民日常活动的需求，也创造了优美的出行环境，并实现了慢行线路出行效能最优。

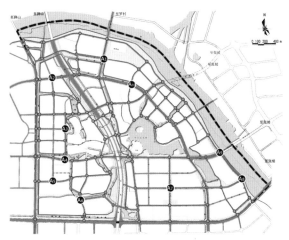

图 4.141　基于 ArcGIS 时间成本最低道路选线

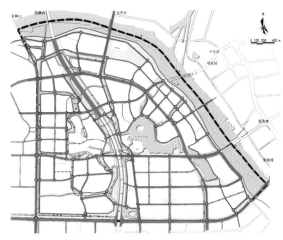

图 4.142　可达性最高路径与时间成本最低路径叠合

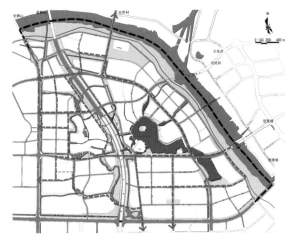

图 4.143　绿岛湖片区慢行线路网络（初步）

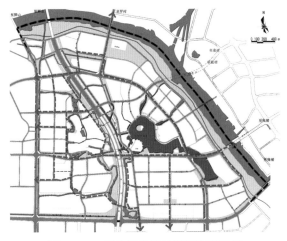

图 4.144　绿岛湖片区的慢行线路网络

4.3.6 空间的模糊性与领域感

　　景观环境中的模糊性空间根源于人们对空间感受的模糊与人们思维的复杂性。行为心理学认为人们对环境的感知是模糊不确定的,一方面,户外景观环境承载了大量复杂的信息,例如交通、人流、声音等;另一方面,认知主体人是一个复杂变化的有机体,具有大量模糊性思维与复杂的心理需求,正是户外景观环境自身的复杂性与人个体感知的模糊性,导致了人们对于景观空间的感受是复杂、模糊、多义的。

　　景观环境中空间的模糊性体现在两个层面:一是景观空间边界的不确定性;二是景观空间使用目的的复合性。景观空间边界的不确定性是指景观空间中的边界是模糊的,景观环境中由于使用的公共性很少会有很封闭的空间,空间竖向边界多由景墙、景观柱或树池、花坛所组成,其边界是不连续、不完整的,而顶界面在室外环境中是很少存在的,多由廊架、花架、亭子及大树所组成。因而,景观空间边界对于空间的限定很弱,空间之间彼此渗透。景观空间使用目的的复合性包含两个方面:一方面,景观空间内发生的行为是模糊混杂的,同一块场地上可以有多种用途,比如一块空旷的场地既可以成为老人们晨练的场所也可以成为孩子们轮滑嬉戏的游乐场;另一方面,发生在同一块场地上的行为也是相互混杂的,比如有的人观看、有的人闲聊、有的人锻炼。这些不同的行为能够共存于同一空间之内,因而景观环境中的模糊空间体现了最大限度的包容性与普适性。

　　领域感的营造与模糊性空间在景观环境设计中的运用很多,具体如下:

　　(1)亭廊空间。亭廊是户外景观环境中常见的游憩设施,它除了能给人们提供停留休憩、遮风避雨的基本功能之外,还能有效地促进人们的户外交往和活动的开展。亭廊这种景观形式能够有效地实现空间的领域感,给予廊下的人们以依托与安全感,同时它的界面是通透不连续的,因而又为人们提供了良好的视野。亭廊空间既是交通停留空间也是交往空间,人们可以在亭廊下开展丰富的活动,如聊天、下棋、休息等。

图 4.145　香港某住区庭院——儿童游戏场

　　(2)庭院空间。景观环境中的庭院空间是指由景墙、绿化等所组成的围合或半围合的公共空间,具有较强的归属感与领域感。庭院空间范围的界定较明确但不封闭,因而空间是渗透、流动的。庭院空间具有多义性与混杂性的特点,即同一块庭院中既可以给老人聊天、下棋,也可以供儿童游憩、嬉戏。景观环境中的庭院空间由于其强烈的领域感与依托感,常常成为人们集聚的场所,成为场地中的视觉焦点。例如香港某住区内部一庭院由于良好的围合感与安全感而成为孩子们的游戏场(图4.145)。

　　景观环境中空间的界定方式很多,除了亭廊和庭院空间这两种比较常见的空间限定方式之外,一块下沉广场、一块不同的铺装或一个舞台,甚至几根石柱都能界定出一片空间领域,这种空间领域的边界是模糊的、开放的,与周边环境相互渗透,吸引人群的聚集。例如在某场地内搭建一个临时的舞台,并在其周边界定了一定的观赏区域,因此其成为场地的焦点,吸引周围的人前来观看(图 4.146)。

图 4.146 临时的舞台

4.3.7 公众意识和民众参与

在景观环境的人性化建造过程中,应根据大众日常生活的实际需求和变化进行实时的调整与完善,使使用者真正成为景观环境的主人,促进环境的健康发展。景观环境的人性化建设有赖于公众的积极参与和长期配合,不论是建设前期还是建成以后,积极倡导市民参与空间环境设计都具有十分重要的意义。使用者将需求反映给设计者,尽可能弥补设计者主观臆测的一面,这将有助于景观师更有效地工作,同时能加强市民对景观环境的归属感和认同感。调研、决策、使用后评价这几个过程都应当让民众充分参与进来,应积极地发挥景观设计中的"互动"与"交互"关系,具体方法包括:大众对环境设计方案进行评价、选择,对建成环境使用人群进行使用反馈调查分析。环境设计模型和表现图是沟通过程中使用最多的方法,因为它可以最直观地表明设计者的意图和构想,也最利于民众理解与提出意见。

倘若忽视对于公共行为的预测,则可能导致与使用者行为相左。如钱塘江畔的踏步,过分注重形式,没有考虑到游人的行为特征,不加选择地将一些块石横置在踏步中央,使其成为游人的"绊脚石"(图 4.147);再例如在某下沉广场的台阶上设置绿化带,没有考虑到人们的行走需求,使得绿化带成为人们上下台阶的阻碍(图 4.148)。

图 4.147 钱塘江畔踏步

图 4.148 下沉广场台阶上的花池

充满人性与人文关怀是现代景观环境设计的追求目标。例如奥地利维也纳街头的水池,本身充满雕塑感与形式感,但更为重要的是人们能够与喷泉雕塑互动、游戏,炎热的夏日人们可以在水池中嬉戏,这样的街头小品完全是开放的和可参与的,充满生气与活力,是人们日常生活中的一部分,雕塑小品与人们一起成为街头一道美丽的风景线(图 4.149)。南京山西路广场的旱喷泉广场也是一处极具人气的地方，孩子们与成人们在此聚集。中心的旱喷泉处成为儿童嬉戏、纳凉的好去处，而旱喷泉周边因为地面花岗岩表面很光滑而成了孩子们轮滑、溜冰的最好地段。广场周围的层层看台则成为青年人与老年人休憩、聊天、观看风景的看台。丰富的可参与性与满足多种人群需求的人性化设计，使得山西路广场成为南京山西路地段极具人气的市民公共休闲的重要场所（图 4.150）。

图 4.149　奥地利维也纳街头水池——可参与性喷泉

图 4.150　南京山西路广场的旱喷泉——旱冰场

公众意识特别体现在现代城市环境设计中，现代生活日益丰富多彩，人的活动范围亦日益扩大，新的生活方式不断引领人们对户外活动的新需求。因而景观环境应是一个开放、公开、注重于人对话的户外空间形态。它以服务于人、方便于人的使用为目的。

与无障碍相比较，风景园林环境更安全可靠、更舒适宜人，因此与针对特殊人群的无障碍设计相比，舒适性和安全性是现代景观环境设计中不可或缺的基本要求。安全性包括景观空间和景观环境交通的安全，除了交通的安全之外，包括地面防滑措施、防摔倒、无磕碰、少棱角、无陡坎、无坠落物，甚至所用的外部空间材料必须低辐射、无污染释放，其中释放出来的物体还要对周遭环境不产生二次污染的破坏。因此景观安全性问题适用于所有年龄段，不针对特定人群，因此更具有普遍效应。

不仅如此，舒适性问题也是现代景观环境设计必须考量的一个重要方面，除了基本的无障碍之外，人性化更体现在景观环境的舒适性上，其中涉及风、光照、小气候等。

对于"舒适性"的定义，不同的学者有不同的理解：《韦伯斯特词典》对舒适性定义为一种放松、鼓励、快乐的状态或者感觉；斯莱特（Slater）认为舒适是人类与环境之间，在生理、心理和物理上和谐愉快的状态；里奇（Rich）认为舒适是个人包括主观的感觉、与环境或者状况之间的反应状态；吕德尔（Lueder）认为，舒适是一种主观的经验，它是生理与心理两种过程结合后产生的结构，如长时间工作会伴随肌肉的疲劳；德洛兹（DeLooze）等总结了前人对舒适性的各种解释，认为舒适是人自然形成的一种主观构造。舒适受到多种因素的影响，包括物质的、生理的、心理的；舒适是人对环境的一种反应。

综合以上对"舒适性"的理解可归纳出，在景观环境中的"舒适性"是人对物质与环境内在客观属性的一种描述，即物质与环境是否满足人的体验需求，并产生愉悦和适宜的感受。因此，舒适性是人评价产品与环境设计功能和品质的重要指标。舒适性是现代景观设计必须考虑的前提。

1）舒适性的环境影响因子

舒适性受到多种因素的影响，包括物质的、生理的和心理的。最早关注人体舒适度指标研究的是气象学，涉及城市气象服务、环境气象影响因素等研究，这些研究从自然环境客观存在的、影响人体舒适度的要素入手进行分析，归纳了当前国内外有关人体舒适度研究的方向。气象因素如温度、湿度、风、太阳辐射、气压等气象因子及其变化过程会影响人体的生理感觉和舒适程度。环境对人体的舒适度有适宜的影响范围，超出该范围则感觉不舒适，偏离舒适范围越远则舒适度越差。因此针对"人体舒适度问题"的科学研究是通过分析不同温度、湿度、声音、光照、生物因子的情况下人体舒适度的变化，来发现日常生活中使人感受最舒适的指标阈值，并用来参照分析天气因素对人体舒适度的影响。

（1）温度

温度是指物体冷热程度的物理量，是大量分子热运动的集中表现。在炎热的夏季，太阳的辐射光非常强烈、刺眼，植物通过叶片能够吸收周围环境的辐射热，可以在整体上削弱太阳光线所带来的辐射热能量，从而使地表温度和道路附近的气温不会上升到很高的数值。光线照射在水泥地或沥青地面上时，不仅能够使道路路面被动吸收热量以致温度急速提高，而且还通过路面材质的反射和折射作用，使周围环境的温度也大幅度提高。

（2）湿度

湿度是指大气干燥程度的物理量，空气中对水蒸气的包含有一定限度，若超出这个限度，水蒸气就会凝结成液态水。相对湿度是指在一定的温度下，空气里所含的水蒸气与空气最大能包含水蒸气的比值。在炎热的夏季，随着气温上升，大气里的水蒸气就会加快蒸发，人体表面出汗的水分也会加速蒸发，皮肤越来越干燥，进而导致人体的不舒适性。景园环境中通过种植多种多样的植物，利用植物的蒸腾作用向环境释放水分，以提高大气的湿度。

（3）声音（包括噪声）

声音是由物体振动产生的声波，是通过介质（空气或固体、液体）传播并能被人或动物的听觉器官所感知的波动现象。而噪声是声音的一种，是指发声体做无规则振动时发出的音高和音强变化混乱、听起来不和谐的声音。噪声与非噪声之间不仅存在频率的不同，还存在音律、节奏的区别。人的听觉范围是 1—120 dB。人耳刚刚能听到的声音是 0—10 dB，分贝值每上升 10 dB，表示音量增加 10 倍。声音适宜性的范围为 35—45 dB。分贝值在 60 dB 以下为无害区，60—110 dB 为过渡区，110 dB 以上为有害区。完全舒适的声环境应保持休息时低于 35 dB，活动时低于 45 dB。

声音分为复合的声音和单一的声音，复合的声音比如城市里的汽车喇叭声、车轮滚滚声、发动机声等各种声音交织在一起产生的混响，单一的声音例如连续的撞击声、蝉鸣声等。正如"蝉噪林逾静，鸟鸣山更幽"这句诗里所描写的，单一的蝉鸣声在辽远空旷的山谷中产生的回响使人感觉更为幽静，由"蝉噪"和"鸟鸣"突显"林静"和"山幽"的主观感受。当三种及以上的声音叠加在一起时常常令人不舒服，同频率的声音也会让人不舒服，如连续的蝉鸣声容易使人产生幻听、引起耳鸣。

（4）光照[（树叶的透光率 / 乔木量（乔木的垂直投影）]

乔木量（乔木的垂直投影）是乔木树冠在阳光的直射下在地面上形成的总投影面积，树冠较大的乔木通常位于植物群落的上层，是整个绿地系统的支撑。一般情况下，乔木量占绿地总面积的比例是乔木层生命力旺盛程度的表现。在酷热的夏季，树木树冠形成的浓荫覆地能产生降温效应，一方面阻挡了太阳的直接辐射，另一方面反射了来自墙面以及其他相邻物体的热辐射，减少了地面的长波辐射。高大乔木层可以消耗太阳直接辐射能量的60%—75%，甚至90%，对下层植物和行人的交通环境起到庇护和遮阴作用，是营造舒适道路绿地空间的骨干材料。

例如东南大学四牌楼校区校园内的景观道路，通过在道路两侧种植大量落叶阔叶树木，在夏季，植物的枝条和叶片组合成的冠幅形成了一道"天棚"，阻挡了一部分强烈的太阳光线，除去了夏日的炎热。师生走在树下便能感受到阵阵凉意。当冬季来临，落叶阔叶树木的叶片凋零，冬日的光照透过稀疏的叶片和枝条照射在校园中，给行走在校园中的师生带来暖意（图4.151）。

图 4.151a　夏季东南大学四牌楼校区绿树成荫的中轴线

图 4.151b　东南大学四牌楼校区树叶稀疏却倍增温暖感的中轴线

美国纽约高线公园根据植物选择的多样性与复杂性,巧妙地运用了在高线公园被废弃25年的自发生长的植物,以浅根系植物为主,形成多层次的复合植物种植群落,疏密有致,季相丰富,营造出流畅并具有动感的现代城市绿地新景观。高线公园上的一些路段被高大的乔木形成绿荫覆盖,为来往的游人提供舒适的遮阴和休憩环境(图4.152)。

图 4.152　美国纽约高线公园高架桥上的绿荫

（5）生物因子——植物（植物物种多样性/色彩与季相/植物景观层次/绿视率）

① 植物层次

植物的景观层次包括空间层次和色彩层次:植物的空间层次是指景观环境中所运用的植物在空间上高低的层次数;植物色彩层次是指景观绿化中所运用的植物在色彩上变化的层次数。充满空间层次变化和色彩层次丰富的植物空间带给人们心理和生理的欢快与愉悦。

② 植物季相

植物季相是指植物在不同季节表现出的外貌特征。植物在一年四季的生长过程中,通过花、叶、果、茎等观赏要素在色彩、形态、芳香等方面产生了花开花落、橙黄橘绿等特征变化,呈现周期性季相变化的风貌,表现出独特的季相美。因此,在景观设计中合理利用具有季相特色的植物材料,可以增强季节感和舒适性。

2）人类行为的舒适性

舒适是人对环境的一种反应,包括视觉、嗅觉、听觉和触觉等方面。

（1）视觉

唐朝柳宗元在《永州龙兴寺东丘记》中说道:"游之适,大率有二:旷如也,奥如也,如斯而已。其地之凌阻峭,出幽郁,寥廓悠长,则于旷宜;抵丘垤,伏灌莽,迫遽回合,则于奥宜。"后以"旷奥"形容名山胜迹的开阔和幽深。对于"奥"和"旷"的理解为:"奥"指隐晦、闭塞、深邃、光线灰暗,"旷"指光明、开旷、疏朗、光线强烈。"旷奥"之间需要把握适中的"度"。适宜的照度一般在500—1 000 lx范围内,光线太强使人疲劳和炫目,光线太弱会降低人的视力,过于灰暗的环境会使人产生压抑情绪,过于明亮的环境会使人产生烦躁情绪,因此需要营造一个适宜光强度的环境。

（2）嗅觉

气味对于舒适性的评价程度同样重要。中国文化非常注重对"香"的理解,中国人通常不喜欢玫瑰花、栀子花浓烈的香味,而喜欢兰花、桂花、米兰花的幽香,也喜欢梅花"暗香浮动月黄昏"的意境。中国文化对"香"的理解妙在似有似无之间,如兰花在不经意间飘来的些许香味令人陶醉,又如海南黄花梨(又称降香黄檀或香枝木)偶然间的芳香沁人心脾。

（3）听觉

王维在《山居秋暝》中写道："明月松间照，清泉石上流。竹喧归浣女，莲动下渔舟。"皎皎明月从松隙间洒下清光，清清泉水在山石上淙淙流淌。竹林喧响知是洗衣姑娘归来，发出银铃般的笑声，但始终看不到人，只能听到声音，莲叶轻摇想是上游荡下的轻舟。这就是王维的描述，极好地阐释了"禅意"境界，听到的声音都是间接的反应，增添了意境。

除此之外，中国园林中的"雨打芭蕉""留得残荷听雨声"都是中国人对声景观极好的体现。拙政园听雨轩庭院内的一角遍植芭蕉，借助雨打芭蕉产生的声响效果来渲染雨景气氛。拙政园的留听阁取义于李义山的诗句"留得残荷听雨声"，以观赏雨景为主，建筑物东、南两侧均临水池，池内遍植荷花。承德避暑山庄中的万壑松风建筑群位于正宫东北角的高地上，建筑群西、北两面群山叠翠，近处则古松参天，每当风掠过松林，便发出阵阵涛声，万壑松风由此得名。

（4）触觉

皮肤是人类最大的感觉器官，最基本的机能是对刺激产生反应。触觉一般指皮肤受刺激之后产生的感觉，人碰触植物后也会产生感觉。人们通过感觉器官感知周边环境，获得最真实的感受，对事物形成理解；同时还可以通过触摸体验来感受物体的质感、纹理、温度、硬度等，以便理解事物的本质、思考自然的奥秘。

质感是通过实际接触或"视觉触摸"来获得对材料的感觉经验，人们对植物材料质感的最初认识源于触摸。植物材料的质感是指植物表现出来的质地，比如软硬、轻重、粗细、冷暖等特性。不同的植物材料具有不同的质感属性。同一种植物材料的质感会随着四季的更替而演变。植物的质感可以分为三类：精细、中等和粗糙。植物材料的质感是由植物的枝干特征、叶片形状、立叶角度、叶片质地、叶面颜色等构成。粗大、致密的枝干（如松、柏）和斑驳、皲裂的树皮（如白蜡树、柿树）使得植物的质感粗糙，而细弱、稀疏的枝干（垂柳）和光滑柔软的树皮（如小叶桉、梧桐）使得植物的质感精细；粗大、革质、多毛多刺的叶片（如广玉兰、枇杷树、悬铃木、厚朴）使得植物的质感粗糙，而细小、规则的叶片（刺槐、金丝桃）使得植物的质感精细；比较直立的立叶角度和较深的叶色（如丝兰、箬竹）使得植物的质感粗糙，而下垂的立叶角度、较浅的叶色（如柳树、合欢）使得植物的质感精细。

景观中质感不同的植物会使人产生不同的心理感受。质感粗糙的植物材料轮廓鲜明，对比强烈，形象醒目，同时在空间中产生前进感，从而使得空间感受比实际小；质感精细的植物材料轮廓光滑，有细腻、柔和的纹理变化和精致、单纯的表面特征，明暗对比居中，产生中性的心理色彩和空间感受。

4.4 无障碍设计与通用设计

20世纪50年代，人们开始逐渐注意到环境中的残障人士问题，提出了无障碍设计（Barrier Free Design）的概念，即为身体残障者去除存在于环境中的种种障碍。20世纪70年代，欧洲及美国开始采用"广泛设计"（Accessible Design）这一概念，力图满足身体残障者在生活环境中的需求。美国建筑师麦可·贝奈（Michael Bednar）提出，"去除环境中的障碍后，每个人的官能都可获得提升"。他认为建立一个比"广泛设计"更全面的新观念是必要的，"广泛设计"一词无法完整说明他们的理念。1987年，美国设计师罗恩·梅斯（Ron Mace）开始大量使用"通用设计"（Universal Design）一词，并设法定义它与"广泛设计"的关系。他认为"通用设计"需要的是对需求和市场的认知以及清楚易懂的方法，设计及生产的每件物品都能在最大限度上被每个人使用，更准确地说是一种"全民设计"的设计方向。通用设计的最初定义为与性别、年龄、能力等差异无关，是适合所有生活者的设计。1998 年，通用设计中心（The Center for Universal Design）将这个定义修正为"在最大限度的可能范围内，不分性别、年龄与能力，适合所有人使用方便的环境或产品之设计"。

4.4.1 无障碍设计

1）景观环境中的无障碍设计

无障碍设计出现于 20 世纪，出于人道主义的呼唤，当时建筑学界产生了一种新的建筑设计方法——无障碍设计。它的出现，旨在运用现代技术为广大老年人、残疾人、妇女、儿童提供行动方便、安全的空间和一个平等参与的环境。在居住区景观环境中，无障碍设施是必不可少的，身体残障者与常人一样需要享受户外运动的乐趣和舒适使用的环境空间。其对人的关怀应体现到细部的处理上，比如说在台阶和坡道侧设置扶手，高的为高龄者和身体残障者使用，矮的为坐轮椅者和儿童使用；为了方便老人、孩子、残疾人使用，在纽约高线公园中设置双层的栏杆扶手，同时设置无障碍坡道，方便不同人群的使用（图 4.153）。台阶每隔 1.2 m 设置休息平台，防止疲劳；为了显示道路和高差的不同，灵活采用路面材料，在高差变化前给轮椅以足够的回转空间；还包括遮阳、避雨的设计，以及防滑设计、照明设计、公厕的设置、电话亭的设计等。无障碍设计既是为残障人士准备的，也是为明天的我们准备的，我们善待残障人群、老年人群，也就是善待我们自己。景观设计师应有为残障人士在内的各类人群服务的责任感（图 4.154）。

无障碍设计的服务人群为残疾人、老年人、儿童等弱势群体，这些弱势群体的特殊需要在景观环境设计中很容易被忽视，常常导致他们在景观空间中的活动受到限制。无障碍设计作为景观环境设计的重要组成部分，为这些特殊人群在室外活动提供了一定的便捷和安全。同时无障碍设计体现了人本主义关怀，是人性化景观环境设计的重要保障。

盲道由触感块材拼接而成，是为视觉障碍者专设的导向设施，包括带凸条形指示行进方向的导向块材和带圆点形指示前方障碍的停步块材。但目前在盲道的建设和使用中仍存在一系列问题，如盲道路径扭曲误导使用者，盲道被其他设施侵占、截断等，可以通过采用高饱和度、光感强的颜色，利用弹性材料路面，强化路径，有效地对视觉障碍者进行引导，同时形成集约化的道路空间（图 4.155）。

图 4.153a　纽约高线公园的栏杆扶手

图 4.153b　纽约高线公园的无障碍坡道

图 4.154　国外某广场内的无障碍设计

图 4.155a　盲道改进方法示意图

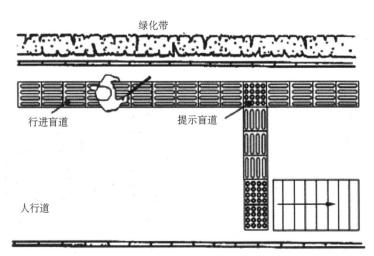

绿化带

行进盲道

提示盲道

人行道

图 4.155b　盲道基本结构和铺装示意图

在景观环境中，无障碍设计已开始普及，但无障碍设施的使用率普遍很低，主要有以下几个原因：首先，无障碍设施没有得到全社会人群的重视，环境中常见盲人通道上总是停满了自行车或堆满了杂物。其次，作为设计部门，无障碍设施没有得到合理的规划和设计，如在一片新建的景观环境内，往往对无障碍设施考虑得比较仔细、规范，但一走出这片区域，盲道常常消失在车水马龙的道路上，这将给残障人士带来极大的危险。无障碍设施的不连贯性是无障碍设施使用率低的重要原因。最后，就是缺乏统一规范化的无障碍指示语言。

2）无障碍设计在景观环境设计中的缺憾与局限性

（1）以《城市道路和建筑物无障碍设计规范》（JGJ 50—2001）和《公园设计规范》（GB 51192—2016）作为景观环境设计的标准，两者均存在某些不足。现有的无障碍设计相关规范尚未针对景观环境特征形成系统性的要求。

（2）无障碍设计与景观设计存在脱节，两者没有进行系统化的统筹考虑，在一定程度上有重复建设之嫌，导致了工程造价的升高。

（3）无障碍设计指向性明显，通常为专属服务设施，适用人群的协同性一般较低，服务人群有限（表4.15）。

表4.15　无残障设施与使用人群协调情况

无障碍设施		盲人	残障人士	老人	儿童	其他行动不便人士	健全人
专用设施	盲道	√	×	×	×	×	×
	无障碍电梯	×	√	×	×	√	×
	无障碍厕所	×	√	×	×	√	×
	专设锻炼设施	×	×	√	√	×	×
通用设施	地标处理坡道	√	√	√	√	√	√
	地面防滑材料	√	√	√	√	√	√
	导视标识	√	√	√	√	√	√
	多尺度的服务设施	√	√	√	√	√	√

注：√表示协同性高；× 表示协同性低。

4.4.2　通用设计

通用设计的概念由美国北卡罗来纳州大学教授 Ronald L. Mace 于 20 世纪 80 年代提出。通用设计理念强调设计时的考虑对象不应局限在特定的使用人群，即不应只考虑行动不便的残障者，而应在设计之初考虑到所有使用人群，并以全体大众为出发点，让设计的环境、空间与设备产品能适合所有人使用，这就是通用设计的基本精神。

通用设计包含七条原则：①使用的公平性；②使用的灵活性；③简单而直观的使用性；④信息容易理解；⑤容纳能力；⑥尽可能地减少体力上的付出；⑦提供足够的使用空间。

通用设计不同于"无障碍设计"。无障碍设计的含义是"产品、设施和服务对于有残疾的人可及并有用"。这个含义本身就把普通人和残疾人截然区分开来。而通用设计的含义则是"产品、设施和服务，对于任何人（包括残疾人和老年人在内）而言都可及并且有用"。因为人的能力和残疾只是一个相对的概念，是处在一个动态的、复杂的、变化的过程中的，随着时间和环境的改变，人们的能力和需求也在不断发生变化。

简而言之，通用设计与无障碍设计两者最大的区别在于无障碍设计是为"残障者"去除障碍，是"减法设计"；通用设计则是在设计的最初阶段，在设计过程中综合考虑所有人群的使用需求，是"加法设计"。无障碍设计是针对特殊人群采取的特殊设计，而通用设计则是针对所有人群采取的整体设计。

通用设计在一定程度上解决了无障碍设计未能顾及的问题，进一步丰富了无障碍设计的广谱性。通用设计的优点：首先，满足了以往无障碍环境的主要服务对象——残疾人、老年人等弱势群体，还扩大受益者范围，方便所有人群的使用；其次，通用设计使设施易于被特殊人群使用，在心理上也乐于被接受，避免了由于差异化的景观设施导致的区别对待乃至隐形歧视；最后，通用设计为设计者提供了更加完善的理念与更高的追求目标，使人性化的内容更加充实。

1）通用设计的目标与方法

在景观环境中，通用设计的目标为包括弱势群体在内的所有人提供优美、适宜的景观环境，尽可能满足不同人群的游憩需求，增进其与自然的接触和社会交往。

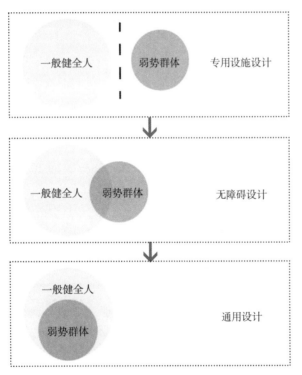

图 4.156　专用设施设计、无障碍设计、通用设计关系图

景观环境应该满足所有人的使用需求，设计师应充分了解各类人群包括残疾人、老年人、妇女、儿童等弱势群体在内的生理、心理需求。景观设施的使用并不是静止的，而是处在动态的变化过程中的。因此，应当重视与使用者的互动交流，既包括从他们那获取信息，也包括向他们传递信息的互动过程，其形式包括问卷调查、访谈、会议讨论等，并应贯穿于景观设计、工程建设、后期管理的全过程。值得注意的是，通用设计有别于以前的专用设施设计和无障碍设计，因此在设计思路和方法上与前者有质的不同（图 4.156）。

2）景观环境通用设计的原则

以通用设计的七条原则为导向，结合使用者和景观环境的基本特征，建立了与空间环境相匹配的六项原则：识别性、可达性、安全性、补偿性、普适性和舒服性。

六项原则之间存在递进关系，但在实际操作时，各项原则相辅相成、共同指导整个设计过程。由于设计主体受众存在的差异，各项原则的重要性也会随之发生变化（图 4.157）。

① 识别性：环境信息简单易懂，便于人们感知、理解、发送和传送，形成对空间的整体印象。其包括公共空间的特征识别和方向指引两个方面。

② 可达性：景观环境满足人们到达、进入、使用等需求，是空间、设施与人互动的前提。

③ 安全性：人们在户外活动时不因周围环境条件而受到人身伤害。首先要求空间和设施的形态、尺度、构造等在满足安全标准的前提下，尽可能地提高安全系数；其次要求空间和设施具备容错性；最后要求设计具有预见性，设置安全辅助设施。

④ 补偿性：主要体现在空间和设施能够有效补偿使用者的行为能力及感觉缺失，帮助其准确认知、使用和参与环境中去。

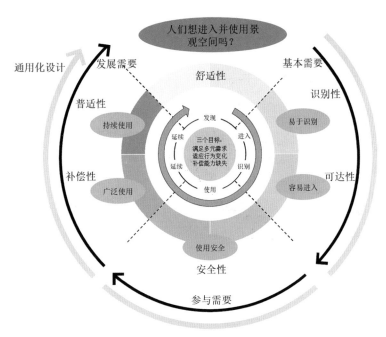

图 4.157　通用化景观环境的设计原则

⑤ 普适性：包含三个方面内容，即功能的多样性、功能的延续性、使用方式的灵活性。

⑥ 舒适性：侧重于物理层面的环境因素在使用者心理层面的反馈，包括影响健康安全的物理环境因素和影响情感变化的视觉空间形象，即能够满足使用者的生理需求，有助于特殊人群保持自身活动的独立性。

3）景观环境通用设计策略

景观环境作为城市开放空间的一部分，是人们接触自然、进行社会交往的户外场所。当前的景观设计将人们分类对待，无助于人们在活动空间的交流和互动。因此，应以现有技术规范为基础，紧扣人的心理特征、行为模式和景观环境的特点，以先进的科学技术为支撑，借鉴国内外先进实例，建立一套操作性强、灵活与具有建设性意义的景观环境设计导则。

景观环境的通用设计强调景观环境具有最大范围的适应性和可用性，从而满足不同人群多样化的需求。从社会层面而言，这包含了一种民主的思想，由于"通用"，它赋予不同使用者对景观环境同等的使用权力和使用机会，为他们提供同等的功能。

（1）最大限度地满足可达性要求

可达性是景观环境通用设计的基本原则之一。在环境设计过程中，要运用视觉、听觉、触觉等多种手段对使用人群给予引导、提示。可达性也是一个空间的概念，反映了空间实体之间克服障碍进行交流的难易程度与空间实体之间的疏密关系。可达性是公平使用的基础和前提，目的是使人安全、便捷地在景观空间内活动。景观环境中的可达性主要涉及路径与信息标识两类。

① 路径是环境设计的主要组成部分，场地之间、场地本身是否可达体现了景观环境的空间品质和人性化程度。路径的模糊通常会造成可达性的障碍。在场地条件允许的情况下以坡道代替踏步，可以改善路径的通达性和便利性。

以人的行为研究作为路径设计的依据对场地环境进行合理分析，通过反馈机制有效地指导设计过程，根据景观环境尺度、特征的不同，为所有人群提供安全、便捷、优美的路径设计。要特别注重路径细节处理，如环境中不同高差间平稳的衔接、场地与场地之间边界是否明晰、夜晚

图 4.158 考虑通用性的英国泰晤士河畔景观设计

照明是否提供足够照度等。

② 场地信息标识合理的表达，从而最大限度地对景观环境使用者进行提示和引导也是通用设计努力解决的问题。准确、明晰的标识系统不仅给予普通人群很好的定位和方向引导，亦可对身体残障人士以提醒信息，增加了景观环境信息的透明性与安全性。对于盲人的引导除了地面感知外，还应增加竖向引导，以方便盲人到达环境的各个区域。

例如英国泰晤士河畔的景观设计综合考虑了各类人群的使用，体现了通用设计的包容性与空间的可达性特征。沿河岸修筑了木平台游步道、自行车车道与水上游览线路，方便各类人群前来游憩；同时，各类环境设施完善，设置了观景平台、休闲座椅，还开辟了一条潮间带，为水生动植物创造生境条件。泰晤士河畔的场地信息标识系统也较为完善，不仅有清晰的路标，还设有各类具有科普意义的指示牌，为所有人群提供了全方位的信息引导（图 4.158）。

（2）提高景观环境的包容性，激发活动的多样性

人们在室外的活动可以分为两类：自发式活动和激发式活动。前者的活动一般约定俗成，具有一定的可预见性，而后者则是使用者在休憩、观赏、活动的过程中激发形成的，具有一定的偶然性。活动的偶然性要求空间具有包容性和"不定性"。

在传统的景观环境设计过程中，设计师习惯于把场地划分为诸如儿童活动区、老年人活动区等不同功能区域。但现实的情况往往并非如此，老年人不愿孤寂地坐在树下休息，他们更愿意靠近熙熙攘攘的人群，享受群体活动的氛围。这种将场地简单切分为功能单一的独立区域的场地设计，缺乏满足人多样化活动的必要设施。景观环境的营造要充分考虑不同使用者的人体尺度和行为特质，以吸纳各个年龄层的人群，从而打破年龄界限，形成老少皆宜的环境氛围。参与者的多样性可能会激发出这片场地活动的丰富度，有效提高场地的使用效率。

在景观环境设计中引入通用设计原则，会大大提高场地的使用效率，激活"参与者"，使活动呈现多样化，使景观空间的内在含义得到丰富和不断变化。景观环境的通用设计可以保证包括残疾人、老年人、儿童等特殊人群在内的所有人平等使用场地。其目的是使尽可能多的人用尽量少的额外付出，甚至不用额外付出就能享受到各种景观设施的便利。通用设计兼顾不同人群活动的尺度要求，对场地尺度进行统筹考量、安排。这种设计手法是提高场地包容性的一种有效手段。

（3）集约化使用景观资源，营造"复合性"的景观环境

通用设计强调的是一种"整合"，不仅是景观设计方法的统筹综合，而且是一种对环境资源及使用要求的统筹兼顾。通用设计必须以集约化使用环境资源为手段，才能实现最大限度地满足人们的使用需求、服务于全社会的目标。

景观设计的复合性是指景观环境能够满足人们的多样化使用需求。传统的环境设计固定了环境设施的使用方式，变化有限，并不能为使用人群提供足够的选择性和适应性。通用设计通过

"变化"来实现人们"个性化、多样化"的使用需求，具体方法就是在系统内针对不同使用者的不同需求进行"复合性"的环境设计，考虑环境设施多种使用方式的可能，在景观环境引入"可变化调节"的机制，从而满足所有人使用的需要。

日本富士山五和目广场上散落的石块体现了通用设计多义性的概念：一方面石块作为车挡，阻挡了车辆进入了广场；另一方面这些石块因为其合适的高度与座面成为游人休憩的坐凳，同时石块本身粗犷的形态与规律的排布也充满了形式感。广场上的石块包含了车挡、

图 4.159　日本富士山五和目广场上散落的石块——坐凳

坐凳、环境小品三重使用属性，体现了通用设计多义性的原则（图 4.159）。

（4）台阶和坡道

任何微小的高差变化都会对视觉障碍者和移动行为障碍者产生影响，他们由于无法预知危险或越过障碍，往往不能安全地到达目的地（表 4.16）。

① 台阶——台阶占用空间小，路径短捷，普通人更愿意选择台阶作为通行路径，但带轮工具使用者却视台阶为难以逾越的障碍。

② 坡道——坡道更能广泛地被移动行为障碍者和视力残疾者使用，设计惯例设定坡道的最大坡度为 1/12。实际上，轮椅使用者凭自身能力爬上 1/12 的坡度极具负担感，考虑到雨雪天气的湿滑度，不大于 1/20 的坡道的适用性更加广泛。

表 4.16　台阶与坡道的相关设计规范

衔接方式	坡度	适用范围	占用空间	优势	劣势
台阶	1/2	普通人	小	1. 路径短捷； 2. 恶劣天气时的安全性较高	1. 带轮工具者使用不便
坡道	1/12	移动行为障碍者；实力残疾者；带轮工具使用者	大	1. 移动无障碍； 2. 省力	1. 路径较长； 2. 坡度较大时，不利于带轮工具者使用； 3. 对患有风湿等特殊病症的人不利； 4. 雨雪等恶劣天气时的防滑性不佳

台阶和坡道的组合方式有并列式、夹角式和夹角叠合式（图 4.160）。

① 并列式，即坡道和台阶并列布置，保持行走方向的一致（并列式的水平方向宽度较小）；

② 夹角式，即坡道和台阶的行走方向呈一定的角度（夹角式的水平方向长度较短）；

③ 夹角叠合式，即将台阶和坡道按一定的角度镶嵌组合形成基本单元［$\cos \alpha$（夹角）= 台阶水平长度/坡道水平长度］。

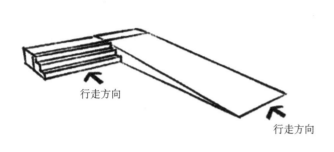

图 4.160a 并列式

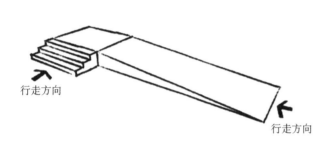

图 4.160b 夹角式

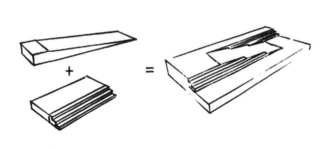

图 4.160c 夹角叠合式

　　芝加哥滨河步道狭长的线性滨水公园也是处理台阶坡道的典范。近 2 m 的高差和大量的桥下空间都对设计产生挑战。设计团队为公园提出了新的思路,将公园步道视为一个相对独立的系统以取代原来以建筑为导向的充满直角拐弯的步道,通过步道系统自身形态的变化,促成一系列与河相连的全新功能体系,将这些挑战变成机遇。

　　芝加哥滨河步道体系划分为码头广场、小河湾、河滨剧院、水广场、码头、散步道六个滨水步道空间。其中,河滨剧院连接上瓦克和河滨的阶梯,为人们到达河滨提供了步行联系,周围的树木提供绿色与遮阴,其坡道的设计使得任何使用者都能轻松到达每一个区域,做到真正的通用设计(图 4.161)。

图 4.161a 芝加哥滨河步道总平面图

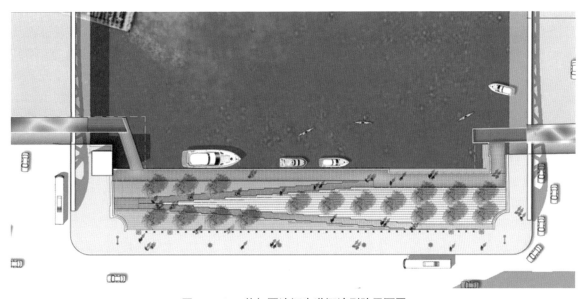

图 4.161b 芝加哥滨河步道河滨剧院平面图

图 4.161c 芝加哥滨河步道实景效果图

5　现代景观空间建构

　　景观空间是理想生活的物质载体，景观环境的有机性在于自然景物与人工环境的和谐统一。然而景观设计不等于设计师以理想的范本改造既有的环境空间，而是在尊重场所及其精神的前提下，研究场地固有的空间构成规律，在融入设计目的的同时建构起新的景观空间。这既是科学的景观设计观，也是创造个性化、特色化景观的基本途径。

　　景观不等同于平面设计，确切地说景观是从空间设计开始的，景观师创造连续的空间效果，以实现预期的设计目标。景观空间和谐统一，刚柔相济，形成美好的生活境域，让人们生活在其中感到舒适、愉快，有益健康，并有着丰富的物质生活和精神生活内涵。日本学者芦原义信在《外部空间设计》一书中将空间分为正空间、负空间和中性空间。他认为"空间基本上是在一个物体和感觉它的人之间产生的相互关系中发生的，这一相互关系主要是根据视觉确定的，但作为建筑空间考虑时，则嗅觉、听觉、触觉也都是有关系的"。视觉感知对于建筑设计、景观设计都具有重要影响。老子在《道德经》中所说："埏埴以为器，当其无，有器之用。凿户牖以为室，当其无，有室之用。故有之以为利，无之以为用。"实际上，"器"的本质在于产生了"无"的空间。景观空间是介乎自然空间与建筑空间之间的一种特殊的空间形态。从本质上看，景观空间也属于人工营造的空间，具有人工营造空间的基本属性。与建筑空间相比，景观空间具有更多的自然属性。对此，芦原义信曾这样解释外部空间：外部空间是从在自然当中限定自然开始的，是从自然当中框定的空间，与无限伸展的自然是不同的，外部空间是由人创造的有功能的外部环境，是比自然更有意义的空间。他从构成建筑空间的三要素出发，认为外部空间"可以说是'没有屋顶的建筑'空间"。也就是说外部空间由地面和墙面这两个要素所限定。

　　景观空间是指由景观环境诸元素所限定形成的虚体区域。景观设计的本质是空间设计，其过程是从既有的空间环境之中，依据一定的设计目的对地形、植物、水体等环境要素加以重组和整理，创造出具有一定功能与形式的空间。随着其内涵的不断衍生和丰富，景观空间不再是简单的"没有屋顶的建筑"，而是介于自然空间与建筑空间之间的一种特殊的空间形式。

　　景观空间具有人工营造的基本属性，同时具有更多的自然属性。与建筑空间相比，景观空间具有以下特征：①就边界而言，建筑设计侧重于外立面的设计和内部的墙体空间营造，而景观环境是无"外表皮"的概念，即无明确的内外空间之分。②景观空间中的要素大多是有生命的。③与垂直维度相比，水平维度上的景观空间更加丰富。④周围环境条件决定景观空间尺度的大小。

　　与纯自然空间不同，景观空间介于人工与自然之间，具有不确定性与复合性，向内有其自身的构成关系，向外与环境相互关联。"内"与"外"的共同作用构成了景观空间的整体结构关系。人的活动、生境的演替以及功能、文化等的表达均通过空间展开。景观空间更加侧重于其内表面设计，侧重于游人穿梭其中的空间动态感受，这种内在空间的连续变化规律是景观空间设计重点研究的内容。

　　总体来说，景观空间反映的是一种拓扑关系，四维因素对其影响更为强烈。

　　景观环境的形式取决于它与所在地段的相互关系，而这种关联性是景观空间的核心，具有一定的因果缘由。每项景观工程均展示了场所内在的规律。人们正是通过创造与感知在社会中进行自我判定的。对于观者而言，景观是一种可解读的空间。景观空间往往也是信息共享空间［物理空间（PC）＋虚拟空间（VC）＝信息共享空间（IC）］，同一空间存在多种信息，因而景观空间具有多义性。空间是景观的载体，功能在其中展开、意境由其中生成，作为人化自然，景观环境更是自然的一部分，其中客观的生命过程更是景观存在的基本前提。同时由于景观空间不同于建筑空间，也不同于纯自然空间，而是介于人工和自然之间，其自身的生命特质不断变化，具有不确定性，因而景观空间又具有复合性的特征。

尼歇尔（G. Nitsche）提出，"这个空间有个中心，就是知觉它的人，因此在这个空间里具有随人体活动而变化的方向体系，这个空间，绝不是中性的，而是具有界限的。换句话说，它是有限、非均质、被主观知觉决定的……"这是知觉空间［参见肯尼思·弗兰姆普敦. 现代建筑：一部批判的历史［M］.原山，等译.北京：中国建筑工业出版社，1988：32］。景观空间向内有其自身的构成关系，向外则要求与环境找寻关联，两者共同作用确定了景观空间的结构关系。内在构成关系包括满足各种功能要求的道路、广场、建筑、水体等，均是构成景观空间的内在依据。景观环境离不开自然与人工两大环境体系，因此景观环境具有两类空间的基本属性。景观设计需要研究人工环境、自然环境、场地以及建造的材料、结构和建造技术等；同时也要研究景观自然的构成规律，即景观空间与构成空间之间的要素关联，各组成部分的组织规律；形式和技术之间的关系；体量、空间和界面之间的关系等，作为景观设计研究的主要内容。总结来说，景观空间具有以下几种特征：①边界。景观空间的边界模糊且形式多样。②元素多样。地形、植物、水体、构筑物、假山石、景观建筑是景观设计要素，其中仅植物元素一项，种类便可达到上千种，同时不同种类的植物形态也千差万别。③自然开放性。景观设计创造了人与自然和谐共存的场所。④感官体验多样性。景观空间感受由视觉、听觉、触觉、嗅觉和味觉等感官进行综合体验感知。⑤场地的先决性与可塑性。场地本身具有限制性和唯一性的特征。

从空间建构的角度看，景观设计的本质在于从既有的空间环境之中依据一定的目的对环境要素加以增删、切割、打碎与重组，依据一定功能及审美需求重新建立适宜的尺度体系，通过将各种元素如铺地、雕塑、喷泉、植物重组，创造出具有一定形式与意义的空间。景观设计必须加强与既有空间格局和形态的联系，而不是仅仅关注二维平面，沉溺于平面构成和图案堆砌，从而淡化对于项目周边的围合界面和外围空间系统的研究。不仅要把景观项目放在大环境中进行二维研究，而且要把握项目三维、四维的空间特性。景观空间构成具有理性与感性双重属性，抽象的图示思维与自然形态模仿并存，这是景观设计区别于建筑以及其他相关造型艺术的一大特点。

5.1 景观空间构成

景观设计不等同于"平面设计"，景观空间的划分与组织也不应迁就平面构图，避免导致空间的不完整。的确，景观设计中相当部分的工作在于研究平面，其中既有对于交通流线、功能的研究，也有对于景观空间划分的思考。景观设计从平面入手，解决空间问题，其中难免有平面与三维的转换问题。以二维平面表达三维空间感受是平面艺术的基本形式，而景观则是将空间的形态、尺度、围合等以平面的方式加以表达，其实质仍然是从三维出发的，又以三维空间为目的。因此景观平面与空间之间不是简单的对应关系，而是存在着内在联系的逻辑关系，它的空间关系建构有着特殊的方法和技巧。平面设计艺术的视觉空间建构与写实的、再现的自由绘画艺术有所不同，主要不依靠透视、比例、光影的物理逻辑空间来塑造，由于设计中各种形态元素及文字元素的综合使用且这些元素多呈现出脱离物理时空关系的状态，因此在画面经营上需要抽离与利用事物空间属性的视觉组织方式形成具有特定生理与心理意义的意象空间。我们所面对的任何平面作品，实际上都存在一个充满空间意味的有生命力的"场"。对于景观平面的组织必须以空间的形态为基本依据，而不应单纯地就平面论平面，使之转变为纯粹的平面构图。从严格意义上说，景观设计中的"平面"与平面艺术设计的"平面"是有质的区别的，前者是研究现实的空间，而后者则是通过平面虚拟空间。

景观空间同样不同于建筑空间，它没有完整、固定的"外表皮"，缺乏明确的界定。景观空间往往随着观赏者路径的变化而变化，即"步移景异"，空间界面也是变化的、非连续的，而生成的景观空间则是"多孔的"。因此，景观师置身于景观空间之中探讨空间的问题，更多的时候是在研究空间的"内表皮"而非"外表皮"。

景观空间与建筑空间相似，所不同的是景观空间类似于拓扑学中的莫比乌斯环，由于空间界定的不确定性，其更加关注与强调内外空间的贯穿和交互（图5.1）。同时，景观空间不再是单纯的、静态的三维空间，而是多维的动态空间，是加入了时间维度的四维空间。

图 5.1　莫比乌斯环

5.1.1　景观空间界面

对于空间的探讨不仅限于空间本身，还包括围合建构空间的实体要素与结构，它们是构成景观空间的不可分割的组成部分。人们往往经由构成空间的要素入手研究空间的构成。雕塑家摩尔认为"形体和空间是不可分割的连续体，它们在一起反映了空间是一个可塑的物质元素"。景观空间的限定主要依靠界面来形成，界面及其构成方式也就成为景观空间的研究重点。景观空间的存在及其特性来自形成空间的构成形式，空间在某种程度上会带有围合界面的特征。单元空间秩序的建立基本取决于围合空间的界面。

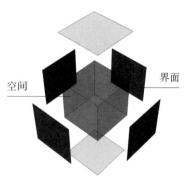

图 5.2　界面与空间

界面，是相对于空间而言的，是指限定某一空间或领域的面状要素。作为实体与空间的交接面，界面是一种特殊的形态构成要素：一方面，界面是实体要素的一个必不可少的组成部分；另一方面，界面又与空间密不可分，界面与空间相伴相生，不同的物质界面相互组合，会形成不同的空间效果，反映出不同的场所精神与特色，激发出人们的各种感受（图5.2）。

界面作为空间形成的载体，它完成了对景观空间的塑造。空间的界面由底界面、竖界面和顶界面三个部分共同构成。在不同类型的空间中，界面的组成或许不完全相同，但这不会影响整体空间的形成。在建筑空间中这三个要素是基本完整的，而景观空间中的三个界面却具有不确定性。

1）底界面

底界面是景观空间中人们接触最密切的一种界面，它有承载人们活动、划分空间领域和强化景观视觉效果等作用。构成材料的质地、平整度、色调、图案等为人们提供了大量的空间信息。参与构成空间底界面的要素按其表面特征可分为软质底界面、硬质底界面和一种特殊的底界面——水面（图5.3）。

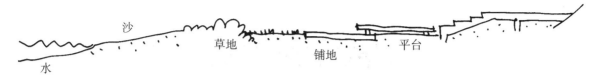

图5.3 从"柔性"到"刚性"的底界面

（1）软质底界面

软质底界面主要由土壤、植物所构成，如大面积的草坪、地被植物等，软质底界面多半是有生命的，具有可变性（图5.4）。号称纽约"后花园"的中央公园，面积广达 3.41 km^2，是一块完全人造的自然景观。1857 年纽约市的决策者既为这座城市预留了公众使用的绿地，又为忙碌紧张的生活提供一个悠闲的场所，公园四季皆美，春天嫣红嫩绿，夏天阳光璀璨，秋天枫红似火，冬天银白萧索（图5.5）。

图5.4 东南大学中大院前的大草坪

图5.5 纽约中央公园

（2）硬质底界面

硬质底界面由各种硬质的整体材料或块料所组成。依材料之不同，可有砂石、砖、面砖、条石、混凝土、沥青以及在某些特殊场合中使用的木材（图5.6）。底界面有"第二立面"之说，其构成图案、质感、色彩等影响着空间的特征，具有极强的表现力。硬质的铺装既是以功能使用为目的，同时也可以兼具观赏的目的。

在底界面上由于所使用图案的不同，也可以划分出不同的空间区域。地面图案是一种能影响人的心理和行为的要素，它可以对行人产生流动和停止的暗示，地面图案分有向性、无向性和向心性三种。线性、长方形图案具有有向性，多用于交叉口或行进方向转折的地段，以对人的活动产生指示作用，若将图案方向和人流方向垂直，则可弱化空间的狭长感，并创造出一定的地面节奏感；方形和六边形图案不具有明确的方向性，稳定而安宁；而圆形、曲线形和放射形图案具有向心性和趣味性，易引起人们的注意，因此常用于群体聚集、停息、活动场所等重要位置（图5.7）。

在底界面设计中，常依据地形或使用的需要，采用地面上升或下沉的处理，或利用底界面的起伏变化，以增加景观空间的美学效果。如侵华日军南京大屠杀遇难同胞纪念馆老馆部分的入

图 5.6　硬质底界面的各种材料

口通过台阶的布置，引导人的视线由平视转为仰视，产生期待感，很好地起到了欲扬先抑的效果（图 5.8）。而泽恩和布林事务所设计的美国俄亥俄州辛辛那提滨河公园位于 7.62 m 高的防洪堤的上面，设计师巧妙地将防洪堤和露天剧场式的曲线台阶结合在一起，不仅能抵挡每年 4—5 次的洪水，而且还为城市中的居民提供了观赏对岸风景和俄亥俄河中来往船只的看台，同时也是城市的一个集会和演出的场所（图 5.9）。

（3）水面

水是景观环境中极富表现力的一种"底界面"。水不仅可以衬托建筑物，同时由于水的流动性而使得建筑环境显得生机勃勃。另外，水的虚幻、倒影等特征也极富表现力。英国古斯塔夫森·波特（Gustafson Porter）事务所设计的位于伦敦的瑞士别墅花园，水面为该中心外部空间的基面（图 5.10）。侵华日军南京大屠杀遇难同胞纪念馆尾声部分的开阔水面倒映着远处的"和平"雕塑和一侧的"胜利之墙"，微波粼粼，意境悠远（图 5.11）。

水具有可塑性，其形状是由"容器"所决定的，除去上面说到的以"面"存在的水外，水也可以"线"的方式出现。哈格里夫斯联合事务所（Hargreaves Associates）设计的澳大利亚奥林匹克公园的无花果树林是奥林匹克广场南端最高点的标志物，其重要性通过一组壮观的喷泉凸显出来。喷泉水柱高达 3 m，喷泉池边有几条小径伸进奥林匹克广场的人行道中，而喷泉喷出的弧形水柱则交织在小径上方，弧线形的水柱形成了长长的水体隧道，吸引着人们的视线并激发参与的欲望（图 5.12）。

图 5.7　硬质底界面的各种图案及其"意味"

图 5.8　侵华日军南京大屠杀遇难同胞纪念馆老馆部分的入口

图 5.9　美国俄亥俄州辛辛那提滨河公园

图 5.10　瑞士别墅花园

图 5.11　侵华日军南京大屠杀遇难同胞纪念馆尾声部分

图 5.12　澳大利亚奥林匹克公园的无花果树林

2）竖界面

外部空间的竖界面构成十分丰富，边界的建筑物外墙、树木、景墙、水幕、水帘等均可构成外部空间的竖界界面。竖界面也是人们的主要观赏面，包括建筑（图5.13）、构筑物、设施、植物等，其高度、比例、尺度及围合程度的不同会形成不同的空间形态。景观外部空间的竖界面似乎不如建筑物的竖界面明确，然而竖界面仍然是外部空间划分空间的重要手段之一。景观空间中的竖界面具有"多孔"、不确定与非连续性等特征。树木、灯柱等都可以构成景观环境中的竖界面（图5.14至图5.16）。

图5.13 德国慕尼黑瑞士保险公司斯威斯雷办公大楼外的垂直绿化

图5.14 东南大学中大院前的梧桐树列

图5.15 南京大学林荫道

图5.16 查尔斯顿水滨公园树木和灯柱共同构筑的竖界面

水不仅可组成底界面，而且可构成竖界面。如西班牙巴塞罗那街头绿地中，运用水景装置在绿地的一隅形成瀑布景观，瀑布下方的水池与瀑布共同构成以水为要素、有机融合的底界面与竖界面（图5.17）。

图 5.17　西班牙巴塞罗那街头绿地中的水幕

3）顶界面

与前两类界面形式相比较，在开放式的景观环境中，顶界面在景观环境中所占的份额最小，具有不确定性。顶界面的构成有两种形式（图 5.18）：第一种是严格意义上的顶界面。植物的树冠是景观环境中重要的顶界面，树木的枝条伸向空中，与叶片共同组成室外"天花"（图 5.19、图 5.20）；由构筑物形成，这是最为明确的一种顶界面类型（图 5.21、图 5.22）。第二种是虚拟顶界面，是由建筑物围合而产生的"场"效应（图 5.23）。

第一种是严格意义上的顶界面

（a）由树冠向上延伸与天空相接　　　　　　　　（b）构筑物构成

第二种是虚拟顶界面，是由建筑物围合而产生的"场"效应

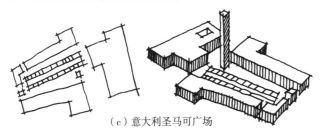

（c）意大利圣马可广场

图 5.18　顶界面的构成

图 5.19 室外"天花"

图 5.20 堪培拉植物园栽植的桉树林

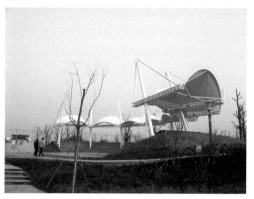

图 5.21 盐城市大丰区银杏湖公园的张拉膜

图 5.22 上海梦清园的葡萄广场

图 5.23a 意大利罗马米开朗琪罗设计的广场 1

图 5.23b 意大利罗马米开朗琪罗设计的广场 2

图 5.23c 意大利罗马米开朗琪罗设计的广场 3

图 5.24 宏观尺度——城市总体鸟瞰

图 5.25 中观尺度——传统的城市广场（意大利萨伏伊皇宫广场）

图 5.26 微观尺度——坐憩设施

5.1.2 景观空间尺度

景观空间因其特殊性而有相应的尺度体系，应充分把握景观空间尺度的舒适性，做到景观空间尺度与建筑等周边围合界面尺度相适应，以及各景观组团之间、景观元素之间尺度的适应。

1）空间尺度的层级

尺度通过尺寸、比例并借助于人的视、听、行等各方面的生理感觉，表达人与物、物与物相互之间的相对量比关系。空间尺度侧重于空间与空间构成要素的尺度匹配关系，以及与人的观赏等行为活动的生理适应关系。人们生活的外部环境可以划分为三个空间尺度层次：①宏观尺度，从城市规划角度指居住在城市里的人对城市总体空间大小的感受（图 5.24）。②中观尺度，指城市中的行人通过视觉在舒适的步行范围内对城市公共空间大小的感受。其主要类型包括广场、商业步行街、公园、居住区公共活动中心、滨河休闲步道等（图 5.25）。③微观尺度，指人们在休闲活动时对个人领域以及交往空间大小的感受。其具体范围从人的触觉感受范围到普通人辨别人脸部表情的最远距离（25 m），包括人与人、人与物的接触交流，人与人的视觉交流、对话交流等（图 5.26）。符合人的基本生理和心理需求是微观尺度研究的基本问题。中观及微观的空间尺度是最需要景观设计师把握的，也是空间组合最为丰富的领域，尤其在园林空间中，隔则深、敞则浅。单一的大尺度给人们的只是有限的空间，视觉流程是短暂的，而运用地形、水体、山石、植物、建筑以及其他构筑物划分出不同尺度的空间进行穿插、叠加、对比，人们的游览空间和时间可以得到延长，所获得的视觉信息大大增加，从而在有限空间中获得无限的感受。

2）空间尺度的对比

空间大小是相对的，在方寸之地的江南园林中，通过尺度对比仍然可以有"小中见大"的空间感受。不同尺度的空间互为参照、相互烘托，暗示其主从关系，自然起到导向作用，并随着视线的收放、光线明暗的变换，获得"小中见大"的空间效果。如苏州留园窄小狭长的入口空间中人的视野被极度压缩，而进入主空间一刹那的豁然开朗，让人们体验到空间尺度变化的视觉趣味（图 5.27）。

图 5.27　苏州留园入口空间

另外，人们在表达纪念、象征等意义时往往会运用超人的夸张尺度，在与人自身尺度的强烈对比中，将神圣或崇高的空间氛围渲染开来，如拉什莫尔国家纪念碑（Rushmrne Mountain）（图 5.28）。美国著名画家和雕塑家格桑·博格勒姆（Gutzon Borglum，1867—1941）在拉什莫尔山的花岗岩上雕刻美国开国元勋的雕像，分别是乔治·华盛顿、托马斯·杰斐逊、西奥多·罗斯福和亚伯拉罕·林肯，作为弘扬美国精神的永恒象征，并以此来吸引游客游览美丽的布莱克山区。头像的雕刻采用了高浮雕写实的手法，凸嵌在高大的山峰上。每尊头像的

图 5.28　拉什莫尔国家纪念碑

高度约为 18 m，其中鼻子长度约为 7 m，嘴的宽度为 2.6 m，眼睛宽 1.5 m。他们目光前视，仪态庄重，代表着美国业绩的四大象征：创建国家、政治哲学、捍卫独立以及扩张与保守。

3）空间尺度的决定因素

一个空间的尺度大小取决于多方面的因素：设计地段的面积及周边环境等客观条件因素；空间的使用功能因素；不同的民族、宗教等文化因素；社会级别因素；"人"的生理、心理需求因素等。这些均需要设计师的综合分析，但可以肯定的是"人"的生理特性是必须考虑的最基本的因素。就设计尺度而言，景观的材质、肌理、竖向变化均会影响景观空间的尺度营造。芦原义信在研究外部空间时提出了"放大 10 倍理论"，即在创造户外空间时，想要达到与室内一样宜人的效应，需要将同等空间尺度放大 10 倍。但这种说法不完全成立，室外的空间尺度和人体工学的尺度不完全一样，并且受到距离、空间氛围、光照等因素的影响。影响景观空间尺度感的因素包括空间容量大小、景观空间质感、景观空间效果等。

5.1.3　景观空间围合度

外部空间的围合界面，可以分为虚、实两种界面。实界面就是指连续的物体所形成的围合界面。虚界面是指在空间中某些有一定间隔且存在着相互关联的因素，由于其相互之间存在的视觉上的张力作用，从而在人心理上产生一种虚拟界"面"存在的感觉，也可以称之为心理界面。在不同的景观外部空间中，围合界面的虚、实比例是不同的，因而使空间显现出不同程度的围合

感。总的来说，实体界面越多，其封闭感就越强。但是，如果一个外部空间的界面过"实"，有时就会显得缺少流动性和层次性，这时，就需要利用"虚"的心理界面来使空间变得生动。景观外部空间的界面既不是完全由"实"的建筑界面构成，也不是完全由"虚"的心理界面构成，而是一种虚实相间的状态。

具有一定开放性的空间，在其围合界面或立体结构的延展方向上或者其开口位置，对外围空间有一定的扩张作用，与磁场的辐射作用类似。这是物体的内部空间向外部空间延展和扩张的结果。

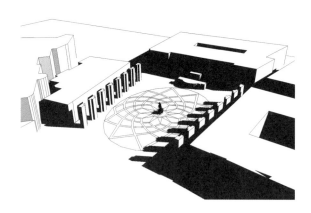

图 5.29　罗马卡比托利欧广场

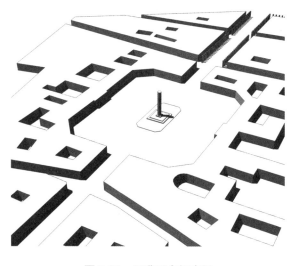

图 5.30　巴黎旺多姆广场

欧洲尤其是意大利的古典广场围合度较高，广场的周边大多为以建筑为主的连续界面，如罗马卡比托利欧广场中梯形广场上的铺砌地面呈稍稍隆起的椭圆形，其中两侧与两座古老的建筑相邻，分别是位于东南侧的元老院和西南侧的保守宫，新修建的"新宫"最终确定了三面围合的空间（图 5.29）。又如巴黎旺多姆广场有着拉长的八边形几何结构和轴向布局，被认为是典型的法国巴洛克式城市广场，集中代表了封闭式广场（图 5.30）。这种空间围合的程度取决于视线距离（D）与建筑高度（H）之比。在传统广场空间，D 与 H 的比值都大体在 1 : 3 之间，尤其是西方传统城市，情况更是如此，由此引出空间围合度的概念。当视角为 45° 时，空间围合度较高，注意力比较集中，视线距离与围合界面高度的比值为 1 : 1，这时观察者容易注意到周边景物的细部。当视角为 30° 时，这是全封闭的界限。这种情况下观察者可以看到景物立面的细部，此时围合界面高度与视线距离的比值为 1 : 2。当视角为 18° 时，为部分封闭，这是视觉开始涣散的界限，这种距离会使观察者去注意周围物体的关系。当视角为 14° 时，围合界面高度与视线距离的比值为 1 : 3，此时空间不封闭，观察者倾向于将景物看成突出于整体背景中的轮廓线（图 5.31，表 5.1）。

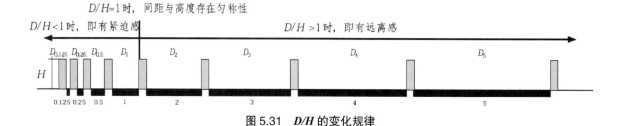

图 5.31　**D/H 的变化规律**

表 5.1 视距、视角与观察对象之间的变化规律

D/H	垂直仰角	观察范围	水平视角	观察范围	围合感	人的感受
<1	—	观察对象容易产生透视变形	—	—	—	压迫感,建筑间的相互影响较强
1	45°	观察者能看清实体的细部	90°	水平视角偏大,要在动态中观察	空间围合感极强	空间比例较匀称、平衡
2	27°	观察者能看清实体的整体	54°	在注视中心60°内,观察景观主体较理想	空间围合感适中	空间感觉很紧凑
3	18°	观察者能看清实体与周围背景	36°	观察建筑总体	空间围合感最小	空旷感
4	14°	观察者能看清建筑轮廓	28°	在注视中心30°内,清晰度较高	空间围合感的特性趋于消失,得到开敞的空间感	广场的封闭性开始减弱
5	11° 20′	观察者可以看到建筑与环境的关系	20° 40′	水平视角偏小,视觉较分散	—	建筑间相互影响很弱
>5	—	视野范围内目标分散,干扰因素多,只能研究景物大体形态	—	—	—	—

景观空间围合度的变化包括平面和空间两个方面:在平面上,使空间具有围合感的关键在于空间边角的封闭。一般来说,只要将空间的边角封闭起来就易于形成围合空间。边角封闭的程度越高,空间的围合度也就越高;反之,空间的围合度就弱。较强的围合构成的景观空间具有自聚性和内向性,空间相对比较封闭,相对而言受外界的干扰少,内聚力和安全感强;反之,较弱的围合构成的空间比较自由、开敞,视线和围合感从敞开的边角溢出,与相邻的空间渗透性加强。在空间上,其围合的空间比例相应可分为全封闭围合、半封闭围合、临界围合、无围合四类。较强的围合和全封闭围合可用于相对独立住区的空间单元,而景观环境中大量的空间以弱围合和较封闭的围合空间存在。平面上较弱的围合和立体上半封闭围合的空间经常出现在建筑群体中的院落、小块集中的绿地;而相对较大的绿地、小广场等空间领域在立体空间上是临界围合,在平面上是弱围合。空间围合度可以分为立面与平面两个方面加以计算,根据空间围合程度的不同可以分为开敞空间、半开敞空间、封闭空间(图5.32)。

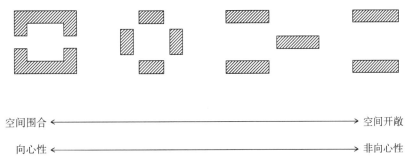

空间围合 ←——————————————————————→ 空间开敞

向心性 ←——————————————————————→ 非向心性

图 5.32 不同围合度空间及其特征

1）开敞空间

开敞空间是指空间的围合程度很低、视线通透的空间环境。如英国诺丁汉老市场广场，广场作为一个市场已经有 800 多年的历史，为英国最古老的公共广场之一，广场以三个水景平台为中心形成完全开敞的空间。游客们可以在水景环绕的休闲长凳上休憩，也可以在树影下观赏广场上举行的活动（图 5.33）。又如盐城市大丰区二卯酉河景观带中的游憩休闲区，该区以新建的茶餐厅为中心，结合大面积绿地、树阵、硬质铺装、游步道、滨水平台、小型公厕等景观构成要素，形成大丰新区重要的市民休闲场所，为市民工作之余的娱乐休闲提供良好的开敞空间（图 5.34）。

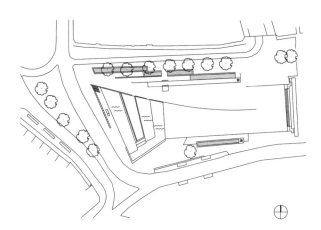 

图 5.33 英国诺丁汉老市场广场

图 5.34 盐城市大丰区二卯酉河景观带——榉树阵

2）半开敞空间

半开敞空间是指空间具有一定的围合，但又不是完全封闭的一种空间环境。如梅萨（MESA）景观事务所在美国得克萨斯州设计的贝克公园（Henry C. Beck, Jr. Park），该公园是为纪念贝克建筑工程事务所的奠基人亨利·贝克（Henry C. Beck）而建。公园的设计结合了贝克先生工作生涯中所使用过的建筑材料和方法，以表达对他的纪念之情，更为城市提供了一个幽雅舒适的环境。在这个矩形的广场中，两个混凝土墙将广场明确地分割成四个自成比例的小矩形广场，从而形成四个半开敞空间供游人休憩、聚会。在墙壁的交会处，一处别致的水景设计成了视觉焦点，与周围喧闹、拥挤的交通形成了鲜明的对比（图 5.35）。与贝克公园的规整分割不同，哈普林设计的罗斯福纪念园采用了四个半开敞空间及其过渡空间以自由有机的方式沿潮汐湖岸线方向线性分布（图 5.36）。水平展开的、由一系列叙事般的、亲切的空间组成的纪念场地，以一种近乎平凡的手法给人们留下了一个值得纪念的、难忘的空间［参见王晓俊.西方现代园林设计［M］.南京：东南大学出版社，2001］。

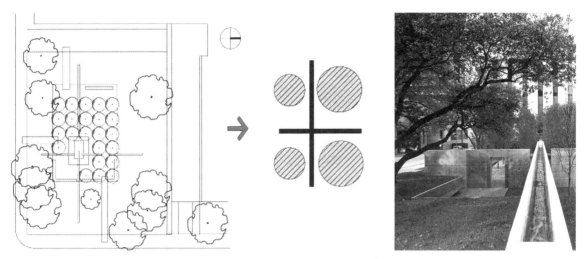

图 5.35　混凝土分割的完美空间——美国得克萨斯州贝克公园

3）封闭空间

封闭空间不同于以上两种空间形式，它的围合感很强，产生向心的空间感。明诺建筑师事务所设计的瑞士日内瓦查丁基金会花园，体现了封闭空间的独特魅力。该下沉式花园可通往礼堂、供接待和会议用的别墅，通过混凝土围墙形成相对封闭的空间。该花园的设计灵感来自莫卧儿人的花园和波斯清真寺庭院。它四周环水、上覆绿荫，与世隔

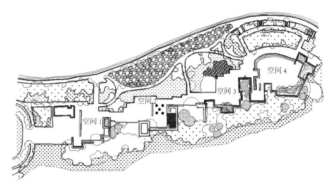

图 5.36　罗斯福纪念园

绝，不受周围城市喧嚣的干扰，只与时空单独交往。外露混凝土墙和随意搁置又缀有青苔的板岩厚板形成对比，按一定间距栽种的樱花为这座不寻常的花园定格并强化了它的特点。近乎封闭的空间，水在河道中流淌、从墙上喷出，再沿台阶旁流下，给参观者一种在巨泉中徜徉的神秘感（图 5.37）。又如佐佐木设计的日本茨城县诺华药物研究所庭院（Garden of Novartis Pharma K. K.），该庭院由建筑三面围合，有两个出口通向外部，形成相对封闭的空间。其间设计师利用季相与外部光照的变化创造了优美的视觉环境，植物色彩和形体的细腻变化展现了油画般的景象（图 5.38）。

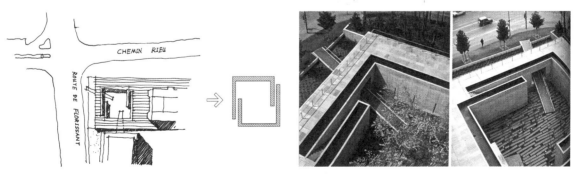

图 5.37　日内瓦查丁基金会花园

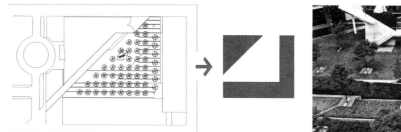

图 5.38　日本茨城县诺华药物研究所庭院

5.1.4　景观空间密度

在景观环境空间形态一定的情况下，景观空间中要素的体积、多寡、组合直接影响到景观空间的视觉效果。景观空间中的要素主要是硬质景观小品和绿化植物景观。它们对空间环境的影响主要表现在两个方面：一是硬质景观小品和绿化植物景观的建设量。在一个既定的外部空间环境中，绿化植物的多与少，景观建筑小品的疏与密，会给身处该环境中的人们截然不同的感受。有些景观空间环境会让人觉得非常的疏朗，有些空间环境则会让人觉得郁闭、堵塞。不同类型的外部空间对于景观建设量的需求是不同的。这就需要一个适宜的"度"的把握。二是硬质景观小品和绿化植物景观的合理有序配置。这两个方面共同影响了景观空间环境的质量。

所谓的景观空间密度并非探讨物质层面的概念，而是指景观环境中景物要素在一定空间容积中所占比例。对于这一问题的探讨有助于了解景观空间的性质，通常建筑空间由墙面、地面和顶面围合而成。空间本身的形态取决于围合的面，景观空间则有所不同，除去与建筑相近似的三个面外，景观空间本身存在着界面的不确定性，相应的空间界定也是模糊的，而景观空间中存在的景物同样占据着一定的空间。与空间密度概念不同，空间郁闭度是指乔木树冠在阳光直射下在地面的总投影面积除以整个空间单元的总面积所得到的比值。联合国粮食及农业组织规定，密林郁闭度 ≥ 0.7、中度郁闭度为 0.20—0.69、疏林郁闭度 < 0.2。图 5.39 中空间的郁闭度计算方法是树的垂直投影即橙色部分的面积之和除以整个单元空间的面积所得的比值。唐代柳宗元提出的景观空间不外乎"奥如旷如"，其中"奥"与"旷"便包含了空间的密度问题。空间环境对于人们最直接的感受就是空间的开阔与郁闭程度。"奥如"是一种内向郁闭、狭仄幽静的空间形态，柳宗元认为洞穴探奇则"奥如"也；而"旷如"是一种开阔疏朗、明亮外向的空间形态，柳宗元用溪山寻幽来形容"旷如"的感觉。景观空间的奥旷度直接决定了人们对于场地的心理感受，譬如人们在灰暗狭小的空间中常常感到不安、恐惧或者幽闭，甚至产生负面的联想；反之，阳光明媚的开阔空间如大面积的草坪、水面则令人轻松、愉悦。

景物要素密集并不意味着景观环境优良，相反不论是在视觉还是科学意义上均有负面效应。时下常用的高密度栽植方式虽然在短期内取得良好的景观效果，但从长计议却有着不利

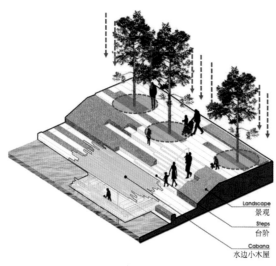

图 5.39　郁闭度

于植物生长的隐患，高密度栽植往往会造成空间视觉的瘀塞。不同的植物其枝叶结构不同，叶片的大小与密度不同，也都在不同程度上影响景观空间的密度。

1）"景观空间密度"概念的提出

"景观空间密度"这一概念是用来描述和衡量景观空间中景观要素建设量的适宜性问题。把现有的开放空间视为一个"容器"，那么，这个开放空间中的植物绿化和硬质景物就相当于这个容器中的"物品"，植物绿化和硬质的总体积除以整个外部开放空间的总容积，所得到的比值就是"景观空间密度"。

研究不同类型空间的景观空间密度，旨在能够通过一个可量化的数值来研究在不同类型、不同尺度的景观空间环境中景观建设量的适宜性问题。

2）"景观空间密度"的计算方法

（1）收集所调查的景观环境的 CAD 设计图纸，测量出该景观空间的长、宽、高，并计算出该景观空间的容积。

（2）通过实地调研，统计出该空间范围内植物及景观小品的种类和数量，同时计算出它们的体积。地被植物和低于 60 cm 的灌木都不做计算，对于乔木可以通过实地采集植物的冠径、冠高、冠下高、树冠形态等样本数据后，求得树木的树冠体积（表 5.2）。

表 5.2　常用部分园林植物树冠体积计算方程

乔木、灌木种类	选配树冠立体几何模型	树冠体积方程
雪松、龙柏、水杉、银杏	圆锥	$\dfrac{\pi x^2 y}{12}$
桂花、红叶李、白玉兰、广玉兰、女贞、柳树、悬铃木、青桐、榆树、枫杨、杜英	卵形	$\dfrac{\pi x^2 y}{6}$
香樟、枇杷、栾树	球形	$\dfrac{\pi x^2 y}{6}$
黄杨、海桐	扁球	$\dfrac{\pi x^2 y}{6}$
棕榈	球缺	$\dfrac{\pi (3xy^2 - 2y^3)}{6}$
夹竹桃、八角金盘、罗汉松、蜡梅	球扇	$\dfrac{\pi (2y^3 - y^2\sqrt{4y^2 - x^2})}{3}$
珊瑚树	圆柱	$\dfrac{\pi x^2 y}{4}$

注：x 为冠幅；y 为冠厚。

（3）用所有植物及景观小品的体积之和除以整个景观空间的容积，即可得到我们所需要的"景观空间密度"。

景观空间密度也只是一个近似的概念，对于密度的模糊探讨有助于更深入地研究景观空间的构成及其建设强度，控制合理的区间，避免过度或建设不足。通过不同类型景观环境空间的调查，可以得出这样一个结论：不同类型、不同功能的空间环境，其景观空间密度的差异性很大。空间环境的景观空间密度是与这个空间的形态以及该空间的类型、功能紧密相连的。下面以住区景观空间为例：

① 对于住区组团的中心活动空间来说，建筑围合所形成的空间形态一般比较开敞，尺度感相对较大，建筑高度与建筑间距的比值一般在 1∶2 以上。其主要功能是整个组团的活动空间，需要设置各种类型的活动场地来满足不同人群的需要。

总体而言，多层组团的中心空间的景观空间密度低于 0.03 就会感觉空间比较疏朗，大于 0.06 之后绿化植物比较密集，空间相对拥挤，不适合社会性活动的发生。比较适宜的景观空间密度为 0.035—0.050。高层、小高层住区组团的中心活动空间其景观空间密度为 0.02—0.04 比较适宜。

② 对于住区的宅间景观空间来说，建筑围合感较强，空间相对私密，建筑高度与建筑间距的比值一般为 1∶1.3—1∶2 以内。宅间空间主要以绿化景观为主，创造一个优美的环境，一般在靠近端头的地方设置一些小型的活动场地，满足周围居民的活动需要。景观密度一般比较适中。景观建设量过高，会使环境显得过于拥堵，视线不畅；如果太低，则会降低整体的景观效果。多层住区宅间空间的景观空间密度低于 0.015 时，宅间植物的丰富度和空间层次都显得不够，景观空间感觉比较单调；高于 0.006 以后，视觉上感觉有点拥堵，绿化植物过于茂盛会影响低层住户的通风和采光。多层住区空间的景观空间密度比较适宜的区间是在 0.025 至 0.055 之间，景观小品点缀得当，绿化植物景观空间层次丰富，整体景观空间也不显得拥堵，居民满意度比较高。高层、小高层住区宅间景观空间的密度适宜区间为 0.020—0.035。

③ 道路空间作为一种线性空间，对住区的空间环境起着连接、导向、分隔、围合的作用。多层住宅的道路空间的景观空间密度低于 0.010 时空间过于通透，大于 0.045 时会使视线不够通畅。其比较适宜的区间为 0.018—0.035，道路景观空间给人的感觉比较舒适。高层、小高层住宅道路空间的景观空间密度比较适宜的区间是 0.020—0.040。

图 5.40　南京新世界花园总平面图

如南京新世界花园，东起紫金山西至宁栖路，南起紫金山麓北至板仓街，占地面积为 58 273.2 m²，建筑面积为 58 395.5 m²，容积率仅为 1.01，绿化率高达 48%。整个社区由十多栋多层花园洋房组成，共有两个组团整体开发。一组团是平层公寓，共有 8 栋；二组团是跃层公寓，共有 9 栋（图 5.40）。

· A1 地块

该地块属于小区中心活动空间。整个地块由 4 栋多层建筑围合而成，围合所形成的空间区域在平面上的周长约为 160 m，面积为 1 546 m²。其中实体建筑界面长度约为 85 m，整个地块空间的围合比约为 0.88。

南北向建筑高度与建筑间距的比值为 1∶2.17，东西向建筑高度与建筑间距的比值为 1∶2.82（图 5.41）。

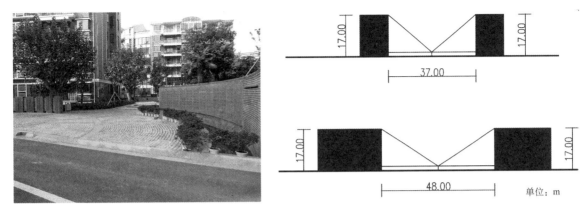

图 5.41　南京新世界花园 A1 地块

· A2 地块

该地块由 4 栋多层建筑围合而成,该空间区域在平面上的周长约为 174 m,面积为 1 786 m²。其中实体建筑界面长度约为 85 m,整个地块空间的围合比约为 1.04。

南北向建筑高度与建筑间距的比值为 1:2.58,东西向建筑高度与建筑间距的比值为 1:2.05(图 5.42)。

· B1 地块

该地块属于小区宅间空间,由南北 2 栋多层建筑围合而成。该空间区域在平面上的周长约为 150 m,面积为 969 m²。其中实体建筑界面长度约为 105 m,整个地块空间的围合比为 0.42。

南北向建筑高度与建筑间距的比值为 1:1.29(图 5.43)。

· B2 地块

该地块属于小区宅间空间,由 3 栋多层建筑围合而成。该空间区域在平面上的周长约为 174 m,面积为 1 432 m²。其中实体建筑界面长度约为 120 m,整个地块空间的围合比约为 0.45。

南北向建筑高度与建筑间距的比值为 1:1.52(图 5.44)。

· C1 地块

该地块属于小区的南北道路空间,道路左右两侧各有 3 栋多层住宅。住宅的东西山墙成为整个道路空间的实体界面。道路两侧建筑高度与建筑间距的比值为 1:0.76(图 5.45)。

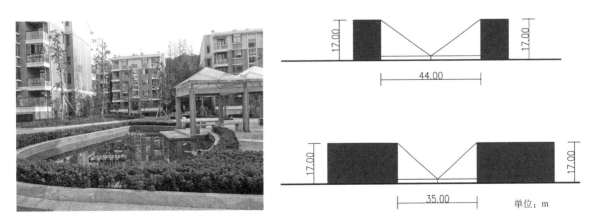

图 5.42　南京新世界花园 A2 地块

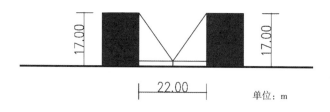

图 5.43　南京新世界花园 B1 地块

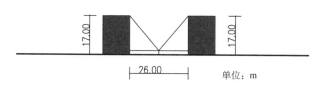

图 5.44　南京新世界花园 B2 地块

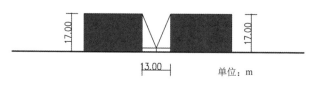

图 5.45　南京新世界花园 C1 地块

5.1.5 景观空间的边界

在第3章、第4章中已就生态和行为等方面描述了关于边界效应的相关问题,但这些要素最终需要通过空间的建构得以体现。

边界是一种连接形式,或者过渡空间,它围合或分割不同的空间,是限定空间的要素,以"割断性"为特点。边界可以定义为:景观中两个空间或两个区域的线性面,这两个区域具有不同的功能或特征。边界既有作为实体也有作为空间的双重属性。城市中的自然要素与城市建设单元之间在功能、使用方式上都具有极强的互补性,所以"边界效应"强烈。正是由于这种所谓的"边界效应"的存在,自然要素与建设用地的交界处也显得异常的活跃。足够的缓冲区域可以减弱人类活动所造成的破坏(即物质与能量的变化可能对自然要素生态系统的破坏),而扩大的边缘空间恰恰能够产生边界效应,所以要给自然要素与建设用地留有一定的"缓冲空间",采用一种"柔化"的自然要素边界处理方式,"柔化"处理自然要素与城市建设单元用地的边缘,譬如扩大滨江、滨河的公共开敞空间规模,增强滨水空间活力,将滨河绿带区向城市内部拓展、延伸。边界效应理论指出,森林,海滩,树丛,林中空地,建筑广场的边缘,建筑的凹处、柱下等是人们喜爱停留的区域(图5.46)。不拘泥于"庭园"范围,通过借景扩大空间视觉边界,使空间景观与城市景观、自然景观相联系、相呼应,营造整体性景观效果,现代景观设计强调把视域空间作为设计范围,把地平线作为空间参照,这与传统园林追求的无限外延的空间视觉效果是殊途同归的。

景观环境的界面较之建筑更为灵动。纽约中央公园有效地解决了公园与周边环境的融合关系,在公园中减弱了城市空间的压迫感;而杭州西湖水面广阔,却缺少林冠边界的竖向变化,使得游客在西湖游览时感受到城市空间的压迫。故景观设计需依据尺度差异创造景观空间边界,从而产生完全不同的景观效应,以满足人的使用需求。

景观的边缘空间变化丰富,其设计的重点是处理界面与景观内外的关系,区分硬质、软质,合理处理高差。波士顿中央码头广场设计采用圆弧的元素,形成矮墙、路径、柱列,乔木种植沿同一方向的弧形轴种植,形成层次丰富的空间序列。同时这种同一方向展开的弧线形式起到限定空间和路径的作用,使得整个场地沿着东西方向纵深展开。空间北侧由灌木丛和矮墙围合成较为私密的空间,站立时视线不受阻碍,坐下时则有遮挡作用。场地南侧有并行的两列矮墙和座凳,由攀爬藤蔓植物的金属板限定内外空间,坐着时可遮挡视线(图5.47)。

边界空间的特征有以下方面:

(1)异质性

异质性是边界空间最突出的空间特征,它使边界空间得以会聚两端空间的"势能"而充满活力,使得边界空间的信息量大为增加。因此,人们往往选择在边界空间停留,使空间充满生气(图5.48)。

(2)中介性

在结构上,边界空间是相邻空间的连接体,是一个中间地带,它表明了事物间存在相互渗透的过渡环节,通过中介完成事物间的联系与转化。因此,它不但具有融合相邻异质空间的特点,而且因其位置的特殊性形成自身独具之特点。中介性赋予边界空间广博的包容能力,在边界空间相互作用、干扰、整合、妥协,是对立矛盾冲突与调和之焦点所在。此外,中介性使其拥有满足人的多种需求的空间品质(图5.49)。

(3)模糊性

边界空间既是相邻空间的分隔,又是两个空间的过渡。它的存在使事物之间不是孤立而是

图 5.46　边界的类型

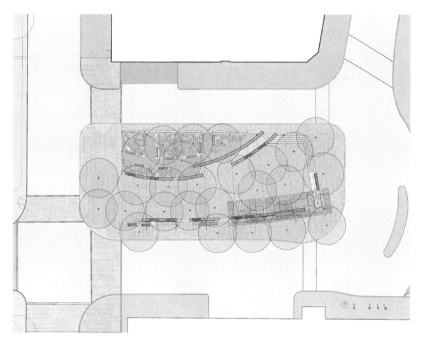

图 5.47a　波士顿中央码头广场平面图

图 5.47b　波士顿中央码头广场鸟瞰图

图 5.47c　波士顿中央码头广场实景图

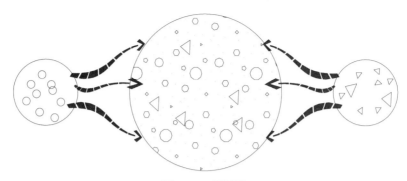

图 5.48　异质性

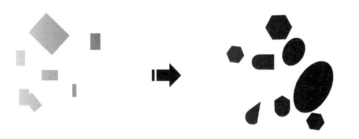

图 5.49　中介性

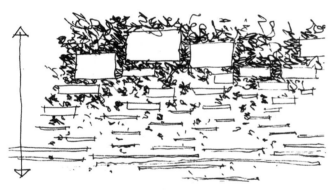

图 5.50　模糊性

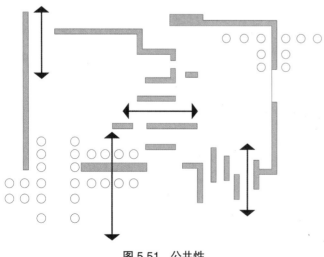

图 5.51　公共性

相互作用。由于边界隶属于多个事物，无法进行精确的限定，它在类属方面亦此亦彼即边界的最大特性——模糊性（图 5.50）。

（4）公共性

如前所述，边界空间既分隔空间，又联系空间。相邻空间共享的公共性决定了边界空间生境的丰富多样性，受益于相关地域空间资源的相互补充与组合，加之多样性生境的复合、延展，边界空间较之生境相对单一的核心空间，能更有效地利用环境资源，利于承载多元化活动（图 5.51）。

（5）层次性

边界空间的层次性取决于空间的尺度：从生态系统的生态交错带，城市系统中的道路、河流、广场，到建筑的檐廊、外墙面和室外空间中的栏杆、座椅、花坛等，界定了从宏观尺度到微观尺度的一系列边界空间。

景观中的边界空间亦具有垂直结构上的层次性：首先，城市道路和园林绿地两种用地结构有其边界空间；其次，景观中各功能分区之间亦有边界空间，如我们在设计中提到的动静分区，即管理区与休闲活动区、餐饮区、儿童游玩区等等；再次，在同一空间内，依然有不同层次的差别，如花池、草坪、建筑的平台、台阶、小广场以及休息空间等，它们的边界意义都可能有所不同，从属关系、功能关系以及视觉层次也会有所不同。

5.1.6 景观空间的肌理与质感

景观空间的肌理与质感在硬质和软质材料上均有体现，首先就植物本身，落叶树、阔叶树往往显得粗糙，如乌桕、重阳木、法国梧桐等；常绿树由于结构致密常显得细腻，如法国冬青、广玉兰、乐昌含笑等；通常叶片越小、越致密的植物质感越细腻，如枸骨、龟甲冬青、铺地柏、绒柏等（图5.52）。

图 5.52 植物的肌理与质感

在硬质方面，木材的质感不同于石材，同样的材料其表面加工的手段不同，其质感也不尽相同。粗糙的地面富有质朴、自然和粗犷的气息，尺度感较大；细腻光亮的地面则显得精致、华美、高贵，尺度感较小。质地的选用应根据预期的使用功能、远近观看的效果以及阳光照射的角度和强度来进行设计，并形成一定的对比，以增加地面的趣味性（图5.53）。景观设计中的很多细节是从所用材料及其肌理中体现出来的，同样的石头通过抛光处理会变得明快，色彩的彩度也会更明确。

譬如南京雨花台烈士陵园中位于入口东侧小树林里的丁香园，用以纪念革命烈士白丁香，其原场地是一块西高东低的斜坡草地，设计时首先将建造烈士纪念馆时多余的97块汉白玉排列在地面上形成序列，并重点处理了石头表面的肌理，与移植的20余棵丁香树相得益彰。其次在入口序列设置了一条栈道和一个供游客眺望的瞻台。原本完全抛光后的汉白玉被重新打磨形成了粗糙的质感，并组合成弹洞的形状，寓意洞穿大地的子弹（图5.54）。

图 5.53　硬质的肌理与质感

图 5.54　雨花台丁香园汉白玉形成的"弹洞"

在路易斯·康的所有建筑作品中，他倾向于使用石头和砖块，通过石材表现建筑的简洁、精确。他设计的罗斯福纪念园内便随处可见规整的大理石，给人以沉重的感觉，顶端的白色花岗岩露天广场的周围有大理石围墙，以示宁静的沉思（图 5.55）。

图 5.55a　罗斯福四大自由纪念公园材质细部　　图 5.55b　罗斯福四大自由纪念公园鸟瞰图

玻璃具有良好的结构性和延展性，是既美观又透明的景观材料。利用浇注玻璃和压层玻璃作为室外景观的结构材料，如沃克在日本设计的丸龟站前广场，其随着昼夜的变化而呈现出不同的景观。白天，喷泉是水幕，在阳光的照耀下散发出彩虹般的光彩；随着夜幕降临，喷泉转而成为明亮的荧屏。广场上呈螺旋状摆放的石头更是特别，这些石头的材质为玻璃纤维，只要发生触摸或是黄昏来临，这些石头便会发出火一般的光芒，远远看去宛如一连串的火红的灯笼（图5.56）。外部空间中的质感处理颇有艺术性，人行的踏步、挡墙可以粗糙，而人们憩坐、凭依的部位则应尽可能光洁细腻，便于人的肌肤相亲。如沃克在哈佛大学设计的唐纳喷泉，其在一年四季、昼夜变化景观的同时，159 块任意摆放的光滑的大石头也成为学生穿梭、玩耍、休息、晨读的好去处（图 5.57）。

5.1.7　景观空间的色彩

景观环境中的色彩不仅仅是一种造型的手段，还可以营造一定的氛围，转而影响人的情绪。另外色彩的某些约定及文化特征使得色彩成为外部空间中一项重要的造型因素。潘天寿说道："画中之形色，孕育于自然之形色，然画中之形色，又非自然之形色。"对于景观环境而言，材料大多直接源于自然，保持了原生的一切属性，景观设计利用材料固有的色彩加以组合，形成符合目的要求的色彩秩序。

长期以来，景观环境色彩研究主要基于人的感觉和感知，从客观上说，任何物质本身都具有色彩的物理属性，即具有一定的客观性，不以人的感觉为转移，也不以个体对色彩的感知强弱而有变化；正因为景观构成要素自身色彩的存在，对色彩环境的研究需要有其关注的焦点，即物质本身固有的色彩属性。景园环境色彩与一般的物质环境不一样，其核心要素是植物素材，植物要素具有动态可变性，如春生夏长、春华秋实、一岁一枯荣、一年四季的物候变化、一日四时甚至阴晴雨雪等等，光线照度的不同，也增加了景观环境色彩变化的多样性。正是这些可变性和多样性构成了景园环境丰富的色彩世界，也导致了景观环境色彩设计具有一定的不确定性。

由于景观环境色彩主观感知及客观变化的不确定性，如何对色彩加以量化研究，这是现代风景园林规划设计亟待解决的问题之一。通过对风景园林构成要素色彩客观属性的描述，引导景观环境的色彩设计更加趋向定量表达，从而摆脱单纯主观认知判断的差异。定量的技术使得景

图 5.56　日本丸龟站前广场

图 5.57　哈佛大学唐纳喷泉

观环境色彩的描述更加稳定、客观；同时增强了不同设计方案之间的可比性和可操作性，更多地排除了不同主体所带来的色彩认知偏差。景观环境色彩构成的量化数据采集、分析和比较在规划设计中具有特殊意义。

"当代数字技术的发展，不论是软件还是硬件的进步，均辅助风景园林研究从感觉到知觉、从定性到定量的转变。"（引自成玉宁，袁旸洋.当代科学技术背景下的风景园林学［Ｊ］.风景园林，2015（7）：15–19）随着色彩科学技术的进步，色彩的物理属性与视觉感知均发展出了定性、定量的描述方法。使用数字化的色彩检测仪器和提取设备，借助 CIELAB（国际颜色）模型、三色刺激值 XYZ/RGB 模型、HSB（色相、饱和度、亮度）模型，以及 HC/V（色相、彩度、明度）模型等数字技术进行色彩计量管理。通过仪器与设备的色彩量化数据分析，可以客观比较和筛选最佳的景观色彩构成方案，使景观色彩环境的设计与建构更具有可操作性和实践指导意义。

景观色彩定量研究的价值在于利用色彩学的理论知识，从视觉美学的角度对色彩元素的状况和它们之间的配合关系进行分析，总结出分析对象的用色规律。基于色彩数字化调研成果，使用 ColorImpact（颜色方案设计工具）软件提取造景要素色彩的 HSB 数据，对不同层次景物颜色进行数字化归类，通过造景要素的色相、饱和度和亮度数据的定量研究进行数字化色彩构成。

南京中山陵园气势恢宏，布局严整，中轴线是人们瞻仰行为和纪念活动的主体空间。陵园中轴线的主体色彩分作三大类：蓝色——蓝天黛瓦，暖灰色——墓道、墙、地面，绿色——大面积草坪。整体的景观环境色彩构成给予观赏者深刻的印象，搭建起纪念性景观环境的色彩基础，利用定量技术对中轴线的三段分别进行色彩研究，方法如下：

1）色彩提取

通过实地调研完成数据采集，对照色彩载体的光谱色 L*a*b* 数值等仪器实测数据，在实验室中通过爱色丽色卡护照（Color Checker Passport）和 Adobe Lightroom 软件（以后期制作为重点的图形工具软件）对中山陵园中轴线所拍摄的色彩影像进行修正，获得色彩图片。

2）色彩提升实验

一是南段孝经鼎景观节点。在对孝经鼎景观节点周边环境进行客观色彩调查分析的基础上，使用色彩分析软件 ColorSchemer Studio 抽取色彩量化数据，通过关键数值 HSB 分析可知孝经鼎在色彩空间界面中无法凸显的原因是孝经鼎和绿色背景之间的色彩对比不强烈。常绿植被、地面铺装、背景天空的色彩饱和度均低于 30%，缺少活跃色彩源，因此压抑而缺少层次感。制定色彩提升策略为：第一，色彩类似色调和，利用植被色彩变化与替换。推荐使用红叶石楠球替换前景的大叶黄杨，使用桂竹或淡竹替换背景的赤松、龙柏，与桂花形成色彩搭配。第二，适度把握色彩面积，使孝经鼎色彩在视域范围内达到 1/3，竹类色彩大于 1/2，其余为辅助色。第三，利用竹类透光好的特点，弱化逆光效果。如此，不仅解决了色彩的问题，也提升了纪念性景观的氛围和品质。

二是中段色彩意向提升方法。中轴线中段由于基地的变化和大树的移植，早已偏离了原初设计的意向。树木的生长已经部分削弱了青天白日的色彩意向。首先，在尊重环境条件、保留大树的前提下，应进行适当的疏枝修剪。其次，疏枝改变林下花坛的照度，通过光线照射增加光强度，使中轴线色彩更加明快。

三是北段改变设施小品色彩。中轴线北端的主体是高台和墓室建筑，色彩杂乱、跳跃的景观服务设施导致环境色彩的混乱，例如垃圾桶、售卖亭子和排队棚子的色彩与环境主体的色彩反差极大，反转"图底"，成了色彩活跃源，造成了色彩的混乱。景观设施小品配色应在色彩环境中起到衬托、辅助主体色彩的作用，宜选用主体色彩的同类色或互补色，其色相和彩度值不应超过 20%（图 5.58）。

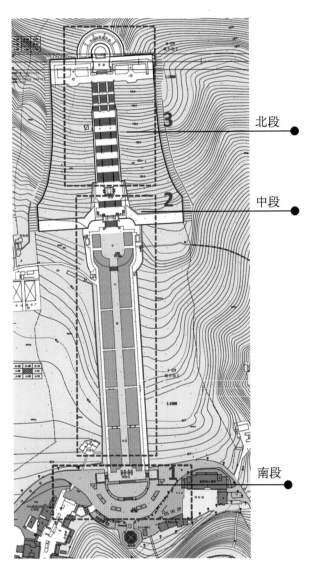

图 5.58a　南京中山陵园中轴线分段示意

图 5.58b　南京中山陵园原初设计与现状对比

图 5.58c　南京中山陵园中轴线北段色彩提取方法和色彩量化数据测量仪器

　　不同的环境因其功能及空间特征的差异,其环境空间的色彩基调也不尽相同。譬如,医院环境在整体上应采用浅色基调,从而营造平静、安宁的氛围,如美国俄亥俄州克里夫兰医学院校园环境,校园的中央景观大道两侧种满了白色的日本樱花,盛开时繁英如雪,白色象征纯和、圣洁,符合医学院干净、无私的气质(图 5.59)。学校则宜以明快的暖色为基调,如肯·史密斯景观建筑事务所设计的 19 号小学校园设计，这是一个为公众谋福利的工程，设计师力求为室外空间非常狭小的小学营造一个彩色的、多功能的室外学习环境，该校的平面和立面处理上均采用活泼、明亮的色彩斑块（图 5.60）。纪念性场所则以冷色为基调，以创造肃穆之感，如南京中山陵园墓道两侧 2 万株浓绿的松柏让人不禁联想到坚强不屈，而这一点又与孙中山先生的人格品质不谋而合，同时也烘托出陵园的庄重气氛（图 5.61）。又如林璎设计的美国人权纪念碑（The Civil Rights Memorial）以纪念在 1954 年至 1968 年间为人权事业做出杰出贡献，同时在为黑人争取平等权利的斗争中死去的 40 位先驱。设计采用的纪念碑形式为黑色、光亮大理石材质的倒置圆锥形喷泉，圆锥体中央的泉眼中源源不断地涌出一层层薄薄的水流，而圆锥体表面刻有 40 位先驱的名字。纪念碑旨在寓意美国人民抵抗种族歧视的意志像水流般永不止息（图 5.62）。而休闲娱乐的环境可采用彩色为基调，从而创造轻松、愉悦的氛围。如加利福尼亚的终结者魅力广场，该项目坐落在终结者电影中赛百达因（Cyberdyne）组织的总部，其设计融入了公司的高新技术，十分特别；剧院大楼的外形使用了广泛采用于计算机屏幕显示的银色像素，炫目而闪耀；形状则使用了银灰色的蜿蜒曲线，寓意"流动的金属"；附近的水族广场作为一处户外娱乐场所，中心设计精巧的特色水景加之五彩缤纷的地面铺装，可作为休憩场所和户外用餐区，为人们提供了愉悦休闲的享受（图 5.63）。

图 5.59　美国俄亥俄州克里夫兰医学院校园环境

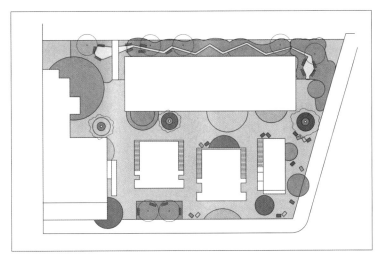

图 5.60　19 号小学校园

注：2004 年度荣获设计类优秀奖作品（校园改建项目）。

图 5.61　南京中山陵园

图 5.62　美国人权纪念碑

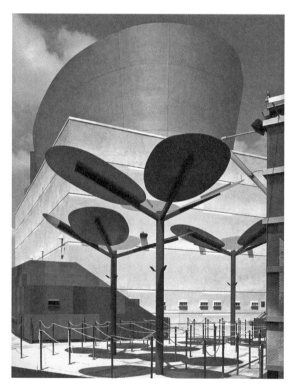

图 5.63　加利福尼亚的终结者魅力广场

　　环境色彩的搭配不仅应根据环境的基本功能，而且必须考虑建筑的色彩。色彩的序列与空间秩序相配合，有助于强化空间的特征。南京新世界花园为紫金山麓多层高密度住区，由于建筑间距较小，加上原建筑外墙采用暖色面砖，愈显空间狭窄，景观设计将一层外墙采用蝴蝶兰外墙干挂石材，一改暖色的扩张性，灰色外墙饰面与绿化交融一体，在视觉上起到拓展空间的效果（图 5.64）。

5.1.8　景观空间的变化

　　景观空间具有可变性，主要由自然材料自身的变化、时间的变化所致。景观空间在其形成的初期、成型期到晚期一直处在变化中，从而空间也就具有活的、生命力的属性。一方面，植物在生长变化着，导致景观空间演变的不确定性；另一方面，季节的变化导致植物形态的变化，也直接影响着景观空间的表现，"一岁一枯荣"是自然界最具季节性的"表情"（图5.65）。与人工以及其他的天然材料不同，环境中的植物色彩不仅限于绿色，首先表现为绿色本身具有不同的明度，所谓粉绿、嫩绿、浅绿、灰绿、墨绿、黄绿……不仅如此，同一株植物的色彩在不同的时期色彩也各不相同，即有所谓的季相变化，早春的水杉为一抹嫩绿，仲夏转为翠绿，深秋出现锈红，隆冬为一派深褐（枝条）；黄连木、五角枫等色叶树也是如此（图5.66）。加之不同季节的花与果的点缀，植物的色彩堪称变化多端。

西方的空间意识是以"空间型"为特征，重视空间的形态构成和空间因素。在中国文化中，空间意识的特征体现在"时间型"，中国建筑以院落式的布局结构形式产生空间上的连续性，展示时间进程中流动的美。

图 5.64　南京新世界花园

图 5.65　东南大学大礼堂前的四季景观变迁

图 5.66　色叶树的季相变化（水杉、黄连木、五角枫）

　　在古典园林中，使院落式的建筑空间产生生机与变化的主导因素是园林植物。以植物不同的观赏特征作为庭院空间设计的主题是中国古典园林传统的理法。在拙政园中几乎所有景点命名的题材都来自园林植物，如"玉兰堂""枇杷园"等。将植物不同的季相景观统筹在园林空间中，通过植物不同的季相景观特征强化空间中时间的概念，在苏州拙政园中也得到了充分的体现。拙政园的季相变化（图 5.67）如下：

图 5.67　苏州拙政园的季相变化

（1）以春景为主题，如海棠春坞（海棠）、玉兰堂（玉兰）；

（2）以夏景为主题，如远香堂（荷花）、荷风四面亭（荷花）、梧竹幽居（梧桐）、枇杷园（枇杷）、香洲（杜若）、听雨轩（芭蕉）、柳荫路曲（柳树）；

（3）以秋景为主题，如待霜亭（橘）、见山楼（菊花）；

（4）以冬景为主题，如雪香云蔚亭（梅花、蜡梅）、听松风处（松树）、倚玉轩（竹子）。

在植物季相景观的组织中，根据园林的主题对不同的季节应有所侧重。苏州拙政园是以池岛为中心的园林，水面栽植的荷花成为中部水体景观中的重点。"远香堂"不仅反映出荷花的设计主题，而且是园林中的主体建筑，占据着园林的构图中心。拙政园中以夏季景观为主题的景点占有相当大的比重。

由此，园林设计师应从植物个体和群落生长习性及环境因子作用的角度，根据植物生长过程中植物个体和群体在大小和外形上的生长演变规律，总结出植物生命周期内枝干、树冠、叶片的生长对园林空间的围合感、郁闭度、尺度、形态的影响规律。从提高单位面积绿地、绿量的角度出发，提出在种植设计中考虑通过树种、种植结构、种植密度的选择，将绿量作为种植设计的考虑因素，以发挥园林绿地最大的生态效益。重视植物生长变化对园林景观空间的影响，对植物生长演变的方向有所预见和把握，并兼顾考虑增加单位面积绿地的绿量，将植物生长变化习性和绿量作为种植设计中的考虑因素，使得植物生长能够达到设计师的初衷，形成功能适宜、空间丰富、环境优美的园林景观，同时最大限度地发挥园林的生态效益。

景观空间以供人游览为主，"游"是动态的过程，距离也是构成景观空间变化的主导因素。在空气能见度良好的情况下，正常人的清晰视距为 25—30 m，明确看到景物细部的视距为 30—50 m，可以识别景物类型的视距为 150—270 m，能辨认景物轮廓的视距为 500 m。不同距离同样也造成了景观空间的变化。

5.2　建构整体化的景观空间

景观空间没有严格意义的内外之分、表皮之分，空间的"内"相对于相邻空间是"外"，景观的"内外"几乎是连续的，且富有变化。向大自然学习是构建整体化景观的便捷渠道，因为自然界是有机的、和谐的并按照自然规律不断演替的，而人为干预下的景观环境（如城市）往往容易产生矛盾和冲突。景观空间的营造也是如此，故现代景观空间更强调整体化和一体化的建构，而不是彼此游离的简单拼接。系统工程学、生态学强调将对象作为一个整体加以研究，地球上的生态系统具有相互依赖性和统一性。各个生态系统的价值存在于这个完整的体系中，而不是存在于单个的事物中。个体作为整体的一部分而存在，只有将它们放在整体的、复杂的关系网络中，才可能体现个体的价值。整合设计是在景观系统观的前提下，在对因子进行分解的基础之上，分门别类地对不同层面上的问题加以考察，是将系统的各种因素联系起来考虑，将其有机地结合

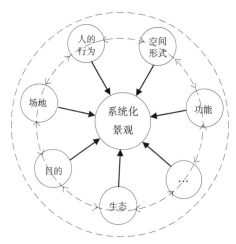

图 5.68 建构系统化的景观空间

为一个整体。景观空间秩序建构取决于基本的环境因子，譬如，既有的场地信息的解读、场地潜在行为与预期行为的研究、场所生态条件的研究、场地既有空间特征的研究等等，将不同层面的问题整合在同一空间之中加以研究，有所取舍，避轻就重，抓住主要矛盾兼顾其他方面，从而建构起的空间场所具有整体性，同时能够满足多种秩序的要求，实现场地综合效应的最大化（图 5.68）。

"交互性"设计存在于不同规模、不同类型的景观项目设计中。从城市的整体意象到街区的景观特征、住区的总体环境氛围乃至建筑的个体创作，都应该融汇各构成要素的综合作用，从而保证设计成果的贯通和生动。不同规模和层次的设计对象，其交互性设计的内容与方式是不同的。景观空间环境的各组成要素之间的互动设计，应同时强调它们之间的整体协作，寻找思维与意向的突破，探讨设计的改进方法，从而营造相对和谐、完善的景观环境。构成景观空间环境的物质要素是丰富的，除了地形、地貌、地质、水文、气候、植物等自然要素，还包括大量的基础设施、公共服务设施、交通设施、绿化设施和其他多种多样人工设施的人工要素，在诸要素共同作用下还包括一种不以实体形式存在的，却对人的活动有着深刻影响的要素——景观空间。景观空间需要多样化，包括功能与形式的多样化。功能上的多样化，包括隔离、交通、交往、运动等不同用途；形式上的多样化，包括形状、尺度、色彩、材质、构图等多种变化；配置上的多样化，包括草坪、树林、山水、建筑等不同设置。

5.2.1 景观空间的生成

景观空间的构成，其关键在于空间与行为、生态、文化的整体关系的建构，四要素相互影响、相互制约。景观空间脱离了与所处环境的关联性、整合性，也就丧失了建构的依据，失去了空间意义。同时其余三要素的实现也离不开"空间"这个载体，最终都将在"空间"中得以实现。因此，空间的生成是实现景观环境的首要任务。

景观空间不仅展示美的形态，也记录着场所的变迁过程。今天人为营造的景观同样也是"过程"的一部分，随着时间的推移，今天的景观必然成为明天的历史。景观空间作为联系人与外部世界的媒体。以设计过程而言，它承载着设计师的理念与思绪；就观赏（接受过程）而言，观赏者通过对于景观作品的体验形成对于景观环境的诠释。这其中涉及场所的记忆、文化积淀、场所精神等方面，由此景观空间与形式既是景观语言也是"意义"的载体，景观设计师承担着将场所中所蕴含的精神层面的信息传播给游憩观赏者的职责。

妥善地处理景观的形式与形式之上的文化及其相关性，是营造有意义的景观空间的基本途径。景观语言由形式、空间以及形而上的意境共同构成，景观师的设计理念依赖于景观要素及其所构成的空间加以表达，离开了形式语言，景观的意境也就无从谈起，这也是景观区别于文学以及其他艺术形式的关键所在。另外，景观作为一种大众文化，其表现形式应当具有一定的可识别性，应当能够为人们所理解、接受。因此，那些既存并且在公众中形成集体记忆的特异性场景便有可能在新景观中加以适当的延续，传承该场所的景观特征与记忆。

景观设计应当尊重历史，表现场所的变迁历程，这是具有可持续性的设计理念。场所由于人为或自然的原因，留下种种印记，这其中有部分对于场所具有一定的纪念意义。如何从环境中萃取设计线索，以场地的记忆为例，历史越久远的场所其积淀的信息就越多，从而需要加以必要的甄别、筛选。譬如不同时期的人类使用模式、具有特殊意义的事件、具有典型意义的地标等，对于这一切取舍的依据不仅仅在于场所遗留的印记本身，也在于即将建构的景观空间的组织，两个方面的辩证统一从而使场所精神得以延续，与之相对应，新建景观有可能成为"有意味"的空间环境。由于场地记忆的特殊性、唯一性与可识别性，是为营造特色化景观极其重要的渠道之一。凯文·林奇在《城市意象》中说道："我们需要的不是简单的组织，而是有诗意、有象征性的环境，它考虑了人和社会、人的愿望、历史传统、自然条件、城市功能和运动。结构和个性的明确是发展有力象征符号的第一步。城市用一些引人注目和组织完善的场所为人们的意义和联想的会聚和构成提供基地。这种场所感又促进了每一项在此发生的人的活动，有利于人们的记忆储存。"依据场地所蕴含的"记忆"与环境特征，营造景观环境可以充分体现景观环境的精神。

　　不同的场所蕴含着特殊的记忆，构成了场所的基本精神，景观环境是人们的休闲活动空间，也是精神体验的场所。场所精神直接与人的精神对话，不是单纯的以影像传递信息，还隐含于不同的空间单元意境之中，景观环境存在的价值就在于其场所精神。场所记忆过程是动态的，随着时间的推移而不断变化着，任何存在及其形式均具备生于斯长于斯的特质，同样新景观也不例外。应充分发掘景观环境既存的特性，选择其可发展、可利用的部分，并将此重新组织到新的景观秩序之中。将具有个性特征又不失地域文脉的物质空间重组以形成良好的景观文化氛围，从场景的构成因素分析，到场景的生成、组织、优化策略"艺术地再生"是表现景观环境文化的重要手段。对于场所中原有的记忆、印记不单纯是简单利用，而是通过引申、变形、嫁接、重组、抽象等手法，巧妙地运用于景观环境之中，通过空间体验，将场所的记忆表现出来。

　　1）结合场地肌理营造景观环境

　　如果说场地研究是决定景观设计成功与否的关键，赖特的"有机建筑"则是与场地结合的典型案例。赖特认为建筑是环境的一部分，自然界是有机的，建筑师应该从自然中得到启示，房屋应该像植物一样，是"地面上一个基本和谐的要素，从属于自然环境"。赖特经常采用一种几何母题来组织构图和空间。1911年，他设计了"西塔里埃森"，即在一个方格网内将方形、矩形和圆形的建筑、平台和花园等组合起来，用这些纯几何式的形状创造出与当地自然环境相协调的建筑及园林。这种以几何形状为母题的构图形式对现代景观设计有着深远影响（图 5.69）。

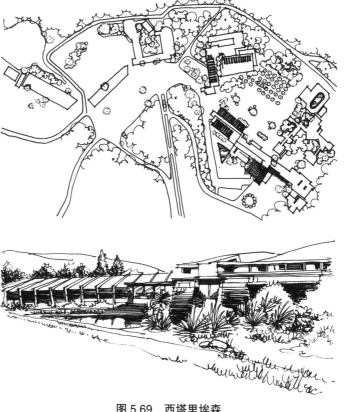

图 5.69　西塔里埃森

与一般的建筑设计不同，景观环境设计的因地制宜有其特殊意义，其中"宜"是建立在对环境的科学认知基础之上，对于场地固有信息的解读便成为景观设计的基本前提。譬如研究场地固有的肌理、空间秩序，原有的使用方式乃至土壤结构等等，对场所研究得越全面，所提出的方案则愈加可行、科学。优秀的景观应当如同从场所中生长出的一般，作为能够反映场所肌理的一个片段而存在。要确定场地的设计秩序，必须在更大的范围内寻找脉络，这样才能使新的设计与原有环境结构结成整体。景观设计应尽可能地保持并加强其原有区域的景观特性，删除杂乱的部分。在局部小范围的景物、景点、使用设施的设计和建设中应从局部、细处为使用者考虑，力求创造"精在体宜"且功能合理的人性化生态景观设施。

优秀的景观设计应展现包括形态、文化和发展脉络等在内的场所特性，而不主张将设计师个人的意愿强加于场所。

譬如意大利台地园的建设强调充分利用原场地的地形地貌来规划园林，顺应地形形成设计轴线、台地的位置、花坛的位置和大小、坡道的形状等，意大利造园家通过合理有效的方法利用山谷风产生的对流，为人们带来相对舒适的使用环境。由于对自然的扰动会带来系统性的变化，因此在设计时需重视自然本身的价值及其选择过程，讲求因地制宜，做到对自然及场所的最小扰动。

其中，"场地肌理"是环境在自然或人为干扰下长期演化积淀而成，它具有自然的属性，客观地反映了自然的过程，呈现出一定的规律性；场地肌理还具有人文精神，在那些人为干预的环境中，场地肌理反映了人们对环境的使用要求与意志，具有鲜明的目的性，如盐城市大丰区银杏湖公园的水系便是在原大丰公司农场基础上生成的，南北向的"支渠"汇入东西向的"干渠"，最终流向大海，经历了近百年的使用，虽然是人为的水系，却与环境密切融合，业已成为环境的一部分，与环境中的其他要素共同作用（图5.70）。又如盐城市大丰区二卯西河作为一条人工开挖形成的河道，其历史不过百余年，但对于仅有50年建城历史的盐城市大丰区而言却又是城市发展历史的见证，二卯西河以及其他人工河道不仅仅在历史上发挥过重要作用，而且影响着对于今天乃至未来大丰区的城市发展，业已成为该城市景观特征的重要组成部分（图5.71）。因此，随着时间的推移，那些合乎自然规律的"人工杰作"又具备了自然的部分属性。譬如贯穿南北的大运河，由于时间的历练，大运河业已成为流经区域不可或缺的一部分（图5.72、图5.73）。

尊重既有的场地肌理可以突出景观特征，如韩国首尔的仙游岛（Seonyudo Park）公园就是对旧建筑残留的大胆妙用。这个工程项目的主要设计理念是要揭示和展现位于首尔市中心的仙游岛在地理和空间上的潜能。同时这项风景建筑设计的重点在于它能从各方面勾起人们对仙游岛历史的回忆。原来旧址上大型净水处理设备所在的空间和形状都被巧妙地加以利用以突出原来的仙游岛净化水处理厂，戏水区域与净水

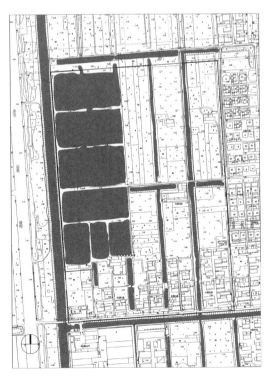

图5.70　盐城市大丰区银杏湖公园水系分布图

池直接相连，它给孩子们提供的不仅仅是游戏的欢乐，还有感受净水效力的绝好机会，同时原先的化学沉淀池已经变成一个水生植物花园，用以净化水质。这个工程的另外一个目的是向人们传达一个未来的自然和环境的重要性信息（图5.74）。

由亮山田和山田绫子设计的位于日本某农业区中的路边公园是重组场地肌理的典型案例。该公园的原址是一处旧房子，由于道路扩建而被拆迁了。设计师希望为本社区其他一些拆迁的老房子做个留念，以体现本社区生活的特定基质，于是将被拆迁的老房子里残留下的建筑材料进行重组，用作花园中的铺装材质，以此强化该区域的可识别性（图5.75）。

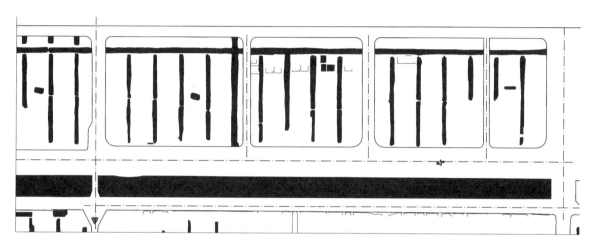

图 5.71　盐城市大丰区二卯酉河景观带水系分布图

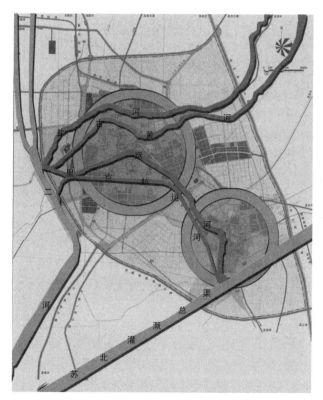

图 5.72　淮安市"四水穿城"图

图 5.73　淮安市清河区段自然性

图 5.74　韩国仙游岛公园
注：2004 年度荣获设计类优秀奖。

图 5.75　日本某农业区中的路边公园
注：2004 年度设计类优秀奖作品。

　　结合场地肌理营造景观在旧工厂的改造中最为典型，如拉茨设计的德国萨尔布吕肯市港口岛花园，尊重场地的景观特征，采取了对场地最小干预的设计方法，考虑了码头废墟、城市结构、基地上的植被等因素。在解释自己的规划意图时，拉茨写道："在城市中心区，将建立一种新的结构，它将重构破碎的城市片段，联系它的各个部分，并且力求揭示被瓦砾所掩盖的历史，结果是城市开放空间的结构设计。"原有码头上重要的遗迹均得到保留，工业的废墟都经过处理被很好地利用。相当一部分建筑材料利用了战争中留下的碎石瓦砾，并成为花园不可分割的组成部分，与各种自然再生植物交融在一起。在公园中，过去与现在的，精细与粗糙的，人工构筑和自然生成的景观并置,形成丰富的场地肌理。自然生长的野生植物、朴实的干石墙、新的砖红色广场与欢快的落水声使历史与现实交织在一起(图5.76)。

又如理查德·哈格设计的华盛顿州西雅图煤气厂公园,基地原先为荒弃的煤气厂,哈格认为对待早期工业,不一定非要将其完全从新兴的城市景观中抹去,相反,可以结合现状,充分尊重基地原有的特征,为城市保留一些历史。这一设计思路对后来各种类型的旧工厂改造设计产生了很大的影响(图5.77)。

2)结合行为特征营造景观环境

依据行为科学的理论,对待建地进行环境行为学考察,评估人们在特定环境中所产生的内在心理倾向和外在行为。作为景观空间营造的基本依据之一,环境行为的理论研究包括了行为方式的兼容性、公众与个体行为的方式和特征、安全感、舒适感等各种生理和心理需求的实现。盖

图 5.76　德国萨尔布吕肯市港口岛花园

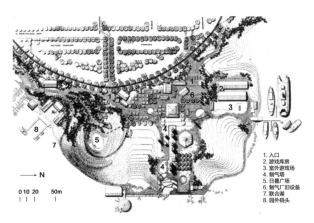

1. 入口
2. 游戏库房
3. 室外游戏场
4. 制气塔
5. 日晷广场
6. 制气厂旧设备
7. 联合湖
8. 园外码头

图 5.77　华盛顿州西雅图煤气厂公园

尔在《交往与空间》中着重从人及其活动对物质环境的要求这一角度研究城市和居住区中公共空间的质量。克莱尔·库珀·马库斯（Clair Cooper Marcus）和卡罗琳·弗朗西斯（Carolyn Francis）的《人性场所——城市开放空间设计导则》中的设计导则基于人的行为或社会活动来启发并塑造环境设计，提供详细的设计细则，包括小气候、心理、形式等等。阿摩斯·拉普卜特（Rapoport Amos）在《建成环境的意义——非言语表达方法》一书中认为作为符号文化系统一部分的环境具有意义，并且影响着我们的行为和社会秩序的确定。场所理论是环境行为研究中的特定层面，努尔贝里·舒尔茨提出"场所"（Place）和"空间"（Space)的不同含义，并进一步提出场所的两种基本精神功能，即"定向"（Orientation）和"认同"（Identifition），认为场所是具有特定功能与意义的空间。景观设计师的责任是创造非抽象的特色空间，区别于其他空间的印记。场所概念强调物体或人对环境特定部分的占有，以满足人们对场所不同的使用要求。景观空间要适应现在复杂的功能需求，还要不断地满足多变的未来需求。

空间形态的多样化有利于满足景观环境的多种功能，如交通、集会、运动、休闲等。尽管一个单纯空间可以被赋予不同的功能，但其适应性会受到一定限制；营造多样化的空间单元有利于满足不同的行为需求，此外，多样化的环境，信息量大，具有更强的吸引力，有利于激起使用者参与的兴趣。景观设计应该有意识地对建筑群体及其环境进行分割、围合，从而形成各种各样的空间形态。盐城市大丰区银杏湖公园位于常新路和益民路的交会处，东侧、南侧均为规划道路，交通便捷，西侧为新居住区，东侧为老居住区，同时老城区大量的人口对游憩有迫切的需求，周边大面积的居住小区、新城区对公园都存在潜在的需求。用地范围内靠西侧分布了近 1/3 的水体，同时益民路为城市主干道，可预见公园东北片为最大的功能动区，且视线开敞，适宜集会、娱乐等；在水体和银杏林带的围合下，公园西南角将在未来成为游人愿意停留和活动的片区。东南角临近居民区，远离道路干扰，同时由于自身原有植被的围合，该空间相对幽静（图 5.78）。

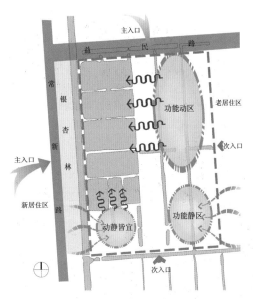

图 5.78　盐城市大丰区银杏湖公园功能与空间构成分析图

由迈克尔·范·沃肯伯格（Michael van Valkenburg）设计的纽约格林威治村社会学院的新校区休息庭院（图5.79），一条曲线从场地中心起始，围绕场地一周，柔化四角，限定一处生动的活动领域。原本作为交通的场地变得喧闹起来，人们可以在此停留，从而使庭院空间功能复合化。"曲线"将不同的地段赋予了相应的内容和功能。首先是坡度4.9%的坡道，它成为整个区域的中心；接着是人们进入建筑大厅的踏步；最后以三级给人休息的平台结束。所有的这一切都成为过渡平面。在这块面积不大的场地中，设计者将过渡平面的各种形式有机地组织在一起，使人们逐渐产生了在此多停留片刻的冲动，从而为校园注入了新的生命力。

图 5.79　纽约格林威治村社会学院的新校区休息庭院

1967 年由泽恩和布林事务所设计的纽约佩利（Paley）公园，地处 53 大街人口稠密区，由于使用效率极高而成为"口袋公园"的典范（图 5.80a）。

1971 年由佐佐木事务所设计的美国纽约格林埃克公园，该公园是纽约市使用率最高的公园之一，它的面积相当于一个网球场那么大，是典型的口袋公园。37.85 m³ 的水从花岗石砌成的景墙上倾泻而下，既成为观赏的焦点又能当作声障，减弱公园外面的交通噪声。中心水景相接的较低坐憩区让游客能与水直接接触。沿墙边有一高台地，人们在这里可以纵观整个公园并欣赏水景。在高密度的"建筑森林"中，公园运用植物和水景并结合地形为人们创造了一处难得的、多层次的休闲空间（图 5.80b）。

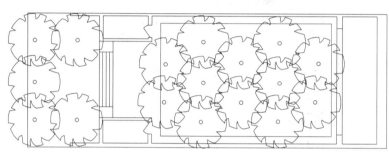

图 5.80a　纽约佩利公园

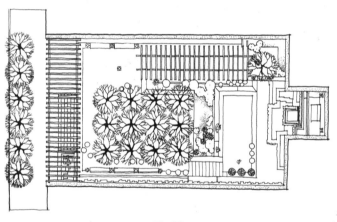

平面图　　　　　　　　　　　　　　　鸟瞰图

图 5.80b　纽约格林埃克公园

美国哈特福特市小学操场最主要的特色是以一条蛇形的混凝土组织空间，该墙最高处约为 1.68 m 高。沿着墙开着各种各样的窗洞，因此，当有风通过时，在这两个新的创造的空间之中形成了一种表层的能被透过的边界。沿蛇形墙体走向，操场被自然分成动静两个区域，娱乐设施被延伸的墙体包围着，下方，墙体横穿过小树林；上方，为孩子们提供了一个发挥想象力的戏剧性场所。墙的围合与分隔，墙与门楼、门洞的组合，采用了多种多样的形式，墙是组织空间环境的重要手段，分与合，围与透，创造出了充满乐趣的小天地（图 5.81）。

5.2.2　景观空间的组织

景观环境往往是由多个空间单元或要素组成的空间群，因此景观空间的组织关键在于将不同的单元组合起来，创造空间的"整体感"，其中包括景点与环境间的协调以及景观空间各单元间的沟通，从而形成和谐的连续感。

布伦特·布洛林（Brent C. Brolin）在谈到新建筑与文脉相协调时提出两种方式："一方面，我们可以刻板地从周围环境中将建筑要素复制下来；另一方面，我们也可以使用全新的形式来唤起，甚至提高现存建筑物的视觉情味。"景观与环境间同样有着密切的关系，如果说建筑物间有着"邻里"一样的关系，那么景观与环境及各空间单元之间应当具有"家庭成员"般的和谐。布洛林提出的在外部空间形式上复制环境要素有现实的意义，但忠实于环境的"拷贝"毕竟缺乏情感意味，不及以全新的形式取得与环境的沟通更耐人寻味，原因便在于缺少新的内涵。景观空间的组织可以有嵌套空间、穿插式空间、邻接式空间、由第三空间连接的空间。现代空间设计注重表现手法和建造手段的统一，形式和功能相结合，空间形象合乎逻辑，构图灵

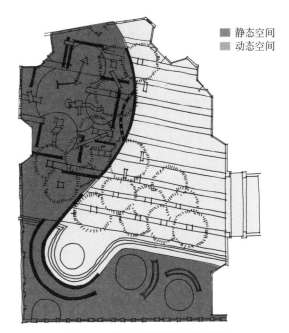

静态空间
动态空间

图 5.81　美国哈特福特市小学操场

活均衡而非对称，等等。使用动态、开放、非传统的空间句法是现代主义景观空间的设计理想。

景观空间的组合以水平方向为主，循序渐进的空间组织，动静结合、虚实对比、承上启下、循序渐进、引人入胜、渐入佳境的空间组织手法和空间的曲折变化，园中园式的空间布局原则，常常将景观空间分隔成许多不同形状、不同尺度和不同个性的空间，并且将形成空间的诸要素糅合在一起，参差交错、互相掩映，将自然、山水、人文、景观等分割成若干片段分别表现，使人通过空间的局部体会到景观的无限意境。过渡、渐变、层次、隐喻等西方现代园林的表现手法，在中国传统园林中同样得到完美运用。景观设计由空间开始，以实现空间系列的完整组织为目的，其中最为基本的是研究相邻空间之间的结合方式。

1）叠加与融合

分析是现代景观设计的基本前提，将不同的问题分别置于不同的层面加以研究，易于掌控并且能够生成图示化语言，因而拆分环境要素是研究的起点，然而环境又具有不可分割的整体性，在分析的基础上，通过叠加不同的因素层面，加以人为干预，逐步实现融合，以此生成空间秩序。"叠加"建立在对麦克哈格"叠图法"的理解之上，如何将场地的肌理与空间形态、行为等诸多分布在不同层面上的要素因子加以叠合，是一个极其复杂的过程。要素因子容易被拆解，但将这些要素叠合成一个整体却很复杂，于是便有了"融合"的概念。"融合"隐含了"取舍"的涵义，即叠合最终将服从于场所的主要矛盾和设计的主要诉求。

美国圣路易斯城市公园位于市中心，临近圣路易斯拱门和密西西比河，周边交通便捷。该设计融入了当地抽象的地质、水文及绿植形态，创造出多样化的公共空间，吸引着大批当地居民和游客。场地中主要的景观要素包括：水体、硬质铺装、植被（草地、灌木、乔木）、雕塑及建筑。通过叠图分析法可以看出彼此的关系。

水体——该项目中的水体变化形式丰富多样，北区的水池借着地势变化由高处跌落成为一处瀑布，中部的旱喷广场是场地最受欢迎且人聚集最多的场所，东部的水幕设计和展示的雕塑交相辉映。

硬质铺装——该项目中的硬质铺装主要以广场砖为主,使用不同颜色及铺装的方法产生一定的变化,在南区的步行小道区域采用砾石铺地,营造更加自然的感受。

构筑物——该项目中的景观构筑物主要是弧墙和矮凳。弧墙的处理手法富有变化,被设计成景墙、景框、瀑布和屏幕;矮凳将南区空间划分得透迤、富有变化。

植被——场地共使用了 20 种、235 株的乔木,89 种、1 170 株的灌木,以及 4 000 多株花木,1 万多种植被,约 20.65 m² 的草坪,景观植被设计层次丰富。

雕塑——该设计的目的之一是展示 24 个当代雕塑作品,为市民提供一个公共艺术空间。向公园内望去,可以看到恰到好处地点缀在树木和弧墙之间的各种雕塑。在设计中,雕塑不仅成为观赏的对象,也与人们产生了互动,与背景自然地融为一体。

建筑——场地主要建筑为北区的咖啡厅和设备维护房。咖啡厅被设计在一个高台上,可以俯瞰整个公园的景色。其遮阳廊是透光的,模糊了室内外空间,给人们提供了一个惬意的半室外空间。设备房的处理利用两片弧墙将其巧妙地藏于树林之中。

美国圣路易斯城市公园将水体、硬质铺筑、构筑物、植被、雕塑、建筑几个设计元素紧密结合在一起,保持了场地的连续性(图 5.82)。

纽约布鲁克林滨海景观公园约占地 57 km²,其景观要素主要有公共设施、照明设施、水文要素、植物配置、草皮植被和铺装材料。

公共设施——公园内随处可见休息设施,包括在台地小花园边缘设置的休息座椅,这些休息设施既起到装饰作用,又提供服务功能。

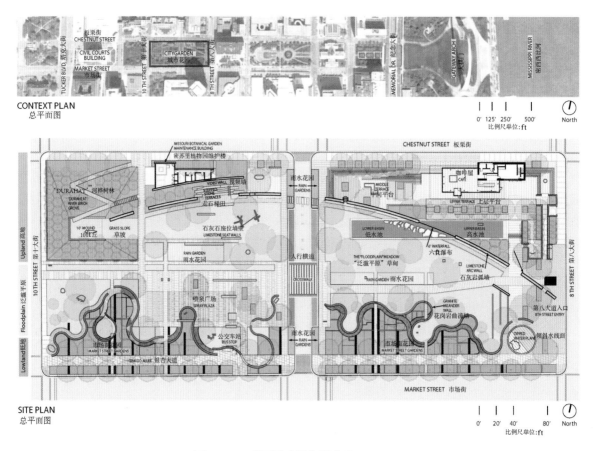

图 5.82a 美国圣路易斯城市公园平面图

图 5.82b 美国圣路易斯城市公园鸟瞰图

图 5.82c 美国圣路易斯城市公园建筑实景

图 5.82d 美国圣路易斯城市公园水体实景 1

图 5.82e 美国圣路易斯城市公园水体实景 2

图 5.82f 美国圣路易斯城市公园水体实景 3

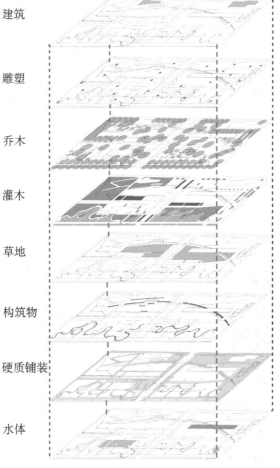

建筑

雕塑

乔木

灌木

草地

构筑物

硬质铺装

水体

图 5.82g 美国圣路易斯城市公园叠图分析

图 5.82h　美国圣路易斯城市公园雕塑实景 1

图 5.82i　美国圣路易斯城市公园雕塑实景 2

图 5.82j　美国圣路易斯城市公园雕塑实景 3

图 5.82k　美国圣路易斯城市公园雕塑实景 4

图 5.82l　美国圣路易斯城市公园构筑物实景 1

图 5.82m　美国圣路易斯城市公园构筑物实景 2

照明设施——公园内设置的照明设施紧
邻道路和休息座椅，为游客夜游提供了必要
的照明功能。

水文要素——公园沿岸的伊斯特河优美
的自然风光，设计充分结合河流资源，打造亲
水界面，将水文要素融入整个公园的设计中。

植物配置——公园内的植物配置以乡土
种植为主，行列式种植与台地孤植结合，营造
出种植景观的层次感。

草皮植被——公园内的草皮植被多以平
台和坡地为主，道路成为步行绿道，车库顶部
有一倾斜的草坪，为市民和游人提供了欣赏
景观场所的同时也提供了一个休憩的场所。

铺装材料——公园内的铺装材质丰富，
由碎石铺地、透水混凝土铺地等不同材质交
替使用，每种铺装限制了不同的功能区域，营
造出多样的层次感，使整个设计更加富有趣
味（图 5.83）。

诺华国际股份有限公司庭院位于瑞士
莱茵河畔的巴塞尔市，毗邻法国和德国的国
际边界。由于场地建筑的限制，设计师主要
设计了环绕在总部大楼周围的论坛广场、中
心庭院和园区街景三个相互独立的户外空间
（图 5.84）。

① 其中论坛广场的设计主要运用了树
阵、雕塑和方形鲤鱼池三种元素。广场的入
口运用了具有巴塞尔古城镇广场特征的方形
石块地面铺装。在广场的东南角分散地布置
了几块石头，在东北角布置了一处玉兰种植
池。广场周围 35 棵大型针栎整齐排列形成树
阵，针栎是居住在巴塞尔的凯尔特人的象征。
树阵中布置有一个方形鲤鱼池和一个现代雕
塑。景观构成要素的选择传统与现代相结合，
给人以典雅而亲切的观赏感受（图 5.85）。

② 中心庭院运用了条形水池、树阵和圆
形草地三种景观构成要素，这三种景观要素
将整个庭院的意境表达得完美无缺。从构图
上可以看到，长方形的庭院一侧有欧洲鹅耳
栃围成的圆形草地，通过圆心的两条十字交
叉的园路与长方形的两边各成 45° 角。另一

图 5.83a　纽约布鲁克林滨海景观公园卫星影像

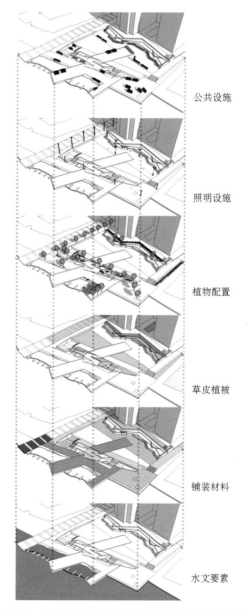

公共设施

照明设施

植物配置

草皮植被

铺装材料

水文要素

图 5.83b　纽约布鲁克林滨海景观公园景观要素分析图

图 5.83c　纽约布鲁克林滨海景观公园鸟瞰及透视实景图

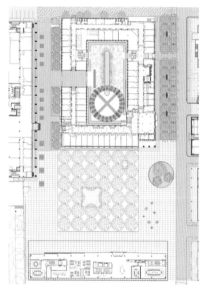

图 5.84a　瑞士巴塞尔市诺华国际股份有限公司庭院平面图

图 5.84b　瑞士巴塞尔市诺华国际股份有限公司庭院鸟瞰图

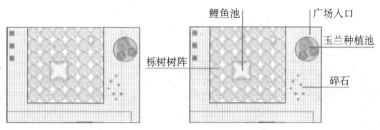

图 5.85　瑞士巴塞尔市诺华国际股份有限公司论坛广场景观元素分析图

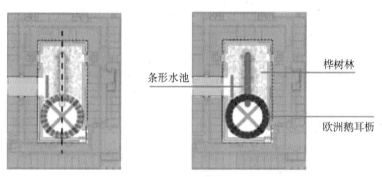

图 5.86　瑞士巴塞尔市诺华国际股份有限公司中心庭院景观元素分析图

侧,平行于长边、位于中心的条形水池插入圆形草地,水池两侧种有成行列的树木。此设计中仅用了树阵、圆形草地和条形水池三种元素就将整个场地组织得合理有序(图 5.86)。

对其整体景观要素进行分析:

水文要素——诺华国际股份有限公司庭院中以水体为重要的景观设计节点,即公司内庭院的倒影池。这个节点的底部铺满了当地盛产的原生河石,通过这种自然的水底界面设计,保证了主要依赖自然收集的水体可以自然流动,而不至于成为一潭死水。同时水池中设有暗藏的喷泉带,除了中午以外,每天不同时段均有高度不同的喷泉景观供人们进行亲水欣赏活动。

铺装材料——诺华国际股份有限公司庭院中采用了多种硬质铺装材料,比如在公司建筑正前方,即东面广场采用了 300 mm×150 mm 广场砖铺地,而树阵区域则使用了当地的原生碎石铺地,形成了硬软界面的交互。公司内庭院的倒影池周围铺满了风化花岗岩碎石,同时水体底界面铺设了当地盛产的河石。

植物配置——诺华国际股份有限公司庭院中采用了多种景观植物,譬如位于树阵区域的高大乔木,多年生植物和灌木,如欧洲鹅耳枥、喜马拉雅白桦树、樱树、松果菊、欧洲薄荷、大花萱草等,以及乡土草皮,例如莎草、草地早熟禾等。整体植物配置多样化,随着时间轴的推移形成各异的色彩与景观肌理。

景观小品——诺华国际股份有限公司庭院中设置了多种景观设施与公共艺术作品。其中,最为著名的是由装置艺术家 Alicia Penalba 创作的位于整个建筑西侧入口的青铜雕塑。除此以外,还有公共休闲座椅和栎树阵列区域的大理石亲水平台,以及外围广场的景观石(图 5.87)。

"叠加与融合"即以整合为手段,通过渗透实现融合,是场地空间秩序建构的基本方法与策略。针对不同的环境条件,在"生态优先"的大前提下,尊重"场地肌理",结合"景观空间"的营造及"人的游憩行为"的需求,将上述要素作为构成景观空间的基本点,由此建构、重组场地空间秩序。首先,对既有场地肌理的研究,通过分析与归纳,绘制场地"肌理模式图",进一步概括出场地的肌理特征;其次,研究该场地在整个系统中的功能定位,如城市绿地系统,探讨其潜在

图 5.87　瑞士巴塞尔市诺华国际股份有限公司庭院实景图

的使用行为方式与区域,将场所中高频行为模式抽取出来并加以图示化。

(1)场地的综合研究(生态因子、周边环境与交通、人口分布、总体规划),场地肌理模式图的绘制。

(2)研究周边环境,明确功能定位与流线,潜在行为模式与分布图的绘制。

(3)叠加与融合。以营造优美且富有表现力的景观空间为载体,统调三者之间的关系,以实现新的空间秩序(图 5.88)。

融合是实现有机统一的新空间秩序的关键,简单的叠加不能够保证新场所的有机性和整体性。只有通过融合,即在不同层面研究的问题,经过人为的统调,消除冲突与矛盾。坚持生态优先原则,在人为合理干预的前提下,景观环境建构遵从如下顺序:利用、整理、重组、改造。最终实现"源于自然而高于自然"的目标,其本质在于空间内涵的不断丰富而不是就形式论形式。

盐城市大丰区银杏湖公园是大丰城市南扩的一部分,原有场地上的农田、鱼塘、条带状圩埂积淀了大丰人在不同的历史阶段以不同的方式使用土地的模式,其间蕴含着丰富的场所记忆,同时也产生了相应的空间秩序。如今,这些既有空间秩序也不应该因为城市化进程而荡然无存。银杏湖公园在对传统古典山水宅园的代表作品——网师园充分解读的基础上,通过对其形式及空间构成关系的分析,将传统园林的精髓与原有场地肌理相融合,不拘泥于形而超越于形,突出水面的地位与功能，塑造以水面为核心的向心空间。同时将传统造园理念与现代构图相结合，从而使得传统形式在借鉴与继承中得到升华，以符合未来城市发展的时代特征（图5.89）。

盐城市大丰区二卯酉河一带由于土地盐碱化，自张謇以来为满足农耕需要开渠灌水，形成南北向支渠、东西向主渠的农田沟渠格局。时至今日，规划新区农田仍保留上述鲜明的地景特征，随着城市的变迁，农业用地为城区所取代。保护好城市既有的纵横正交水网景观特色，使之融入新城市空间，使观者能够体会到地景的变迁历程，强化景观特征的可识别性，为行将消失的地景记谱，成为城市景观体系的基本框架，对于大丰城市景观形态的构成具有重要意义（图5.90）。

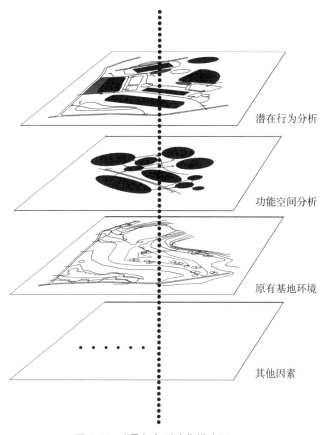

潜在行为分析

功能空间分析

原有基地环境

······

其他因素

图 5.88 "叠加与融合"模式图

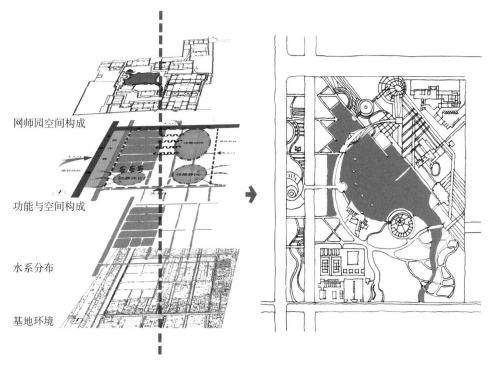

网师园空间构成

功能与空间构成

水系分布

基地环境

图 5.89 盐城市大丰区银杏湖公园"叠加与融合"分析图

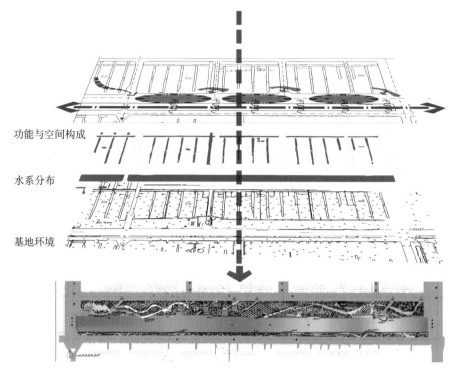

功能与空间构成

水系分布

基地环境

图 5.90　盐城市大丰区二卯酉河景观带"叠加与融合"分析图

　　在南京珍珠泉的入口改造中，原入口的配套服务区和广场部分秩序混乱、建筑老化，在改造中将东侧山体部分下移，以遮挡酒店对山体的破坏，同时因地制宜地布置跌水景观。入口广场的铺地形式和游客中心的建筑形体均与两侧山体的等高线相呼应，是对山体的延续与对话并加以叠加、融合的结果（图 5.91）。

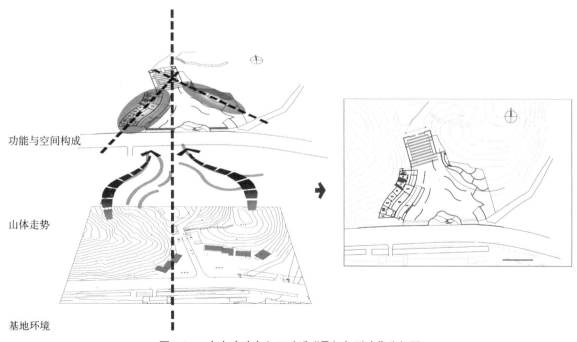

功能与空间构成

山体走势

基地环境

图 5.91　南京珍珠泉入口改造"叠加与融合"分析图

2）轴线与对位

轴线作为传统的造园营造法则，在现代景观设计中似乎越来越淡化，甚至消失。在现代景观设计中，所谓"现代"即抛弃轴线，19世纪末至20世纪初，从平面构成到立体主义，设计师们对传统的反叛即从抛弃轴线开始。但是在淡化形式的背后，轴线仍然起着统摄景观环境的重要作用。轴线是场所控制依据，对位关系体现空间逻辑，是最理想状态的因果关系。空间中的点与点、点与面、面与面之间均存在对位关系，从而构成逻辑线索。设计是否有序除了与景观色彩、形状、造型、风格等一系列因素有关，与景观空间的逻辑性也有密切关系。轴线分为三种类型：空间轴线、视觉轴线和逻辑轴线。

（1）空间轴线

轴线是生成秩序最为简便的方法，不同的元素、空间整合在一起需要有个统摄全局的线索与轴线。对位同样是在不同的景观要素之间找到某些特殊的关联，使原本分属于不同个体或空间的部分在空间上联系在一起。外部空间的构成与建筑空间应有良好的沟通，通常可以借助于轴线与对位取得建筑与环境间的联系。同时空间轴线与几何轴线有所区别，不可简单地以几何轴线代替空间轴线。空间轴线可分为两类，即对称轴线与不对称轴线（图5.92）。

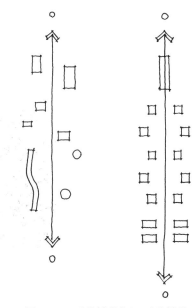

图5.92 对称轴线与不对称轴线

① 对称轴线，即在平面中央设一条中轴线，各种景观环境要素以中轴线为准，分中排列。临近或近轴线的空间在体量等形式特征上与之相应，由于轴线的统领，景观空间单元会得到大于个体的景观效果，形成类似于鱼骨状的空间体系，其空间庄严大气，适用于纪念性、严肃性的场所，如南京雨花台烈士陵园（图5.93）；又如林肯纪念堂、美国国家二战纪念碑、华盛顿纪念碑与美国白宫，通过轴线布局、四点一线的方式来强调诸事件在美国历史上的重要性，也是对其地理位置的强调（图5.94）。对称轴线在西方古典园林中最为常见，如埃德温·路特恩斯（Edwin Lutyens）设计的印度新德里莫卧儿花园（Mughal Garden），又称总督花园，在这里路特恩斯将英国花园的特色和规整传统的莫卧儿花园形式结合在一起（图5.95）。

② 不对称轴线，更多的是考虑空间的非对称性，各个景观空间沿着景观轴线成大体均衡的布置；同时较之对称轴线，它可以给人以轻松、活泼、动感的视觉效果。

如澳大利亚悉尼市霍姆布什湾的200周年纪念公园的水轴线景观即为非对称布局，线性喷泉穿插其中，庄重又不失活泼（图5.96）。又如卡勃兰景观设计事务所设计的葡萄牙欧利亚斯的"诗人的花园"，用以纪念20世纪的20位诗人。"诗人通道"从南至北穿越整个公园，20个小花园围绕"诗人通道"呈不对称布局，给人以轻松活泼之感（图5.97）。

（2）视觉轴线

相对于空间轴线的有形，视觉轴线则是无形的。视觉轴线类似于传统园林中的对景，强调不同景观单元之间的对位关系，包含轴线、空间与隐含于场所中的肌理关系。轴线作为控制空间的主干，相邻的景观单元顺着轴线而具有一定的延展性。两个或更多的轴线集中在一个共同的焦点上，形成交叉轴线或辐射式布局。两条交叉的轴线常常一条是"主轴"，一条是"副轴"；有时几条辐射状的轴线，主次并不十分明确。在若干轴交叉点上的景观可通过轴线的向心性得以强调。

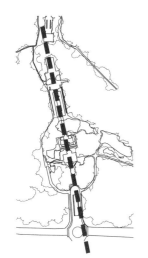

图 5.93　南京雨花台烈士陵园

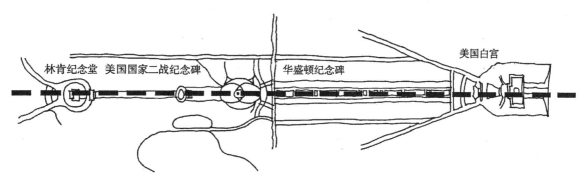

图 5.94　林肯纪念堂—美国国家二战纪念碑—华盛顿纪念碑—美国白宫的中轴对称

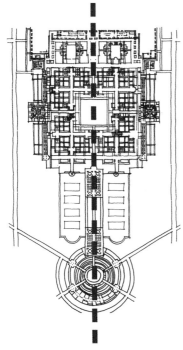

图 5.95　印度新德里莫卧儿花园

图 5.96　悉尼市霍姆布什湾 200 周年纪念公园的水轴线景观

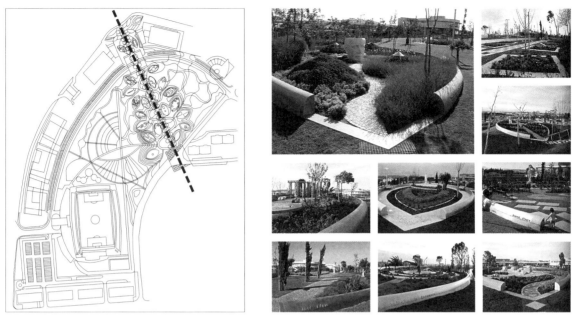

图 5.97　葡萄牙欧利亚斯"诗人的公园"

　　如苏州拙政园，其整个中心水面在东、西、西南留有水口，伸出水湾，有深远不尽之意，因此拙政园开辟了四条深远的透景线。东西向纵深水景线有两条，以山岛南面为主，东起"倚虹亭"西至"别有洞天"，水面似河似湖，山岛黄石池岸自然起伏错落，是主要的水景纵深线；岛东北绿漪亭西望，对景见山楼，水边大树垂荫，岸边散植紫藤等藤蔓灌木，水乡弥漫之意油然而生；南北向水景由"见山楼"至"石舫香洲""石折桥""小飞虹""小沧浪"，将狭长空间划分为层次多变的水景；东端南北向水景线自"绿漪亭"至"海棠春坞"，虽是水景线中最短的，但因其宽度也是最窄的，景犹深远。可以说，这四条因山就水而成的视轴线极大地丰富了拙政园的景象空间，它们充分利用山水布局完成了城市园林梦寐以求的深远变化（图 5.98）。

　　与拙政园的内部邻借不同，无锡寄畅园采用了远借，把有限的人工园林环境作为更大范围的环境的一部分，融入自然环境中，在有限的空间中取得无限的空间感。寄畅园东南面有锡山和龙光塔可以借，因此园林主要的建筑——嘉树堂朝向主要的借景方向，而不是一般私家园林中主要厅堂坐北面南的布局（图 5.99）。

　　罗伯特·F. 瓦格纳公园（Robert F. Wagner JR. Park）坐落于曼哈顿西南角哈德逊河河畔，与著名的巴特力公园城（Battery City Park）相毗邻。按照巴特力公园城的总体规划，瓦格纳公园将成为连接巴特力公园城的滨河公共空间与巴特力公园、曼哈顿金融区的重要纽带。从瓦格纳公园可以看到自由女神像和爱丽斯岛的全景，从而将这两个历史和文化的标志引入新的人文景观当中。瓦格纳公园在相对较小的 1.42 hm² 范围内提供了不同类型的景观空间和体验。两座由马查多·斯维提事务所设计的亭子形成公园的大门，公园里设有观景台、咖啡厅、卫生间以及公园维护和储藏设施。公园以一条正对自由女神像的轴线为主线，从公园里可以欣赏到美丽的海景；中央大草坪和花岗石阶梯提供了良好的公众聚会场所（图 5.100）。

　　（3）逻辑轴线

　　逻辑轴线即景观空间的组织具有逻辑性和明显的顺承关系，是统摄外部空间的线索。形式上虽然没有明确的轴线和对位关系，但空间之间却有着隐性的关联性，从而营造出了景观体验

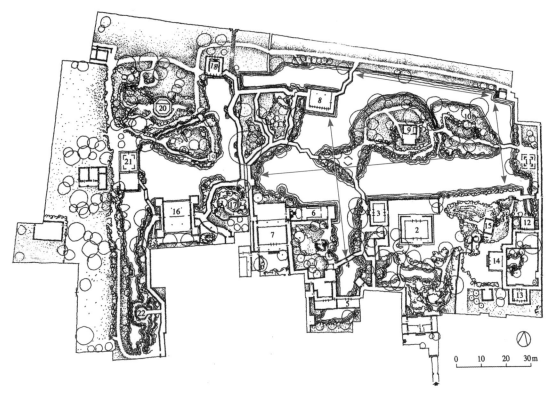

1. 腰门　　2. 远香堂　　3. 倚玉轩　　4. 小飞虹　　5. 小沧浪　　6. 香洲　　7. 玉兰堂　　8. 见山楼　　9. 雪香云蔚亭　　10. 北山亭　　11. 梧竹幽居
12. 海棠春坞　　13. 听雨轩　　14. 玲珑馆　　15. 绣绮亭（以上属中部）　　16. 三十六鸳鸯馆、十八曼陀罗花馆　　17. 宜两亭　　18. 倒影楼　　19. 与谁同坐轩
20. 浮翠阁　　21. 留听阁　　22. 塔影亭

图 5.98　苏州拙政园视觉轴线示意图

图 5.99　无锡寄畅园

的连续性。逻辑轴线往往用于陈述性空间，例如时间、人物、自然规律等等。如哈普林设计的罗斯福纪念园，以时间和人物为线索，将代表不同时间段的表现内容作为空间单元加以串联，形成完整的空间序列，具有明显的逻辑性；同时将罗斯福总统一生的政治生涯作为设计的逻辑，将其经历的政治生涯转化成空间语汇来组织开放空间，表达其特定的意义（图 5.101）。扬州个园亦是如此，以时间为逻辑轴线，四季山景浓缩了时间，春、夏、秋、冬的时序更迭，周而复始，创造出一种"无往不复、天地际也"的意境（图 5.102）。如常熟沙家浜国家城市湿地公园的改造工程，三个主要景区——"湿地植物品种园""湿地生态示范园""芦荡人家"均围绕生态水系景观这一中心线索展开（图 5.103）。又如香港湿地公园（Hong Kong Wetland Park），整个公园设有野生动物模型展览、仿真湿地场景和娱乐教育设施。徜徉其中的游人不仅能够欣赏自然美景，还能通过香港规划设计师匠心独具的设计，欣赏各种水的形态、体验水孕育生命的特质。公园里有近 190 种

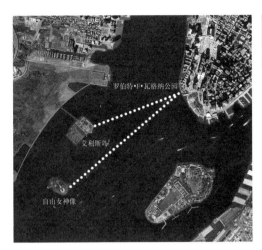

图 5.100　曼哈顿瓦格纳公园

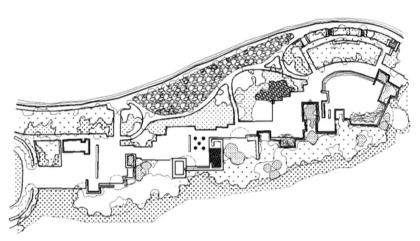

图 5.101　罗斯福纪念园平面图

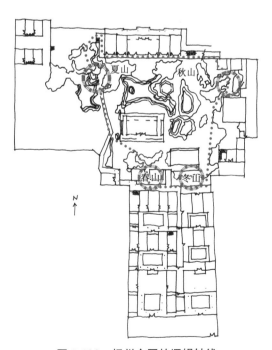

图 5.102　扬州个园的逻辑轴线

图 5.103　常熟沙家浜国家城市湿地公园

雀鸟、40种蜻蜓和超过200种的蝴蝶及飞蛾。湿地保护区包括人造湿地和为水禽而重建的生境。坐落于人造湿地的湿地探索中心让游人亲身体验湿地生趣。溪畔漫游径、演替之路、红树林净桥和三间分别位于河畔、鱼塘和泥滩的观鸟屋,引领游客走进不同的生境,寻访各式各样的有趣生物。湿地公园的生境包括淡水沼泽、季节性池塘、芦苇床、林地、泥滩和红树林。而所有这些景点的设置都是围绕合乎自然生境规律的逻辑线索展开的(图5.104)。

图5.104　香港湿地公园

扬中滨江公园位于扬中市区南部,毗邻长江,用地呈狭长的带状,占地面积约为21 hm²。由于原工业堆场、沙石码头等人工设施的长期扰动,造成了滨江岸线生态条件的恶化。设计致力于恢复和优化沿江生态岸线和滨水环境,满足现代高品质的滨江生活要求,展现了滨江地段的生态与人文魅力。

遵循生态修复的方法,设计对场所环境进行有序的引导性修复,满足人们欣赏江滨、回归自然的愿望;同时,选择性地保留与彰显了场所记忆,赋予滨江岸线新的活力。①人工引导下的生态修复。针对长江岸线受到侵蚀、破坏的状况,设计采取抛毛石铺地并间种植物的方法,既有效应对降水的潮汐变化,又创造了多孔空间,为沼生动植物提供了生存环境。从北部的城市到南部的长江,设计采用"梯度"策略营造空间及生境,实现了人工向自然的过渡。②地带性景观特征的营造。设计中大量运用落羽杉、垂柳、杞柳、芦竹、芦苇、荻草、蒲苇、芒草等地带性适生植物;同时,丰富江堤景观,结合原江堤加固工程营建曲线形台地并种植亚热带适生湿地植物150余种,形成了地带性湿地植物品种园区。③可再生材料的运用。景观的营造坚持可持续的理念,大量使用可回收的金属材料。凡是存在有季节性淹没可能的栈道等设施,其建造材料均采用不饰涂装的拉丝不锈钢材质,从而实现免维护。④场所记忆的响应与表达。园内的建构筑物的设计力求简洁、明快。"迎江阁"的构思取意"春江水暖鸭先知";游船码头的创作灵感源于"鹤立江滩",以唤起人们对旧时船坞、吊车的记忆;作为湿地科普馆的"望江台"状如螺壳,极具形式感且满足了科普展示的空间及流线需求。

牛首山风景区是南京历史上南部轴线的重要节点,其北部景区的面积约为60.72 hm²。设计充分挖掘场所的历史文化内涵,将多元的佛教文化体验融入一条蜿蜒于自然山水之间的"寻禅道"之中,营造出"天人合一"的禅宗境界。设计以"天阙礼佛顶,山水寻禅机"为概念构思,利用自然的地形地貌,构建"起、承、转、合"的空间结构。

在文化表达上,通过佛教造像、佛文化符号彰显、禅宗故事再现、佛事活动体验及寻禅修禅等多种方式,对佛文化主题进行景观化的表达。设计将禅宗的思想与精神融入山林、水系、雕塑、建筑与小品之中，结合禅宗养生、饮食、艺术等特色游览项目，创造出丰富的文化体验形式；在空间营造上，从场所空间形态中提取"山、谷、溪"三大要素，设计紧密结合原有场地竖向及空间特色，依两翼山势，傍蜿蜒溪水，沿谷底依次错落布置景观节点。景区入口处的空间壮阔开敞，序列性、标志性突出；进入"寻禅道"空间迁曲委婉、幽深宁谧，形成步移景异的空间变化（图 5.105）。

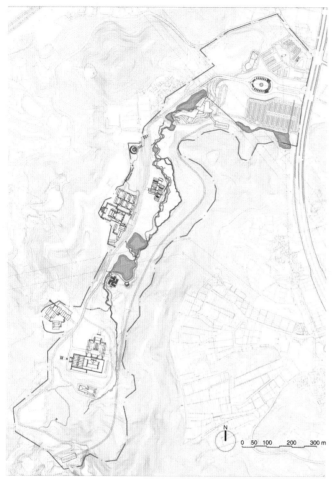

图 5.105a　南京牛首山风景区北部景区平面图　　　　图 5.105b　南京牛首山风景区实景图

　　泰国曼谷都市森林是一处真正意义上的能够唤醒公众森林管理意识和环保意识的公众空间。人们可以在林下感受丰富的林冠空间层次，也可以沿着空中步道穿行林间，或在眺望塔中俯瞰丛林。公园的逻辑轴线由开端、发展、高潮和尾声组成。

　　开端——展示建筑，可长时间停留，并可走到屋顶花园上观看公园全貌。发展——在户外空中步道的林冠中穿行，近距离体验森林冠层，同时可以聆听小瀑布的水声。高潮——空中步道到观景塔的部分逐渐抬高，人的视线也随之变化。观景塔高约 20 m，步道延伸直至塔顶可以俯瞰公园全貌和周围的居住区。尾声——跨过小桥、穿过林下空间，回到建筑外部的户外草坪剧场（图 5.106）。

　　3）围合与渗透

　　空间的形成来源于围合，空间的变化则来源于渗透。传统造园讲究的对景、借景，便是利用

图 5.106a　泰国曼谷都市森林平面图

图 5.106b　泰国曼谷都市森林逻辑轴线分析图

1. 公共道路　7. 自行车道　13. 瀑布　19. 森林漫步
2. 人行道　8. 建筑入口　14. 湖　20. 停车场
3. 森林步径　9. 展览馆　15. 溪流　21. 植物苗圃
4. 主入口　10. 屋顶花园　16. 人行天桥
5. 警卫室　11. 户外剧院草坪　17. 瞭望塔
6. 辅道　12. 天然池塘　18. 桥

图 5.106c　泰国曼谷都市森林鸟瞰图

图 5.106d　泰国曼谷都市森林实景图

空间单元之间的渗透效应。景观环境的平面和空间布局自由，空间相互穿插、彼此渗透，毗邻空间的连贯和对比最能够产生变化的空间效应，因而景观空间是"多孔的"。

如南京武夷绿洲"观竹苑"，组团间的空间由于建筑的围合相对独立、完整，但同时在南北向的宽敞空间运用圆形、方形、直线等元素的铺装形式交错穿插，使得南北向空间与东西向空间逾越各自的界定，相互关联、相互渗透，达到视觉上的统一和融合（图 5.107）。又如日本武藏野·国分寺住宅小区的景观设计，由于该小区被市政道路分成东西两个部分，因此东、西楼的内部空间相对围合，同时喷泉和武藏野的地方树种——榉树的运用，又使得两个空间相互穿插、彼此渗透（图 5.108）。

"围合与渗透"在处理多个空间的关系时尤为明显，同样对于单个空间的再划分也独具匠心。如荷兰阿姆斯特丹的斑马花园，两户居民希望在原有的共有花园中创造出更加私人的空间但又不将花园完全分成两个部分。于是设计师采用两片相互交错的石笼墙和水面分割出两处私密空间，同时也在视觉上扩大了后院的面积，使景观空间相互穿插、彼此渗透（图 5.109）。

4）拆分与重组

园林空间有"越分越大"一说，呈现出部分之和大于整体的效应，即"1＋1＞2"。适当地拆散原有空间结构，并予以重新组合，便能产生戏剧性的效果。空间的内在边界由于划分的作用要大于原初围合空间的界面边长，从而产生更为丰富的空间效果。现代主义是 20 世纪所有设计理论的基础，强调以功能性为主的设计哲学，而实际上强调功能性的设计概念并不与设计本身理应带来的装饰性或艺术性构成矛盾，而且功能的拆分与整合的过程与规律本身就与统一中求得变

图 5.107 南京武夷绿洲"观竹苑"

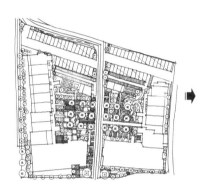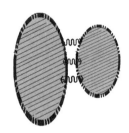

图 5.108 日本武藏野·国分寺住宅小区

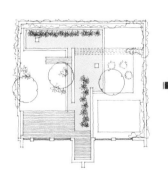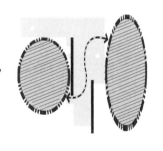

图 5.109 荷兰阿姆斯特丹斑马花园

化的艺术规律相符。因此，若能抓住主要的功能主体与功能间的相互关系、形式主体与形式间的相互关系，并且建立起关系上的逻辑性，那么设计的过程和结果都将可以预见和控制。为了能将各个不同的景观空间单元串联起来构成一个有机整体，景观的总体和局部都以方格网的形式来保持构图的统一，整个空间序列既有变化又不至于杂乱无序，为了实现景观空间的拆分与整合，从而在带状景观空间单元与空间组团之间建立起关联。拆分与重组是丰富外部空间的基本手法，改变场所本身所固有的秩序并重新建立起新的空间秩序。"拆分重组"的构图思维，加入了更多的元素，极大地丰富了空间信息量。将空间进行拆解如同后现代主义和解构主义的主张。譬如在绘画领域，毕加索的抽象画将人物五官位置拆分再重组，形成更加赋有意义的作品。又譬如松、竹、梅三者本身相互独立,但经过重组形成了"岁寒三友"这一特定文化符号。

由赖纳·施密特(Rainer Schmidt)设计的德国慕尼黑公园城,公园占地 40 hm²(核心区为 7 hm²)。面对带状的狭长空间,设计师将其在纵向上拆分为若干个小空间,每一个空间为一个主题花园,花园类型多样,有岩石园、卵石园、微型的湖泊、小山丘、以山楂树为代表的森林园和山谷园等等,内容丰富多彩。同时每一部分都以一个白亭和主题花园为中心,虽有变化但彼此关联,总体布局构成了一个有机的整体(图 5.110)。

图 5.110　德国慕尼黑公园城

同样,奥萨伊特规划设计事务所设计的日本东京都品川区中央花园,面对占地 1.8 hm² 的城市广场,设计师也运用同样的手法,将 400 m 长的场地分解为 13 个小广场,每个小广场被设计成 28 m×28 m 的正方形,且内部功能各异,但景观的总体和局部都以方格网的形式来保持构图的统一,实现了景观空间的拆分与整合(图 5.111)。

沃克在美国得克萨斯州达拉斯市的 IBM 公司索拉纳园区,占地约 34 hm²。位于入口庭院西部的办公综合楼群共分为四块,设计以简洁的形体和行列式种植为主,在整个办公综合楼区与北面山坡之间布置了一条狭长、曲折的自然溪流带将四部分串联起来(图 5.112)。

图 5.111 东京都品川区中央花园

图 5.112 美国得克萨斯州 IBM 公司索拉纳园区

以上三个案例均从形式的角度,将各个不同的景观空间单元串联起来构成一个有机的整体。而苏州环秀山庄在处理山水整合时,成功地把握了山水之"道"。以西北之"飞雪泉"为源曲折东南,首"滞"形成了"问泉亭"小岛,分流东西,再"滞"构成了假山主体,东线又分流为二,一支穿山渡涧直抵东南;另一支则转向西流,与首次分流出的西线汇聚成开阔的水面,水流渐收向东,抵山石而止。水有源,山有脉,比较完整地表现了山水景观的外部特征,同时阐释了"流而为川,滞而为陵"的山水之"道"。因此环秀山庄不仅是假山上乘,而且堪称山水佳构,是拆分与重组的典型案例(图 5.113)。

图 5.113　苏州环秀山庄

　　景观平面（立面或剖面）与空间场景在设计师眼中可相互转化。任何景观空间都可以通过微积分方式的纵向或横向无限、多次剖切实现准确的二维还原，"步移景异"是二维与三维之间必然联系的外在表现。

　　很多情况下，平面与空间的非对应因素会导致平面的设计意图与空间的实际场景之间产生很大差异，从而造成实际空间的不完整性或产生歧义。在设计过程中把握好图纸尺寸与真实尺寸之间的尺度和比例，是确定平面与空间对应关系的关键所在。时间维度也是景观平面与空间转换的重要因素。如植物的生长与季相变化既是创造空间场景多样性的优势条件，又是对设计持续性的挑战。

　　景观平面与空间的转化步骤包括四个：①水平展开：平面形态的空间展开。平面的确定即形成景观空间的尺度、形状和基本布局结构。平面常采用的形式语言包括直线、曲线和折线。直线具有方向的平衡性和表现的纯粹性；曲线具有自然柔和之感，对应于自然界中的大多数物体的轮廓；折线是直线的分段延续，并因其每段直线的方向变化而产生无序感和破碎感。②第三维度的加入：尺度、比例与空间划分。在平面的基础上加入第三维度的内容之后，空间的基本骨架便建立起来。比例与尺度对人的空间感受和评价起着控制作用，是平面转化为空间的关键。空间划分对最终空间的形成具有决定性意义：空间划分产生的视线遮挡构成了若干人的尺度的"子空间"，这些"子空间"将作为进一步的研究对象。③植物元素的加入：植物元素扮演定量和变量的双重角色。作为一种生命元素参与景观空间的形成过程之中，植物的生长和季相变化等特征对景观空间的形成也具有影响。④空间序列的形成：空间序列是在时间引导下形成的人的运动体验顺序。空间中的一部分特征必须通过运动过程中连续的体验才能得以体会。景观空间序列是景观平面的最终对应形式，同时包含了与空间变化对应的人的主观情感的变化。

5.3 景观空间秩序

长期以来，有序是被格外重视的，人们希望通过对有序的认识找到世界变化的规律，进而控制和改造整个世界。然而，这种有序观带来的往往是幻觉，它放大了人们的控制能力，因为科学发现，纯粹的无序和纯粹的有序都是不存在的，以往被认为纯粹无序的事物中包含着有序性因素，严格有序的事物里也存在无序性因素。如五行相生与五行相克，实际上是中国古人对于自然界物态运行变化流转规律的简洁描述，以四季为例，春（木）、夏（火、土）、秋（金）、冬（水），五行相生，四季更替，生生不息。传统的景观设计往往需要展现明确的序列关系，而现代景观往往表现无序甚至混乱的做法，大量采用随意性构图，跳出"网格图"以"随机图"建构景观空间，如美国建筑师丹尼尔·李勃斯金德（Daniel Libeskind）设计的柏林犹太人博物馆及霍夫曼花园，建筑的"之"字形折线平面和贯穿其中的直线形"虚空"片段的对话，形成了这座博物馆建筑的主要特色。而博物馆的外部环境设计更是李勃斯金德建筑解构主义思想的延伸和扩展，草地上不同方向、看似凌乱的线性穿插，充满了冲突与矛盾，却与建筑外墙上纵横交错的线形窗户相呼应（图5.114）。

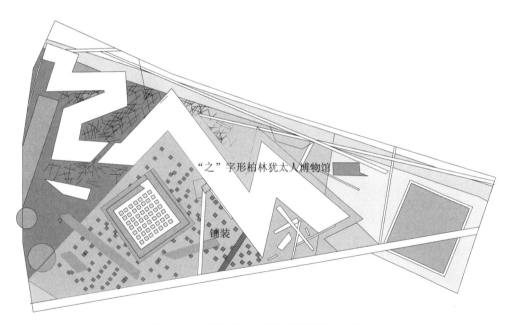

图 5.114　柏林犹太人博物馆及霍夫曼花园

有序和无序曾被认为是现实世界中对立的两极。有序，显示着一种稳定的因果关联，表现为一种规则的存在，常以重复性表达出来。比如，在时间上表现为周期性，在空间中表现为对称性。无序，则凸现彼此间的相互独立，表现为不稳定性、随机性，毫无规则可言。时间上的随机变化和空间中的偶然堆砌都是其典型表现。

在同一景观系统中，无序与有序不可分割地联系在一起。单一的空间序列使人容易找到其中的组合规律，而多序列则不同，两个或两个以上的序列叠加在一起呈现给人们的景象是复杂而难以捉摸的。景观空间中原本就包容了功能、形式、空间、生态等多重秩序，将上述因子笼统地整合在一起，服从于某单一因子加以组织，不可避免地干扰其他诸因子固有的秩序，从而难以使整个系统有机化、多重效益最大化。其实景观环境是一个系统，整体效应取决于局部及每一个因子本身的秩序。

简单地说，是局部行为导致了全局性的结果，而局部和全局动态特性之间的关系，则主要依赖于景观系统的整体结构。建构整体化、有机化的景观空间便成为当代景观设计的根本目的。

5.3.1 序列构成

景观如同书画一般，讲究序列分成"起""承""转""合"，而实际上四个部分又彼此包含、相辅相成。"有时起中有合，合中有起，起承合一，转合不二；有时即起即承，即承即转，有时起之又起，承之又承，转之又转，合之又合，并且在一个大的开合之下包含有多个局部的'起承转合'的变化。"承载人们游憩行为的园路如同一系列序列的载体，大的序列又由子序列构成。实施精心组织的、有个性的空间序列，才能获得艺术格调高雅而又富于创造性的景园整体环境。精通序列组织的多样性和微妙性，可以帮助建立精妙的设计思维模式。

西蒙兹的《景园建筑学》对序列有微妙的论述："一个序列应当说明、表达或者装点所使用的或所经过的地区或空间。""每个序列都有其特性，同时亦可激发一种预定的情绪反应。""一个序列可能是简单的、复杂的或混合的。它可能是持久的、中断的或可调整的。它可能是集中的或分散的，微小的或庞大的，而且可能是精巧的或强有力的。""计划连续效果可能是随心所欲的，或者是井井有条的，它可能是不整齐的，而且是故意漫不经心，或者为达到某个目的，计划得非常有次序。计划的序列是一种非常有效的设计方法。它可以诱导行动，指示方向，创造韵律，培养情调，显示或说明一件物体或一连串物体，同时可发展一种观念。"

景观环境往往由多个空间单元依据一定的规律组合而成，凸显景观单元之间相互联系、相互作用、相互依存、多元共生的辩证思维，追求不同单元之间的对话、交流，从而呈现出一定的序列关系。正如相关艺术一般，传统的景观设计以回避矛盾为主旨，追求和谐，这从中国园林到法兰西古典主义均是如此，景观环境遵循着单一的空间秩序；与之相反，现代景观设计不回避矛盾甚至表现矛盾，展示复杂与多秩序成为当代景观的发展潮流之一。

景观空间构成通常是线性的，具有逻辑性，往往用于陈述性空间，如1991年建成的位于加利福尼亚州的帕罗奥图市拜斯比公园（Byxbee Park）（图5.115），在这里，哈格里夫斯将一个垃圾填埋场变成了一个特色鲜明的旧金山海湾边缘的公园。整个公园分为四个部分，随着空间的逐渐深入，故事情节一一展现。首先，是在山谷处开辟泥土构筑的"大地之门"；其次，在山坡处堆放了许多土丘群，隐喻当年印第安人打鱼后留下的贝壳群，曲折于山上的小路即由破碎的贝壳铺成，产生一种特殊的效果；再次，位于公园北部的成片的平齐的电线杆与起伏多变的地形形成鲜明的对比，隐喻人工与自然的结合，也唤起对穿越海湾的高压电线的注意。最后，混凝土路障呈八字形排列在坡地上，形成的序列是附近临时机场跑道的延伸。

又如美国华盛顿州兰顿水园（Renton Waterworks Garden）（图5.116）则是以水池、小径、湿地、植物等，按照艺术与生物净化的秩序设计空间序列。雨水被收集注入11个池塘以沉淀污染物，然后释放到下面的湿地，以供给植物、微生物和野生动物。花园就像一棵繁茂的植物，池塘就像叶片和花，小路恰似植物的茎秆，它们表达出自然系统的自净能力。颗粒状的污染物首先在池塘中沉淀，然后顺水流到湿地，通过呈带状种植的湿地植物如莎草、灯心草、黄鸢尾、红枝山、茱萸等得以完全过滤。整个设计体现了自然系统的自组织和能动性，同时向人们演示了水由"浊"变"清"、由"死"变"活"的生命过程。

（a）第一幕："大地之门"

（b）第二幕：土丘群

（c）第三幕：电线杆阵列

（d）第四幕：八字形混凝土路障

图 5.115　加利福尼亚州拜斯比公园

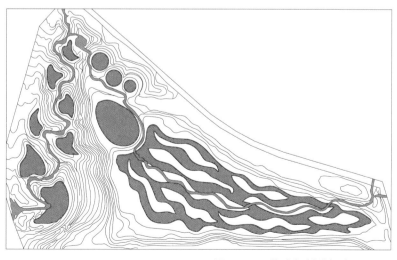

图 5.116　华盛顿州兰顿水园

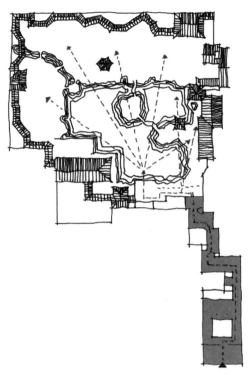

图 5.117 苏州留园的入口处理

前导，也可称发端，传统的中国园林往往都是通过一段灰空间加以过渡，逐步转入园林主空间，变化十分丰富。代表性的例子有南京的瞻园、苏州的留园（图 5.117）等，松江的方塔园是运用传统园林入口空间设计方法的优秀案例之一。

过渡，是经过性的空间，随着空间的收放、光线的明暗、视线的转折等等，空间的形式也在不断地发生变化，从而产生引人入胜的视觉效果。

高潮，是空间序列中的高峰，人们的注意、情感都会因为高潮的出现而为之振奋。高潮往往伴随一定的主题展开，从而引起人们注意力的集中。如北京第十五中学的环境设计形成如下的序列：大门—矩形树阵—水池—科学家塑像—柱廊—展厅—花园中的校史纪念碑亭。"树林"是由"动"而"静"的过渡性空间，"水池"渐次升起达到高潮。这一处理方式是十分成功的（图 5.118）。

起伏，是一种变化形式，是由高潮转入低潮之间的过渡，处理好同样可以引人入胜。

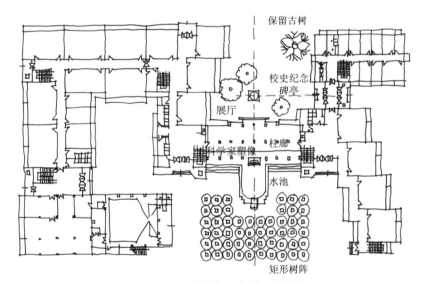

图 5.118 北京第十五中学环境设计

尾声，空间结尾的处理同样十分重要，可以给人以丰富的回味。

同样景观空间构成可以是非线性的，现代景观设计往往是多主题并存的。未来主义在运用动点透视组合画面空间上达到了极致。他们颂扬运动、速度和机械构造的力量，最终目的是用分解物体的方法把力量和运动融进绘画。

以上海松江方塔园为例，整个园子可清晰地分为四个部分，即东入口方池（前导）—垂门、堑道（过渡）—方塔、照壁（高潮）—南岸草坪（尾声），在这里方塔无疑既是悬念，也是景观主题，同时更是高潮（图 5.119）。

图 5.119　上海松江方塔园

东入口方池（前导）：从东入口的方池到水渠、石板桥，再到塔前的中心水池，水一直在引导、暗示。在入口处设方池，它既是城市街道空间的延伸，也是院内自然景观的泄露。它强调了入口，设置了悬念，同时巧妙地组织了入口人流。方池是城市的，也是园子的。城市与自然、内部与外部的交流对话在水面的倒影中悄然发生了。

垂门（过渡一）：开与关之间——一种瞬间定格的情节，一种立体主义的语言，鼓励参观者进行开放式的遐想。

堑道（过渡二）：一种景观建筑化的语言，一种极其封闭的"景中"空间，在这里观者与世隔绝，天地间除了观者，便是自然的鸟语；堑道在引导观者进入光影迷离的此景中的同时，折向充满遐想的彼空间；台阶在不知不觉中将观者引到了塔的脚底。

方塔、照壁（高潮）：巧妙地借用一片写满历史故事的明代照壁在主角出现之前再一次进行烘托；接着在塔与大水面草坪之间设置了一片超越时空的有几分禅意的白墙，当观者登上塔楼时豁然开朗，居然在墙的背后隐藏着一个充满阳光、诗情画意的世外桃源，原来塔不是故事的终点，故事还没有结束，还在继续。

南岸草坪（尾声）：当观者从南侧的草坪观看塔景时，白墙变成了塔基座的有力延伸，变成了一种对塔的竖向构图的烘托；白墙变成了一片舞台的帷幕，将园子过去的一切历史隐藏在背后的同时，将现实的美丽画面与塔的故事那样纯净地展现在草坡上每一位观者的眼前，但依然可以感受到传统文化的存在；同时一片充满灵性的水面将塔影、白墙的幻想折向了未来……

由摩根·惠洛克（Morgan Wheelock）设计的法国诺曼底美军士兵纪念碑，是与旁边一座诺曼底战役博物馆配合而建的，以纪念这一历史事件，缅怀为自由献身的人们，呼吁珍视世界和平与自由。这座纪念碑通过新颖独特的构思，使参观者在用身心体验的过程中，领会到感人至深的意境。

该景观空间序列以诺曼底战役博物馆为前导，从博物馆走出，经由天桥，走下楼梯，穿过渡空间——一片由橡树、杉树、枫树和许多开花结果的树组成的树林后到达高潮——被草地环绕的广场；广场一直延伸到一个由粉红色和浅灰色花岗岩砌成的大石碗，碗中注满了水，不断地溢出，形成了小瀑布流入下面的水池中。参观者可以循着潺潺的水声，从石碗边的小路逐级而下，观看水花晶莹飘洒中的五彩斑斓、象征着美国52个州的石墙。其中穿过的树林象征美洲森林；绿草围绕的广场是大草原，延伸至水面的广场铺石是象征大西洋海岸的"大石碗"，这个过程正是美军士兵的进军路线。在广场和水面之间，有一行惠洛克的题字："我们祖国的心脏中流淌着为自由而献身的人们的鲜血。"注满水的石碗是抽象的双手捧着生命的流水，水静静地涌出、跌落，那时无数生命为了自由而奉献。不同于一般的纪念碑有着有形的实物，而是通过水在上下两个水池间的流动表达其思想内涵，借助于空间的渐进序列，产生逐渐深入的意境（图5.120、图5.121）。

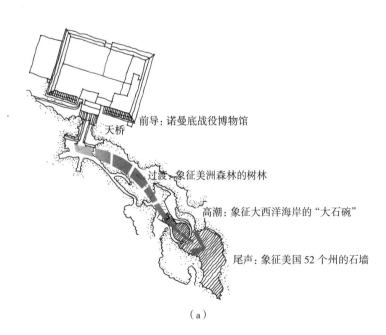

前导：诺曼底战役博物馆

天桥

过渡：象征美洲森林的树林

高潮：象征大西洋海岸的"大石碗"

尾声：象征美国52个州的石墙

（a）

（b）

（c）

图 5.120　法国诺曼底美军士兵纪念碑

图 5.121　法国诺曼底美军士兵纪念碑之水池

5.3.2　序列组织

空间在人的运动与感知过程中表现为连续的线性特征，景观空间的连续性决定人们对于空间特性的感知。因此景观空间不是单纯静态的三维空间，而是多维动态空间序列。四维空间是景观设计的出发点，即在三维的基础上加入时间因素而生成的空间。观者的立足点和视点可以在景观空间中自由变化。

空间序列需要人的流动方能体验，因此转化为园路的流线是设计空间序列的重要手段，通常有"串联""并联""辐射"三种基本模式。"串联"，闭合或开放的环状路线串联空间单元，景点、景区呈线性分布，表现为"链形"结构，串联可以是对称的也可以是非对称的；"并联"，有两条或两条以上的路线形成的空间格局，表现为"树形"结构；"辐射"，各空间环绕着一个或多个中心向周边发散布置。任何复杂的游赏程序一般皆可视作这几种基本组织模式的再组合和相互穿插。这种用景观节点与连线来描述结构关系的图示法被称为关系图解（图5.122）。

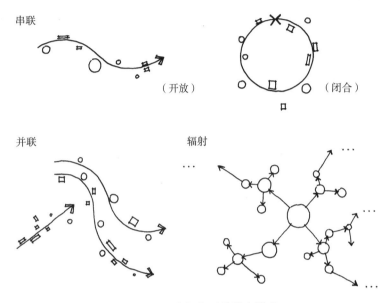

图 5.122　空间序列的基本模式

自由式应用颇为灵活，由于其空间方向多变，不似中轴式规则拘谨，空间序列富于变化，可广泛地运用于外部空间，如侵华日军南京大屠杀遇难同胞纪念馆外部空间序列便采取自由式布局（图5.123）。

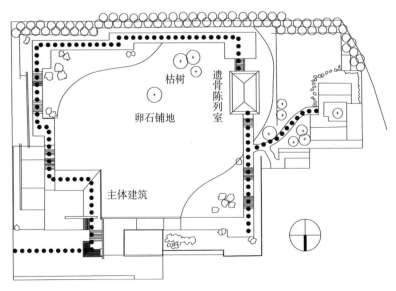

图 5.123　侵华日军南京大屠杀遇难同胞纪念馆外部空间序列

空间分割方法以表面分割（Surface Partition）和端点分割（Endpoint Partition）最为著名，它是在1995—1999年，由当时任教于佐治亚理工学院（GIT）的约翰·佩波尼斯（John Peponis）和吉恩·瓦因曼（Jean Wineman）等学者发展的一套新的空间构形分析方法。

他们认为，运动可以把复杂空间结构中的不同视点相互联系，并通过直接体验与抽象推理相结合，找回空间描述的操作基础。而人们在运动中感知到的空间信息一般是不连续的，于是人们会根据这种不连续性而把空间系统自然地划分为视觉感知的基本单元。空间分割就是找出这些空间单元的交界之处。佩波尼斯认为空间信息的不连续是由空间边界的不连续造成的，如墙角、墙的转折点、自由墙体的尽端等。他用这些不连续点将实体边界区分为不同的边，然后用"能否看到相同的边"来定义空间信息的基本单元，从而分清建筑实体的形式与空间构形之间的关系。

现代有机空间设计突出流动性，空间因此由静态转变为动态、间断转变为连续，这一理论在建筑设计中已被广泛运用。如密斯设计的巴塞罗那世界博览会德国馆（图5.124），是现代建筑运动早期的代表作品之一，其空间中几乎所有的界面都独立成片状，这些分离的界面模糊了空间的边界，使得各个空间相互融通、复杂而多义，称之为"流动空间"。

同样，景观空间的连续不仅是因为"路径"的存在而串联，而且是多种途径的综合效应，如空间的界面尤其是连续的竖向界面穿越不同的空间单元，相同或相近的空间母题在不同空间中重复出现等均可以有效地将单元衔接起来，形成空间序列。在解构主义的景观设计作品中，以屈米的拉·维莱特（Le Parc de la Villette）公园最为典型（图5.125）。解构的不稳定性被夸大了，突破传统的、和谐统一的美学法则，运用散乱、重构、突变、模糊等手法，形成混乱的时空体系，突出时间维度，强调空间不断重复与流动，所呈现的空间序列是多维度的。

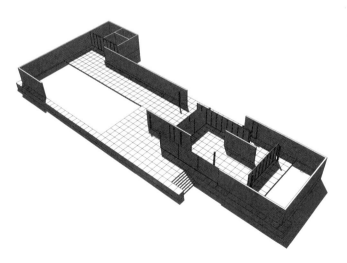

图5.124　巴塞罗那世博会德国馆

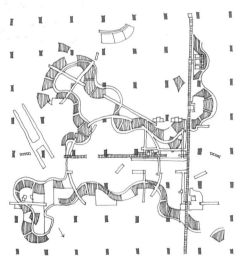

图5.125　拉·维莱特公园

5.3.3　空间节奏

美国景观设计大师威尔·柯蒂斯（Will Curtis）认为"节奏是景观设计最重要的一个因素。节奏赋予了景观生命、快乐和动感。节奏就是诗和音乐"。他以最吸引人的方法紧紧抓住了设计中的微妙特质。景观空间的节奏与运动感来自地形、植被和水体的相互关系，这些关系使设计充满整体感和方向感，并创造出各种印象深刻的画面。道路的设计、视角的构成、核心的位置、水平面的变化以及水和植物等要素的运动都能创造出对比,对比是任何设计中都最为重要的一个成分。

在景观设计中,设计师必须注意的第一要素是地平面,设计中的所有其他要素都受地平面的控制。从古埃及开始,传统庭园的地平面都是用矩形网格限定的。这就是说,庭园的场地被分开,隔成正方形或长方形。早期以这种方法设计的例子有古埃及人建造的正方形或长方形的泥墙建筑物,古波斯人建造的娱乐场所,古希腊人和古罗马人建造的柱廊庭园。这种结构在中世纪王国的拱形庭园和文艺复兴时期的宫廷以及欧洲的石头庭园中得到应用。无论是规则式,还是非规则式设计,平面构成都是景观设计的基础。现代使用网格结构的典范是由凯瑟琳·古斯塔夫森设计的"艾夫利人权广场"(图5.126),艾夫利是20世纪70年代在巴黎建造的5座新城之一。20世纪80年代晚期,艾夫利这座城市的人口已经达到8万人,因此,修建一个城市广场是当地政府的一个意愿,希望借此在快速增长的城市中营造一种统一感。

图5.126 巴黎艾夫利人权广场

古斯塔夫森同建筑师杰勒德·帕斯(Gerard Pas)合作,于1989年通过竞标,获得这块面积为1 hm² 的场地的设计权。竞标的组织者将"人权"确定为设计的基调。古斯塔夫森将广场设计为公共活动和私人活动的场所,能开展音乐、舞蹈和戏剧表演等活动。广场也是城市的平台,任何居民都可以发表言论。最后,广场还要成为朋友见面的好地方,有水声、植物和餐厅,并将庭园带入新兴的城市。通过降低广场的地平面,古斯塔夫森确定了一个范围,并从繁忙的交通路线中开辟出一片下沉的空间。广场被各种重要的公共建筑包围,由意大利籍瑞士建筑师马里奥·博塔(Mario Botta)设计的规模宏大的新圣卡比尼恩(Saint Corbinien)教堂是广场的中心。主要道路由灰白色的凯尔特(Celtic)花岗岩铺成,中间是白色的花岗岩。虽然有台阶和栏杆,但广场的结构仍是连续的。这些层级的变化反映在广场周围的每一个建筑上。例如,巨大的花岗岩楼梯直接通向地下停车场,与教堂的巨大拱形相呼应。作为当代杰出的设计师,古斯塔夫森改变了垂直与水平要素的传统分布,她对这些要素的组织方法反映了她自己的审美观和20世纪晚期的审美观。这些要素的位置安排决定着设计的节奏与运动感。

"巨龙盆地"是一个由绿色巴西花岗岩构成的巨大的抬高水池,长124.5 m,宽4.8—7.5 m。水池每边都有对角,以便同地面的框架结构形成重叠,并在广场一边的市政大厅、商会和广场另外一边的教堂之间创造出一种视觉连接的效果。与节奏有关的另外一个设计要点是将"巨龙盆地"分成两个部分,之间用广场台阶联系在一起。这是该设计在营造节奏和运动感方面表现最充分的地方,给人以美的享受。古斯塔夫森还在框架地面上设计了两个长方形,其中第一个长方形水体被称为"闪烁水池",喷泉的喷头露出水面,153个程控喷头可以垂直喷水;在水池边上有一个同样大小的长方形通道。"巨龙盆地""闪烁水池"和通道上的灯光,共同构成古斯塔夫森设计中节奏与运动的特色。

节奏和动感还大量出现在丹·凯利设计的达拉斯喷泉广场中。该广场位于达拉斯市中心,两侧紧邻繁忙的罗斯大道与费尔德大街,这两条街道之间有3.7 m的高差,场地条件使得设计师选择利用一系列大小变化的跌水来消除高差。广场总面积的70%被水覆盖,广阔的水面上是数以百计的树木和喷泉。喷水停止时,行人便可以自由穿行,440株柏树像列队的士兵整齐地排列在路旁或水中。水池随地形呈阶梯式布置,水池间形成了层层叠叠的瀑布。步行道由豆绿色石板铺成,部分与水面平齐,如同浮在水面。喷泉广场的设计彻底改变了人们对城市空间的感觉,设计要素蕴含了空间上的联系与暗示,有着有序的组合方式:广场中央的喷泉与四周的喷泉疏密不等;硬质铺地与环绕的水体相映成趣;借助于最基本的材料——水、树、混凝土创造出了一个奇妙的地方。

广场中清晰的网格结构、整齐排列的水杉树坛、高低跌落的水流与喷泉……无不体现了整个场地的节奏与动感(图5.127)。

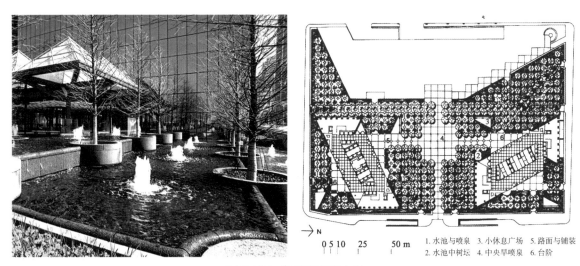

0 5 10 25   50 m
→ N

1. 水池与喷泉 3. 小休息广场 5. 路面与铺装
2. 水池中树坛 4. 中央旱喷泉 6. 台阶

图 5.127 达拉斯喷泉广场

由芬兰建筑师设计的匡溪中学教学区"终点"广场实质上为某"T"字形教学区的入口道路,它通过圆形广场、系列柱列和铜墙的组合,形成了一种与众不同的空间感。矮墙首先划分了主道路与一侧小路两大空间,由于尺度不高,其虽限定空间但不阻碍视线。

六根列柱形成的线性空间,将人的行为自然引向另一条交叉道路。在地面处理中,不同的空间采用了不同颜色的铺地,使人一目了然。同时,在主道路上设有一排圆形灯标志,既限定了车道,又丰富了地面。整个由曲线构成的广场充满了动势的感觉,或限定或指引,同时六个列柱按费波拉希数列向上递增,暗示着一种垂直扩张的动势,柱身颜色从黑向白逐渐过渡,至广场中心最强,从而增强了透视效果与导向性(图5.128)。

莱维广场占有四个街区,由三幢大厦围绕一个花园广场。其东面是风光旖旎的旧金山湾,西面是旧金山湾的山坡,上面有些住宅区。其建筑体量采用台阶式,与逐渐向旧金山湾倾斜下去的地形相适应, 大厦外墙面大量采用红砖。莱维广场被一条街道分为两个部分, 其中西部是规则的广场和喷泉, 广场铺地伸入建筑内部, 室外空间似乎也随之流入了室内。地面的交叉网格与建筑桁架呼应, 网格划分中的红砖与建筑色彩呼应。喷泉由一系列高低错落的种植池和水池组合而成, 水在各层之间跌落、流淌, 一条汀步引导人们参与其中, 哈普林正是充分运用了材料之间的联系与矛盾, 创造了丰富的层次感和节奏感(图 5.129)。

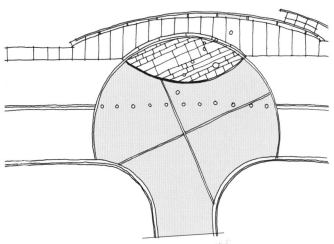

图 5.128　芬兰建筑师设计的匡溪中学教学区 "终点广场"

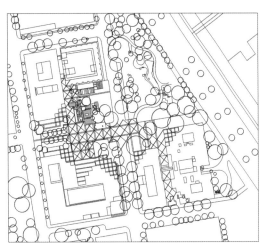

图 5.129　旧金山莱维广场

优秀的景观设计要注重把握序列构成、序列组织、空间节奏三者之间的关联。这种关联能够解决景观单元内部的关系。同理，将景观环境转换到建成环境，也能解释为什么有的城市空间看起来有序且有节奏感，而有的城市却显得凌乱。当今中国正在大力推行城市设计，城市设计相当于规划层面的功能分区，讲求单体建筑间的组合。然而，优秀的单体建筑拼接在一起却不一定能够构成良好的整体效果，个性太强的单体建筑组合反而会造成冲突。当然城市设计并不限于解决空间形态问题，如何利用既有环境、展示场地文脉、延续自然原有的肌理等都是城市设计应该考虑的问题。

5.4　景象的生成

地理学家把"景观"作为一个科学名词，定义为一种地表景象，或综合自然地理区，或是一种类型单位的通称。而"景象"在辞海中被定义为"情景，气象，从取景窗看到的景象"。通过上述的定义可以看出：第一，景象具有鲜明的物质性；第二，是一定区域、范围内景观的综合体现，具有整合性。

杨鸿勋著《中国古典造园艺术研究江南园林论》给"景象"定义："景象是一个空间的概念，其空间性表现为景象诸结构要素的并存关系，以及诸要素本身所固有的上下、左右、前后的广延性。景象同时也具有时间的属性，其时间性表现为景象诸要素的四季、晨昏、晴晦各形态的交替关系以及景象导引程序的先后持续性。"该定义指出景象为园林艺术的基本单元，景象要素是景象结构的物质基础，它可分为自然要素和人工要素两大类。自然要素为地表形态、植物、动物；人工要素为建筑物和一切建筑处理。景象诸要素遵循园林艺术规律，通过引导而组成景象；景象组合具备一定的实用功能，表达一定的思想感情，表现景观空间的整体面貌。同时景象也是可以分割的，是由若干景观要素和空间单元组合而成的整体形象。因此景象是超越于具体物象之上的，同时也具有一般物象的共性特征。

景象是由景观师创造的，是特定景观环境的整体形象，具有典型意义。而意象则是存在与审美者（包括设计者）的思维之中，是精神产物，两者是有严格的区别的。景象又是设计者审美意象的物化，从景观创作的过程来看，设计经历了由意象、景象、意境的深化与转化过程。其中的景象是景观空间完整的存在方式，它联系着形而下与形而上的两大领域。

对于景观设计，前三节讨论的是景观设计的各要素的应用。但正如只会单词却不一定能完整表达语句一样，必须将词汇、语法、遣词造句、习惯用法等加以组合，才能清晰地表达符合语言习惯的语句。设计源于构思，构思的要素是景象，正如画家作画前需"意在笔先、胸有成竹"。文脉是场所精神的重要组成部分，当代风景园林设计应该挖掘沉淀的历史，传承场所精神，充分发挥景观环境的地域特性，营造特色化的场所景观。例如校园景观设计中，不同的校园文化会产生不同的校园景观，而潜在的校园景观又影响着校园文化的表达。景象是设计师在对景观场所的形态与意义加以整合之后，推导得出对未来景观环境的整体形象。

比景象境界更高的是意境，意境不在于具体形态的营造而更着重状态的呈现。如拙政园中的"与谁同坐轩"通过"一亭、一凳、一茶几"蕴含了"清风、明月与我"的潜台词，使游赏者于意境中回味无穷（图5.130）。

景象是客观形成的，同时又需要人的感知，与意象不同，人们通过景观环境产生关联，感觉景观空间的单元与整体，从而实现对某一景观环境的整体认知。景观空间特征是构成景观的重要组成部分。

景观设计的目的是在游人与景观环境之间建立起适宜的关联，通过景观空间的塑造，给观者

图 5.130　苏州拙政园"与谁同坐轩"

留下深刻的印象，从而感动游人，实现放松心情、娱乐身心的景观价值。空间单元的建构以及不同单元空间的巧妙组合均是为了实现这一目标。单一景观空间的构图美、整体景观空间序列的空间都是为完整地、典型地反映景观空间的景象美。

5.4.1　空间单元的形态特征

每个空间的围合的形式、体量、色彩、质地等形态因素的强弱都会给人留下完全不同的感受，而形态特征的产生在于差异化、个性化。形式要素与周边的反差是产生特征的前提。人们通常以形式新颖对形式的个性化加以描述，便是指形式或不同要素之间组成关联的异常变化或特殊的结合方式，前者是指景观空间单元，后者侧重于空间序列的组织。差异化越强，其景观特征也就越鲜明。在环境中既要强调某一部分的特异化，也应避免与大环境相脱节。"量"的把握就是对于形式强度要有恰当的把握。所谓特性化强度是一个相对的概念，在与周边环境要素的比较中产生，过度地强调特异化往往会构成空间的混乱，适得其反。

如东南大学四牌楼校区的中轴线景观，相对于整个东南大学校区它是一个具有独立性格的空间单元：一条长长的甬道，两行枝叶繁茂的梧桐树，同时在轴线的尽端是一座近代的、古典主义风格的大礼堂，其景象是东南大学是一座受到近代教育思想影响、具有一定历史的高等学府的整体形象（图 5.131）。又如南京师范大学的仙林校区以及东南大学九龙湖校区，中轴线的尺度巨大，周围建筑形式新颖、造型活泼，置身其中，人们不再感受到历史的沧桑，取而代之，是一个充满活力的新校区形象。同样是校园景观中的一个空间单元，由于其性格的差异也就营造出了完全不同的整体景象。

图 5.131　南京东南大学四牌楼校区中轴线景观

又如一片纯粹的色叶园和一片混交林所呈现的景象也是完全不同的，混交林给人的印象就是模糊的、不单纯的；相反，纯粹的色叶园便具有非常鲜明的可识别性（图 5.132 至图 5.134）。

再如哈普林设计的旧金山贾士丁·荷曼广场（Justin Herman Plaza），广场上的元素很单一，一律是抽象扭曲的混凝土结构组件，通过随意的摆放营造出一种纯粹的氛围，使人联想到城市历史上的一次地震，给人以地震后的惨痛和震撼的景象（图 5.135）。

图 5.132　上海同济大学宿舍区的水杉林

图 5.133　额尔古纳白桦林景区

图 5.134　南京紫金山混交林

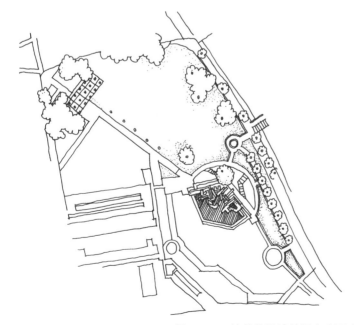

图 5.135　哈普林设计的旧金山贾士丁·荷曼广场

由场地媒体（Place Media）园林建筑师事务所宫城俊作所设计的日本兵库县植村直己纪念公园，是献给闻名世界的冒险家植村直己的。纪念公园中有一处很特别的景观，一条看起来似乎永远不到尽头的单向小径，轮廓鲜明地切入地面的裂缝，穿过建筑物，进而延伸到伸入池塘的观景平台上。这一极具个性化和差异化的空间单元让人不禁想起作为冒险家的植村直己对距离的挑战，同时也着力渲染了人们在面对大自然威力无比的力量时的惶恐感觉和人的尊严。到夜里，小径以黑暗中一脉亮光的形式明亮地呈现在人们跟前，象征着直面高深莫测的大自然的强烈意愿（图 5.136）［参见贝思出版有限公司．城市景观设计［M］．南昌：江西科学技术出版社，2002］。

同样，我国台湾国泰广场东侧的公共厕所及风雨回廊，采用钢构、玻璃、穿孔金属板及中空板等材质，成为公园广场的雕塑品和视觉焦点，亦为夜景和照明。将蛹之形态平切错开，表达"破蛹"而出，演化为蝴蝶"展翅"而飞的设计意图，以展现新生之现代感（图 5.137）［参见台湾建筑报导杂志社．台湾景观作品集［M］．天津：天津科学技术出版社，2002］。

图 5.136　日本兵库县植村直己纪念公园

图 5.137　我国台湾国泰广场

环秀山庄占地 2 179 m²，园景以山为主，池水辅之，建筑不多。园虽小，却极有气势。环秀山庄的设计师是清代的叠山大师和造园家戈裕良，他与同时期的造园家在创作理念和手法上均存在差异。造园家擅长描摹具象的事物，比如主峰和次峰等的形态变化，而在戈裕良的假山设计里没有峰,山体混沌一团,主山分前后两部分,其间有幽谷,荫山全用叠石构成,外形峭壁峰峦,内构为洞,后山临池水部分为湖石石壁,与前山之间留有仅 1 m 左右的距离内,构成洞谷,谷高 5 m 左右。主峰高 7.2 m,洞谷约 12 m,山径长 60 m 余,盘旋上下,所见皆危岩峭壁,峡谷栈道,石室飞梁,溪涧洞穴,如高路入云,气象万千。设计通过对比关系拉近视距来产生山体感,游览结束后有身处深山峡谷之感,让人回味无穷,此将"流而为川,滞而为陵"这种中国人对山水的理解表达得淋漓尽致。从东汉末到南北朝,古人一直认为山川是自然界混沌气化的结果,气在流动的时候成为江河,停滞后形成了山丘。环秀山庄的精妙不仅在于其高超的技艺,更在于其文化意蕴的表达。环秀山庄掇山理水的成功在于把握了山水之"道"。以西北之"飞雪泉"为源曲折东南,首"滞"形成了"问泉亭"小岛,分流东西,再"滞"构成了假山主体,东线又分流为二,一支穿山渡洞直抵东南,另一支则转向西流,与首次分流出的西线汇聚成开阔的水面,水流渐收向东,抵山石而止。水有源,山有脉,比较完整地表现了山水景观的外部特征,而且也体现了山水之"道",所以环秀山庄的成就不仅仅是假山上乘,而且堪称山水佳构,"技"冠苏州诸园(图 5.138)。

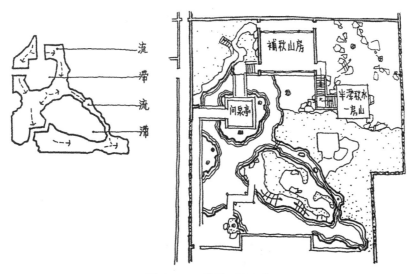

图 5.138　苏州环秀山庄

　　景象是设计者根据环境条件结合所希望创造的整体形态,由于设计者立意的不同,场所本身的差异,由此生成了千差万别的景象。

　　扬中滨江公园位于扬中市区南部,毗邻长江,用地呈狭长的带状,占地面积约 21 hm^2。由于原工业堆场、沙石码头等人工设施的长期扰动,造成了滨江岸线生态条件的恶化。设计致力于恢复和优化沿江生态岸线和滨水环境,满足现代高品质的滨江生活要求,展现滨江地段的生态与人文魅力。

　　遵循生态修复的方法,设计对场所环境进行有序的引导性修复,满足人们欣赏江滨、回归自然的愿望。同时,选择性地保留与彰显了场所记忆,赋予滨江岸线新的活力。设计注重场所记忆的响应与表达,园内构筑物的设计力求简洁、明快。"迎江阁"构思取意于"春江水暖鸭先知";游船码头的创作灵感源于"鹤立江滩",以唤起人们对旧时船坞、吊车的记忆;作为湿地科普馆的"望江台"状如螺壳,极具形式感且满足了科普展示的空间及流线需求(图 5.139)。

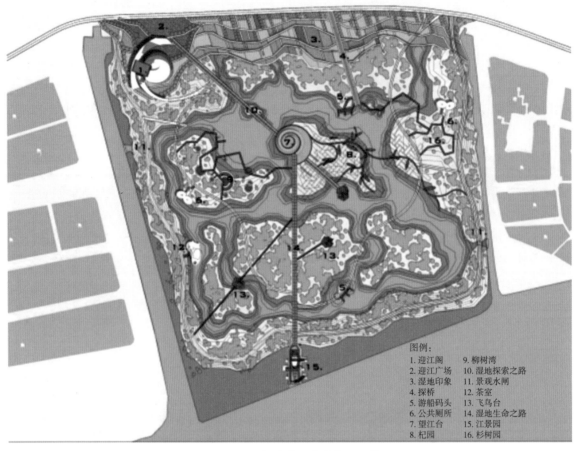

图例：
1. 迎江阁　　　　9. 柳树湾
2. 迎江广场　　　10. 湿地探索之路
3. 湿地印象　　　11. 景观水闸
4. 探桥　　　　　12. 茶室
5. 游船码头　　　13. 飞鸟台
6. 公共厕所　　　14. 湿地生命之路
7. 望江台　　　　15. 江景园
8. 杞园　　　　　16. 杉树园

图 5.139a　扬中滨江公园总平面图

图 5.139b　扬中滨江公园建成实景

5.4.2　空间的整体性特征

　　人们对于某一环境的整体概念来自不同的典型的景观空间与节点，然而所生成的总体印象却不再是个体的、孤立的，而是整体的、综合的印象。譬如南京玄武湖公园（图 5.140），其个性化的空间特征在于五洲及其相连的堤岸、洲岛，东南两侧界面与山体有着紧密衔接的山水园。由此，玄武湖给人的总体景象的基本特征是"山水与洲屿"，其中特异化的景象要素决定景观环境的整体特性。同样对于中山陵的感知除去山林以外，孙中山先生的陵园（图 5.141）、朱元璋的孝陵等信息量大、景观特异化强度高的重要组成部分决定着整个风景区的景象特征。

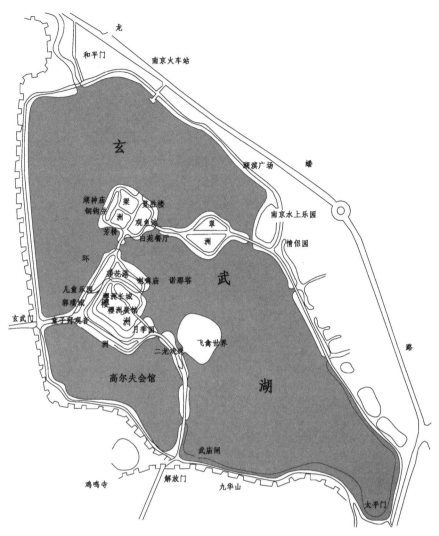

图 5.140　南京玄武湖公园

图 5.141　孙中山先生的陵园

众所周知，紫禁城和四合院是北京城的代表，在以往的等级社会中，它们被高耸的红墙截然分开。今天，随着多元、开放、平等、和谐时代的到来，红墙的禁止功能被交流功能所取代，这条难以逾越的边界开放了，宫城禁地和民间胡同相互融合，这就是奥林匹克公园里诞生出的新地域景观——开放的紫禁城，并设有 7 个院落：

1 号院，御道宫门表现了城市开门的宏大场景；

2 号院，古木花厅拉近了人的尺度，让人体验地方民居文化；

3 号院，礼乐重门使人从礼乐活动中感受中国古老的文明；

4、5 号院，穿越瀛洲在穿越隧道的前后过程中体会绿色瀛洲；

6 号院，合院谐趣展现了四合院作为公共活动空间的热闹场景；

7 号院，水印长天刻画了皇家园林中的传统运动场面。

虽然 7 个院落从不同的角度对中国的传统文化进行诠释，但仍呈现给人以传统基础上创新的整体、综合的印象。开放的紫禁城既保留了北京原有的意象，又通过红墙、灰墙重构了全新的动态空间，使人从这个新的场所中体验中国的传统文化。它是一条线索，从南到北贯穿了下沉花园；它是一个载体，自始至终承载着厚重的文化；它更是一条纽带，连通了历史与未来（图 5.142）[参见邵伟平，陈淑慧，刘宇光，等. 开放的紫禁城：奥运中心区下沉花园及中国元素主题设计[J]. 建筑创作，2008（8）：34-35]。

美国华盛顿州西雅图市的理麦恩巴兰司公园，位于拜拿劳亚交响乐演奏厅的场地范围内，是为 1941 年以后美国参与的战争中，从华盛顿州出来服役的超过 8 000 人的战亡者举行追悼的纪念场所。庭院采用石、水和土生植物等自然元素。庭院内所有的地方都使用水，与起源、再生、生命循环的思想相符。在日照最好的地方，建立了刻有战亡者姓名的石碑，脚下流淌着的水是对过去事情象征性的表现。该场所已渗透到人们的日常生活中，与音乐厅一起，让本已忘却的记忆，突然在听到音乐的瞬间苏醒。水景、水声、摇曳的树叶、刻在花岗岩上的名字，都与音乐同样，勾起人们对亲人的思念和对过去的追忆，所有这些共同营造了公园的景象特征（图 5.143）[参见罗伯特·村濑. 理麦恩巴兰司公园，西雅图，拜拿劳亚交响乐演奏厅纪念庭院[J]. 景观设计，2003（4）：页码不详]。

由于立意、表达手法的不同，相同或相似的主题可以生成迥异的景象，同时带给人们完全不同的空间感受。譬如，同样是表达对逝者的纪念，以下几个墓园设计（图 5.144）由于设计者创作手法、表达方式的不同而带给人们不一样的景象和空间感受。

（1）邓丽君墓园

墓园右侧的点歌台、钢琴雕塑、五线谱栏杆等等这些别具匠心的景观节点都是对邓丽君生前作为歌者身份的回忆，而左侧一尊面带微笑的邓丽君雕像矗立在花丛中，永远地定格在邓丽君最美的时刻，走向深处，邓丽君的棺木静静地卧在广袤的大自然怀抱中。由此，在墓园的纵轴线上无形地生成一条"生死线"。

图 5.142　北京奥运中心区下沉花园及中国元素主题设计

图 5.143　华盛顿州理麦恩巴兰司公园

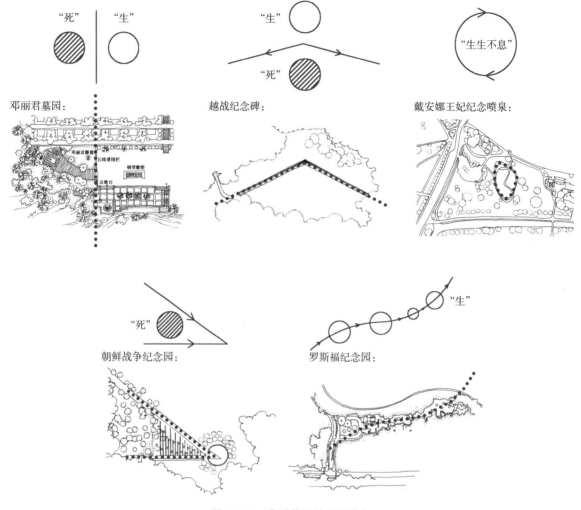

图 5.144　典型墓园的不同景象

（2）越战纪念碑

在林璎（Maya Lin）设计的越战纪念碑中，刻着逝者姓名的黑色花岗岩和逐级下沉的坡道，使人们感到莫名的伤感与哀愁，迷惘与失落；而在越战纪念碑的对面却是郁郁葱葱的树丛，一片欣欣向荣，展现出生的希望，对比之下，不禁让人生发出对"生—死""成—败""对—错"，"此岸—彼岸"的丰富思绪与感怀。

（3）戴安娜王妃纪念喷泉

戴安娜王妃纪念喷泉通过一条项链式的喷泉水系来表现戴安娜王妃的优雅和亲切，设计师的这一构思源于戴安娜那深受人们爱戴的诸多品质和个性，如她的包容、博爱。她既愿意伸出双手，为那些有需要的人们提供帮助；同时她又是一个单独的个体，具有自己隐忍而独立的一面。喷泉的设计就是为了要反映这样的两个概念：既能够向外自由喷射又能够自如地回收，充满了生机、活力和感性。戴安娜王妃虽然离开了，但是她的精神和品质却永存于人们的心中。

（4）朝鲜战争纪念园

整个纪念园设计基调是低沉的，纪念碑采用具象的表现方式，19 位栩栩如生的士兵塑像散布在草地上，士兵的表情和行动暗含了战争的艰苦和无望的结局，极具震撼力。同时朝鲜战争纪念碑黑色墙壁两侧刻着两千余名阵亡将士照片，时隐时现。基座上的雕塑刻有美国拼凑起来的所谓联合国军 15 个国名和三组阵亡、伤残、战俘数字，均精确到个位。置身其中，仿佛又回到了朝鲜战场，所有的这些景象似乎都永远地定格在历史上那惨痛的一幕。

（5）罗斯福纪念园

纪念园以"为体验而设计"为构思，以从入口向内按时间先后顺序展开的四个主要空间及其过渡空间来表达，这四个空间既是对罗斯福总统长达 12 年任期的叙述，也是对四个自由（就业自由、言论自由、宗教信仰自由和免于恐惧自由）的纪念。纪念园是一个水平展开的，由一系列叙事般的空间组成的纪念场地。它以一种近乎平凡的手法向我们还原了一位真实、亲切的总统形象，给人们留下了一个值得纪念的、难忘的空间。

凡此种种，不一而足。纪念的景象可以是悲哀的，也可以是欢愉的；可以是表现生死之别，也可以是周而复始的轮回。因此，同样的主题可以因设计手法的不同而导致千变万化的景象（图 5.144）。

5.4.3　景象"图"与"底"

弗朗西斯·D.K. 钦在《建筑：形式·空间和秩序》中指出，"我们的视野通常是由形形色色的要素、不同形状、尺寸及色彩的题材组成的。为了更好地理解一个景观的结构，我们总要把要素组织在正、负两个对立的组别里：我们把图形当成正的要素，称之为'形'（figure），把图形的背底当成负的要素，称之为'底'（background）"。

对于空间特异性的探讨，离不开特定的空间单元的要素，同样也离不开这些要素存在的环境。特异化的前提在于有一个"均质"的背景环境，即"底"。在景观设计中"底"不仅要占据大部分的空间，而且其需要加以特化处理：削弱其特异化程度，突出均质化，所谓"万绿丛中一点红"，其间不仅有"量的比例"，更有形式特征上的强对比、反差；相对于背景而言，景观节点"体量"宜小，但形态要素如色彩、造型、构图等则均应与背景产生差异，从而拉开"图"与"底"的距离，进而使图形（图）在背景（底）的衬托下更清晰地表现出来，凸显景象特征。

南京古刹之一的鸡鸣寺位于鸡笼山东麓山阜上，周围是绵软的山体和平直的城墙共同构成的"均质"背景环境，而鸡鸣寺依山就势形成巨大的竖向高差变化，使其建筑天际线突出于均质的背景环境而成为"图"，以此形成强烈的图底关系，形成祥和、高远的景象特征，成为南京鸡笼山台城段具有鲜明特色的典型景观（图 5.145）。

又如美国的帕欣广场（Pershing Square），从远处看，广场中有两个亮紫色的形体特别突出——高耸的塔和平展的墙。高塔顶部的开口中嵌入一个醒目的球体，它和散落在广场平面上的其他几个球体一样，均为石榴的颜色。广场内泥土色的铺地和绿色的草坪，又与紧邻广场的餐厅外墙鲜亮的黄色形成对比。广场中钟楼和水渠的形式体现出对地中海传统符号的拷贝，设计中鲜黄、土黄、橘黄、紫色、桃红等墨西哥地方色彩的运用，使其突出于周

图 5.145　南京鸡鸣寺

图 5.146　美国帕欣广场

围均质化的城市建筑背景，产生巨大的差异。由此，帕欣广场以丰富的、个性鲜明的色彩反映出洛杉矶城的西班牙血统及城市的多民族特征（图 5.146）。

在诸多历史片段保留的地段，由于其时间上的跨越和内容上的巨大差异，"图"与"底"的对比关系表现得尤为强烈。这类似于文学中的插叙手法，形成一种历史性的闪回，给人以震撼感。如获 2000 年中国台湾建筑奖的新竹东门广场改造中，展现了出土古桥墩的清朝、日据、民国三代合一的历史断面，所有这些都包含在一个椭圆的广场中，如同一个印章刻在新竹的城市中心区域（图 5.147）。

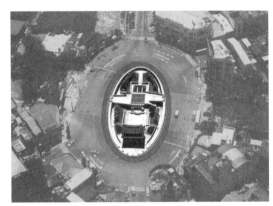

图 5.147　中国台湾新竹东门广场

5.4.4　文化特征的彰显

随着科学技术日益发展，传统的风景园林专业知识体系和基本内涵以及当代社会需求都发生了变革。中国文化是人类社会的重要组成部分，对文明的传承和发扬具有深远意义。崇尚自然讲求的是人与自然的和谐统一，与现代园林的发展方向相吻合。人类与自然长期共存，其生命活动本能地与自然相互联通。现代人对园林的感受已由单纯的艺术欣赏转为对园林物质空间与场所精神的双重享受。

此外，园林与文学相结合创造了"寓情于景""情景交融"的园林境界。园林中的一景一物都表现了人的情感。"常倚曲栏贪看水，不安四壁怕遮山""小红桥外小红亭，小红亭畔，高柳万蝉鸣""月来满地水，云起一天山"……典型的中国园林表现出浪漫飘逸、恬静淡雅的文化意蕴。因此，我们需要从中国古代文人思想和博大精深的哲理中挖掘精华并运用于设计实践中，从而创造出具有东方韵味的现代园林景观。

苏州槛园的设计探索和创造了一座既现代又具有传统文脉的苏州园林。建筑设计提出"蚀"

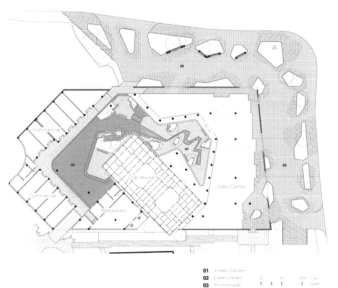

图 5.148a 苏州樾园总平面

的概念——建筑就像一个太湖石的片段，被时光腐蚀出一个个空间。景观设计延续了建筑的概念，在建筑的基础上有更深层次的思考。"逝者若斯夫，不舍昼夜"，时间像水一样不停地流逝，一去不复返。历史的长河滚滚前流，时间又会留下独特的印记。苏州园林的标志性元素太湖石就是水和时间留下来的印记。考虑到场地独特的地理位置，景观设计确定在内庭院通过水景来表达时间这一主题：泉水从石台上安静地溢出，汇成一条小溪，小溪蜿蜒流过庭院，时浅时深，时宽时窄，最后汇入一个池塘。小溪的独特设计可以让人感受到时光在石材上雕刻的印记。

主庭院分为溪院和水院两部分。水溪以精致的水台涌泉为源头，经过"侵蚀"曲水流觞注入水院中，溪水下游的叠石如被溪流冲刷一般与种植结合在一起形成了入口对景雕塑。总体来看，溪院以简洁的硬质铺装为主，曲水流觞蜿蜒穿梭在疏影婆娑树林当中，泉水汩汩声萦绕在其中，这些都营造出场地的静谧氛围；水院以池塘为主，静谧的水面和建筑交相辉映（图 5.148）。

东西方对待文化的态度不同，如意大利罗马随处可见历史遗留的残垣断壁，被认为是古代历史的印记；而东方追求完整，古城

图 5.148b 苏州樾园实景图

修复大多力求修旧如旧。不论是其本身遗存的文化，还是衍生的文化，东方人崇尚基于场所的文化。此外，设计中加入文化要素时需要慎重，只有将设计与客观存在产生关联，将设计目标与使用人群产生关联，才能让文化要素充分显现。

　　香港百子里公园是孙中山史迹径一部分，隐蔽的辅仁文社（书报社、清末中华爱国互助改进会）曾设社于此。百子里公园也是辛亥革命分子的"秘密基地"，有多个出入口，是利于革命党员通过议政集会处的机密地点，是"中国革命的起源"之地，具有极为丰富的历史人文意义。公园主要由三区组成，包括仿古特色亭、历史展览回廊及革命历史探知园。由于临近辅仁文社的旧有聚集地点，所以希望通过设计布局重塑百子里当年的城市空间及革命精神，多样化的展览品及展示区设计，并提供一条连续流线以便游人感受公园的独特之处，亦为整个空间营造出地方特色（图5.149）。

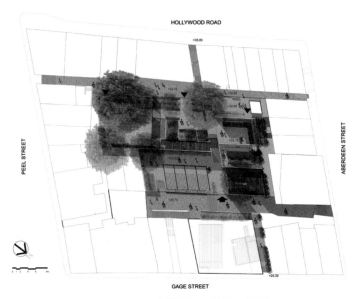

图 5.149a　香港百子里公园平面图

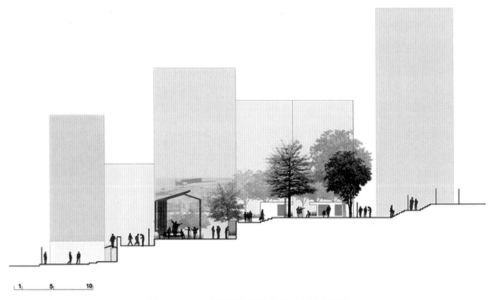

图 5.149b　香港百子里公园地形剖面图

图 5.149c　香港百子里公园实景效果图

南京市牛首山北部风景区万象更新广场内文化资源丰富，牛首山作为禅宗牛头宗的发源地，以禅文化为该景区主题，同时配合"打造世界禅文化中心"需要，配套建设有进香文化廊道、佛教禅宗文化、佛教园林与建筑、素食茶室等特色文化游憩项目。其设计思路为："万象"，代表色（物质），体现象、万物、光（设计元素为大象、生命元素、背光）；"更新"，代表空（思想），体现禅宗、宇宙运行、轮回（设计元素为禅宗故事时刻、经幢、法轮、莲花）（图 5.150）。

设计在充分理解传统文化的基础上寻求新的表现手法，以现代审美的全新视点去审视传统文化，在满足使用需求的同时，将传统文化元素与现代设计手法相结合，让传统元素在现代设计中得到更新和拓展。

坚持传承与创新辩证统一的思想能够保持园林的文化特征与优势。以创新的观念、技术和表达方式来适应社会及园林艺术的嬗变是中国风景园林发展的必由之路。现代景园设计的意义在于景观环境的构建与重组，包含着"三种秩序与两个层面"，其中文化作为两大层面之一对于现代景园设计具有重要意义：一方面是传承场所固有的历史文化积淀；另一方面是在传承的基础上，创新与发展符合时代精神的场所文化。因此场所文脉是场所不断发展的历史积淀，也是场所特色创造的缘起。

文化在景园设计中，有着不同的形式与内涵，因此其表达方式多种多样，主要分为以下三种：

（1）现实表现。中国传统文化的现实表现有：古人的雕塑、典故场景；设计中蜿蜒的道路、跌水、假山、生态风貌的延续等；儒学尊老爱幼思想影响下的人性化景观设计，如祥云、中国结、丝绸、古建筑……这些都以其独特的形式和色彩体现在现代造景艺术中。将传统文化元素应用于现代设计中要与本土文化元素有机结合，创造出具有生命力的民族文化。深圳仙湖植物园"巧于因借""因境成景"，建有别有洞天、芦汀乡渡、两宜亭、玉带桥、龙尊塔、揽胜亭等十几处景点，将自然与人文景观交融一体，体现"运心无尽、精益求精"的境界；同时，创造性地将岭南文

（a）背光　　　　　　　（b）生命元素　　　　　　　（c）大象

（d）莲花　　　（e）法轮　　　（f）禅宗故事　　　（g）经幢

（h）万象更新实景图

图 5.150　南京牛首山北部风景区万象更新广场

化和园林艺术融汇于自然山水和植物景观之中，使植物园的科学内涵与市民的游憩功能得到恰
当的融合与表达（图 5.151）。

　　美国加利福尼亚州努埃瓦小学的景观用材经过精心挑选，展现了这块土地的记忆，体现该项
目的可持续理念。设计团队认识到有必要将这片区域长势很差的和有病害的柏树进行移除。同
时设计者在水泥带上刻上了橡树叶、悬铃木、大叶枫等能够在周围树林里可以找到的植物种类。
这种刻印丰富了广场的铺装，同时将周围树林的植物元素融入到校园景观中（图 5.152）。

图 5.151　深圳仙湖植物园

图 5.152a　美国加利福尼亚州努埃瓦小学鸟瞰图

图 5.152b　努埃瓦小学铺装详图

（2）抽象表现。抽象提炼传统文化的内涵，将传统文化元素进行现代化的抽象表达，以表现传统的文化精神，如"岁寒三友""花中四君子"等通过植物拟人化表现，从单纯的植物形态景观上升到精神层面。现代景园设计中的"文化"不是单纯人文意义的"文化"，而是自然与文化的桥梁，集中体现了文化景观的核心价值（图 5.153）。

以德国犹太人大屠杀遇难者纪念广场为例。就如设计师本人的形容"犹如走在一片均匀的田野上"，安置在场地内的 2 711 个混凝土柱墩，象征着被屠杀犹太人的墓碑，整个基地采用开放形式，外围不设防，人们可以从四面八方进入纪念碑内并任意穿行、走在象征墓碑的混凝土柱墩旁边。混凝土柱墩群的面积庞大，且呈现同一的形式特征，所以当参观者面对这片区域时，需要主动选择出入口，其中高低不平的路面还可使人产生一种不安感。越到场地的中心，地面下陷得越厉害，混凝土柱墩显得也越高，人在其中的孤立感越强。设计师放弃了传统纪念碑设计概念，放弃了使用象征符号。巨大众多的石墩营造了凝重的空间感，被抽象化甚至美化了的石墩群，背后隐含了深深的沉重。犹太人的埋葬习俗是不断地把新的墓碑叠加到旧的墓碑上面，因此这座纪念广场在总体形势上像一个犹太人的墓园（图5.154）。

图 5.153a　岁寒三友

图 5.153b　花中四君子

图 5.154a　德国犹太人大屠杀遇难者纪念广场卫星影像

图 5.154b　德国犹太人大屠杀遇难者纪念广场鸟瞰图

图 5.154c　德国犹太人大屠杀遇难者纪念广场实景图

南京紫清湖鳄鱼馆景观建筑设计的策略为：将建筑的主要功能与造型相结合，造型取意"远古而又神秘的生命"。理念一：因势随形，表达概念。建筑设计依势营建，造型力求简洁，建筑体块沿湖展开，富有动势。建筑屋面由南向北曲折升起，仿佛"晒太阳的鳄鱼"。理念二：对话自然，丰富细部。建筑外墙采用现浇波浪状清水混凝土，外立面设置连续的折线形无框长窗，强烈的虚实对比强化了建筑的体块动势与神秘感（图5.155）。

（3）意境表现。意境强调景观空间环境的精神属性，通过结合不同感官（视觉、听觉、嗅觉、触觉、味觉）的综合感知营造场所精神，传承场地文脉。

侵华日军南京大屠杀遇难同胞纪念馆所处的基地之中，惨绝人寰的杀戮、无辜遇难者的悲愤、深埋于地下的累累白骨构成了场所文脉精神中最突出的内容。设计采用围墙、卵石、枯树、水影、烛光、雕塑等特有的建筑元素和黑白灰三种颜色的色彩控制，努力寻找适宜的形式来对这

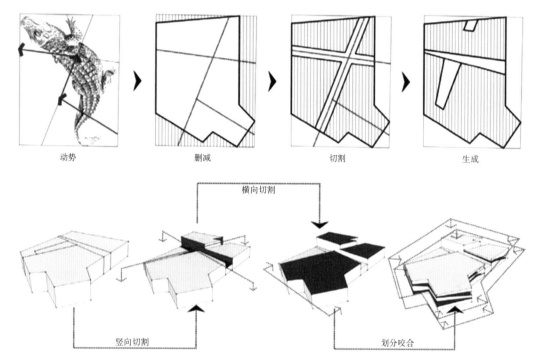

图5.155a　紫清湖鳄鱼馆体块生成分析

图5.155b　紫清湖鳄鱼馆景观建筑设计图

图5.155c　紫清湖鳄鱼馆景观建筑实景图

一特殊的场所精神加以恰如其分地表达，形成"大象无形，大音希声"的意境。场地内粗质的卵石堆积，让人联想受难同胞累累的白骨；悬挂的警钟敲响在人们心头；冥思厅内，由镜面花岗岩贴面构成了一个深沉的发人深思的悼念环境，随着滴答的读秒声，每隔12秒就会有一声水滴滴落的声音，意味着30多万同胞在六个星期内每隔12秒就会有一条生命消失（图5.156）。

图5.155d　紫清湖鳄鱼馆景观建筑实景图

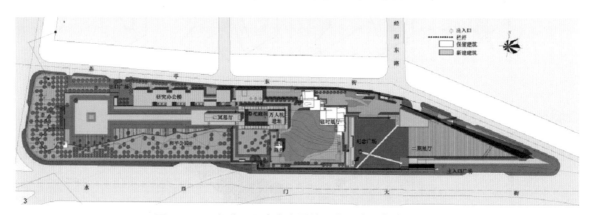

图5.156a　侵华日军南京大屠杀遇难同胞纪念馆平面图

图5.156b　侵华日军南京大屠杀遇难
同胞纪念馆警世钟

图5.156c　侵华日军南京大屠杀遇难同胞纪念馆卵石

图 5.156d　侵华日军南京大屠杀遇难同胞纪念馆冥思厅"12 秒水滴"

又如以色列艺术家马纳舍·卡迪希曼（Mesnashe Kadishman）在德国柏林犹太人大屠杀遇难者纪念馆的悼念室用 3 cm 厚的钢制作了一万个不同的、粗糙的、象征性的、双眼和嘴都打开的面孔，铺满整个地面。人走在上面的声音如同脚镣声，配合远处的银色墙面感觉像没有尽头，引发参观者极度的心灵震撼。这种通过人的参与产生的声音引发更为强烈的冲击感（图 5.157）。

图 5.157　德国柏林犹太人大屠杀遇难者纪念馆实景图

景园设计的文化传承外在表现于文化元素的传承，内在表现于设计思想的延续。

（1）文化元素的传承。通过解读场所的"记忆"，包括"历史"与"现在"两个时间段。在此基础上通过建构新的场所与空间秩序，满足大众在外部空间中的使用要求，同时应就场所中积淀的文化加以表现并据此形成特色。北京的798艺术区经过十多年的发展历程，工厂建筑已变身成新型博物馆、画廊和咖啡馆；从前不起眼的庭院和空地也化作户外雕塑和时装展览或举办形形色色活动的场地。设计强调将艺术作为该区的重要主题，保留其本质的工业历史美感，鼓励融入各种与艺术有关的或现代的利用方式（图5.158）。

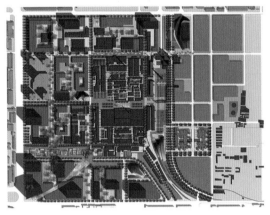

图5.158a　北京798艺术区平面图

图5.158b　北京798艺术区鸟瞰图

图5.158c　北京798艺术区效果图

（2）设计思想的延续。不同历史时期随着自然环境、政治经济、意识形态、社会生活等因素的不断发展变化，园林风格也在不断演变。风格并非单纯指艺术品的形式，而是内容与形式的辩证统一。艺术风格因作者的个人阅历、审美情趣等因素产生差别，也因时代不同而产生差别。中国园林的风格从先秦时期的朴素粗犷、富有野趣，到秦汉皇家苑囿的"珍物罗生，焕若仙境"；从魏晋南北朝时期的"植林开涧，有若自然"，到宋明两朝的"筑山竣池，诗情画意"，再到明清时期的"曲折变化，形式精巧"，中国园林的设计哲学在漫长的历史时期中，经过多次演变而逐渐发展成熟并延续至今。虽然各个时期风格不同，园林艺术也在不断变化，但是创造美好的生存环境，从而满足人与自然融合协调的需求，始终是人类追求的理想，并构成了全人类共同向往的园林形象——情感回归的乐园、人类远离自然后的物质补偿与精神依托。中国园林天人合一、顺应自然、讲究天人和谐的设计思想始终一脉相承。

6 景观设计思维与表达

景观空间是利用自然和人工营造共同构成的有意义的系统。在多因子的共同作用下，景观空间具有超越实体与空间之上的意义。囿于设计手段，传统的景观设计往往存在设计与表达的分离问题，随着计算机等技术的引入，虚拟现实不仅带来新的设计手段和研究方法革命，更在设计构思与预期成果之间架起桥梁，景观设计与表达的分裂状态趋于整合，具有交互性特征：一方面设计思维包括生态、行为、空间及意境等不同层面，必须在同一时间、空间内解决上述四个主要方面的问题，具有多目标的要求，交叉、统一、协调是不可或缺的环节；另一方面，设计过程中两维与三维之间也存在着生成与转换的过程，此外，形式与意义之间也有着相关性。

景观作品之所以能感动人，首先是通过视觉对心灵感受而产生了一种形式感受。所以，在设计形式中，空间"美"、意境"美"是景观艺术的本质。在一切设计形式中美学已成为一个独立的范畴，审美是全人类共存的主题，并且只有在形式之中才能有"美"的实现。景观设计是集创造、再现、发现于一体的整合过程。设计的本质就是一种探寻，没有最好只有更好，设计的完善过程也是无止境的。景观空间是"载体"而非"本体"，人为的景观空间是有意味的空间，所以营造悦目的空间远非景观设计的全部，通过对于"形而上"的追求，营造超越空间之外的意境，从而增强景观空间的表现力和感染力。中国传统的自然观以及在此引导下生成的园林，不仅仅有着自然和谐的空间环境，更蕴涵着天人合一的和谐理念。

6.1 景观设计思维

景观设计过程是一种高级而复杂的思维活动，它运用自然、人文、工程、技术等综合知识、技巧解决环境与空间问题，同时创造出新的空间秩序与意义，是一种高级的创造性活动。景观设计中空间、行为、美观、生态、技术等都是影响景观设计的关键因素，设计思维活动不应单纯依据某一要素加以发展，而忽略多因子的综合作用。不仅如此，景观作品不是孤立地存在，场地和环境同样是决定设计形式的主要因素，脱离了环境与背景去研究景观甚至有可能会产生消极的影响。设计思维的深度与广度主要依托设计师的实践经验，是个人长期积累和创造的结果；同时也与个人的直觉、灵感、洞察力、价值观和心智模式等紧密相关。通常设计经验带有主观性、随意性和模糊性，将这类知识概念化地表示出来是知识建模的难点和关键，也是进行知识管理与设计创新的基础和源泉。同时思维方式也反映一个民族的哲学和文化传统并决定该民族的语言表达方式（图 6.1）。

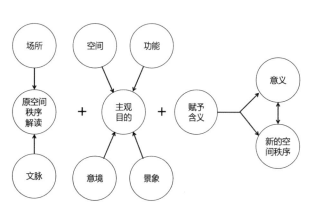

图 6.1 景观设计思维过程

6.1.1 景观设计思维的特征

心理学家巴特利特（Bartlett）认为："思维本身就是一种高级、复杂的技能。"而大凡技能的掌握均是可以通过训练得以实现的，景观设计师通过掌握创造性思维的形式、特征、表现与训练方法，进行科学的思维训练，从思维方法上形成系统的、全面的、富有创新的定式，并贯彻于具体的设计实践中，以此培养设计师的创新意识，突破固有的思维模式，提高设计师的创新构思能力，增强设计中的创造性，走出一味模仿、无创意的泥潭。创造性思维是一种有意识、自觉的思维形式，是有目的的创造性想象，也是为解决问题所作的反复、连续的思考。

设计思维的建立是方法论的基础，而设计表达则是解决问题的手段。景观设计思维是一种复合型思维，具有理性与感性交织的特征，设计的目标使得环境的分析与认知过程具有理性特征，而景观作为美的境域，其形式、空间、意境美的营造又具有鲜明的感性特征。因此设计实践中把握景观设计思维的基本规律，可以实现景观设计的多种目标。

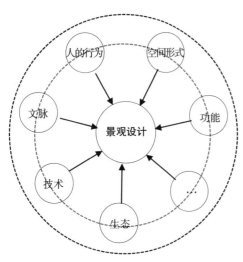

图6.2 "多样性"与"整体性"的统一

1）景观设计思维的复合性

设计的目的是解决问题，而发现问题又是解决问题的前提。客观、全面地分析待建场所，生成解决问题的基本思路，进而将设计思维引向深入。对景观环境的研究包含对生境、功能、空间形态等因素的全方位分析，其中人的行为、空间形式、生态等技术层面问题的研究，缺一不可，静态地就某一层面的研究无法建构具有多重意义的景观空间环境（图6.2）。因此认知场所存在的规律，景观设计需要面对有机体、无机体、功能、空间、意境等多重要求。不同的问题需要在不同层面加以解决，笼统地面对多因子无疑增加了解决问题的难度。

景观设计虽然综合性较强，但其思维过程大致上可表述如下：环境分析—科学判断—权衡取舍—整合决策—艺术表现，是一个由理性到感性的过程。

景观设计思维需要达成"多样性"与"整体性"的统一。中国传统的造园思维方式是建立在"天人合一"整体性思维的基础之上，景观要素（包括自然与人文）均为和谐的整体，注重整体和谐的系统自然观与造园观，具有"取象比类"整体性思维特征，而所采用的造园方法又以"中和"为本 [参见成玉宁.中国古典造园之"法"[J].造园学报，1993（1）：页码不详]。

2）景观设计思维的创造性

景观设计具有创造性的思维特征，而"特异、新颖"是创造性思维的基本特征。开创性思维是一种具有全新或创造意义的思维。创新有时是一件极难的事，有时又好像极为简单。就创造的本质而言，并非简单地寻求与众不同，而是需要以多方面的研究为基础，创造性地发现场所固有的规律与特征，巧妙地将不同层面的问题统筹处理；需要培养景观师的敏锐洞察力和灵活的设计策略，从这个意义上讲，所谓创造即发现、判断与重组的过程。

景观设计中，所谓思维的"创造性"，并非天马行空、灵感突现，而是在研究景观环境中人的潜在行为、空间特征、生态条件等综合因素的基础上，通过叠加、重组与融合而创造全新的、和谐统一的空间环境，同时营造超越空间之外的意境（图6.3）。

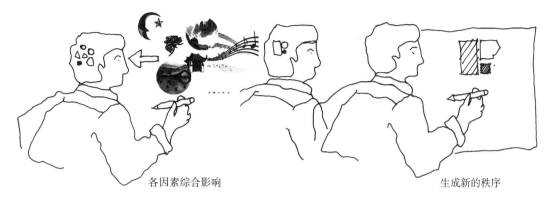

各因素综合影响 生成新的秩序

图6.3 设计思维的创造性

3）景观设计思维具有图式思维的特征

"图式思维"是一种设计思考模式的术语，其本意为用速写或草图等图形方式帮助设计思考。简而言之，图解思维即"用图形帮助思考"，又称图解思考，这类思考通常与设计构思阶段相联系。

作为造型艺术的景观设计具有图式思维的基本特征，景观不仅仅在于营造空间单元，更在于将不同的景观单元整合起来。现代景观设计不再是单纯的感性过程，而是应突出从理性到感性、从抽象层面到形象层面的设计过程。劳伦斯·哈普林在设计波士顿爱悦广场（Lovejoy Plaza）中，不规则的台地是自然等高线的简化；广场上休息廊的不规则屋顶，来自于对洛基山（Rocky Mountain）山脊线的印象；喷泉的水流轨迹，是他反复研究加州席尔拉山山间溪流的结果（图6.4）。杰弗里·杰里科（Geoffrey Jellicoe）通过借鉴保罗·克利（Paul Klee）的绘画，将规则的花坛转化为不规则的曲线花坛，通过图示语言形成方案的雏形（图6.5）。

图6.4 哈普林在加州席尔拉山的速写、爱悦广场构思草图、爱悦广场建成照片

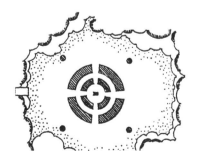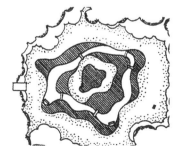

图6.5 杰里科构思草图

草图在设计概念的形成、表达、推演、发展过程中有着不可替代的地位和作用。尤其对于景观设计而言，尺度较大，动态空间流程较长，图式思维则贯穿于设计的各个阶段。如笔者在盐城市大丰区银杏湖公园方案的每个阶段的构思、推敲中，通过草图的方式一步步推进、深入设计进程，完善设计成果（图6.6）。从人的认知过程来看，图解思维是一个将人的认知和创造性逐渐深入的过程。设计师将设计意图以图形方式记录于纸、电脑或其他介质之上，将思维的过程以动态的方式加以表达，其中通过眼睛观察和大脑思考、辨别和判断，不断地调整设计对象，满足不同层面环境因子的设计要求；通过对原初的方案图形的改进、优化，逐步消解存在的问题，在方案的先后比较中趋于完善，以此往复构成了图解思考的过程。景观设计思维过程中弥漫着思绪与意象的片段，每一块思维碎片都有发展的可能。将图形抑或景象的印迹记录于纸或其他介质，同样也可以通过文字、符号的方式记叙。片段是思维过程的组成部分，景观空间需要将不同的片段有机地组织起来，科学、有选择地判断是其中的关键，并非一切思维的火花均有意义，相反有所取舍是生成意义的条件，所谓有所"舍"方可有所"得"。

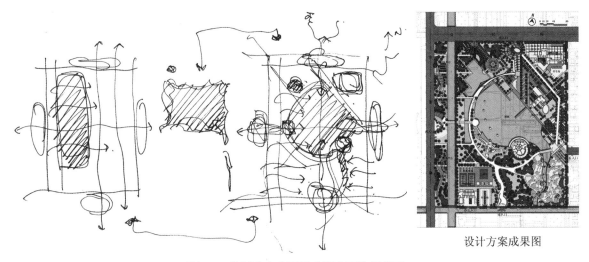

设计方案成果图

图6.6　盐城市大丰区银杏湖公园构思草图

在创造性思维中，形象思维似乎与抽象思维是两种截然不同的思维方式，据研究，抽象离不开形象，所谓抽象是对形象规律的概括。创造性思维中的形象思维大多数不是以简单的实体形象思维的，而是将抽象思维"赋值"于形象，以形象为"载体"的思维，是一种高级的思维方式，其中蕴藏着一种极强的逻辑性。高级的形象思维也具有逻辑性。所谓的抽象概括是指将既有的理念或实物形象演绎成景观语言或空间形象，如盐城市大丰区银杏湖公园中的"苇花"灯（图6.7）。

4）景观设计思维的发散性

设计的本质在于为了满足某些目的而解决矛盾，景观设计往往需要满足功能、生态、空间、形式、意境等多重要求，具有多目标性，将不同层面的要求整合成有机体，因此景观设计思维的本质在于不同的目的与要求之间建立合乎规律的内在联系。问题与逻辑的关系更密切，提出问题后更需要予以逻辑的纯化、进行逻辑的思考进而产生创造性思维，从而导致不同问题的解决具有共时性，在相同的空间不同的层面，寻求同时满足不同要求的设计方案，从多维度中权衡方案的利弊，从而设计方案在不断地完善即解决问题的过程之中得到优化。由此可见，设计思维由"发散"开始，经过设计师的评价、权衡、推敲，进而综合各方面的优缺点加以整合，最终确立某一方向深入发展，逐渐趋向"唯一"（图6.8）。

图 6.7　盐城市大丰区银杏湖公园中的"苇花"灯

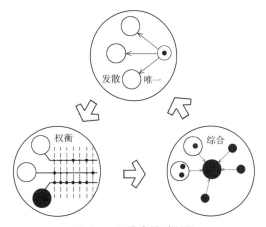

图 6.8　思维发散过程图

设计构思的发展过程取决于设计师的知识储备与文化积淀以及思维方式，它们决定了设计方案，即解决问题的方式与方法的优劣，设计者必须具备丰富的知识与文化素养，善于从不同的渠道、角度观察研究对象，寻求多方位解决问题的契机，才能使得设计方案面临的问题得以解决，才能有创造性的思维和灵感。

5）景观设计思维，理性与感性交织

传统的园林设计突出感性思维，空间与意义均是建立在对景观环境的理解与表现基础之上，现代景观设计在延续感性思维的基

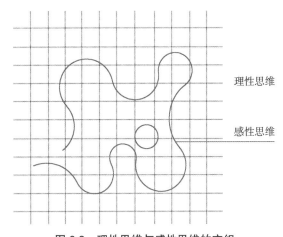

图 6.9　理性思维与感性思维的交织

础上，更加突出理性思维的价值。感性思维不像理性思维那样可以解读为清晰的思维过程，以景象的形象特征的思考为例，经常是灵感突现、不易把握，甚至有可意会不可言传之感。现代景观设计强调理性思维，理性思维的基本特征是突出建构景象及其与环境之间的逻辑关系（图 6.9）。

逻辑思维的基本形式是概念、判断、推理，由此决定着逻辑思维的本质和特征。逻辑思维的思维形式是逐级建构的。以概念为思维的细胞，在概念的基础上构成判断，在判断的基础上进行推理，由已知的东西出发得到新知。由此决定了逻辑思维具有间接性和概括性，是一种分析性、程序性、论证性的思维。常规的逻辑思维是"一元"逻辑思维，具有线性特征。单纯依赖于逻辑思维则有机械单调的可能，经验丰富的景观师则在设计过程中往往会结合直觉与顿悟。对于景观环境的感悟，直觉思维是对逻辑思维的超越，直觉思维并非空穴来风、突如其来，而是设计师基于自身的长期积累和实践，对于特定场地和环境产生的概括而感性的认知。当主体通过综合而对事物进行判别时，主体面对一定的事实材料，通过头脑的综合加工，迅速地揭示事实材料背后隐藏的本质，从而实现对事物"共鸣"的理解。

感性思维和理性思维在景观设计中有着同样重要的地位，不可过分强调其一而忽略其二，如过多地强调设计师自身的情感，而关于如何与环境自身融合的理性思考偏少，则景观设计作品明显呈现感性有余，而理性不足（图 6.10），而有些作品则刚好相反，超越常规尺度的理性难免机械，仅限于对功能、结构的理性思考，少了些感性与激情（图 6.11、图 6.12）。感性思维与理性思

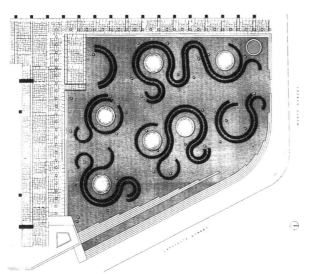

图 6.10　美国纽约会展中心广场

图 6.11　法国巴黎雪铁龙公园

拉·维莱特公园, 巴黎

1. 拉·维莱特门
2. 拉·维莱特科学城
3. 圣丹尼斯运河
4. "水晶球" 科学城
5. 乌尔克运河
6. 圆形草皮
7. 天井
8. 环园林阴大道
9. 竹公园
10. 声音公园
11. 布拉斯咖啡屋
　　(红色三角形)
12. "大厅" 屠宰场
13. 三角形草皮
14. 国立高等音乐戏剧
　　学院
15. 拉·维莱特音乐城
16. 庞坦门

图 6.12　法国巴黎拉·维莱特公园

维的交织、并行是思维发展的趋势。如加利福尼亚国际象棋公园将国际象棋中棋子的造型与公园中的灯塔相融合,满足功能的同时又突出了公园的主题(图6.13)。

强调理性思维在景观设计中的作用,除去必须理性地处理功能、技术层面的问题之外,景观设计思维过程也具有理性的特征,由于景观创作的构思过程具有很强的交互性,比较而言,调研与检验阶段重理性,思维与表达过程重感性。调研是为了熟悉所要解决的问题,了解场所的特点,并围绕问题收集、分析有关资料,在此基础上逐步明确解决问题的思路,检验则需要依据经验,通过逻辑分析方案的正确性与可行性;景观设计"思维与表现"离不开空间形态研究,从有形中寻找解决问题的契机,又以形成新的空间秩序为结局,感性精神充盈着整个设计过程。

景观创作构思过程有普遍性规律。普遍性规律不会因创作主体、建设项目的不同而改变,即在任何一次景观环境创作过程中都能得到验证,具有"可重复性"的特征。

图 6.13　加利福尼亚国际象棋公园

　　考察中外景观设计发展历程可以发现，景观设计思维大致上经历了一个从"表象思维"到"抽象思维"的辩证发展过程，表明了景观师理性追求思维的确定性，也表明了人类思维水平不断提高的过程。美学家约瑟夫·艾迪生（Joseph Addison）在题为《想象的乐趣》的系列文章中说道："我们所有的感觉中最完美的是视觉，因为心灵不仅借此手段来获得其大部分的观念，而且还将这些形象保存、改变，并合成为各种不同的画面和想象中最合意的幻象。"

　　景观设计中的具象与抽象不同于一般的艺术表现手法，自然界的山水素材在未改变其固有属性的前提下被人为重组而具有特殊的意义，仅仅是"材料位置的移动"便改变了其意义，而抽象也是景观艺术家对于表现对象的特征加以提炼概括，利用景观材料的属性、形态特征以表达事物的本质属性或特殊的精神内涵。如哥伦比亚麦德林植物园中的兰花园改造，兰花园用六角形模块来构筑形状不规则的复合体，并在距地面 20 m 高处勾勒出"花树"的概念图形。首先，兰花园的设计不仅要能遮蔽种植兰花的特定场所，还要为公众活动提供灵活的空间，包括一些小型的服务区。建筑的基本形状为边长 4.8 m 的六边形，7 个六边形模块组建成巨大的"花朵"：一个模块位于中间，另外 6 个模块像花瓣一样环绕在周围。当 10 朵"花"有机地联系在一起，以复杂而扭曲的形式延伸到地面时，又演变成"树"，体现出受到自然启发的特点。同时，"树干"的每一个六边形模块自下而上按逆时针方向略微旋转，木杆之间轻微错位，增强了整个设计的动感（图 6.14）。由高伊策（Adriaan Geuze）设计的荷兰蒂尔堡（Tilborg Holland）Interpolis 公司总部花园也是通过对自然界的模拟，从地球表层活动如地震中寻求设计灵感，提取抽象元素。页岩的平台仿佛是一次地质运动的结果，呈现出杂乱和参差不齐的景象。花园中各种要素被分成高低不同的很多层面，包括水池、道路、平台、桥、树木、草地，这些景观层看似各成系统，但都统一在和谐的几何形式之中（图 6.15）。又如上海梦清园的玉兰亭也是基于大众对上海市花——白玉兰的认知，通过设计者的主观情感和经验作用，加以图形抽象化的结果（图 6.16）。

图 6.14　哥伦比亚麦德林植物园——兰花园

图 6.15　地质运动、荷兰蒂尔堡 Interpolis 公司总部花园

6.1.2　景观设计思维的线索

景观设计思维具有创造性与多维性的特征，但并不是漫无边际的狂想，而是有依据的，可以是直接取自环境基地，也可以是设计师长期对于外界认识的反应以及对于特定项目的理解。设计思维离不开客观现实的环境条件，设计思维是建立在对基地环境（包括场所物质与人文精神两个方面）的解读基础之上，通过对环境中物质与非物质要素的剖析，结合当代使用人群的要求，对环境条件做出合理的解读与引申，将基地条件与现实需求及设计理想整合起来，并将其物化为创造性的新形式，能够反映当代的价值观、文化与生活方式。因而景观设计思维应具有前瞻性与

开创性思维的特质，创造性地建构起具有一定意义的景观环境，而不在于营造令人费解的场景或哗众取宠的"独白"。

1）场所

相对于"重形式"的传统景观设计而言，当代景观设计更加注重设计的科学合理与因地制宜。设计思维避免了从场地到形式的唯一指向性，更侧重从场所的解读出发，生成设计思路，把握设计路径、进行多方案比选，直至趋向生成唯一结果。不同学科对于"场所"内涵的理解不同。诺伯舒兹（Christian Norberg-Schulz）从建

图6.16　上海梦清园——玉兰亭

筑学的角度提出场所的三个基本内容：其一，功能和结构；其二，对人的适应；其三，独特性和特殊性。就风景园林学而言，场所有着更为丰富的意义，景观设计是一个研究场所条件并寻求问题解决途径的过程。场所的解读通常从生境、空间、功能、文脉和山水格局等方面出发，确立设计依据，使设计方案以尊重自然为前提，对场地固有生态环境、空间结构以及地域文脉等资源进行合理重组与利用。通过降低生态环境干扰、整合空间布局要素、优化功能使用安排、延续历史文脉、融入整体山水格局等路径，统筹协调场地内的环境资源，融生态环境、空间结构、功能使用、历史文化与山水格局于一体，使风景园林规划设计更具连续性和整体性。

（1）生态

场所中的构成要素及其状态是客观存在的。其中，有生命的构成要素是景观环境的重要组成部分，并受到客观条件下的自然演替规律的制约，因此，遵循客观规律是景园设计中不可忽视的前提条件。生态系统由生物群落及其环境构成，生物多样性和要素之间关系的复杂性决定了景观生态环境是一个由多要素和多变量构成的复杂层级系统。自然环境中的动植物在适应气候、土壤以及地貌等条件的过程中，逐渐进化并与环境建立起协调的关系，生成了自身特定的演化规律与阶段性的稳定形态，具有自我修复与更新能力。深刻认识景观环境需要有"阶段"意识，必须建立动态的观念，既要满足当下，更要适应未来演替的趋势。与一般的造型艺术有所区别，景观设计以自然材料为主导，生态不仅仅是概念，而且要面对操作层面：一方面自然的生态环境本身是景观的重要组成部分，生态之美是景观设计的表现内容；另一方面，所谓景观设计，其实质是"在人与环境、生物与环境之间的相互关系的建立与重组"，因而"生态"不仅是表达的对象之一，也是实现设计意图的基本保障。"生态"之于景园设计涵盖了科学技术、价值观念以及审美取向等诸多方面，大大超越了原初的内涵，亦超出了"研究生物与环境之间相互关系"的范畴，包含了环境保护、可持续、生态化等多种层面的意义。景观生态不仅是科学，不止于技术，更是一种规划设计的"智慧"，其目的是在景园环境系统的全生命周期内，通过最小人工干预获得系统效益的最大化。

溧阳天目湖湿地公园，由于水环境系统的敏感性和特殊性，生态因素成为该场地设计的重要考虑因素。景观生态有其自身的固有秩序，如何更好地维系岸线系统生态环境的多样性、保持生态稳定性、改善城市生活的自然品质，首先应建立在对固有生态秩序解读的基础上，继而进行重

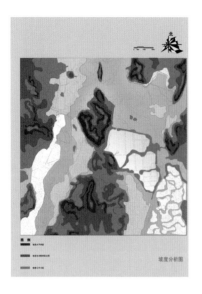

组、建构，并坚持生态多样性及地域性原则，从而实现生态系统的可持续发展。为确保湿地生态涵养、恢复功能的发挥，修复、再造、提升和优化天目湖的自然生态环境，使湿地保护和修复具有可操作性和侧重性。规划坚持地域性原则，按不同地段、不同条件而采取相应的做法，同时注意树木的季相变化，柔化驳岸，并且保持植被的多样性，尽可能结合地形，突出景观自然性。为了保护现有湿地、有效恢复湿地，本规划尽量利用原有的塘堤、土坝，把中田河沿岸的湿地围护起来。另外，湖中零星、小面积的湿地通过植物根系固定，加速泥沙的淤积，加快湿地的发育过程。同时将平桥河入库河段建成为控污工程，对平桥河两岸进行整治改造，石块护坡建成两层阶田，阶田上种植水生植物和湿生植物，既可以防止水土流失，又可以净化水质（图6.17）。

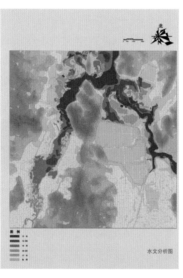

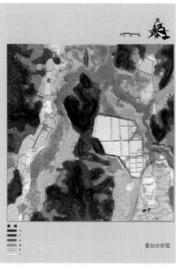

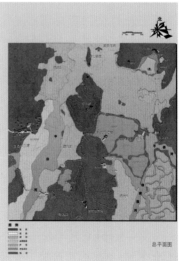

图6.17　溧阳天目湖湿地公园

又如南京大石湖景观设计，首先是通过对原有坝体的改造，将原来的毛石砌筑改造成原有自然山体的余脉，形成自然的过渡。其次，区域内水系的规划也从维持生态环境的角度考虑，该区域的地形特征为南部高，向北逐渐平缓，因此景区内水系是由南部丘陵地带的地表水汇聚到中部的大石湖，经由大石湖大坝一部分水流入规划中的露天浴场，露天浴场下游依次为水产养殖区、垂钓中心、水生植物园。从丘陵地带汇聚到大石湖中的地表水经过过滤，保证了流入露天浴场的水质，露天浴场的水经由游客的使用，水中的有机质增多，这样的水比较适合用于水产养殖，而水产养殖区的水所含的有机质成分进一步增多，适合水生植物园中植物的生长，而水中的有机质经过水生植物的吸收，又使上游水源得到净化。对整个水系的利用就是对一种简单的自然生态模式的利用，实现了城市生态系统的可持续发展（图6.18）。

常熟沙家浜湿地公园东扩工程毗邻阳澄湖，纵横交错的河港和茂密的芦苇营造出形态多变的水陆景观空间，塑造了生态自然的沙家浜特有湿地景观。

设计因地制宜地梳理水系，恢复湿地生境，巧妙安排景观展示、文化展示以及其他参与性项目，营造出和谐、生态的景观环境。同时，营造了湿地植物品种园、湿地生态示范园和芦荡人家三个重要组成部分，将湿地景观生活化。通过梳理水系、拓宽湿地滩面、增加水体岸线长度并调整岸线形态，形成从陆地到湖面的自然缓坡湿地景观，构建出典型的江南水乡湿地生态环境（图6.19）。

（2）地域

任何民族、地域的文化都是历史的积淀，必将会随着时代的发展而发展，正如奈斯比特（John Naisbitt）《大趋势》一书中所讲："各国经济的全球化将伴随产生语言的复兴和强调文化特点……，简而言之瑞典人会更瑞典化，中国人会更中国化，而法国人也会更法国化。"富有地方特色是景观设计所要追求的目标之一，就景观设计而言，创造出地方特色可以从以下几个方面着手。

① 气候

如果规划的中心目的是为人们创造一个满足其需要的环境，那就必须首先考虑气候因素。无论在为特定的活动选择合适区域时，还是在特定区域内选择最合适的场地时，气候都是基础。一旦场地被选定，就自然提出两个基本问题——如何根据特定气候条件进行最佳场地和构筑物设计？又用何种手段修正气候影响以改善环境？

地方性的气候特征以及由此产生的形式，譬如亚热带气候温润，春季多雨，夏季日照时间长，因此通风、避暑、防雨、防潮很重要。亚热带地区通常采用架空底层、设骑楼等方式，使用一些开敞或半开敞的空间：一方面有效地改善建筑环境的通风状况；另一方面可扩展视域，将分散的绿地结合起来，同时可以满足人们日常活动的需求（图6.20、图6.21）。

② 地貌

典型性地貌也是极富特征的，就区域而言，江南起伏的丘陵、皖南的平远山水，这些景观各异与地貌紧密结合可以生成独具特色的景观。

山西省北部大同市的悬空寺，它处于深山峡谷的一个小盆地内，两边是超过100 m高的垂直峭壁，悬空寺就像粘在一侧崖壁之上，悬于半空之中，距地面大约有50 m。悬空寺有大小殿宇台阁40间，楼阁间以栈道相连。悬空寺在建寺时因地制宜，充分利用峭壁的自然状态布置和建造寺庙的各部分建筑，设计非常精巧。寺中两座最大的建筑之一——三官殿，应用了向岩壁要空间的道理，殿前面是木制的房子，后面则在岩壁上挖了很多石窟，使殿堂变得非常开阔。悬空寺的其他殿堂大都小巧玲珑，进深较小，殿内的塑像形体也相对缩小。殿堂的分布也很有意思，沿着山势，在对称中又有变化，游人在廊栏栈道间行走，如入迷宫（图6.22）。

（a）坡度分析　　　　　　　　（b）生态敏感性分析　　　　　　　（c）水文现状分析

（d）土壤性质分析　　　　　　　（e）植被现状分析　　　　　　　（f）叠加分析

（g）总平面图　　　　　　　　　　　　　　　　（h）实景照片 1

（i）实景照片 2　　　　　　　　　　　　　　　（j）实景照片 3

图 6.18　南京大石湖景观设计

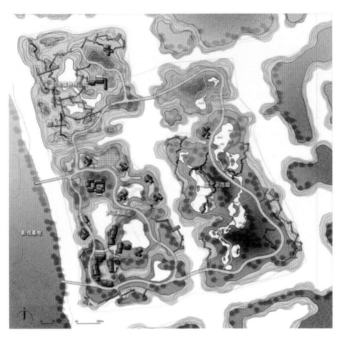

图 6.19a　常熟沙家浜东部湿地总平面图

图 6.19b　常熟沙家浜芦荡人家实景图

图 6.20　马来西亚布城中心广场　　　图 6.21　马来西亚马六甲街景

图6.22　山西大同市悬空寺

荔湾酒乡位于海南省石山镇马鞍岭的火山旅游景区，占地120亩，此处据传是世界上保存最完美的火山口之一。它的坡脚熔岩丘陵起伏，热带果林漫布丛生。"荔湾酒乡"的设计构思便是根源于所处环境的地貌特征，设计者提取原生自然景观的特征，模拟火山的圆锥状群落，在总图布局中采用了六边形蜂窝结构为荔湾酒乡的构图母题和基本框架，同时，餐饮文化趋向乡土化、亲情化、自然山水渗透与融合，把餐桌群从集中式厅堂布置中解散出来，形成大群落、中群落，到12个单桌独立式餐亭，散布到果林丘谷之中。设计模拟火山口群的自然形态，把这些"类火山口"的大小餐楼餐亭，按着严格的几何关系，灵活地围合三个顺地势提升的六角形半开放式庭院。这样，"新火山群"的主餐区雏形就呈现出来，同时与周边地貌有着异曲同工之效（图6.23）[参见鲁琪昌.旅游开发的环境塑造点滴：海南琼山《荔湾西乡》的园林构思[J].建筑学报，1995（4）：32–36]。

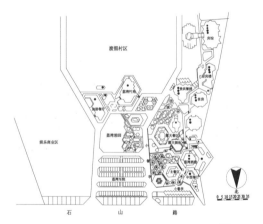

图6.23　海南琼山的荔湾酒乡

板仓建筑研究所东京事务所设计的日本神奈川县横滨市山下公园新广场（New Plaza of Yamashita Park），公园位于2层的停车场屋顶之上，与地面有近8m的高差。设计结合地形高差因地制宜，从东面主入口进入公园有一条明显的轴线，轴线上由主水景台阶、连接台阶和轴线端的半圆形中心广场三部分共同营造了坡地水体景观（图6.24）。

在英国伦敦泰晤士河复兴工程（The Forks of the Thames Revitalization）中，设计成功地应对了场地中阶梯和防洪控制带来的挑战。混凝土墙成为市政广场有吸引力的背景，将水柱、喷水式入口融合起来，暗含该地著名的喷泉。墙上的缓坡草坪，加上轮廓分明的平台，在面朝河流的地方，勾勒出一处随意的休憩场所。在特殊的日子里，也便于人们观看烟火（图6.25）[参见PMA设计事务所.泰晤士河复兴工程[J].国际新景观，2009（1）：页码不详]。

图 6.24　日本神奈川县横滨市山下公园新广场

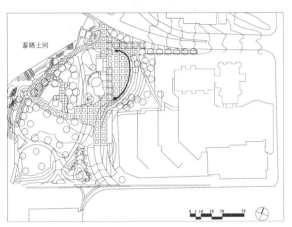

图 6.25　伦敦泰晤士河复兴工程

③ 植被

植物材料的分布本身具有鲜明的地域性，恰当地使用地带性的植物可以创造出浓郁的地方特色。如干旱地区或沙漠的沙生植物均有鲜明的特征。如非洲毛里求斯皮蒙斯角以棕榈树作为行道树以体现地方特色（图 6.26）；非洲摩洛哥马拉喀什安达私家庭院则以不同种类的棕榈、仙人掌等为表现主题（图 6.27）。

野口勇设计的美国加州卡斯塔美沙镇加州情景雕塑园，雕塑园平面为方形，占地约 1.44 hm²，空间较封闭，在这样一个视线封闭、单调的空间中，设计师野口勇布置了一系列的石景和元素，象征加州南部海岸城镇卡斯塔美沙镇的气候和地形，充分反映了加州的干燥、空阔、干旱、阳光。设计师在整个庭园中安排了众多主题来体现隐喻，其中沙漠的主题为一圆形土堆，表面铺碎石与砂，上栽有仙人掌、仙人球，隐喻加州沙漠风光的景象（图 6.28）。

图 6.26　非洲毛里求斯皮蒙斯角—— 棕榈树

图 6.27 摩洛哥马拉喀什安达私家庭院

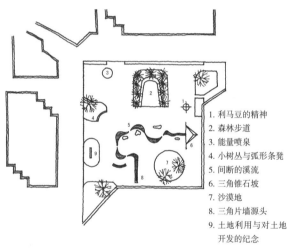

1. 利马豆的精神
2. 森林步道
3. 能量喷泉
4. 小树丛与弧形条凳
5. 间断的溪流
6. 三角锥石坡
7. 沙漠地
8. 三角片墙源头
9. 土地利用与对土地
   开发的纪念

图 6.28 美国加州情景雕塑园

巴西著名园林设计师布雷·马克斯(Roberto Burle Marx)精通各种植物的观赏特性、生态习性以及在园林中充分创造适宜的植物生长环境的方法，他大量采用地带性植物，强调植物叶形、质感和花色等等，从而突出乡土植物的观赏特性，创造了具有浓郁地方特色的现代热带植物景观，其中芒太罗花园(Odette Monteiro)是他设计的最具典型意义的私家园林之一。

马克斯在设计时将注意力转向基地上的壮丽山景。大团块的各色花卉勾勒出道路的轮廓，花卉颜色的强烈对比具有很强的视觉冲击力。园内还有一个小湖，湖边栽着水生植物，园中还做了以不同植物拼成流动图案的花床。马克斯将建筑融于自然园林中，利用当地植物材料创造出美丽的园林，艺术的植物栽植形式同自然环境很好地融合在一起(图 6.29)。

位于美国亚利桑那州菲尼克斯的沙漠植物园是一所致力于研究并向公众讲解如何保护沙漠植被及其生境的生态博物馆。该植物园的目标是"采用适应力更强的本土植物取代高耗能、高维护的外来物种来进行景观设计"，比如采用索诺兰沙漠(Sonovan Desert)特有的植被及其他普通的沙漠植被，这些都有助于使公众更好地认识到如何利用沙漠植被群落作为景观元素，力求将广袤的空间与大自然完美地结合(图 6.30)。

图 6.29　巴西芒太罗花园

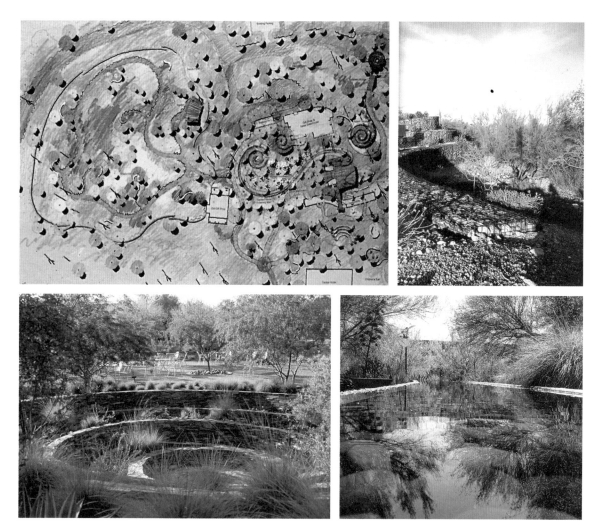

图 6.30　美国亚利桑那州菲尼克斯沙漠植物园

如里奥斯金文海尔工作室（Rios Clementi Hale Studios）设计的美国加利福尼亚州洛杉矶市捐赠基金会景观设计，设计表现出加州地理风貌和植物种类的多样性，加州各地具有代表性的植物和石雕作品都会聚于此。植物配置中包含 4 类树种、8 种草本植物、30 种多年生木本植物，被分别种在 26 300 ㎡ 场地中，以体现加州生态系统的多样性。场地四周分布着 5 座海滨红木花园，地面上种着蕨类植物。每座花园中分别种植着 6 棵北美红杉，它们雄伟高大，成为具有传统风格的自然景观，与城市的工业背景形成了鲜明的对比。同时该项目也充分体现了加州的人文历史景观，花园墙体的设计贯穿整个场地，从加州各地精选出的石块各具特色，如派因溪的金溪岩、海岸山脉的绿片岩和中央峡谷的萨克拉门托河岩（图 6.31）。

图 6.31　美国加州捐赠基金会景观设计

④ 材料

这里的材料泛指除植被以外的所有素材，如江南湖石、河北房山石头、广东黄蜡石和英德石、河南鹅卵石、湖北石英石和宣石、常州斧劈石、常熟黄石（图 6.32）……这些不同地方的景观材料独具地方特色，恰当地使用可以彰显地方景观特征。前面提到的海南琼山荔湾酒乡的环境设计广泛使用地产石材运用于环境的细部，如细火山石踏步、细火山石挡墙、精磨火山石桌凳等（图 6.33）。南京老山森林公园使用当地材料——页岩（图 6.34）。

(a)斧劈石　　　　　　　(b)英德石　　　　　　　(c)黄石

(d)鹅卵石　　　　　　　(e)黄蜡石　　　　　　　(f)房山石

图 6.32　地方石材

图 6.33　海南琼山荔湾酒乡——精磨火山石桌凳

图 6.34　南京老山森林公园——页岩

地方性的工程做法也是地方特色的一个重要组成部分，赣南的冷摊瓦、皖南的马头墙、苏北的茅草顶土坯墙、山区的干垒墙、苏南的水磨砖、徽州的砖雕、东阳的木雕、闽浙的石雕……这些或实做或取意，或加以夸张变形，只要运用得当，既可以强化地方特色又能够丰富景观（图6.35）。阿尔瓦·阿尔托（Alvar Aalto）战后最著名的作品是芬兰珊那特赛罗镇中心（Saynatsalo Town Hall）建筑组群的设计，全部采用简单的几何形式，在材料的使用上具有斯堪的纳维亚（Scandinavian Peninsula）特点：使用红砖、木材、黄铜等等，既具有现代主义的形式，又有传统文化的特色，是把现代功能和传统审美结合得非常好的案例，在斯堪的纳维亚地区受到广泛的注意和模仿（图6.36）。

由塔布拉·拉撒景观工作室设计的位于日本爱知县高滨市名铁三河高滨站站前圆形广场（这一地区是产量约占全国总产量55%的三州瓦的产地）便是使用当地特产的约15 000块瓦片营造出波浪形景观，以迎合高滨市这座临海城市形象（图6.37）。

图6.35　地方性的工程做法

图6.36　芬兰珊那特赛罗镇中心建筑组群　　　图6.37　日本爱知县高滨市名铁三河高滨站站前圆形广场

2）技术

技术不仅仅是生成景观的基本保障，历史证明景观设计的流变都依赖或受制于技术的进步，相关技术不仅影响设计建构，技术也可以促进设计构思。由于新技术往往是时代科学发展的体现，更易激起人们的兴趣。景观设计是在相关学科专家合作的前提下，择取人们关注度高又具有相当吸引力的题材作为景观设计主题。

水资源是全球性问题，由美国华盛顿凯西树木（Casey Trees）捐赠基金提出了一个验证树木及绿色屋顶对于城市意义的绿色建造模型——雨洪定量法，该项目曾获2007年美国景观设计师协会研究荣誉奖。绿色建造模型运用了哥伦比亚特区水处理机构的水原理与水压模型来计算树冠及绿色屋顶减少雨水流失的能力。研究表明，对于横穿城市中的雨洪量最多可以减少10%，对于独立的下水道最多可以减少54%。数据说明了绿色构造在城市中是如何减少雨洪量的。由此可见树木和绿色屋顶将会成为地区雨洪管理系统中必不可少的部分（图6.38）。

同时，水的生物净化技术也可以成为水景园的设计主题。1998年，占地2.4 hm²的成都活水公园在府南河边落成，不仅开辟了国内活水公园的先河，而且当年就荣获世界城市水岸设计和保护评比的第一名。2007年盛夏，占地8.6 hm²的上海苏州河畔的梦清园开放，为申城的夏日带来了一丝清凉。这两座公园在众多城市公共绿地中备受关注，因为它们都运用了生态理念，围绕着"污水"做文章，让城市中人与自然的河流回归和谐。成都活水公园的生态净水系统流程清晰：先抽取府南河水，注入400 m³的厌氧沉淀池，经过沉淀后的水依次流经水流雕塑、厌氧池、植物塘、植物床、养鱼塘、氧化沟等水净化系统，使之由浊变清，最终重返府南河。整个净水系统和带状公园用地紧密结合，主题鲜明（图6.39）。上海梦清园则更进一步，不仅构建了一套生态净水的系统，而且又增加了一项新功能，那就是国内首座合流制排水系统调蓄池。以前，冲刷路面后夹杂着大量污物的初期雨水直接排入苏州河，严重污染苏州河水。现在，在梦清园的地下建成了一座3万m³的雨水调蓄池，有效容积达2.5万m³。江苏、万航、叶家宅、宜昌四座泵站所辖区域内的初期雨水均被截流，通过管道汇入该调蓄池。雨水经过沉淀、过滤后再排放到苏州河中。此外，梦清园中还通过设置太阳能和风能采集装置为水泵提供部分动力，这种生态方法既是设计实现的技术手段，更是景观设计构思与表达的主题（图6.40）。

彼得·沃克（Peter Walker）设计的美国马萨诸塞州哈佛大学的唐纳喷泉也同样围绕"水"为主题展开，直径18.3 m的唐纳喷泉在哈佛大学校园中扮演着重要的角色，喷泉由159块石头任意排列组成，由于采用多种水景技术，从而唐纳喷泉一年四季和昼夜间随着时间的变化而变化。冬天，当温度低于0℃时，来自科学中心的蒸汽供暖系统取代薄雾，覆盖在石头上雪的融化速度大大地超过了地面上的雪。到了夏天，孩子们在石块间穿梭、玩耍；学生也可坐在石间休息、晨读。雨天，喷泉就像一团飘在空中的云。晴天，彩虹从薄雾中形成。到了黄昏，薄雾反射来自天空的光线。夜间，点点星光从石缝中涌出（图6.41）。

由高伊策（Adriaan Geuze）设计，于1996年建成的荷兰鹿特丹剧场广场是运用新技术的典型案例，广场位于充满生机的港口城市鹿特丹的中心。孩子们玩耍的花岗岩铺装区域上有120个喷头，每当温度超过22℃的时候就喷出不同的水柱。地下停车场的三个通风塔伸出地面15 m高。通风管外面是钢结构的框架，三个塔上各有时、分、秒的显示，形成了一个数字时钟。广场上4个红色的35 m高的水压式灯每2小时改变一次形状。市民也可投币，操纵灯的悬臂。这些灯烘托着广场的海港气氛，并使广场成为鹿特丹港口的名片。高伊策期望广场的气氛是互动式的，伴随着温度的变化，白天和黑夜的轮回，或者夏季和冬季的交替以及人们的幻想，广场的景观都在改变（图6.42）。

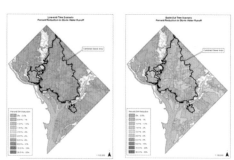

在雨水渠中，为了削减百分比而对廉价的与增建的绿色排水设备进行比较：植被覆盖

关于树箱设想的总结

在华盛顿城市商业区，多数人行道的平均宽度是 20 ft。行道树的最小空间尺寸是 3 ft×5 ft，树箱方案的塑造有利于雨水渠的建设，将商业区典型地段人行道的树箱尺寸从 3 ft×5 ft 扩大到 6 ft×20 ft，这一做法使地表从不可渗透转变为可渗透的

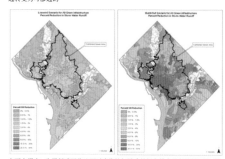

在雨水渠中，为了削减百分比而对廉价的与增建的绿色排水设备进行比较：绿色基础构造（树木、绿色屋顶和树箱）

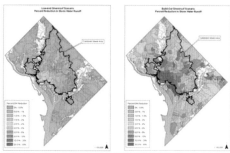

在雨水渠中，为了削减百分比而对廉价的与增建的绿色排水设备进行比较：绿色屋顶的覆盖

图 6.38　绿色建造模型——雨洪定量法

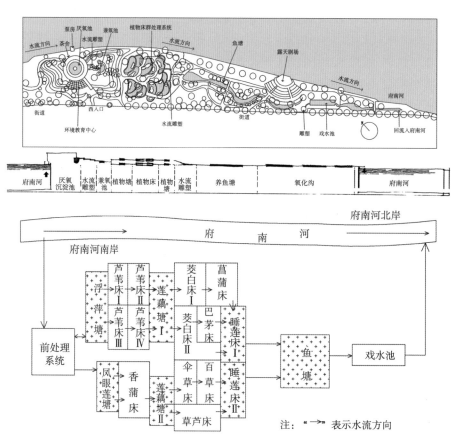

图 6.39　成都活水公园

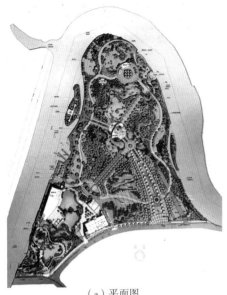

（a）平面图

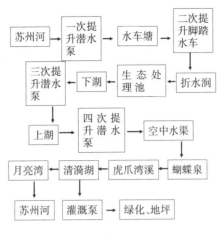

（e）水体净化流程

（b）"听水"

（c）水天居

（f）"水帘凉亭"

（d）滨河景观

（g）汲水车

图6.40　上海梦清园

图 6.41　哈佛大学唐纳喷泉

图 6.42　荷兰鹿特丹剧场广场

千禧年公园（Millennium Park–The Lurie Garden）在喧闹的美国伊利诺伊州芝加哥城市中心开拓了一片绿洲。弗兰克·盖里（Frank Owen Gehry）设计的包有不锈钢外皮的天桥连通了千禧公园和戴利广场。广场中央的剧场是能容纳4 000个座位的表演场所，周围草地也可以容纳7 000名观众。广场中央的不锈钢网架在空间上围合了室外剧场，功能上为剧场提供了能与室内剧场相媲美的音效，结构上稳固了地坪（广场草坪下面是地下车库），视觉上呼应了主题舞台建筑的材质，丰富了公园的景观。广场富有创意的雕塑强调互动性，显得亲民而幽默。镜面抛光的巨型雕塑"云门"映射了芝加哥著名的城市天际线，也映射了广场中活动的人群（图6.43）。

位于南非开普敦的某码头广场运用高技术营造了一处富有生机和活力的景观空间，该场地原为水下部分，在20世纪50年代从海洋变成陆地，鲨鱼的日益减少给由于浅滩的发展带来的生态系统问题敲响了警钟，也为设计师提供了设计灵感。土方工程景观事务所（Earthworks Landscape Architects）在码头广场设置了一组6只鲨鱼雕塑，奇妙的是鲨鱼雕塑的尾鳍可随风摆动，同时当有人靠近时，鲨鱼口中的红外传感器即被激活并发出声音。每条鲨鱼都有三个音调，随着风向的改变而改变，从而合成优美的交响曲（图6.44）。

3）文脉

文脉是以"地方"作为载体，有着独特的生命活力及地方精神。"文脉"一词涉及风格，本来的意义是指上下文的关系，属于语言学的范畴。曾几何时，文脉一词在建筑界流行了起来。这一词汇的出现至少表明建筑师们已经意识到协调建筑与环境关系的重要性。美国人布伦特·C.布罗林（Brent C. Brolin）在其所著《建筑与文脉》一书中指出该书的宗旨是"学习在两幢建筑物之间创造出连贯的和谐的视觉关系的手法，不是作一般的建筑评论，也不是关于建筑历史事实的罗列"。的确如此，建筑师、景园建筑师们应当改变现有的思维方式，从周围的环境中寻求获

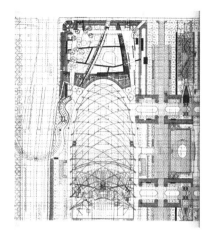
（a）平面图

（b）创意雕塑喷泉

（c）"云门"

（d）不锈钢表皮的天桥

图 6.43　美国芝加哥千禧年公园

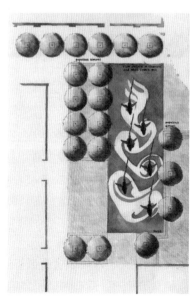
平面图

图 6.44　南非开普敦码头广场

得视觉连续性的依据，从而塑造环境的整体感和协调性。景园环境的"文脉"是人类活动在场所中的"印记"。无论是历史悠久的农业文明还是近现代的工业文明，都留下了极富历史价值的遗存；历经岁月洗礼的传统村落以及见证了城镇发展变化的历史街区，皆反映出不同时期的传统风貌和特定地域条件下的人地关系。场所中的文脉既有具象的物质文化遗存，也有抽象的文化精神。"有形"的文脉内涵广泛，包括自然过程及土地使用模式；"无形"的文脉则是人们集体记忆的表达。需要尊重场所原有的自然过程、格局和人类活动留下的历史文化积淀，并以此为本底和背景，在保护历史脉络线索"完整性"的基础上，充分发掘景观环境的既存特性，甄别与筛选不同时期的人类使用模式、具有特殊意义的事件等，对其中可发展、可利用的部分运用引申、变形、嫁接、重组、抽象等手法，将其整合到新的景园秩序之中。在保护与利用场所遗留"印记"的同时，融入新的场所信息，使"新生"的景园空间具有"生于斯长于斯"的特质。

　　当然强调连续性的重要并不否定变化的意义。景观与环境间的配合手法可以多种多样，后现代主义不失为一种手法，且不乏成功的范例。上海新天地，承认过去并更注重现在，不是一处单纯表现风格的建筑群，而是包含了许多历史的元素，用现代的技术去保留过去的建筑，同时也保留了这一特殊地段的魅力（图6.45）。

图 6.45　上海新天地

　　南京钟山风景名胜区樱花园重建于2012年，景观围绕"中日友好"的文化主题展开，采用"空间单元分置法"，将中日不同风格的景观单元分别布置，通过组织游览线路、结合绿化的掩映与分隔，有意识地将景观单元相对片区化，又适度透景。同时，采取交互展开的空间单元与序列，巧妙、形象地展现了中日两国文化的源流关系。樱花为全园的植物造景基调，园内栽植了8个品种的日本樱花3 000余株，同时将富有中国特色文化内涵的梅花置于同一园林空间之中。为丰富园区的季相观赏性，适当增植了不同花期的观花植物，补植地域性色叶和常绿植物。通过布置具有传统江南园林建筑风格的六角攒尖重檐亭、歇山亭、石拱桥等构筑物展现中国的文化，亦设有体现日本传统园林特征的鸟居、洗手钵、石灯笼、赏樱亭等；另根据人物故事情节的需要设置了具有民国风格的廊与花架，局部营造枯山水庭院。

　　设计从空间结构的把握入手，借助细节的表达和文化氛围的渲染，凸显场所特色和文脉。匠心独具地将文化线索"分而并置":"中国园"一侧以六尊明式螭首为引导,老井券与"日本园"一侧的洗手钵隐喻了中日文化"源"与"流"的关系;而具有民国建筑风格的友谊廊与紫藤花架,则隐喻着故事发生的年代和中日友好的主题(图6.46)。

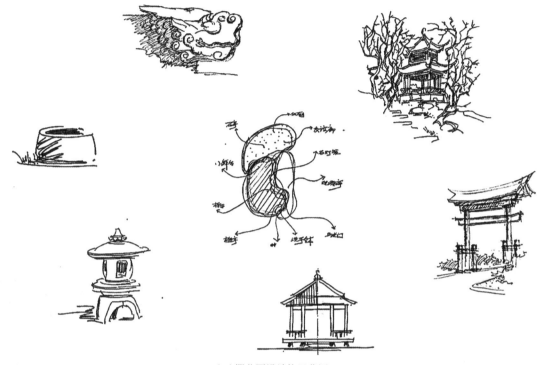

(a)樱花园设计构思草图

(b)胭脂雪卷棚歇山亭实景

(c)芳菲月亭实景

图6.46　南京中山陵风景名胜区景点设计

又如南京市牛首山北部景区设计,充分考虑牛首山作为南京历史上南北轴线的重要节点,充分挖掘场所的历史文化内涵,将多元的佛文化体验融入一条蜿蜒于自然山水的"寻禅道"之中,营造出"天人合一"的禅宗境界。设计以"天阙礼佛顶,山水寻禅机"为概念构思,利用自然的地形地貌,运用文化表达、生态优化和空间营造三大设计策略,构建"起、承、转、合"的空间结构。通过佛教造像、佛文化符号彰显、禅宗故事再现、佛事活动体验及寻禅修禅等多种方式,对佛文化主题进行景观化的表达。设计将禅宗的思想精神融入山林、水系、雕塑、建筑与小品之中,结合禅宗养生、饮食、艺术等特色游览项目,创造出丰富的文化体验形式。

在旧金山市恩巴卡德罗大楼的屋顶餐厅花园设计中，美国欧林事务所采取了将艺术融入景观的方法，将艺术家的思想和视觉表现力作为理论启发点。在屋顶餐厅花园，人们可以一面就餐，一面欣赏旧金山市中心区的景观和海湾风景。这一花园的设计来源于蒙特里安的两幅画，蒙特里安的作品是德斯太尔抽象画派最重要的代表作之一，他的这两幅画中，其一是以原色为创作基调的红、黄、蓝合奏曲；其二是完全用动态的水平和垂直线条来表现的（图6.47）。

受建筑结构的限制，花园具有近似二维空间的特性。这一特性与蒙特里安绘画的风格相一致——应用几何形体简洁的矮墙细部设计，以及由石头、混凝土和青铜材质共同形成的大尺度路面铺设。同时与温哥华的玻璃艺术家乔尔·博曼（Joel Berman）合作，依照简约的策略，创作了三维的建筑元素。这个花园的设计在共同文化精神层面具有当代品质，更为重要的是它不仅解决了实际问题，而且创造了一种对艺术理解表达更充分、更有力的方法，而这正是设计理念的根源所在。

地处常熟尚湖风景区拂水堤的望虞台，建筑面积741 m²，采用类似江南建筑的现代"坡顶"，结合升起的楼梯间、观光塔、白墙、菱形窗，将地域建筑元素重组到景观建筑之中。建筑风格颇具现代气息，极具视觉张力，内设茶室和贵宾接待室，游人可登高远望湖中诸岛，更可北望虞山，因此而得名（图6.48）。

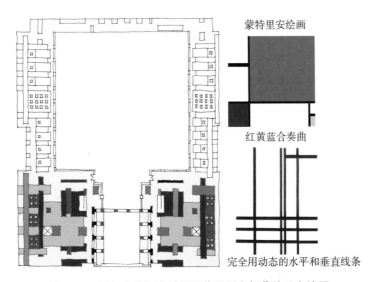

图 6.47　恩巴卡德罗大楼屋顶花园平台与蒙特里安绘画

图 6.48　常熟尚湖拂水堤——望虞台

上海徐家汇公园，公园以一条西南—东北方向贯穿整个公园的人行景观桥构成景观布局与近代历史对话的主要载体，联系了不同内涵的历史元素。首先是始于西南角的大中华橡胶厂的烟囱——近代民族工业的缩影；接着，人行景观桥向东北方向延伸，"红楼"——19世纪末百代唱片公司的所在地，带有明显的殖民时期建筑风格；随后，直线形的人行景观桥继续向东北方向延伸，上海老城厢的地图展现在人们面前。保留的烟囱和百代红楼代表了徐家汇乃至整个上海的过去，公园内部人行景观桥穿越的公园景观代表了现代城市的变迁；而景观桥的终点则是设计者对未来发展无限遐想的体现，它们共同讲述着上海的过去、现在和未来（图6.49）。

彼得·拉茨（Peter Latz）设计的德国杜伊斯堡北部风景园，在完成场地功能结构转化的同时建立了有利于生态环境的统筹管理。设计师通过对工业遗迹的重新挖掘，丰富其使用功能以满足当代生活需要，并将其与自然景观有机结合，使场地具有多种发展的可能性，重新恢复了场地活

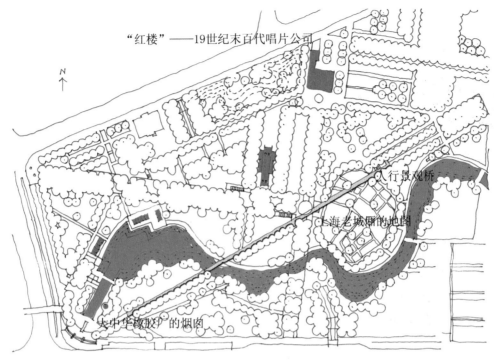

"红楼"——19世纪末百代唱片公司

N↑

人行景观桥

上海老城厢的地图

大中华橡胶厂的烟囱

(a)平面图

(b)大中华橡胶厂的烟囱　　　　(c)红楼　　　　　　　(d)人行景观桥

图6.49　上海徐家汇公园

力。各个工业遗迹之间产生了新秩序并且作为内涵丰富的要素和符号,成为景观的一部分。这里不存在传统园林中让我们习以为常的"完整、完全与完美",取而代之的是发展、变化和自由(图6.50)。

又如何陋轩是方塔园东南部一孤岛上的竹构草盖茶室,岛以轩为主体,配以周围的水与翠竹,自成一园中之园。冯纪忠曾谈到何陋轩建筑形态设计的灵感来源于松江至嘉兴一带的农居,其中弯屋脊、庑殿顶便是从松江农居中抽象出来的形式类型,这是与其他地区农舍形式相区别的特征,何陋轩最突出的就是屋顶,屋顶几乎决定了整个建筑形态,这是与当地建筑类型以屋顶为特色分不开的。而更为夸张的弯曲的屋脊,正是对当地建筑类型特征的局部强化。除了屋脊,何陋轩还将弧形延续到檐口、墙段、护坡上,成为一种形式要素,以期唤起当地人"似曾相识"之感。这一系列弧线共同组成上下、凹凸、向背、主题变奏的虚实综合体,这是超越塔园之外在地区层次上的文脉延续。

图 6.50　德国杜伊斯堡北部风景园

此外，设计者在建筑结构上做了更大的创新，表现在竹架结构的运用。密集排布的细长竹柱使茅草屋顶看上去更为轻巧。设计更为有心的是将交结点涂黑，削弱其清晰度，这与建筑一贯强调交结点，彰显构架整体力系的稳定感是相反的，但却符合东方人对朦胧美的偏爱。将杆件中段漆白，强调了整体结构的解体感，同时让杆件有种空中飘浮的感觉。

何陋轩的建筑形态是一种超越地域传统的文脉继承，这并非一种情节意象的片段表达，而是扎根在当地民居建筑类型上的拓展创新。它开创性地将当地农舍的特征沿用到园林建筑上，在对松江当地风土建筑做出新诠释的同时，也开创出一种"轩"的典范（图 6.51）。

矶崎新在关于日本茨城县筑波文化中心广场（Tsukuba Civic Center Plaza）[图 6.52（a）、图 6.52（b）]的设计中，提到了两种引用："仅把传统的因素复制到建筑的表面，这是在东京流行的做法，他们只是照抄传统。"他更倾向于用一种"变化引用"将之称为"模仿"，"模仿不是直接运用过去的图案，而是以不同的方法运用过去的理念。拼凑模仿只是把过去的风格移用过来，但假如我们能以不同的手法运用这些借用的因素，就会产生更为有趣的效果。"

筑波中心广场中心部分是完全人工雕饰、铺有硬质地面的下沉式广场。设计师引用的是米开朗琪罗在罗马市政广场（卡比托利欧广场）中创造的铺砌图案[图 6.52（c）]："我借用了米开朗琪罗的手法，但在运用时却颠倒了过来。例如，图案的白与黑，层次，都是刚好与之相反的。市政广场位于一个山丘上，但筑波中心广场却凹陷于最低处，凸面变成了凹面，这是一个间接的引用。"宽台阶的两旁设置了天然鹅卵石，台阶把讲坛与高处连接了起来，同时还可作为看台。高处的水流下来，形成瀑布。矶崎新精心设计，激流在流经市政广场的铺砌图案时变为一股涓涓细流，在图案的中心流入一个开口后消失不见，这也是吻合市政广场的中心设计特色。市政广场中有一些骑士铜像，其中之一是皇帝马库斯·利厄斯（Marcus Aurelius），从罗马时代存留至今。在筑波中心广场中，矶崎新说："我把中心空间作为一个空间——一个虚空，在这里我用了一个暗喻，所有的空间安排都被颠倒或反了过来。一切围绕着一个虚空而设，在中心下降，直至泯灭。"这与欧洲传统园林中的"废墟"做法有相似处，如奥地利香布伦宫的罗马废墟［图 6.52（d）］。

图 6.51　方塔园——何陋轩

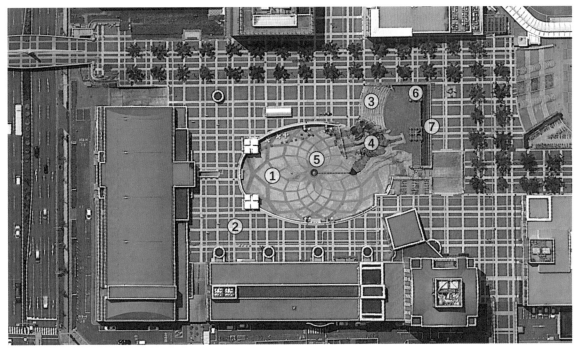

1.下沉广场　　　3.大台阶　　　5.中心喷泉　　　7.喷头水墙
2.上层广场铺地　　4.跌水景　　　6.凉亭

（a）日本茨城县筑波中心广场

（b）日本茨城县筑波中心广场文化实景

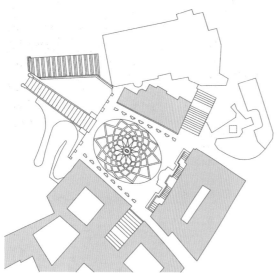

（c）罗马市政广场（卡比托利欧广场）

（d）奥地利香布伦宫——罗马废墟

图6.52　日本茨城县筑波中心广场、罗马市政广场（卡比托利欧广场）、奥地利香布伦宫——罗马废墟

矶崎新还运用了行植树，穿过下沉式讲坛上面的层叠格子大道。这些树像是一条柔软的绿色丝带，与四周坚硬的建筑形成对照。

4）功能

景观设计以满足人们休闲审美为主要目的，人在景观环境中的行为具有多样性，健身、娱乐、休憩、观演、餐饮等行为对于环境空间都有着相似或不同的要求，"功能"是景观创作构思最基本的出发点之一。设计构思首先来源于人们对景观环境的基本需求，其次是行为、活动对于场地及空间使用上的要求。功能构思除考虑人的使用外，还涉及自然环境（声、光、热）对人的影响，如隔绝降低噪声、遮阳隔热等，这些都会在景观形象和空间上生成不同的外部特征。

由凯瑟琳·古斯塔夫森（Kathryn Gustafson）设计的法国道多纳省泰拉松·拉维勒迪约（Terrasson-Lavilledieu）市幻想花园中多处景点的处理均是从满足功能要求为设计的出发点。首先是十字形布局的"水园"，其构成把花园历史上的各种用水方法结合在一起，花园以柳树和灌木为界，围成一塘水，然后流向花园底部的一个长方形水池里，其间15个随机安放的灌溉喷嘴向空中交叉喷水，形成美丽的彩虹，是孩子们欢娱的戏水天堂。钢结构逐级下降的"玫瑰园"为人们提供了相对私密、宁静而安详的休憩空间。由模块、青草和钢铁建成的露天"圆形剧场"建在一大片空旷草地上，以供观演。该林间剧场的做法沿袭了2 000多年前的古罗马剧场做法，同样是利用地形的高差变化发挥娱乐、观演的功能，唯一不同的只是娱乐的内容从人与兽的搏斗转变为现代人们的娱乐方式，更加强调创造人与人之间的视觉通透（图6.53）。

由彼得·沃克设计的日本崎玉广场（Saitama Plaza），为东京市郊新开辟的附属商业中心附近的一处休闲广场，建立在一段铁路周围，其目的是要缓解老商业中心的拥挤和压力，该项目包括一个新站台、一个广场舞台、日本最高的建筑群以及不计其数的新办公楼、居民区、零售店等。广场的设计形象而生动地借用了原有场地的一片森林区域，并且把这个缓解紧张的宁静的自然因素设计在新建筑群中央一个完美经典的格栅内，为忙碌中的人们提供一处休憩交流的场所。森林中的长椅配以一个个装饰性的方形小花坛，在春天来临时可作为文化沙龙（图6.54）。

口袋公园（街头绿地）因其具有选址灵活、面积小、斑块状分布于城市中心区，由社区建设和管理、资金来源丰富等特点，能够部分解决高密度城市中心区人们对公园的需求。口袋公园作为城市公园的一个不可缺少的补充，及实现城市公园对人的精神和体力的恢复功能具有重要的社会意义。口袋公园一个特征是——它们是由一块空地或被遗忘的空间发展起来的。口袋公园试图扮演按比例缩小的

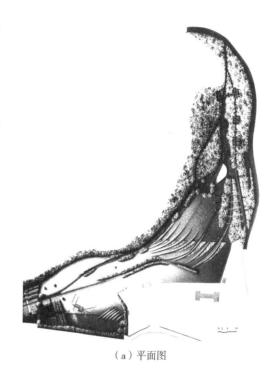

（a）平面图

（b）"玫瑰园"

（c）"十字形水园"

（d）林中剧场

（e）古罗马剧场

图6.53　法国拉维勒迪约市幻想花园

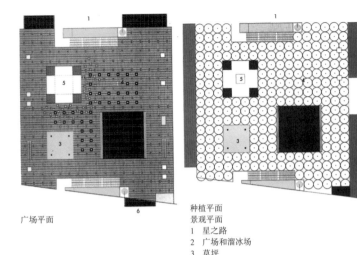

广场平面

种植平面
景观平面
1 星之路
2 广场和溜冰场
3 草坪
4 榉树树阵
5 玻璃塔
6 桥

图 6.54 日本崎玉广场

邻里公园的角色,满足各种功能需求,包括小型活动空间、儿童游乐空间、会见朋友的交谈空间、午餐休息空间等。它们提供繁忙都市中的一个庇护所,为人们提供休憩放松的机会。

盐城市大丰区"竹园",该场地原为城市土地拍卖中留下的一块边角隙地,处理得当,往往能够成为人口密集城区中使用频率最高的绿地。用地不过 25 m × 25 m,以竹为主题,桂竹、早园竹、刚竹、箬竹构成的背景,蜿蜒的由青花瓷碎片构成的坐凳,并无多少"景观内容"的小绿地口袋公园同样也为市民所钟情(图 6.55)。

纽约国会大厦广场(Capitol Plaza)是口袋公园的一个典型,由托马斯·贝斯利(Thomas Balsley)设计,于 2001 年建成,位于曼哈顿的第五、第六大道与第 26—29 街之间,占地 720 m²,建在地下停车场顶上,属于纽约 500 多个私有的公共空间(Privately Owned Public Space)项目之一。各种不同座椅的设置使这个横穿街区的口袋公园备受欢迎。如圆吧台边的旋转椅、椭圆形象棋桌及凳子、沿墙而设的长凳以及咖啡桌边的长凳,当这些座位被占满后,人们还可以坐在台

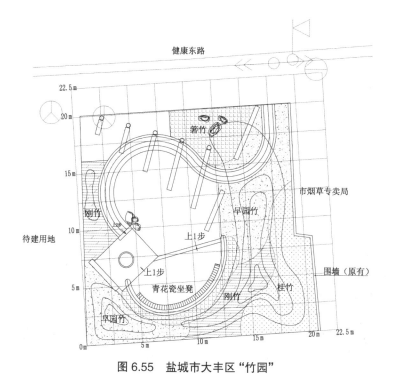

图 6.55 盐城市大丰区"竹园"

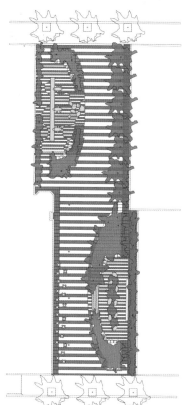

图 6.56 纽约国会大厦广场

阶上、矮墙上以及广场的岩石上。设计鼓励人的使用和走捷径人流的穿行，从安全的角度出发，保证视线的开敞和避免死角。27 m 长的橙色镀锌钢板墙形成一个愉悦的背景。种植的植物也只有竹子和一排美国皂荚。面向公园的酒吧提供了舒适的午餐处，而持续不断的使用证明了设计的成功（图 6.56）。

5）时空

景观设计以营造空间为基本手段，景观空间单元围合程度的不同可以产生不同的空间范围、大小、尺度，进而给人以不同的感受。由于设计要求与目的的不同，需要有不同的空间感受与之相应。景观师根据不同的景观环境而产生相应的空间构思。景观空间不仅仅是三维的，而且具有知觉属性。人的行为不是在抽象的均质空间环境之中，而是在具有一定特征的空间环境中展开的。设计场地固有的空间特质是景观设计重要的依据之一。这里所谓的特征是具体的，可以感知的。景观空间是"载体"而非"本体"；不是功能和流线控制下简单平实的连接和组织，而是赋予了极强的逻辑性和层次感，是建构形式与意义之间的桥梁。人为的景观空间是有意味的空间，所以营造悦目的空间远非景观设计的全部，通过对于形而上的追求，营造超越于空间之外的意境。增强景观空间的表现力、感染力，从而达到形式、空间、意义的三位一体，最终让体验者进入空间、感受空间、阅读空间的同时与设计者在时空中产生交织与共鸣，即景观审美体验。

设计师布罗哈圣和公司将荷兰阿姆斯特丹某公园饭店纳入公园设计的一部分进行整体全局的考虑，该花园由许多小块苗圃组成，这里的植物根据其种类分为三块：东北部的果园种植了苹果树、梨树、樱桃树以及李子树。夏天时可以把桌子摆在树下。东南部一个长长的花园为宽阔的道路所包围，这条路可以用作走廊，在这条路旁的凸槽中种植柑橘和香蕉。厨房和植物园位于公园的西南角，在此处种的蔬菜和草坪被种在高出地面的种植槽里。每个菜圃被简单的深灰色混凝土台围成，在其两旁有黄杨篱作为背景。此处花园零星地种植了一些榛树、山楂树、桑树以及其他稀有果树。苗圃白天向游人正常开放，一来服务于公园饭店，二来也作为公园内的一处景致吸引着回头客和很多从未来过的市民（图 6.57 ）。

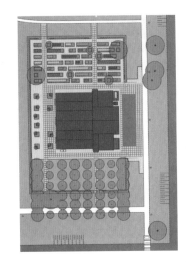

图 6.57　荷兰阿姆斯特丹某公园饭店景观设计

景观空间的设计强调空间单元彼此之间的内在逻辑关系，这种关联不仅仅依靠视觉形式而是更多依靠各种可能的内在语义关联，空间场景不是孤立存在的，同时这种关联性也正是景观空间的核心。不同场所环境的各要素对于景观的空间形态起着关联和制约作用。在景观设计表达过程中，在分析景观所处场所、环境等各个要素特性的基础上采取相应的对策，并将其转化为一种地域精神，融入景观空间的内涵和形式之中，在特定的景观环境中以特定的空间逻辑结构生成，从而创造出反映场所精神的景观空间与形式，提升景观的空间品质。

日本广岛和平公园（Hiroshima Peace Memorial），是为纪念 1945 年 8 月 6 日广岛遭原子弹轰炸而建立的公园。在公园的对岸是广岛原子弹爆炸之后保存下来的唯一遗址，是由捷克设计师设计的一座十分富有异国情调的建筑，特别是其新巴洛克样式的椭圆形屋顶，造型十分优美。广岛和平公园即以其为新公园规划中的几何中心，以此为源头展开故事情节，包括轴线上依次出现的原爆慰灵碑、千羽鹤纪念碑以及和平纪念馆均与其形成时空上的对话关系（图 6.58 ）。

景观环境中，时间是编排空间的轴，时间不仅仅是依附于空间的被动存在，除了交融在线性时间这个最基本的要素，也有其自身的一套体系，通过回忆、顿悟、想象，不断地变化到过去、现在与未来，让人在运动中产生复杂的感知，超越了线性的时空。

美国旧金山 ROMA 设计组的马丁·路德·金纪念园方案。方案着重表达了"永恒"和"流逝"两种时间感。所谓"永恒"，就是表现所纪念的人和事似乎永远存在于某个时空。纪念园的

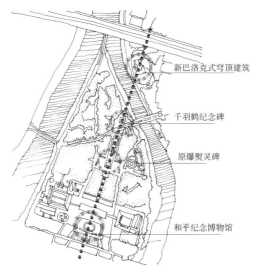

新巴洛克式穹顶建筑

千羽鹤纪念碑

原爆殒灵碑

和平纪念博物馆

图 6.58　日本广岛和平公园

"希望之石"是书写演讲稿场景的再现，时间在这里被定格，从而给参观者以身临其境的体验，使人们似乎回到那难以忘怀的永恒时刻。尽管时间的"流逝"是不可触摸的，但设计运用景观语言记录了时间的流逝。沿纪念墙背后小路按时间顺序排列刻有牺牲者名字的 24 个壁龛，也似乎阅历了过去，而最后几个无字壁龛的设计则象征着继续发展的民权运动，把纪念园的时间感和参观者的思绪延伸向未来（图 6.59）。

　　由易道公司和塞特设计的美国田纳西州的查塔努加城市广场同样以时间为线索展开"故事"情节。广场把查塔努加的城市历史重新收集并加以建构。彩色的铺装带引导参观者回顾了查塔努加的历史：从内战（1861 年）、铁路的发展（1825 年）、建设这座城市（1815 年）直到 1 600 年前的印第安部落……彩色铺装带划分出 35 个时间区，隐喻城市发展的历史，记述着这里曾经发生过的重大事件、特殊人物等。从一个事件跳至另一个事件，每一个事件都沿着一个线性的时间网格组织在一个平面的广场上，因此它们看上去似乎都是一样重要的，这种绝对的时间网格就像是一个框架，包容着各种信息（图 6.60）。

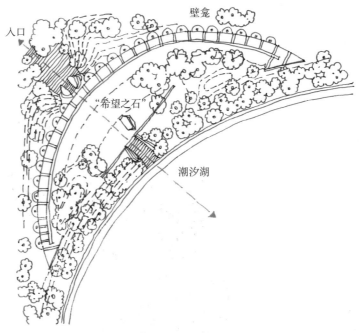

入口

壁龛

"希望之石"

潮汐湖

图 6.59 马丁·路德·金纪念园方案

图 6.60 美国田纳西州查塔努加城市广场

杰里科设计的得克萨斯州穆迪历史花园（Moody Gardens），通过景观和花园的历史来描述人类文明历史。整个区域分为三部分，西方文化和东方文化被远古时代分开。规划由历史花园和景观要素构成，每一个要素并不是真实花园的复制品，而是一个抽象的概念，代表着那个时代。在这里，杰里科运用潜意识，认为穆迪历史花园的目的就是"一个转换的真实世界"，园林中，水是阴，山是阳，他们统一了可见世界中的不同事物。这个花园景观表层之下至少蕴藏有三个潜意识层次：最上面一层是由这些构思唤起的情感，中间一层是由伊甸园、希腊众神和东方的佛代表的宗教，下一层是神秘的山水，身处其中的参观者就像一位航海家，穿过 3 000 年及半个地球的浩瀚时空。这个花园把时空与景观结合在一起，延续了各个时期的历史特点，对历史进行了重新的解读（图 6.61）。

6）景象

与建筑比较而言，景观环境设计的"景象"意义更为丰富，其设计构思应符合形式美法则，满足公众的景观审美情趣，空间构成是否得当、景观细部比例是否适宜、材质搭配是否协调等都直接作用于人的感官，给观者留下空间的整体印象。而通常景观节点的形象被赋予一定的地标和纪念意义。形象的优美是景观设计的基本追求，设计的理念同样也是经由形象加以表现，南北朝画家宗炳所谓"山水以形媚道"亦即此理。在景观艺术设计过程中，景观设计师感受并理解头脑中形成的表象，渗透入主观情感，再经过一定的联想、夸大、浓缩、扭曲和变

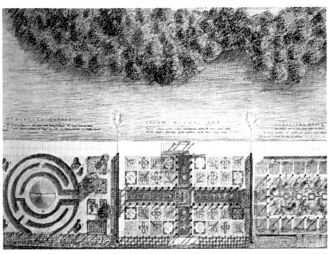

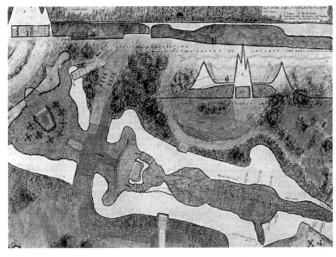

图 6.61　得克萨斯州穆迪历史花园

形，将表象转化为设计意象。设计创意不仅是表象的组合，还是一种图形具象化的过程，这就是意象的生成。意象是由意念到具象的过程，意念是作品所要表达的思想和观点，是作品内容的核心。在设计创意中，意念即设计主题，它是指作品为了达到某种特定目的而要说明的观念，它是无形的、观念性的东西，必须借助图形才能表达出来；具象是把真实的自然艺术化，这是对空间、形状、轮廓、景物的创造。

如劳伦斯·哈普林的波特兰系列广场，设计师正是依托城市中人们对于自然山水的印象和体验，而将人工化了的自然要素插入城市环境中，通过浓缩和抽象自然中的山地水景效果，创造出现代都市的高山流水，奔流而下，汇入江河中的场景。三个广场由一系列已建成的人行林荫道来连接。"爱悦广场"（Lovejoy Plaza）是这个系列的第一站，就如同广场名称的含义，是为公众参与而设计的一个活泼而令人振奋的中心。广场的喷泉吸引人们将自己淋湿，并进入其中而产生瀑布的感觉，喷泉周围是不规则的折线台地。系列的第二个节点是柏蒂格罗夫公园（Pettigrove Park）。这是一个供休息的安静而葱郁的多树荫地区，曲线的道路分割了一个个隆起的小丘，路边的座椅透出安详休闲的气氛。波特兰系列的最后一站演讲堂前庭广场（Anditorium Forecourt），是整个系列的高潮。混凝土块组成的方形广场上方，一连串清澈的水流自上层开始以激流涌出，从 24.4 m 宽、5.5 m 高的峭壁上笔直泻下，汇集到下方的水池中。爱悦广场的生气勃勃，柏蒂格罗夫公园的宁静，演讲堂前庭广场的雄伟有力，三者之间形成了对比，并互为衬托。

波特兰系列广场所展现的是哈普林对自然的理解。爱悦广场的不规则台地，是自然等高线的简化；广场上休息廊的不规则屋顶，来自对洛基山山脊线的印象，喷泉的水流轨迹，是其反复研究加州席尔拉山（High Sierra）山间溪流的结果；而演讲堂前庭广场的大瀑布，更是对美国西部悬崖与台地跨空间的联想。

哈普林认为，如果将自然界的岩石放在都市环境中，可能会变得不自然，在都市尺度及都市人造环境中，应该存在都市本身的造型形式。他依据对自然的体验来进行设计，将人工化了的自然要素插入环境。把这些事物引入都市，是基于某种自然的体验，而不是对自然的简单模仿（图 6.62）。

7）意境

"意境"一词《辞海》的解释是：意境是文艺作品所描绘的生活图景和表现的思想感情融合一致而形成的一种艺术境界，是客观存在反映在人们思维中的一种抽象造型观念。"意境"是中国文化的一个特色，是中国传统园林美学的核心范畴。意境是言外之意，景观环境空间的意境显然不单纯依赖于文字，而是通过空间的造型手段营造出的象外之境。于有形有限的空间之中生成超越空间之外的意义——"意境"，是中国景园艺术的一大特征。植根于环境的"立意"同样是景观设计的基本依据之一。中国传统造园艺术创作讲究"立意"在先，其实便是将所期望营造的意境作为设计的精神。

19 世纪，当历史比较语言学在欧洲盛行时，自然主义学派的创始人奥·施莱赫尔便把汉语当作为"孤立语"的代表，以区别于印欧语系的屈折语及其他世界语言。汉语缺乏形态，它不同于印欧语系诸语言及其他黏着语。许多汉语研究者认为，汉语的结构具有"意合"的特点，它更多地依赖于语义的搭配来反映词语的种种组合关系。汉语的这种意合特点与中国人传统的思维特点有密切的联系。

"意境"一词，最早出现于王昌龄所作的《诗格》中"一曰物境"，"二曰情境"，"三曰意境"。"物境，偏于形似，处身于境，视境于心，莹然掌中，然后用思，了解境像，故得形似"；"情境"偏于表情，"娱乐愁怨，皆张于意而处于身，然后驰思，深得其情"；意境是"张之于意而思之于心，则得其真矣'，偏于意蕴。

（a）爱悦广场平面

（b）波特兰系列广场总平面

（c）柏蒂格罗夫公园平面

（d）帕蒂格罗夫公园

（e）演讲堂前庭广场平面

（f）演讲堂前庭广场

图 6.62　美国波特兰系列广场

　　园林意境的创作需要深刻认识场地中的特征并对其加以甄别，筛选出内涵丰富的信息，再经过高度的艺术概括与凝练，使游赏者触景生情，产生一种情景交融的艺术境界。

　　传统园林意境的创造手法主要包括构建一池三岛，向往海岛仙山；遍访名山大川胜景，诗化自然风光；借鉴文化典故，引用神话传说；强调比德思想，突出拟人化特点；运用优秀诗文，追求诗情画意。

园林意境的直接表达可以通过雕塑、小品等具体形象表达思想感情，如英雄人物的雕像、动物的雕像以及各类装饰性的雕像会使人浮想联翩。园林意境的间接表达主要包括光境、声境、色境、香境、提名立意这几类手法。

（1）光境。光影成为审美对象，在我国由来已久。一天之中园林的主要光影变化是由太阳的升落带来的光线转换和阴影变化，光线是反映色彩、形式和空间关系的重要因素。如月亮因其时晦时明和时圆时缺而体现时空运动观，其周而复始、生生不息的特征启发人们对宇宙永恒的思考，成为中国古典园林的永恒主题，也体现园主寄情山水、吟风啸月的风范。

北卡罗来纳州艺术博物馆巧妙运用了光影元素。庭院空间带来了质感独特的光线与反射，优美地模糊了展厅和景观之间的界线；景观使建筑的立面在不同的视角和光线中呈现出不同的样貌，反映出建筑的复杂性（图6.63）。

旧金山Windhover沉思中心项目，其建筑和景观相互渗透，从精心设计的入口序列，到内外空间都体现着光影间的互动。沉思中心展陈的画作上方的方屋顶为透光材质，可将室外自然光源引入室内，光线柔和，不会出现眩光影响观众欣赏画作。主入口强调了对自然光的体验，种植在建筑内部的榆树为空间带来斑驳的光影，静水池联系着建筑、景观、土地和天空（图6.64）。

图6.63a　美国北卡罗来纳州艺术博物馆卫星平面图

图6.63b　博物馆外部水景广场与点景雕塑

图6.63c　博物馆实景图——Wheeler广场

图6.63d　从庭院通向博物馆的四个入口之一

图 6.63e 博物馆实景图——雕塑作品

图 6.63f 博物馆实景图——户外的空间

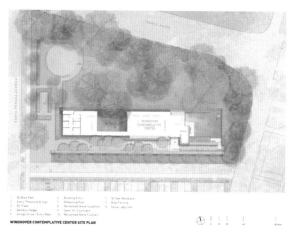

图 6.64a 旧金山 Windhover 沉思中心平面图

图 6.64b 沉思中心实景图一

图 6.64c 沉思中心实景图二

（2）声境。声响能引起人们的想象，是激发诗情的重要媒介。鸟叫、蝉鸣、风声、雨声、琴声、钟声、歌声等都能够吸引游人，促使游人的情感与声音进行交流。园林中以声为主题的景点有很多：如杭州西湖十景中有"南屏晚钟""柳浪闻莺"等；苏州拙政园有"听松风处""留听阁""听雨轩"等；而承德避暑山庄更有"远近琴声""风泉清听""万壑松风""夹镜鸣琴"等多处有关声音的"风景"……

位于克罗地亚海滨古城扎达尔的"海风琴",其奏乐的玄机在台阶内部,中央通道连接的 35 根风琴管组成了一座长达 70 m 的海风琴(Sea Organ)。当海风拂过或海浪涌入,推动管道中的空气产生气压,从而使风琴发出悦耳的声音,此声音从堤岸台阶上的一排排开口传到四周(图 6.65)。

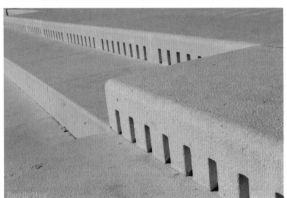

图 6.65　克罗地亚海滨古城扎达尔"海风琴"实景图

位于加拿大蒙特利尔的"能奏乐的秋千"是一处大型互动景观装置,如图 6.66 所示,一排三个秋千,就像钢琴的三个琴键,每当有人在上面玩耍,布置在秋千底部以及整个地板上的传感器就开始工作,像弹琴一般奏起预定的音符。

(3)色境。色彩是丰富园林空间艺术的精粹。色彩作用于人的视觉,引起的联想尤为丰富。用建筑色彩点染环境突出主题,用植物色彩渲染空间气氛烘托主题,是中国园林中常用的手法。皇家园林应用红、黄、绿强烈的对比色,体现了皇家的富丽堂皇,衬托出皇帝的威严。江南私家园林粉墙黛瓦,色彩淡雅、轻快、明丽,体现了园主人高雅的文学修养。

美国加利福尼亚州的好莱坞 Vine 地铁站广场——运用丰富的色彩,大胆采用鲜明的色彩搭配,营造硬质景观,以此在项目区域间形成对比。在场地东侧边界,一个由玻璃骨料混凝土材质建造的红宝石色的"红地毯"代表好莱坞最原始的魅力(图 6.67)。

(4)香境。香境是以植物所散发的芳香为主要表现手段而达到的某种意境。香气同样能诱发人的精神,使人振奋,产生快感。有许多景点因花香得名,如杭州的满垄桂雨,苏州拙政园的远香堂、网师园的小山丛桂轩、留园的闻木樨香轩等。

研究表明,芳香植物散发的香气不仅对人的情绪和心理有改善作用,而且还会对人体的生理机能起到调节作用:可以缓解压力,克服焦虑、紧张、恐惧以及提振情绪,增加满足感、缓解

图 6.66　加拿大蒙特利尔"能奏乐的秋千"实景图

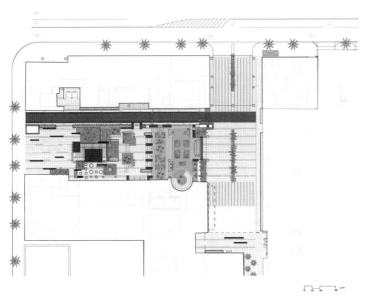

图 6.67a　美国加利福尼亚州好莱坞 Vine 地铁站广场总平面图

图 6.67b　Vine 地铁站广场鸟瞰图

图 6.67c　Vine 地铁站广场实景图

抑郁等，例如迷迭香的香气可以使人提高注意力和记忆力，而薰衣草则有抗抑郁和安神助眠的功效等。另外芳香挥发性小分子中的醇类、醛类具有抗菌消毒的作用，柠檬烯则具有促进血液循环、降血压的功效，因此运用芳香植物或精油可以用来预防和治疗呼吸系统疾病、辅助治疗降血压等。

　　伊丽莎白及诺娜·埃文斯康复花园位于美国俄亥俄州克里夫兰市植物园内，该项目强调自然环境对人类的康复作用。花园的理念是与自然环境的交流互动，因此设计提供了一种接近自然的方式来增强已有环境的治疗功效。设计人员通过安排一系列设施和建筑物，将花园与植物园的其他建筑相连接，构成一个协调统一的整体。花园中的园艺疗法区是一个光线充足、宽敞开阔、色彩绚丽的区域。感官刺激效应尤为突出。为了让行动困难的人能"使用"园林，设计师仔细挑选植物，注意设计细节。不同高度和花期的十多种罗勒属植物，不仅使植物景观显得格外丰富，同时还让行走的游人和轮椅使用者拥有相同的感受花香的机会（图 6.68）。

图 6.68　伊丽莎白及诺娜·埃文斯康复花园实景图

　　（5）提名立意。提名立意包括景色命名和园林题咏。园景生色需意境高远的名字，景色命名是全园主题思想的高度概括，总园园名往往体现园主的最高人生理想，各分园又有自己的小主题，各景点又类似于文章的关键句子。"片言可以明百意"，命名时要抓住每一景观的特点，结合空间环境的景象特征，给予富有诗意的高度概括。

　　在北京金融街北顺城街 13 号四合院更新改造设计中，设计者希望在继承中国传统文人园林儒雅风格的基础上，营造新文人园林的场所精神。设计者认为北方的灰砖文化有着鲜明的地域特色，灰砖墙是老北京城视觉文化的第一显性要素，所以，在庭院景观的设计中强化了对灰砖墙的重新利用。在入口处的影壁砖墙，墙面通过磨砖技术所呈现的纹样隐喻老北京四合院影壁砖墙程式化的砖雕图形，向人们传达着经过转译的传统文化的现代信息（图 6.69）。

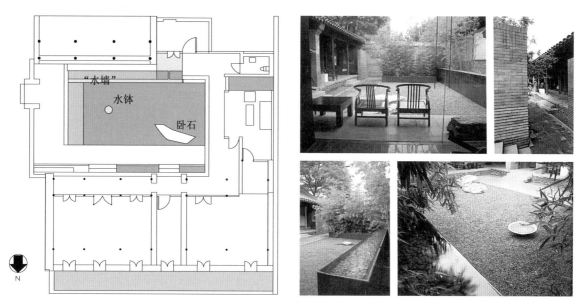

图 6.69　北京金融街北顺城街 13 号四合院改造

大连星海广场的"足迹"浮雕，浮雕上面的脚印是由 1 000 个代表各个阶层的真人踩出的，每一双足迹均有一个主人。这些脚印自北向南通向大海，按年龄排序，排在第一行是 1899 年大连建市那年出生的，最后一行是 1999 年出生的。这 1 000 双脚印映射出大连的百年历史是由勤劳奋进的大连人民创造的［图 6.70（a）］。南京大屠杀遇难同胞纪念馆老馆外的"足迹"也运用同样的手法，以局部代整体，艺术再现了 70 年前南京所受到的灾难和屈辱［图 6.70（b）］。

又如郑州某中学环境设计方案，景观中轴线上设有一矩形水池，寓意人的成才之路，泉水汩汩流向柱廊深处，水池的尽端为"地球"浮雕，揭示该中学源源不断地向世界各地输送人才的深刻意境（图 6.71）。

为追悼长崎原子弹爆炸死难者和祈求永久和平而建造的国立和平纪念馆，遵从死难者家属的愿望——"希望能有一个默默祈祷的空间"，建筑被埋没在地下。原子弹爆炸的受害者切实需求的"水"，除了地上的圆形水盘外，还设置了多处。到了夜晚，水盘上象征着死难者人数的 7 万个追悼灯彻夜闪烁。顺着圆形水盘，进入地下，内设的墙壁回廊、支柱回廊和缓步环游路都是祈愿的场所。这个设施是表现对死难者的追悼之情和祈求未来和平的"景观建筑"（图 6.72）。

6.2　景观设计表达

6.2.1　景观设计表达方式

景观设计目的之一在于将景观设计师的理念与目的传达给观者，游人透过景观空间、景象及景观构成要素可以了解设计者所表达的意图，景观空间环境、景象、景观要素是设计者与观赏者之间的中介。景观形式语汇表达方式具有形象、清晰、直观的特点，设计师将理性的思维以形象的方式加以表达，观者则经由审美通过空间形象解读其设计意图。观者和景观设计师的隐性知识表达模式存在较大差异；观者倾向于形象思维表达模式，景观设计师既注重形象思维

（a）大连星海广场"足迹"浮雕 （b）南京大屠杀遇难同胞纪念馆老馆外的
"足迹"浮雕

图 6.70 "足迹"浮雕

图 6.71 郑州某中学环境设计方案

图 6.72 日本长崎原子弹爆炸死难者国立和平纪念馆

表达，又注重抽象思维表达；观者的隐性知识表达是断续的，而景观设计师的隐性知识表达则是连续和网络状的。设计中运用到的知识和技巧都需要借助图式语言的方式予以表达，以便与观者交流和沟通。设计师正是通过图像化的图解来拓展设计语汇的点、线、面和其他符号等要素来帮助设计师、观者以景会意，并使用大脑的各种能力——分析、综合直至生成超越形式之上意境。景观设计语言及其运用中所体现的认知原则与人们的一般认知能力并没有本质区别。语用学是研究话语理解依赖语境的一门学科，它的一个中心目标就是要弄清楚话语理解过程中语言的意义是如何与语境假设相互作用的。景观师总是力求通过所创造的艺术形象揭示自然与人类社会的某些方面或本质，从模仿自然的表象构成到抽象地表现景观师的主观意识，尽管景观师创作构思以及作品的完成是由景观师主观意识决定的，而生成创作意识的源泉却在于客观世界和现实生活。

《易经》的"观物取象系辞"与《诗经》的"比兴"既有相同相近之处，又有明显差别。相同时代相同的思维方式、语言表达方式和文学象征手法的运用使两者有相同相近之处；而不同的功用、不同的目的、不同的内涵又使两者有明显差别，这种差别归根结底就是"观物取象系辞"与"托物言志抒情"的差别。其中"比兴比德"是中国传统造园表达的常用手法，"三友四君子"均为范例。

波兰籍人类学家马林诺夫斯基（Malinowski），他认为语言不仅传递信息，而且是一种行为方式，对语言的处理，既要根据其使用的具体情景上下文研究，也要对这些话语行为方式进行具体的语境分析。他首先提出了"话语与环境要互相紧密结合，语言环境对于理解语言必不可少"这一语境论的重要观点。

语境理论对于景观的表达有着重要的意义，景观作品能否如设计者的意愿完整地表达出来，并为游人接受，其关键决定于景观语言的组织、空间、节点之间的逻辑关系能否生成景观语境。景观语言离不开整体环境的支撑。

1）线性与非线性表达

景观设计的表达按照思维与表述方式的不同可分为线性表达和非线性表达两种，其中线性表达强调表达的内在逻辑性和顺序性，往往用于陈述性空间，以时间、事件、人物等为线索而展开的陈述性空间往往均采用线性结构。线性结构编排空间序列，比较清晰易懂、容易统一。而非线性表达与强调逻辑关系的线性表达方式不同，突出镶嵌、拼贴、无逻辑和多义性，往往是多主题的杂糅、并陈，以多导向性的结构引发多种参观游览方式来理解其中的含义，并提供潜在情节的体验机会（图6.73）。

（1）线性表达

景观设计思维有其特殊性，其着手设计单元不再是单纯的依据平面结构表达的基本要素——"点、线、面"，而是空间单元。这意味着景观要求解决生态、行为、空间、文化等综合问题。

景观设计师都是以设计手法、景观空间为媒介来进行表达设计意图，在设计创作思考过程中会弥散着无数的意象的碎片，其表达是以个人对环境的认识为基础的，是以个人对设计或艺术形式自身的理解为基础的。这两者都是以人的需要为出发点，相互促进，相互制约。人对环境认识和对形式理解的程度实际上也就是设计思维深入的程度，古代中国人将自然宇宙的生命运动的规律称之为"道"。

苏州环秀山庄的山水布局是对山水之"道"的精准解读。依据"气化论"，天地之间气的运行化为万物，而山水之道则是"流而为川，滞而为岭"（挚虞），苏州环秀山庄的山水结构与布局恰到好处地诠释了这山水理念。

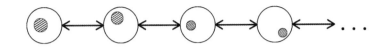

线性:顺序性、逻辑性

"——→":内在依据(时间、事件、人物、场所⋯)

非线性:镶嵌、拼贴、无逻辑、多义

图 6.73　线性与非线性

　　景观设计表达方法有很多,可以通过景观空间与素材直接表达设计者的思绪,也可以间接地表达设计意图。德国斯图加特"信息学院"景观设计将建筑内外空间贯穿在一体,大面积地采用透明玻璃反光材料,设计师在幻想与现实之间创造出一种奇妙的空间感受。信息学院四个内院均以"客厅"为题,为师生提供休息和学习空间,四个内院各具特色,"地毯"成为四个庭院的主题,以"柏柏尔地毯""波斯地毯""西沙尔地毯""弗洛卡蒂地毯"作为四庭院设计主题与铺装形式。人性化的家具、巨大尺度的花盆、古老的图案,让人们远离大学校园的现实世界。这个案例中设计者的意图在于营造一个与周边环境构成强烈反差的景观环境(图 6.74)。

　　福冈县立大学以"人性化艺术空间"为主题的艺术展示园,是以护理专业为基本设计理念,以人体的五官为主题来表现的。分布于整个校园的 5 个展点,被分别设计成用视觉、嗅觉、触觉、味觉和听觉感受的方式,包括"香草人"花园、EYE MAP、TASTE PLAZA、LIGHTS CHAIR 和 D.N.A ROAD 五部分。这些被布置在广场的艺术设计是以"人文关怀"为主题,增强了人与人之间的交流。在这个广场进行的创造性行为,都是为了人们能尝试到那些体验(图 6.75)。

　　位于韩国城南,"书"的主题公园围绕"书"展开空间布局,共设有"空间书屋""风之书""时间之书""天空之书"等诸部分(图 6.76)。

　　① "空间书屋"(咖啡屋):一本包容世界的书,通过网络连通生活,通过交流促进社会的进步。

　　② "风之书":字母通过元音和辅音加以分类,"书籍"一词被翻译成各国语言,雕琢于竹林之中,风过留声,字母如同精灵一般在空中舞动。

　　③ "时间之书":以墙壁画的方式来展现"抽象即严整"的方法论,象征着"历史之书"。

　　④ "水之书":一个巨大而美丽的天然镜面,这是一个魔幻的空间,把天空、人类、风和树木倒映在池塘中,合为一体。

　　⑤ "天空之书"(表演剧场):剧场中心刻着 600 年前的天象图。

　　纪念性景观往往采用线性的表达方式,诺曼底美军士兵纪念碑、越战纪念碑、戴安娜王妃纪念喷泉等等均是如此,又如丹下健三为悼念原子弹爆炸死难者而设计的广岛和平纪念馆,纪念馆是以"祈望和平、悼念死亡者和收集、利用与被炸有关的资料和信息"为目的而设计的建筑物。在建筑物内,沿着设计的圆形墙体,逆时针方向来到地下,进入悼念空间。中央设置了流动的水

图 6.74　德国斯图加特"信息学院"

图 6.75　福冈县立大学的人性化艺术空间

（a）空间书屋

（b）风之书

（c）时间之书

（d）天空之书

图 6.76　韩国城南书的主题公园

盘，代表被炸时许多人寻找的生命之水。在这种追溯时间的创意中，历史场景纪念馆设置在地下，和平时期的建筑设置在地上，以此构成多层次的时间和空间。

在作为神圣地带的追悼空间上部的中央，修建了表示原子弹投下时刻 8 点 15 分的钟表形纪念物。它的周围设置了水盘和被炸成碎石的瓦砾。沿着碎石周边，呈圆形栽植了作为和平象征的 6 棵橄榄树，组成 360° 的祭奠、追悼空间。这些景观，从通道附近的地下追悼空间开始，与铭刻在墙体门口的"构筑没有核武器的和平世界"碑文一起，构成可以在地上瞻仰的新的"祈望与追悼"的场地。关于栽植规划中的植物，象征性地选择了饱含追悼之意的、在被炸的惨状中守护了许多人的"白色"百日红。特别是在原子弹爆炸忌日的 8 月 6 日前后的夏季，百日红等植物的白花沿着人造地上的中央园路盛开，与作为其背景的樟树和榉树的绿色一起，形成了与现在的和平公园协调的景观设计（图 6.77）。

澳裔设计师弗里德里希·圣弗洛（Friedrich St.Florian）设计的国家二战纪念园，整个纪念园的景观面积约为 2.99 km²，其主体是一个椭圆形的广场，中央呈下沉的凹形。纪念园的主入口位于东面的第十七大街。在纪念园南北两端各矗立着一个拱门，分别代表太平洋战场和大西洋战场，从中延伸出环形的坡道通向广场地面。将这两座拱门连接起来的是 56 根花岗岩柱。纪念园内西侧还建有一面弧形的自由墙，上面镶嵌着 4 000 颗金星，代表美国战死的军人。国家二战纪念园不是一个用来哀悼死者的墓地，也不是一个颂扬丰功伟绩的场所。二战时期，自由的人们联合起来捍卫民主的信仰与理念，二战纪念园的主题就是记录下"二战"这一事件，以及缅怀在二战中逝去的人们，让后人铭记历史，珍惜和平（图 6.78 ）。

图 6.77　日本悼念原子弹爆炸死难者的和平纪念馆

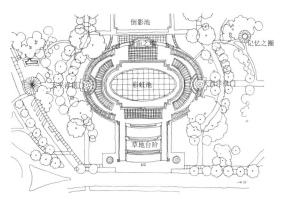

图 6.78　美国国家二战纪念园

　　俄克拉何马城市纪念广场如同一个巨大的露天房间，其中的各个空间安排都促发冥想，使每个参观者都能找到位置。纪念广场的北、东和西三面都有绿化带围护。在北面，果树园滤过尘土和噪声；在东西两面，气势宏大、肃穆的入口将参观者引入。大门也有过滤作用，如同美洲土著的俘梦器（Dream-Catcher），将魔鬼挡在门外，只允许善良的灵魂进入圣地。纪念广场的设计象征着两种命运。南面过去曾为莫勒楼，后改为一片低缓的草地，设置了 168 把玻璃基座椅子，以纪念死难者。晚上，椅子被照得通亮，成了希望的明灯。常青树环绕在纪念区周围，好似守望着这些椅子，也为参观者行走提供了遮蔽。正北面，越过浅浅的反射池，一组梯阶通向"幸存者之树"，它是那一时刻发生的暴力的见证，也是力量与隐忍的纪念。人们可以在这些梯阶上停留、思考，回望那些寂寥的椅子。环绕"幸存者之树"的果树园绿荫浓郁，清新芳香。孩子们可以在果园中的一块空地上学习、交流思想。在这里，参观者一次又一次地面对灾难，愿所有离开这里的人都认识暴力的危害，愿这座纪念广场为我们带来安慰、力量、和平、希望和宁静（图 6.79 ）。
　　位于美国华盛顿中心区的越战纪念碑是用黑色花岗岩砌成长 152.4 m 的 V 字形碑体，象征

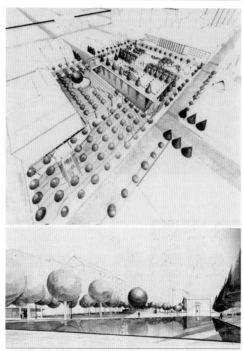

图 6.79 俄克拉何马城市纪念广场

着战争不能愈合的伤痕，纪念碑碑体分别指向林肯纪念堂和华盛顿纪念碑，借此让人们感受到纪念碑与这两座象征国家的纪念建筑之间密切的联系。序列组合上自然顺畅且井然有序，交通流线确定了参观者感受到的纪念主题的完整性，序列空间带来的情绪随着空间的变化逐步转变（图 6.80）。

（2）非线性表达

与传统的线性表达方式不同，非线性叙事突破时空结构的限定，建立虚拟的现实。非线性景观语言不仅丰富景观的表现，甚至改变了景观的创作方法。譬如，与强调逻辑关系的表达方式不同，结构主义景观设计从对传统的空间结构体系和形式系统的解构出发，并在此基础上建立新的设计美学系统。它与以往空间形态设计中所强调的纯洁、中心等级、秩序逻辑、和谐稳定的形式美原则背道而驰。解构主义打破传统空间布局和构图形式意义上的中心、秩序、逻辑、完整、和谐等西方传统形式美原则，通过随意拼接、打散、叠加，对空间进行变形、扭曲、解体、错位和颠倒，产生一种散乱、残缺、突变、无秩序、不和谐、不稳定的景象。

在拉·维莱特公园设计中，屈米（Bernard Tschumi）首先对城市公园绿地进行传统意义上的解构。屈米突破传统城市园林和城市绿地观念的局限，把它当作一个综合体来考虑，强调文化的多元性、功能的复合性以及大众的行为方式。屈米认

图 6.80　华盛顿越战纪念碑实景图

为公园应该是多种文化的会合点，在设计上要实现三种统一的观念，即都市化、快乐（身心愉悦）、实验（知识和行动）。其次，对传统园林布局、构图形式的解构。屈米抛弃传统的构图形式中诸多中心等级、和谐秩序和其他的一些形式美规则，通过"点""线""面"三个不同系统的叠合，有效地处理错综复杂的地段，使设计方案具有很强的伸缩性和可塑性。再次，对建筑功能确定性和结构形式的解构。屈米设计的"疯狂物"——Folies，消解了它的具体功能，它在功能意义上具有不确定性和交换性。它们造型奇特，不具有特定功能，消解了传统构筑物的结构形式以及功能的互换性和因果

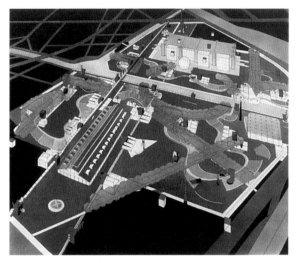

图 6.81　法国巴黎拉·维莱特公园

关系。在这里形式没有服从功能，功能也没有服从形式。"建筑不再被认为是一种构图或功能的表现"，空间成为一种"诱发事件"。最后，对历史文脉的摒弃和建筑形式符号与意义的解构。屈米摒弃历史要素的符号意义，专注于文化的分歧性与事件的偶发性。他的设计反对整体协调一致，鼓励内在一致及意义分解（图 6.81）。

而 Topotek 1 设计组设计的德国埃伯斯瓦尔德（Eberswalde）后工业园（Postindustrial Park）呈现的则是多主题的杂糅、并陈。埃伯斯瓦尔德是勃兰登堡地区的工业发源地。设计师通过运用始终贯穿场地的带状钢铁，串联了 20 多块 150 m² 的矩形小花园，把场地先前的工业场景转化为了现代公园景观。虽然游客可以乘船穿越公园地底的管道暗河以体验当年的工业场景，但设计师没有把重点放在对过去的体验，而是放在了在老场地上如何布置一个全新的景观。20 多个主题各异的趣味小园以"拼贴"形式构成了对工业遗产的表达，道路系统象征了早期工业的整体性秩序（图 6.82）。

卡梅尔·罗阿菲（Kamel Louafi）设计的德国汉诺威市的"变化花园"（图 6.83）也运用了同样的手法，2002 年汉诺威世界博览会是在德国举办的第一次世博会，世博会总体规划由阿尔贝特·施佩尔（Albert Speer）完成，其中 90 hm² 利用了原有的会展中心，新展区为 70 hm²。新展区将形成一个以居住为主的新市镇，未来市镇的新商业、文化设施都可利用世博会期间的一些主要的公共场所，如世博会广场、中心会场、欧洲大道和德国馆以及"变化花园"。正如花园的名称一样，整个园林是一个变化、流动的园林，从北到南表现出从建筑到花园、从规整到自由、从几何到自然、从黑暗到光明、从人文到自然、从郁蔽到开敞的景观变化。

变化花园由一系列协调一致、相互联系的造型不同的小花园组成，每个主题花园都以一个小建筑为中心，它们有节奏地布置在带状的花园中。这些小建筑根据花园的主题不同，分别为地中海花园（Mediterraner Garden）、幻想室（Haus der Illusion）、机器室（Maschienhaus）、茶室（Teehaus）、砂室（Sandhaus）。不同的主题花园通过植物、铺装材质、色彩、水体以及声音设备表现出各自的特点，并被赋予不同的时代和文化特征。

2）显性与隐性表达

（1）显性表达

"再现的艺术"是艺术家按照现实中看到的客观物象去模仿营造，在一定程度上不可避免地

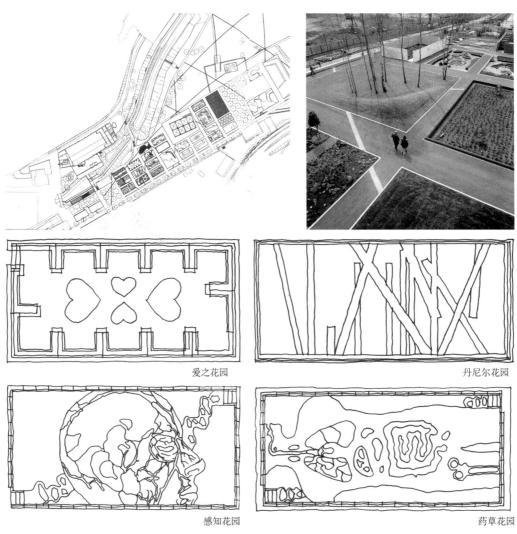

爱之花园   丹尼尔花园

感知花园   药草花园

图 6.82　德国埃伯斯瓦尔德后工业园

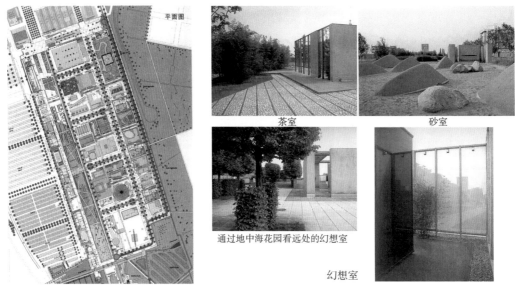

茶室   砂室

通过地中海花园看远处的幻想室

幻想室

图 6.83　德国汉诺威市的"变化花园"

要提炼与加工，有时也融入了主观情感因素。中国传统的山水园林，摹写自然山水，英国都铎式风景园亦然，都是再现的艺术，只是表现方法不尽相同。意大利建筑师卡洛·斯卡帕（Carlo Scapa，1906—1978）作为赖特（Frank Lloyd Wright）和路易斯·康（Louis Isadore Kahn）的追随者和信徒，重视建筑与环境之间的关系，同时善于运用光影塑造空间和氛围。这种思想在布里昂家族墓园设计中体现得淋漓尽致。布里昂家族墓园（Brion Family Cemetery，1969—1978）位于意大利的北部小城桑·维托（San Vito），占地面积约为 2 200 m²（图 6.84）。设计中卡洛·斯卡帕（Carlo Scarpa）避免了传统的中轴对称的墓地设计手法，而选择了近似中国园林的漫游式布局。墓地有公共和私密两个入口，整个平面呈"L"形，由带方亭的水池、棺木安放处和小家庙三部分组成。由私密入口进入墓园，映入眼帘的是实墙上两个互相交叉的圆窗，像一双眼睛，限定了视线。入口左侧是一个宽阔的水池，池内睡莲绽放，池中有一小亭，水由亭内引出，流经"双眼"，流入放置棺木的圆形下沉地面。棺木的设计是点睛之笔，两个棺木相互倾斜，截面呈平行四边形。对此，斯卡帕解释说："如果两个生前相爱的人在死后还相互倾心的话，那将是十分动人的。棺木不应该是直立的，那样使人想起士兵。他们需要庇护所，于是我就建了一个拱，取方舟之意。为了避免给人以桥的印象，我给拱加上装饰，在底面涂上颜色，贴上马赛克，这是我对威尼斯传统的理解。"棺木与水池在平面上呈 45°，自然地处理了"L"形的拐角。再向左侧，就来到了与棺木平行的小家庙内。家庙坐落在另一个水池上，粼粼波光通过狭长的落地窗映入室内，一种安静、神秘的氛围和对威尼斯古老水城的回忆油然而生。纵观整个设计，有两点特别值得玩味：一是水的运用，水是生命之源、生命之旅、生命之终，它给整个墓园注入了活力，整个墓园设计，不是对死亡的哀叹和恐惧，而是对生命的向往和渴望；另一方面，斯卡帕反复运用了 5.5 cm × 5.5 cm 为模数的线脚作为结构、节点的装饰。在此后的设计中，斯卡帕不断变化比例、材料，改变位置、尺度，对此反复应用，做出了许多耐人寻味的作品［参见谷敬鹏，孙璐. 清丽蕴于无华：从历史环境角度解读卡洛·斯卡帕［J］. 新建筑，2001（2）：50-54］。

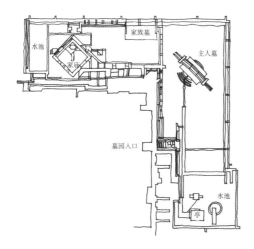

图 6.84　意大利布里昂家族墓园

① 直叙

在景观表达中，直叙即通过直白、明确的景观语言描述表达主题。山东青岛五四音乐广场的铺地即以直叙的方式，以五线谱代指音乐。广场铺地以高强度彩色水磨石为主，用铜条刻画出一本翻开的乐谱书，书上分别谱写有十几首世界名曲的主旋律，其旋律制作与真实的乐谱完全一致。设计手法简洁、明确，浅显易懂，富有趣味（图 6.85）。

图 6.85　山东青岛五四音乐广场

吴为山设计的南京大屠杀遇难同胞纪念馆扩建工程群雕《逃难》，从人类普遍的情感和精神出发，从人性出发，在整个雕塑群的节奏、造型和视觉的相关性上形成了有机的整体，突出了悲愤、苦难与抗争这样一种三位一体的主题内涵，同时通过对遇难人物典型形象的直白描述，艺术地再现了70年前南京人民所受到的灾难和屈辱，深刻的表现了中国人民的悲愤情感和反抗精神，不仅反映了人民群众的心声，也展现了艺术的强大震撼力、影响力和感召力（图6.86）。

罗伯特·穆拉色（Robert Murase）设计的美国俄勒冈州波特兰日裔美籍人历史广场（Japanese-American Historical Plaza），历史广场位于波特兰市河滨公园，这是一个向二战期间11万日裔美籍人道歉的纪念园。穆拉色在设计纪念园的时候充分运用了日本传统园林中的造园要素——石头和樱花。西入口的两个青铜雕塑标志着"虎"门，两根青铜柱像两个哨兵，其中一根柱子上刻着日裔美籍人在二战期间抗争的情形；另一根柱子上面刻着一个老人抱着一个婴儿，圆柱上的浮雕描述了日裔美籍人的历史。广场中"会说话的石头"刻有12首日本诗词，从南到北沿着拉维美特河，描述着日本社团的历史。广场中央的一块巨石上刻着10个强制疏散集中营的分布图，围绕在巨石周边的冰裂纹的石块铺地反映了当时被扰乱的生活和打破的梦想。

每年春天，列植于河岸草地上的100株樱花盛开，美丽的粉色花朵与粗糙沉重的石块形成对比，给人以沉重历史感的同时还预示着美好的明天。穆拉色通过对几种园林要素的运用很好地将广场融入周围的环境

图 6.86　南京大屠杀遇难同胞纪念馆新馆前雕塑

从而创造了一处不同凡响的纪念园（图6.87）。

华盛顿韩战纪念园区由三大部分组成。第一部分是一片开阔地上的一组散兵群雕——19名头戴钢盔、手持步枪、身披雨衣的士兵正在搜索前进，他们是旅美作家林达在《战争纪念碑的主题是和平——建筑师札记》一文中所说的美国人心目中"英雄儿女"的形象表达。雕像群园区内还有一小块铭牌，上刻"我们的国家以它的儿女为荣，他们响应召唤，去保卫一个他们从未见过的国家，去保卫他们素不相识的人民"。第二部分是黑色花岗岩纪念墙，分别刻有参战美军和"联合国军"

死亡、受伤、失踪和被俘的人数，磨光的墙面上隐现着蚀刻的一些士兵的头部，据说这些头像是根据朝鲜战争新闻报道中美军各个兵种无名士兵的真实照片而临摹的。第三部分是一段纪念墙，墙上刻着"自由不是无代价的"碑文，颂扬参战而牺牲的美军和"联合国军"士兵（图6.88）。

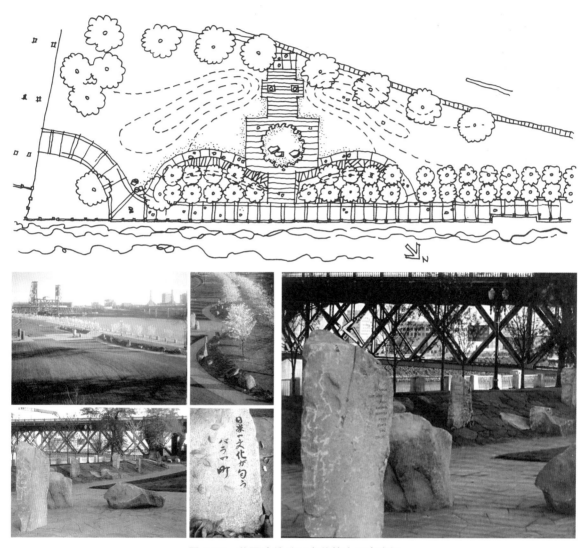

图 6.87　美国波特兰日裔美籍人历史广场

图 6.88　华盛顿韩战纪念园

图 6.89　伦敦泰晤士河水闸公园——"绿色船坞"

② 明喻

从符义学角度来说，明喻是由喻体、喻词、本体三者共同构成，且喻词多为"好像""如同""恰似""仿佛""如""若""似""好比"等的一种比喻方式。而符义学与景观中的明喻是有区别的，景观中不存在喻词，而是通过景观要素的符号化与接受者的联想而形成。在后现代景观中，有部分作品并不追求深刻的意义，如大众文化主义景观，它们追求的仅仅是"好像""如""若""似"而已，使接受者通过对眼前景观的欣赏从而在脑海里唤起他们所熟悉的景象或事件，以此完成整个景观信息的表达和接受过程。

以伦敦泰晤士河水闸公园为例，这是一个具有典型叙事性特征的景观公园。1983 年修建水闸以前，泰晤士河至少已经有 30 年洪水泛滥的历史，水闸修建后获得了巨大的成功，不仅可以抵御2 000 年一遇的洪水，还成为泰晤士河上一道美丽的风景线。水闸公园因为水闸的成功而建，作为一个新建的现代城市公园，其以"绿色船坞"为主要叙事场景，具有明确的指向性，含蓄地暗示这儿曾经是船坞。"船坞"的中段是"彩虹园"，色彩丰富的各种宿根花卉和深绿色且呈整齐波浪形的紫杉篱构成了非常精彩的视觉效果。水闸公园的设计，不仅使来这里参观的人回忆或联想起曾经发生在这里的港口历史、洪水泛滥，而且其中的许多硬质景观又通过细节暗示强调了公园的用地曾经是废弃工业用地（图 6.89）。

又如纽约市美国自然历史博

物馆广场亚瑟·罗斯广场，占地 4 047 m²，是博物馆延伸的户外厅堂，参观者可以在此感受阳光、清风、明月和星辰。广场主要通过富有现代气息的地球——太空中心体现博物馆的功能和外观特征。广场设计是受到月食现象中月球的圆锥形投影的启示。广场上的巨大球体结合光线，好像飘浮在空中的"月球"，并在广场上形成了"月球的投影"（图 6.90）。

　　和平金星家族纪念公园（Gold Star Families Memorial and Park）位于伊利诺伊州芝加哥市，占地 20 235 m²，是为纪念 19 世纪 30 年代自芝加哥警察局成立以来在执勤过程中牺牲的 460 多名警官。伍德豪斯缇努西（Woodhouse Tinucci）建筑事务所设计了两对相距 457 m 的塔架，形成了纪念碑的南北入口。高耸的铁塔倾斜着像半开着的纪念性大门，由不同角度倾斜的抛光不锈钢板制成。他们的网格图案让人回想起 CPD 独特的商标棋盘带，标志着军官的野战帽，而闪闪发光的不锈钢表达了军官牺牲的不朽记忆和他们理想的清廉（图 6.91）。

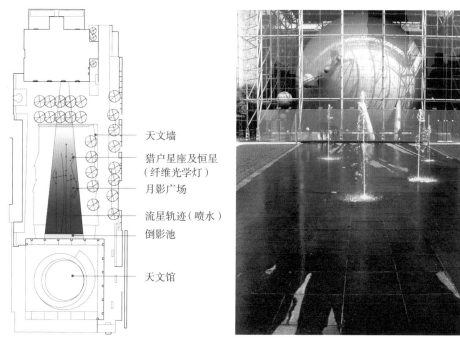

天文墙

猎户星座及恒星
（纤维光学灯）

月影广场

流星轨迹（喷水）

倒影池

天文馆

图 6.90　纽约市美国自然历史博物馆广场

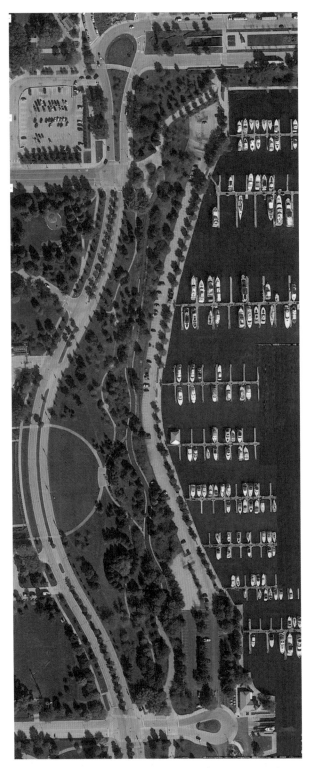

图 6.91a　芝加哥和平金星家族纪念公园卫星影像

图 6.91b　芝加哥和平金星家族纪念公园入口实景图

③ 象征

景观设计中的象征是通过空间形式或外部形象的构成特征来传达一定的思想含义，传达某种情感，达到设计师与公众之间情感上的交流。景观师要创造出具有语言符号意义的景观，需要通过"形"与"意"之间的转换途径实现，并且由于作为具体物象的景观和抽象的语言符号意义之间存在着本质的不同，因此完成其转化的过程必须借助于人脑的思维机能，需要涉及观赏者的社会经历、文化素养、知识范围、民族传统等等。

象征是在视觉符号和某种意义之间建立起来的一种隐秘关系。中国造园常用象征手法，一些看似平常的景物由于前人的附会、文化的积淀而蕴涵某些特定意义。蝙蝠在中国传统文化中，为"福禄寿"之首，被认为是幸福的象征，因此而常用于建筑装饰；"松、竹、梅"能使中国人联想到"岁寒三友"，产生"傲霜斗雪""坚定不移""高风亮节"的寓意；中国人常用"雨后春笋"比喻新生事物的大量涌现，蓬勃发展；用"寸草春晖"比喻父母的难以回报的深情；用"岁寒松柏"来比喻在乱世磨难中坚贞不屈的人士；"松鹤延年"则用来祝福长辈健康长寿。这些往往是庭院中漏窗或铺地常用的图案。除去

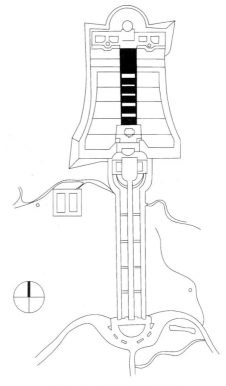

图 6.92　南京的中山陵园

使用某些特殊的物体作为象征外，在空间的构成中，也可将人们熟悉的事物加以概括、提炼、抽象为空间造型语言，使人联想并领略其中的含义，以增强感染力。如南京的中山陵园总平面的构图状若吊挂的金钟，象征孙中山先生的革命事业恰似中国的"晨钟"（图 6.92）。

以韩国岭南大学主入口天马之门设计为例，该设计以岭南大学学生团结起来引领世界潮流的意识形态为宗旨。天马的原型在韩国预示着活力和腾飞。大门象征着"GOH-SSAUM"，就是借助"GOH"飞翔的意思。"GOH"是一种民间传统的编织物，"GOH-SSAUM"则是一种充满活力与力量的民间游戏（图 6.93）。

德国吕塞尔斯海姆公墓的规划设计，以呈树叶状交替出现的道路形式组成了一棵生命之树，寓意生生不息（图 6.94）。位于美国纽约犹太遗产博物馆的石头园也同样表达了对生命的态度，安迪·戈德沃西（Andy Goldsworthy）的设计，采用花岗岩修筑的墙壁，18 块形态各异的大型漂石静静地躺在地上，每一块岩石上都被凿出一个小洞穴，设计师以此作为种植槽将一株株矮化的橡树苗栽种在岩石里。于是每块石头上都"长"出一棵小树苗，这种独特的景观成为石头园最鲜明的特征。尽管坚硬巨大的岩石与柔弱的树苗在外形上差别很大，但是两者之间却存在着强大的相互作用力，阐明了戈德沃西对犹太民族以及对生命的态度——具有强大力量和非凡的适应力。这里没有用文字来描述大屠杀，也没有像常规纪念性公园那样通过建筑和静态景观来烘托主题，设计师将此处设计成展示生命改变和进化历程的展场。根据预测，生长缓慢的矮化栗栎每年直径大约增长 0.3 cm，石头里的树苗长到 3.7—4.6 m 高时，其形成的树荫将扩张到构成花园整体结构的花岗岩和沙砾层上。最终，树木将与岩石结合在一起，树皮下层活跃的新生组织也将被岩石摧毁，树木就此结束生命。因此，戈德沃西建议，今后，大屠杀幸存者的后裔们可以在举行纪念仪式的同时用现在栽种的橡树所结的橡果培育新树苗，然后再栽种在岩石内。这样，岩石园将不

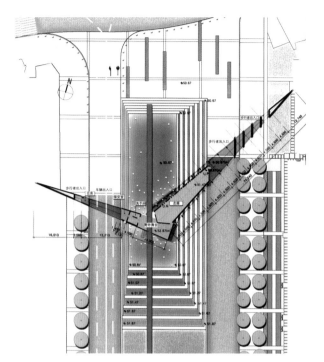

图6.93 韩国岭南大学主入口天马之门

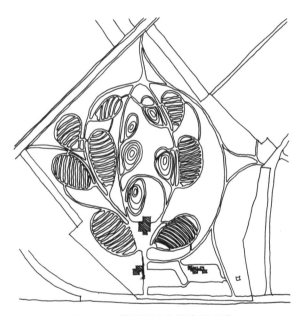

图6.94 德国吕塞尔斯海姆公墓

仅仅是修建在土地上的一个简单的建筑，也将成为一个有生命力、足以让后代子孙记住历史的特殊设施。

另外，戈德沃西在公园内摆放了18块漂石也是有其寓意的：在希伯来语中，"Chai"的意思是"生命"，在数字中则指18。这种在花园抽象设计中以非文字的形式来表达主题的方式也充分显示了设计师运用象征手法的能力（图6.95）。

美国得克萨斯州威廉姆斯广场（Williams Square）中心的一组奔马雕像，主旨是表现西部开发的传统，其原型可以追溯到早期西班牙人美洲探险的历史，纪念他们将自己的生活方式带到西半球。栩栩如生的奔马形象，象征着得克萨斯现代文明的先驱者们的创业信念。威廉姆斯广场的设计将当地的历史文化、景观风貌和创业者的精神融合在一起，成为现代与古典思想相结合的优秀设计范例（图6.96）。

齐康先生设计的南通海安苏中七战七捷纪念碑。在历史上这次战役为辽沈、平津、淮海三大战役的胜利起了战略侦察的作用。可以说，这次战役是一次重大的"前哨战"，它像利剑一样插入敌人的心脏。因此，纪念碑设计中运用了"刺刀"这一象征符号，视觉上给人们以刺激，基座部分的七个"窝洞"象征着七次战斗的胜利，实现了景象与意义的完美融合（图6.97）。

图 6.95　美国纽约犹太遗产博物馆的石头园

图 6.96　美国得克萨斯州威廉姆斯广场

　　朝日电视台是新建在信息城市东京的中心——六本木的民办广播电视网络据点,欲在其最顶层的会议室和活动室建造一个中庭。面对脚下播放着风起云涌的当代事件的高密度空间,设计师认为应当创造静的世界。于是,为那些从广播室来到屋顶的人们描画出那些实际存在的时间和空间,成为符合电视台要求的庭院。

　　为确保与天空对峙这一表象,将准备的 420 m² 的矮草丛与 63 条条石组合在一起,构成庭院景观。条石利用捆扎结构被吊起在矮草丛中,实现假想平面在矮草丛中的视觉化。表示创立日那天日升方位的直线,将广阔的矮草丛分成两部分。这些条石还为庭院的保养和修剪发挥着作用。条石被吊起在距离地面 300 mm 高的矮草丛中,园艺师不用踏入草坪就可以工作。同时,还可以以条石的高度为标准,把矮草丛修建成一个整齐的平面。另外,条石下有空隙,可促进草丛内的通风,具有防止夏季草坪内温度过高的效果。

　　这个庭院中,最厚重的要素是被修剪成矩形的满天星。位于北纬 35° 29′ 的这两部分草坪,代表着东经 "1′" 的地理距离。这个事实,被用 "E139°44′03″" 和 "E139° 44′04″" 的字样刻在到了夜晚就映现出来的草丛背后的玻璃上。这是给通过影像媒体展示现实世界的信息社会的发源地——电视台的庭院 "实际存在空间" 的 "留言" (图 6.98)。

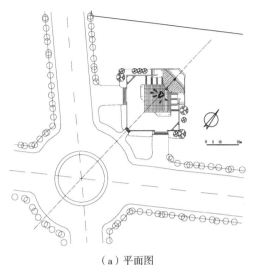

（a）平面图

（b）"刺刀"

（c）"窝洞"

图 6.97　南通海安苏中七战七捷纪念碑

美国纽约 911 国家纪念广场由两个方形瀑布池和一个主体在地下的博物馆共三个主体建筑共同构成。下沉空间的设计者是以色列建筑师迈克·阿拉德（Michael Arad），其作品理念为"对缺失的反思"，用以纪念 911 事件的遇难者和在 1993 年世贸大厦爆炸事件中丧生的遇难者，同时也象征着两个大楼留下的倒影和大楼存在过的印记（图 6.99a）。与纪念广场一街之隔的是在 911 遗址之上重建的纽约世贸中心车站，又称"飞鸟车站"（OCulus），由西班牙裔建筑师圣地亚哥·卡拉特拉瓦（Santiago Calatrava）设计。该车站的设计灵感源于一幅儿童放飞和平鸽的图画，其建筑外形如同一只飞翔着的纯白色和平鸽，象征着人类永远崇尚和平的理想（图 6.99b）。

（2）隐性表达

在景观设计语言中，隐喻的"喻体"和"本体"的审美体验相似性越近而客观差异性越强，隐喻往往就越具独创性。隐性表述的实现依赖于语境，往往要涉及隐含意义的推理。隐喻不仅丰富语言表达方式，而且也有利于创新思维。隐喻无处不在，它不仅仅是语言的产物，更是一种通过语言表达出来的思维方式和行为，它的本质是认知的，是人类不可或缺的认知工具。但同时隐喻的过度使用不仅会产生歧义，也在一定程度上造成了对于景观形式美的弱化。以传统中国文人园林为例，传统的儒、道、释思想是它发展的思想基础；社会环境以及文人地位、境遇的变换是文人园发展的社会基础，园林愈加背离山水主题，往往成为个人宣泄情感的方式。

雪铁龙公园（Parc Andre Citrone）的设计便运用了隐性表达的方式，公园占地 45 hm²，位于巴黎西南角，濒临塞纳河，是利用雪铁龙汽车制造厂旧址建造的大型城市公园。公园由南北两个部分组成。北部有白色园、两座大型温室、六座小温室和 6 条水坡道夹峙的序列花园以及临近塞纳河的运动园等。南部包括黑色园、变形园、大草坪、大水渠以及边缘的山林水泽仙水洞窟等。雪铁龙公园展示的是具有活力、美丽的自然；变化丰富、不断生长具有生命力和有规律的自然，并追求自然与人工、城市及建筑的联系与渗透，

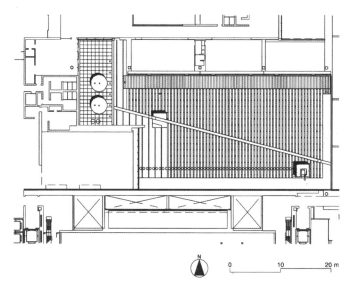

平面图

图 6.98　日本朝日电视台屋顶庭院

图 6.99a　纽约 911 国家纪念广场

图 6.99b　纽约世贸中心车站外观

是一个富有创意、供人们在此沉思、令人联想到自然、宇宙或者人类自身的文化性公园。阿兰·普罗沃斯（Allain Provost）设计的雪铁龙公园既没有保留原有汽车厂的任何遗存，也没有刻意表达曾经的场所功能，仅仅在园名上借用了雪铁龙的名称，但雪铁龙公园设计却又采用后现代主义设计手法对文艺复兴园林加以表现，以两个大温室象征巴洛克花园中的宫殿；以简洁的大草坪隐喻巴洛克花园中的沉式大花坛。而"岩洞"更是文艺复兴或巴洛克园林中岩洞的抽象；系列园处的跌水如同意大利文艺复兴园林中的水链；林荫路与大水渠更是直接引用了巴洛克园林的造园要素；运动园体现了英国风景园的精神；而六个系列小园则明显地受到日本园林中枯山水的影响。可以说雪铁龙公园表现出来的是严谨与变化、几何与自然的结合，并且具有强烈的怀旧与伤感的色彩（图 6.100）。

（a）东边的温室　　　　　　　　　　　　　　　　（b）中央草坪和四周的水池

图 6.100　巴黎雪铁龙公园

肯尼迪遇刺纪念碑建于得克萨斯州迪利公园——肯尼迪当年遇刺地附近。纪念碑设计成上下悬空、四方围合的"空棺"形状，以隐喻肯尼迪"与闹市隔离，归于沉思，但却贴近天空与大地"。纪念碑内部地面只有一块黑色大理石，上面用镂金雕刻着肯尼迪的名字，旁边写了这样一段话："这座纪念碑不是为了纪念痛苦和悲伤，而是向一位伟人生命中的喜悦与激动表达永远的致敬，他就是约翰·肯尼迪。"（图 6.101）

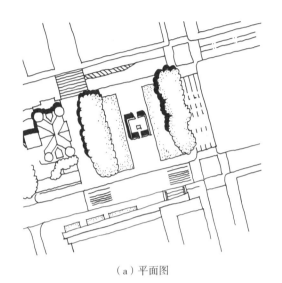

（a）平面图　　　　　　　　　　　　　　　　（b）实景图

图 6.101　美国得克萨斯州肯尼迪遇刺纪念碑

　　日本国家金属研究院科学技术所庭院。庭院南半部为散步区，东南为半圆形餐厅，周边散点花岗岩石块，西侧的步石穿越起伏的草地。孙密奥·马逊奴（枡野俊明）对此庭院的设计表现了一个人对于金属的追求，干旱的山地，零星的树木，近乎枯竭的河床，犹如美国的淘金热，寓意研究所的科学家们如同淘金者一般热爱自己的工作（图 6.102）。

　　西班牙建筑师恩里克·米拉莱斯（Enric Miralles）设计的英古拉达墓园（Igualada Cemetery），位于临近巴塞罗那的英古拉达市，建在一座小山丘上。借由地形的变化处理成三层空间。整个墓园如同一条巨大的伤痕，横亘在郊区蔓延荒芜的工厂与商店之间，冷冷的混凝土，尖细的铁

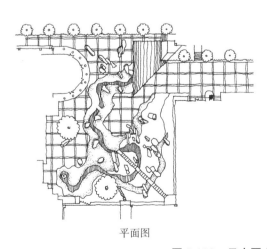

平面图

图 6.102　日本国立金属冶炼科技人员研究所庭院

丝，都传达着死亡的主题。在这里，建筑师把丧葬空间立体化、规模化、阳光化了，他在基地中保留了相当程度的空间给来访者停留，借以塑造出一个沉静而开放的追悼空间。对这片被开挖的土地来说，这个墓园算是对其潜力的一种探险式的挖掘。在这个建筑里，只有其正立面和内部蜿蜒的墙体是没有依照原来的地貌而建的元素，其他各部分均以一种独立的姿态矗立在那。穿过铁丝交错而成的大门，一条小路倾斜向下到达一个人造的谷底，整片土地被这样分割开来。那面布满骨灰存放壁龛的墙有着突出的檐口，所有格间都深陷下去，整个空间有时而压缩时而延伸的节奏。与光滑的混凝土墙面和整齐有序的壁龛相比，地面的处理就迥然不同：粗糙的浇筑地面，所有骨料都暴露在外。斜坡的底部通向一个围合的空间，那里保留着一些随意散布的陵墓和墓碑，好像生命之河奔腾而下，携带着命运无穷的可能性，却在死亡的瞬间凝结（图 6.103）。

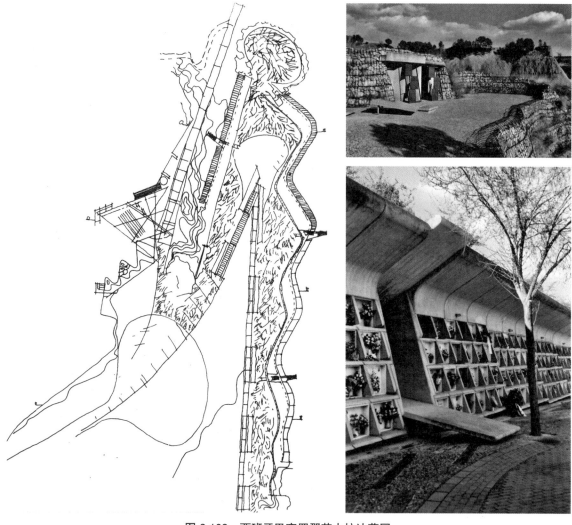

图 6.103　西班牙巴塞罗那英古拉达墓园

6.2.2　设计概念的表达

　　设计者关于场地的认知与潜在的场所特征，是左右设计过程的两个方面，通过对场地固有特征、场所精神的梳理与研究，结合设计者的愿望，并将两者融入特定的功能与形式中去，从而完成景观设计过程。

1）结合自然的营造

吴良镛先生指出："人居环境首要的、最普遍的元素是自然，尽管人们不生产自然，但有责任使之成为一个有组织的系统。"景观环境归根结底是人造的空间，传统的中国园林提出"虽由人作，宛自天开"，这不单纯是审美取向，还包含了科学意义的做法。任何客观存在的环境都包含着两个方面：其一是符合人们利用目的要求，其自身也符合本地区生态顺向演替的规律；另一种则是恰好相反，景观设计因此也就有了"利用"与"改造"两种不同的策略。最大限度地发现场地固有的价值，因势利导建构景观不仅符合生态规律、能有效地节约工程支出，而且有助于凸显场所固有的景观特征。

随着整个社会环境意识的觉醒，人们开始深入思考城市生态环境和自然价值观的问题。而"结合自然"的景观空间设计的实质即从改善景观环境出发，以塑造生态健康的景观环境为目标。保留自然、模拟自然的设计手法使"自然"与环境相融合，包容景观空间中一切同质和非同质的元素从而达到高度的和谐与统一。"自然"具有多孔的特质，因而生成柔和、不确定的边界，具有高度的亲和力和包容性。在建成环境中，建筑好比是"骨料"，道路恰似"钢筋"，而"自然"则如同黏合剂，以其柔和的特质将所有离散元素融为一体。

自然与人工的结合是没有障碍的，一百多年来，纽约中央公园周边的人工环境不断地变化着，但却从未与公园产生过矛盾，并很好的融合、共生与发展。这就进一步说明了纯自然或拟自然的环境由于其边界的不确定性而更易于融合环境（图6.104）。

图6.104　纽约中央公园

香港中环系中央商务区（CBD），地处高层建筑密集、地面交通繁忙、缺少空间和绿地、背靠山坡、面临海湾、发展余地有限的环境中。中心公园是CBD"混凝土森林"中的一片绿洲，作为香港CBD中心一块重现自然的场所，是十分可贵的。公园入口与地铁车站有自动步梯联结，中心公园和周围高架步道系统结合起来整体考虑，很好地保证了与周围建筑、场所的联系性、通达

图 6.105　中国香港中环公园

性，增强了场所的融入感，在中环商业繁华地区构筑了开敞绿地与步行交通相结合的城市开放空间系统（图 6.105）。

被冠以"城市绿肺"之名的上海延中公园是一个系列绿化地段，绿地规划总面积 23 万 m²，共由 17 个地块组成，横跨黄浦、卢湾、静安三个区，位于相交的东西和南北走向的延安中路高架桥下，对周围嘈杂的交通环境起到了显著的缓冲作用，柔化了建筑与高架桥的矛盾，同时也改善了生态环境（图 6.106）。

由佐佐木事务所设计的查尔斯顿水滨公园位于美国南卡罗来纳州查尔斯顿市，改造后的公园在尊重场地的自然规律的同时，为使用者增添了更多亲水空间和活动空间，为该地区带来活力。公园的改造以生态和环境优先，在保留原场地的河滩地的基础上，扩大了公园沿河一侧的河滩用地以保护具有生态意义的沼泽地；同时采用环境友好工程技术，将这一滨水地区被改造成公园和公众休憩场所，保留下来的芦苇荡是公园自然保护区的一部分，海风吹拂，绿涛翻滚，别有一番情趣（图 6.107）。

北京商务中心区（CBD）西北区中部坐落着一座特殊的城市公园，它身居高楼鳞次栉比的都市环境中，作为西北区块最大最重要的拟自然的城市集中绿地，

图 6.106　中国上海延中绿地公园

图 6.107a　美国南卡罗来纳州查尔斯顿水滨公园卫星平面图

图 6.107b　美国南卡罗来纳州查尔斯顿水滨公园鸟瞰图 1

图 6.107c　美国南卡罗来纳州查尔斯顿水滨公园芦苇荡实景图

图 6.107d　美国南卡罗来纳州查尔斯顿水滨公园鸟瞰图 2

中心公园既包括了本体部分，又充分考虑了与东西街原有城市绿地和绿廊设计的衔接，其在 CBD 的开放空间体系中占有举足轻重的地位（图 6.108）。

西班牙十字海角重建项目位于西班牙伊比利亚半岛东端，是一个利用景观促进自然修复的项目，拆除现有结构并进行栖息地重建，最终形成具有创意的景观开发工程。该工程耗资不大，将拆除与建造结合，展示出该地区自然和文化的独特性（图 6.109）。

巴塞罗那植物园总面积 15 hm²，地形复杂，设计师的灵感从场所的地形中产生，因山就势，依据轮廓设计了一套三角形的网格体系，形成了植物园的景观空间结构。充分利用了自然提供的潜力，遵循了原场所的限制条件，避免了对山体的大量开挖与回填（图 6.110）。

2）时代特征的彰显

景观设计不可避免地要打上时代的烙印，审美与技术及设计手法等元素共同促成了景观的时代特征。

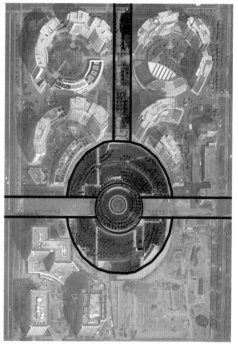

图 6.108　北京中央商务区现代艺术中央公园

图 6.109　西班牙十字海角重建项目实景图

图 6.110a　巴塞罗那植物园平面图

图 6.110b　巴塞罗那植物园实景图

图 6.110c　巴塞罗那植物园实景图

慕尼黑市中心王宫的内阁花园（Cabinet Garden），这个面积仅为 1 000 m² 的庭院可谓慕尼黑市中心最小的花园之一，在由历史建筑围合的相对封闭的庭院中，花园设计采用对称的布局，具有简明、清晰的现代空间结构。各个细部节点设计都非常讲究，庭院的外围是石凳，中心是位于轴线两侧的水池，在水池与建筑之间是植物种植区域。水池是庭院中最吸引人的要素，白、红、绿、灰不同色彩的条状铺装为水池带来绚丽的气氛，也为庭院带来喜庆的效果。阳光穿过乔木洒在不同材质的地面上，庭院充满了光影的变化。庭院的南侧建筑是二战中被炸毁、2003 年又重新修建的宫廷教堂，现作为音乐厅使用。庭院的北侧建筑是剧院。庭院有良好的夜景效果，晚上小花园可作为音乐厅和剧院中观众的户外休息庭院使用。庭院的设计是全新的，但与历史环境非常吻合，同时满足了功能要求，为附近文化机构的工作人员提供了安静休息的空间（图 6.111）。

图 6.111　德国慕尼黑王宫内阁花园

　　哈维尔·丰特（Xavier Font）对西班牙巴塞罗那某残桥进行了修复设计。该"残桥"的主要拱形结构在 1811 年的拿破仑战争期间遭到了破坏，在随后的约 190 年间，没有任何修复的尝试。直到 1996 年，该桥所连接的两个村庄的居民决心建立"罗马桥梁协会 2000"以筹集资金来进行修复。设计师采取了一种与先前截然不同的方式来重建残缺的部分，即选用现代材料——钢以及当代结构技术以恢复桥梁的功能，而不是设法创造一个仿制品。因此从某种意义上说，它仍然是一座断桥（图 6.112）。

图 6.112　西班牙巴塞罗那残桥修复

澳大利亚悉尼沃华顿港畔新公园是将悉尼北部一系列滨水地区的工业仓库改建而成的公共公园。原有场址可容纳31个储油罐、办公室及其厚实的围墙,可防原油泄漏。设计保留了简单而结实的结构,透露出原场址用途的信息。设计师麦奎格(Mcgregor)采用了一系列的开放空间、湿地及景观绝佳的观景平台,彰显场址的工业背景和时代特征。观景平台坐落在原来的油罐位置,可将半圆形砂石悬崖得天独厚的美景一览无余。混凝土和金属结构的楼梯沿悬崖而建,与下方吸引野生生物的亲水生态系统遥相呼应。由于场址已用作储油场所达60年之久,为将其改造成公园而使用了多种有利于环境可持续的新设计,既有的土壤与进口的有机物质相结合,重新用于场地的建设(图6.113)。

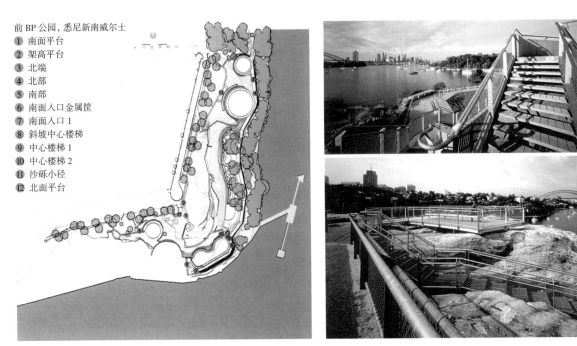

前BP公园,悉尼新南威尔士
① 南面平台
② 架高平台
③ 北端
④ 北部
⑤ 南部
⑥ 南面入口金属筐
⑦ 南面入口1
⑧ 斜坡中心楼梯
⑨ 中心楼梯1
⑩ 中心楼梯2
⑪ 沙砾小径
⑫ 北面平台

图6.113　澳大利亚悉尼沃华顿港畔新公园

3)典型情境的再现

　　通过重组与编排,将不同场合中发生的故事、事件、典型景观整合在一个空间单元之中,从一个相对独立的空间转入另一个节点,从而实现景象的连续变化。再现典型景观,即将具有典型意义的景观"片段"组织到景观环境之中。如盐城市大丰区二卯酉河是通海的排水道,历史上有着重要的航道功能。设计中于景观带中部设置"船"形茶餐厅(图6.114),船首指向海岸所在——东方,以"船的意象"将建筑功能与形体进行巧妙组合,是一种具有公众意义的建筑语汇,可体验的场所感,一种艺术感染力。这种存在于空间结构关系中的情节通过体验使许多时空要素连在一起,以往的生活情节与经验成为空间场所记忆,通过创作主体的转换,重构了空间结构秩序。

　　盐城市大丰区位于里下河入海口,历史上盐业兴旺,风车是盐场具有典型意义的景观,水车也是该地区常见的工具,这两种曾经作为大丰区标志性的景观在百姓心目中具有深刻的印象。因此设计中将大丰地区历史上的典型场景如风车、水车等,加以重组到新景观环境中,既加强了场所的历史意味,又进一步突出了场所的人性化与趣味性。鉴于该景观带所处区位及空间环境特征,建筑小品大多采用钢结构,维护部分以玻璃为主,形式新颖,造型轻巧,色彩淡雅明快,与滨水景观环境特征相协调(图6.115)。

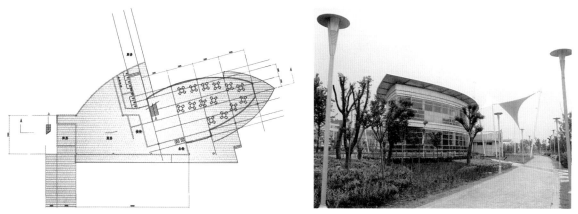

图 6.114　盐城市大丰区二卯酉河景观带——"船"形茶餐厅

图 6.115　盐城市大丰区二卯酉河景观带——水车景观

　　美国加州程序科学中心的庭院景观,其设计灵感则来源于 DNA 的"基因片段"(图 6.116)。

　　科斯普登景观公园是莱比锡世博会的一个项目,呈现了一个昔日的矿区向自然与休闲景观的转变过程。为了同其他景观公园和谐相融,位于劳尔森林浴场旁边的"风水园"成为一个重要的设计主题。"风水园"是对湖岸芦苇带自然区的阐释,在一片圆形的长满青草的洼地上,长长的钢架上安置了可以活动的有趣塑像,彩色的金属旗子在风中"飘扬",如同急流中的鱼儿一样。金属旗林中,一条碎石路向人工湖的湖底延伸(图 6.117)。

　　民俗文化因其根源于大众而具有广泛的群众基础,恰当地在环境设计中使用民俗文化不仅可以丰富建筑环境的文化内涵,而且更易与普通民众沟通,为民众所接受。如"十二生肖"可以说是民俗文化中接受率最高的,作为中国人,均有"属相"。在环境中点缀生肖题材的雕塑无疑增加了环境的认同感。凡普及率高的民俗活动都易于为民众所接受,诸如重阳登高、上巳踏青……都可以成为设计表现的题材。曲水流觞是俗文化中较"雅"的一类,源东汉年间,三国时期曹魏芳林园中已有流杯渠。南京武夷绿洲三期"品兰苑"的"曲水流觞"景点,设流觞台与兰亭,沿袭古韵,再现修禊之礼(图 6.118)。

　　草房子项目乐园方案设计是以著名儿童文学作家曹文轩的经典作品《草房子》为原型而打造的主题乐园。项目位于江苏省盐城市盐都区中兴街道周伙村,总占地面积为 22.5 hm²。基地内保存有周伙小学及曹文轩旧宅。项目总体定位是以"草房子"乡情文化为主题,以研学教育为中心,以素质拓展为内容,集乡情、文学、休闲、娱乐于一体的儿童文学主题乐园;方案的设计理念

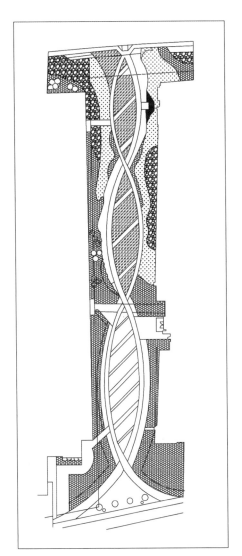

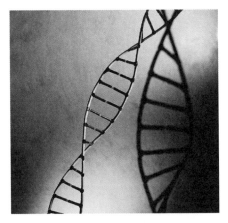

图 6.116　美国加州程序科学中心庭院

图 6.117　莱比锡科斯普登"风水园"

为"草房子的梦·岁月流金"，打造集乡土情怀、研学教育、素质拓展为一体的具有鲜明地域特色的儿童主题乐园（图 6.119）。该项目规划设计有六大功能分区、四大主题片区、一个世界的草房子专题。主题片区有上学路上片区、追忆怀旧片区、素质拓展片区以及研学教育片区。片区中有夏天乐园、菊花娃娃乐园、柠檬蝶乐园、萌萌鸟乐园、羽毛乐园等均为故事情节为线索，将儿童文学作品从文字或绘本等二维形式转化为三维景观空间（图 6.120）。

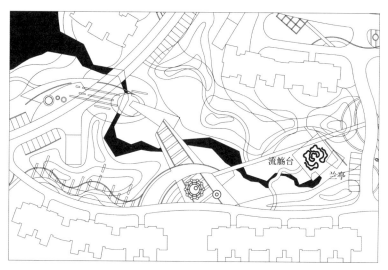

图 6.118　南京武夷绿洲"品兰苑"

图 6.119　盐城草房子儿童主题公园鸟瞰图

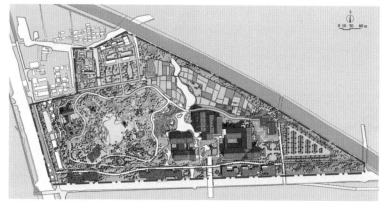

图 6.120　盐城草房子儿童主题公园总平面图

以素质拓展区的菊花娃娃乐园为例,用丰富的景观元素及营造手法向游客们讲述了"一个女人用一生的时间做一份纯净的事业——缝制布娃娃,并将布娃娃送到需要的人身边,以慰藉每个孤独心灵"的动人故事。

节点景观情节的构建以倒叙和蒙太奇式处理手法,将故事从二维绘本转化为三维的景观空间;以标志物结合零碎的线索来提升视觉张力和游览趣味性。设计结合绘本故事情节依次展开:①节点的入口为该故事的高潮:一对母女来找年迈的妈妈要布娃娃,菊花妈妈砸碎玻璃后把最后一个布娃娃给她们。②怪诞的房子是故事的开始:室内布局分幕呈现菊花妈妈的一生。第一幕对应着故事的发展一"年轻的菊花妈妈在不停地缝制布娃娃";第二幕对应着故事的发展二"娃娃被送到需要的人身边";第三幕与入口区相对应;第四幕对应着故事的发展三"孤单的老人思念着自己曾经做的娃娃"。③奔向团聚之路是故事的结尾:第一条是奔跑的布娃娃之路;第二条是脚印之路(回家之路);第三条是菊叶游览小车。④团聚广场是故事的彩蛋:布娃娃们相识后,一起去探望她们的妈妈。

4)历史文脉的重组

美国建筑大师沙里宁说:"城市是一本打开的书,从中可以看到它的抱负。让我看看你的城市,我就能说出这个城市居民在文化上追求什么。"高品位的景观环境设计不仅仅拥有悦目的形式,而且更应有耐人寻味的文化意蕴。如果说硬环境决定了环境的基本形式,那么软环境则为景观师提供了设计构思的情境与脉络,同时也奠定了环境空间的基本文化特征。其中包括功能所决定的景观环境特质,譬如,幼儿园的环境应与孩子们天真烂漫的特征相吻合,烈士陵园的环境应保持肃穆,办公环境理应静谧,医院环境宜轻松……环境的特质与功能有着不可分割的联系。蕴含于场所之中的地缘文化与景观设计有着紧密的关联,也是实现景观设计个性化的基本源泉。

查尔斯·摩尔(Charles W. Moove)设计的新奥尔良意大利喷泉广场(图 6.121),集传统、民俗、地理等多种素材于一体,具有浓郁的意大利文化氛围。意大利半岛地图、阿尔卑斯楼、波河、台伯河、阿尔诺河、蒂勒尼安河亚得里亚海、西西里岛(讲坛)、撒丁岛、罗马式的古典钟楼、塔什干柱式、陶立克柱式、爱奥尼柱式、科林斯柱式、混合式柱式,几乎囊括了所有意大利建筑的"典型特征",令侨居美国的意大利人颇有"他乡故里"之感,获得了广泛的认同。

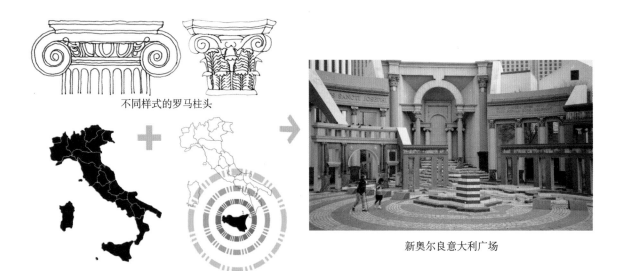

不同样式的罗马柱头

意大利地图　　　以西西里岛为同心圆　　　新奥尔良意大利广场

图 6.121　新奥尔良意大利喷泉广场

R. 文丘里说："我们要通俗的、常见的、地方性的、逐渐演进的、日常的、图式化的，而非英雄主义的、简单的、抽象的、纯粹的、晦涩的理论光辉。我们要为适度的手法主义而欢呼，而非虚伪的手法主义。""国际式"与"文化的缺失"是当下景观设计的一大误区，中国园林突出的成就之一便是意境的营造，从而使得中国园林具有超越时空之上的意义。传承与拓展中国优秀的造园之"法"对于提升景观品位与价值具有积极的现实意义。景观特色化的基本前提是个性化，任何一处场所本身具有特殊性，在漫长的历史过程中积淀了大量个性化特征，景观师在设计中发掘利用既有的场所特征，将其与新建立的景观空间环境相结合，共生共荣，既延续了场所的历史印记，又赋予其全新的功能，从而真正营造出特色化的景观环境。特殊的景观显然能对突出空间特色起到主导作用。以发展的眼光看待景观的演变，将作为场地特征的部分物质及精神景观保留下来，而更多的则被更新，这是景观发展的主旋律。除特殊地段外，完整地保留场地既无可能也无意义，重要的是延续场地的特征及其精神，同时更要满足当代生活游憩的需要。

（1）空间的重构

景观空间的建构需要满足相应的功能要求，同样，物质空间的重组也是实现场所精神的基本途径。空间承载着场所的记忆，景观空间的趣味性与艺术感染力不仅与题材相关，也与空间体验过程相关联，通过对时间与空间的感知，从而建立起场所感。因此空间的尺度、单元之间的衔接与转换都会作用于游人的感知。

由查尔斯·柯里亚（Charles Correa）设计的英国议会大厦（British Council）后花园位于印度新德里（图 6.122），从主入口沿着轴线直到后花园，各层次空间呈现着迥异的功能与形态，但都围绕同一主题：一个世纪以来印度和英国之间风云变幻的历史。从入口过渡到轴线上的第一幕

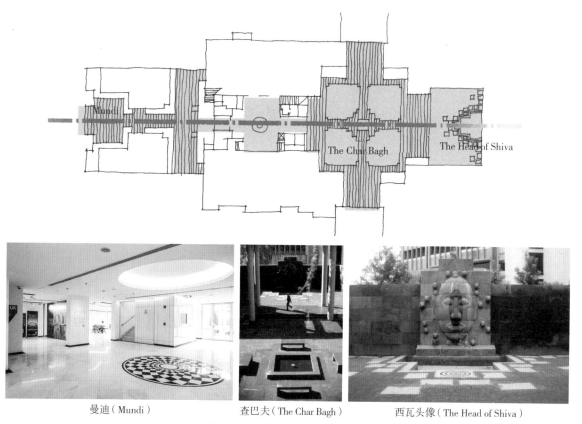

曼迪（Mundi）　　　　　查巴夫（The Char Bagh）　　　　　西瓦头像（The Head of Shiva）

图 6.122　英国议会大厦后花园

为"曼迪"（Mundi）的节点空间注释了理性年代，镶嵌在石墙上的16世纪的欧洲航海罗盘，象征着近代科学创造的现代神话；位于中庭的第二幕"查巴夫"（The Char Bagh）主题为传统的伊斯兰天堂花园；第三幕"西瓦头像"位于轴线的终端，由螺旋线地面装饰和西瓦头像代表着印度教的神话（DELHI，1995）。隐形的时间次序勾勒了同一个主题，并非反映真实的历史事件与客观时间的再现。事实上历史事件更有可能是同时发生的或不连续的，通常以情节意象呈现。设计师通过这种序列与线索传达了空间意义与时间轴线之间的逻辑关系。在所有的空间中，一层层的事件在其中发生，而时间线索把一系列事件理出头绪、组成秩序，并使之有意义。

柏林伤残者公园（Invalidenpark）地址（图6.123），原为农业用地，战后柏林被一分为二，建筑废墟不得不让位于邻近的边境设施。东德、西德重新统一后，这一地区再次拥有属于自己的身份，它不仅要正视某一特定的历史事件，还须面对一系列历史发展事实。公园中一长方形水面上矗立着一堵向上倾斜的水墙，参观者可以由此感受到Invalidenpark的军事历史和沧桑过去。顺着一条小径人们可以登上斜墙，并随着斜墙向上延伸，小径向世人展示了一段昔日教堂的墙基，以此记录一处逝去的景观遗产。同时水池和墙面呈南北朝向，而非以公园从前的普鲁士中轴线为准，这种东西之间的分割让人联想起德国的历史，而在这特殊的历史背景构成的景观空间中，水墙也引申出"柏林墙"的象征主题。

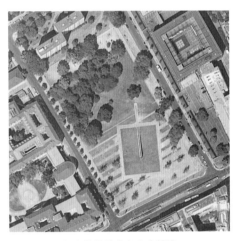 

（a）从前的普鲁士中轴线　　　　　　　　　（b）实景图

图6.123　柏林伤残者公园

（2）场所记忆的重组

现代景观设计更强调人们对"场所"的体验，将环境作为整体，重组场所的记忆。任何场所均不同程度地蕴含着文化与历史，场所中的每一构成要素及其组成的空间共同记录了场所中发生、发展与变化的历史与事件。设计过程须对曾经存在发生的事予以充分的重视，择其要者再生于新的景观环境之中，从而实现场所记忆的延续。

当原有场地肌理、记忆与新的景观空间秩序产生交会时，会引起人的思绪，激发人们关于场地原有形态的记忆，进而产生共鸣。场所的记忆由两个方面共同组成：其一是自然及人为过程在场所中的积淀，包括那些积淀其间的原初自然过程以及人为的土地使用模式，用以建设的场地无不蕴含着丰富的场所记忆，人类在不同的历史阶段以不同的方式使用土地，相应的行为方式也记录在土地上；其二是人们的集体记忆，即人们关于场所记忆的总印象，它包括空间与情感两个层面。场地记忆是构成城市空间文脉延续性的重要因素，景观设计不仅仅在建构新的场所与空间秩序，也不仅仅要满足大众在外部空间中的使用要求，同时更应就场所积淀的文化加以表现，这需要对场所中的记忆加以甄别与解读，解读地景包含了"历史"与"现在"两个重要的时间段。

　　景观的塑造应体现地方精神，因此规划首先要做的是对历史文化的解读，它包括场地深层次的历史内涵和即将消失的生活记忆。通过对场所中场地肌理、水系、建筑遗存以及乡土植物群落等的重组，唤起人们对过往生活场景的记忆。场所精神依赖于具体的空间结构和抽象的被称为"氛围"的空间性格，对应的是多样性、地域性和不同的文脉。基于人体验的空间结构编排艺术，表现在空间关系上就是一种有张力的空间记忆、场所意象。景观情节的重组与编排，是建构场所感的主要措施。从这一层意义上看，景观设计又是在叙述历史事件，将不同阶段的"故事"编排起来成为连续的时空序列，让观者行进其间唤起尘封的记忆或透过形式进一步加深对眼前景象的思考与理解。

　　与环境协调、与历史对话，其时间是单向的，无法回复。任何场所均积淀着不同阶段的特征，除特殊原因，原封不动地"复原历史"是不足取的，应当加入时代的印记，这不仅仅能够反映时代的特征，也能够为同时代的人们所理解、接受。因此，"历史的真实"不同于"真实的历史"，前者是再加工、是历史地再现，而后者却无法变成现实。

　　例如，1979 年文丘里设计的华盛顿西广场，用铺装的图案来隐喻城市的历史格局（图6.124）。

　　在澳大利亚甘比尔山居民建筑历史遗迹区（图 6.125），甘比尔山是一个充满活力时尚的区域城市，拥有光荣的历史以及重要的文化机构和建筑。在设计中，这条商业街区的历史遗迹得以保留，同时在前庭设计中运用了现代风格，匠心独具的物料选用，令遗迹区散发出超越一般历史小镇的特质。第五溪工作室（Fifth Creek Studio）将遗迹区建筑的部分外角雕刻成粉色白云石座椅，令这一建筑细部可以从行人的角度加以欣赏。

　　又如，新西兰马努考市城市广场设计（图 6.126）。在 2002 年，对该中心街区进行重新开发，以恢复城市中心的活力。设计者通过抽象的设计手法来表现南太平洋各地地域及民族特色。广场的边缘种植了一批新西兰特有的圣诞树（一种濒临灭绝的当地树种，开红色花，以圣诞装饰树而著称），从而形成广场的绿化带，并按传统方式分排种植了亚麻树作为点缀。广场用料和质地都非常讲究，图纹的比例大小也体现了太平洋地域的抽象风格，如对木槿、织席和养鱼圈等传统元素的使用。地基黏土路面的花纹包括古玻利尼西亚航海图和一些体现传统风格的物品（既有来自新西兰的，也有来自南太平洋的）。在迎宾路上的大白鹭图案中还穿插了一幅受木槿花启发

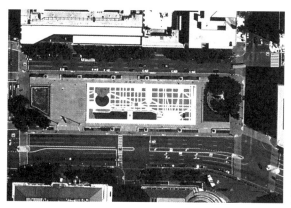

图 6.124　华盛顿西广场

图 6.125　澳大利亚甘比尔山居民建筑历史遗迹区

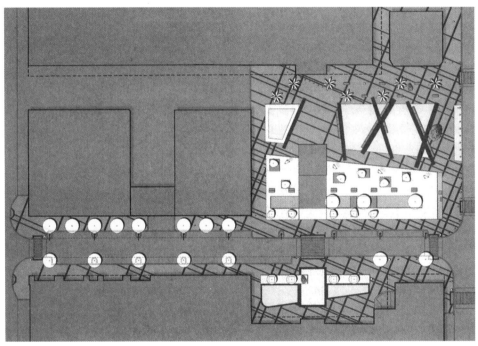

平面图

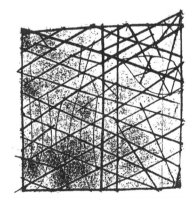

古玻利尼西亚人在南太平洋上的航海图成为
广场设计的一种灵感

实景图

图 6.126　新西兰马努考市城市广场

而创作的抽象图案。当地艺术家的作品也融入该广场中,如色彩斑斓的标识牌和毛利人传统的雕刻木柱。

高线公园是位于纽约曼哈顿西区的一段废弃了近 30 年的高架铁路,经过漫长的改造,2009年 6 月 9 日成为向公众开放的高线公园(High Line Park)(图 6.127)。

图 6.127a　纽约高线公园建成前的现场

图 6.127b　纽约高线公园结构分析图

图 6.127c　纽约高线公园改造后的码头　　　　　图 6.127d　纽约高线公园改造后的景观

铁轨是高线公园的主要元素，引导参观流线，保护原生植物。在公园内，铁轨与自然生长的白桦树紧密交织，保留高线废弃阶段的景观；主通道上保留部分铁轨，形成独特的铺装效果；细部设计中，在铁轨上安置了沙滩躺椅，并在躺椅下安装滑轮，使躺椅能在铁轨上自由滑动，模拟隆隆启动的火车（图6.128）。

图 6.128a　纽约高线公园内铁轨与生长其中的白桦树交织

图 6.128b　纽约高线公园内的铁轨

在15街和16街之间，设置了不同标高的平台，上层为主通道，下层为餐饮休息区，同时确保各建筑之间的连通（图6.129）。

位于美国纽约皇后区的龙门广场州立公园于1998年5月首次开放，并于2009年7月扩建，占地4.9 hm²。该公园在原有造船厂和制造区的基础上建造，包含大量该地区过去的设施遗存。

公园的南部曾是一处码头设施，设计中保留并修复了遗留下来的塔吊机（图6.130）。这些塔吊机曾被用来起吊货物并将货物运送到场地中的铁轨上。公园北部是前百事公司装瓶厂的一部分，于1999年关闭。二期扩建工程中将拆除的百事可乐标志牌重组运用在场地之中，高18 m、长37 m的红宝石色草书字体的百事可乐字样形成场地醒目的标志物，同时唤醒人们对工业历史的记忆。

美国波特兰珍珠区基址原本是一片湿地，在工业时代是铁路轨道和工业区，但在过去的30年里，这里逐渐形成了一个新的商业和居住区域，象征着年轻、综合、大都市和活力。丹拿温泉公园是一个崭新的城市公园，通过铁路轨道回收的旧材料被重新利用并建造公园中的"艺术墙"以唤起人们对于铁路的记忆，同时波浪形的外观设计能够给人以强烈的冲击感。设计师通过手

图 6.129　纽约高线公园内架空街道
注：上层为主通道；下层为餐饮休息区。

图 6.130a　纽约龙门广场州立公园保留的塔吊机

图 6.130b　纽约龙门广场州立公园遗留的铁道景观

图 6.130c　纽约龙门广场州立公园二期扩建北部场地鸟瞰

图 6.130d　纽约龙门广场州立公园保留的百事可乐标志

绘的形式将这里曾经生存的生物图案绘制于热熔玻璃上，并镶嵌在"艺术墙"内，时刻提醒着人们这片场所经历过的沧桑变幻（图 6.131）。

美国匹兹堡阿勒格尼滨河公园地处匹兹堡阿勒格尼河南岸。景观建筑师迈克尔·瓦尔肯堡

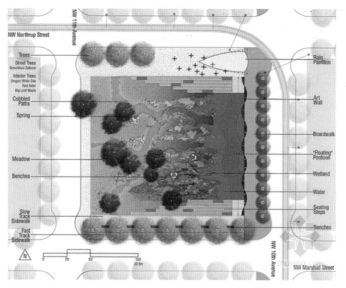

图 6.131a　波特兰丹拿温泉公园平面图

图 6.131b　波特兰丹拿温泉公园鸟瞰图

图 6.131c　波特兰丹拿温泉公园实景图

在沿河的条状基地上，设计混凝土坡道，形成公园中主要的特色，它阻隔了第十支路上的汽车噪声，又使人们顺利通达于城市街道的沿河地带。为克服河岸过窄的缺点，设计者采用了悬臂式混凝土走道的方式，将其向河面延伸 4.6 m，为游人提供面积更大的亲水空间。同时，设计师将当地自然生长的芦苇印在临河步道上，这些芦苇的印记呈现出沿河流动的态势，形成唤起场地记忆的铺装肌理（图 6.132）。

图 6.132a　美国匹兹堡阿勒格尼滨河公园实景图

图 6.132b　滨河公园芦苇印记铺
装过程

图 6.132c　滨河公园悬臂驳岸建造过程

贝尔西公园（又称贝西公园）位于巴黎 12 区，在塞纳河的右岸，由于塞纳河岸边的蓬皮杜高速公路及纵深方向的贝尔西火车站铁路附近穿过，这一区域长期以来十分闭塞，几乎成为城市中被遗忘的角落。

设计以基地历史上纵横交错的仓储运输道路为基本骨架，保留了大部分垂直于塞纳河的历史路径及两旁树木，利用保留铁路线作为唤起人们记忆的符号，并形成了休憩观景的空间；结合城市道路重新组织贯穿全园的步行游览路线，两者叠加重合形成历史和现实的对话。设计师运用"羊皮纸上重复的书写"这一设计手法，在场地原有的网络结构上叠加了一个新的网络。公园内新网络的建立是根据周边已有的 Rue de bercy 和 Reu de dijon 所组成的几何结构而形成的，从而完整地保留了原有场地内的斜线布局（图 6.133）。

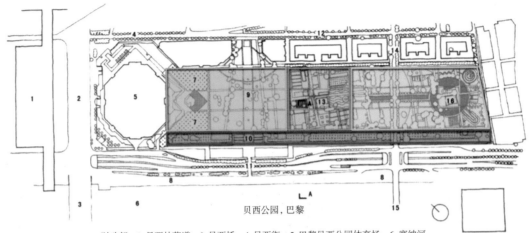

图 6.133a　法国贝尔西公园平面图

贝西公园，巴黎

1. 财政部　2. 贝西林荫道　3. 贝西桥　4. 贝西街　5. 巴黎贝西公园体育场　6. 塞纳河
7. 鹅掌楸树林　8. 贝西码头　9. 大草原城　10. 大台地和大瀑布　11. 通往国家图书馆的人行桥
12. 波马特街　13. 花坛　14. 约瑟夫·克塞尔街　15. 托比阿克桥　16. 浪漫花园

100 metres

■ 动区　■ 过渡区　■ 静区　■ 大台地林荫道

图 6.133b　法国贝尔西公园对传统遗迹保留实景图

图 6.133c　贝尔西公园对传统遗迹保留实景图

图 6.133d　葡萄架运用在贝尔西公园中唤起场地记忆

（3）元素的符号化

景观符号包含符号的能指、所指与实物。能指可视为景物的形式和空间，所指代表景物传达的含义，而实物则指具体的景物。对于使用者来说，形式是直观的、感性的；意义是间接的，可以通过采用局部、抽象或简化以及单个景观符号形式重新组合等手法使传统形式得以再生。

景观文化是一个开放的系统，它时刻不停地与外界环境进行着信息交流。在现代景观中引入传统文化中的其他文化符号，可以丰富景观文化的内容，同时景观文化的含义又是历史的、传统的，具有深层内涵和文化背景。

例如，卡洛·斯卡帕设计的威尼斯建筑学院入口大门（图6.134）。威尼斯建筑学院所在地原是一座修道院，入口大门的设计始于1965年。在开始的设计中，斯卡帕将注意力集中到如何整合庭院和其外小广场空间的问题上，尝试在大门的设计中加入建筑设计专业学生日常使用的元素，并使其符号化，例如图板、滑行尺和三角板等。整个大门实际上是一片简简单单的围墙，中央是一个大雨篷，由两片互成角度的混凝土板组成，钢框玻璃大门用滑轮组装备，可以滑动。围墙内侧是一斜坡，上面铺以石材，学生可以坐在上面休息交谈。围墙外侧有一块多边形的伊斯特里亚石板，上面刻着"Vdfum Ipeum Factum"（Truth Through Making）——真理源于实践，反映了斯卡帕的基本思想。

图6.134　威尼斯建筑学院入口大门

加拿大唐士维的"MOTH"公园则明确运用了字母中介。多伦多唐士维是一个具有悠久航空史的城镇，"The Gypsy"和"Tiger Moths"是唐士维第一批出厂的两种飞机型号，之后用于二战。"MOTH"公园的设计灵感来源于一张摄于1920年的照片，照片上清晰可见曾经在唐士维跑道旁草坪上留下的"MOTH"字样。设计者通过现代景观布局的方式再现了当时的情境并与历史形成对话关系。同时在细节处理上，由花岗岩石块组成的"MOTH"字母不仅传承了历史信息，同时具有实用功能，比如"M""O""T""H"四个字母有不同的高度，可作桌椅使用（图6.135）。

对法国巴黎联合国教科文组织总部的冥想之庭（Meditation Space），安藤忠雄鉴于该场所的

（a）"M"

（b）"T"

（c）"O"

（d）"H"

图 6.135　加拿大唐士维"MOTH"公园

特殊意义和地位，在狭小的空间内创造了具有强烈精神冲击力的空间。构筑物体量虽小，但却具有高度的纯洁性，意义非凡。冥想之庭的主要用途是为全世界人民祈望和平提供一个空间，因此整个场地设计不能带有任何宗教的特征，而应以普遍的、原始的状态出现。而人类最原始时既无文字也无教义象征明确的宗教，但同时又要满足人们在还不能战胜自然的状况下不可避免的拜物趋向，故最朴素的几何形物体成为人们最初的膜拜对象。事实证明，原始的、简单的几何形往往会产生强大的震撼力，具有强烈的精神感染力。在这里，安藤忠雄认为，几何状的纯粹抽象空间，顶部投下的光线，侧面吹拂进来的风，荷池中缓缓流淌的水流都将有助于唤起祈祷者对战争罹难者的回忆（图 6.136）。

（4）艺术表达历史

　　建成环境蕴含着丰富的历史、文化和社会意义，对于人性的形成、人的素质和品格的培养，具有重要的影响。保护历史是塑造城市特色、保证建成环境可持续发展的必由之路。如何保护既有的历史文化资源，并通过景观营造诠释这些故事的场景是景观师们义不容辞的责任。景观环境设计应留意"历史"的发掘，借助历史的文化积淀以丰富建筑环境的文化意蕴。历史题材在环境设计中的运用可以有多种渠道，一片清水砖墙、一株苍老的树木、一尊塑像等都可以成就场所历史感。景观环境设计既不能脱离原有的人文环境去凭空架构，也不能简单地重复过去。只

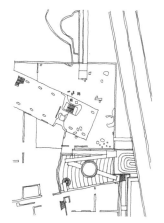

图 6.136　巴黎联合国教科文组织总部的冥想之庭

有在尊重历史的同时创造历史，在更新的过程中发展景观环境文脉。

建筑师黑川纪章提出："建筑是本历史书，在城市中漫步，应该能够阅读它，阅读它的历史、它的意韵。把历史文化遗留下来，古代建筑遗留下来，才便于阅读这个城市，如果旧建筑、老建筑都拆光了，那我们就读不懂了，就觉得没有读头，这座城市也就索然无味了。城市正在被克隆，正在失去地域的、文化的、传统的、多样化的特色，建筑正在失去个性，正在失去灵魂。"历史蕴含丰富的意义，发掘地域文化是景观设计重要的表达渠道。将历史题材引入景观环境，成为环境中的一部分，这样一方面可以延续历史，另一方面也丰富了场所的文化内涵，进一步强化景观环境的个性特征。如盐城市大丰区二卯西河景观设计紧紧围绕张謇"废灶兴垦"这一历史题材，加以引申拓展，成为景观带的文化内涵与主题，景观带西端设置张謇纪念园，通过浮雕地面硬质铺装反映那个时代的重大事件。

南京雨花台烈士陵园中的丁香花园是为纪念一位名为白丁香的女烈士而建，由引导空间、瞻台、草坪、丁香林和弹洞涌泉 5 个部分构成（图 6.137）。设计采用"留白"的艺术创作手法，有意识地借用一片平坦的草地从空间上将观者与纪念主体分离开来，以此形成纪念人物和观者之间的"距离"。西侧的"22 株丁香树和一眼涌泉"是景观的主体，东侧是地势略低的木质"瞻台"。"瞻台"与"丁香林"之间产生空间张力，观者略微仰视，敬仰之情便油然而生。

设计以"大象无形"为表达方式，22 株丁香树象征着烈士短暂而绚丽和永恒的人生与精神。"弹洞涌泉"由烈士纪念馆装修剩余的 93 块汉白玉加工而成，静卧于草坡，象征着子弹洞穿大地而形成的"弹洞"，表达着对无情枪弹的憎恶。"弹洞"中汩汩涌出的清泉则似"血液"，寓意生命的不息。设计采用非线性叙事的方式，突破时空结构的限定，通过拼接、打散与叠加的方法组织景园空间，结合隐喻引发园林意境的生成。

卡洛·斯卡帕设计的威尼斯建筑学院入口改造是体现新、老景观完美融合的典范（图 6.138）。威尼斯建筑学院曾是修道院，有着悠久的历史，然而在学院改建的过程中出土了一个 16 世纪的大门，他摒弃了将新、老景观并置的传统手法，而是把大门平放在草坪上，并把它与一个曲尺形的跌落水池结合在一起，正是由于这一遗址的存在，庭院也成为留存记忆的场所，令学生感受到一种历史气息在庭院中弥漫，感受学校历史的悠久，设计师巧妙地将历史遗存整合在新的空间序列中。

在城市的更新和建设中要延续和发展城市的文脉，新与旧、现代与传统要有机结合，一脉相承，要有所发展和创新。南京新图书馆中庭建造在挖掘出的六朝遗迹之上，新馆与遗址融为一

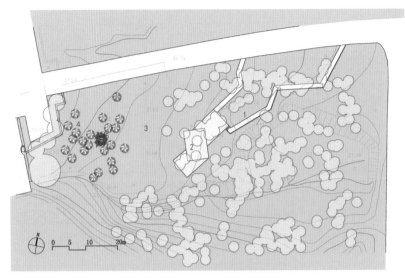

图 6.137a 南京雨花台丁香花园总平面图

图 6.137b 南京雨花台丁香花园弹洞涌泉实景

图 6.137c 南京雨花台丁香花园瞻台实景　　　　图 6.137d 南京雨花台丁香花园缅英林实景

体，相得益彰（图 6.139）。罗马艺术博物馆跨建在一个发掘的罗马古建筑遗址上，现代建筑与古代残垣断柱及雕像形成强烈的反差，但又十分和谐，既有继承又有创新（图 6.140）。

　　法国巴黎绿化步行道（即勒内·杜蒙绿色长廊），是一条比周围地区高出 10 m 的神奇大道。它是 1988 年由 Philippe Mathieux 和 Jacques Vergely 在一条废弃的铁路上创建的连接从巴士底广场（la place de la Bastille）到万赛纳林地（le Bois de Vincenne）为步行者服务的道路型公园。步行道的宽度由 9 m 到 30 m 变化多样，地面时而架空时而下沉，在全长约 220 m 的架空部分，充分考虑了安全性，以及靠楼梯踏步和残疾人的电梯与周围街区的连接。在整个项目中，他们利用了位于巴士底和瓦雷纳 – 圣茂赫（la Varenne-St Maur）之间的旧火车道路线，这条铁路线修建于 19 世纪，并于 1969 年停止使用。设计保留了大部分原有铁路的设施结构因素：高架桥、路堤、隧道、路堑等等，从城市的伤疤中创造出了如画的风景（图 6.141）。

图 6.137e　南京雨花台丁香花园瞻台实景

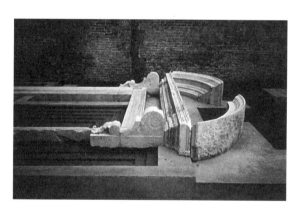

图 6.138　威尼斯建筑学院入口改造

图 6.139　南京新图书馆中庭——六朝遗迹展示区

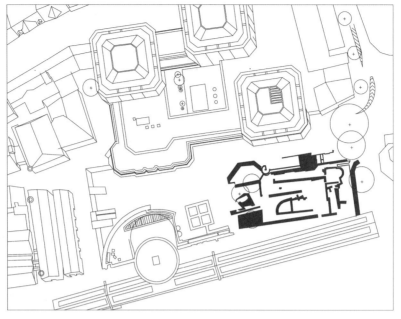

图 6.140　德国法兰克福市区的古罗马遗址

图 6.141　巴黎绿化步行道实景图

荷莱恩（Hans Hdlein）建筑工作室在设计奥地利维也纳的迈克尔广场（Michaelerplatz）时，在施工的挖掘过程中发现了各个历史时期的众多建筑物，其中包括早至1—4世纪的罗马帝国时期遗迹，中世纪城堡的加固城墙，以及开挖后就出水的当时的几口古井，此外还发现了19世纪的一个暴雨下水道和一个现代的下水道。这展现了维也纳两千年建筑史上的一个横断面。

于是，一条11 m宽的横越圆形的广场开挖段被留下，并且不加遮盖。从开口里能看见一个代表性的断面，显示出罗马帝国时期遗迹、中世纪的水井和20世纪的遗迹。在开挖槽沟的两个弧形短端安装了细钢栏杆。在两长边上，参观者可倚在磨光巴圣尔白色花岗岩材质的两道长矮墙上观看开挖物。参观者只需走下三级奥地利花岗岩石阶就能到达矮墙。白色花岗岩使新建筑物明显有别于原有的结构和材料（图6.142）。

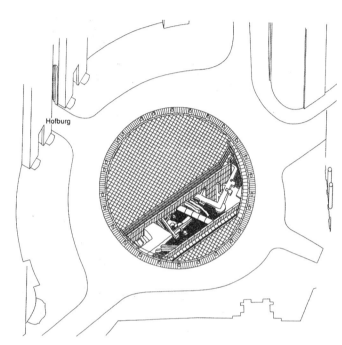

图6.142　维也纳迈克尔广场

结合一块位于葡萄牙里斯本的拥有2 100万年历史的礁岩海床的保护，设计师罗萨里奥·萨莱马（Rosario Salema）将其命名为"地质纪念碑"（Geo-Monument）。通过加装的一个保护结构可以阻止人们触摸地质土层的表面，以避免可能发生的破坏性行为。于是，一个由钢索组成的镂空的网构成了这个保护结构，它以模块形式重复着，竖立在围绕着土坡石灰石矮墙上，一面混凝土墙支撑着这个地质纪念雕塑，在墙面靠近土坡并能从街道看见的位置上，雕刻着这样一句话："2 000万年前这里曾经是一片海洋。"在这句话下面则镌刻着一些教育性文字，关于沉积在那里已演变为化石的海床。在混凝土墙的背面，沿着将这块空地与喧嚣的街道隔离开的平台上放置了一块瓷砖，上面印有地质土层上被放大了4 000倍的苔藓虫群图像，它似乎将隔离开的地质土层开启了一条缝隙，向人们展示了那些"看不到"的东西（图6.143）。

图 6.143　葡萄牙里斯本地质纪念碑

　　对城市的特色进行分析、总结，在此基础上延续和发展城市的特色。中洲地处淮安传统历史街区的核心，由于独处古运河中央，而自成一体，因此根据城市用地性质的变化公园需要，保护与更新传统历史街区，赋予其新的功能，同时辩证的处理好城市整体空间的"更新"与"延续"的相互关系，突出传统街区的整体性。

　　中洲公园所处的地域，其文化底蕴及基地的现存环境不仅是一种设计上的制约，更是设计创作的重要依据之一。中洲公园中的新清江浦楼及文化中心是在新的历史条件和社会背景中生成的景观建筑，建筑设计并非单纯去模仿历史建筑的原貌，而是基于所处历史街区的整体性城市设计，在服务于现代人的审美及功能要求的同时，以适当的形式来延续传统文化。中洲岛原地形平坦，缺少竖向变化，两岸视线贯穿，设计着重处理新建公园与周边空间尺度的整体协调关系。由于中洲岛地处运河之中，因此适当增加竖向变化可有助于丰富该地段的空间层次，设计着重塑造"山岛"的地貌特征，于南北两岸眺望，有"忽隐忽现，虚实相生"的趣味。在面积 2 000 m² 的岛上，中部为文化中心，结合半地下室人工堆筑土山，中部略高，渐次向东西两端降坡。在此基础上，广植常绿、落叶乔木林，建筑物掩映其中，清江浦楼立于岛东端，为视觉中心的焦点，由此塑造出起伏变化的天际线（图6.144）。

文丘里于1972年设计的位于费城附近的富兰克林庭院（Franklin Court）在处理主次关系时显得匠心独具：他将新建主体建筑置于地下，地面上用白色的大理石在红砖铺砌的地面上标志出旧有故居建筑的平面，用不锈钢的架子勾勒出简化的故居轮廓，文丘里戏谑为"幽灵构架"；几个雕塑般的展示窗，保护并展示着故居的基础。设计带有符号式隐喻，显示出旧建筑的灵魂，而且也不使环境感到拥挤。纪念馆没有那些过分喧嚣的造型表演，主体建筑默默地埋在地下，引人深思，以纪念富兰克林的品质（图6.145）。

图 6.144　淮安中洲公园

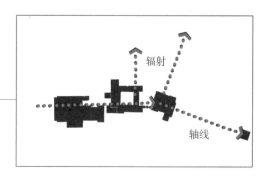

加拿大筑原设计事务所设计的江苏学政衙署遗址暨江阴中山公园，在学政衙署古建筑十三进的格局中，仪门是现有仅存的古建筑，其他旧有建筑悉数被毁且形式无从考证。为了表现对历史遗迹的尊重，真实反映历史变迁在场地上留下的时间印迹，设计遵循传统学政衙署的布置形式，用恢复遗址空间而非重建的方式再现学政衙署的完整格局。在原有大堂遗址上以钢结构玻璃影壁形式重现学政文化的历史，其余建筑不再恢复建造，只是在原来位置上用铺装形式表现建筑空间的存在。

同时作为学政文化中轴在时空概念上的终结，中山纪念塔的基座被升高、扩大。在塔身外部罩上与塔身形状一致的玻璃构架，使塔身形象更显巍峨，以强化"中山公园"命题。

在中轴线的地面上镶嵌地碑，地碑上的篆刻延续历史、内容为历代科举试卷，该轴线一直向前延伸，并以"五四"新文化以后的中山纪念塔为终极，在中轴线上形成一条不间断的历史长卷（图6.146）。

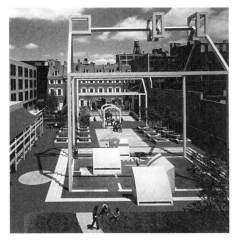

图 6.145　费城富兰克林庭院

比利时布鲁塞尔滑铁卢镇的酒厂公园（Barrel Warehouse Park），位于西格拉姆酒厂区，该地邻近酒厂区原有两处仓库，现已改建为公寓楼。设计改造的目的在于创造体现工业遗产的公共空间，同时展示在滑铁卢镇占主导地位的高科技产业特征。设计师珍妮特·罗森堡（Janet Rosenberg）采取传统与当代技术、材料相结合的手段，回收可利用的废弃工业艺术品作为雕塑穿插在场地中，从而加强了场所的历史感。同时，成排的观赏植物使人不由得联想起被用作提纯的谷物，穿插其间的小径也为场地增添了趣味性（图 6.147）。

1986 年蒙特雷市政府回收了已废弃的钢铁厂，多年后 Surfacedesign Inc. 与 Harari Arquitectos 联手将摇摇欲坠的高炉和一片棕地改建成一座现代历史博物馆。博物馆坐落在现代化的芬迪多拉公园中，向人们讲述着蒙特雷市辉煌悠久的钢铁生产历史，令老一辈回味，更使年轻人铭记。钢铁博物馆的景观设计充分体现了钢铁产业曾经的荣耀，突显了其在众多景观之中的重要位置。整体景观设计依托于 70 m 的高炉进行，并且不断补充新的设计元素。展现钢铁产业的发展历程是博物馆设计的主要目的，因此从原工厂回收的钢铁被广泛地运用到公共广场、喷泉及露台的设计中，例如户外展区就采用了富含矿石的铁质围栏加以装饰。在挖掘过程中发现的体积庞大、体形不规则的铁制品则被用做石阶及其他景观的装饰。该设计既就地取材——将原有的工业遗留物进行回收利用，又通过应用环保技术恢复了当地的生态环境。

（a）古址新韵

（b）纪念塔及地碑

（c）重修碑

图 6.146　江苏学政衙署遗址暨江阴中山公园

在广场上，原来覆盖在主大厅外的铁板被改造成阶梯状的瀑布式的水道。200 m 长的水景向人们展示着曾经用火车装卸原材料的历史。位于阶梯式水道的尽头的是一座雾化喷泉。喷雾中的矿石清晰可见，让人们不禁产生错觉，仿佛置身于提炼矿石时所产生的具有腐蚀性的热气中，而如今取而代之的则是喷洒出的清凉水汽。微风将水汽吹向广场，给忍受蒙特雷干燥炎热气候的游人们带去清凉和喜悦。在较高的新建筑屋顶上，顺应屋顶结构种植了耐旱的景天科植物，仿佛高炉中燃烧的熊熊火焰（图 6.148）。

图 6.147　比利时布鲁塞尔滑铁卢镇的酒厂公园

回收利用原场地的金属板　　　　　　　　　富含矿石的铁质围栏

图 6.148　蒙特雷市钢铁博物馆

主要参考文献

1. 中国大百科全书总编辑委员会本卷编辑委员会, 中国大百科全书出版社编辑部. 中国大百科全书: 建筑 园林 城市规划 [M]. 北京: 中国大百科全书出版社, 1988.

2. 中华人民共和国国家质量监督检验检疫总局, 中国国家标准化管理委员会. 旅游资源分类、调查与评价 (GB/T 18972—2017) [M]. 北京: 中国标准出版社, 2018.

3. 成玉宁. 园林建筑设计 [M]. 北京: 中国农业出版社, 2009.

4. 成玉宁. 场所景观: 成玉宁景园作品选 [M]. 北京: 中国建筑工业出版社, 2015.

5. 孟兆祯. 园衍 [M]. 北京: 中国建筑工业出版社, 2012.

6. 王国维. 人间词话新注 [M]. 滕咸惠, 校注. 修订本. 济南: 齐鲁书社, 1986.

7. 李友梅, 刘春燕. 环境社会学 [M]. 上海: 上海大学出版社, 2004.

8. 李道增. 环境行为学概论 [M]. 北京: 清华大学出版社, 1999.

9. 郭琼莹. 水与绿网络规划: 理论与实务 [M]. 台北: 詹氏书局, 2003.

10. 杨培峰. 城乡空间生态规划理论与方法研究 [M]. 北京: 科学出版社, 2005.

11. 王受之. 世界现代建筑史 [M]. 北京: 中国建筑工业出版社, 1999.

12. 王建国. 现代城市设计理论和方法 [M]. 南京: 东南大学出版社, 2001.

13. 刘年丰, 谢鸿宇, 肖波. 生态容量及环境价值损失评价 [M]. 北京: 化学工业出版社, 2005.

14. 王向荣, 林箐. 欧洲新景观 [M]. 南京: 东南大学出版社, 2003.

15. 冯学钢, 包浩生. 旅游活动对风景区地被植物—土壤环境影响的初步研究 [J]. 自然资源学报, 1999, 14 (1): 75-78.

16. 任海, 刘庆, 李凌浩, 等. 恢复生态学导论 [M]. 2 版. 北京: 科学出版社, 2008.

17. 彭少麟. 恢复生态学 [M]. 北京: 气象出版社, 2007.

18. 邬建国. 景观生态学: 格局、过程、尺度与等级 [M]. 北京: 高等教育出版社, 2000.

19. 张恒庆. 保护生物学 [M]. 北京: 科学出版社, 2005.

20. 李俊清, 牛树奎. 森林生态学 [M]. 北京: 高等教育出版社, 2006.

21. 李哈滨. 景观生态学: 生态学领域里的新概念构架 [J]. 生态学进展, 1988, 6 (3): 149-155.

22. 褚智勇. 建筑设计的材料语言 [M]. 南宁: 广西人民美术出版社, 2008

23. 王仙民. 屋顶绿化 [M]. 武汉: 华中科技大学出版社, 2007.

24. 林育真. 生态学 [M]. 北京: 科学出版社, 2004.

25. 舆水肇. 建筑空间绿化手法 [M]. 张延凯, 等译. 大连: 大连理工大学出版社, 2003.

26. 王珂, 夏健, 杨新海. 城市广场设计 [M]. 南京: 东南大学出版社, 2000.

27. 单霁, 郭嵘, 卢军. 开放空间景观设计 [M]. 沈阳: 辽宁科学技术出版社, 2000.

28. 马建业. 城市闲暇环境研究与设计 [M]. 北京: 机械工业出版社, 2002.

29. 潘谷西. 江南理景艺术 [M]. 南京: 东南大学出版社, 2001.

30. 吴良镛. 广义建筑学 [M]. 北京: 清华大学出版社, 1989.

31. 徐磊青, 杨公侠. 环境心理学 [M]. 上海: 同济大学出版社, 2002.

32. 关鸣. 城市景观设计 [M]. 南昌: 江西科学技术出版社, 2002.

33. 台湾建筑报导杂志社. 2001 台湾景观作品集［M］. 天津：天津科学技术出版社, 2002.

34. 弗朗西斯·D.K. 钦. 建筑：形式·空间和秩序［M］. 邹德侬, 方千里, 译. 北京：中国建筑工业出版社, 1987.

35. 彼得·柯林斯. 现代建筑设计思想的演变：1750—1950［M］. 英若聪, 译. 北京：中国建筑工业出版社, 1987.

36. 诺伯格·舒尔茨. 场所精神：迈向建筑现象学［M］. 施植民, 译. 台北：田园城市文化事业有限公司, 2001.

37. 阿尔伯特·J. 拉特利奇. 大众行为与公园设计［M］. 王求是, 高峰, 译. 北京：中国建筑工业出版社, 1990.

38. 艾伦·泰特. 城市公园设计［M］. 周玉鹏, 肖季川, 朱青模, 译. 北京：中国建筑工业出版社, 2005.

39. 凯文·林奇. 城市意象［M］. 方益萍, 何晓军, 译. 北京：华夏出版社, 2001.

40. 相马一郎, 佐古顺彦. 环境心理学［M］. 周畅, 李曼曼, 译. 北京：中国建筑工业出版社, 1986.

41. 扬·盖尔. 交往与空间［M］. 何人可, 译. 4 版. 北京：中国建筑工业出版社, 2002.

42. 芦原义信. 外部空间设计［M］. 尹培桐, 译. 北京：中国建筑工业出版社, 1985.

43. 高桥鹰志 +EBS 组. 环境行为与空间设计［M］. 陶新中, 译. 北京：中国建筑工业出版社, 2006.

44. 布伦特·C. 布罗林. 建筑与文脉：新老建筑的配合［M］. 翁致祥, 叶伟, 石永良, 等译. 北京：中国建筑工业出版社, 1988.

45. 盖伊·库珀, 戈登·泰勒. 未来庭园［M］. 安晓露, 译. 贵阳：贵州科技出版社, 2002.

46. 克莱尔·库珀·马库斯, 卡罗琳·弗朗西斯. 人性场所：城市开放空间设计导则［M］. 俞孔坚, 孙鹏, 王志芳, 等译. 2 版. 北京：中国建筑工业出版社, 2001.

47. 威廉·M. 马什. 景观规划的环境学途径（原著第四版）［M］. 朱强, 黄丽玲, 俞孔坚, 等译. 北京：中国建筑工业出版社, 2006.

48. 布赖恩·爱德华兹. 可持续性建筑［M］. 周玉鹏, 宋晔皓, 译. 2 版. 北京：中国建筑工业出版社, 2003.

49. 伊恩·伦诺克斯·麦克哈格. 设计结合自然［M］. 芮经纬, 译. 天津：天津大学出版社, 2006.

50. 肯尼斯·弗兰姆普敦. 现代建筑：一部批判的历史［M］. 张钦楠, 等译. 北京：生活·读书·新知三联书店, 2004.

51. 皮特·麦尔比, 汤姆·开尔卡特. 可持续性景观设计技术：景观设计实际运用［M］. 张颖, 李勇, 译. 北京：机械工业出版社, 2005.

52. 凯瑟琳·迪伊. 景观建筑形式与纹理［M］. 周剑云, 唐孝祥, 侯雅娟, 译. 杭州：浙江科学技术出版社, 2004.

53. 弗雷德里克·斯坦纳. 生命的景观：景观规划的生态学途径［M］. 周年兴, 李小凌, 俞孔坚, 等译. 2 版. 北京：中国建筑工业出版社, 2004.

54. 里埃特·玛格丽丝, 亚历山大·罗宾逊. 生命的系统：景观设计材料与技术创新［M］. 朱强, 刘琴博, 涂先明, 译. 大连：大连理工大学出版社, 2009.

55. 亚布拉罕·马斯洛. 需要层次论［M］. 许全声, 译. 北京：人民教育出版社, 1997.

56. 卡伦·C. 汉娜, R. 布莱恩·卡尔佩珀. GIS 在场地设计中的应用［M］. 吴晓恩, 熊伟, 译. 北京：机械工业出版社, 2004.

57. 库尔德·勒温. 拓扑心理学［M］. 竺培梁, 译. 杭州：浙江教育出版社, 1997.

58. 约翰·O. 西蒙兹, 巴里·W. 斯塔克. 景观设计学：场地规划与设计手册（原著第四版）［M］. 朱强,俞孔坚，王志芳，等译．北京：中国建筑工业出版社，2009.

59. 阿摩斯·拉普卜特．建成环境的意义：非语言表达方法［M］．黄兰谷，等译．北京：中国建筑工业出版社，2003.

60. LYALL S. Designing the new landscape architecture［M］．London：Thames & Hudson，1991.

61. VERNON-JONES M. New world landscape［M］．London：Laurence King Publishing，2004.

62. ORMSBEE SIMONDS J. Earthscape：a manual of environmental planning［M］．New York：McGraw-Hill，2006.

63. WALKER P，SIMO M. Invisible gardens：the search for modernism in the American landscape［M］．Cambridge：The MIT Press，1996.

64. MURRAY SCHAFER R. The soundscape：our sonic environment and turning of the world［M］．［S.l.］：Destiny Books，1993.

65. WALKER P. Peter Walker and partners：landscape architecture defining the craft［M］．London：Thames & Hudson，2005.

66. BARLOW ROGERS E. Landscape design：a cultural and architectural history［M］．New York：Harry N. Abrams，2001.

67. ELIOVSON S. The gardens of Roberto Burle Marx［M］．Oregon：Timber Press，1991.

68. 美国公共工程技术公司，美国绿色建筑协会．绿色建筑技术手册：设计·建造·运行［M］．王长庆，龙惟定，杜鹏飞，等译．北京：中国建筑工业出版社，1999.

69. 国际新景观．全球顶尖 10×100 景观［M］．武汉：华中科技大学出版社，2008.

70. SPENS M. Modern landscape［M］．London：Phaidon Press，2003.

71. 罗伯特·村濑．理麦恩巴兰司公园，西雅图，拜拿劳亚交响乐演奏厅纪念庭院［J］．景观设计，2003（4）：页码不详．

72. 鲁琪昌．旅游开发的环境塑造点滴：海南琼山《荔湾酒乡》的园林构思［J］．建筑学报，1995（4）：32-36.

73. 德里．英国议会大厦［J］．朱守训，宋彦，译．世界建筑导报，1995（1）：页码不详．

74. 周坚华，黄顺忠．上海市绿化三维量调查及其对策研究［J］．中国园林，1997（S1）：33-40.

75. 成玉宁．中国古典造园之"法"［J］．造园学报，1993（1）：页码不详．

76. 邵韦平，陈淑慧，刘宇光，等．开放的紫禁城：奥运中心区下沉花园及中国元素主题设计［J］．建筑创作，2008（8）：34-45.

77. 谷敬鹏，孙璐．清丽蕴于无华：从历史环境角度解读卡洛·斯卡帕［J］．新建筑，2001（2）：50-54.

图片来源

图 1.1 源自：艾伦·泰特. 城市公园设计 [M]. 周玉鹏，肖季川，朱青模，译. 北京：中国建筑工业出版社，2005；艾伦·墨菲（Ellen Murphy）/罗伊·史密斯（Roy Smith）.

图 1.2 源自：BARLOW ROGERS E. Landscape design：a cultural and architectural history[M]. New York：Harry N. Abrams，2001；笔者拍摄.

图 1.3 源自：查尔斯·A. 伯恩鲍姆，罗宾·卡尔森. 美国景观设计的先驱 [M]. 孟雅凡，俞孔坚，译. 北京：中国建筑工业出版社，2003.

图 1.4 源自：BARLOW ROGERS E. Landscape design：a cultural and architectural history[M]. New York：Harry N. Abrams，2001.

图 1.5 源自：谷歌地图、智游网（德国柏林席勒公园）.

图 1.6 源自：谷歌地图、冯·威利·霍希（Von Willy Horsch）和艾格尼斯·沃克（Eigenes Werk）（德国沃格博格公园）.

图 1.7 源自：BARLOW ROGERS E. Landscape design：a cultural and architectural history[M]. New York：Harry N. Abrams，2001.

图 1.8 源自：笔者绘制；美国文化景观基金会（The Cultural Landscape Foundation）官网；https://www.incollect.com.

图 1.9 源自：BARLOW ROGERS E. Landscape design：a cultural and architectural history[M]. New York：Harry N. Abrams，2001.

图 1.10 源自：KROHN C. Mies van der Rohe：the built work[M]. Basel：Birkhäuser，2014；笔者拍摄；维基共享资源.

图 1.11 源自：建筑档案馆（archilovers）官网；维基共享资源.

图 1.12 源自：https://www.urbipedia.org.

图 1.13 源自：谷歌地图、中文维基百科移动版（美国赖持设计的西塔里埃森有机建筑）.

图 1.14 源自：BARLOW ROGERS E. Landscape design：a cultural and architectural history[M]. New York：Harry N. Abrams，2001；笔者拍摄.

图 1.15、图 1.16 源自：BARLOW ROGERS E. Landscape design：a cultural and architectural history[M]. New York：Harry N. Abrams，2001；WALKER P, SIMO M. Invisible gardens：the search for modernism in the American landscape[M]. Cambridge：The MIT Press，1996.

图 1.17、图 1.18 源自：WALKER P, SIMO M. Invisible gardens：the search for modernism in the American landscape [M]. Cambridge：The MIT Press，1996；KILEY D, AMIDON J. Dan Kiley in his own words：America's master landscape architect[M]. London：Thames & Hudson，1999.

图 1.19、图 1.20 源自：谷歌地图、灵感邦（ideabooom）官网（美国哈普林设计的伊拉·凯勒水景广场）.

图 1.21 源自：猫途鹰（Tripadvisor）官网；https://mapio.net；https://landezine.com；艾伦·泰特. 城市公园设计 [M]. 周玉鹏，肖季川，朱青模，译. 北京：中国建筑工业出版社，2005.

图 1.22 源自：风景人（Landscaper）官网.

图 1.23 源自：橙色海岸杂志（Orange Coast Magazine）官网；知乎.

图 1.24 源自：WALKER P, SIMO M. Invisible gardens：the search for modernism in the American landscape[M]. Cambridge：The MIT Press，1996；BARLOW ROGERS E. Landscape design：a cultural and architectural history[M]. New York：Harry N. Abrams，2001.

图 1.25、图 1.26 源自：WALKER P, SIMO M. Invisible gardens：the search for modernism in the American landscape [M]. Cambridge：The MIT Press，1996.

图 1.27 源自：BARLOW ROGERS E. Landscape design：a cultural and architectural history[M]. New York：Harry N. Abrams，2001；美国詹姆斯·罗斯景观建筑研究与设计中心网站 .

图 1.28 源自：SPENS M. Modern landscape[M]. London：Phaidon Press，2003.

图 1.29 源自：WALKER P, SIMO M. Invisible gardens：the search for modernism in the American landscape[M]. Cambridge：The MIT Press，1996.

图 1.30 源自：WALLACE M, ROBERTS T. Woodlands new community：guidelines for site planning[R]. Philadelphia：WMRT，1973.

图 1.31 源自：维基共享资源 .

图 1.32 至图 1.34 源自：BARLOW ROGERS E. Landscape design：a cultural and architectural history[M]. New York：Harry N. Abrams，2001.

图 1.35 源自：艾伦·泰特 . 城市公园设计 [M]. 周玉鹏，肖季川，朱青模，译 . 北京：中国建筑工业出版社，2005；刘晖老师提供 .

图 1.36 源自：谷歌地图、三人行范文网（摩尔设计的新奥尔良市意大利广场）.

图 1.37 源自：谷歌地图、笔者拍摄 [文丘里设计的富兰克林庭院（中心广场）].

图 1.38 源自：BARLOW ROGERS E. Landscape design：a cultural and architectural history[M]. New York：Harry N. Abrams，2001；盖伊·库珀，戈登·泰勒 . 未来庭园 [M]. 安晓露，译 . 贵阳：贵州科技出版社，2002.

图 1.39 源自：矶崎新设计的筑波中心广场来自谷歌地图；BARLOW ROGERS E. Landscape design：a cultural and architectural history[M]. New York：Harry N. Abrams，2001；盖伊·库珀，戈登·泰勒 . 未来庭园 [M]. 安晓露，译 . 贵阳：贵州科技出版社，2002.

图 1.40 源自：RIERA OJEDA O. Sasaki：intersection and convergence[M]. New York：Oro Editions，2008.

图 1.41 源自：笔者拍摄 .

图 1.42 源自：WALKER P. Peter Walker and partners：landscape architecture defining the craft[M]. London：Thames & Hudson，2005.

图 1.43 源自：日本兵库县旅游（Hyogo–Tourism）官网；WALKER P. Peter Walker and partners：landscape architecture defining the craft[M]. London：Thames & Hudson，2005.

图 1.44 源自：笔者拍摄 .

图 1.45 源自：艾伦·泰特 . 城市公园设计 [M]. 周玉鹏，肖季川，朱青模，译 . 北京：中国建筑工业出版社，2005；拉茨与合伙人（LATZ+Partner）景观规划事务所网站；风景 520 网站 .

图 1.46 源自：维基共享资源 .

图 1.47 源自：BARLOW ROGERS E. Landscape design：a cultural and architectural history[M]. New York：Harry N. Abrams，2001；阿妮塔·佩雷里 .21 世纪庭园 [M]. 周丽华，译 . 贵阳：贵州科技出版社，2002.

图 1.48 源自：盖伊·库珀，戈登·泰勒 . 未来庭园 [M]. 安晓露，译 . 贵阳：贵州科技出版社，2002.

图 1.49 源自：谷歌地图、维基共享资源（艾森曼设计的柏林大屠杀遇难者纪念馆广场）.

图 1.50 源自：未来视角 360° 网站 .

图 1.51 源自：RICHARDSON T.The vanguard landscapes and gardens of Martha Schwartz[M]. London：Thames & Hudson，

2004；玛莎・舒瓦茨及合伙人（Martha Schwartz Partners）事务所网站．

图 1.52 源自：谷歌地图；访问圣何塞：前往硅谷中心的官方旅游指南（Visit San Jose：Official Travel Guide to the Heart of Silicon Valley）网站．

图 1.53 源自：谷歌地图、哈格里夫斯・琼斯（Hargreaves Jones）网站（拜斯地公园）．

图 1.54 源自：谷歌地图、RHAA 景观建筑师（RHAA Landscape Architects）网站（哥德鲁普河公园）．

图 1.55 源自：谷歌地图、东斯海尔德国家公园（National Park Oosterschelde）网站．

图 1.56 源自：谷歌地图（荷兰的鹿特丹剧院广场）．

图 1.57 源自：mapio 官网．

图 1.58 源 自：SCHRODER T. Changes in scenery：contemporary landscape architecture in Europe[M]. Basel：Birkhä user，2002.

图 1.59 源 自：WEST8 景观设计事务所网站；SCHRODER T. Changes in scenery：contemporary landscape architecture in Europe[M]. Basel：Birkhäuser，2002.

图 1.60 源自：BARLOW ROGERS E. Landscape design：a cultural and architectural history[M]. New York：Harry N. Abrams，2001.

图 1.61 源自：WALKER P, SIMO M. Invisible gardens：the search for modernism in the American landscape[M]. Cambridge：The MIT Press，1996.

图 1.62 源自：LEJEUNE J–F. Cruelty and utopia：cities and landscapes of Latin America[M].New York：Princeton Architectural Press，2005.

图 1.63 源 自：RIERA OJEDA O. Sasaki：intersection and convergence[M].New York：Oro Editions，2008；佐 佐 木（Sasaki）事务所官网．

图 1.64 源 自：设 计 工 作 坊：风 景 园 林、规 划、城 市 设 计、战 略 服 务（Design Workshop：Landscape Architecture, Planning, Urban Design, Strategic Services）网站．

图 1.65 源自：笔者拍摄．

图 1.66 源自：谷歌地图、肯尼亚—坦桑尼亚家庭度假旅行（Family Holiday Safaris for Kenya Tanzania Tours）网（肯尼亚的内罗毕狩猎宾馆）．

图 1.67 源自：斯蒂文・摩尔海德．景园建筑 [M]. 刘丛红，译．天津：天津大学出版社，2001.

图 1.68 源自：特鲁洛夫・马里奥・谢赫楠 [M]. 周文正，译．北京：中国建筑工业出版社，2002.

图 1.69 源自：阿妮塔・佩雷里．21 世纪庭园 [M]. 周丽华，译．贵阳：贵州科技出版社，2002.

图 1.70 源自：谷歌地图、维基共享资源（哈格设计的美国西雅图煤气厂公园）．

图 1.71 源自：携程官方网站 | 旅游优惠和促销（Trip.com Official Site|Travel Deals and Promotions）．

图 1.72、图 1.73 源自：笔者拍摄．

图 1.74 源自：谷歌地图、笔者拍摄（德国波茨坦广场）．

图 1.75、图 1.76 源自：笔者绘制．

图 2.1 源自：笔者绘制．

图 2.2 源自：搜狐网．

图 2.3 源自：昵图网．

图 2.4 源自：澳大利亚澳派景观设计工作室（ASPECT Studio）．

图 2.5 源自：美国弗莱彻景观设计事务所（Fletcher Studio）．

图 2.6 源自：丹麦莫勒建筑事务所（C. F. Møller Architects）．

图 2.7 源自：邬建国 . 景观生态学：格局、过程、尺度与等级 [M]. 2 版 北京：高等教育出版社，2007.

图 2.8、图 2.9 源自：笔者绘制 .

图 2.10 源自：吴良林，周永章，卢远 . 喀斯特山区环境耗散结构演化与生态重建策略探讨 [J]. 贵州科学，2008，26（3）：52-57.

图 2.11 源自：dinmerican.wordpress 官网；美国微图摄影机构（Dreamstime）网站 .

图 2.12 至图 2.14 源自：笔者绘制 .

图 2.15 源自：成玉宁规划设计作品 .

图 2.16 源自：笔者根据冯学钢，包浩生 . 旅游活动对风景区地被植物—土壤环境影响的初步研究 [J]. 自然资源学报，1999，14（1）：75-78 绘制 .

图 2.17 源自：笔者绘制 .

图 2.18 源自：成玉宁规划设计作品 .

图 2.19 源自：笔者拍摄 .

图 2.20 源自：笔者根据相关资料绘制 .

图 2.21 源自：笔者绘制；笔者拍摄 .

图 2.22 源自：邬建国 . 景观生态学：格局、过程、尺度与等级 [M]. 2 版 北京：高等教育出版社，2007.

图 2.23 源自：笔者绘制 .

图 2.24 源自：谷歌地球；东南大学景观学系项目"南京中国近代史博物馆保护规划".

图 2.25 至图 2.29 源自：成玉宁规划设计作品 .

图 2.30 源自：邬建国 . 景观生态学：格局、过程、尺度与等级 [M]. 2 版 北京：高等教育出版社，2007.

图 2.31 至图 2.33 源自：笔者绘制 .

图 2.34 至图 2.46 源自：成玉宁规划设计作品 .

图 2.47、图 2.48 源自：笔者绘制 .

图 2.49 至图 2.69 源自：成玉宁规划设计作品 .

图 2.70 源自：笔者根据《南京市水资源公报》绘制 .

图 2.71 至图 2.81 源自：成玉宁规划设计作品 .

图 2.82 源自：笔者绘制 .

图 2.83 至图 2.112 源自：成玉宁规划设计作品 .

图 2.113 源自：搜狐网 .

图 2.114 源自：笔者拍摄；笔者根据相关资料绘制 .

图 2.115 源自：成玉宁规划设计作品 .

图 3.1 源自：美国迈克尔·范·瓦肯伯格景观设计事务所（MVVA）官网；笔者拍摄 .

图 3.2 源自：美国景观设计师学会（ASLA）官网 .

图 3.3 源自：尹西景观事务所（IN SITU paysages & urbanisme）官网 .

图 3.4 源自：美国弗莱彻景观设计事务所（Fletcher Studio）官网 .

图 3.5 源自：郭琼莹 . 水与绿网络规划：理论与实务 [M]. 台北：詹氏书局，2003.

图 3.6 源自：陈圣泓 . 戚墅堰圩墩遗址公园：唤醒历史记忆，创造可触摸历史的开敞性空间 [J]. 中国园林，2014，30（3）：40-45.

图 3.7 源自：郭琼莹 . 水与绿网络规划：理论与实务 [M]. 台北：詹氏书局，2003.

图 3.8 至图 3.10 源自：笔者拍摄 .

图 3.11、图 3.12 源自：成玉宁，张祎，张亚伟，等. 湿地公园设计 [M]. 北京：中国建筑工业出版社，2012.

图 3.13 源自：笔者绘制.

图 3.14、图 3.15 源自：张恒庆. 保护生物学 [M]. 北京：科学出版社，2005.

图 3.16 源自：笔者绘制.

图 3.17、图 3.18 源自：笔者拍摄.

图 3.19 源自：笔者绘制.

图 3.20 源自：笔者根据遥感图像编绘.

图 3.21 源自：成玉宁规划设计作品.

图 3.22 至图 3.24 源自：郭琼莹. 水与绿网络规划：理论与实务 [M]. 台北：詹氏书局，2003.

图 3.25 源自：南京市规划和自然资源局.

图 3.26 源自：苏州市自然资源和规划局.

图 3.27 源自：郭琼莹. 水与绿网络规划：理论与实务 [M]. 台北：詹氏书局，2003.

图 3.28 源自：笔者拍摄.

图 3.29 源自：库里蒂巴政府官网.

图 3.30 源自：美国 FO 景观事务所官网.

图 3.31 至图 3.36 源自：笔者拍摄.

图 3.37 源自：笔者绘制；笔者拍摄.

图 3.38、图 3.39 源自：笔者拍摄.

图 3.40 至图 3.42 源自：笔者绘制.

图 3.43 源自：皮特·麦尔比，汤姆·开尔卡特. 可持续性景观设计技术：景观设计实际运用 [M]. 张颖，李勇，译. 北京：机械工业出版社，2005.

图 3.44、图 3.45 源自：笔者拍摄.

图 3.46 源自：笔者绘制.

图 3.47、图 3.48 源自：美国景观设计师学会（ASLA）官网.

图 3.49 源自：爱普莉·凯拉瑞斯，汤姆·福克斯. 绿色的屋顶：加州科学馆 [J]. 王玲，译. 景观设计，2009（2）：32–37.

图 3.50 源自：美国哈格里夫斯景观事务所官网.

图 3.51 源自：法国夏邦杰建筑设计事务所（ARTE Charpentier Architectes）官网.

图 3.52 源自：笔者拍摄.

图 3.53 源自：丹尼斯·帕普斯，米契·哥拉斯，罗宾·里德. 芝加哥南工厂湖畔开发 [J]. 李攀瑜，译. 景观设计，2009（32）：39–41.

图 3.54 源自：笔者绘制.

图 3.55 源自：戴水道景观设计公司官网.

图 3.56 源自：郭琼莹. 水与绿网络规划：理论与实务 [M]. 台北：詹氏书局，2003.

图 3.57 源自：欧林景观事务所. 麻省理工学院斯塔塔中心 [J]. 国际新景观，2008（8）：16–19；笔者拍摄.

图 3.58 源自：里埃特·玛格丽丝，亚历山大·罗宾逊. 生命的系统：景观设计材料与技术创新 [M]. 朱强，刘琴博，涂先明，译. 大连：大连理工大学出版社，2009.

图 3.59 源自：笔者拍摄.

图 3.60 源自：美国景观设计师学会（ASLA）官网.

图 3.61 源自：里埃特·玛格丽丝，亚历山大·罗宾逊. 生命的系统：景观设计材料与技术创新 [M]. 朱强，

刘琴博，涂先明，译．大连：大连理工大学出版社，2009.

图 3.62 至图 3.64 源自：成玉宁规划设计作品．

图 3.65 源自：笔者根据李善征，曹波，孟庆义，等．团城古代雨水利用工程简介 [J]. 北京水利，2003（3）：19-21 绘制．

图 3.66 源自：笔者绘制．

图 3.67 源自：里埃特·玛格丽丝，亚历山大·罗宾逊．生命的系统：景观设计材料与技术创新 [M]. 朱强，刘琴博，涂先明，译．大连：大连理工大学出版社，2009.

图 3.68 源自：胡洁，吴宜夏，吕璐珊．北京奥林匹克森林公园景观规划设计综述 [J]. 中国园林，2006（6）：1-7；笔者拍摄．

图 3.69 源自：美国景观设计师学会（ASLA）官网．

图 3.70 源自：笔者根据谷歌卫星影像绘制；笔者拍摄．

图 3.71 源自：美国翡翠项链保护区官网．

图 3.72 源自：美国景观设计师学会（ASLA）官网．

图 3.73 源自：世界景观建筑（World Landscape Architecture）官网．

图 3.74 源自：engineering 官网

图 3.75 源自：成玉宁规划设计作品．

图 3.76 源自：土人设计网．

图 3.77 至图 3.79 源自：笔者拍摄．

图 3.80、图 3.81 源自：笔者绘制．

图 3.82、图 3.83 源自：成玉宁规划设计作品．

图 3.84 源自：约翰·罗密士，汤姆·福克斯．地下建筑与绿色屋顶：美国国会图书馆帕卡德园区视听资料保存中心 [J]. 申为军，译．景观设计，2009（2）：48-53.

图 3.85 源自：阿利斯泰尔·麦金托什．议会街 601 号屋顶花园 [J]. 胡宾，张斗，译．景观设计，2007（6）：24-27.

图 3.86 源自：理查德·琼斯，帕特里克·罗斯．实用性与环境可持续性相平衡：The Vue 绿色屋顶撰写 [J]. 申为军，译．景观设计，2009（2）：28-31.

图 3.87、图 3.88 源自：江苏省新源环保有限公司．东南大学 10t/d 化粪池污水处理工程 [Z]. 南京：江苏省新源环保有限公司，2009.

图 3.89 源自：笔者拍摄．

图 3.90 源自：国际新景观．全球顶尖 10×100 景观 [M]. 武汉：华中科技大学出版社，2008.

图 3.91 源自：成玉宁规划设计作品．

图 3.92 源自：笔者拍摄．

图 3.93 源自：美国奥斯隆德联合事务所（Oslund and Assoc）.

图 3.94 源自：美国托马斯·贝斯利（Thomas Balsley）建筑事务所．

图 3.95 源自：成玉宁规划设计作品．

图 3.96、图 3.97 源自：笔者拍摄．

图 3.98 源自：盖伊·库珀，戈登·泰勒．未来庭园 [M]. 安晓露，译．贵阳：贵州科技出版社，2002.

图 3.99 源自：SPENS M. Modern landscape[M].London: Phaidon Press, 2003.

图 3.100 源自：王向荣，林箐，蒙小英．北欧国家的现代景观 [M]. 北京：中国建筑工业出版社，2007.

图 3.101 源自：成玉宁规划设计作品．

图 3.102、图 3.103 源自：笔者拍摄．

图 3.104 源自：成玉宁规划设计作品．

图 3.105 源自：美国洛翰建筑设计事务所（Lohan Caprile Goettsch Associates）官网．

图 3.106 源自：笔者拍摄．

图 3.107 源自：里埃特·玛格丽丝，亚历山大·罗宾逊．生命的系统：景观设计材料与技术创新 [M]．朱强，
刘琴博，涂先明，译．大连：大连理工大学出版社，2009．

图 3.108 源自：笔者根据相关资料绘制．

图 3.109 源自：王向荣，林箐，蒙小英．北欧国家的现代景观 [M]．北京：中国建筑工业出版社，2007．

图 3.110 源自：成玉宁规划设计作品．

图 3.111 源自：国际新景观．全球顶尖 10×100 景观 [M]．武汉：华中科技大学出版社，2008．

图 3.112 源自：笔者拍摄．

图 3.113、图 3.114 源自：笔者绘制．

图 3.115 源自：大丰高新区管委会提供；成玉宁规划设计作品；谷歌卫星影像．

图 3.116 源自：笔者根据《中国城市建设统计年鉴：2013》绘制．

图 3.117 至图 3.120 源自：成玉宁规划设计作品．

图 3.121、图 3.122 源自：成玉宁规划设计作品；笔者拍摄．

图 3.123 至图 3.129 源自：成玉宁规划设计作品．

图 4.1 源自：笔者拍摄．

图 4.2、图 4.3 源自：笔者绘制．

图 4.4 源自：笔者拍摄．

图 4.5 源自：笔者绘制．

图 4.6 源自：笔者拍摄．

图 4.7 源自：笔者绘制．

图 4.8 至图 4.12 源自：笔者拍摄．

图 4.13 源自：笔者绘制．

图 4.14 至图 4.17 源自：笔者拍摄．

图 4.18 源自：笔者绘制．

图 4.19 至图 4.21 源自：笔者拍摄．

图 4.22 源自：笔者绘制．

图 4.23 源自：筑龙学社网站．

图 4.24、图 4.25 源自：笔者拍摄．

图 4.26 源自：笔者绘制．

图 4.27 源自：笔者拍摄．

图 4.28 源自：笔者绘制．

图 4.29 至图 4.41 源自：笔者拍摄．

图 4.42 源自：谷德设计网．

图 4.43、图 4.44 源自：美国景观设计师学会（ASLA）官网．

图 4.45 源自：s14.sinaimg 官网；搜狐网；笔者拍摄．

图 4.46、图 4.47 源自：美国景观设计师学会（ASLA）官网．

图 4.48 源自：笔者拍摄．

图 4.49 至图 4.51 源自：笔者绘制．

图 4.52 至图 4.60 源自：笔者拍摄．

图 4.61 源自：笔者绘制．

图 4.62 源自：许晔调研绘制．

图 4.63 源自：笔者绘制．

图 4.64 源自：笔者根据 MOORE G T. Environment and behavior research in North America：history，developments，and unresloved issues[M]//STOKOLS D，ALTMAN I. Handbook of environmental psychology. New York：John Wiley and Sons，1987：253–296 绘制．

图 4.65、图 4.66 源自：笔者绘制．

图 4.67、图 4.68 源自：笔者拍摄．

图 4.69 源自：笔者绘制．

图 4.70 至图 4.72 源自：笔者拍摄．

图 4.73 源自：笔者绘制．

图 4.74 至图 4.76 源自：笔者拍摄．

图 4.77 源自：笔者绘制．

图 4.78、图 4.79 源自：笔者拍摄．

图 4.80、图 4.81 源自：笔者绘制．

图 4.82 至图 4.85 源自：成玉宁规划设计作品．

图 4.86、图 4.87 源自：笔者拍摄．

图 4.88、图 4.89 源自：美国景观设计师学会（ASLA）官网．

图 4.90、图 4.91 源自：笔者绘制．

图 4.92 源自：笔者拍摄．

图 4.93 源自：美国景观设计师学会（ASLA）官网．

图 4.94 源自：笔者绘制．

图 4.95 源自：笔者拍摄．

图 4.96、图 4.97 源自：秘境舆图（Atlas Obscura）网站．

图 4.98、图 4.99 源自：笔者拍摄．

图 4.100 至图 4.106 源自：成玉宁规划设计作品．

图 4.107 源自：SWA/ 贝斯利（SWA/Balsley）网站．

图 4.108 源自：ADEPT 网站．

图 4.109 源自：笔者绘制．

图 4.110 源自：笔者拍摄．

图 4.111 源自：笔者绘制．

图 4.112 源自：搜狐网．

图 4.113 源自：笔者绘制．

图 4.114 源自：笔者拍摄．

图 4.115 源自：笔者绘制．

图 4.116 源自：笔者拍摄．

图 4.117 源自：笔者绘制．

图 4.118、图 4.119 源自：笔者拍摄．

图 4.120 源自：成玉宁规划设计作品．

图 4.121 至图 4.124 源自：笔者拍摄．

图 4.125 源自：笔者绘制．

图 4.126 源自：笔者拍摄．

图 4.127、图 4.128 源自：笔者绘制．

图 4.129 源自：建日筑闻（ArchDaily）网站．

图 4.130 源自：成玉宁规划设计作品．

图 4.131 源自：笔者拍摄．

图 4.132 源自：西科拉·韦尔斯·阿普尔景观建筑事务所（Sikora Wells Appel Landscape Architecture）网站．

图 4.133 至图 4.144 源自：成玉宁规划设计作品．

图 4.145 至图 4.154 源自：笔者拍摄．

图 4.155 源自：丹阳新闻网；paving 官网；汇图网；笔者根据《城市道路和建筑物无障碍设计规范》（JGJ 50—2001）绘制．

图 4.156 源自：笔者绘制．

图 4.157 源自：王魏巍．基于集约理念的人性化景观环境设计研究：景观环境的通用化设计 [D]．南京：东南大学，2012.

图 4.158 源自：xuehua 官网．

图 4.159 源自：笔者拍摄．

图 4.160 源自：搜狐网；斯塔尔·怀特豪斯景观设计与规划事务所（Starr Whitehouse Landscape Architects and Planners PLLC）网站．

图 4.161 源自：佐佐木（Sasaki）事务所官网．

图 5.1 源自：百度百科．

图 5.2、图 5.3 源自：笔者绘制．

图 5.4、图 5.5 源自：笔者拍摄．

图 5.6、图 5.7 源自：搜狐网；笔者拍摄．

图 5.8 源自：笔者拍摄．

图 5.9 源自：辛辛那提门萨（Cincinnati Mensa）网站．

图 5.10、图 5.11 源自：笔者拍摄．

图 5.12 源自：伊丽莎白·莫索普．当代澳大利亚景观设计 [M]．蒙小英，袁小环，译．乌鲁木齐：新疆科学技术出版社，2006.

图 5.13 至图 5.15 源自：笔者拍摄．

图 5.16 源自：佐佐木（Sasaki）事务所官网．

图 5.17 源自：国际新景观．全球顶尖 10×100 景观 [M]．武汉：华中科技大学出版社，2008.

图 5.18 源自：笔者绘制．

图 5.19 源自：笔者拍摄．

图 5.20 源自：伊丽莎白·莫索普．当代澳大利亚景观设计 [M]．蒙小英，袁小环，译．乌鲁木齐：新疆科学技术出版社，2006.

图 5.21 源自：成玉宁设计作品．

图 5.22 至图 5.27 源自：笔者拍摄．

图 5.28 源自：Flickr 图片分享网站．

图 5.29、图 5.30 源自：笔者绘制．

图 5.31 源自：芦原义信《外部空间设计》．

图 5.32 源自：笔者绘制．

图 5.33 源自：笔者绘制；笔者拍摄．

图 5.34 源自：笔者拍摄．

图 5.35 源自：笔者绘制；美国景观设计师学会（ASLA）官网．

图 5.36 源自：筑龙学社网站．

图 5.37 源自：关鸣 . 城市景观设计 [M]. 南昌：江西科学技术出版社，2002.

图 5.38 源自：Anon. Urban spaces: new city parks[M]. [S.l.]: Azur Corporation，2008.

图 5.39 源自：Dezeen 设计网．

图 5.40 源自：笔者绘制．

图 5.41 至图 5.45 源自：笔者拍摄；笔者绘制．

图 5.46 源自：北京原色景观规划设计有限公司（YSLA）官网；筑龙学社网站；花瓣网；https://
　　www.slideshare.net；美 国 文 化 景 观 基 金 会（The Cultural Landscape Foundation）官 网；笔 者
　　拍摄．

图 5.47 源自：谷德设计网；筑龙学社网站．

图 5.48 至图 5.51 源自：笔者绘制．

图 5.52 源自：笔者拍摄．

图 5.53 源自：加拿大景观建筑师协会（CSLA|AAPC）官网；笔者拍摄；《校园景观设计》；土木工程专业工程
　　师技术交流论坛．

图 5.54 源自：笔者拍摄．

图 5.55 源自：新浪博客．

图 5.56 源自：美国 PWP 景观建筑事务所（PWP Landscape Architecture）网站．

图 5.57 源自：美国文化景观基金会（The Cultural Landscape Foundation）官网．

图 5.58 源自：笔者绘制；极限集邮网；越南石油时报（Petro Times）网．

图 5.59 源自：出境医网站．

图 5.60 源自：《景观设计》（Landscape Design）2005 年 1 月 20 日总第 7 期专题《高科技景观》第 5 页．

图 5.61 源自：搜狐网．

图 5.62 源自：英文维基百科．

图 5.63 源自：佚名 . 金属气质的户外休闲度假场所：终结者魅力广场 [M]// 凤凰空间·上海 . 度假区景观规
　　划手册 . 南京：江苏人民出版社，2012.

图 5.64、图 5.65 源自：笔者拍摄．

图 5.66 源自：免费文档中心网站；笔者拍摄．

图 5.67 源自：百家号网站；图行天下网站；360doc 个人图书馆网站．

图 5.68 至图 5.72 源自：笔者绘制．

图 5.73 源自：笔者拍摄．

图 5.74 源自：《场所》（Topos）杂志官网．

图 5.75 源自：中佐朱吉项目．

图 5.76 源自：笔者绘制；location-guide 官网．

图 5.77 源自：澎湃新闻网；interactive.wttw 官网．

图 5.78 源自：笔者绘制．

图 5.79 源自：susannelucas 官网．

图 5.80 源自：艾伦·泰特．城市公园设计 [M]．周玉鹏，肖季川，朱青模，译．北京：中国建筑工业出版社，
2005；梅拉尼·西莫．佐佐木事务所：整合环境 [M]．王晓俊，陈旗，译．南京：东南大学出版社，2003．

图 5.81 源自：笔者绘制．

图 5.82 源自：美国景观设计师学会（ASLA）官网；美国纳尔逊—伯德—沃尔茨景观建筑事务所（Nelson
Byrd Woltz|Landscape Architects）网站；英文维基百科；笔者绘制；探索圣路易斯（Explore St Louis）网
站；coldspringusa 官网．

图 5.83 源自：landezine 官网；笔者绘制．

图 5.84 源自：谷德设计网；筑龙学社网站．

图 5.85、图 5.86 源自：笔者绘制．

图 5.87 源自：谷德设计网．

图 5.88 至图 5.92 源自：笔者绘制．

图 5.93 源自：笔者绘制；笔者拍摄．

图 5.94、图 5.95 源自：笔者绘制．

图 5.96 源自：伊丽莎白·莫索普．当代澳大利亚景观设计 [M]．蒙小英，袁小环，译．乌鲁木齐：新疆科学技
术出版社，2006．

图 5.97 源自：笔者绘制．

图 5.98、图 5.99 源自：潘谷西．江南理景艺术 [M]．南京：东南大学出版社，2001．

图 5.100 源自：谷歌地图、谷歌街景（曼哈顿瓦格纳公园）．

图 5.101 源自：筑龙学社网站．

图 5.102、图 5.103 源自：笔者绘制．

图 5.104 源自：笔者拍摄．

图 5.105 源自：笔者绘制；笔者拍摄．

图 5.106 源自：美国景观设计师学会（ASLA）官网；笔者绘制；灵感邦（ideabooom）官网．

图 5.107 源自：笔者拍摄．

图 5.108 源自：山本富雄．

图 5.109 源自：托特比森基金会出版社，等．荷兰景观与规划设计 [M]．付超，刘艳红，辛宏宇，等译．沈阳：
辽宁科学技术出版社，2003．

图 5.110 源自：笔者绘制；雷纳·施密特景观设计公司，沈实现，王向荣，等．慕尼黑公园城 [J]．风景园林，
2005（4）：92-95．

图 5.111 源自：三谷彻、户田知佐．

图 5.112 源自：谷歌地图、谷歌街景（美国得克萨斯州 IBM 公司索拉纳园区）．

图 5.113 源自：笔者绘制；笔者拍摄．

图 5.114 源自：笔者根据相关资料绘制．

图 5.115 源自：无忧文档网站．

图 5.116 源自：新浪博客；artandpoliticsnow 官网．

图 5.117 源自：搜狐网．

图 5.118 源自：笔者绘制．

图 5.119 源自：笔者绘制；笔者拍摄．

图 5.120 源自：笔者绘制；谷歌地图．

图 5.121 源自：卡昂纪念馆（Memorial de Caen）网站．

图 5.122 至图 5.125 源自：笔者绘制．

图 5.126 源自：谷歌地图；缤客（Booking）官网．

图 5.127 源自：文档网；persian.poolfountainaccessories 官网．

图 5.128 源自：尤哈尼·帕拉斯玛，丹·霍夫曼，王韬．匡溪教学区的"终点广场"，美国 [J]．世界建筑，1997（4）：32–33．

图 5.129 源自：笔者绘制；文档网．

图 5.130 源自：笔者拍摄．

图 5.131 源自：笔者拍摄；知乎日报网站．

图 5.132 源自：笔者拍摄．

图 5.133 源自：百家号网站．

图 5.134 源自：新浪网．

图 5.135 源自：笔者绘制；mapio 官网．

图 5.136 源自：日文维基百科．

图 5.137 源自：台湾建筑报导杂志社．2002 年台湾景观作品集 [M]．天津：天津大学出版社，2003．

图 5.138 源自：笔者绘制．

图 5.139 源自：成玉宁设计作品．

图 5.140 源自：笔者绘制；搜狐网．

图 5.141 源自：搜狐网．

图 5.142 源自：邵韦平，陈淑慧，刘宇光，等．开放的紫禁城：奥运中心区下沉花园及中国元素主题设计 [J]．建筑创作，2008（8）：34–45．

图 5.143 源自：花瓣网．

图 5.144 源自：笔者绘制．

图 5.145、图 5.146 源自：笔者绘制；笔者根据相关资料绘制．

图 5.147 源自：谷歌地图、筑龙学社网站（中国台湾新竹东门广场）．

图 5.148 源自：谷德设计网；张唐景观官网．

图 5.149 源自：谷德设计网．

图 5.150 源自：成玉宁设计作品．

图 5.151 源自：孟兆祯．园衍 [M]．北京：中国建筑工业出版社，2012．

图 5.152 源自：谷德设计网．

图 5.153 源自：知乎；百度百科．

图 5.154 源自：卡卢特旅行社（Kalout Travel Agency）官网；上海学习网摄影频道；猫途鹰（Tripadvisor）官网；TripSavvy 旅游网站．

图 5.155 源自：成玉宁设计作品．

图 5.156 源自：谷德设计网；在库言库网站；澎湃新闻网；腾讯网．

图 5.157 源自：Flickr 图片分享网站．

图 5.158 源自：佐佐木（Sasaki）事务所网站

图 6.1 至图 6.3 源自：笔者绘制.

图 6.4 源自：景观建筑网络（Land8）网站.

图 6.5 源自：尼克·威尔逊（Nic Wilson）网站.

图 6.6 源自：成玉宁规划设计作品.

图 6.7 源自：笔者拍摄.

图 6.8、图 6.9 源自：笔者绘制.

图 6.10 源自：玛莎·舒瓦茨工作室官网.

图 6.11 源自：谷歌地球（法国巴黎雪铁龙公园）.

图 6.12 源自：风景园林网.

图 6.13 源自：泰勒公司.国际象棋公园 [J].景观设计，2008（3）：54-59.

图 6.14 源自：希梅娜·马丁吉奥尼，卡洛斯·托邦，费利佩·梅萨，等.“花树”建筑打造的自然兰花园与
        通透围墙：麦德林植物园 [J].刘建朋，译.景观设计，2009（1）：26-33.

图 6.15 源自：王向荣，林箐.欧洲新景观 [M].南京：东南大学出版社，2003.

图 6.16 源自：笔者拍摄.

图 6.17 源自：笔者绘制.

图 6.18 源自：成玉宁规划设计作品.

图 6.19 源自：成玉宁规划设计作品；笔者拍摄.

图 6.20、图 6.21 源自：笔者拍摄.

图 6.22 源自：大同市人民政府网.

图 6.23 源自：鲁琪昌.旅游开发的环境塑造点滴：海南琼山《荔湾酒乡》的园林构思 [J].建筑学报，1995
        （4）：32-36.

图 6.24 源自：谷歌地球.

图 6.25 源自：PMA 设计事务所.泰晤士河复兴工程 [J].国际新景观，2009（1）：页码不详.

图 6.26、图 6.27 源自：Verlagshaus Braun. 1 000 × landscape architecture[M]. [S.l.]: Verlagshaus Braun, 2008.

图 6.28 源自：https://images-production.gardenvisit.com.

图 6.29 源自：张晋石.布雷·马克斯 [M].南京：东南大学出版社，2004.

图 6.30 源自：佩德罗·马瑟琳.展示地方性物种的博物馆：沙漠植物园 [J].王玲，译.景观设计，2009（1）：
        40-47.

图 6.31 源自：萨玛尼哈·哈里斯.加州捐赠基金会景观设计 [J].武秀伟，译.景观设计，2008（2）：86-92.

图 6.32 源自：笔者拍摄.

图 6.33 源自：鲁琪昌.旅游开发的环境塑造点滴：海南琼山《荔湾酒乡》的园林构思 [J].建筑学报，1995
        （4）：32-36.

图 6.34 源自：笔者拍摄.

图 6.35 源自：山西新闻网；中国风网站；中文维基百科；中国日报中文网；新浪网.

图 6.36 源自：彗星.珊纳特赛罗市政中心：芬兰大师阿尔瓦·阿尔托的作品分析 [J].建筑，2010（24）：75-
        76.

图 6.37 源自：国际新景观.全球顶尖 10 × 100 景观 [M].武汉：华中科技大学出版社，2008.

图 6.38 源自：凯西树（Casey Trees）网站.

图 6.39 源自：笔者绘制.

图 6.40 源自：笔者拍摄．

图 6.41 源自：美国景观设计师学会（ASLA）官网．

图 6.42 源自：WEST8 景观设计事务所网站．

图 6.43 源自：Anon. Urban spaces: new city parks[M]. [S.l.]: Azur Corporation, 2008.

图 6.44 源自：Verlagshaus Braun. 1 000 × landscape architecture[M]. [S.l.]: Verlagshaus Braun, 2008.

图 6.45 源自：笔者拍摄．

图 6.46 源自：笔者绘制；笔者拍摄．

图 6.47 源自：薛赛君 . 旧金山市恩巴卡德罗大楼屋顶花园平台，加利福尼亚州，美国 [J]. 世界建筑，2003
（3）：49-51.

图 6.48 源自：笔者拍摄．

图 6.49 源自：笔者绘制；笔者拍摄．

图 6.50 源自：ALA 设计资料库（ALA-Designdaily）官网．

图 6.51 源自：笔者拍摄．

图 6.52 源自：矶崎新事务所；新浪博客；笔者绘制；豆瓣网．

图 6.53 源自：关鸣 . 城市景观设计 [M]. 南昌：江西科学技术出版社，2002.

图 6.54 源自：WALKER P. Peter Walker and partners: landscape architecture defining the craft[M]. London: Thames
& Hudson, 2005.

图 6.55 源自：笔者绘制．

图 6.56 源自：KOTTAS D. Urban spaces: squares & plazas[M]. [S.l.]: Azur Corporation, 2007.

图 6.57 源自：托特比森基金会出版社，等 . 荷兰景观与规划设计 [M]. 付超，刘艳红，辛宏宇，等译 . 沈阳：
辽宁科学技术出版社，2003.

图 6.58 源自：日本《景观设计》杂志社 . 景观设计 4[M]. 于黎特，杨秀妹，译 . 大连：大连理工大学出版社，
2003.

图 6.59 源自：笔者绘制．

图 6.60 源自：https://www.behance.net.

图 6.61 源自：杰里科．

图 6.62 源自：谷歌地球．

图 6.63 源自：谷歌地球；美国景观设计师学会（ASLA）官网．

图 6.64 源自：美国景观设计师学会（ASLA）官网．

图 6.65 源自：搜狐网．

图 6.66 源自：交互设计奖（IxD Awards）网站．

图 6.67 源自：园林人网．

图 6.68 源自：大卫·坎普，王玲 . 每个人的花园：伊丽莎白和诺娜·埃文斯康复花园 [J]. 城市环境设计，
2007（6）：36-41.

图 6.69 源自：Verlagshaus Braun. 1 000 × landscape architecture[M]. [S.l.]: Verlagshaus Braun, 2008.

图 6.70 源自：笔者拍摄．

图 6.71 源自：笔者绘制．

图 6.72 源自：国际新景观 . 全球顶尖 10 × 100 景观 [M]. 武汉：华中科技大学出版社，2008.

图 6.73 源自：笔者绘制．

图 6.74 源自：尼考莱特·鲍迈斯特 . 新景观设计 1：德国·奥地利·瑞士 [M]. 付天海，译 . 沈阳：辽宁科学

技术出版社，2006.

图 6.75 源自：《福冈县立大学的人性化艺术空间》，载《景观设计》2004 年第 2 期．

图 6.76 源自：肖铭．环境与景观年鉴 5[M]．武汉：华中科技大学出版社，2007.

图 6.77 源自：日本《景观设计》杂志社．景观设计 4[M]．于黎特，杨秀妹，译．大连：大连理工大学出版社，
　　　　2003.

图 6.78 源自：李珊珊．美国国家二战纪念园景观设计 [J]．规划师，2006，22（4）：94–96.

图 6.79 源自：美国国家公园管理局（National Park Service）网站．

图 6.80 源自：筑龙学社网站．

图 6.81 源自：伯纳德·屈米（Bernard Tschumi）.

图 6.82 源自：Anon. Urban spaces：new city parks[M]. [S.l.]：Azur Corporation，2008.

图 6.83 源自：王向荣，林箐．欧洲新景观 [M]．南京：东南大学出版社，2003.

图 6.84 源自：笔者绘制；建日筑闻（ArchDaily）网站．

图 6.85、图 6.86 源自：笔者拍摄．

图 6.87 源自：Verlagshaus Braun. 1 000 × landscape architecture[M]. [S.l.]：Verlagshaus Braun，2008.

图 6.88 源自：笔者拍摄．

图 6.89 源自：河南开元园林生态实业有限公司官网．

图 6.90 源自：韩秋．获 2003 年景观建筑师协会优秀作品奖　天上的花园：纽约市美国自然历史博物馆广场
　　　　景观设计 [J]．景观设计，2005（3）：40–43.

图 6.91 源自：谷歌地球、chicagocop 官网（芝加哥和平金星家族纪念公园）．

图 6.92 源自：笔者绘制．

图 6.93 源自：崔申勋．韩国岭南大学主入口与天马之门设计 [J]．耕农，译．景观设计，2006（4）：56–68.

图 6.94 源自：笔者绘制．

图 6.95 源自：犹太遗产博物馆（Museum of Jewish Heritage）网站．

图 6.96 源自：美国文化景观基金会（The Cultural Landscape Foundation）官网．

图 6.97 源自：笔者拍摄．

图 6.98 源自：三谷彻，奥萨特规划设计事务所．现代方丈庭园 "一秒庭园"：朝日电视台屋顶庭园 [J]．景观
　　　　设计，2004（3）：页码不详．

图 6.99 源自：笔者拍摄．

图 6.100 源自：网页时光机．

图 6.101 源自：笔者绘制；笔者拍摄．

图 6.102 源自：新浪博客．

图 6.103 源自：有方网站．

图 6.104 源自：大英百科全书（Encyclopedia Britannica）官网；https://ast.wikipedia.org.

图 6.105 源自：谷歌地球（中国香港中环公园）．

图 6.106 源自：笔者拍摄．

图 6.107 源自：美国景观设计师学会（ASLA）官网．

图 6.108 源自：谷歌地球．

图 6.109 源自：笔者拍摄．

图 6.110 源自：谷歌地球；笔者拍摄．

图 6.111 源自：王向荣，林箐．慕尼黑内阁花园 [J]．风景园林，2005（3）：108–110.

图 6.112 源自：国际数据库和结构图库（Structurae-International Database and Gallery of Structures）网站．

图 6.113 源自：贝斯出版有限公司．亚太景观 [M]．沈阳：辽宁科学技术出版社，2008．

图 6.114、图 6.115 源自：笔者拍摄．

图 6.116 源自：https://mpadesign.com.

图 6.117 源自：雷瓦尔特．莱比锡科斯普登"风水园" [J]．国际新景观，2009（1）：页码不详．

图 6.118 至图 6.121 源自：笔者绘制；英文维基百科．

图 6.122 源自：笔者绘制；建筑类案例（Architizer）官网；考古学（Archnet）网站．

图 6.123 源自：谷歌地球、luftbildsuche 官网（柏林伤残者公园）．

图 6.124 源自：笔者拍摄．

图 6.125 源自：贝斯出版有限公司．亚太景观 [M]．沈阳：辽宁科学技术出版社，2008．

图 6.126 源自：佩德罗·马塞利诺．以现代城市设计诠释传统标志：新西兰马努考城市广场 [J]．武秀伟，译．
景观设计，2008（2）：36–43.

图 6.127 源自：笔者拍摄；美国景观设计师学会（ASLA）官网．

图 6.128、图 6.129 源自：笔者拍摄．

图 6.130 源自：笔者拍摄；新浪博客．

图 6.131 源自：景观中国网站．

图 6.132 源自：灵感邦（ideabooom）官网．

图 6.133 源自：原创力文档网站；笔者拍摄．

图 6.134 源自：LOS S. Carlo Scarpa[M]. Koln：Benedikt Taschen Verlag, 1996.

图 6.135 源自：贝思出版有限公司．加拿大景观 [M]．武汉：华中科技大学出版社，2007.

图 6.136 源自：Dezeen 设计网．

图 6.137 源自：成玉宁规划设计作品；笔者拍摄．

图 6.138 源自：LOS S. Carlo Scarpa[M]. Koln：Benedikt Taschen Verlag, 1996.

图 6.139 源自：笔者拍摄．

图 6.140 源自：cityrundgang 官网．

图 6.141 源自：意大利 DOMUS 杂志网．

图 6.142 源自：笔者绘制、谷歌街景（维也纳迈克尔广场）．

图 6.143 源自：罗萨里奥·萨莱马．地质纪念碑，里斯本，葡萄牙 [J]．张婷，译．世界建筑，2006（1）：108–
110.

图 6.144 源自：笔者拍摄；成玉宁规划设计作品．

图 6.145 源自：英文维基百科．

图 6.146 源自：笔者拍摄．

图 6.147 源自：贝思出版有限公司．加拿大景观 [M]．武汉：华中科技大学出版社，2007.

图 6.148 源自：罗德里克·威利．工业历史的记忆：钢铁博物馆 [J]．张璐，译．景观设计，2008（6）：24–29.

表格来源

表 2.1 源自：笔者绘制.

表 2.2 至表 2.20 源自：成玉宁规划设计作品.

表 2.21 源自：《旅游资源分类、调查与评价》（GB/T 18972—2017）.

表 3.1、表 3.2 源自：笔者根据相关资料绘制.

表 4.1 源自：笔者根据相关资料绘制.

表 4.2 源自：笔者根据爱德华·霍尔（Edward Hall）所著《隐匿的尺度》绘制.

表 4.3 至表 4.8 源自：笔者绘制.

表 4.9 源自：王珂，夏健，杨新梅.城市广场设计 [M].南京：东南大学出版社，2000.

表 4.10 源自：夏祖华，黄伟康.城市空间设计 [M].南京：东南大学出版社，1992.

表 4.11、表 4.12 源自：笔者绘制.

表 4.13、表 4.14 源自：成玉宁规划设计作品.

表 4.15 源自：笔者绘制.

表 4.16 源自：笔者根据《城市道路和建筑物无障碍设计规范》（JGJ 50—2001）绘制.

表 5.1 源自：刘翔，邹志荣.园林景观空间尺度的视觉性量化控制 [J].安徽农业科学，2008，36（7）：2 757– 2 758，2 761.

表 5.2 源自：周淑华，黄顺忠.上海市绿化三维量调查及其对策研究 [J].中国园林，1997，12（6）：58–60.

第 2 版后记

　　一来因为作者勤勉不够，二则更是希望全面地补充景观研究与实践的最新成果，以至于 10 年间 11 次印刷，3 年前提交二版稿，随后又为"疫情"所困，迄今第 2 版书稿姗姗付梓。从本书出版以来已历经了 14 年时间，这期间世界范围内景观规划设计已有了新的发展，从中国到欧洲、北美洲、大洋洲，关注人居环境的可持续发展空前高涨，与之相应，一大批优秀景观设计作品出现在世界各地，反映了当代风景园林的实践新成果。尤其是我国政府高度重视生态文明与可持续发展，大江南北，注重高质量发展的同时关注保护修复生态环境，已成为我国人居环境建设重要组成部分。中国作为景观实践大国、设计理论、方法与技术研究也紧紧跟上我国城乡人居环境发展的需求。在过去的 14 年间，作者多次应邀赴瑞士、德国、意大利、西班牙、葡萄牙、荷兰、澳大利亚、新西兰、日本、韩国以及美国等国高校交流与讲学，系统地考察并审视当代景观最新研究与实践，可以明显地发现以下特征：注重科学引导景观规划设计，低影响开发、海绵城市、生态修复、形态修补，与历史上注重形态与文化、理念有所不同，大中尺度景观规划设计更多关注解决生态系统问题。与之相应，本书第 2 版及时补充更换案例，以期体现当代景观研究与实践的最新进展。

　　第 2 版书稿写作出版得到硕士、博士研究生尹圣晨、范向楠、宗成灿、倪佳佳、谭明、王雪原、王一婧、谈方琪、樊益扬、赵天逸、侯庆贺等以及袁洋旸副教授的支持，其中王雪原协助多轮书稿校对，西安建筑科技大学刘晖教授对于本书二稿提出建议并提供法国现代景园代表案例，更承蒙东南大学出版社徐步政与孙惠玉、李倩老师的悉心编辑与支持，在此一并致谢。

成玉宁

2023 年 12 月

于东南大学逸夫建筑馆

第1版后记

自 1993 年以来先后为东南大学建筑学院本科生、研究生讲授"建筑环境设计""现代景观设计理论与方法"课程，前后 16 年，其间持续不断地将相关实践及体会增补到课程内容之中，与之相应，研究中的思考往往也在工程中加以实践、推敲，而现代景观设计涉猎面之宽、随意性之大，令人深感景观设计的复杂。相关科学技术的发展、审美取向的变化直接或间接地左右着当代景观设计。通常初学者又热衷于聚焦"大师与风格"，往往淡化对于设计过程研究而直取形式，肤浅的形式背后更多的是困惑。透过百余年景观设计的变迁历程，纷繁复杂的理论与实践，发现总结现代景观设计理论与方法，从景观本体出发，理性地思考现代景观设计方法与技巧，形成符合景观设计规律的方法是本书撰写的初衷。《现代景观设计理论与方法》一书是教学研究与工程实践相结合的产物，在"实践中思考与有想法地设计"需要坚持不懈地努力，相信随着实践与研究的深入，关于景观设计规律性的认知也会逐渐丰富。

感谢王建国教授在百忙之中惠为本书作序；感谢东南大学研究生院将"现代景观设计理论与方法"评为研究生精品课程；感谢东南大学出版社徐步政等编辑的精心编审；感谢研究生王玉、张祎、张亚伟、戴丹骅等为本书部分文字及插图所做的贡献；感谢家人的理解与支持。

成玉宁

2009 年 8 月

于东南大学中大院